U0221500

国家科学技术学术著作出版基金资助出版

动物分子营养学

Animal Molecular Nutrition

主编　汪以真

ZHEJIANG UNIVERSITY PRESS
浙江大学出版社

图书在版编目（CIP）数据

动物分子营养学 / 汪以真主编. — 杭州：浙江大学出版社，2020.9
ISBN 978-7-308-19428-0

Ⅰ. ①动… Ⅱ. ①汪… Ⅲ. ①动物营养－分子生物学 Ⅳ. ①S816
中国版本图书馆CIP数据核字（2019）第167077号

动物分子营养学
汪以真　主编

责任编辑　潘晶晶　殷晓彤
责任校对　金佩雯
封面设计　周　灵
出版发行　浙江大学出版社
（杭州市天目山路148号　邮政编码310007）
（网址：http://www.zjupress.com）
排　　版　杭州兴邦电子印务有限公司
印　　刷　浙江印刷集团有限公司
开　　本　787mm×1092mm　1/16
印　　张　30.5
字　　数　636千
版 印 次　2020年9月第1版　2020年9月第1次印刷
书　　号　ISBN 978-7-308-19428-0
定　　价　178.00元

《动物分子营养学》编委会

主　编:汪以真

副主编:单体中

编　委(按姓氏笔画排序):

王凤芹　王彦波　王敏奇　王新霞　冯　杰

朱伟云　刘红云　杜华华　李卫芬　束　刚

沈清武　武振龙　胡彩虹　晏向华　徐春兰

董信阳　韩菲菲　傅玲琳　靳明亮　路则庆

慕春龙

前言

动物分子营养学主要是研究营养素与基因互作对动物生长、动物健康、动物生产及动物产品品质形成等的影响和机制，并据此提出相应调控措施的一门学科。它是应用分子生物学技术和方法从分子水平上研究动物营养学的一个新领域，是动物营养科学研究的延伸和发展。

随着近几十年来分子生物学的迅猛发展，基因工程技术、转基因技术、组学技术等现代分子生物学技术已广泛应用于动物营养学研究，与畜禽生长、健康、代谢及产品生产等相关的众多关键功能基因相继被挖掘、克隆和鉴定，营养素调控畜禽生长、健康、代谢及产品生产的机制逐步从分子水平上得到深入解析，营养素与基因表达间的互作调控成为人们研究的热点。动物分子营养学正处在不断发展和完善阶段。我们在查阅大量国内外相关文献的基础上，结合教育部动物分子营养学重点实验室的相关研究工作，并联合国内高校的相关学者、教授共同编写了此书。该书适宜从事该领域研究的教师、学生、科研工作者参阅和使用。

全书分为六部分，共二十章。第一部分为动物分子营养学概述与研究方法，主要介绍动物分子营养学概述及现代分子生物学技术在动物营养学中的应用。第二部分为营养与基因表达调控，重点介绍蛋白质/氨基酸营养、碳营养素、微量元素和维生素等对动物基因表达的调控，并介绍营养代谢病与动物基因表达调控方面的研究。第三部分为关键信号通路与营养代谢调控，主要介绍AMPK、mTOR、核受体、Wnt、Notch等信号通路对能量、蛋白质、氨基酸等营养物质代谢的调控作用。第四部分为表观遗传与营养代谢吸收调控，主要介绍甲基化修饰、非编码RNA、泛素化/去泛素化修饰等对营养吸收代谢的调控。第五部分为肠道微生物与动物基因表达和营养吸收代谢调控，重点介绍肠道微生物对动物基因表达和营养吸收代谢的调控。第六部分为畜禽产品品质形成的分子营养调控，重点介绍肉、乳、蛋品质形成的营养调控。本书涉及许多动物分子营养学领域的知识及相关研究进展，且附有相关参考文献，可供读者进一步阅读。

由于作者水平有限，书中缺点和不足之处在所难免，敬请读者批评指正。

2020年8月

目 录

第一部分

动物分子营养学概述与研究方法

第一章 动物分子营养学概述

一、动物分子营养学概念

动物分子营养学（animal molecular nutrition）是动物营养学与现代分子生物学原理和技术结合产生的一门学科，主要研究营养素对动物基因结构、表达和功能的调控，基因表达和遗传因素对营养素消化、吸收、代谢及生理作用的影响，营养素与基因互作对动物生长、动物健康、动物生产及动物产品品质形成等的影响和机制，并据此提出相应调控措施。该学科作为动物营养科学的一个重要组成和分支，通过应用分子生物学技术和方法从分子水平上将动物营养学推至一个新层面、新领域，促进了传统动物营养的发展。

动物机体的生长发育、新陈代谢、遗传变异、病理变化等，本质上都是基因的表达、调控发生改变的结果。遗传、环境和营养等因素对动物生理、发育、代谢等的影响及调控，也离不开动物机体中相关基因及相关信号网络的参与。许多生理生命现象及其调控机制，最终需要在分子水平上阐释，如影响肌内脂肪沉积的因素主要包括品种、营养、环境等，这些因素对动物肌内脂肪沉积的影响及调控最终通过影响基因及其调控网络实现。

分子营养学这个词是在1985年“海洋食物与健康”学术会议上由Artemis P. Simopoulos博士首次提出并使用的，随着分子生物学、分子遗传学、分子免疫学、生理学等的快速发展及相互渗透，人们对营养学的认识深入到了分子水平。分子水平主要指生物大分子水平，生物大分子主要指蛋白质与核酸。其中，核酸包括核糖核酸（RNA）和脱氧核糖核酸（DNA）两大类。RNA主要参与遗传信息表达的各过程，DNA是基因的物质基础，它们是遗传信息的储存和携带者。动物分子营养学主要从核酸和蛋白质等分子水平探讨营养素与基因互作对动物生长、健康、生产及产品品质形成的影响，从而制定出动物营养需要及营养调控等策略。

二、传统动物营养学与动物分子营养学

动物营养是指动物摄取、消化、吸收、利用饲料中营养物质的全过程，是一系列化学、物理及生理变化过程的总称，它是动物一切生命活动（生存、生长、繁殖、产奶、产蛋、免疫等）的基础（杨凤，2003）。动物营养学是一门研究动物摄入、利用营养物质全过程与生命活动相互关系的科学（杨凤，2003）。对于营养物质在动物体内的作用机制，传统动物营养学主要从宏观的角度给予解释，其研究的主要内容包括：①碳、氮等各类营养素在动物体内的代谢速度、代谢特点、动态平衡；②各种营养物质的生理/生物学功能；③动物的营养需要量与饲养标准；④营养素供给与动物生长、生产、繁殖、免疫等之间的关系；⑤各类动物对饲料中营养物质的利用效率，饲料加工工艺及营养价值评定，提高营养物质利用效率的措施和途径；⑥影响营养素吸收、利用的内外因素，如动物的性别、年龄、生理状况、饲料因素、环境温度等。

然而，传统动物营养学绝大部分研究尚停留在机体水平，对营养与基因表达调控及互作、营养代谢分子机制、肠道微生物功能等方面的研究很少。传统动物营养学的局限及问题主要有：①重点关注投入产出。传统动物营养学关注养分摄入量和排出量，研究方法（如消化实验、代谢实验等）的原理均建立在投入产出关系上，对于营养代谢的中间过程并不清楚（陈代文，2015）。②重点关注营养素。营养素是能维持动物健康及提供生长、发育和生产等所需要的各种物质，有蛋白质、脂类、碳水化合物、维生素等。传统动物营养学知识体系是建立在营养素基础上的体系，营养理论是营养素理论，营养需要是营养素需要，营养平衡是营养素平衡；对于营养素来源多样性、存在形式等没有研究（陈代文，2015）。③片面、静态和理想化。传统动物营养学的核心内容（如营养代谢、营养需要、营养价值等）都建立在营养代谢的局部之和等于整体、饲料营养价值具有完全可加性等假设基础之上。由于理论研究条件与实际生产条件的巨大差异，一些假设实际上是不成立的。因此，将根据传统动物营养学建立的营养代谢效率、营养需要量、饲料营养价值等饲料核心技术参数用于生产实际是不准确的（陈代文，2015）。④细胞、分子水平的研究较少。传统动物营养学对动物机体营养吸收代谢的过程开展相关研究，绝大部分研究主要集中在动物机体水平。随着现代分子生物学技术的日益发展，传统动物营养学发展需要从细胞分子水平上阐明营养物质吸收代谢和沉积分配的规律及机制。⑤忽略了肠道微生物。肠道微生物是目前研究的热点，与动物健康、营养吸收代谢息息相关。一方面，肠道微生物可以为动物代谢过程提供底物、酶和能量；另一

方面，肠道微生物代谢产生的脂肪酸等代谢产物可促进动物上皮细胞生长与分化等。高等动物是真核（动物本身）与原核（寄居体内的微生物）生物的共居体，原核细胞有10^{12}～10^{13}个，是真核细胞的10倍（陈代文，2015）。因此，动物营养本质上应该是真核生物营养和原核生物营养的统一。而传统动物营养学重点集中在真核营养部分，对原核生物营养研究极少（陈代文，2015）。

动物分子营养学作为营养科学的组成部分，是动物营养学与分子生物学、遗传学等学科的交叉，是传统动物营养学研究的深入，是在分子水平上研究动物营养学的一门学科。它不仅从细胞、分子水平上研究动物营养吸收、代谢、分配、沉积与调控，还从细胞、分子水平深入探索动物营养现象的内在机制，这对营养学的发展至关重要。动物机体的生长发育、新陈代谢、遗传变异、免疫与疾病等，就本质而言，都是动物基因表达调控改变的结果。许多生理现象的彻底阐明最终需要在细胞、分子水平上进行，所以动物营养学的各方面研究应与现代分子生物学技术结合，从细胞和分子水平上解释各种营养素对动物机体的影响及调控机制、动物机体的生理发育规律及病理变化等问题，是动物营养学发展的必然趋势之一。

动物分子营养学主要研究对象：与营养相关的基因结构及其DNA和染色体结构；基因表达的过程及其产物；营养素与基因表达的关系及其对动物生长、健康、繁殖、生产等的影响。其主要研究内容有：①营养素对动物基因表达的影响及调控机制，深入解析营养素的生理功能；②营养素对基因结构、表观遗传修饰及稳定性的影响；③受营养素调控的功能基因、信号通路对机体营养素吸收、代谢的调控，从而通过营养素调控对健康有益基因的表达，抑制有害基因的表达，进而促进动物生长、发育、健康和生产；④基因多态性或遗传变异对营养素消化、吸收、分布、代谢的影响；⑤营养代谢性疾病的分子遗传学基础，营养代谢性疾病发生、发展的机制，营养素对营养缺乏病、营养相关疾病和先天代谢性缺陷的干预及调控机制；⑥现代分子生物学技术在动物生产中的应用，如基因工程技术、组学技术等。动物分子营养学目标是研究并揭示营养代谢与调控机制，用分子的手段调控营养代谢的转化过程及效率。动物分子营养学的研究内容遍及营养科学的各个领域，从整体到组织、到细胞、再到分子，层层深入；动物分子营养学通过研究编码基因和非编码基因及其调控网络揭示营养代谢及其分子调控机制；动物分子营养学系统研究营养与基因-蛋白质-代谢产物组的互作关系及其对动物健康和生产的影响等。在动物分子营养学研究中，可以利用分子生物学技术从基因水平上改造或生产动物源性营养物质，提高动物生产性能和产品品质；研究营养素与基因表达及其调控的关系，进而从根本上阐明营养对机体的影响及机制。

三、动物分子营养学的目的与意义

动物分子营养学研究的目的与意义在于：通过研究畜禽营养素缺乏、适宜和过剩等状况下的基因表达图谱，发现有用的分子标记物，从而确定畜禽的营养需要量和供给量；从细胞、基因水平上充分认识营养对动物生长、发育、生产、生理、病变等的影响及分子机制，进一步解析营养吸收代谢机制及其与基因表达的互作调控关系；利用分子生物学技术对某些营养价值不高或存在抗营养因子的营养素进行改造；利用分子生物学技术大量生产某些营养价值较高但来源非常有限的营养物质；通过研究营养相关疾病的基因差异表达情况，阐明营养代谢性疾病的发病机制及制定相关防控措施。

四、动物分子营养学的应用价值体现

动物分子营养学应用价值的主要体现：在细胞分子水平上研究营养与基因表达调控及动物机体的关系，利用分子生物学技术提高动物产品品质或生产动物源性功能营养物质，利用基因工程技术开发饲料资源等。

（一）在细胞分子水平上研究营养与基因表达调控

营养与基因表达调控是当今动物分子营养学研究的热点之一。营养与基因表达的关系表现为两方面：①营养的摄入对基因表达的影响；②基因表达对营养的吸收代谢和转化效率等的影响，并决定动物对营养的需要量。磷酸烯醇式丙酮酸羧化激酶（phosphoenolpyruvate carboxykinase，PEPCK）是动物肝和肾中糖异生作用的关键酶。当禁食或给以高蛋白质、低糖的饲料时，可以使动物肝中PEPCK水平提高；而当动物进食含糖类较高的饲料时，则肝中PEPCK水平大幅度下降。营养成分对PEPCK的调控主要是通过与其启动子作用而实现的。腺苷酸活化蛋白激酶［adenosine 5′-monophosphate（AMP）-activated protein kinase，AMPK］是一种能被腺苷一磷酸（AMP）激活的蛋白激酶，在调节细胞能量代谢上起着重要作用，被称作细胞内的“能量开关”。研究发现，禁食、不饱和脂肪酸处理等均可调控动物AMPK的表达。而AMPK的表达可以影响葡萄糖、脂质等营养物质的代谢吸收。哺乳动物雷帕霉素靶蛋白（mammalian target of rapamycin, mTOR）是雷帕霉素的靶分子，能感受营养信号，控制细胞内信使RNA（mRNA）的翻译以及蛋白质的转运、降解，在细胞增殖过程中发挥重要功能。氨基酸等营养物质可以调控mTOR信号通路相关基因的表达，mTOR又可以介导氨基酸等营养物质代谢吸收。

（二）利用分子生物学技术提高动物产品品质或生产动物源性功能营养物质

转基因技术的原理是将人工分离和修饰过的优质基因，导入到生物体基因组中，从而达到改造生物的目的。由于导入外源目的基因的表达，细胞或机体水平上基因的表达、调控及其生物学功能发生了改变，引起生物体性状发生可遗传的修饰改变。通过转基因技术可调控动物的生长、生产，动物产品品质等。将转基因技术运用到分子育种中，可培育转基因动物等。利用转基因技术可改善动物生产性状，提高生产性能。例如与非转基因猪相比，生长激素（growth hormone，GH）转基因猪的增重率、饲料转化效率明显提高。同时，利用转基因技术可提高转基因动物抗病力。例如，通过精准的基因编辑技术，密苏里大学成功研发猪繁殖与呼吸综合征病毒（PRRSV）的抗病猪，浙江大学和中山大学的研究团队也分别培育出抗PRRSV的基因编辑猪。通过这一方案可以培育出一系列对病毒有遗传性免疫力的家畜新品系。另外，利用转基因技术构建疾病、肿瘤和器官移植等动物模型，可通过动物模型来阐明疾病形成机制、研发新药物、提供器官移植的器官等。例如，浙江大学动物科学学院牛冬副教授等研发出内源性逆转录病毒灭活的模型猪，是世界上首次报道的可用于异种器官移植的模型猪，在该模型猪研究的基础上可进行下一轮的免疫相关基因编辑，最终提供可用于人类移植的异种器官，研究成果于2017年8月10日发表在*Science*上。

利用转基因技术建立动物生物反应器，可生产某些具有生物活性的蛋白质。例如，在乳腺中导入乳铁蛋白基因，提高乳中乳铁蛋白含量；利用乳腺反应器生产有生物活性的多肽药物和具有特殊营养意义的蛋白质。目前，已成功在绵羊、猪等动物的乳汁中生产了组织血纤维蛋白酶原激活因子、抗凝血因子等。

（三）利用基因工程技术开发饲料资源

基因工程技术应用于动物营养学研究领域，不仅为动物营养学研究提供了一套全新的技术和方法，在基因水平上解析了许多动物机体生理病理变化、营养素代谢调节机制等，还可以用于开发饲料资源。基因工程、发酵工程和蛋白质工程等技术结合，开发饲料资源，是国内外研究的热点。例如，中国农业科学院的姚斌教授团队将基因工程等高新技术应用到传统饲料行业，通过对酶基因资源的高效挖掘、酶催化和构效机制的研究及进一步分子改良等，研发了植酸酶、木聚糖酶、β-甘露聚糖酶等多种酶制剂，推动了饲料的高效利用和行业的可持续发展。

（编者：单体中等）

第二章 现代分子生物学技术在动物营养学中的应用

本章主要从组学技术、基因编辑技术、基因工程技术和免疫学技术等方面介绍了分子生物学理论与实验技术在动物营养学中的应用。

第一节　组学技术在动物营养学中的应用

一、宏基因组学

宏基因组学是一种以特定环境样品中的微生物群体基因组为研究对象，采用功能基因筛选和测序分析等研究方法，获得环境微生物基因信息总和，分析环境样品所包含的全部微生物的群体基因组成及功能和参与的代谢通路，研究微生物多样性、功能活性、种群结构进化关系、相互协作关系及与环境之间关系的新型微生物研究方法（彭昌文和颜梅，2009）。

（一）宏基因组学研究技术

宏基因组学的研究分为两个阶段：基于克隆和鸟枪法测序分析的传统宏基因组学研究；基于二代测序技术的宏基因组学研究（赵勇等，2013）。

1. 传统宏基因组学研究

传统宏基因组学研究的主要流程：抽提样品中的DNA/RNA，将片段化后的样品DNA/RNA通过克隆技术随机连接到质粒或黏粒等载体上，然后转化细菌并筛选克隆，通过对插入片段的测序和功能性分析，达到对微生物菌落的基本了解。在聚合酶链式反应（polymerase chain reaction，PCR）技术发明之后，对微生物菌落的研究，尤其是对其多样性和种群结构方面的研究，开始倾向于对16S/18S rRNA（ribosomal RNA，核糖体RNA）的测序和分析（Rondon等，2000）。由于16S/18S rRNA测序和分析的分辨率不能满足分析的需求，操作分类单位开始引入微生物群落的多样性分析。微生物群落是一个多基因组的混合物，其中可能有高达99%的微生物不能单独分离培养，这导致对个体微生物基因组的全面功能性研究远远落后于微生物群落分类学的发展。此外，传统的宏基因组分析周期长且费用高，极大地限制了宏基因组学的发展（刘莉扬等，2013）。

2. 基于二代测序技术的宏基因组学研究

以Roche 454和Illumina HiSeq为代表的二代测序技术，成功将高通量和低费用的优点有效结合，将宏基因组学研究推向了前台。研究主要流程：第一步，得到高质量的DNA，既应尽力保证环境样品中总DNA的完全提取，又要得到较大的片段以获取表达所需的完整的目的基因或基因簇。最常用的两种提取方法为原位裂解法和异位裂解法。第二步，构建宏基因组文库，需要适宜的克隆载体和宿主菌株。主要从利于目的基因扩增以及易于控制活性物质表达量等方面来选择合适的载体。宿主菌株的选择主要应考虑转化稳定性、转化效率、宏基因的表达量、目标性状等。然后利用功能驱动筛选、序列驱动筛选和化合物结构水平筛选等方法进行文库筛选。高通量测序后再利用先进的测序平台进行生物信息学分析，结合样品特点和产出数据，选取最优组装效果，充分挖掘样品中的微生物菌群和功能基因。

与第一代以Sanger末端终止法为原理的测序技术不同，二代测序技术采用了边合成边测序的理念。Roche 454主要通过检测合成过程中释放的焦磷酸信号读取基因的序列，Illumina则通过读取掺入染料的荧光信号获得模板DNA的序列（Mardis，2008）。使用Roche 454高通量测序，读取序列最长可达1000 bp以上。Illumina HiSeq系列测序仪一次测序可产生最高600G的数据量。近年来，Illumina推出的MiSeq又以简单、快速、准确受到部分终端用户的好评（Sikkema-Raddatz等，2013）。

（二）宏基因组学的应用

随着基于高通量测序的宏基因组学技术和分析方法的改进，人们对复杂环境中微生物的研究更加方便而透彻。将宏基因组学技术应用于动物胃肠道微生物的研究，可了解动物胃肠道微生物的多样性、生物功能和遗传资源，为深入探讨动物胃肠道微生物群落组成与胃肠道疾病之间的关系提供基础。因此，宏基因组学技术有望成为研究动物胃肠道微生物多样性、筛选新的功能基因和生物活性物质的重要手段之一。

1. 宏基因组学在瘤胃研究中的应用

吴森等（2015）归纳了宏基因组学在反刍动物胃部微生物方面的应用研究，主要包括甲烷排放、植物降解、抗病和致病基因筛选、日粮组成对反刍动物瘤胃微生物影响、牛不同发育阶段瘤胃微生物的变化等相关研究。应用宏基因组学技术有望鉴别新甲烷菌，研究瘤胃甲烷产生途径；调控瘤胃微生态以减少甲烷排放；鉴别产酶微生物，将其基因/酶用于饲料工业；提高家畜对纤维物质的利用效率，研究瘤胃微生物代谢通路；建立鉴别微生物的培养条件，利用新菌种质粒、基因和酶，开展瘤胃微生物基因工程研究（王佳堃等，2010）。

2. 宏基因组学在肠道研究中的应用

在肠道微生物研究中，利用以宏基因组学为代表的现代分子生物学技术，可准确获得肠道微生物群落的分类、丰度信息，对其代谢功能进行研究，为研究动物肠道营养健康及疾病预防提供支持。Parmar等（2014）对分别饲喂8种不同精饲料（浓缩物）和粗饲料（青草或干草）比例饲粮的水牛的瘤胃微生物群进行宏基因组测序，发现拟杆菌在门水平上占优势，普氏菌属在属水平上占优势；与瘤胃液相比，固体食糜部分中厚壁菌门与拟杆菌门的比例更高。由此可知，通过调整饲粮，利用宏基因组测序技术获得生物学信息，可深入了解饲粮与动物胃肠道微生物群之间的关系。赵乐乐（2013）对60只双向选择家系鸡个体的肠道微生物进行宏基因组分析，发现高体重家系和低体重家系间有29个菌种存在显著性差异，其中15个菌种属于被人类视为有益生作用的乳酸菌。

二、转录组学

转录组学是功能基因组学研究的重要组成部分，是一门在整体水平上研究细胞中所有基因转录及转录调控规律的学科，对基因及其转录表达产物功能进行研究的功能基因组学（王跃等，2017）。营养转录组学作为营养组学研究的重要层次，在筛选和鉴定机体对营养素做出应答的基因，明确受营养素调节基因的功能，研究营养素对基因表达的影响及作用分子机制等方面均发挥十分重要的作用（赵永超，2012）。

（一）转录组学研究技术

转录组学研究主要基于两种技术——杂交与测序。基于杂交的方法，主要是指微阵列（microarray）技术。随着测序技术的发展，基于测序的技术又可分为基于一代Sanger测序的表达序列标签（expressed sequence tag，EST）技术、基因表达系列分析（serial analysis of gene expression，SAGE）技术、大规模平行测序（massively parallel signature sequencing，MPSS）技术，基于二代测序的RNA测序（RNA-seq）技术，以及正在开发完善阶段并初步投入使用的三代测序技术（王乐乐等，2015）。

1. 基于杂交的微阵列技术

20世纪90年代中期，杂交的微阵列技术或芯片技术被运用至转录组学研究，其基本原理是把已知的所有或感兴趣的基因序列片段固定到固体介质上，形成微阵列。首先提取特定状态样品的RNA，经反转录获得cDNA（用荧光标记），再与微阵列进行杂交（通过序列互补，表达片段与固体介质上的探针杂交），然后对微阵列进行扫描，最后根据荧光信号的强度计算微阵列上对应位置基因的表达强度。可以对不同的样品标记不同的荧光信号，使其在同一张芯片上竞争性地与探针结合，然后通过扫描和比较两种荧光信号，对样品间基因表达强度进行比较分析。

2. 基于Sanger测序的转录组学研究技术

基于Sanger测序的转录组学研究技术和基于测序的转录组学研究有一定的共同性，都是用转录本上的一段序列来代表该转录本，通过测序和序列比对，对转录本种类和表达量进行研究。基于Sanger法开发的第一代全自动测序仪的出现使得大规模的测序成为可能。早期基于Sanger法应用于大规模转录组学研究的各种技术（EST、SAGE、MPSS等）在转录组学研究历史上曾发挥过重要作用。

（1）表达序列标签技术

EST技术是曾经应用的比较成熟的转录组学研究技术。每条EST序列代表一个转录本，经过拼接后获得基因簇，通过序列比对进行基因功能注释。通过对生物体EST的分析可以获得生物体内基因的表达丰度。要进行转录组测序，首先要构建其某个组织的cDNA文库，并随机挑取大量克隆进行测序，再与EST数据库进行比较，初步对EST代表的基因进行鉴定，并对基因进行定位、结构、功能检测分析（房学爽和徐刚标，2007）。

（2）基因表达系列分析技术

SAGE技术也是基于一代测序的转录组学研究手段。不同于EST的是，该技术只选取每个转录本上一段12 bp长的序列来代表这个转录本并将其串联成串，最终对标签串联序列进行测序。该技术不仅提高了检测深度，也降低了测序成本。它主要通过锚定酶及标签酶的酶切获得SAGE标签，连接标签后对其测序。

（3）大规模平行测序技术

MPSS技术可视为对SAGE技术的改进和发展。MPSS技术的方法包括两个基本过程：首先是cDNA、Tag与微球体的结合，进而是测序反应（董丹，2013）。MPSS技术同样也是获取3′末端的一段序列标签，但长度可达20 bp。MPSS技术能在短时间内捕获细胞或组织内全部基因的表达特征。

3. 基于二代测序的转录组学研究技术

RNA测序技术：基于Sanger法的一代测序技术步骤烦琐，周期长，代价高，限制了转录组学研究的大规模开展与广泛应用。基于二代测序的RNA-seq技术大大缩短了测序周期，降低了测序成本，尤其是在测序深度方面有了显著的提高，已经逐渐取代基于一代测序技术的各种研究手段。使用基于二代测序的RNA-seq技术可以有效地进行新基因发掘、低丰度转录本发现、转录图谱绘制、转录本结构研究、转录本变异研究、非编码区域功能研究等。

4. 基于三代测序的转录组学研究技术

随着高通量测序技术的不断发展，测序成本逐渐降低，基因组、转录组测序变得越来越普遍。二代测序技术由于读长较短，对于重复序列高、杂合率高的基因组往往组装质量较差。高质量的参考基因组对我们的研究是非常重要的，但是某些复杂动植物基因组（高重复序列、高杂合率）一直是基因组组装的难点。三代测序技术以其独特的长读长优势，很好地解决了复杂基因组的组装难题，成功地解决了基因组组装、碱基修饰、转录组分析等问题。随着三代测序技术的快速发展，其应用必将对基因组研究、疾病医疗研究、药物研发、育种等领域产生巨大的推动作用。三代测序技术主要是指单分子实时测序技术，建立在零模波导孔（zero-mode waveguide，ZMW）和荧光标记核苷酸3′端磷酸（利于维持DNA链连续合成）两项核心手段上，无需模板扩增，且具有超长读长。在进行单分子实时测序时，DNA聚合酶被固定在ZMW底部，与单个DNA模板分子结合。4种不同荧光标记的脱氧核苷三磷酸（deoxyribonucleoside triphosphate，dNTP）通过布朗运动随机进入检测区域并进行碱基配对。与模板配对的碱基生成化学键的时间远远长于其他碱基停留的时间。统计荧光信号存在时间的长短，可区分配对碱基与游离碱基，而根据荧光的波长与峰值可判断配对碱基的类型，由此可测定DNA模板序列。

（二）转录组学的应用

1. 转录组学在猪转录组研究中的应用

李建平等（2015）利用转录组测序研究日粮分别添加红花籽油与椰子油后对猪肝脏基因表达谱的影响，并对差异基因进行功能注释和聚类分析，发现两组肝脏差异表达基因有938个，红花籽油组有479个上调基因和459个下调基因。谭娅等（2015）通过对猪心肌及2种骨骼肌进行转录组测序，并进行基因差异表达分析和富集分析，共鉴定出907个微小RNA（microRNA，miRNA），其中123个miRNA在组织间呈显著性差异表达，且差异miRNA主要富集于钙信号通路和胰岛素信号通路。

2. 转录组学在家禽转录组研究中的应用

韩昆鹏等（2016）对京海黄鸡卵巢组织进行转录组测序，共发现了4431个新基因，其中1809个新基因得到功能注释。李国辉等（2016）以禽白血病病毒（avian leukemia virus，ALV）感染的汶上芦花鸡为研究对象，通过转录组测序分析其基因组结构并挖掘新转录本，共发现新基因1446个，其中1058个新基因被功能注释。

3. 转录组学在牛转录组研究中的应用

齐昱等（2017）对冬季、夏季蒙古牛皮肤组织进行转录组测序，找到与蒙古牛抗寒性状相关的信号通路及候选基因。冬夏两组共有182个差异表达基因。与夏季组相比，冬季组有117个上调基因，65个下调基因，且差异表达基因显著地富集在脂类代谢、酪氨酸代谢、类固醇合成等相关通路上。孟祥忍等（2017）对1周岁的云岭牛、文山牛和中国西门塔尔牛的背最长肌进行转录组测序，筛选出3198个差异表达基因，其中云岭牛上调基因1750个。通过京都基因和基因组数据库（Kyoto Encyclopedia of Genes and Genomes，KEGG）功能注释发现2个与肉质调控相关的重要信号通路：脂肪细胞因子信号通路和内质网蛋白质加工通路，最终筛选出瘦素（leptin）和钙蛋白酶（calpain 1，CAPN1）两个可能与肌肉嫩度相关的功能基因。

4. 转录组学在羊转录组研究中的应用

赵珺等（2017）对内蒙古绒山羊背最长肌、臂三头肌和臀肌进行转录组测序，并解析关键基因的表达规律，发现影响绒山羊骨骼肌生长发育的差异基因多富集于轻链肌球蛋白家族、重链肌球蛋白家族。张春兰（2016）对杜泊羊和小尾寒羊的骨骼肌进行转录组测序，并进行从头组装分析。结果发现，两个样本间有5718个基因差异表达。经KEGG分析比对，发现这些差异表达基因与蛋白质和氨基酸新陈代谢通路密切相关。

三、蛋白质组学

蛋白质组学是以蛋白质组为研究对象，从蛋白质整体水平上来认识生命活动规律的科学。蛋白质组学可以根据蛋白质种类、数量、局部存在的时间、空间上的变化来研究细胞、组织及个体中全部蛋白质的表达，并从其结构和功能的角度来综合分析生命活动（李长煜，2010）。

（一）蛋白质组学研究技术

蛋白质组学研究技术较为复杂，主要依赖于三大技术：蛋白质分离技术、蛋白质鉴定技术及生物信息学技术（卿松，2016）。

1. 蛋白质分离技术

在整个蛋白质组学的研究中，分离技术是最基础的部分。如何实现对复杂的蛋白质样品或者其酶解产物进行有效的分离，是对样品做后续鉴定的先决条件。目前蛋白质组学常用的分离技术主要有：①凝胶技术，主要包括双向凝胶电泳（2-dimensional gel electrophoresis，2-DE）技术及后出现的差异凝胶电泳（differential gel electrophoresis，DIGE）技术；②非凝胶技术，主要有色谱（chromatography）技术；③毛细管电泳（capillary electrophoresis，CE）技术等。

（1）双向凝胶电泳技术

双向凝胶电泳技术由意大利科学家O’Farre等于1975年创立，其主要利用等电聚焦电泳（isoelectric focusing electrophoresis，IFE）与十二烷基硫酸钠（sodium dodecyl sulfate，SDS）-聚丙烯酰胺凝胶电泳（SDS-polyacrylamide gel electrophoresis，SDS-PAGE）相结合技术，按照蛋白质的带电量和分子量大小差异进行蛋白质群分离，是目前常用的一种能够连续在同一块胶上分离数千种蛋白质的方法（桑石磊，2014）。

（2）差异凝胶电泳技术

差异凝胶电泳技术建立在双向电泳技术的基础上，能够在同一块双向电泳胶中分离多于一种蛋白质的样品。在电泳前，将需要比较的蛋白质样品分别用不同的荧光染料进行共价标记，等量混合后在同一块凝胶上进样，做双向电泳（桑石磊，2014）。该技术可在同一块凝胶中比较两个不同的蛋白质样品，极大地增加了可信度（高宇等，2010）。

（3）高效液相色谱技术

高效液相色谱（high performance liquid chromatography，HPLC）技术利用高压条件下，溶质固体相（即柱填料）与流动相（即淋洗液）间存在连续交换的特性来分离样品。该技术被广泛应用于水溶性蛋白质的分离，包括水解以后的多肽和氨基酸，并且当流动相pH合适时，能维持检测蛋白质的相关生物活性（Ahamed等，2008）。双向高效液相色谱（2-dimensional high performance liquid chromatography，2D-HPLC）第一相根据分子大小分离蛋白质，第二相采用反向层析技术，分离蛋白质的容量比2-DE大，且速度更快（Roufik等，2005；卿松，2016）。

（4）毛细管电泳技术

毛细管电泳是蛋白质分离技术中的又一大进展，其主要结合了电泳和色谱技术，以毛细管为分离通道、高压直流电场为驱动力来达到蛋白质分离的目的。而芯片毛细管电泳（microchip capillary electrophoresis，MCE）是在常规毛细管电泳原理和技术的基础上，利用微加工技术在平方厘米级大小的芯片上加工出各种微细结构，通过不同的通道、反应器、检测单元等设计和布局，实现样品进样、反应和分离检测的微型实验装置

（García-Campaña等，2003；王少敏等，2012；易方等，2017）。

2. 蛋白质鉴定技术

在蛋白质组学研究流程中，蛋白质鉴定技术是最关键的部分。蛋白质鉴定技术主要包括质谱技术、同位素编码亲和标签技术、同位素相对标记和绝对定量技术及蛋白质芯片技术。

（1）质谱技术

由于细胞蛋白质组的高度复杂性和所测蛋白质的浓度低，细胞蛋白质组鉴定需要高度敏感的分析技术。质谱（mass spectrum，MS）日渐成为分析复杂蛋白质样品的首选方法。质谱鉴定蛋白质的基本原理：通过不同细胞的亲和选择性，从组织或细胞裂解物中分离待分析的蛋白质，测量离子化分析物的质荷比（m/z）来分离并确定蛋白质分子质量。

电喷雾电离（electrospray ionization，ESI）和基质辅助激光解吸/电离（matrix-assisted laser desorption/ionization，MALDI）是两种最常用于分析蛋白质或肽的质谱技术。ESI将分析物从溶液中电离出来，易与液相分离工具（如色谱和电泳）偶联。MALDI通过激光脉冲使样品离开干燥的晶体基质并使其离子化。MALDI-MS通常用于分析相对简单的肽混合物，而综合液相色谱ESI-MS系统则适用于复杂样品的分析（Aebersold和Mann，2003）。

（2）同位素编码亲和标签技术

同位素编码亲和标签（isotope-coded affinity tag，ICAT）技术主要应用于差异蛋白质组鉴定，主要由3部分组成：活性基团、连接子和亲和反应基团。该技术具有众多优点：对膜蛋白进行鉴定和定量；比较两种及以上来源密切的蛋白质样品，得到不同状态下蛋白表达量的变化情况；直接测量和鉴定低丰度蛋白质含量及种类。但也有一些缺陷，如该方法不能测定不含半胱氨酸的蛋白质，很难得到翻译后修饰的信息；半胱氨酸残基必须位于易处理的位置，否则鉴定信息就不够充分等（于靖和王方，2007）。

（3）同位素相对标记和绝对定量技术

同位素相对标记和绝对定量（isobaric tags for relative and absolute quantification，iTRAQ）技术是用于定量分析蛋白质的质谱检测技术，利用专业试剂与氨基酸末端氨基及赖氨酸侧链氨基的连接而标记肽段，经过色谱分离和质谱分析后，根据信号离子表现的不同质荷比、波峰高度及面积，鉴定出蛋白质种类并分析同一蛋白质不同处理后的相关定量信息（Martyniuk等，2012）。

（4）蛋白质芯片技术

蛋白质芯片的实现离不开蛋白探针在固相支持物（载体）表面的大规模集成。它是

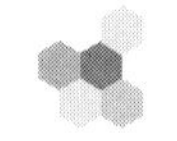

一种高通量的蛋白功能分析技术，利用样品中标记或未经标记的相关靶蛋白与探针反应，通过同位素法、荧光法或无标记检测法等进行检测，再由计算机进行结果分析。该技术具有敏感性高、重复性好、高通量等优点，但其准确性和特异性受到探针蛋白的空间结构和活性的影响较大，且一次实验需要耗费大量的蛋白探针（Zhu和Snyder，2003；Silletti等，2012）。

3. 生物信息学技术

质谱技术只能检测蛋白质种类，无法获悉这些蛋白质在生物体内的具体功能构象及与其他蛋白质之间的联系。解决这些问题需要借助生物信息学技术。

生物信息学主要利用生命科学、计算机与数学相关知识，利用数学、计算机科学等手段，对生物学实验数据进行加工、检索与分析，从而达到揭示数据所蕴含的生物学意义的目的。目前，国际上有3个主要的公共数据库平台，分别是美国国立生物技术信息中心（National Center for Biotechnology Information，NCBI）、欧洲生物信息学研究所（European Bioinformatics Institute，EBI）和日本信息生物学中心（Center for Information Biology，CIB）。

（二）蛋白质组学的应用

1. 蛋白质组学在肉品质研究中的应用

国内外已开展了蛋白质组学在肌肉生长和发育、肉嫩度、肉持水性、屠宰后肌肉代谢等研究中的应用。应用蛋白质组学方法研究牛的过度生长现象，结果表明肌肉生长抑制素基因上11对碱基的缺失导致了13种肌肉蛋白质的改变，包括收缩蛋白和代谢蛋白，这些蛋白质大部分都是来自有收缩性的器官组织，并能够加快肌纤维的收缩功能。Hamelin等（2007）用iTRAQ技术分析了猪骨骼肌蛋白质表达谱，鉴定了542个蛋白质，并对其进行了营养及性别因素引起的骨骼肌蛋白质组变化分析和亚细胞定位分类分析。Promeyrat等（2011）通过测量羰基水平，利用2-DE技术检测蛋白质氧化水平，将蛋白质组学技术应用于硫醇基、芳香族氨基酸和脂质等氧化相关物质的探究并对其进行潜在标记，从而更有效地控制肉品质。

2. 蛋白质组学在乳品质研究中的应用

Yang YX等（2013）采用蛋白质组学技术分析奶牛、牦牛、水牛、山羊和骆驼奶中基于iTRAQ技术的乳清蛋白质组，鉴定出211种蛋白质，并对其中113种蛋白质进行了分类，177个差异表达蛋白质被用于层次聚类（hierarchical clustering）分析。这为评估特定种类牛奶的掺假提供了信息，并且可以根据动物物种之间的生理差异提供特定牛奶蛋白质生产应用的潜在方向。

3. 蛋白质组学在蛋品质研究中的应用

Mann等（2008）利用基于质谱的高通量蛋白质组学技术，鉴定出蛋黄中的119种蛋白质，蛋清中的78种蛋白质和脱钙蛋壳有机基质中的528种蛋白质。Omana等（2011）利用蛋白质组学技术发现，储藏期间蛋清中不同蛋白质的丰度发生不同变化，聚集蛋白和卵蛋白抑制剂浓度的增加及储存期间卵清蛋白含量的变化可能是蛋清变薄的原因。

4. 蛋白质组学在动物被毛纤维研究中的应用

Kim Y等（2013）利用基质辅助激光解吸/电离飞行时间质谱（matrix-assisted laser desorption / ionization time of flight mass spectrometry，MALDI-TOF-MS）技术对羊绒和牦牛毛纤维的蛋白质进行指纹图谱分析，发现3个羊绒纤维所特有的离子峰（质荷比分别为2036、2634和3266），2个牦牛毛的指纹离子峰（质荷比为2530和2519），从而区分羊绒纤维和牦牛毛纤维。杨建成等（2013）对辽宁绒山羊皮肤毛囊3个发育周期的蛋白质组学进行了研究，筛出400个差异蛋白质，并成功鉴定30个蛋白质，经分析初步确定其中13种蛋白质可能与毛囊发育相关。

5. 蛋白质组学在动物肠道健康研究中的应用

Wang等（2009）利用双向凝胶电泳和质谱法，研究仔猪断奶综合征（腹泻率）的改善情况。研究将仔猪空肠作为材料，进行蛋白质组学相关分析。研究发现，与对照猪相比，添加高剂量氧化锌的断奶仔猪空肠中22个蛋白质上调表达，19个蛋白质下调表达。这些蛋白质与能量代谢、氧化应激、细胞增殖和细胞凋亡有关。结果表明，补充氧化锌可改善氧化还原状态并防止断奶仔猪空肠中细胞的凋亡，从而减轻断奶相关的肠功能障碍和营养素（包括氨基酸）的吸收不良。

四、代谢组学

代谢组学是继基因组学、转录组学和蛋白质组学之后，系统生物学的重要组成领域。代谢组学是研究生物内源性小分子代谢物整体及其变化规律的科学，主要特征是高通量的检测和大规模的计算，从系统生物学角度全面考察机体代谢的变化情况（Tang和Wang，2006）。其代谢网络位于基因调控、信号转导和蛋白质功能三者互作网络的最下游，能系统地反映基因组、转录组和蛋白质组受内外环境影响后相互作用的最终结果，被认为是各种组学研究的最终表现（尤蓉，2012）。

（一）代谢组学研究技术

代谢组学的研究流程一般包括样品采集、数据处理、多元变量分析、生物学解释及结论等。样品准备好后，需要利用合适的方法测定样品中的所有代谢产物，以完成数据的采集。数据采集的主要技术手段有气相色谱-质谱联用（gas chromatography-mass spectrometry，GC-MS）、液相色谱-质谱联用（liquid chromatography-mass spectrometry，LC-MS）和核磁共振（nuclear magnetic resonance，NMR）等分析检测技术；通过各种分析手段采集得到海量、多维的分析数据，并采用多变量数据分析方法对获得的复杂数据进行降维处理和信息挖掘，从中获取有用信息。常用的数据分析方法有主成分分析法（principal component analysis，PCA）、偏最小二乘法（partial least square，PLS）、偏最小二乘法判别分析法（partial least squares discrimination analysis，PLD-DA）、层次聚类分析（hierarchical cluster analysis，HCA）等。其中应用最广泛的为PCA和HCA。

1. 分析检测技术

（1）气相色谱-质谱联用

GC-MS是将色谱仪与质谱仪通过适当的接口相结合的分析仪器。其原理是充分利用气相色谱对复杂有机化合物的高效分离能力和质谱对化合物的准确鉴定能力进行定性和定量分析（武开业等，2010）。GC-MS技术具有较高的分辨率和检测灵敏度，并且包含可供参考和比较的标准谱图库，可以方便地对相对分子质量小于800 Da的热稳定、易挥发基团（含羟基、羧基和氨基等）的强极性化合物或处理后具可挥发性的样品定性（Halket等，2005）。

（2）液相色谱-质谱联用

LC-MS主要由液相色谱系统和质谱仪等部分组成。其基本原理是液相色谱对所检测物质进行分离，然后通过质谱来鉴定。LC-MS兼具液相色谱分辨率高、灵敏度高的特性和质谱测序速度快、精确度高的特点（曹宇等，2016）。

（3）核磁共振

核磁共振主要是由原子核自旋运动引起的。根据电子绕原子核运行所产生的屏蔽效应可做出NMR图谱。Nicholson等（2002）基于NMR的代谢组学研究外源性物质所引起的机体病理生理反应、对遗传变异的应答和内源性代谢物的动态变化，通过对机体体液和组织中随时间改变的代谢物进行检测、定性、定量和分类，将这些代谢信息与病理生理过程中相关生物学事件关联起来。

2. 数据分析方法

（1）主成分分析法

PCA是代谢组学研究中应用最广泛的方法，是一种将分散在一组变量中的信息集中到某几个主成分上的探索性统计分析方法（井文倩，2009）。PCA是一种线性映射方法，其目标是在保持数据信息损失最少的原则下，对高维变量进行降维处理。

PCA的基本算法：首先找到一种空间变换方式，将分散在一组变量中的信息集中到几个主成分上，然后利用数据集描述的内在模式，尽可能地反映原始变量的信息。主成分是由原始变量按照一定的权重经线性组合而生成的新变量，而这些新变量之间是相互正交的。第1个主成分包含了数据集的绝大部分方差，第2个次之，依次类推。对前两个或前3个主成分作图，就可以直观地在二维或三维空间中查看样本与变量的相互作用关系（Lindon和Nicholson，2008）。PCA在代谢组学中的应用主要是在样本代谢组的各代谢物中找出一种或几种组合，使它们能代表整体代谢组数据所表达的信息。

（2）偏最小二乘法

PLS的原理：根据主成分提取的思想，将原始变量数据中相关程度最大的成分提取出来，再投影到新的数据空间，然后用最小二乘法进行回归分析。PLS可以与判别分析（discrimination analysis，DA）方法联合使用，确定分界面（把不同类分开）的最优位置，这就是偏最小二乘法判别分析法（PLS-DA）（白天等，2008）。PLS-DA是一种用于判别分析的多变量统计分析方法，其应用PLS对变量矩阵进行分类，并选择已知不同类别的样本数据作为训练集，构建PLS-DA模型。模型经过计算并确认生效后，可以用来预测未知样本的类别。

（3）层次聚类分析

HCA以数据集的形式组织变量信息，形成“聚类”，使同一个聚类中的对象关联程度强，不同聚类中的对象关联程度相对弱。其基本原理：首先计算两两之间的距离，构成距离矩阵，然后合并距离最近的两类为新的一类，计算新类与当前各类的距离，最后再合并、计算，直至只有一类为止（徐乐，2009）。HCA在代谢组学中的应用主要是通过分析得到样本的若干簇，使同一簇中的样本有相似的代谢组表达数据，从而得到同一簇中的同类样本。这种方法精确，适合在将数据转换为主成分后使用。

（二）代谢组学的应用

1. 代谢组学在动物营养需要量研究中的应用

代谢组学可用于构建基于代谢标志物的营养需要量评估模型，来辅助评价动物的营养需要量。营养素摄入过多或不足都会引起机体代谢失调，利用代谢组学可以分析与常量营养素摄入过多或不足相关的代谢产物，从而确定常量营养素的最适需要量。Noguchi等（2003）用代谢组学技术定量测定氨基酸代谢物，估算摄入氨基酸的适量范围与安全范围，研究某种代谢产物与摄入过量的蛋白质或氨基酸的相关性，以此确定合适的氨基酸摄入量。Toue等（2006）通过基于NMR的代谢组学技术研究蛋氨酸（甲硫氨酸）代谢的标志物，揭示了同型半胱氨酸是监测蛋氨酸是否过量的良好指标。这些研究表明，利用代谢组学技术探索动物营养需要量是可行的，相对于常规方法，代谢组学技术有不可替代的优势。

2. 代谢组学在动物特殊状态下代谢差异研究中的应用

李民等（2008）利用基于LC-MS方法的代谢组学技术检测营养不良大鼠血浆中的小分子物质，发现与正常大鼠相比，营养不良组大鼠血浆中肉碱和色氨酸含量增加，而甜菜碱（三甲基甘氨酸）、棕榈酰肉碱、亚麻酸和花生四烯酸等含量降低。这表明代谢组学可用来筛选动物营养不良的指标，在研究动物代谢差异和代谢机制方面可发挥重要作用。

3. 代谢组学在动物营养代谢病研究中的应用

当机体产生病理变化时，体液和组织中的代谢产物也发生相应的变化。传统医学通常利用血液指标来检测代谢过程，但不能及时反映机体代谢状态。而代谢组学通过对机体代谢物的检测，为疾病的诊断和代谢通路的挖掘提供强有力的技术支持，还有助于发现疾病的生物标志物和辅助临床诊断。Hailemariam等（2014）利用液相色谱-质谱技术分析了围产前期和围产后期奶牛的代谢物，发现肉碱、丙酰肉碱等化合物可能是预防奶牛围产期疾病的生物标志物。

4. 代谢组学在动物消化道菌群与宿主相互作用研究中的应用

动物肠道中的微生物群落结构极其复杂，而这些微生物和营养物质的消化吸收及肉蛋奶等动物产品的形成有密切关系，与宿主进行着活跃的代谢交换。Nicholson等（2004）利用代谢组学技术研究宿主的代谢，以寻找宿主与肠道微生物的共同代谢产物，研究肠道微生物参与宿主的代谢过程及其对宿主健康和疾病的影响。Yap等（2008）通过代谢组学方法研究了在万古霉素作用下小鼠尿液与粪便代谢组的变化情况，结果发现，氨基酸、短链脂肪酸等物质的代谢情况发生了明显的改变，肠道菌群与这些物质的代谢可能存在密切的关联。

第二节　基因编辑技术在动物营养学中的应用

基因编辑技术是现代分子生物技术的重要组成部分，是对基因组或转录产物进行精确修饰的技术，可完成基因定点突变、基因片段的敲除或敲入等。其技术本质是，利用同源重组或非同源末端连接途径进行DNA修复，联合特异性DNA靶向识别和核酸内切酶完成DNA序列的改变。它在研究基因功能、基因修复及细胞替代治疗上有广泛的应用前景。

传统的基因编辑技术以胚胎干细胞和基因重组为基础进行生物基因组定向修饰，但实验周期长、打靶效率低，而且应用也不够广。随着技术的发展，人工核酸酶介导的基因编辑技术被逐渐广泛应用。通过特异性地识别并裂解靶DNA双链，该技术可以激发细胞内源性的修复机制来实现基因定向改造，打靶效率较高、构建成本较低、应用范围广，推动了生命科学和医学领域的发展（Wood等，2011; Lo等，2013）。

一、基因编辑技术分类

基因组编辑技术主要包括人工核酸酶介导的锌指核酸酶（zinc finger nuclease，ZFN）技术、转录激活因子样效应物核酸酶（transcription activator-like effector nucleases，TALEN）技术、成簇规律的间隔短回文重复序列相关蛋白9核酸酶（clustered regularly interspaced short palindromic repeats/Cas 9，CRISPR/Cas9）技术及CRISPR/Cpf1技术（Gao等，2016）。

（一）第一代基因组编辑技术——ZFN技术

ZFN又名锌指蛋白核酸酶，是一类人工合成的限制性内切酶。ZFN由3部分组成：①N末端锌指DNA结合域，能够高度特异性地识别靶位点；②可变的中间连接区；③C末端*Fok* Ⅰ核酸内切酶的催化域，能够非特异性地切断DNA双螺旋分子。

ZFN常以二聚体方式发挥作用。酶切反应在体内外均能高效实现DNA双链断裂，诱使同源重组的发生，极大提高同源重组的效率。此外，在哺乳动物中，双链DNA断裂（double stand break，DSB）的修复还包括非同源重组的末端连接，即把2个DNA末端直接连接起来，也容易在DNA断裂区域引入突变。

（二）第二代基因组编辑技术——TALEN技术

转录激活因子样效应物（TALE）最初在植物致病菌——黄单胞杆菌属中发现。TALE的结构包括3个重要功能部分：核定位信号、C末端的酸性激活区及中间的DNA结合区。DNA结合区由一系列数目可变的可重复单元构成，天然TALE的可重复单元数目一般为8.5～28.5个，常见的为17.5个。每个重复单元包括33～35个氨基酸，特异识别一种碱基。基于每个重复单元对应一种碱基，可将不同的重复单元串联起来，通常为

14～20个重复单元，使之识别特定的DNA序列。然后在N末端加上核定位信号，并在C末端融合上*Fok* Ⅰ核酸内切酶的切割区，这样就构建成了TALEN。

（三）第三代基因组编辑技术——CRISPR/Cas9技术

CRISPR/Cas技术是最近兴起的一项基因编辑技术。CRISPR/Cas9是细菌和古细菌在长期演化过程中形成的一种免疫防御，它可以利用插入到基因组中的病毒DNA（CRISPR）作为引导序列，通过Cas（CRISPR相关酶）来切割并清除入侵的病毒基因组。目前已发现了3种类型的CRISPR/Cas系统。CRISPR/Cas9系统比其他两种CRISPR/Cas系统更为简便，因此最适合在基因组编辑中应用。Cas9是一个由1409个氨基酸组成的核酸内切酶，利用向导RNA（guide RNA）识别目的基因组序列，切割目标基因组序列并形成DNA双链断裂片断，从而依赖细胞启动非同源末端连接或同源重组修复，以实现基因敲除或敲入。

（四）CRISPR/Cpf1技术

Cpf1蛋白属于CRISPR/Cas蛋白家族的V型，具有结合crRNA（CRISPR-derived RNA）和切割靶序列的能力。CRISPR/Cpf1系统中crRNA的形成不需要tracrRNA（trans-activating RNA）和核糖核酸酶3（ribonuclease Ⅲ，RNase Ⅲ）的参与。成熟的crRNA一部分形成发卡结构并紧密结合于Cpf1蛋白的核酸结合结构域；另一部分通过碱基互补的方式结合靶序列，从而引导Cpf1到达靶序列并对靶序列进行切割，这点与CRISPR/Cas9系统不同。切割靶序列后crRNA留下了长度为5 nt的黏性末端。在细胞内，该黏性末端可以通过DNA修复途径进行修复。

CRISPR/Cpf1系统与CRISPR/Cas9系统的不同主要有以下两点。①CRISPR/Cpf1系统在组成上更为简单，只有一条42 nt的crRNA，而且Cpf1蛋白比Cas9蛋白要小，更容易被设计，也更方便被输送到细胞内。②CRISPR/Cpf1系统在切割靶DNA后留下“黏性末端”，这与CRISPR/Cas9系统切割靶DNA双链的方式不同，后者留下的是“平末端”，且在修复时容易发生突变。因此，CRISPR/Cpf1系统可能有助于外源DNA片段的精确整合，从而实现真正意义上的基因组编辑。

二、基因编辑技术的应用

基因编辑技术现已被广泛应用于多种模式生物靶基因的定点断裂、插入、缺失、替换等编辑，极大地推动了生物体基因功能研究、作物遗传改良和分子育种以及人类疾病的基因治疗等领域的发展。

（一）第一代、第二代基因编辑技术的应用

利用ZFN技术，研究人员已在牛上成功实现了基因定点突变，得到了β-乳球蛋白基因敲除牛（Yu 等，2011）。ZFN 技术在梅山猪上被用于制备肌肉生长抑制素（myostatin）的基因编辑，该猪具有显著的高瘦肉率表型，并已进入转基因生物安全评价的环境释放阶段（Qian LL等，2015）。利用ZFN技术将溶葡萄球菌素（lysostaphin）基因插入β-酪蛋白基因座，制备的基因编辑牛的乳腺能够生成溶葡萄球菌素蛋白，通过该方法还可以获得含有人溶菌酶的转基因牛的乳汁，可杀死金黄色葡萄球菌（Liu X 等，2013；2014）。此外，通过TALEN技术可以将鼠胞内病原体抗性基因1（Ipr1）定点插入牛的基因组中，获得可抵抗结核病的转基因牛，为繁育抗结核病转基因牛奠定基础（Wu HB等，2015）。通过TALEN技术，同样可以将人的某些基因定点插入牛β-乳球蛋白基因座（Luo等，2016）。

（二）第三代基因编辑技术的应用

目前，世界各地的科学家已将CRISPR/Cas9技术应用于诸多生物学领域的研究。在生物制药方面，Yang Y 等（2016）在猪白蛋白的基因区域插入人白蛋白的编码DNA，使猪只产生人白蛋白而不产生猪白蛋白；用猪胰岛素基因编码生产人胰岛素，成功培育了完全分泌人胰岛素的基因编辑猪。在器官移植上，改造猪肺基因以用于人体肺移植，并去除了猪器官上的内源性逆转录病毒（PERV）以防止移植器官带来的病毒感染。此外，利用CRISPR/Cas9技术可在几年内实现原本至少50年才能完成的育种改良工作。圣保罗的一家公司利用该技术培育出不会长角的牛，如此这些牛就不会有被切去牛角的痛苦。目前，该公司正致力于培育不需要被阉割的猪。

第三节　表观遗传修饰技术在动物营养学中的应用

表观遗传学，即非DNA突变引起的可继承的表型变化，是在研究与经典孟德尔定律不相符的许多遗传现象过程中逐步发展起来的一门学科。

一、甲基化

DNA甲基化（methylation）是指在DNA甲基转移酶的作用下，将甲基添加在DNA分子的碱基上。甲基化反应包括维持甲基化和从头甲基化。DNA甲基化修饰作为重要的表观遗传修饰之一，以多种修饰方式广泛存在于细菌和真核生物的DNA基因组中并参与许多重要的生物学过程，如5-甲基胞嘧啶（5-methylcytosine，5mC）、N^6-甲基腺嘌呤（N^6-methyladenine，6mA）和N^4-甲基胞嘧啶（N^4-methylcytosine，4mC）等DNA甲基化。研究表明，5mC修饰在调控哺乳动物基因表达中起着非常重要的作用，而6mA修饰广泛存在于细菌中，在DNA复制、修复、基因表达调控及宿主-病原体相互拮抗等方面发挥重要的功能。近年来研究发现，6mA在真核生物中也发挥着一定的作用。

近几年，RNA甲基化修饰在表观遗传领域也崭露头角，成为最前沿的热点。近两年科学家们首次发现了一种可逆性的RNA甲基化——N^6-甲基腺嘌呤（m^6A）。m^6A是真核生物中最常见和最丰富的RNA分子修饰，占RNA碱基甲基化修饰的80%，主要分布在mRNA中，也出现在非编码RNA中，如转运RNA（transfer RNA，tRNA）、rRNA和小核RNA（small nuclear RNA，snRNA）。在转录的RNA中，相对高的m^6A含量会影响RNA的代谢过程，比如剪切、核转运、翻译能力和稳定性，以及RNA翻译。

二、组蛋白修饰

组蛋白是真核生物体细胞染色质中的碱性蛋白质，富含精氨酸和赖氨酸等碱性氨基酸，能与DNA中带负电荷的磷酸基团相互作用，形成DNA-组蛋白复合物。组蛋白依据氨基酸成分和相对分子质量的不同，主要分为5类，分别为H_1、H_{2A}、H_{2B}、H_3和H_4。组蛋白修饰主要有乙酰化、甲基化、磷酸化、泛素化、小泛素样修饰蛋白（small ubiquitin-like modifier，SUMO）化、二磷酸腺苷（adenosine diphosphate，ADP）核糖基化等。

三、表观遗传修饰技术的应用

（一）甲基化技术在动物营养学中的应用

表观遗传技术发展至今，甲基化技术在动物分子营养学上的应用最为广泛。从遗传育种到细胞代谢，到处可见甲基化技术的身影。无论是DNA甲基化，还是mRNA甲基化，都为动物分子营养学的发展提供了契机。

通过检测DNA的甲基化程度可以对遗传育种产生指导性的作用。利用3个品种猪绘制猪脂肪组织和肌肉组织的DNA甲基化图谱。通过该图谱发现，DNA甲基化的分布情况与猪的脂肪形成有着某种相关性（Li等，2012）。这极大地推动了表观遗传标记在猪分子育种领域的研究进展。研究发现，饲喂甜菜碱可以使鸡脂肪代谢相关基因脂蛋白脂肪酶（lipoprotein lipase，LPL）和过氧化物酶体增殖物激活受体（peroxisome proliferator activated receptor，PPAR）的启动子区和编码区的DNA甲基化水平发生改变，甲基化水平与mRNA表达量存在相关性（刑晋祎，2008）。在牛的饮食中加入叶酸等含甲基单位的特定营养素后，牛的受孕率明显提高，这表明DNA甲基化与受孕率有着某种联系（Juchem等，2012）。

对mRNA的m^6A甲基化水平的检测可以用于脂质代谢方面的研究。研究表明，mRNA的m^6A甲基化水平与骨骼肌中的脂质含量负相关，为AMPK对骨骼肌脂质积累的调节提供了一种新的机制，表明了通过靶向AMPK或使用m^6A相关药物来控制骨骼肌脂质沉积的可能性（Wu等，2017）。在饲料中添加甜菜碱，可通过减少脂肪生成和增加脂肪分解来保护小鼠，使其免受高脂肪诱导的非酒精性脂肪性肝病（non-alcoholic fatty liver disease，NAFLD）的危害，降低脂肪与肥胖相关（fat mass and obesity-associated，FTO）基因的表达水平并增加高脂饮食野生型小鼠脂肪组织中的m^6A甲基化水平（Zhou XH等，2015）。在猪脂肪细胞的脂肪生成研究中发现，mRNA的m^6A甲基化可以减少脂肪的生成（Wang XX等，2015）。这些发现均表明m^6A在调节脂肪形成中起关键作用。

（二）组蛋白修饰技术在动物营养学中的应用

组蛋白修饰相关抗体在不同物种上的通用性不强。目前，组蛋白修饰在人、小鼠等模式动物上的检测相对成熟，而在很多家畜上的检测还相对困难。组蛋白修饰技术的应用主要集中在组蛋白修饰过程中酶作用的抑制与否。以萝卜硫素（sulforaphane）这种组蛋白脱乙酰酶的抑制剂为例，在细胞上的研究发现，用萝卜硫素处理猪的卫星细胞可以降低肌肉生长抑制素的表达量（Fan等，2012）；在生产上的实验发现，给孕期母猪饲喂萝卜硫素，对肌肉生长抑制素信号通路有着重要影响（Liu等，2011）。同样，在反刍动物的饮食中加入短链脂肪酸，也可以抑制组蛋白的去乙酰化（Li和Li，2006）。因此，组蛋白的乙酰化对动物的生长发育过程是极其重要的。

第四节　基因工程技术在动物营养学中的应用

20世纪70年代初，基因工程作为一门新兴技术手段，发展迅猛。基因重组技术是在分子水平将一种或者多种生物的基因提取出来，或者按照人们意愿进行设计，体外重组后转移到其他生物体内，使其能在受体细胞中遗传并获得新的遗传性状的操作技术。它标志着定向调控遗传性状新时代的到来。近年来，该研究领域的成就促使了动物生物反应器的蓬勃发展。用转基因生物反应器生产人类所需要的蛋白质是生物技术领域里的又一次革命，尤其在医用方面，其以一个全新生产珍贵药用蛋白的模式区别于传统药物的生产。

生物反应器泛指能行使全部或部分生物学功能的天然生物体或人工模拟器具，可分为离体人工生物反应器和活体天然生物反应器。前者被称为发酵罐，如氨基酸、抗生素、蛋白质或微生物的生物转化、生物修复和生物降解等，是以生物技术为基础的生产过程的核心，且生产过程均在生物反应器中进行。而活体天然生物反应器的研究内容基本上属于生物学研究范围，并涉及许多分支学科。

本节将以活体生物反应器为重点，分别介绍基因重组技术和动物生物反应器（均以基因工程技术为基础），并探究其实际应用。

一、基因重组技术

基因重组属于基因工程，其最终目的是在合适的宿主系统中使目的基因获得高效表达，从而生产出有重要价值的目的蛋白质。表达载体是表达系统最重要的部分。表达载体主要包括启动子、表达阅读框、终止子、复制起点及抗性筛选标记等重要元件，具有表达量高、稳定性好、适用范围广等优点。根据宿主细胞有无细胞核，又可将表达系统分为原核生物表达系统及真核生物表达系统。原核宿主细胞包括大肠杆菌、链霉菌等，真核宿主细胞则有酵母、昆虫细胞等。

（一）原核生物表达系统

原核生物表达系统是在原核细胞中插入外源基因并转录、翻译的表达系统。以大肠杆菌为代表的原核生物表达系统虽然不能像真核生物表达系统那样进行翻译后加工，但它的培养条件非常简单，周期短，生长速度快，表达量高且不易污染，适合在实验室进行试验培养。但是，因不能实现翻译后修饰（如糖基化、C末端酰胺化等），所以大肠杆菌只能用来表达不需要翻译后修饰的蛋白质，而不能表达需要翻译后修饰才具有生物活性的蛋白质。此外，大肠杆菌在培养过程中会产生内毒素，这给产物的下游分离纯化增加了难度。

（二）真核生物表达系统

大肠杆菌等原核生物表达系统自身存在缺陷，并不是所有的蛋白质都可以在该系统中获得有效的表达。为此，真核生物表达系统被研究和开发利用。真核生物表达系统可以进行翻译后修饰，如糖基化、磷酸化等高级结构的正确折叠。真核生物表达系统主要有酵母表达系统、昆虫细胞表达系统等。

1. 酵母表达系统

酵母作为最原始的单细胞真核生物，具有生长速度快，遗传背景清晰，易于遗传操作，不产生毒素且能对外源蛋白进行多种翻译后修饰的特点，已经被用来表达许多基因工程药物与疫苗。酿酒酵母、裂殖酵母及毕赤酵母是酵母表达系统最常用的宿主菌株。

2. 昆虫细胞表达系统

昆虫细胞表达系统（baculovirus expression vector system，BEVS），又称昆虫杆状病毒表达系统。昆虫细胞表达系统由于表达水平高，表达产物可进行翻译后加工，并可通过感染昆虫幼虫而实现基因工程产品的大规模、低成本生产，成为当今基因工程的主要表达系统之一。该系统的建立和发展被誉为20世纪80年代真核生物表达研究领域的一个重大进展。BEVS中最具有代表性的两个表达系统为家蚕核型多角体病毒（BmNPV）-家蚕（*Bombyx mori*）表达系统和苜蓿尺蠖核型多角体病毒（AcNPV）-秋黏虫（*Spodoptera frugiperda*）细胞表达系统。近年来又开发了一些新技术，主要包括家蚕的Bac-to-Bac技术、利用PCR产物直接构建重组病毒的技术、Gateway技术等，大大简化了病毒重组构建和筛选的过程。

二、动物生物反应器

动物生物反应器由真核生物表达目的蛋白，能合成原核生物无法合成的有活性的复杂蛋白质，而且相比细胞培养更具有方便易行、条件简单、成本低及成活率高等特点。生物反应器是将生命物体的一部分（目的基因）导入另一个生命物体的基因组中，使外源目的基因能够高表达，并将特性遗传给后代所获得的个体表达系统。生物反应器的种类繁多，主要有乳腺、膀胱等，都能成功表达外源活性蛋白质。

（一）家蚕生物反应器

家蚕生物反应器就是将外源基因导入家蚕基因组中，使外源基因能在宿主中高效表达目的蛋白，并将性状遗传给后代的表达系统。家蚕的血淋巴含有蛋白分解酶的抑制物，有利于储存目的蛋白。而且家蚕成本较低，易于饲养。目的蛋白可以从家蚕体液中分离得到，操作步骤简单。所以，利用家蚕生物反应器生产目的蛋白将带来不可估量的社会效益。

（二）动物乳腺生物反应器

利用基因工程技术，将目的基因编码区与乳蛋白基因调控区构建成乳腺特异表达的重组基因；通过转基因动物技术或体细胞克隆技术，将重组基因转入宿主动物基因组中来制备转基因动物；当雌性动物泌乳时，该重组基因也会在乳腺中生产出重组蛋白。这种能在其乳腺中高效生产活性功能蛋白的转基因动物个体即为动物乳腺生物反应器。利用动物乳腺生产重组蛋白，具有生产成本低、产出率高、重组蛋白结构复杂、绿色安全等优势。

（三）动物禽蛋生物反应器

将外源目的基因导入、整合到禽类基因组中，且该外源基因可以遗传给后代并能够在禽蛋中表达相应目的蛋白，所获得的表达系统就是动物禽蛋生物反应器。随着21世纪基因组时代的到来，基因工程表达系统成为新的研究热点。微生物表达系统并不能高效表达结构复杂的目的蛋白。而对于高等动物（如牛、羊等），因成本高、周期长等，实验开展艰难。动物禽蛋生物反应器的输卵管表达的卵清白蛋白具有特异性、高效性、连续性及排除性等特点，这更符合作为生物反应器载体表达重组蛋白的要求。禽蛋生物反应器是唯一可与乳腺生物反应器媲美的生物反应器，具有成本低、下游加工程序简单、质优、安全等优势。但其易受性别和产蛋周期的影响，这点与乳腺生物反应器类似。

三、基因工程技术的应用

（一）微生物重组技术的应用

微生物发酵生产及遗传工程技术将合成特定氨基酸的基因克隆至微生物细胞质粒，

借助微生物快速增长的特点，可使氨基酸产量提高，缩短生产周期，降低成本。采用基因工程技术，将溶菌酶基因转入毕赤酵母，通过甲醇诱导溶菌酶的表达。重组表达的溶菌酶具有破坏细菌细胞壁结构的功能。用溶菌酶处理细菌可得到原生质体，因此溶菌酶是一种极其重要的工具酶。采用基因重组技术，还可以利用细菌（如枯草芽孢杆菌）、酵母等生产大量的植酸酶、葡聚糖酶等，减少饲料中的抗营养因子，提高营养养分的利用率，从而减少环境污染。

（二）动物生物反应器的应用

动物生物反应器具有投资少、成本低、产量大等优势，主要用于生产某些具有生物活性的蛋白质，特别是一些多肽药物和具有特殊营养意义的蛋白质。家蚕生物反应器早在1985年就有应用，至今已在家蚕体内成功地表达了胰岛素样生长因子2结合蛋白、人表皮生长因子、人生长激素、人白细胞介素3、人体血液凝固阻塞因子、人血小板生成素、人促红细胞生成素、人粒细胞-巨噬细胞集落刺激因子。以动物作为生物反应器，可表达猪生长激素、禽马立克氏病毒糖蛋白B抗原、小鼠白细胞介素3、传染性鸡法氏囊病病毒主要宿主保护性抗原VP2蛋白、草鱼生长因子等，其中有些已经实现产业化，产生了巨大的社会效益和经济效益。在众多动物生物反应器中，乳腺生物反应器具有很多其他动物生物反应器无法比拟的优点。经过将近30年的发展，转基因动物乳腺生物反应器表达的产品由最初的抗凝血酶Ⅲ、抗胰蛋白酶、蛋白C、纤维蛋白原、血清白蛋白、凝血因子Ⅷ和凝血因子Ⅸ等扩展到市场潜力巨大、其他系统难以生产而在乳腺中表达有明显优势的组织型纤溶酶原激活剂、乳铁蛋白、葡萄糖苷酶、抗体、超氧化物歧化酶等，其中近30种进入临床开发，部分已经获得批准上市。

第五节　免疫学技术在动物营养学中的应用

免疫学技术是开展免疫学研究和实施免疫干预的重要手段，但其应用远远超越了免疫学本身，通过与细胞生物学、分子生物学、基因工程学等技术的结合，其在整个生命科学的发展中已成为不可或缺的重要组成部分并可应用于动物营养学的研究。本节主要从流式细胞术、放射免疫测定技术、酶联免疫吸附测定法和免疫组织化学技术等四大方面来展开介绍。

一、流式细胞术

流式细胞术是指一类借助荧光激活细胞分离器（fluorescence activated cell sorter，FACS）对处于液流中的细胞、细菌、病毒，以及其中的遗传物质、各种蛋白质和其他分子或其他微粒进行多参数快速分析和分选的技术。通常，上述研究对象要用带有荧光素的特异抗体或染料进行染色才能被检测到。

（一）流式细胞术的原理

流式细胞术的基本原理：在一组混合的细胞中，加入特异针对靶细胞表面特定分子的荧光素标记的单克隆抗体，形成荧光抗体标记的靶细胞。标记细胞通过FACS高速流动系统时，排成单行，一个个地流经检测区。在仪器激光束的照射下，细胞上的荧光素被激光激发并发出相应的散射光和荧光。此后，光信号被转化为电信号，对其进行分析可分别得到细胞大小、颗粒状态和该细胞表面相应分子的表达情况等信息。而在流式细胞仪的分离装置中，返回计算机的信号可用来产生一种电荷。这种电荷以特定精准的时间通过FACS的吸管孔，在与吸管孔的液体流相遇时，可将液体流打碎成只含一个细胞的微滴。含有电荷的微滴会从主液体流中偏移，穿过双极板。带正电荷的微滴被吸引至阴极，而带负电荷的微滴被吸引至阳极。以这种方式，特定的细胞亚群由于标记不同的荧光抗体而带有不同的电荷，从而将目的细胞从混合的细胞群中分选出来。

（二）流式细胞术的应用

流式细胞术在畜牧业中可用于家畜性别的预选择，这有利于畜种和畜产品的生产和改良（华咏等，2006）；流式细胞术亦可应用于家畜疾病的监控与预防，可用来检测各种免疫细胞的表面标志及细胞内的各种细胞因子，通过对畜体淋巴细胞各亚群数量和病原体的抗原或抗体的检测来监控畜体的健康状况等（马端辉等，2007）。

二、放射免疫测定技术

放射免疫测定（radioimmunoassay，RIA）是将放射性核素（作为示踪物）与免疫反应的基本原理相结合的一种放射性核素体外检测法。19世纪50年代，Yalow和Berson首创了该项技术并将其用于血清中胰岛素含量的测定，以此获得了诺贝尔奖。该法具有灵敏度高、特异性强、精确度佳及样品用量少等优点，因而发展迅速。

（一）放射免疫测定技术的原理及操作

放射免疫测定的基本原理是标记抗原（Ag*）和非标记抗原（Ag）对特异性抗体（Ab）的竞争结合性反应，即抗原抗体复合物中的放射性强度与受检标本中Ag的浓度呈反比。RIA常用的放射性核素有γ射线和β射线两大类。前者主要为^{131}I、^{125}I、^{57}Cr和^{60}Co；后者有^{14}C、^{3}H和^{32}P。放射性核素的选择首要考虑比活性。^{125}I由于比活力大，更易结合到抗原上且又有合适的半衰期，因而是目前最常用的RIA标记物。以竞争抑制法检测血清胰岛素为例，用^{125}I标记的胰岛素和样品中的胰岛素共同与抗体竞争反应。当样品中胰岛素含量高时，则标记胰岛素与抗体结合量较少，反之则较多。通过胰岛素标准品建立标准曲线，可定量检测样品中的胰岛素含量。

（二）放射免疫测定技术的应用

RIA自创立以来被广泛用于生物医学检验。其可用来检测的物质种类繁多，包括酶、激素、疾病相关抗原、药物、抗体、细菌及病毒等。比如：用^{125}I标记检测胃动素（motilin，MTL）。胃动素作为一种能刺激肠胃运动的激素，对动物消化道的健康和正常功能的维持有重要作用（黄嘉莉等，2000）。而RIA用于血液中胰岛素的检测，亦可辅助判断动物的糖脂代谢状况（魏涛等，2004）。

三、酶联免疫吸附测定法

酶联免疫吸附测定法（enzyme-linked immunosorbent assay，ELISA），是实验室最常用的检测方法。ELISA是将酶催化的放大作用与特异性抗原抗体反应结合起来的一种微量分析技术。酶标记抗原或抗体后可作为抗原抗体特异性结合的示踪物质，通过酶催化底物产生的有色物质并以颜色深浅反映抗原抗体结合量。目前，常用的酶有辣根过氧化物酶（horseradish peroxidase，HRP）、碱性磷酸酶（alkaline phosphatase，AKP）和葡萄糖氧化酶（glucose oxidase，GOD）。根据免疫吸附剂不同的制备方法和操作步骤，ELISA可分为直接法、间接法、双抗夹心法、双夹心法、竞争法、抑制性测定法、桥联法等。

（一）酶联免疫吸附测定法的原理及基本操作

酶联免疫吸附测定法利用抗原抗体反应的原理来对两者进行检测，其基本操作主要包括以下几部分：①用有关抗原、特异性抗体或不同稀释度的待测样品包被酶标反应

板，孵育后洗涤；②封闭酶标板，孵育后洗涤；③加入待测样品或酶标记的抗原或抗体，孵育后洗涤；④加入酶底物，根据显色反应测定酶促反应强度。

（二）酶联免疫吸附测定法的应用

在动物营养与饲料科学中，ELISA可用于药物残留和微生物的检测，如用新霉胺作为免疫原并建立ELISA方法来检测牛奶中的庆大霉素、卡那霉素和新霉素；应用竞争性酶联免疫技术检测牛奶、蜂蜜、内脏及肉类等动物产品中的四环素含量；通过制备单克隆抗体分析食品中的细菌，如沙门氏菌等（Huang，2001）。另外，ELISA亦可用于检测饲料原料中的抗营养因子和农药残留（张强，2015）。在动物营养分子学中，ELISA可用于一些特定因子的检测。例如，在研究仔猪断奶前后肠道形态和相关免疫蛋白基因表达的变化时，ELISA可用来测定空肠组织中的分泌型免疫球蛋白A（secretory immunoglobulin A，sIgA）的浓度（任曼等，2014）；在研究不同氨基酸模式对奶牛乳腺上皮细胞酪蛋白合成的影响时，ELISA可用来检测αs-酪蛋白的合成量（张兴夫等，2013）。

四、免疫组织化学技术

免疫组织化学技术（immunohistochemistry，IHC）又称免疫细胞组织化学技术，是指利用放射性核素或其他标记物（如荧光素、酶、生物素、重金属离子等）作为示踪剂，通过抗原抗体特异性结合与体外扩增及核酸杂交的途径，在组织切片或细胞薄片上原位追踪生物体内大分子物质动态变化规律的一项技术。

（一）免疫组织化学技术的分类及原理

免疫组织化学技术根据标记物的不同可分为免疫荧光标记技术、免疫酶组织化学技术、免疫金-银组织化学技术、亲和免疫组织化学技术和免疫电镜技术等。免疫荧光标记技术是将已知的抗体标记上荧光素，当其与相应的抗原发生反应时，在形成的复合物上就带有一定量的荧光素，在荧光显微镜下就可以看到发出荧光的抗原抗体结合部位，从而检测出抗原。用于标记抗体的荧光素主要有异硫氰酸荧光素（fluorescein isothiocyanate，FITC），罗丹明B（rhodamine B，RB）和藻红蛋白（phycoerythrin，PE）。其中，最常用的是FITC。免疫荧光标记法可分为直接法、间接法、补体法和双重免疫荧光标记法四大类。免疫酶组织化学技术是将酶催化的放大作用与特异性抗原抗体反应结合起来的一种分析技术。酶标记抗原或抗体以后，既不影响抗原抗体反应的特异性，也不改变酶本身的活性，而且酶可以作为抗原抗体特异性结合的示踪物质，通过酶催化底物产生的有色物质并以颜色深浅反映抗原抗体结合量。目前，常用的酶有HRP、AKP和GOD。免疫金-银组织化学技术利用胶体金或银作为抗原抗体结合物的探针和标记，在电镜下观察并定位细胞表面及细胞内蛋白质或多糖等生物大分子。亲和免疫组织化学技术利用一些具有双价或多价结合力且对某种组织成分具有高亲和力的物质，通过其与荧光素、酶、同位素、胶体金等标记物的结合，采用荧光显微镜、酶加底物的显色反应或电子显微镜等，在细胞或亚细胞水平进行对应亲和物质的定位、定性或定量分析。免疫电镜技术是在保持抗体免疫性的前提下，把抗体用高电子密度的标记物（如金、银、铁蛋白等）或用经细胞化学方法处理后电子密度能增高的标记物（如HRP）标记后，根据抗原抗体特异性结合的原理与相应抗原结合，然后用电子显微镜观察的一种技术。

（二）免疫组织化学技术的应用

免疫细胞组织化学及其分支技术已成为一种不可替代的、普遍运用的分析方法，其在动物营养中的应用也已取得了显著进展，并从整体上提高了饲料与动物产品营养价值与卫生分析方法的技术水平。例如：在研究赖氨酸水平对猪肠道黏膜上皮细胞的碱性氨基酸转运载体mRNA表达的影响时，利用免疫酶组织化学技术鉴定从肠道分离出的细胞，并培养为所需细胞，从而为下一步的研究奠定基础；进行体外试验，通过仔猪空肠上皮细胞系IPEC-1建立模型，利用免疫荧光定位技术，探讨丙氨酰-谷氨酰胺二肽对仔猪小肠上皮细胞间紧密连接蛋白occludin定位与表达的影响，从而为揭示丙氨酰-谷氨酰胺二肽促进肠黏膜屏障功能的作用机制提供新的线索；酿酒酵母表面展示技术与免疫组织化学技术的联用可用来研究瘤胃细菌CBD的黏附位点（张玉杰等，2011）；免疫金-银组织化学技术与免疫电镜技术的结合使用可以对抗原进行定性、定量、定位的分析与观察，并且可将对形态、功能和结构的研究融为一体，有助于了解同一细胞或组织内不同分子间的相互关系，以及它们的合成、分泌、转运等代谢过程（朱文钏等，2010）。

（编者：胡彩虹，杜华华等）

第二部分

营养与基因表达调控

第三章 蛋白质、氨基酸营养与动物基因表达调控

蛋白质是生命活动最重要的营养素，是构成机体组织器官的基本成分。在组织器官新陈代谢和损伤修复以及机体生物化学反应中发挥催化作用的酶、起调节作用的激素与生长因子、免疫反应产生的细胞因子、抗体、动物产品的主要成分等大多是以蛋白质为主体而构成的。日粮中的蛋白质经消化变为氨基酸、小肽后被机体吸收，并以血液运输至各组织器官，从而发挥其营养学和生理学功能。蛋白质对动物生理学功能和健康的影响，主要是通过调节与生长、发育、繁殖、泌乳等相关基因的表达来实现的。

第一节 蛋白质与动物基因表达调控

蛋白质是畜禽日粮的重要营养素，机体的物质和能量代谢、各组织器官的组成和生理学功能等均需要蛋白质的参与。日粮蛋白质水平、蛋白质来源和化学组成影响蛋白质饲料的营养价值和利用效率，并通过调节畜禽生长发育和繁殖性能相关基因的表达，进而影响畜禽的生长发育和繁殖性能。因此，合理的蛋白质营养是维持畜禽的正常生理学功能的前提。蛋白质缺乏时，机体分解代谢增强，出现营养不良。反之，蛋白质营养过剩会加重机体代谢压力，造成动物的繁殖力下降。不能被机体利用的氮被排出体外，不仅造成蛋白质资源浪费，而且造成环境污染。因此，提高蛋白质利用效率，节氮减排是实现畜禽养殖业健康可持续发展的有效途径。

一、蛋白质对动物生长发育相关基因表达的影响

蛋白质对动物生长发育的影响主要集中在蛋白质水平和来源对胰岛素样生长因子1（insulin-like growth factor 1，IGF-1）、肌细胞生成素（myogenin，MyoG）、肌肉生长抑制素（myostain，MSTN）等基因表达的影响。IGF-1是体内多种细胞分泌的一种活性多肽物质，它能激活哺乳动物雷帕霉素靶蛋白复合体1（mammalian target of rapamycin complex 1，mTORC1）信号，促进动物的蛋白质合成和动物的生长发育。

断奶仔猪的研究表明，与20%蛋白质日粮组相比，低蛋白质含量日粮（17%和14%）组仔猪空肠淀粉酶表达水平较低，十二指肠肠肽酶表达水平较高，小肠中G蛋白偶联受体93（G protein-coupled receptor 93，GPR93）表达水平较高。同时，低蛋白质含量日粮组断奶仔猪的胰酶、脂肪酶和弹性蛋白酶水平显著高于20%蛋白质日粮组，羧肽酶、胰凝乳蛋白酶和淀粉酶水平也有升高趋势（Tian等，2016）。14%蛋白质日粮组仔猪背最长肌重量明显较轻，mTORC1磷酸化减弱，肌肉中氨基酸转运载体mRNA的表达明显增强（Li等，2017b；Wang D等，2017），肝细胞中IGF-1、过氧化物酶体增殖物激活受体γ（PPARγ）含量明显低于正常蛋白质水平日粮组（Wan XJ等，2017）。也有研究表明，低蛋白质含量日粮引起断奶仔猪空肠氨基酸转运载体mRNA的水平降低（Wu L等，2015），造成这种差异的具体原因尚不清楚，可能与不同试验中日粮中氨基酸平衡、能氮比等不同有关。钙敏感受体（calcium-sensing receptor，CaSR）广泛表达于胃肠道的内分泌细胞，能感应多种氨基酸和多肽。低蛋白质含量日粮引起仔猪CaSR基因表达的下调（赵秀英等，2016），并可能影响胃肠道消化酶活性及胃肠激素的分泌（县怡涵等，2016）。

与含18%粗蛋白质的正常日粮相比，12%粗蛋白质日粮明显减弱了生长猪的生长性能，降低了猪背最长肌重量、血浆IGF-1含量及mTORC1活性，背最长肌中细胞凋亡明显增多，蛋白质降解相关基因叉头盒蛋白O1（forkhead box class O1，FoxO1）、肌肉萎缩盒F基因（muscle atrophy F box，MAFbx；又称atrogin-1），肌肉环状指基因1（muscle ring finger 1，MuRF1）的mRNA水平明显升高（Li等，2017a）。这种变化与机体IGF-1分泌减少，肌肉和其他组织蛋白质降解增加有关。13%粗蛋白质日粮明显使生长猪回肠中Toll样受体4（Toll-like receptor 4，TLR4）、核因子-κB（nuclear factor-kappa B，NF-κB）、Toll蛋白相互作用蛋白（Toll-interacting protein，TOLIP）的mRNA表达减弱，血浆中炎性细胞因子——肿瘤坏死因子-α（tumor necrosis factor-α，TNF-α）和白细胞介素1β（interleukin-1β，IL-1β）的水平明显高于正常日粮组（Che等，2017）。低蛋白质含量

日粮中添加适量酪蛋白或支链氨基酸，可以明显缓解其对动物生长性能、炎性细胞因子表达的影响（Che等，2017）。

育肥猪的研究表明，低蛋白质含量日粮尽管对背膘厚度无影响，但明显增加了皮脂中脂肪酸含量，这可能与低蛋白质含量日粮引起脂肪细胞膜流动性增强有关（Lopes等，2017）。日粮粗蛋白质从16%降低至10%，限制了育肥猪的生长性能，降低了胰蛋白酶原、胰淀粉酶、回肠二肽酶Ⅱ和Ⅲ mRNA水平（He等，2016b）。研究发现，同正常日粮相比，13%粗蛋白质日粮明显提高了回肠和结肠组织中紧密连接蛋白occludin和claudin-1的表达，改善了肠道屏障功能（Fan PX等，2017）。妊娠猪饲粮中蛋白质减少50%，对仔猪初生重无影响，却明显降低了断奶雌性仔猪平均日增重和十二指肠铁转运载体的表达，降低了断奶仔猪血浆中铁含量（Ma等，2017）。低蛋白质含量日粮降低血浆中IGF-1的表达，这在羊及其他动物的研究中也有报道（Pell等，1993）。随着蛋白质水平的升高，绵羊外周血、皮下脂肪和肌肉组织IGF-1的表达量呈现上升的趋势（刘景云等，2009；闫云峰等，2015），而外周血中生长激素（GH）含量降低（闫云峰等，2015）。氮源限饲会降低羔羊生长激素及IGF-1的表达量，不利于羔羊的生长发育（张冬梅等，2013）。妊娠期日粮蛋白质水平过高会加大机体代谢压力，影响子代的发育并造成羔羊初生重下降（高峰和侯先志，2007）。

二、蛋白质对动物繁殖及脂质代谢相关基因的影响

合理的蛋白质营养能促进生殖细胞的成熟、受精卵的发育和着床，提高动物的繁殖性能。蛋白质对繁殖性能的影响主要通过调节机体内分泌相关激素的表达来实现。促性腺激素中的促卵泡素（follicle-stimulating hormone，FSH）和促黄体素（luteinizing hormone，LH）是调节卵泡发育的重要内分泌激素。妊娠期饲喂7.5%粗蛋白质日粮，可引起雌性后代新生仔猪卵巢重量下降，血浆中雌激素水平升高，卵巢组织中Bcl-2（B-cell lymphoma 2，B淋巴细胞瘤-2）相关X蛋白（Bcl-2 associated X protein，Bax）、骨形态发生蛋白4（bone morphogenetic protein 4，BMP4）的mRNA水平升高，Bcl-2、卵泡刺激素受体（follicle-stimulating hormone receptor，FSHR）的mRNA水平下降，影响仔代卵巢的发育和卵母细胞的成熟（Sui等，2014）。

日粮蛋白质还能影响机体糖脂代谢（Liu Y等，2015）。与正常蛋白质水平日粮相比，13%蛋白质日粮引起猪脂肪沉积增加，背膘厚度增加（Adeola和Young，1989）。这可能与低蛋白质含量日粮引起猪脂肪组织中脂肪酸合酶（fatty acid synthase，FAS）mRNA丰度的增加有关，确切的机制还不清楚（Mildner和Clarke，1991）。张英杰等

(2010) 发现，日粮蛋白质水平与绵羊腹部皮下脂肪、肠系膜和肌组织FAS基因的表达明显负相关。

第二节　氨基酸与动物基因表达调控

日粮中的蛋白质在胃肠道消化酶的作用下生成游离氨基酸和小肽，经血液到达全身各组织器官并发挥其生理学功能。因此，蛋白质的生理生化功能实质上是各类氨基酸和小肽的营养和价值。最近的研究发现，体内合成的非必需氨基酸并不能满足动物生长发育和发挥最大生产性能的需要。氨基酸可以作为信号分子，调节动物基因表达，从而影响胎儿生长发育、参与机体免疫与防御反应、维持机体氧化还原稳态及肠道微生物区系等。学者在系统研究氨基酸代谢及营养生化机制的基础上，提出功能性氨基酸的概念。功能性氨基酸是指除参与蛋白质沉积外，能够调节机体代谢，影响动物生长、发育、繁殖和健康的氨基酸，包括传统意义上的必需氨基酸（如苏氨酸、色氨酸、支链氨基酸等）和非必需氨基酸（如精氨酸、谷氨酰胺、谷氨酸、甘氨酸、脯氨酸）。功能性氨基酸在动物营养学中受到广泛关注。

一、谷氨酸

传统动物营养学把谷氨酸定义为非必需氨基酸，在机体内可由葡萄糖转变而来。谷氨酸是合成谷氨酰胺、脯氨酸、精氨酸、赖氨酸的重要前体物，参与机体谷胱甘肽（GSH）的合成，是中枢神经系统兴奋性信号的神经递质。谷氨酸还是一种重要的风味氨基酸，因具有鲜味而在食品中广泛应用。在肠道中，氨基酸经肠上皮细胞氨基酸转运载体进入肠上皮细胞。日粮中添加1%～2%的谷氨酸，可以降低断奶仔猪十二指肠兴奋性氨基酸转运载体1（excitatory amino acid carrier 1，EAAC1）和氨基酸转运载体B0的mRNA表达，增加空肠EAAC1、L型氨基酸转运载体1（L-type amino cuid transporter 1，LAT1）和谷氨酰胺转运载体（alanine-serine-cysteine transporter 2，ASCT2）的表达，降低回肠中LAT1和肽转运载体1（peptide transporter 1，PetT1）的表达（Feng等，2014）。谷氨酸对氨基酸转运载体表达的影响，在猪肠上皮细胞体外培养中得到进一步验证（许梓荣等，2001；Jiao等，2015）。此外，谷氨酸能够提高断奶仔猪空肠黏膜谷氨酰胺合成酶的mRNA表达水平，提高肠上皮细胞中紧密连接蛋白occludin、闭锁连接蛋白-1（zonula occludens-1，ZO-1）、CaSR、谷氨酸受体（glutamate receptor，GluR）和中性氨基酸转运载体的mRNA表达水平，改善肠道屏障功能（马文强等，2008；Lin等，2014；Jiao等，2015）。谷氨酸缺乏导致谷氨酸转运体——兴奋性氨基酸转运载体3（EAAT3）减少，p-mTOR、磷酸化核糖体蛋白S6激酶1（phosphorylation of p70 ribosomal protein S6 kinase，p-S6K1）等蛋白质合成相关基因的表达下降，抑制猪肠上皮细胞增殖（Li XG等，2016）。

在公猪日粮中添加2%谷氨酸，能降低氧化应激条件下附睾和睾丸中转化生长因子β1（transforming growth factor-β1，TGF-β1）和白细胞介素10（IL-10）的mRNA水平，提高机体抗氧化应激能力（Ni等，2016）。Jiao等（2015）研究发现，1～2 mmol/L谷氨酸能促使由H_2O_2引起的猪肠上皮细胞紧密连接蛋白表达量的降低，减少细胞凋亡的发生。

二、谷氨酰胺

谷氨酰胺对于维持动物和人肠道黏膜屏障发挥着重要作用。谷氨酰胺是肠上皮细胞代谢的主要能量底物，同时也可以作为信号分子，调节畜禽基因表达。谷氨酰胺可以激活mTORC1信号通路，促进蛋白质合成，维持肠道上皮细胞的更新和蛋白质周转（Boukhettala等，2012；Yi等，2015；Zhu等，2015）。

在断奶仔猪饲粮中添加1%谷氨酰胺，可以降低空肠组织中糖皮质激素释放因子的表达，缓解断奶应激引起的紧密连接蛋白occludin、claudin-1、ZO-1表达量的下降（Wang H等，2015）。谷氨酰胺主要通过钙调素依赖蛋白激酶激酶2（calcium/calmolulin-dependent protein kinase kinase 2，CaMKK2）等下游信号分子调节紧密连接蛋白的表达和分布，降低断奶仔猪空肠酪蛋白激酶（casein kinases，CK）、细胞间黏附分子-1（intercellular cell adhesion molecule-1，ICAM-1）前体、丝裂原活化蛋白激酶-6（mitogen-activated protein kinase-6，MAPK-6）、Rho相关的GTP结合蛋白、前mRNA裂解复合物Ⅱ蛋白和TGF-β的表达（Wang等，2008），维持肠黏膜通透性和肠屏障功能（Wang XY等，2016）。

宫内生长受限（intrauterine growth restriction，IUGR）严重影响仔猪肠道发育和营养物质的吸收利用。谷氨酰胺的添加可以增加IUGR断奶仔猪空肠热休克蛋白（heat shock protein，HSP）的表达，减少IκB（NF-κB抑制物）的降解，降低NF-κB的活性（高玉琪等，2016）。谷氨酰胺能够降低肝脏中乙酰辅酶A羧化酶（acetyl-CoA carboxylase，

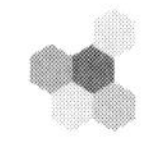

ACC）、FAS、肉碱棕榈酰转移酶1（carnitine palmitoyl transferase 1，CPT1）、PPARα等基因的表达，参与机体脂代谢的调节。此外，谷氨酰胺能够抑制氧化应激引起的肠上皮细胞损伤，增强还原型谷胱甘肽的生成，调节Caspase-3（胱天蛋白酶3）、NF-κB等相关基因，减少肠上皮细胞的凋亡，维持肠屏障功能的完整性（Huang QH等，1999；Haynes等，2009；钟金凤等，2012）。谷氨酰胺的多种生理学功能的发挥，与其增加转运载体在小肠的表达量密切相关（He等，2016a）。

三、精氨酸

精氨酸能够在酶的作用下转化生成鸟氨酸，后者被转化生成脯氨酸、多胺和谷氨酰胺。多胺和谷氨酰胺是蛋白质合成和基因表达的重要调节因子，在猪的胎盘和小肠发育中发挥着重要作用（Wu GY等，2009）。精氨酸也是体内多种生物活性分子，包括鸟氨酸、多胺、脯氨酸、谷氨酰胺、肌酸、一氧化氮等合成的前体物，这些活性物质可以直接或间接影响畜禽基因表达，影响动物的生长发育和繁殖（Wu和Morris，1998）。

精氨酸能激活mTORC1通路，促进肠上皮细胞的增殖及蛋白质在骨骼肌的沉积（Yao等，2008）。哺乳仔猪补充0.4%～0.8%精氨酸能增强仔猪的体液免疫和细胞免疫，调节脾脏IL-8及TNF-α表达（Tan等，2009）。在断奶仔猪饲粮中添加1%精氨酸，可显著增加β-防御素、脾脏IL-2和γ-干扰素（interferon-γ，IFN-γ）的表达，增强机体免疫力，从而缓解断奶应激综合征（柏美娟等，2009；Mao等，2012）。精氨酸的保护作用与其调节断奶仔猪肠黏膜中热休克蛋白70（HSP70）及黏膜下层血管内皮生长因子（vascular endothelial growth factor，VEGF）的表达，保护肠黏膜结构和功能的完整性有关（Corl等，2008；Tan等，2010；Wu X等，2010；Yao等，2011）。

Toll样受体（TLR）是参与天然免疫的细胞跨膜受体及病原模式识别受体，它能够启动天然免疫反应，激发适应性免疫反应，从而在宿主防御病原感染过程中发挥重要作用（Kawai和Akira，2009）。Liu Y等（2008）研究发现，在日粮中添加0.5%～1.0%精氨酸，能够明显缓解脂多糖（lipopolysaccharide，LPS）引起的肠道IL-6、TNF-α mRNA表达水平的升高，显著提高了十二指肠、空肠和回肠PPARγ的mRNA水平，减少LPS引起的肠道组织损伤。精氨酸能够通过抑制TLR4信号通路，减少LPS引起的细胞凋亡（Tan等，2010）。精氨酸主要通过抑制TLR4-MyD88信号通路，减少炎性细胞因子IL-6、IFN-γ等的产生，进而缓解免疫应激（Wang SB等，2012）。敌草快能够诱导动物多种组织（如肝脏、肠道等）的氧化应激损伤。补充精氨酸的日粮可显著抑制敌草快引起的仔猪肝脏中IGF-1、胰岛素样生长因子结合蛋白3（insulin-like growth factor-binding protien 3，IGFBP-3），以及肌肉中IGF-1、胰岛素样生长因子1受体（insulin-like growth factor 1 receptor，IGF-1R）和IGFBP-3的mRNA表达，降低肝脏IL-6和TNF-α mRNA的表达水平，缓解氧化应激对仔猪带来的不利影响（Zheng P等，2013；郑萍等，2015）。精氨酸能激活雷帕霉素靶蛋白细胞信号途径，促进血管内皮生长因子、内皮型一氧化氮合酶、胰岛素样生长因子的表达，调节胎盘的血管生成和营养物质的转运，影响胎儿的存活、生长和发育（刘星达等，2011；Wu等，2012；伍国耀，2012）。

饲料中添加精氨酸能影响脂肪代谢，改善胴体品质。在生长猪基础饲粮中添加1%精氨酸，可显著提高肌肉组织中脂肪酸合酶的mRNA水平，降低脂肪组织中脂蛋白脂肪酶（LPL）、葡萄糖转运蛋白4（glucose transporter 4，GLUT4）、ACC-1α的mRNA水平，提高脂肪组织中激素敏感性脂肪酶（hormone-sensitive lipase，HSL）的mRNA水平，促进肌肉组织中脂肪的沉积，提高肉品质（Ma等，2010；Tan等，2011）。饲粮中霉菌毒素污染严重影响仔猪的生长发育和母猪的繁殖性能。在日粮中添加1%精氨酸，可以提高空肠和回肠氨基酸转运载体——溶质载体（sdute carrier，SLC）家族成员SLC7A7和SLC7A1的表达，这可能是精氨酸缓解霉菌毒素对猪生长影响的可能机制之一（Yin等，2014）。

家禽上的研究表明，精氨酸能激活mTORC1信号通路及下游信号分子，如核糖体蛋白S6激酶β1（ribosomal protein S6 kinase beta-1，S6Kβ1）、真核翻译起始因子4E结合蛋白1（eukaryotic initiation factor 4E-binding protein 1，4E-BP1）的表达，促进上皮细胞的增殖和蛋白质的合成（Yuan等，2015），并通过抑制缺氧诱导因子1α（hypoxia inducible factor-1α，HIF-1α）、AMPKα的mRNA表达，提高机体的抗热应激能力（晏利琼等，2016）。日粮中精氨酸的添加能显著降低腹脂及肝脏中FAS、ACC等的表达水平，显著提高肌肉FAS的表达，改善肉品质（Ebrahimi等，2014）。

乳腺上皮细胞的增殖和发育对乳蛋白的合成、幼畜的生长有重要影响。精氨酸可以促进牛乳腺上皮细胞的增殖及酪蛋白的合成，这种作用主要是通过激活乳腺上皮细胞内信号转导和转录激活子5（signal transducer and activators of transcription 5，STAT5）、酪氨酸蛋白激酶2（Janus kinase，JAK2）及mTORC1信号转导通路来实现的（徐柏林等，2012）。

四、支链氨基酸

支链氨基酸包括亮氨酸、异亮氨酸和缬氨酸。家畜对支链氨基酸的需要量占其必需氨基酸需要总量的45%（谢小丽和王敏奇，2009），大部分支链氨基酸在肌肉中被利用。支链氨基酸除了参与蛋白质的合成与氧化供能外还具有调节畜禽基因表达的作用。

亮氨酸能够明显提高哺乳仔猪空肠中氨基酸转运载体SLC6A14、SLC6A19、SLC6A9、ASCT2的mRNA水平，并通过激活mTORC1信号通路，促进蛋白质周转和动物生长（Zhang SH等，2013，2014；Sun等，2015）。亮氨酸促进蛋白质周转与其提高肌肉中的生肌因子5（myogenic factor5，Myf5）、生肌分化因子（myogenic differentiation factor，MyoD）和MyoG，抑制肌肉生长抑制因子的表达有关（Morales等，2013）。亮氨酸的添加能促进仔鸡肌肉及奶牛乳腺上皮细胞mTORC1、4E-BP1和p70核糖体蛋白S6激酶（p70S6K）的表达，促进STAT5的磷酸化，抑制蛋白质降解相关基因的表达，提高肌肉和乳中蛋白质的周转效率（Nakashima等，2005；Deng等，2014；代文婷等，2015；Duan等，2016b；高海娜，2016）。此外，支链氨基酸能促进猪小肠β-防御素的mRNA表达（Ren等，2016），增强GLUT1、GLUT2、钠-葡萄糖共转运载体1（sodium-glucose co-transporter 1，SGLT1）的表达，促进葡萄糖摄取，从而促进肌肉生长和肠道发育（Mao等，2013；Zhang等，2016b；黄强等，2017）。Wang SB等（2012）发现，脑室内亮氨酸的注射能显著地促进肉仔鸡下丘脑内与采食和能量调控相关基因神经肽Y（neuropeptide Y，NPY）及Agouti相关蛋白（Agouti-related peptide，AgRP）的表达，从而促进肉仔鸡的采食，提高动物生长能力。

亮氨酸能够调节线粒体生成和能量代谢相关因子的表达，如肝脏中去乙酰化酶Sirtuin1（SIRT1）、核呼吸因子1（nuclear respiratory factor 1，NRF1）、过氧化物酶体增殖物激活受体共激活因子1α［peroxisome-proliferator-activated receptor （PPAR） coactivator-1α，PGC-1α］、线粒体转录因子A（mitochondrial transcription factor A，TFAM）的表达（Huang等，2017；Su等，2017），调节机体的线粒体功能。体外研究证实，亮氨酸能够促进奶牛乳腺上皮细胞乳脂合成相关基因的表达，如FAS、PPARγ、胆固醇调节元件结合蛋白1（sterol regulatory element binding protein 1，SREBP1）等基因的表达（赵艳丽等，2017）。亮氨酸可以下调琥珀酸脱氢酶亚单位B（succinate dehydrogenase subunit B，SDHB）、ATP5F1、中链酰基辅酶A脱氢酶（medium-chain specific acyl-coenzyme A dehydrogenase，ACADM）和羟酰基辅酶A脱氢酶β（hydroxyacyl coenzyme A dehydrogenase β，HADHβ）基因的表达，改变断奶仔猪的能量代谢（Fan QW等，2017），并通过HIF-1α信号通路，降低断奶仔猪肠道上皮细胞中活性氧（reactive oxygen species，ROS）水平，维持肠道健康（Hu等，2017）。研究发现，支链氨基酸可以调节猪的脂肪代谢相关基因，如乙酰辅酶A羧化酶、脂蛋白酯酶和脂肪酸转运蛋白等的表达，改善肌肉中脂肪酸组成和和肉品质（Duan等，2016a；Li等，2017c）。

五、苏氨酸

苏氨酸是畜禽维持生长所必需的氨基酸，是合成黏蛋白、免疫球蛋白的重要底物。苏氨酸缺乏会降低动物的免疫力及肠屏障功能，影响动物的生长和饲料的转化效率（Wang X等，2006；Sandberg等，2007）。苏氨酸可以提高IL-8、黏液素2（mucin 2，MUC2）及免疫球蛋白A（immunoglobulin A，IgA）的mRNA表达。

六、色氨酸

色氨酸作为畜禽生长的必需氨基酸，在动物的生长发育过程中发挥着重要作用。色氨酸可以作为底物参与蛋白质合成，也可以作为信号分子调节食欲、生长、代谢、免疫等生理学功能。日粮中色氨酸的添加能增加血液中色氨酸和犬尿氨酸的含量（Li JS等，2009），促进肝脏色氨酸2,3-双加氧酶（TDO）mRNA的表达，缓解氧化应激对仔猪生长带来的不利影响（Lv等，2012）。Ding等（2004）研究发现，适量的色氨酸能提高肝脏中IGF-1的mRNA水平，提高畜禽的营养物质代谢率、免疫功能及生长性能。猪日粮中色氨酸的添加能抑制葡聚糖硫酸钠诱导的炎性细胞因子TNF-α和IL-8的表达和分泌，改善肠道通透性和屏障功能（Kim等，2010；Mine和Zhang，2015）。色氨酸代谢产物5-羟色胺和褪黑激素能调节巨噬细胞功能，抑制炎性细胞因子的表达和氧自由基的增加，减少炎症反应和肠黏膜损伤（Konturek等，2008；Wu，2009；Mozaffari和Abdollahi，2011；Sayyed等，2013）。

七、甘氨酸

甘氨酸是自然界中结构最简单的氨基酸，没有D型或L型之分（Wu，2013），可由动物体自身合成。但研究发现，动物体内合成的甘氨酸不能满足机体生长发育和发挥最佳生长性能的需要（Jackson，1991；Meléndez-Hevia等，2009；Wu，2013）。甘氨酸对肠上皮细胞更新、紧密连接蛋白表达和蛋白质周转具有非常重要的作用。甘氨酸能提高空肠甘氨酸转运载体1（glycine transporter 1，GLYT1）的表达水平，并通过mTORC1信号促进蛋白质合成相关基因的表达以及抑制蛋白质降解相关基因的表达，促进蛋白质的沉积，提高仔猪的生长性能（Wang WW等，2014）；通过调节猪肠细胞中紧密连接蛋白claudin-7和ZO-3的表达和分布，调节肠黏膜屏障功能（Li W等，2016）；通过生成还原型谷胱甘肽调节与细胞凋亡相关蛋白的表达，减少氧化应激引起的细胞凋亡（Wang WW等，2014）。

八、赖氨酸

赖氨酸作为畜禽的主要限制性氨基酸，与动物生长密切相关。其最重要的生理功能是参与机体蛋白质的合成。断奶仔猪日粮中赖氨酸的缺乏引起血浆中IGF-1的水平降低，动物生长受阻（Katsumata等，2002）。育肥猪日粮中赖氨酸的缺乏可以增加热休克蛋白的表达水平，增强蛋白质降解相关基因（如泛素激活酶2B）mRNA的表达，使肌肉蛋白质合成减少，降解增多（Wang TJ等，2017）。体外研究表明，赖氨酸缺乏会诱导细胞周期阻滞，抑制细胞增殖和DNA复制，补充赖氨酸则能恢复细胞增殖（Yin等，2017）。赖氨酸影响仔猪肠道多种氨基酸转运载体的表达，影响氨基酸的吸收和利用（He等，2013）。

在绵羊的基础日粮中添加赖氨酸，可以显著地提高肝脏和背最长肌中IGF-1的mRNA水平以及血浆中生长激素受体水平，促进绵羊组织器官的生长发育（Li JS等，2009；程胜利等，2010）。

九、蛋氨酸

蛋氨酸是参与蛋白质合成的一种重要必需氨基酸，同时也是禽类日粮中的第一限制性氨基酸。日粮中添加蛋氨酸能提高mTORC1、FoxO4、生肌调节因子4（myogenic regulatory factor 4，MRF4）、Myf5、肌细胞增强因子2（myocyte enhancer factor 2，MEF2）等蛋白质合成相关基因的表达，抑制肌肉生长抑制素（myostatin）mRNA的表达，提高肝脏中IGF-1的表达，促进动物生长和蛋白质合成（Kita等，2002；Stubbs等，2002；del Vesco等，2013；Wen等，2014，2017）。

研究发现，饲粮中蛋氨酸与机体的抗氧化应激密切相关。减少断奶仔猪饲粮中的蛋氨酸，能抑制线粒体呼吸链复合物的活性，减少活性氧产生，进而缓解氧化应激损伤（Yang Y等，2015）。降低蛋氨酸水平可以提高猪肌肉和脂肪组织中超氧化物歧化酶、过氧化氢酶和谷胱甘肽还原酶等抗氧化酶的活性，维持机体氧化还原状态的平衡（Castellano等，2015）。此外，蛋氨酸的添加能促进奶牛乳腺上皮细胞酪蛋白、乳清蛋白的合成，提高乳蛋白含量和乳产量（Nan等，2014；Rodriguez-Gaxiola等，2015；王芳，2015）。

十、半胱氨酸

L-半胱氨酸是一种含硫氨基酸，在动物体内可由蛋氨酸转化而来。L-半胱氨酸可参与合成谷胱甘肽、牛磺酸、硫化氢等，影响机体脂类代谢、炎症反应、抗氧化功能等（Wu等，2004；Ripps和Shen，2012；Kimura，2014）。半胱氨酸添加有助于改善小肠黏膜氧化还原状态，维持和改善肠道健康（Shyntum等，2009）。半胱氨酸主要通过激活小肠上皮细胞核转录因子——核因子E2相关因子2（nuclear factor erythroid 2-related factor 2，Nrf2），促进NAD(P)H：醌氧化还原酶1（NQO1）的表达，发挥抗氧化作用（Satsu等，2012）。在仔猪日粮中添加半胱氨酸，可以显著降低葡聚糖硫酸钠引起的TNF-α、IL-6、IL-12p40、IL-1β的表达（Kim CJ等，2009）。半胱氨酸的过量摄入可导致动物生长发育受阻甚至产生中毒反应（Dilger等，2007；Dilger和Baker，2008）。Ji Y等（2016）研究表明，5～10 mmol/L半胱氨酸可显著抑制猪小肠上皮细胞活力，激活真核起始因子2α（eukaryotic initiation factor 2α，eIF2α）、c-Jun N端激酶（c-Jun N-terminal kinase，JNK）、丝裂原活化蛋白激酶（MAPK）的磷酸化，抑制胞外信号调节激酶（extracellular signal-regulated kinase 1/2，ERK1/2）的磷酸化，引起肠上皮细胞空泡样死亡。

半胱氨酸能增加育肥猪空肠黏膜中氨基酸转运载体SLC7A7、SLC7A9和SLC15A1的表达，促进紧密连接蛋白occludin、claudin-1等基因的转录，提高丝氨酸/苏氨酸蛋白激酶1（serine/threonine protein kinase，Akt1）和IGF-1的表达，并降低FoxO4及与蛋白质降解相关蛋白的表达水平。半胱胺酸能提高p-mTOR、真核起始因子4E结合蛋白1（eIF4E-binding protein 1，4E-BP1）和核糖体蛋白S6激酶1（ribosomal protein S6 kinase 1，S6K1）的表达水平，进而促进蛋白质的沉积（Zhou P等，2015；Zhou等，2017）。

十一、组氨酸

组氨酸（Histidine，His）被认为是动物的一种半必需氨基酸。组氨酸缺乏引起仔猪采食下降，生长速度变慢（Wade和Tucker，1998）。组氨酸能提高机体谷氧还蛋白1（Grx1）和硫氧还蛋白1（thioredoxin1，Trx1）的表达水平，提高猪机体的抗氧化功能（张春勇等，2012）。饲粮中适量添加组氨酸，可以增加肉鸡的腿肌率，改善饲料转化效率（胡孟等，2016），提高奶牛的采食量和产奶量（Giallongo等，2015）。研究发现，组氨酸的添加可以促进奶牛乳腺上皮细胞增殖，并能通过激活mTORC1信号通路及下游

4E-BP1、真核延伸因子2（eukaryotic elongation factor 2，eEF2）和S6K，促进乳蛋白的合成（高海娜等，2015；王珊珊等，2016）。

十二、脯氨酸

L-脯氨酸是一种环状的、非极性的亚氨基酸，化学名为吡咯烷酮羧酸，在动物胶原蛋白中含量较高。脯氨酸可由精氨酸、谷氨酰胺、谷氨酸、鸟氨酸转化而来（Wu GY等，2007），它在蛋白质合成、营养代谢、氧化还原及免疫调节方面有重要作用（Wu等，2011）。脯氨酸可增加动物组织（包括肌肉和小肠）蛋白质的合成，促进动物生长（Brunton等，2012）。脯氨酸在妊娠母猪胎盘组织中含量丰富，它能够转化生成多胺，包括腐胺、亚精胺、精胺，进而促进DNA、RNA、蛋白质合成，促进细胞的增殖分化以及胎儿的生长发育（Pegg，2009；查伟等，2016）。脯氨酸还可代谢生成二氢吡咯-5-羧化物，并提高脯氨酸脱氢酶（proline dehydrogenase，ProDH）活性，参与调控细胞氧化还原状态，影响细胞存活和死亡（Krishnan等，2008；Liang等，2013）。

（编者：武振龙等）

第四章

碳营养素与动物基因表达调控

营养素主要分为需要量较大的宏量营养素和需要量较小的微量营养素。其中，宏量营养素包括碳水化合物、蛋白质、脂肪等；微量营养素包括矿物质和各种维生素等。碳营养素，主要是指以碳元素为主的营养素，如碳水化合物、脂肪酸、三甲基甘氨酸等。在动物生长过程中，碳营养素作为动物生长发育常用的碳源，对糖、脂和蛋白质代谢发挥重要调控作用。

第一节　脂肪酸与动物基因表达调控

脂肪酸（fatty acid，FA）是由碳、氢、氧3种元素组成的具有脂肪链的羧酸。脂肪酸通常以3种酯类（甘油三酯、磷脂和胆固醇酯）的形式存在于生物体中。根据碳氢链上碳原子数目的不同，脂肪酸可分为短链脂肪酸（short-chain fatty acids，SCFA）、中链脂肪酸（medium-chain fatty acids，MCFA）、长链脂肪酸（long-chain fatty acids，LCFA）。短链脂肪酸的碳原子数不超过6；中链脂肪酸具有6～12个碳；长链脂肪酸的碳原子数大于12。根据碳氢链上双键的数目，脂肪酸又分为饱和脂肪酸（saturated fatty acid，SFA）、单不饱和脂肪酸（monounsaturated fatty acid，MUFA）及多不饱和脂肪酸（polyunsaturated fatty acid，PUFA）等。不含双键的脂肪酸称为饱和脂肪酸，是构成脂质的基本成分之一。含有一个双键的脂肪酸称为单不饱和脂肪酸，而含有两个或两个以上双键且碳链长度为18～22个碳原子的直链脂肪酸为多不饱和脂肪酸。

近几十年越来越多的研究显示，所有宏量营养素在能量代谢调节中都发挥着重要的作用。FA不仅是必不可少的能源，而且还具有信号分子的作用，可根据碳链长度调节各种细胞过程和生理功能。尤其对n-6 PUFA和n-3 PUFA的研究较多。本节综述了近年来对于饱和脂肪酸、单不饱和脂肪酸、n-6 PUFA和n-3 PUFA等脂肪酸与动物基因表达调控的研究进展。

一、饱和脂肪酸与动物基因表达调控

Martin等（2008）研究表明，育肥猪饲喂饱和脂肪酸后，肌内脂肪含量显著增加，在一定程度上提高了猪肉品质。Smink等（2010）研究发现，与富含亚油酸的植物油相比，富含饱和脂肪酸的植物油可增加肉鸡的脂肪沉积，并影响个体脂肪酸的合成或氧化。Yang WM等（2014）研究表明棕榈酸通过上调miR-29a水平，直接靶向调控胰岛素受体底物1（insulin receptor substrate 1，IRS1）的3′UTR，显著降低IRS1的表达水平，导致胰岛素信号传导受损及肌细胞中的葡萄糖摄取障碍。Salvado等（2013）报道，饱和脂肪酸能调控AMPK这一能量代谢关键信号通路，影响肌肉内脂肪沉积和肌肉的发育，而这些作用可被其他营养素（如油酸盐、油酸酯）抑制。另有研究表明，饱和脂肪酸的添加可改变猪肝脏和脂肪组织中的脂肪代谢水平，提高猪肝脏组织中脂肪酸合成相关基因乙酰辅酶A羧化酶α（acetyl-coenzyme A carboxylase alpha，ACACA）、SREBP1（胆固醇调节元件结合蛋白1）和SCD的表达水平（Duran-Montge等，2009）。对于肉鸡来说，饲喂饱和脂肪酸和不饱和脂肪酸都增加了肉鸡脂肪含量，饱和脂肪酸的添加上调了肉鸡脂肪组织中LPL基因的表达水平（Samadian等，2010）。

在奶牛日粮中添加长链饱和脂肪酸，可改变牛奶中链、长链脂肪酸的比例，改变C18脂肪酸在十二指肠中的代谢水平，并显示一定的去饱和现象（Glasser等，2008）。Abe等（2009）研究发现饱和脂肪酸的添加提高了凋亡蛋白-1（APO-1）的表达水平，改变了日本黑牛牛肉中的氨基酸成分，增加了牛肉的脂肪含量 。

二、单不饱和脂肪酸与动物基因表达调控

Martin等（2008）研究发现，日粮中高含量或低含量单不饱和脂肪酸的添加均未显著影响育肥猪胴体性状，但降低了育肥猪肌肉的脂质含量。Hong等（2015）研究表明猪饲料中油酸的添加可提高猪IGF-2（胰岛素样生长因子2）和高迁移率蛋白A1（high mobility group protein A1，HM-GA1）的表达水平，增强猪肌肉代谢，促进猪生长。

棕榈油酸是一种通过SCD1活性使棕榈酸（16：0）脱饱和而合成的n-7单不饱和脂

肪酸（16∶1n-7）。Cao等（2008）研究表明棕榈油酸可改善骨骼肌和肝脏的胰岛素抵抗并预防肝脂肪变性。另有研究表明，棕榈油酸处理可促进骨骼肌的葡萄糖摄取、Akt磷酸化，并增加骨骼肌细胞质膜中GLUT1和GLUT4的蛋白质水平（Dimopoulos等，2006；Obanda和Cefalu，2013）。此外，棕榈油酸还可以增强肝脏中的Akt、胰岛素受体（insulin receptor，IR）、IRS1和IRS2的磷酸化（Cao等，2008；Yang ZH等，2011），并在胰腺β细胞中发挥细胞保护作用（Morgan和Dhayal，2010）。

三、n-3和n-6多不饱和脂肪酸与动物基因表达调控

n-3和n-6，也称作omega-3和omega-6，是指从脂肪酸的甲基末端开始分别在第三和第四碳原子（n-3）与第六和第七碳原子（n-6）之间包含第一个顺式双键（Ratnayake和Galli，2009）。n-6脂肪酸以亚油酸（linoleic acid，LA；18∶2n-6）为代表，在玉米油、向日葵、红花、棉籽和大豆油中含量较多；n-3脂肪酸以α-亚麻酸（α-linolenic acid，ALA；18∶3n-3）为代表，在亚麻、紫苏、菜籽油中含量较多。两种必需脂肪酸的代谢产物均为20或22个碳原子的长链脂肪酸。LA被代谢为花生四烯酸（arachidonic acid，AA；20∶4n-6），而ALA被代谢为二十碳五烯酸（eicosapentaenoic acid，EPA；20∶5n-3）和二十二碳六烯酸（docosahexoenoic acid，DHA；22∶6n-3）。Burdge和Calder（2005）通过在脂肪酸分子的羧基末端添加额外的双键，增加脂肪酸链长和提高其不饱和度。LA和ALA这两种脂肪酸对动物是必不可少的，必须由日粮提供。

n-6脂肪酸和n-3脂肪酸不可互换，在代谢和功能上截然不同，并且经常具有重要的相反生理作用，因此它们在饮食中的平衡非常重要。在过去的30年中，西方饮食中n-6脂肪酸的摄入量不断增加而n-3脂肪酸的摄入量不断减少，导致人体内n-6与n-3的比例从进化过程中的1∶1提高至20∶1，甚至更高。脂肪酸组成的这种变化与超重和肥胖症的患病率增加相一致（Simopoulos等，2016）。Kouba等（2003）在40 kg杂交后备母猪的饲料中添加60 g/kg亚麻籽碎粒（富含ALA），饲喂60天后，与对照相比，育肥猪的血液、肌肉和脂肪组织中多不饱和脂肪酸含量显著增加，同时脂肪组织中油酸的含量显著降低。许多实验室研究表明，在猪日粮中使用PUFA添加剂（其中大多数使用亚麻籽、菜籽油或葵花籽油），亚麻籽/菜籽油饮食可以增加猪肌内脂肪（intramuscular fat，IMF）和脂肪组织中n-3 PUFA含量，并降低n-6脂肪酸与n-3脂肪酸的比例；相反，基于葵花籽（富含n-6 PUFA）的饮食会导致猪组织中n-6 PUFA含量增加（Bulbul等，2014；Kouba和Mourot，2011；Realini等，2010）。但是，猪肌肉和脂肪组织中基因转录和脂质代谢的研究结果表明，日粮中添加不同PUFA，饲喂效果不一致。n-3 PUFA和

n-6 PUFA作为核受体的配体/调节剂，可以抑制脂肪酸的从头合成，且n-3 PUFA比n-6 PUFA更有效（Schmitz和Ecker，2008）。但是PUFA调节脂肪酸从头合成、脂肪生成及其在肌肉脂肪组织中沉积的机制尚不清楚（Benitez等，2015；Dannenberger等，2014；Duran-Montge等，2009）。Duran-Montge等（2009）给56头杂交猪（Duroc × Landrace）饲喂7种富含不同PUFA的饲料后，发现调节饱和脂肪酸从头合成的关键基因，即乙酰辅酶A羧化酶（ACC）、脂肪酸合酶（FAS）及MUFA生物合成中的关键酶——硬脂酰辅酶A去饱和酶1（SCD1）的mRNA水平在脂肪组织中发生了变化，但在肌肉中变化不明显。给长白猪分别饲喂低蛋白质含量与高蛋白质含量日粮，并补充含n-3 PUFA和n-6 PUFA的植物油，长白猪的肌肉和脂肪组织中SCD1、脂肪酸合成酶基因（FAS）和ACC的表达并不受影响（Dannenberger等，2014）。此外，与饱和脂肪酸相比，富含n-6 PUFA的日粮对伊比利亚猪肌肉和脂肪组织中ACC、FAS和SCD1的mRNA水平没有显著影响（Benitez等，2015）。Lu等（2017）研究发现添加亚油酸明显提高后代仔猪比目鱼肌肌球蛋白重链Ⅰ型（myosin heavy chain Ⅰ，MyHCⅠ）基因mRNA水平，增加了Ⅰ型肌纤维肌钙蛋白Ⅰ的基因表达水平，通过AMPK通路促进肌纤维向Ⅰ型肌纤维的转化。

四、共轭亚油酸与动物基因表达调控

研究表明共轭亚油酸（conjugated linoleic acid，CLA）对能量代谢、促进脂质代谢等有重要影响，如减少体内脂肪沉积、改善胰岛素抵抗、调节免疫系统和刺激骨矿化、改变机体组成、促进肌肉组织增加和脂肪组织减少等（Blankson等，2000；Chen等，2012；Gaullier等，2005；Kloss等，2005；Whigham等，2007）。Joo等（2002）研究发现CLA的添加显著增加了育肥猪肌内脂肪含量，改善肉色，增加系水力。Dugan等（2004）报道，猪日粮中CLA的添加可提高猪生长性能，提高料肉比。Meadus等（2003）研究发现亚油酸通过上调PPARγ基因和下游靶基因脂肪酸结合蛋白4（fatty acid binding protein 4，FABP4）的表达增强了肌肉内的脂肪沉积。

综上所述，脂肪酸在动物脂肪代谢、肌肉代谢、肌纤维转化、肌内脂肪沉积等肉质相关的重要指标中均发挥重要的作用。深入了解脂肪酸的作用效果和机制，为日粮中不同脂肪酸的合理配比奠定理论基础，从而有效改善肉品质。

第二节　三甲基甘氨酸与动物基因表达调控

三甲基甘氨酸（trimethylglycine），又称甜菜碱，是天然氨基酸衍生物，最初从甜菜中分离提纯所得。其分子式为$C_5H_{11}NO_2$。在甜菜、麦麸和菠菜等食物中含量较高。它是一种两性离子化合物，广泛存在于动物、植物和微生物中，是动物胆碱氧化的代谢产物，具有调节渗透压和酶活等功能。

作为甲基供体，三甲基甘氨酸参与许多重要的生化过程，包括甲硫氨酸-高半胱氨酸循环，肉碱、肌酸和磷脂等化合物的合成，并影响DNA和RNA甲基化及其代谢循环（Wang LJ等，2014）。三甲基甘氨酸在调节生理过程中也起着重要作用。三甲基甘氨酸能进入肠道上皮细胞，调节肠道上皮细胞内渗透压，提高肠道上皮细胞的保水能力，从而改善肠道上皮细胞的功能（Kettunen等，2001）。此外，三甲基甘氨酸可影响动物生长和动物机体脂肪代谢，因此被广泛应用于畜牧生产，是一种良好的饲料添加剂。

一、三甲基甘氨酸对动物生长的影响

前期研究表明，饲料中添加三甲基甘氨酸可促进畜禽生长。在育肥猪日粮中添加0.125%的三甲基甘氨酸，可显著增加平均日增重，改善胴体性状；另外，日粮中添加三甲基甘氨酸（1500 mg/kg），提高了母猪日增重（15.63%）、瘦肉率（8.2%）和眼肌面积（39.21%），同时降低了背膘厚（汪以真等，1998；汪以真和许梓荣，2001）。三甲基甘氨酸增加了血清中游离脂肪酸的含量，但对猪血清中的甘油三酯含量没有显著影响（Huang等，2006）。近年来，也有研究发现，三甲基甘氨酸对育肥猪的平均日增重无显著影响，但增加了猪肋骨的重量，说明三甲基甘氨酸可促进猪肋骨发育（Albuquerque等，2017）。另外，研究也发现，三甲基甘氨酸的添加可以降低肥胖猪模型育肥阶段的体重，调控体脂沉积（Fernández-Fígares等，2008）。

汪以真等（2002）发现在1—24日龄雏鸡日粮中添加不同剂量的三甲基甘氨酸，显著提高了肉鸡采食量和生长速度；在21—41日龄肉鸡日粮中添加三甲基甘氨酸，显著提高了肉鸡的体重和料肉比，改善了胴体性状（Loest等，2002）。近年来研究表明，肉鸡日粮中三甲基甘氨酸的添加有效地缓解了热应激引起的体重和采食量降低，有效改善了热应激状态下肉鸡的肉色和吸水力（Wen等，2019）。日粮中添加0.8‰三甲基甘氨酸，显著提高了肉鸭日增重及肉鸭血清中生长激素的含量（汪以真等，2000a）。另外，日粮中三甲基甘氨酸的添加显著提高了肉鸭体重，并有效改善了热应激刺激下肉鸭的肉品质（Park和Park，2017）。在牛上的研究发现，三甲基甘氨酸对公牛的平均日增重、平均日采食量无显著影响，但可增加奶牛的干物质采食量和小公牛的背脂厚度（Loest等，2002）。DiGiacomo等（2014）研究发现，在小公牛日粮中补充三甲基甘氨酸，增强了小公牛的保水能力，促进了其肌肉组织的发育。

二、三甲基甘氨酸对动物脂肪代谢及相关基因表达的影响

许多研究都表明，三甲基甘氨酸可有效降低猪脂肪沉积。Huang等（2006）研究发现，0.125%的三甲基甘氨酸显著降低了FAS的表达水平，促进了HSL（激素敏感性脂肪酶）的表达水平，从而降低了育肥猪皮下脂肪沉积。另有研究显示，三甲基甘氨酸增加育肥猪脂肪组织中CPT1（肉碱棕榈酰转移酶1）的表达水平，但对育肥猪肝脏中CPT1的表达无显著性影响（Li SS等，2017）。其他研究结果表明，三甲基甘氨酸降低了肝脏中脂肪沉积水平，使肝脏中脂肪酶活性提高了10.50%，游离脂肪酸含量提高了20.16%，肌肉和肝脏中游离肉碱含量较对照组也显著提高（Martins等，2012）。三甲基甘氨酸显著上调了肝X受体α（liver X receptor α，LXRα）基因和PPARα（过氧化物酶体增殖物激活受体α）基因的表达，同时抑制了载脂蛋白B（apolipoprotein B，ApoB）和SREBP1c的表达，从而抑制了肝脏脂肪沉积（Ge等，2016）。研究发现，育肥猪中添加三甲基甘氨酸，降低了生长育肥猪皮下脂肪沉积，提高了肌内脂肪含量，促进了猪体脂动员；进一步研究表明，三甲基甘氨酸提高了肌肉中酸不溶性肉碱的含量（汪以真和许梓荣，1999，2001；汪以真等，2000b）。近年来，研究还揭示：三甲基甘氨酸通过调控能量代谢关键因子AMPK有效地缓解了高脂诱导产生的脂肪沉积；三甲基甘氨酸提高了AMPK磷酸化水平，进而降低了肥胖基因FTO的表达水平，提高了mRNA的m^6A甲基化水平。试验表明，三甲基甘氨酸通过促进脂肪组织mRNA的m^6A甲基化水平来调控脂肪代谢（Zhou XH等，2015）。

研究发现，三甲基甘氨酸提高了肉鸡肝脏中肉碱的含量，增强了脂肪酸的转运，促进肌细胞线粒体内脂肪酸氧化，为细胞代谢供给充足的能源（磷酸肌酸），从而减少腹脂沉积（许梓荣和占秀安，1998；王友明等，2002）。另有研究显示，在肉鸡日粮中添加0.1%的三甲基甘氨酸，可减少肉鸡的腹部脂肪沉积，这是通过降低FAS、FABP4和LPL基因的mRNA水平来实现的；进行甲基化分布检测发现，饲喂肉鸡三甲基甘氨酸66天，改变了肉鸡腹部脂肪中LPL基因CpG岛甲基化的分布，从而调控LPL的表达（Xing

等，2011）。

随着三甲基甘氨酸在奶牛饲料中添加浓度的提高，挥发性脂肪酸含量逐渐增加，丙酸酯含量增加，血清中的游离脂肪酸显著增加（Peterson等，2012）。然而，三甲基甘氨酸并未对牛奶品质有太大的影响，初产奶牛牛奶中的脂肪组成并未有显著改变（Davidson等，2008）。

三、三甲基甘氨酸对动物肌肉发育及相关基因表达的影响

长期以来，三甲基甘氨酸被认为可改善猪肉品质、提高猪肌内脂肪含量。三甲基甘氨酸可以减少肌肉脂肪酸氧化、促进肌肉脂肪生成、脂肪酸运输和胆固醇代谢，提高猪的肌内脂肪含量（Albuquerque等，2017）。三甲基甘氨酸的添加使肌肉中肉碱储存量增加，提升了高半胱氨酸甲基转移酶的活性；加速肌细胞线粒体中的脂肪酸氧化反应，产生乙酰-CoA，进而促进三羧酸循环，为铁叶琳色素的合成提供底物，使肌红蛋白合成增加（汪以真等，2000b，2001）。

Li SS等（2017）研究发现，在育肥猪日粮中添加三甲基甘氨酸，可以显著增加肌肉中游离脂肪酸（free fatty acid，FFA）的浓度，使血清中胆固醇和高密度脂蛋白胆固醇水平降低，肌肉中总胆固醇含量增加。对脂肪酸转运相关基因的试验表明，三甲基甘氨酸提高了基因LPL、FAT/CD36、FABP3和脂肪酸转运蛋白1（fatty acid transport protein1，FATP1）的表达水平。尽管三甲基甘氨酸不会影响肉碱和丙二酰辅酶A（丙二酰-CoA）的水平，但三甲基甘氨酸可增加CPT1 mRNA含量和磷酸化AMPK的蛋白质丰度（Zhou XH等，2015）。另有研究显示，在成脂分化的骨骼肌细胞中，三甲基甘氨酸促进了细胞脂质的沉积；进一步研究显示，三甲基甘氨酸通过ERK途径促进了成脂关键因子PPARγ的表达，进而促进了脂质沉积（Wu WC等，2018）。

在肉鸡日粮中添加三甲基甘氨酸和蛋氨酸，显著地增大了肉鸡肌肉重量，同时减少了腹部脂肪沉积。这一结果可能是由于三甲基甘氨酸增加了高半胱氨酸甲基转移酶的活性（Zhan等，2006）。日粮中三甲基甘氨酸的添加显著地增加了肉鸡的肌内脂肪重量。在热应激情况下，肉鸡的腹部脂肪和肌肉异常增大，而三甲基甘氨酸的添加显著缓解了这种异常增大（He等，2015）。研究表明，三甲基甘氨酸在调节热应激下肌肉的生长和代谢方面具有良好的效果：三甲基甘氨酸降低了肌肉中丙二醛（malondialdehyde，MDA）含量，提高了抗氧化因子超氧化物歧化酶（superoxide dismutase，SOD）和谷胱甘肽过氧化物酶（glutathione peroxidase，GPx）含量（Wen等，2019）。

DiGiacomo等（2014）在肉牛日粮中添加40 g/kg干物质的三甲基甘氨酸，饲喂7天，

显著增加了肉牛胴体质量；三甲基甘氨酸改善了肉牛牛肉的pH值。另外，在热应激条件下添加三甲基甘氨酸，也显著地缓解了肉牛的不适症状。这些结果充分表明，三甲基甘氨酸对肉牛具有改善肌肉代谢的效果。

第三节　淀粉对动物基因表达的影响

淀粉是一种多糖，由高分子直链淀粉和支链淀粉组成。淀粉分为快速消化淀粉、缓慢消化淀粉和抗性淀粉。它的存在对肠道微生态制剂的组成和活性有重要影响，可增强肠道中有益菌的活性，减少与此相关的潜在疾病。淀粉是动物饮食中主要的碳水化合物来源，也是动物的主要能量来源。直链淀粉和支链淀粉是淀粉的主要形式。淀粉的营养价值在很大程度上取决于直链淀粉与支链淀粉的比值。

一、淀粉对动物生长及免疫的影响

1. 淀粉对动物生长的影响

淀粉的不同组成和比例对动物生长具有不同的影响。Deng等（2010）将以玉米、糙米、糯米和Hi-Maize 1043为淀粉源配制的4种日粮分别用于饲喂28日龄断奶仔猪，其中抗性淀粉含量分别为2.3%、0.9%、0.0%、20.6%，直链淀粉和支链淀粉的比例为0.23%、0.21%、0.18%、0.06%。研究结果表明，抗性淀粉对于改善幼猪的胰岛素敏感性有潜在益处，并且直链淀粉和支链淀粉的比例对断奶仔猪内脏组织中的球菌调控因子具有显著影响；直链淀粉和支链淀粉的比例为0.23的玉米是用于生产猪的最佳淀粉来源。近年来研究表明，相比于水稻来源的淀粉，豌豆来源的淀粉显著促进杜长大三元猪的生长速率，且具有更高的饲料转化率（Doti等，2014）。另有研究表明，高抗性淀粉日粮可以调节肠道微生物群组成、短链脂肪酸浓度以及肠道内基因表达（Haenen等，2013）。Fang等（2014）研究发现，生土豆淀粉（raw potato starch，RPS；抗性淀粉含量高）的长期摄入大大增加了猪的采食量，但对体重和料肉比没有影响。RPS显著增加了胃和大肠的重量以及它们占体重的百分比，并且增加了盲肠和结肠的黏膜厚度以及猪结肠中SCFA的浓度，但是降低了屠宰率。

2. 淀粉对动物免疫的影响

Xia等（2015）研究发现，饲喂高直/支链淀粉比的日粮后，生长猪的免疫力有所提升；同时，生长猪的双歧杆菌、乳杆菌和拟杆菌门数量显著升高，总菌和厚壁菌门数量差异不显著，表明日粮直/支链淀粉比可能通过改变生长猪肠道中乳杆菌和双歧杆菌数量影响其菌群结构，提高猪的免疫力。Han等（2012）研究表明，不同淀粉来源影响断奶仔猪肠道中芽孢杆菌属的物种以及肠道发育相关基因的表达。与玉米淀粉、小麦淀粉、木薯淀粉3种处理组相比，豌豆淀粉（高直/支链淀粉比）处理的仔猪空肠和回肠中的胰高血糖素样肽2（glucagon-like peptide 2，GLP-2）、IGF-1的mRNA表达水平增加。

二、淀粉对动物脂肪代谢及相关基因表达的影响

研究表明，不同来源淀粉对动物脂肪代谢的影响不同。一项关于3种不同来源的淀粉配制的淀粉日粮对断奶仔猪代谢影响的实验表明，糯米淀粉的添加显著增加了猪APO-1、ACC、ATP-CL（ATP-柠檬酸裂解酶）基因的表达水平。另有研究显示，快速消化淀粉（高支链淀粉比例）的长期摄食显著促进肝脏内脂肪的生成，这与高血清胰岛素浓度和肝脏中脂肪生成基因的表达上调相关（He等，2010）。

Martinez-Puig等（2006）研究发现，食用RPS可以减少生长猪脂肪组织中的脂肪形成，但对猪肌肉组织中脂肪的形成没有影响。Fang等（2014）研究表明，RPS的长期摄入（试验期100天，70日龄三元杂交猪）会减少背部脂肪厚度，但对生长肥育猪背最长肌没有影响。与玉米淀粉组相比，RPS上调了结肠黏膜中单羧酸转运蛋白1（monocarboxylate transporter 1，MCT1），游离脂肪酸受体2（free fatty acid receptor 2，FFAR2）和FFAR3基因的表达，显著下调了猪肝脏中CPT1a和PPARα基因的表达，并上调SREBP1c基因的表达。这表明，RPS通过调节肠道SCFA浓度和宿主基因的表达，抑制了猪背脂沉积。近年来的研究显示，与糯米淀粉相比，豌豆淀粉显著减少了猪背脂沉积（Li YJ等，2017）。

分别给肉鸡饲喂玉米、小麦、大米等3种淀粉源配制的试验饲粮。研究发现，不同淀粉源饲粮对肉仔鸡血糖、肝肌糖原含量均无显著影响，而对肝脏中糖原合成激酶3β（glycogen synthase kinase 3β，GSK3β）和APO-1基因表达量的影响显著（Kong等，2013）。

三、淀粉对畜禽肌肉代谢和发育的影响

育肥猪试验结果表明，土豆淀粉组的剪切力极显著低于玉米和糯米淀粉组；糯米淀粉组的肌内脂肪含量显著低于玉米淀粉组，油酸含量显著高于玉米和土豆淀粉组；土豆淀粉组的多不饱和脂肪酸的含量显著高于玉米和糯米淀粉组（Lee TT等，2011）。生土豆淀粉的长期饲喂降低了猪的背膘厚度和屠宰率，且有降低猪肉滴水损失、提高猪肉大理石花纹的趋势，但是对猪肉的其他肉质指标影响不显著。高比例的直链淀粉日粮有减少肌内脂肪含量的趋势，并显著增加了硬度、腰部眼肌面积，降低了背最长肌MyHC Ⅰ基因表达水平，提高了MyHC Ⅱb基因表达水平（Lee TT等，2011）。Li YJ等（2017）研究发现，豌豆来源的淀粉增加了MyHC Ⅰ和MyHC Ⅱa基因的表达水平，同时降低了MyHC Ⅱb基因的表达水平。

研究结果表明，不同日粮直/支链淀粉比对肉鸡屠宰率、全净膛率、胸腿肌率和胸腿肌蛋白含量影响不显著，但可显著影响腹脂率，且肉鸡腹脂率与日粮直/支链淀粉比之间呈显著的二次线性相关（Seo等，2015）。

第四节　壳聚糖及其衍生物与动物基因表达调控

壳聚糖（chitosan）是甲壳素（chitin）经过脱乙酰基得到的产物，因此，又被称为脱乙酰甲壳素，是自然界中存量仅次于纤维素的天然多糖。分子结构中的羟基和氨基使壳聚糖具有多种生物学功能。壳聚糖经物理、化学、酶解等方法进一步降解可得到甲壳素的高级衍生物——低聚壳聚糖，又称壳寡糖（chito-oligosaccharides，COS）。它不仅具有高分子壳聚糖所具有的生物学功能，而且因其相对分子质量小，溶解性好，具有壳聚糖大分子所不具备的独特生理功能，如调节肠道菌群、增强机体免疫力和抗氧化功能、改善动物生产性能以及提高动物产品品质等作用。同时壳聚糖及其衍生物性质稳定，对饲料加工中的高温、高压，以及动物胃肠道环境等有较好的耐受性，因此被广泛应用于畜禽饲料添加剂。本节将综述壳聚糖及其衍生物对动物生长性能、脂质代谢和免疫性能等方面的影响。

一、壳聚糖及其衍生物对动物生长的影响

壳聚糖作为一种安全、稳定、无毒的饲料添加剂，在单胃动物研究中应用较多。壳聚糖被证实可以改善猪的生产性能（Okamoto等，2002），增强仔猪肠道消化吸收能力（Liu等，2010）。同时，COS可以显著提高有益菌群（双歧杆菌、乳酸杆菌）的数量，降低肠道有害菌（金黄色葡萄球菌）的数量，改善肠道微生态平衡（Yang CM等，2012），从而降低仔猪的腹泻率，减少肠道黏膜的损伤（Liu P等，2008）。相对分子质量较低的COS（5～10 kDa）对断奶仔猪的肠道具有抗菌活性，而相对分子质量较高的COS（10～50 kDa）可以增强肠结构（Walsh等，2012）。适当补充COS可改善脂质代谢，促进免疫器官发育，并抑制肉鸡淋巴细胞凋亡（Li等，2012）。COS还可提高肉鸡的性能和胸肌质量，同时增加血液中红细胞和高密度脂蛋白胆固醇浓度，减少腹部脂肪和改善肉质（Zhou等，2009）。

饲粮中添加1.2 g/kg的壳聚糖，可以增加鸭平均日采食量和平均日增重，改善生产性能，实现较好的促生长效果。COS可以通过增加盲肠中乳酸菌相对数量，减少大肠杆菌相对数量，提高肉鸡采食量和营养物质的消化吸收率（Li等，2007）；还可通过增加肠道绒毛高度和促进肠上皮细胞的增殖促进肉鸡生长（Khambualai等，2009）。饲料中添加0.015%的COS，可显著提高肉鸡日增重、饲料转化率，以及钙、磷、粗蛋白质和氨基酸等营养成分的利用率，且该剂量的促生长效果与添加抗生素（黄霉素）的效果相当（Huang等，2005）。

壳聚糖促进奶牛瘤胃发酵类型的转变，使得丙酸浓度增加，乙酸浓度减少，甲烷产量减少（Danielsson等，2017）。饲喂奶牛不同浓度的壳聚糖时，丙酸浓度随饲喂壳聚糖浓度的增加呈线性增加，主要由于壳聚糖减少了瘤胃中氨基酸脱氨作用（Mingoti等，2016）。壳聚糖可改善牛后肠菌群结构，显著增加乳酸杆菌数量，降低大肠杆菌数量（岳春旺等，2012；孙茂红等，2010；于萍等，2012）。壳聚糖能够提高犊牛日增重，降低犊牛腹泻率；还可提高奶牛产奶量，增加平均乳脂率（孙茂红等，2010）。在肉牛生产中，COS可提高干物质、蛋白质、能量、钙等营养物质消化率，显著降低肉牛血清中促肾上腺皮质激素水平，缓解肉牛应激状态（于萍等，2012）。

COS是目前为止发现的唯一带正电荷的天然寡糖。由于这一特性，它在特定条件下可以电离，降低肠道pH，从而达到抑制病原菌生长的作用。同时，COS可以促进肠道的发育，促进小肠微绒毛的生长，增大小肠的吸收面积，促进肠道对营养物质的吸收，从而促进动物生长（Swiathkiewicz等，2015）。

二、壳聚糖及其衍生物对动物脂肪代谢的影响

自Sugano等1978年首次报道壳聚糖具有降胆固醇功效后，壳聚糖的降脂功能便成为学者们关注和研究的焦点。研究显示，壳聚糖可以与胆汁酸结合并排出体外，促使重吸收进入肝脏中的胆汁酸减少，肝脏加快将胆固醇转化为胆汁酸，从而降低血液胆固醇含量；同时，壳聚糖通过调控脂质代谢关键酶活性及其基因表达，参与动物脂肪的沉积和再分配（Thongngam和McClements，2004）。

COS可改善育肥猪肉品质（Liu P等，2008）。饲料中添加40 mg/kg COS，可提高生长育肥猪的抗氧化能力，降低猪肉失水率和滴水损失，改善肌肉品质（陈刚耀等，2012）；生长猪日粮中添加0.50%和1.00%的COS，可显著降低猪背部脂肪和体脂沉积，提高瘦肉率，改善肉质（周晓容等，2007）。

Razdan和Pettersson（1994）报道，在饲料中添加30 g/kg壳聚糖，显著降低了肉鸡回肠脂肪消化率；在日粮中添加0.05%～0.15%壳聚糖，显著降低肉鹅对日粮中粗脂肪的利用率。在蛋鸡饲料中添加2%和3%的低聚壳聚糖，可显著降低蛋黄中胆固醇、软脂酸、硬脂酸含量，增加蛋黄中油酸的含量（Nogueira等，2003）。日粮中添加0.15%壳聚糖，能够显著降低肉鸡血清中总甘油三酯和总胆固醇的含量（江国亮等，2014）。日粮中COS的添加（0.14%或0.28%）显著降低了腹部脂肪含量，改善了胸部肉质（Zhou等，2009）。

三、壳聚糖及其衍生物对动物免疫的影响

日粮中添加100 mg/kg COS，显著提高母猪的总抗氧化能力（total antioxidant capacity，T-AOC），以及IgG、IgM和IgA的浓度（Wan等，2016）。在猪上，壳聚糖阻挡了微生物与膜受体的结合，抑制NF-κB信号通路，进而缓解炎症反应，调节炎性细胞因子的表达（Huang B等，2016），因此壳聚糖能够通过调控特异性受体基因的表达调节机体的免疫通路，增强机体免疫功能。壳聚糖可以促进断奶仔猪超氧自由基阴离子的清除，通过上调Nrf2基因的表达，激活Nrf2信号通路，增强抗氧化酶活性，促进机体的抗氧化功能（Hu等，2018）。日粮中COS的添加可以通过调节早期断奶仔猪中细胞因子和抗体的产生，增强细胞介导的免疫应答（尹恒等，2008）。

给肉鸡饲喂壳寡糖（0.01%），可显著增加肉鸡免疫器官（脾脏、脾脏、胸腺和法氏囊）的重量及IgM分泌量，提高其免疫性能；壳寡糖通过刺激细胞因子（TNF-α，

IL-1β，IL-6和IFN-γ）的释放使巨噬细胞的功能最大化，并通过激活诱导型一氧化氮合酶来诱导NO的产生（Deng等，2008）。日粮中添加0.10%COS，可增加肉鸡血清中IgG、IgA和IgM的浓度，并促进免疫器官的发育（黄晓亮等，2007）；日粮中添加200～600 mg/kg壳聚糖，可使1～42日龄黄羽肉鸡胸腺指数和法式囊指数显著提高（李志杰等，2017）。以上研究表明，壳聚糖可通过增加免疫器官指数以及提高淋巴细胞、抗炎因子和抗体水平提高家禽免疫功能。

综上所述，壳聚糖及其衍生物在动物生产中具有促生长、调节脂肪代谢、提高抗氧化及免疫功能等生理功能。但由于相对分子质量、脱乙酰程度等诸多因素的影响，在实验中其性质和生物活性还存在一定的不确定性，各研究结果之间也存在差异。因此，在生产中难以确定壳聚糖及其衍生物的适宜添加量，其生产工艺等尚待进一步完善。

（编者：王新霞等）

第五章 微量元素与动物基因表达调控

微量元素作为动物必需的营养素，在动物体内分布甚广，主要以酶的必需组成成分或者激活剂的形式来调节编码各种蛋白质（如酶、载体、受体和生物体结构成分）的基因，从而影响动物的物质代谢和生长发育。其影响基因表达调控的方式主要有3种形式：①作为金属酶的辅酶因子参与基因的表达；②作为诱导物对基因表达进行调控；③作为维持特殊构型的结构物质参与基因表达。微量元素对基因的调控与细胞内金属元素的含量息息相关，而后者又与许多疾病（如贫血、自身免疫性疾病等）的防治密切相关。因此，通过了解微量元素对基因表达的调控作用，可以更深入地揭示微量元素营养与动物健康的关系。

第一节　铁与动物基因表达调控

铁是机体所必需的微量元素之一，具有多种重要的生物学功能。铁是血红蛋白、肌红蛋白、细胞色素以及某些呼吸酶的构成成分，参与体内氧的运输、组织呼吸及细胞能量代谢等许多重要的生命过程，对于维持机体正常的生理作用必不可少；铁在新陈代谢过程中不仅可以作为底物、辅酶或辅因子，而且在调节编码各种蛋白质（如酶、载体、受体和生物体结构成分）的基因等方面发挥作用。

一、机体铁代谢调控

机体有一个复杂而精妙的系统来维持机体铁代谢稳态平衡。目前研究认为，机体对铁的调控有着双重机制，一方面依赖于铁调素（hepcidin，Hepc）及膜铁转运蛋白（ferroportin，FPN），另一方面则通过铁调节蛋白（iron regulatory protein，IRP）与铁效应元件（iron responsive element，IRE）相结合来调控细胞的铁代谢（Hentze等，2010）。

1. 铁调素对铁代谢基因表达的调控

铁调素是由肝脏分泌的一种循环肽，通过抑制肠道中铁的吸收和巨噬细胞中铁的释放来维持机体铁稳态，是机体铁稳态调节的关键因子。

FPN1是机体内唯一可以将细胞内的铁转运到血液循环中的细胞膜转运蛋白，几乎在所有组织的细胞表面均有表达。分布在巨噬细胞、肝细胞和十二指肠细胞表面的FPN1掌控着铁在细胞与血液循环间的流通，并在铁氧化酶的辅助下将细胞内的铁传递给血液中的转铁蛋白（transferrin，Tf）（Drakesmith等，2015）。

给仔猪注射右旋糖苷铁，发现仔猪的机体铁沉积显著增加，肝脏和十二指肠中铁调素mRNA表达水平升高，而十二指肠中FPN mRNA表达水平显著降低（Pu等，2015）。

以高铁饲料喂养大鼠，发现大鼠体内铁水平升高，肝脏铁调素的mRNA表达水平也升高，铁调素表达量达到正常组的2倍，而十二指肠中FPN的mRNA水平略有降低（韩巍等，2008）。

在母鼠饲粮中添加适量的血红素铁或$FeSO_4$，均可显著促进胎鼠增重，诱导母鼠靶组织铁调素基因的表达，使铁调素表达量上升，而FPN、转铁蛋白受体2（transferrin receptor protein 2，TfR2）表达量下降，提高母鼠组织和妊娠20天胎鼠机体铁含量（李美荃等，2017）。

机体铁水平可以反馈调控铁调素的表达，机体铁水平通过循环系统中Tf将信号传递给铁调素并调控其表达。血色素沉着蛋白（hemochromatosis protein，HFE）是位于细胞表面的组织相容性复合体Ⅰ型（major histocompatibility complex Ⅰ，MHC Ⅰ）跨膜糖蛋白，可与转铁蛋白受体1（TfR1）相结合，将信号传递给铁调素并抑制其表达。由于双铁转铁蛋白（Fe2-Tf）与HFE都可结合于TfR1的重叠区，当血浆中铁水平增加时，Fe2-Tf在细胞表面和HFE竞争结合TfR1，从而使铁调素表达增加（Schmidt等，2008）。另外，主要在肝脏中表达的TfR2也参与铁调素的调节作用，但其与Tf的结合能力弱于TfR1。Fe2-Tf与TfR2结合或游离HFE与TfR2的结合，都可上调铁调素的mRNA表达（Radio等，2014）。机体铁水平过高可导致血液中Tf含量增加，Tf与HFE具有相同的结合位点，均可与TfR1结合。Tf会促使HFE与TfR1分离，且导致HFE与TfR2结合，形成HFE-TfR2-Tf复合物，使铁调素表达上调，但其作用机制仍需进一步研究（卢镜宇等，2014）。

2. 铁效应元件结合蛋白调控体系

铁效应元件结合蛋白调控体系由铁、铁效应元件（IRE）和铁调节蛋白（IRP）三者构成，通过在转录水平上影响转铁蛋白受体（TfR）mRNA和铁蛋白（Ferritin）mRNA翻译来调节铁的吸收与储存。该体系的调控功能与IRE和IRP的结构密切相关。铁通过结合IRP，对具有IRE的效应基因（DNA或RNA）的表达进行调控，从而调节铁自身的吸收、储存和利用，同时也参与调节血细胞的增殖、分化与成熟。

IRE具有高度保守的RNA茎环结构，六元环中的前5个碱基基本都是CAGUG，上茎为5对碱基对。IRP是真核细胞重要的铁调节蛋白，IRP与IRE结合活性的改变调节转运体的表达，调控其转录及转录后过程。FPN1的IRE位于基因5′端的非转录区域，IRP与5′端IRE的结合能抑制其基因的表达；二价金属离子转运体1（divalent metal transporter 1，DMT1）的IRE位于基因3′端的非转录区域，IRP与3′端IRE的结合可促进其基因的表达。

铁调节蛋白（IRP）是可与铁转运和储存蛋白的mRNA中的铁反应元件结合的蛋白质，目前发现有两种——IRP1和IRP2，IRP1起主要作用。IRP1于细胞质中发挥类似顺乌头酸酶的功能，当细胞中铁充足时，IRP1含有一个［4Fe-4S］簇结构，并与3个半胱氨酸残基结合，此时IRP1具有顺乌头酸酶活性，不能结合IRE，即无铁调节蛋白活性。当细胞内铁缺乏时，IRP1则失去［4Fe-4S］簇结构，形成无铁-硫簇的脱辅基蛋白，此时无顺乌头酸酶活性，与IRE结合活性增强。当无铁-硫簇结构时，IRP1蛋白构象发生变化，暴露IRE结合位点。在铁缺乏的情况下，IRP将结合到DMT1（＋IRE）和TfR1 mRNA 3′端的非翻译区的IRE上，以保护mRNA，使其不被核糖核酸酶降解，从而使mRNA的稳定性增强，翻译的蛋白质数量增加，即DMT1（＋IRE）和TfR1数量增加，小肠上皮细胞对食物中铁的吸收增加，外周组织需铁细胞对铁的摄入增加。在铁充足的情况下，由于形成铁-硫簇结构，IRP失去了与IRE结合的能力。因此，IRP会从DMT1（＋IRE）和TfR1 mRNA上离开，mRNA就会被核糖核酸酶降解，从而使mRNA的翻译水平降低，使DMT1（＋IRE）和TfR1的合成减少，最终使机体对铁的吸收和细胞对铁的摄入减少（Grillo等，2017）。

二、铁与基因表达调控

1. 铁对肠道吸收相关基因表达的影响

饲粮中的无机铁大多以Fe^{3+}形式被吸收。肠道铁吸收的第一步：通过位于小肠细胞顶膜上的十二指肠细胞色素b还原酶（duodenal cytochrome b，Dcytb）将Fe^{3+}还原成Fe^{2+}，再经小肠细胞面向肠腔的微绒毛膜上的DMT1将其转入胞内。小鼠和肉鸡的饲养试验表明，低铁饲粮组十二指肠中与铁吸收转运相关基因Dcytb、DMT1、FPN1和TfR1的mRNA表达水平均提高，而高铁饲粮组中上述基因的mRNA表达水平则明显降低（Dupic等，2002；Tako等，2010）。

2. 铁对能量代谢相关基因表达的影响

机体的铁状态可影响血液中甲状腺素水平，并影响机体的能量代谢。解偶联蛋白（uncoupling protein，UCP）是与机体产热作用有关的一类线粒体载体蛋白，其作用是消除线粒体膜电位，使氧化磷酸化解偶联，从而抑制ADP合成腺苷三磷酸（adenosine triphosphate，ATP），能量以热能形式散失。补充适量的铁能改善机体甲状腺素水平，促进肥胖大鼠骨骼肌中Ucp2、Ucp3的mRNA表达，有利于脂肪动员，增加能量消耗。高剂量铁能增强高能诱导肥胖大鼠白色脂肪Ucp2基因的表达，并可以降低肥胖大鼠的脂肪比例。Ma等（2019）研究报道，给遗传性肥胖小鼠饲喂高铁日粮，鼠肝脏中与脂肪合成相关的基因Hmgcr和Srebp1的表达量显著降低，表明高铁可以抑制脂肪的形成。

3. 铁对肉色相关基因表达的影响

铁是血红蛋白和肌红蛋白的必要组成成分，对保持正常肉色具有重要的作用。甘氨酸铁能使仔猪背最长肌肌红蛋白（myoglobin，Mb）的基因表达上调，在一定程度上可以调控肌红蛋白基因表达，改善肉色。Zhou等（2019）研究表明，血红素铁可以使仔猪背最长肌中的Mb含量增加，从而提高肉的红度值。

4. 铁对泌乳相关基因表达的影响

在小鼠饲粮中补充铁，显著增加了哺乳期乳铁蛋白（lactoferrin，Lf）的mRNA表达水平（Wang，2005）。体外试验表明，铁能提高原代培养的小白鼠乳腺细胞乳铁蛋白mRNA的表达量（王静华，2004）。

5. 铁对免疫功能相关基因表达的影响

铁和机体的免疫存在密切的关系，可以通过调节免疫因子的表达，影响机体的免疫功能。Guo等（2019）研究发现，缺铁会下调草鱼鱼鳃中抗菌肽、抗炎因子（IL-4/13B除外）、κBα抑制剂（IκBα）、雷帕霉素靶蛋白（TOR）和核糖体蛋白S6激酶1（S6K1）

的mRNA水平，上调促炎因子（IL-6和IFN-γ2除外）、核因子κB p65（NF-κB p65）、IκB激酶（IκB kinase，IKK；包括IKKα、IKKβ和IKKγ）的mRNA水平，从而损伤草鱼鱼鳃的免疫功能。Morgan等（2014）研究表明，高铁饮食使宇航员肠道中与损伤修复相关的三叶因子3（trefoil factor 3，Tff3）基因表达量下降，而促炎因子TNF-α的表达量升高。

第二节　铜与动物基因表达调控

铜是动物机体必需的微量元素之一，在机体造血、新陈代谢、生长发育、维持生产性能、增强机体免疫能力等方面均具有重要作用。许多研究表明，铜的这些生理功能与其可以调控一些相关激素和蛋白（如胰岛素、促肾上腺素、铜蓝蛋白等）的基因表达和分泌息息相关。从分子水平探讨日粮铜对机体生长发育和免疫相关蛋白基因表达的影响，为保证动物健康、提高生产力提供理论依据。

一、铜对动物生长性能相关基因表达的影响

高铜的促生长作用已经被大量实验所证实。研究发现，铜可以调控生长性能相关基因的表达，这与铜的促生长作用密切相关。

余斌等（2007）研究发现，日粮中铜的添加使猪的体重增加，可显著提高血清IGF-1浓度、肝脏生长激素受体（growth hormone receptor，GHR）mRNA水平及肝细胞膜GHR特异结合活性，肝脏IGF-1 mRNA水平有上升趋势但不显著。郑鑫等（2006）报道，在生长猪饲料中添加125～250 mg/kg铜，可以上调IGF-1的表达量，显著提高猪的平均日增重，促使生长猪血液中IGF-1浓度的增加。Wang JG等（2016）研究表明，分别用添加100 mg/kg、150 mg/kg、200 mg/kg、250 mg/kg、300 mg/kg硫酸铜的饲料喂养猪，血清生长激素（GH）、胰岛素（insulin，INS）、IGF-1和胰岛素样生长因子结合蛋白3（IGFBP-3）浓度显著增加。Yang W等（2011）研究了日粮铜补充对生长猪下丘脑生长抑素（somatostatin，SS）和生长激素释放激素（growth hormone releasing hormone，GHRH）mRNA表达水平的影响。数据表明，日粮高水平铜（125 mg/kg硫酸铜或125 mg/kg蛋氨酸铜）提高了猪的生长性能和饲料效率，增强了GHRH mRNA表达水平，并抑制猪下丘

脑SS mRNA表达水平。Yang W等（2012）研究表明，在日粮中添加125 mg/kg的蛋氨酸铜或硫酸铜，猪的平均日增重、血清GH浓度和胃饥饿素（生长素释放肽）的mRNA水平均较高，即日粮高水平铜（125 mg/kg）通过增加生长猪的GH和生长素释放肽mRNA水平，促进了体重增加。Wang JG等（2012）实验评估证明，铜可以促进新生猪软骨细胞胰岛素样生长因子-1（IGF-1）mRNA的表达，铜的最适浓度和培养时间分别为31.2 μmol/L和48 h。

铜还可以通过影响食欲相关基因来影响动物的采食量，从而对动物生长起到相应的作用。Li等（2008）报道，饲喂125 mg/kg和250 mg/kg Cu日粮的猪下丘脑中的神经肽Y（NPY）浓度和NPY mRNA表达水平比对照组动物高。NPY是主要由下丘脑产生的神经肽，是已知最丰富的神经肽，在调节食欲中起重要作用。NPY也是一种多功能剂，根据目前的了解，NPY被认为是最强大的饲养诱导剂。膳食Cu、NPY mRNA表达和食欲之间存在机械联系。Zhu等（2011）研究结果表明，补充250 mg/kg Cu组猪的下丘脑NPY mRNA含量较高，补充175 mg/kg、250 mg/kg Cu组猪前阿黑皮素原（pro-opiomelanocortin，POMC）基因表达水平显著降低；100 mg/kg、175 mg/kg、250 mg/kg Cu组猪瘦素受体（LeptinRb） mRNA的表达水平显著降低。其中POMC是通过黑皮质素-4受体（melanocortin-4 receptor，MC4R）起作用的厌食性神经肽α-黑素细胞刺激激素（α-melanocyte stimulating hormone，α-MSH）的前体分子，MC4R是食欲控制和能量稳态的关键分子，可以抑制进食和减轻体重。LeptinRb会抑制诱导性神经肽的基因转录，铜可能通过调控这些基因影响动物的食欲，从而促进动物的生长。

二、铜对动物抗氧化功能相关基因表达的影响

铜参与动物体内几种抗氧化酶的形成，因此可以参与体内自由基的产生与清除，影响体内的抗氧化过程。线粒体中含有多种抗氧化系统，如线粒体硫氧还蛋白2（thioredoxin 2，Trx2）系统，该系统是由线粒体型硫氧还蛋白、线粒体型硫氧还蛋白还原酶（thioredoxin reductase 2，TrxR2）和还原型烟酰腺嘌呤二核苷酸磷酸组成的，其主要作用是维持细胞内外氧化还原平衡。刘好朋等（2011）研究发现，当日粮铜含量在110 mg/kg和330 mg/kg时，肉鸡肝脏线粒体TrxR2的表达量提高，从而提高肝脏的抗氧化性能，提高线粒体呼吸功能；而长时间饲喂铜含量为550 mg/kg的日粮，可引起TrxR2基因mRNA表达量的降低，说明日粮铜含量过高会导致机体出现损伤。日粮铜含量过高或过低会影响相关酶的活性，削弱其抗氧化作用，导致体内自由基蓄积，引起组织损伤。马得莹和单安山（2003）研究表明，日粮铜含量过低或过高都会降低肝脏中铜/锌-

超氧化物歧化酶的基因表达水平，肝脏中谷胱甘肽过氧化物酶（GPx）和过氧化氢酶（catalase，CAT）mRNA的水平也会下降，且高铜含量还会降低血清铜蓝蛋白（ceruloplasmin，Cp）的表达水平。Song等（2009）研究显示，在肉鸡的基础日粮中补充50 mg/kg Cu，可以促进LPS攻击下循环Cp浓度的升高。这表明合理的膳食Cu水平可能有利于应对短期LPS攻击。

三、铜对动物免疫功能相关基因表达的影响

许多研究证明，铜能影响动物机体免疫相关蛋白的基因表达，适量的铜可以增强动物的免疫能力。王敏奇等（2011）研究发现，在饲粮中添加载铜多聚糖纳米颗粒（chitosan nanoparticles loaded with copper ions，CNP-Cu），能显著提高断奶仔猪血清补体C3的水平，溶菌酶（lysozyme，LE）含量也有显著增高。补体具有协助、补充和加强抗体及吞噬细胞免疫活性的作用，在机体防御体系中起到协同抗感染的作用。溶菌酶能溶解细菌细胞壁，也能使病毒失活，还参与机体多种免疫反应，是反映巨噬细胞功能的标志酶，是细胞免疫能力高低的一项重要指标。Yan等（2016）报道，与基础日粮组相比，以CuCit形式在日粮中添加20 mg/kg Cu，可以增加断奶仔猪血清溶菌酶的含量，提高抗菌肽protegrin-1（NPG1）的mRNA表达水平，并且降低腹泻发生率。NPG1是一种抗菌肽，这种抗菌肽可以抵抗外来细菌病毒的入侵，增强动物的免疫能力。Bagheri等（2017）研究显示，冷应激会导致肉鸡右侧心力衰竭、基质金属蛋白酶2（matrix metalloproteinase 2，MMP-2）表达量的显著增高，以蛋氨酸铜形式添加100 mg/L或200 mg/L Cu可以减少肉鸡在冷应激条件下MMP-2的表达。姚人升（2014）研究表明，与对照组相比，不同剂量硫酸铜组和25 mg/kg、50 mg/kg纳米氧化铜组可以促进断奶仔猪血清中血液免疫因子IL-2含量的升高（$P<0.05$），且随着铜剂量的加大或断奶仔猪日龄的增长，血清中IL-2含量升高的趋势更明显。在仔猪十二指肠、回肠及盲肠中，不同时间段200 mg/kg硫酸铜组和200 mg/kg纳米氧化铜组TLR2基因的表达量都显著高于对照组（$P<0.05$）。与对照组相比，低剂量的硫酸铜和纳米氧化铜能够使仔猪各肠段的TNF-α基因表达水平下降，而200 mg/kg硫酸铜组和200 mg/kg纳米氧化铜组的TNF-α基因表达量有显著升高（$P<0.01$）。

四、铜对动物代谢相关基因表达的影响

铜对代谢相关基因的表达也有一定的作用。铜转运蛋白是铜吸收的主要途径。一旦

Cu进入细胞，Cu就可以传递到肠道中的铜转运ATP酶α肽（ATP7a）和肝脏中的铜转运ATP酶β肽（ATP7b），肝ATP7b通过胆汁排泄从肝脏分泌铜，并结合到分泌蛋白（血浆铜蓝蛋白）中。Cu进入细胞后，可由分子伴侣蛋白抗氧化蛋白1（anti-oxidant 1，Atox1）递送至ATP7a，被小肠吸收，在肝脏中被伴侣蛋白Atox1传递给ATP7b，从而促进Cu外排。Huang等（2015）报道，与对照组相比，喂养225 mg/kg Cu的猪中，十二指肠Atox1 mRNA表达显著下调，肝脏中ATP7b表达水平显著上调，表明猪会在此状态下减少肠道铜的吸收并增加肝脏铜的排出来维持体内的平衡。Fry等（2012）研究表明，与对照组相比，日粮中添加的铜减少了猪肝脏中细胞色素c氧化酶17（cytochrome c oxidase 17，COX17）mRNA表达量，上调了Atox1 mRNA的表达。COX17可以将电子传递系统中的铜传递给末端氧化酶，从而促进Cu外排。在肝脏中Atox1可以将Cu递送至ATP7b，可以促进Cu的外排。Andersen等（2007）在母鼠孕前和怀孕期间饲喂不同的含铜日粮，结果显示：铜缺乏时，转铁蛋白受体1和IRE调节的DMT1上调；怀孕期间的铜缺乏会调节Fe转运蛋白的表达。

第三节　锌与动物基因表达调控

一、锌对生长发育相关基因表达的影响

锌是动物机体所必需的微量元素，对动物的生长发育具有重要的作用，是体内300多种酶发挥活性的必要组成。锌是RNA聚合酶发挥催化活性所必需的，RNA的合成则是基因表达的关键。大量试验表明，锌离子主要在转录水平调控基因的特异表达，以锌指蛋白结构作为基因的转录因子。目前生物体中已发现500多种与锌相关的基因调节蛋白，其中已经明确的有转录因子ⅢA（transcription factor ⅢA，TFⅢA）、糖皮质激素受体（glucocorticoid receptor，GR）、雌激素受体（estrogen receptor，ER）、酵母转录激活蛋白GAL4和32蛋白。当基因调节蛋白中的锌离子被螯合后，蛋白质本身的结构稳定性被破坏，影响基因表达。此外，锌作为DNA聚合酶的重要组成成分，参与了DNA的复制。研究发现，缺锌会导致DNA及DNA聚合酶类的活性下降，进而影响新的mRNA的翻译（Watanabe和Suzuki，2001）。在断奶仔猪中，不同锌源的添加均可显著提高IGF-1的表达水平，且蛋氨酸锌组IGF-1的表达量高于无机硫酸锌组，进而影响机体的生长

发育。

二、锌对吸收转运相关基因表达的影响

锌跨膜转运动力学研究表明锌可由转运蛋白介导跨膜运输。锌转运蛋白主要包含两个蛋白家族——锌铁调控蛋白（ZRT, IRT-like protein，ZIP）和锌转运蛋白（zinc transporter，ZnT）家族，它们共同维持胞内锌稳态。ZIP家族主要负责将细胞外及细胞器内锌转移进入细胞质。ZnT家族则协助将细胞内锌运出细胞外或转运到细胞器。不同锌转运蛋白对锌水平的敏感程度不同，影响较为显著的有ZnT1和ZnT2等，且存在一定的组织特异性。有研究表明，ZnT家族的转录水平受饲粮锌水平的调控，高锌水平可诱导ZnT1和ZnT2的表达上调。ZnT1位于浆膜上（家族中唯一）且组织分布广泛，主要负责将锌转运到细胞外。Liuzzi等（2001）研究发现，灌服锌后大鼠小肠、肾和肝脏中ZnT1 mRNA水平均显著提高，说明锌对ZnT1的表达有促进作用，且可能参与对转运蛋白稳定状态的调节。ZnT2主要分布在小肠、肾脏、胰等，负责将锌从细胞质中转移到细胞核中。当锌缺乏时，小肠和肾中ZnT2 mRNA表达几乎检测不到，添加锌后其mRNA水平则显著提高。Cao等（2001）研究指出，锌转运蛋白表达受到锌水平调控，可作为评价机体锌状态的敏感指标。人髓系白血病单核细胞（human monocytic leukemia cells，THP-1）基因表达结果显示，对锌缺乏最敏感的基因是ZnT1，而MT1（metallothionein，金属硫蛋白）与ZnT1是对锌过量敏感的基因。

ZIP4（SLC39A4）作为ZIP家族中的重要成员，存在于小肠黏膜细胞顶膜中。研究表明，小鼠Zip4 mRNA主要在十二指肠、空肠、结肠、胃和肾脏中表达，蛋白质主要存在于小肠黏膜细胞顶膜表面，并与锌离子具有高亲和力。ZIP4是锌离子吸收的重要蛋白质，且在小鼠早期胚胎发育中具有重要的作用。Huang DP等（2016）研究发现，随着甘氨酸锌添加浓度升高，十二指肠和空肠中ZIP4 mRNA表达水平也随之降低。Geiser等（2012）研究发现，ZIP4基因缺失会导致肠黏膜功能受损、肠道微环境破坏、潘氏细胞基因不正常表达，进而影响多种元素的代谢平衡。Dufner-Beattie等（2004）研究报道，大鼠ZIP4的表达对锌水平具有高度的依赖性。当锌缺乏时，ZIP4表达水平出现上调；反之，当增加锌离子浓度时，其mRNA水平显著下降。目前的研究主要集中在锌依赖的ZIP4调控机制。在人肝癌细胞HepA以及鼠肠上皮细胞中，锌浓度并不作用于ZIP4的转录，而是调节了其mRNA的稳定性。另外，ZIP4也存在翻译后调控机制。缺锌使得ZIP4在细胞膜上驻留；而在高锌状态下，ZIP4通过泛素化降解来降低锌离子的摄入量，从而保护细胞（Mao，2007）。

ZIP5（SLC39A5）也是ZIP家族中另一个成员，小鼠Zip5 mRNA主要在肝脏、肾脏、胰腺、小肠各部分表达。锌充足时，ZIP5位于细胞基底膜，负责将血液中的锌转运至肠上皮细胞并最终排泄进入肠腔；锌缺乏时，ZIP5位于细胞内，在调节锌的跨膜转运过程中起重要的作用（Dufner-Beattie，2004）。Wang等（2004）研究显示，ZIP5在极化的细胞中负责将锌从浆膜层转运到黏膜层，并且在维持锌的平衡中具有重要的作用。

对于小肠上皮细胞，ZIP4分布在细胞顶膜，ZIP5分布在基底膜。由于细胞亚定位不同，ZIP5作为传感器主要负责将锌从浆膜层转运到黏膜层，并感知机体锌营养状态。ZIP4-ZIP5共同构成肠道锌吸收的重要体系。

ZIP14主要在肝脏、十二指肠、肾脏中表达，与其他家族成员相比，其跨膜域V序列中组氨酸残基变为谷氨酸残基，但并不影响对锌的转运。ZIP14对生长发育至关重要，与炎症免疫相关。Liuzzi等（2005）研究发现，在急性炎症期间，宿主通过降低血清锌和铁的含量，降低细菌对铁锌的利用率，因而容易诱发低锌血症。此外，炎性细胞因子IL-6可调节ZIP14的表达，导致锌代谢失衡，最终诱发疾病。ZIP14还可以调节肝脏中锌和非转铁蛋白结合铁的吸收，在维持肝脏锌稳态方面起重要作用（Liuzzi，2006）。

金属硫蛋白（MT）是一种富含半胱氨酸、相对分子质量为6000～10000 Da的金属结合蛋白，在体内可起到拮抗重金属（汞和镉等）、抗辐射和清除自由基等作用。在哺乳动物中存在4种MT异构体，即MT-1、MT-2、MT-3、MT-4。其中，MT-1和MT-2存在于所有器官中，但在肝脏中表达量最高；MT-3在脑中的表达主要在谷氨酰能（glutaminergic）神经细胞中，也有MT-3在胰脏和肠中表达较低的报道；MT-4在口腔上皮、食道、新生的皮肤等组织的复层鳞状上皮细胞中表达（Haq等，2003）。研究表明，MT是调节锌吸收和储存的关键蛋白质，胞内MT结合锌离子后即可以把锌运送至血液中，也可分泌回肠腔，这取决于机体锌水平和饲料中锌含量。Cousins和McMahon等（2000）研究指出，细胞中MT mRNA水平反映出机体锌摄入量的变化，可作为评价锌营养状况的敏感指标。锌调节MT基因表达的主要机制是通过MT启动子上的金属反应元件（mental response element，MRE）与锌结合蛋白［主要是MTF-1（MRE结合转录因子-1，MRE-binding transcription factor-1）］相互作用来实现对基因表达的正调节。MTF-1是一种含多个锌原子的锌指蛋白，能被锌激活，但不能被其他过渡金属元素激活。Okumura等（2011）研究显示，锌能降低启动子组蛋白H_3上三甲基赖氨酸和乙酰赖氨酸的含量，提高MT-1启动子核酸酶的敏感性，而MTF-1对于锌诱导MT-1启动子活性的变化具有重要的作用。锌与MTF结合后转移进入细胞核，MRE被MTF识别后与DNA结合，启动基因转录（计峰等，2003）。锌作为MTF的配基，在转录水平调节MT的合成，以此参与基因表达的调控。

三、锌对肠道健康相关基因表达的影响

锌对肠道发育健康至关重要，可以促进黏膜上皮细胞增殖、修复损伤。作为动物肠道发育和健康的重要指标之一，胰高血糖素样肽2（GLP-2）可以通过刺激隐窝细胞的增殖，抑制肠道细胞凋亡，从而补充肠道营养所导致的发育障碍，减轻肠道炎症。同时GLP-2也可作为营养因子，提高仔猪肠道蔗糖酶、麦芽糖酶等消化酶活性。不同锌源的生物学效价不同，进而导致GLP-2基因表达和分泌的差异。计乔平等（2013）研究发现，不同锌源和水平及互作对GLP-2 mRNA表达影响极显著，且有机锌优于硫酸锌。研究发现，锌离子可以通过锌敏感受体（Zinc-sensing receptor，ZnR）/GPR39控制细胞增殖、分化及紧密连接蛋白的形成（Cohen等，2012）。胞外锌通过调控ZnR/GPR39，诱导与增加胞内钙离子相关的信号通路，通过蛋白激酶C（protein kinase C，PKC）及磷脂酰肌醇3-激酶（phosphoinositide 3-kinase，PI3K）信号通路激活ERK1/2激酶，进而促进上皮细胞修复及增殖（Sharir等，2010）。氧化锌也可以通过激活ERK1/2，抑制JNK/p38信号通路，增强断奶仔猪肠道屏障功能的完整性。

此外，锌转运载体ZIP家族除了能够调控胞内锌含量，还参与了对紧密连接蛋白的调节。其中，ZIP7通过抑制蛋白酪氨酸磷酸酶活性提高了酪氨酸激酶活性，进而使酪氨酸磷酸化蛋白参与紧密连接蛋白的调节。ZIP14位于肠上皮细胞基底侧，同样参与了锌对紧密连接蛋白和肠道屏障功能的调节作用。

四、锌对细胞凋亡相关基因表达影响

锌对凋亡具有诱导和拮抗的双重作用，既可以诱导细胞凋亡，也可以抑制细胞凋亡，这取决于胞内锌含量及作用时间。卢锋和郭红卫（2006）研究表明，细胞内缺锌可诱导人髓性白血病细胞系HL-60的凋亡，引起基因Bcl-2、c-myc的mRNA及蛋白质表达水平的降低。在断奶仔猪中，不同锌源的添加均可显著提高胰岛素样生长因子1基因的表达量，且蛋氨酸锌组表达量高于无机硫酸锌组，进而影响机体的生长发育。

第四节　锰与动物基因表达调控

锰是动物体必需的微量元素之一，在畜禽生长、繁殖、疾病抵御等方面起着重要的作用。锰的生理功能：①酶的活性成分。锰是丙酮酸羧化酶、精氨酸酶、谷氨酰胺合成酶等酶的关键组分，同时也是半乳糖基转移酶、羧化酶、水解酶、磷酸化酶等的激动剂（Matthew等，2017）。②参与脂肪代谢。锰与胆碱、生物素之间有协同作用，因此影响脂类代谢。锰具有特异性抗脂肪肝功能，能促进脂肪利用及阻止肝脏脂肪发生变性。③参与机体免疫调节。一定剂量的锰可刺激免疫器官的细胞生成，从而增强细胞免疫功能。锰还可以增加体内干扰素的含量，从而增强巨噬细胞的吞噬能力。锰与钙相互协调，共同调节淋巴细胞的免疫功能。④调控生殖机能。锰是促进动物性腺发育和内分泌功能的重要元素之一，适量的锰可以刺激机体胆固醇以及前体物质的合成，维持正常的生殖周期。⑤维持骨骼正常发育。锰为骨骼正常发育所必需微量元素之一，是合成硫酸软骨素所必需的两种重要酶——多糖聚合酶和半乳糖转移酶的激活剂（张雪君，2013），而硫酸软骨素是骨有机质主要构成成分——黏多糖的组成成分。缺锰易引起骨骼受损、骨质松脆。⑥其他生物学功能。锰刺激胰岛素的分泌；在吡哆醛、磷酸盐参与下与氨基酸结合形成螯合物，加快氨基酸吸收代谢；参与卟啉的合成。

一、锰对MnSOD基因表达的调控

锰超氧化物歧化酶（manganese-dependent superoxide dismutase，MnSOD）是生物体内重要的氧自由基清除剂，具有抗氧化和抗肿瘤作用。DNA酶足迹法分析发现MnSOD基因5′端GC盒区存在多个特异蛋白-1（specificity protein 1，SP-1）和激活蛋白-2（activator protein 2，AP-2）的结合位点。Xu等（2002）进一步研究了SP-1和AP-2对MnSOD基因转录的影响，发现SP-1是人MnSOD基因基础转录所必需的因子，而AP-2对转录起负调控作用。激活蛋白-1（AP-1）、NF-κB是MnSOD基因转录相关因子，药物和金属离子通过改变这些转录因子的活性来调控MnSOD基因表达。此外，研究人员发现，MnSOD基因5′端存在早期生长应答蛋白1（early growth response protein 1，EGR1）反应元件和TPA（12-*O*-tetradecanoyl phorbol-13-acetate）应答元件（TPA responsive element，TRE）等诱导性反应元件。当被相应的药物诱导时，这些元件可与转录因子结合并激活MnSOD基因的转录。

Qin等（2017）研究了锰对鸡胚原代心肌细胞抗氧化水平及MnSOD基因表达的影响。结果发现，MnSOD的mRNA水平和抗氧化酶活性随着锰的处理及作用时间的延长而显著提高。

Li等（2011）在研究日粮中锰的添加对仔鸡MnSOD基因在转录及翻译水平上的影响时发现，锰的添加显著提高了SP-1、MnSOD mRNA结合蛋白（MnSOD mRNA-binding protein，MnSOD-BP）水平，同时降低了AP-2的活性，解除其对MnSOD基因转录的抑制。

Borrello等（1992）研究发现，缺锰小鼠肝脏的锰含量、MnSOD抗氧化酶活性及其mRNA水平均显著降低，表明缺锰可引起小鼠MnSOD转录水平的负调节。Thongphasuk等（1999）认为人MnSOD基因包含一种金属反应元件（MRE），锰调节MnSOD基因表达的机制可能与锌调节金属硫蛋白基因表达的机制类似，即锰与MRE结合转录因子结合后转入细胞核内，识别MnSOD基因启动子区的MRE并与之结合，从而激活MnSOD基因的转录。

李素芬等（2003）和吕林等（2007）均研究了不同锰源对肉鸡心肌、骨骼肌中MnSOD水平的影响。结果发现，锰源及添加水平对MnSOD基因表达有显著影响，其中有机来源的锰能更有效地提高MnSOD的转录水平，增加抗氧化活性，从而减少脂质过氧化产物，改善肉品质。

二、锰调控生殖细胞基因的表达

郭海等（2015）研究了氯化锰对生精细胞Caspase-3 mRNA和多聚ADP核糖聚合酶（poly ADP Ribose polymerase，PARP）表达的影响，并探讨了氯化锰的生殖毒性效应及可能机制。结果发现，锰可诱导大鼠生精细胞Caspase-3 mRNA的表达，促进PARP分解，导致生精细胞凋亡，产生生殖毒性效应。郭海等（2017）还研究了氯化锰对大鼠生精细胞Caspase-9、凋亡酶激活因子（apoptotic protease activating factor-1，Apaf-1）、X染色体连锁凋亡抑制因子（X-linked inhibitor of apoptosis protein，XIAP）和第二个线粒体来源的胱冬肽酶激活剂（second mitochondria-derived activator of Caspases，Smac）的调节机制，探讨锰导致的雄性不育机制，发现锰可促进生精细胞Caspase-9、Apaf-1和Smac的表达，抑制XIAP的表达，导致细胞凋亡，对雄性生殖产生毒性效应。毕明玉等（2010）研究了氯化锰（$MnCl_2$）对鸡支持-生精细胞凋亡及Bak、Bcl-x基因mRNA表达的影响，发现锰可提高促细胞凋亡Bak基因的表达水平，抑制抗细胞凋亡Bcl-x基因的表达，导致鸡支持-生精细胞的凋亡。

才秀莲等（2010）研究了锰对大鼠生精细胞Caspase-3 mRNA调控及支持细胞波形蛋白（vimentin）表达的影响，发现染锰大鼠生精细胞Caspase-3 mRNA表达上调，导致生精细胞凋亡数增加；同时支持细胞波形蛋白表达水平下降，对生精细胞造成一定毒性作用。

三、锰对其他基因表达的影响

王美玲等（2011）研究了不同形态、水平锰的添加对肉仔鸡脂肪代谢关键酶活性及其mRNA水平的影响。结果发现，锰源、锰源与锰水平互作对肝脏FAS和苹果酸脱氢酶（malate dehydrogenase，MDH）、腹脂FAS和LPL的mRNA水平均无显著影响；锰添加水平显著影响肝脏MDH mRNA水平，而对肝脏FAS、腹脂FAS和LPL的mRNA水平无显著影响。说明锰的添加可以通过降低肝脏FAS和MDH活性及提高腹脂中激素敏感性脂肪酶（HSL）活性来降低肉仔鸡腹脂沉积，锰可能通过降低肝脏MDH mRNA水平来降低其酶活性，有机锰和无机锰在以上作用效果方面无差异。

陈丽等（2014）在研究锰的神经毒作用时发现，腹腔注射锰使得大鼠大脑核受体相关因子1（nuclear receptor related factor 1，Nurr1）mRNA水平降低，从而减少中脑多巴胺神经元分化，影响大鼠运动。

李国君等（2010）在研究锰对血-脑脊液屏障铁转运体系的作用中发现，锰会促进转铁蛋白受体（TfR）mRNA的成熟及铁蛋白mRNA的减少，表明锰可以促进铁通过血脑脊液屏障。

Wise等（2004）发现在大鼠嗜铬细胞瘤细胞中，锰可以间接通过c-Jun N端激酶（JNK）和ERK分别提高蛋白-1的结合活性及含NF-κB应答元件的基因转录水平。

Tu等（2017）研究了锰对斑马鱼体内轴突蛋白2a（neurexin 2a，Nrxn2a）表达的影响。结果表明，锰的添加降低了斑马鱼轴突蛋白2a的mRNA水平，进而影响了斑马鱼神经系统的发育。

李莉等（2009）研究了锰对嗜铬细胞瘤（PC12）细胞凋亡的诱导作用，发现锰可诱导PC12细胞凋亡，上调抑癌基因——p53基因的表达，下调原癌基因——鼠双微体（murine double minute 2，Mdm2）基因的表达。

第五节 硒与动物基因表达调控

硒元素是人和动物必需的一种微量元素，在促生长、抗氧化和繁殖等方面具有重要作用。硒元素的生物学功能主要是通过各种硒蛋白和硒酶来实现的。目前，人类已在哺乳动物中发现了30多种硒蛋白，研究较为透彻的有谷胱甘肽过氧化物酶、甲状腺素脱碘酶、硒蛋白P和硒蛋白W等少数几种。

在硒的生物化学领域，一个划时代的成果是硒代半胱氨酸密码子UGA的发现，即硒蛋白mRNA中的终止密码子UGA不作为翻译的终止信号，而是指导硒代半胱氨酸（selenocysteine，SeCys）共价插入的编码信号。SeCys拥有自己独特的tRNA和密码子UGA。同时，SeCys参加到蛋白质中，需要SeCys插入顺序元件（selenocysteine insertion sequences，SECIS）和特殊的延长因子。这个发现明确了硒直接参与硒蛋白的翻译过程，而不是翻译后加入，对后续关于硒生物化学的研究具有重大意义。

一、硒对硒蛋白基因表达的影响

Xin等（1995）以大鼠为实验对象研究饲粮硒水平对谷胱甘肽过氧化物酶（GPx）和磷脂氢谷胱甘肽过氧化物酶（phospholipid hydrogen glutathione peroxidase，PHGPX）mRNA水平的影响。结果表明，硒元素不影响硒蛋白基因的转录，但会影响其mRNA的稳定性。缺乏硒时，mRNA水平降低，硒蛋白mRNA稳定性降低；补充过量硒时，mRNA水平并不会因此升高。李洁等（2009）研究显示，甲壳低聚糖-硒具有抗氧化功能，可能与其能上调巨噬细胞中超氧化物歧化酶（SOD）、GPx的mRNA表达水平有关。常青和徐平（2003）在研究硒对风湿性心瓣膜病患者谷胱甘肽过氧化物酶基因表达的影响时发现，风湿性心瓣膜病患者补硒可以提高心肌缺血前和再灌注30 min后GPx mRNA的表达水平，拮抗自由基对心肌细胞的脂质过氧化损伤作用。Burk和Hill（1993）研究发现，缺乏硒时GPx mRNA水平比GPx活性更好地被保护。这些研究表明，硒元素对硒蛋白基因表达的调控发生在转录后的翻译和翻译前阶段，而不是硒蛋白基因的转录阶段。

二、硒对其他基因表达的影响

硒元素对糖脂代谢相关基因也起到一定的影响。廖明（2008）在补硒糖尿病大鼠ATP结合盒转运蛋白A5（ATP-binding cassette transporter A5，Abca5）基因克隆鉴定与表达的研究中发现，补硒可以上调糖尿病大鼠肝脏中Abca5 mRNA的表达水平，而ABCA5在糖尿病的发病及代谢过程中起一定的调节作用，这可能是硒改善糖尿病糖、脂代谢紊乱的分子机制之一。还有研究表明，硒元素在睾丸中的含量对精子发生周期和细胞凋亡信号通路相关基因有显著影响。关雪等（2015）在公鸡日粮中添加不同水平的亚硒酸钠，观察其对公鸡睾丸组织中细胞分裂周期因子25A（cell division cycle factor 25A，Cdc25A）基因表达的影响（Cdc25A是精子发生周期过程中的关键基因之一）。试验结果表明，日粮中亚硒酸钠的最适添加量为0.5 mg/kg，此时，Cdc25A mRNA的表达量最高；高硒则会抑制该基因的表达。

第六节　铬与动物基因表达调控

铬在自然界内以0，+2，+3，+6不同价态存在，但在动物体内多以Cr^{3+}发挥作用。Cr^{3+}作为葡萄糖耐量因子（glucose tolerance factor，GTF）的重要组成成分，可通过提高胰岛素受体细胞敏感性，增强胰岛素在糖代谢途径中的功能（Pechova和Pavlata，2007）。铬的具体生物功能包括以下几个方面：调节脂质代谢，提高胴体品质；降低皮质醇水平，有效缓解机体应激；改善动物繁殖性能；增强机体免疫功能。

一、铬对糖代谢相关基因表达的调控

铬可以通过不同方式影响葡萄糖的吸收和利用。一方面，铬可通过促进葡萄糖转运显著提高机体对葡萄糖的吸收。研究表明，给糖尿病小鼠补铬，在肥育猪日粮中添加载铬纳米壳聚糖，都会显著提高其骨骼肌组织中葡萄糖转运蛋白4（GLUT4）的转录及蛋白质表达水平（吴蕴棠和孙忠，2003；孙忠等，2005；刘路杰等，2017）；同时，铬也能直接参与到胰岛素信号通路中，增加磷脂酰肌醇3-激酶（PI3K）及磷酸化蛋白激酶B (protein kinase B，PKB，又称Akt）的活性，进而提高GLU4的表达水平（Wang ZQ等，2006）。另一方面，通过体外研究铬对骨骼肌细胞糖代谢的影响，发现铬亦能促进糖原合成酶（glucose synthase，GS）及解偶联蛋白3（uncoupling protein 3，UCP3）mRNA水平（Qiao等，2009），增强机体对葡萄糖的吸收和利用。

铬也可以通过调节胰岛素代谢通路发挥重要的作用。在日粮中添加载铬纳米壳聚糖，可提高肥育猪胰岛素受体（IR）、腺苷酸活化蛋白激酶亚单位γ3（AMP-activated protein kinase subunit gamma-3，PRKAG3）的mRNA水平，以及腺苷酸活化蛋白激酶（AMPK）的蛋白质水平（刘路杰等，2017）；铬能够以Cr^{3+}的形式激活AMPK信号通路，缓解高胰岛素血症引发的细胞膜胆固醇集聚，皮质丝状肌动蛋白缺失而引起的胰岛素敏感性降低，以及葡萄糖转运蛋白4（GLUT4）的异常等，进而保证机体细胞对葡萄糖的正常吸收利用（Nolan等，2014）。此外，Sreejayan等（2008）发现细胞内质网应激能够引起JNK的活化，进一步使得胰岛素受体上的丝氨酸磷酸化并最终被泛素化降解，从而阻碍胰岛素的转糖作用。在大鼠口服铬后，内质网应激的标志物肌醇酶（inositol-requiring enzyme-1，IRE-1）水平降低，说明铬缓解了内质网应激，从而保证胰岛素正常发挥其生理功能。

二、铬对脂质代谢相关基因表达的调控

研究表明，铬能抑制肥胖基因的表达，使机体内胆固醇、甘油三酯、血糖的水平降低，同时提高高密度脂蛋白（high density lipoprotein，HDL）的含量，促进胆固醇分解代谢（孙长颢等，2001）。肉仔鸡日粮中吡啶羧酸铬的添加使仔鸡肝脏中脂肪酸合酶、乙酰辅酶A羧化酶、β-羟甲基戊二酰辅酶A还原酶的基因转录水平显著降低，血清总甘油三酯、总胆固醇、低密度脂蛋白（low density lipoprotein，LDL）和极低密度脂蛋白（very low density lipoprotein，VLDL）水平明显下降（段铭等，2003）。同时，在对三江白肥育猪血清生化及皮下组织脂肪酸合酶的研究中也发现了类似的结果，饲料中蛋氨酸螯合铬的添加显著降低了胴体脂肪率和背膘厚，进一步分析显示铬的添加下调了皮下组织脂肪酸合酶mRNA水平（崔波等，2011）。

许云贺等（2010）指出，铬能够显著提高肥育猪肌肉组织心肌型脂肪酸结合蛋白（heart-fatty acid binding protein，H-FABP）基因表达量，从而对肌肉内脂肪酸代谢产生影响，提高肌内脂肪含量，改善大理石纹。

三、铬对其他基因表达的调控

生长激素是机体最重要的蛋白同化素，王敏奇等（2009）通过研究三价铬对肥育猪生长激素的影响，发现0.2 mg/kg纳米铬可以有效促进垂体生长激素mRNA转录水平上的表达，表明铬在调节蛋白质沉积、改善胴体品质方面发挥重要作用。

在细胞免疫和细胞凋亡中，铬也发挥了不可或缺的作用。在铬对成骨细胞毒性研究中发现，金属离子铬可以刺激成骨细胞核因子κB受体活化因子配体（receptor activator for nuclear factor-κB ligand，RANKL）和破骨细胞抑制因子（osteoclastogenesis inhibitory factor，OPG）的分泌，促进破骨细胞的成熟与分化，从而增加无菌性松动的发生（袁晓军等，2010）。关于Cr^{3+}毒理作用的研究发现，Card11、Tnfrsf17、Igsf6、Rora基因表达水平在铬作用72 h后显著升高，这表明铬通过调节细胞免疫反应、细胞凋亡影响成骨细胞的生物学效应（陈刚等，2010）。另外，张梅等（2009）在研究铬对胰腺组织抗凋亡的作用时，发现给患糖尿病的小鼠饲喂铬后，胰腺中抗凋亡基因Bcl-2表达水平升高，而凋亡促进基因Bax表达水平显著降低，且该作用呈现铬剂量依赖性，提示铬具有抗凋亡的生理作用。

（编者：冯杰，王敏奇等）

第六章 维生素与动物基因表达调控

维生素（vitamin）是维持动物健康所必需的一类营养素，其化学本质为小分子有机化合物。在调节物质代谢、促进动物生长发育和维持动物正常生理功能等方面发挥着重要的作用，维生素与碳水化合物、脂肪和蛋白质三大营养物质不同，在天然食物中仅占极少比例，但又为动物所必需。多种维生素作为不同代谢途径中酶的辅因子，参与各种代谢过程。维生素长期缺乏可使多种代谢途径受影响而导致某种疾病，如果过量也会使动物产生不良反应，甚至有可能造成中毒。

维生素是个庞大的家族，现阶段发现的有几十种，大致可分为脂溶性维生素（包括维生素A、维生素D、维生素E和维生素K）和水溶性维生素（包括维生素B族和维生素C两类）。

第一节 脂溶性维生素与动物基因表达调控

一、维生素A与动物基因表达调控

维生素A（vitamin A，VA）有视黄醇、视黄醛和视黄酸三种衍生物，每种都有顺、反两种构型，其中以反式视黄醇效价最高。VA主要存在于动物肝脏中，植物中不含VA，而含有VA原（VA前体）——胡萝卜素类物质，能在体内转化为VA（Olson，1989）。VA和胡萝卜素被动物采食后到达胃肠道，在小肠中以酯化的形式被机体吸收。视黄醇酯在小肠受酯酶作用而水解，转化为视黄醇，由消化道吸收后进入肝脏重新转化为视黄醇酯，绝大部分在肝脏中储存（Khillan，2014）。β-胡萝卜素进入动物体内后，可受小肠黏膜或肝脏中加双氧酶和视黄醛还原酶的作用，转化为视黄醇。当机体需要时，肝脏中VA释放进入血液并水解成游离的视黄醇，再与结合蛋白（retinol binding protein，RBP）结合而被转运，后者又与已结合甲状腺激素的前清蛋白（proalbumin，PA）相结合，形成VA-RBP-PA复合物。运输至靶组织后，视黄醇与特异受体结合而被利用（Harrison，2005）。

VA在物质代谢、免疫功能、生殖发育、视觉功能和生产性能等方面均有重要的调控作用（Duriancik等，2010；Wang等，2020）。据目前研究可知，VA对基因表达的调控主要体现在对PEPCK、钙结合蛋白（calcium binding protein，CaBP）、视黄酸受体（retinoic acid receptor，RAR）、胰岛素样生长因子系统（insulin like growth factor system，IGFs）、同源基因（homeotic genes，Hox）和TGF-β等基因的调控。

1. 维生素A对动物PEPCK基因表达的调控

PEPCK是动物体内糖异生过程的关键酶。有文献报道，VA缺乏会导致肝脏PEPCK基因表达下调，且PEPCK基因表达的抑制现象可以通过补充VA得到恢复，证实了VA在促进PEPCK基因表达过程中的作用（Scribner等，2007）；饲料中VA缺乏对青鱼幼鱼肝脏PEPCK基因表达无显著影响，与小鼠实验结果有所差异，可能是物种差异等原因导致的，而VA过量会抑制肝脏糖异生作用（陈书健等，2020）。

2. 维生素A对动物CaBP基因表达的调控

CaBP是一种专门跟生物内的钙离子结合的蛋白质，属于肌钙蛋白C超家族，主要功能是运输。CaBP含量直接影响钙磷的吸收代谢，进而影响动物骨骼发育。文献报道，肉鸡日粮中添加不同水平VA，随VA水平的增加，十二指肠CaBP基因表达水平降低，进而影响肉鸡的骨骼代谢（冯永淼等，2007）；另有学者重复试验发现，随VA添加量的增加，血清CaBP呈显著线性降低趋势，说明日粮中VA过量会引起骨骼代谢发生障碍（曹平等，2012）。

3. 维生素A对动物RAR基因表达的调控

VA在体内的代谢产物主要是视黄酸，而RAR是视黄酸诱导的类固醇和甲状腺激素受体超家族的转录加强因子。视黄酸受体在哺乳动物中有3种亚型，即RARα、RARβ和RARγ，分别由不同的基因编码，其功能各不相同。缺乏VA会导致肝脏RARα、RARβ和RARγ水平降低，诱发大鼠先天性脊柱畸形（Shen，2013）。大鼠缺乏VA时，肠黏膜中Rarα基因表达下调，树突状细胞数量增加。在体外培养的派尔集合淋巴结中，全反式视黄酸处理可上调RARα基因表达，促进树突状细胞成熟；使用RARα抑制剂处理时，全反式视黄酸的作用被抵消，表明VA可能通过RARα调控肠道黏膜免疫

（Dong等，2010）。全反式视黄酸促使RARα和组蛋白乙酰转移酶P300（histone acetyltransferase P300，HAT P300）转移到基质金属蛋白酶9（MMP-9）的启动子上，招募组蛋白H_3并对其乙酰化，从而提高树突状细胞中MMP-9的表达，促进其迁移和发挥免疫激活的功能（Lackey和Hoag，2010）。

4. 维生素A对动物IGFs基因表达的调控

IGFs是一类与胰岛素高度同源的多肽生长因子，主要在肝脏中合成。大鼠补充视黄酸能有效缓解乙醇诱导的肝脏和血浆IGF-1水平降低（Lian等，2004）。视黄酸通过胰岛素样生长因子1受体（IGF-1R）直接激活PI3K-Akt信号通路，从而调控小鼠多能胚胎干细胞的自我更新（Chen和Khillan，2010）。Puvogel等（2005）发现，奶牛日粮中添加高剂量VA，胰岛素样生长因子结合蛋白3（IGFBP-3）的浓度与血浆VA水平呈显著正相关。

5. 维生素A对动物Hox基因表达的调控

Hox基因属于发育基因，是一类从时间和空间上对生物体的生长、发育进行协调和控制的调控基因。Hox编码的脱氧核糖核酸有与视黄酸受体结合的位点，在胚胎发育过程中起着非常重要的作用。对孕鼠饲喂VA缺乏的饲料，胎鼠器官出现不同程度的畸变，且检测到VA缺乏组HoxD3基因表达量显著降低（See等，2008）；全反式视黄酸处理NB4细胞后lincRNA HOXA-AS2表达显著上调，从而抑制细胞分化过程中的凋亡（Zhao H等，2013）。Hox基因作为视黄酸信号的下游"效应子"，在脊椎动物胚胎发育过程中发挥着重要的作用（Nolte等，2019）。

6. 维生素A对动物TGF-β基因表达的调控

TGF-β是一种有多重功能的多肽，广泛存在于动物的组织细胞及转化细胞中，在骨和血小板中含量丰富。TGF-β家族有3种存在形式（TGF-β1、TGF-β2、TGF-β3），在所有细胞的表面均有TGF-β的受体。TGF-β基因在动物胚胎发育过程中发挥重要作用。研究表明，产前给予VA缺乏饲料，会降低大鼠胎肺的Tgf-β基因的表达水平和TGF-β蛋白质的表达水平，从而干扰胎肺功能的发育（丁明等，2010）；VA缺乏导致新生胎鼠枕颈部骨骼中TGF-β1的蛋白质表达水平降低（刘楚吟等，2015）；肉仔鸡日粮添加VA，可促进气管TGF-β基因的表达，有利于维持呼吸道黏膜免疫功能（Fan等，2015）。

二、维生素D与动物基因表达调控

维生素D（vitamin D，VD）又称抗佝偻病维生素，其化学本质是类固醇衍生物，已被证明是钙内稳态的重要生物调节因子之一（Delvin等，1986）。VD家族主要成员包括麦角钙化醇（ergocalciferol，即VD_2）和胆钙化醇（cholecalciferol，即VD_3）（卢娜等，2018）。VD_3是自然界存在的VD形式，由7-脱氢胆固醇生成（Dittmerhe和Thompson，2011）。由日粮摄入的VD在胆盐和脂肪存在的条件下，由肠道吸收，被动扩散进入肠细胞。无论是通过小肠吸收的VD_3，还是经皮肤光合作用合成的VD_3，都必须先通过特异的VD结合蛋白（vitamin D binding protein，DBP）转运到肝脏中，在肝细胞内质网和线粒体中经25-羟化酶作用，脱氢生成25-羟基VD_3，再进入肾脏，在肾小管细胞线粒体的1-α羟化酶催化下，转化为最终活性形式1,25-二羟基VD_3（Scarlett, 2003；Holick，2008），然后被转运到肠道、肾脏或其他靶组织中，通过结合靶器官上的VD受体而发挥广泛的生理功能（Mawer和Davies，2001；Norman，2008）。

VD的主要生理学功能：调节钙、磷代谢，促进肠内钙、磷吸收，协同甲状旁腺激素（parathyroid hormone，PTH）促进骨质钙化，维持血钙和血磷的平衡；促进骨骼的正常发育生长；调节白血病细胞、肿瘤细胞及皮肤细胞的生长分化；是一种良好的选择性免疫调节剂（Colston等，1992）。

1. 维生素D对动物CaBP基因表达的调控

CaBP是一类与Ca^{2+}有高度亲和力的蛋白质，它们通过与Ca^{2+}的结合改变自身构象而发挥生物学作用。CaBP-D9k和CaBP-D28k都是VD依赖型钙结合蛋白，这两种蛋白质由不同的基因控制，但都受到1,25-二羟基VD_3水平的调节（李冲等，2015）。研究发现，1,25-二羟基VD_3在转录和翻译水平上调控相对分子质量为9000 Da的CaBP基因表达（Dupret等，1987）。VD通过调控CaBP表达影响小鼠紧密连接蛋白的表达，从而影响机体对钙的吸收（Hwang等，2013）。

2. 维生素D对动物防御素基因表达的调控

Lu等（2015）通过研究VD对鸡上皮细胞β-防御素（β-defensin）的影响发现，处于免疫应激条件下，VD能提高肠上皮细胞β-防御素的表达水平，且VD对β-防御素的调控作用可能与其启动子区的VD效应元件（vitamin D response element，VDRE）有关。另外研究证实，鸡体内虽然缺乏VD_3转化成活性形式的关键酶（1-α羟化酶），但VD_3还是能使丝毛乌鸡肝、肾和脾组织中β-防御素-1和β-防御素-6的mRNA表达量显著提高（李思明，2009）。张龚炜等（2009）开展日粮中添加不同剂量VD_3对四川山地乌骨鸡法氏囊和胸腺组织中禽β-防御素-1和抗菌肽fowlicidin-1 mRNA表达量的影响试验，结果发现，添加800～6400 IU/kg VD_3，均可极显著地提高β-防御素-1和fowlicidin-1基因在法氏囊中的表达水平。

3. 维生素D对动物VDR基因表达的调控

维生素D受体（vitamin D receptor，VDR）是目前已知的调节骨钙素（osteocalcin，

OC）的组成单位。1,25-二羟基VD_3介导的骨钙素转化与表达是通过VDR上脱氧核糖核酸结合区与靶基因启动子区的VDRE之间的相互作用，改变部分位置的超螺旋状态，从而控制基因的表达来完成的（Staal等，1996）。1,25-二羟基VD_3进入肠道细胞后与VDR结合，使其构象改变而活化。活化的VDR与类视黄酸X受体结合，形成的异二聚体进一步与靶基因启动子区的VDRE结合，促进相关靶基因的表达，使与钙转运相关蛋白的表达水平发生变化，从而影响钙的吸收（Haussler， 2011）。

4. 维生素D对动物PTHR基因表达的调控

PTH由甲状旁腺分泌，是调节血钙和血磷的主要激素之一，对无机离子的重吸收起重要作用，同时还能激活肾脏内的1,25-羟化酶的活性，促进1,25-二羟基VD_3的转化。1,25-二羟基VD_3能够通过抑制大鼠造骨细胞中P2增强子的活动降低甲状旁腺素受体（parathyroid hormone receptor，Pthr）基因转录水平（Amizuka等，1999）；另有研究表明，口服VD_2可以降低PTH水平（Jenkins和Mazumdar，2012）。

5. 维生素D对动物OPG基因表达的调控

骨保护素（osteoprotegerin，OPG）是一种肿瘤坏死因子受体超家族的新成员。作为调节骨吸收的糖蛋白，OPG在转基因鼠肝脏中的表达可以导致严重的骨质硬化（Simonet等，1997）。临床研究表明，1,25-二羟基VD_3能抑制成骨细胞OPG mRNA表达，并随其浓度的增加抑制作用增强；同时促进核因子κB受体活化因子配体（receptor activator of nuclear factor-kappa B ligand，RANKL）mRNA表达，并随其浓度增高作用增强；还可以抑制成骨细胞OPG蛋白质的合成，这种作用随其浓度的升高而减弱（田庆显等，2004）。另有研究表明，中低浓度的1,25-二羟基VD_3能够促进OPG mRNA表达，而高浓度则引起抑制作用（顾建红等，2009）。大鼠日粮中VD的添加可促进OPG表达，降低RANKL表达水平，从而增加骨密度（Piri等，2016）。

三、维生素E与动物基因表达调控

维生素E（vitamin E，VE）包括生育酚和三烯生育酚两类，共8种化合物，即α-生育酚、β-生育酚、γ-生育酚、δ-生育酚、α-三烯生育酚、β-三烯生育酚、γ-三烯生育酚和δ-三烯生育酚。α-生育酚是自然界中分布最广泛、含量最丰富、活性最高的VE形式（Packer等，2001）。研究表明，不同类型的VE及衍生物均可被动物肠道吸收，以乳糜微粒的形式进入血液循环。当循环至肝脏时，肝脏中特殊的VE受体——α-生育酚转移蛋白（α-tocopherol transfer protein，α-TTP）选择性地将α-生育酚转运到肝细胞中储存或转移到其他组织器官中。而其他类型VE由于缺乏对应的转运蛋白，通过不同途径被降解并排出体外（Manor和Morley，2007）。因此，α-生育酚成为机体内VE生物学活性最高的分子形式（Péter等，2007）。商品形式出售的VE补充剂主要是生育酚醋酸酯。作为最主要的天然抗氧化剂之一，VE以其强大的抗氧化能力及促繁殖能力在保障动物健康方面发挥着重要作用（Surai等，2019）。

VE的主要生理学功能：促进生殖，促进性激素分泌，提高精子活力和精液质量，提高生育能力（Domosławska等，2018; Barella等，2004b）；抗自由基氧化，保护机体免受毒害；延缓衰老和软化血管，改善脂质代谢（Qiang等，2019；杨秋霞，2012）。

1. 维生素E对动物α-TTP基因表达的调控

α-TTP是一种主要在肝脏组织中表达并可以结合VE的蛋白质，在转运VE及决定机体VE含量方面起到关键的调控作用。近年来，研究人员针对VE对α-TTP表达水平的影响进行了广泛的研究，但研究结果并不一致，甚至相互矛盾。Han-Suk等（1998）研究发现，与对照组相比，饲喂大鼠添加VE的日粮后，其肝脏中α-Ttp的mRNA和蛋白质表达水平均下降；而饲喂VE缺乏日粮后α-Ttp mRNA表达水平上调了150%，但对α-TTP的蛋白质表达水平没有显著影响。与此结果不同的是，Fechner等（1998）的实验发现，饲喂大鼠VE缺乏日粮5周后，α-Ttp mRNA表达水平并没有显著变化；但随后补饲富含VE的日粮后，α-Ttp mRNA表达水平显著升高。在绵羊上的研究结果表明，日粮中添加高水平VE（200 IU/d和2000 IU/d），可以显著提高绵羊α-TTP的蛋白质表达水平，但是不同水平的VE对α-TTP基因的表达水平没有显著影响（Liu等，2012）。Thakur等（2010）研究表明，VE可以同α-TTP结合并改变其构象，降低其被蛋白酶降解的速率，从而提高α-TTP的蛋白质表达水平。对α-TTP基因的启动子区域分析发现，PPARα、RARα及环磷酸腺苷（cyclic adenosine monophosphate，cAMP）反应元件结合转录因子均在α-TTP基因对氧化应激的反应过程中起到一定的调节作用（Ulatowski等，2012）；另外，单核苷酸多态性也被证实可以显著影响α-TTP基因启动子的活性从而对α-TTP基因表达产生影响（刘昆等，2014）。

2. 维生素E对动物免疫相关基因表达的调控

肉鸡日粮添加硒和VE，可显著降低胸肌和法氏囊丙二醛（MDA）水平，提高血浆总抗氧化能力，减轻DNA氧化损伤，从而缓解氧化应激，提高生长性能（王锦，2012）。蛋雏鸭日粮中添加VE和硒，可提高总超氧化物歧化酶（total superoxide dismutase，T-SOD）和GPx活性，提高总抗氧化能力，提高免疫器官指数，从而影响抗氧化功能和免疫功能（袁艺森，2014）。含有丙氨酰-谷氨酰胺二肽（AGD）和VE补充剂的日粮可显著促进鱼类GPx、CAT、谷胱甘肽*S*-转移酶（glutathione *S*-transferase，GST）及PPARα基因的表达，提高其总抗氧化能力，从而提高饲料利用率，促进鱼类生长并改善幼体的组成（Ding等，2017）。在兔模型中，VE通过下调基因Caspase-3的表达和上调基因Bcl-2的表达，以及减轻骨髓造血细胞中的DNA氧化损伤而有效地干预了骨损伤（Jia等，2017）。小鼠饲喂缺乏VD日粮后，结肠炎症状会加重（Larner等，2019）。

3. 维生素E对动物代谢相关基因表达的调控

肉鸡日粮中VE的添加显著降低肉鸡的腹脂率，提高胸肌和腿肌中肌内脂肪含量（李文娟，2008）；猪日粮中VE的添加显著降低肉猪的背膘厚度，提高肌内脂肪含量（郭建凤等，2009）。Li WJ等（2009）研究表明，VE可以通过PPARβ调控H-FABP基因的表达，而H-FABP基因的mRNA表达水平与肌内脂肪含量呈显著的负相关（李文娟等，2006）。VE也能够通过其抗氧化功能提高脂肪组织中多不饱和脂肪酸（PUFA）的含量（Wang等，2010），而高浓度的PAFU能够调控脂肪代谢相关基因的表达，影响动物的体脂沉积。α-生育酚能抑制大鼠CD36基因mRNA和蛋白质的表达，抑制凝血因子Ⅳ和类固醇5α还原酶的合成，有助于维持动物体的发育和健康（Barella等，2004）。此外，有研究发现，α-生育酚转运蛋白基因敲除小鼠出现脂质代谢和免疫相关功能失调的情况，与免疫功能相关的基因IgG、分泌型白细胞蛋白酶抑制剂（Secretory leukocyte protease inhibitor，Slpi）出现下调，而与脂质代谢有关的基因3-羟基-3-甲基戊二酸甲酰辅酶A还原酶（3-hydroxy-3-methylglutaryl CoA reductase，Hmgcr）、脂肪酶1（lipase 1，Lip1）、花生四烯酸12脂氧合酶（arachidonate 12-lipoxygenase，Alox12）、脂肪酸去饱和酶3（Fatty acid desaturase 3，Fads3）、Ucp1和炎症反应相关基因Gp9、糖蛋白1b β-肽（glycoprotein 1b β-polypeptide，Gp1bb）、Hamp1（抗菌肽）、C型凝集素结构域家族1成员B（C-type lectin domain family 1, member B，Clec1b）、Ccr5（膜蛋白）、Cxcl7（趋化因子）、白细胞介素1受体相关激酶（interleukin-1 receptor-associated kinase 1，Irak1）出现上调（Vasu等，2007）。苏尼特肥羔羊饲粮中DL-α-醋酸生育酚的补充影响ABCA1、LPL、ApoE（载脂蛋白E）和SREBP1以及皮下脂肪中PPARγ和清道夫受体B类成员1（scavenger receptor class B member 1，SCARB1；SR-BⅠ）基因的表达，长期补饲VE能够影响PPARγ基因的表达（González-Calvo等，2014）。在血液中，VE遵循其他脂质的脂蛋白转运途径，并被运送到肝外组织或肝脏（Schmolz等，2016）。

四、维生素K与动物基因表达调控

维生素K（vitamin，VK）又称凝血维生素，是具有异戊二烯类侧链的萘醌类化合物。天然存在的VK有两种，存在于绿叶植物中的VK_1和由肠道细菌合成的VK_2，都是

2-甲基1,4-萘醌的衍生物（Ferland，1998）。除此之外，还有人工合成的VK_3和VK_4。VK_1吸收入血后储存在乳糜微粒中，然后经转运蛋白运往肝脏，参与凝血因子的合成并转化为VK_2，凝血因子和VK_2释放入血后发挥其各自生理功能（Thijssen等，2006）。

VK的主要生理学功能：辅助凝血蛋白的合成，促进肝脏凝血酶原和其他凝血因子的合成，保证机体正常的凝血功能（Vermeer等，1996；Gröber等，2015）；参与骨骼代谢，改善骨质量，防止动脉钙化，缓解炎症，调节脂类代谢和提高免疫功能等（Vermeer等，1996；Kurt，2017；杨学颖等，2019；Halder等，2019）。

1. 维生素K对VKDPs的辅助作用

维生素依赖蛋白（vitamin K-dependent proteins，VKDPs）是一类需要依赖VK（充当辅酶），进行翻译后修饰才能发挥其生物活性的蛋白质，其功能与骨质沉积、血栓形成、血管钙化以及心血管疾病有关。迄今为止，存在17种VK依赖蛋白，包括凝血因子Ⅱ（凝血酶原）、凝血因子Ⅶ（前转变素稳定因子）、凝血因子Ⅸ（血浆凝血活酶）、凝血因子Ⅹ（stuart-prower因子）、基质Gla蛋白（matrix Gla protein，MGP）、生长停滞特异性基因产物6（growth arrest-specific gene 6，Gas6）、蛋白C、蛋白S、蛋白Z、骨钙素、富含Gla蛋白（Gla rich protein，GRP）、骨膜蛋白（亚型1-4）、骨膜素样因子（periostin like factor，PLF）、富含脯氨酸的Gla蛋白1（proline rich Gla protein 1，PRGP1）、PRGP2、跨膜Gla蛋白3（transmembrane Gla protein 3，TMG3）、TMG4（Vermeer等，2012；El Asmar等，2014）。作为一个辅酶因子，VK_2参与蛋白质中谷氨酸残基转移后的羧化过程。VK_2可作为γ-谷酰基羧化酶的辅酶，参与骨钙素的γ-羧化过程，促进骨组织钙化，调控骨代谢，最终减少钙在血管的沉积（Koshihara等，1997）。VK_2还是凝血因子Ⅱ、凝血因子Ⅶ、凝血因子Ⅸ和凝血因子Ⅹ合成的必需物质。MGP有84个氨基酸，VK_2可作为谷氨酸-γ-羧化酶（glutamate-γ-carboxylase，GGCX）的辅酶，参与MGP的羧化，将其中的5个谷氨酸残基羧化成γ-羧基谷氨酸，从而抑制钙在血管壁的沉积与结晶（Dalmeijer等，2012）。在Mgp基因缺失的小鼠中，过度的钙化导致血管平滑肌细胞被成骨样细胞所取代，从而导致钙化基质的沉积，最终形成心脏血管钙化灶（Lomashvili等，2011）。研究表明，VK_2参与Gas6的羧基化，而Gas6参与血管重塑、稳态并能保护内皮细胞和血管平滑肌细胞，阻止动脉粥样硬化的形成（Hasanbasic等，2005；Melaragno等，1999；刘倩等，2017）。虽然VK_2通过羧化Gas6在血管钙化和心血管功能方面发挥了极大作用，但Gas6在体内心血管系统中作用非常复杂，具体机制还有待深入研究。在凝血方面，细胞色素P450家族的成员CYP4F2是VK代谢和循环通路上的候选基因，具有氧化水解VK的功能，在肝细胞中过表达CYP4F2可导致VK依赖性凝血因子Ⅸa的活性降低（Tie和Stafford，2016）。在凝血过程中，凝血酶原酶在Ca^{2+}的促进下与磷脂质体聚合，而当缺乏VK_2时，凝血酶原就失去了对Ca^{2+}的亲和性。VK_1通过调节Nrf2/NF-κB通路缓解血管炎症和胰岛素抵抗（Dihingia等，2018）。VK依赖性蛋白需要在VK依赖性羧化酶的作用下，将分子中的多个Glu羧化为Gla，而VK作为羧化酶的辅因子，在羧化反应中起着必不可少的作用（Gallieni和Fusaro，2014；Berkner，2000）。在成骨方面，VK通过充当γ-羧化酶的辅因子维持骨强度，能够在骨中激活一系列与骨矿化和钙稳态有关的VK依赖性蛋白：MGP、富含羧基谷氨酸的蛋白质、蛋白S以及Gas6（Nigwekar等，2017）。

2. 维生素K对动物凋亡相关基因表达的调控

VK抑制大鼠肝癌细胞增殖（呈现剂量依赖性），增加细胞凋亡指数，降低肝癌衍生生长因子表达水平（余华良等，2019）。VK_2通过上调B细胞异位基因2（B-cell translation gene 2，BTG2）表达，下调Cyclin D1（细胞周期蛋白D1）表达，抑制肝癌细胞增殖，诱导细胞凋亡（秦传蓉等，2017）；通过下调Wnt/β-catenin（β-连环蛋白）信号抑制细胞增殖，诱导细胞凋亡（张锋和苗江永，2017）。VK_4调控细胞周期变化、细胞凋亡率和线粒体功能，促进细胞凋亡（Di等，2017）。VK类似物对细胞凋亡的诱导不依赖于Caspase（Enokimura等，2005）。VK还能通过抑制NF-κB活性，上调凋亡抑制基因Survivin的表达，从而发挥抗肿瘤作用（Aggarwal，2000）。

3. 维生素K对动物成骨相关基因表达的调控

VK可以促进骨骼的形成、矿化，并降低骨折率（Binkley和Suttie，1995）。VK通过NF-κB信号转导途径来调节成骨细胞生成和破骨细胞生成。虽然NF-κB信号的激活对于破骨细胞的发育和再吸收是至关重要的，但它也抑制成骨细胞分化。VK以非依赖性γ-羧化方式拮抗基底细胞和细胞因子诱导的NF-κB活化，增加IκB mRNA表达，支持骨形成（Yamaguchi和Weitzmann，2011）。VK_2促进成骨细胞分化和骨钙素的羧化，并通过增加碱性磷酸酶、胰岛素样生长因子1和生长分化因子15的水平来刺激骨生成（Villa等，2017）。VK是将羧基引入凝血因子（Ⅱ，Ⅶ，Ⅸ，Ⅹ）中谷氨酸残基以产生Gla残基所必需的。含Gla的蛋白质包括由骨中成骨细胞合成的OC，以及由软骨细胞和血管平滑肌细胞（VSMC）合成的MGP，分别参与骨矿化和抑制血管钙化（Cozzolino等，2019）。

第二节　水溶性维生素与动物基因表达调控

一、维生素B_1与动物基因表达调控

维生素B_1（vitamin B_1，VB_1）又称硫胺素或抗神经炎素，是最早被提纯的维生素，化学名为氯化3-[(4-氨基-2-甲基-5-嘧啶基)-甲基]-5-(2-羟乙基)-4-甲基噻唑鎓盐酸盐，是由嘧啶环和噻唑环结合而成的一种B族维生素（白云强等，2015）。VB_1可由真菌、微生物和植物合成，而动物和人类则只能从食物中获取（李文霞和柯尊记，2013）。

VB_1在小肠上部吸收，吸收后的VB_1在肝脏中被磷酸化，磷酸化形式包括硫胺素一磷酸（thiamin monophosphate，TMP）、硫胺素焦磷酸（thiamin pyrophosphate，TPP）及硫胺素三磷酸（thiamin triphosphate，TTP）。VB_1具有维持正常糖代谢及神经传导的功能，其作用机制是：TPP作用于α-酮酸氧化脱羧酶系的辅酶，参与糖代谢中α-酮酸的氧化脱羧反应；同时激活胆碱乙酰化酶活性，维持神经系统、消化系统和心血管系统的正常机能（简林凡，2004；Tylicki和Siemieniuk，2011）。

1. 维生素B_1调控基因表达的分子机制

VB_1主要通过改变核糖开关空间构象来发挥基因的调控作用，TPP能够与特异性识别TPP的核糖开关——Thi-box核糖开关（TPP-binding riboswitch）结合。当适当浓度的TPP与Thi-box核糖开关结合时，mRNA核糖开关原始空间构象会改变，重新整合形成新的颈环结构，进而参与调控mRNA的转录终止、翻译抑制和mRNA剪接的过程，最终实现对相应基因的表达调控（Sudarsan等，2003）。VB_1还能在DNA水平上对基因表达进行调控，过量的VB_1对线粒体硫胺素焦磷酸盐（mitochondrial thiamine pyrophosphate，MTPP）的摄取具有负反馈调节作用。胰腺细胞内的MTPP转运蛋白由SLC25A19基因编码，当过量的VB_1作用于胰腺细胞时，会降低其基因SLC25A19启动子活力，导致MTPP转运蛋白转录及翻译水平显著降低，从而降低线粒体对VB_1的摄取能力（Sabui等，2016，2017）。

2. 维生素B_1对神经组织损伤修复相关基因表达的调控

VB_1在神经组织损伤修复过程中扮演重要角色。在低氧水平下，小鼠脑组织缺乏VB_1，会激活缺氧诱导因子1α（HIF-1α），介导促炎/促凋亡信号因子单核细胞趋化蛋白1

（monocyte chemoattractant protein-1， Mcp-1）和Bnip3（Bcl-2/adenovirus E1B 19 kDa protein-interacting protein 3）的mRNA和蛋白质表达，进而引起脑组织损伤（Zera和Zastre，2017）。此外，神经中毒可能与VB_1缺乏导致的Ca^{2+}浓度失衡有关（Lee等，2010），VB_1缺乏会导致α-氨基-3-羟基-5-甲基4-异恶唑丙酸受体（alpha-amino-3-hydroxyl-5-methyl-4-isoxazole-propionic acid receptor，AMPAR）表达量下调，在Q/R位点抑制谷氨酸受体2（GluR2）前体mRNA的表达，导致神经元细胞对Ca^{2+}渗透性升高。此外，VB_1缺乏（thiamine deficiency，TD）可能通过降低下丘脑内腺苷酸活化蛋白激酶（AMPK）的磷酸化水平导致厌食症的发生。Liu M等（2014）发现维生素缺乏的小鼠下丘脑内AMPK磷酸化程度降低，而恢复VB_1的供应，小鼠下丘脑内AMPK磷酸化水平得到恢复。Suzuki等（2017）利用Slc19a3基因敲除小鼠模型研究发现，大剂量使用VB_1时，可使部分敲除小鼠存活下来，这可能与脑组织中硫胺素转运体SLC19A2、ICAM-1的表达相关。因此，可以通过补充VB_1来治疗由VB_1缺乏导致的脑神经损伤。

3. 维生素B_1对氧化应激相关基因的调控

VB_1缺乏时，α-酮戊二酸脱氢酶（α-ketoglutarate dehydrogenase，α-KGDH）复合体催化的酶促反应被抑制，导致氧自由基增加。Gibson等（1988）研究表明，VB_1缺乏时，小鼠脑内氧化应激标记物血红素氧合酶-1（heme oxygenase-1，HO-1）表达水平增加，导致脂类过氧化产物4-羟基壬烯醛积累。Zhang等（2011）定量分析β-分泌酶的mRNA水平、蛋白质水平发现，VB_1缺乏时β-分泌酶蛋白翻译后的修饰水平增加，β-分泌酶的活性提高，从而导致β-淀粉样多肽含量升高，进而加剧机体氧化应激。此外，VB_1缺乏还能上调许多已知控制炎症基因表达的相关转录因子的表达，如EGR1、CCAAT增强子结合蛋白β（CCAAT/ enhancer binding proteins β，C/EBPβ）、Krüppel样因子6（Krüppel-like transcription factors 6，KLF6）和KLF4，从而引起机体氧化应激（Terlecky等，2012）。而补充VB_1能够有效抑制硝基喹啉、血管紧张素Ⅱ诱导的DNA氧化损伤（Schmid等，2008）。

二、维生素B_2与动物基因表达调控

维生素B_2（vitamin B_2，VB_2），又称核黄素，是核醇与7,8-二甲基异咯嗪的缩合物，存在于动物内脏、奶类、蛋类、豆制品、蔬菜中，是生物体生命活动中必不可少的维生素（商晓青等，2013）。食物中的核黄素首先经过胃酸的作用转变成游离的核黄素，然后在小肠中通过转运载体的介导被吸收，吸收后的核黄素以黄素单核苷酸（flavin mononucleotide，FMN）和黄素腺嘌呤二核苷酸（flavin adenine dinucleotide，FAD）的形

式存在于机体组织中，参与机体复杂的氧化反应（Yamamoto等，2009；Johansson等，2009）。核黄素的主要生理功能：核黄素作为线粒体能量代谢的参与者，不仅可以改善其能量代谢，还可以作为自由基清除剂，消除脂质过氧化产生的自由基对机体功能的损害；核黄素还与机体免疫调控相关（李元亭，2010）。

1. 维生素B_2对营养物质代谢相关基因的调控

核黄素的两种辅酶FMN和FAD是多种氧化酶必要的组成成分，在氧化还原反应中发挥传递电子的作用，促进机体营养物质的代谢；当核黄素缺乏时，细胞的呼吸作用受阻，引起物质代谢紊乱。近年来核黄素对脂质代谢的影响逐渐被重视。Horigan等（2010）研究发现，核黄素缺乏会引发同型半胱氨酸（homocysteine，Hcy）介导的内质网应激，而内质网应激会导致胆固醇调节元件结合蛋白1（SREBP1）的高表达，从而增加甘油三酯的合成。周朋辉（2015）研究表明，核黄素通过下调高脂血症大鼠脂质代谢因子Srebp1、二酯酰甘油酰基转移酶2（diacylgycerol acyltransferase 2，Dgat2）的mRNA和蛋白质表达水平，影响脂质代谢酶3-羟基-3-甲基戊二酰辅酶A（3-hydroxy-3-methylglutaryl-coenzyme A，HMG-CoA）还原酶（HMG-CoA reductase，HMGR）的水平，从而调节脂质代谢。核黄素缺乏还可能通过影响小肠中NADH-FMN氧化还原酶（即铁蛋白还原酶）活力参与铁代谢（项昭保等，2004）。此外，核黄素可能作为一种分子伴侣，在早期促进错误折叠蛋白——电子转移黄素蛋白-泛醌氧化还原酶（electron transfer flavoprotein-ubiquinone oxidoreductase，ETF-QO）进入稳态水平，从而缓解酰基辅酶A脱氢酶缺乏（multiple acyl-CoA dehydrogenase deficiency，MADD）导致的肌肉无力、低血糖、代谢性酸中毒（Fan等，2018）。

2. 维生素B_2对抗氧化功能相关基因的调控

低温环境下饲粮添加核黄素，能够提高蛋鸭血清抗氧化能力（任延铭等，2011）。核黄素缺乏降低抗氧化功能的原因：①降低了铜锌超氧化物歧化酶和谷胱甘肽还原酶的mRNA的表达；②可能降低了GPx、GST的翻译效率（Chen等，2015a）。核黄素对细胞内抗氧化剂谷胱甘肽（GSH）的再生发挥重要作用（Levin等，1990），当GSH生成减少时，细胞抗氧化功能减弱，组织细胞的完整性遭到破坏。此外，Al-Harbi等（2015）研究表明，核黄素能够缓解小鼠脂多糖（LPS）氧化应激导致的丙二醛水平升高、髓过氧化物酶（myeloperoxidase，MPO）活性升高以及GSH含量降低，同时能够提高一氧化氮合酶（nitric oxide synthase，Nos）和过氧化氢酶（CAT）的mRNA表达水平。最新研究表明，核黄素和视黄酸（又称维甲酸）可以被偶联到角细胞上，通过提高胶原蛋白Ⅰ型、Ⅲ型和Ⅴ型等角细胞标记物基因表达水平促进角细胞增殖（Bhattacharjee等，2019）。

3. 维生素B_2对免疫功能相关基因的调控

饲粮中核黄素的添加能有效促进动物免疫器官的生长发育（霍思远等，2011）。Verdrengh和Tarkowski（2005）在小鼠上评估了3种炎症模型发现，VB_2可能通过抑制活化后的中性粒细胞向周围部位浸润和积累，从而缓解炎症症状。Chen等（2015b）研究表明，日粮中核黄素缺乏能够降低草鱼的生长和免疫功能，核黄素缺乏能显著降低肝表达抗菌肽2 (1iver-expressed antimicrobialpeptide-2，LEAP2）和Hepc的mRNA表达水平，同时降低抗炎因子IL-10和TGF-β1以及信号分子NF-κB和mTOR的mRNA表达水平。Mazur-Bialy等（2015）研究发现，补充核黄素可以减少LPS刺激引起的巨噬细胞死亡，提高HSP72、一氧化氮（nitric oxide，NO）、IL-6和IL-10的表达水平，降低Toll样受体4（TLR4）和TNF-α的表达水平。朱美抒等（2014）研究表明，采用核黄素治疗急性外伤患者，用药后第4天和第8天$CD3^+$、$CD4^+$、$CD8^+$和$CD4^+/CD8^+$比值明显上升，血清IgG、IgM和IgA含量也显著增加，改善了创伤应激引起的免疫抑制，有利于患者的康复。

三、维生素B_3与动物基因表达调控

维生素B_3（vitamin B_3，VB_3），又称烟酸、维生素PP、尼克酸，是具有生物活性的全部吡啶-3-羧酸及其衍生物的总称。烟酸的化学结构简单，理化性质稳定，不容易与酸或碱以及外界不稳定因素发生反应，被认为是最稳定的维生素（Wright和King，2010）。

烟酸及烟酰胺广泛存在于食物中，植物性食物中存在的主要是烟酸，动物性食物中以烟酰胺为主。烟酰胺主要由两个重要的辅酶——烟酰胺腺嘌呤二核苷酸（nicotinamide adenine dinucleotide，NAD）和烟酰胺腺嘌呤二核苷酸磷酸（nicotinamide adenine dinucleotide phosphate，NADP）组成。NAD和NADP参与机体内碳水化合物、脂类和蛋白质的代谢过程，特别是在供能代谢的生物转化过程中起着重要的作用（杨凤等，2000）。植物性食物中的烟酸经消化后于胃及小肠中被吸收，吸收后经静脉进入肝脏。它可保护心血管，维持神经组织健康，降低血浆胆固醇和脂肪含量，以及增强机体免疫功能（李钟玉和李临生，2003）。

1. 维生素B_3对机体代谢和生长发育相关基因的调控

高脂日粮中添加30 mg/kg烟酸，会导致机体新陈代谢加速，白色脂肪组织增多，脂肪代谢相关基因CCAAT/增强子结合蛋白α（CCAAT/enhancer binding protein α，C/EBPα）、C/EBPβ和PGC-1α，以及糖代谢相关基因FAS、PPARα、GLUT4等表达水平升高（Shi等，2017）。陈静和江应安（2015）研究发现，烟酸能够调节非酒精性脂肪肝肝大鼠的

脂肪代谢，减轻脂质氧化应激反应。通过调节PPARα、DGAT2和SREBP1C的mRNA表达，可改善肝细胞脂肪变性及纤维化。另外，李新建（2003）研究发现，在热应激奶牛日粮中添加800 mg/kg烟酸，可缓解产奶量下降的趋势，显著提高乳中挥发性脂肪酸含量，降低尿素氮和胆固醇水平，同时显著提高血清中三碘甲状腺原氨酸（T_3）、甲状腺素（T_4）和催乳素水平。Khan等（2013）通过在生长猪日粮中添加750 mg/kg烟酸发现，生长猪氧化Ⅰ型肌纤维数量显著提高，酵解Ⅱ型肌纤维数量减少。同时，烟酸可以显著提升猪背最长肌中PGC-1β mRNA水平，增加线粒体代谢相关因子［如肉毒碱脂酰转移酶（carnitine acyltransferase，CACT）、脂肪酸转运蛋白1（FATP1）、有机阳离子转运体2（novel organic cation transporter-2，OCTN2）和琥珀酸脱氢酶亚单位A（succinate dehydrogenase complex subunit A，SDHA）］，氧化磷酸化水平相关因子（如COX4/1和COX6A1），以及产热相关基因UCP3的表达水平，表明烟酸与动物机体代谢以及生长发育调控密切相关。

2. 维生素B_3对抗氧化功能相关基因的调控

烟酰胺是烟酸在动物体内的主要存在形式，烟酰胺作为一种细胞保护剂，在皮层神经元中，可拮抗自由基产生毒素（叔丁基过氧化氢等）对细胞的损伤（Mateuszuk等，2009）。张凤俊（2016）研究发现，烟酸对氧诱导的新生小鼠视网膜病变具有保护作用，其可能通过HIF-1α/VEGF信号通路参与抗氧化应激来抑制新生血管生成和实现神经保护。另外，烟酰胺可在氧化应激中抑制细胞膜磷脂酰丝氨酸（phosphatidylserine，PS）外化和后期DNA损害（Li等，2006）。Hu等（2014）研究表明，NAD水平的降低下调了以NAD为辅酶的丙酮酸脱氢酶的表达，导致细胞生长速度变慢，并伴随过量活性氧分子的产生。Camacho-Pereira等（2016）提出，衰老过程中NAD的下降导致活性氧自由基（ROS）增加，从而介导抑癌基因的降解，进而促进肿瘤的发生；而NAD前体的补充不仅能延缓衰老，在肿瘤的预防和治疗中也发挥着重要的作用。

3. 维生素B_3对免疫功能相关基因的调控

烟酰胺能调节细胞炎症，阻断炎性介质如IL-1β、IL-6、IL-8、TGF-β2和肝脏细胞的巨噬细胞炎性蛋白-1（macrophage inflammatory protein-1，MIP-1）的作用，同时还可以抑制TNF和NF-κ的生成（Si等，2014）。Jeong等（2015）研究表明，高剂量的烟酸可缓解大鼠肺部炎症，抑制促炎因子TNF-α、IL-6和IL-8的释放，减轻肺损伤，这主要通过下调活性氧NF-κB通路途径实现。此外，Fernandes等（2011）研究证实，烟酰胺是中性粒细胞的凋亡促进物，可显著降低粒细胞-巨噬细胞集落刺激因子（granulocyte/macrophage colony-stimulating factor，GM-CSF）和粒细胞集落刺激因子（granulocyte colony-stimulating factor，G-CSF）处理后的中性粒细胞的存活率，提高Caspase-3蛋白水平。Salem和Wadie（2017）研究表明，烟酸可抑制碘乙酰胺诱导的小鼠结肠炎模型中TNF-α的产生，还可以通过激活中性粒细胞和巨噬细胞来激活肠道的适应性免疫系统。

四、泛酸与动物基因表达调控

泛酸（pantothenic acid，PA）也称维生素B_5，广泛分布于生物界中，化学名为二羟基-β,β-二甲基丁酰β-丙氨酸，于1939年由Williams从肝脏中分离并确定化学结构。泛酸是辅酶A（CoA）及酰基载体蛋白（acyl carrier protein，ACP）的构成部分，在机体代谢中主要起转移酰基的作用，参与各种组织内的营养物质代谢与能量交换（张洪渊，1994）。

泛酸几乎存在于所有活细胞中，在原核生物、真菌、霉菌和植物的细胞内可以通过酶促反应合成（Coxon等，2005）。天然饲料原料，如苜蓿干草、花生饼、糖蜜、酵母和小麦麸中泛酸含量丰富，谷物的种子及其副产物中泛酸含量也较多，但含量要低于前者。因此，谷物比例较高的全价料中泛酸含量较低，有时不能保证动物的营养需要（Southern和Baker，1980）。随着日粮能量浓度增加，动物对泛酸的需要量增加（杨凤，2000），因此在畜禽饲料中，常添加泛酸钙作为补充。

饲料中的泛酸以两种状态存在：一种是结合型，以CoA和ACP的形式存在；另一种是游离型，以泛酸盐的形式存在。CoA和ACP首先在肠腔内吸收降解，释放出4-磷酸泛酰巯基乙胺，随后经脱磷酸反应生成泛酰巯基乙胺，在泛酰巯基乙胺酶作用下转变为泛酸。泛酸在血浆中以游离酸的形式转运，红细胞能够以CoA形式携带相当数量的泛酸。泛酸通过Na^+依赖的特异性载体蛋白介质——多维生素转运体主动转运进入细胞（丁玉琴，2002），泛酸被细胞吸收后，大部分转变为CoA，多余的泛酸随尿液排出。泛酸在机体代谢中参与三羧酸循环，并在乙酰胆碱和脂肪酸的合成过程中起着关键作用（Nitto，2013；Qian Y等，2015）。

1. 泛酸对CoA合成相关基因表达的调控

CoA在体内脂肪酸代谢中必不可少。当机体加速脂肪动员时，对CoA的需要量大大增加，因此需要泛酸维持体内CoA的稳定（Robishaw和Neely，1985）。孔敏等（2016）研究发现，鹅肝脏中的乙酰CoA合成酶长链家族成员1（acyl-coenzyme A synthetase long-chain family member 1，ACSL1）mRNA表达量随泛酸添加水平的升高呈现先升高后降低的趋势。当泛酸添加水平为10 mg/kg时，ACSL1 mRNA表达量最高，且与鹅胸肌率、腿肌率、屠宰率、半净膛率和全净膛率正相关。潜在机制可能是，泛酸缺乏导致体内脂肪酸β-氧化受到抑制，产能机制受阻，不利于机体生长发育。随着泛酸含量的增加，泛酸在动物机体内逐渐积累，进而消除对体内脂肪酸β-氧化的抑制作用。

2. 泛酸对脂质代谢相关基因表达的调控

泛酸构成的CoA能促进脂质的正常代谢，抑制过氧化脂质的形成，防止血小板的凝集，防止胆固醇在血管壁的沉积及血管动脉粥样硬化（Carrara等，1984；Cighetti等，1987）。祁凤华等（2009）的研究表明，随日粮中泛酸浓度的增加，肉仔鸡粗脂肪代谢率会显著增加，同时增重亦显著提高。此外，随着日粮泛酸钙添加量的提高，钝吻鲷存活率、终体重、比生长速率、蛋白质效率比和氮保持率均显著提高，其中肝脏脂肪酸合成相关基因，如泛酸激酶、乙酰CoA羧化酶α、脂肪酸合成酶、硬脂酰调节元件结合蛋白1的表达显著上调（Qian Y等，2015）。当机体处于应激或饥饿状态时，泛酸可以协助脑部酮体的生成与利用，以酰基CoA形式在胞液、网状内皮组织系统、线粒体和细胞核中发挥作用（Zempleni等，2002）。Dawson等（2006）研究发现，泛酸通过阻止丙戊酸引起的NF-κB、PIM-1和c-Myb表达改变，防止丙戊酸在妊娠期诱导的血管畸形。

3. 泛酸对免疫应答相关基因表达的调控

泛酸可以影响动物的免疫及抗氧化功能。丁玉琴（2001）研究发现，泛酸钙可通过提高还原型谷胱甘肽、超氧化物歧化酶水平，缓解禁食导致的大鼠脑组织脂质过氧化损伤，从而保护大鼠脑功能。泛酸、泛醇及其衍生物可通过增加谷胱甘肽含量保护人的T淋巴母细胞，使其免受脂质过氧化损伤（Slyshenkov等，2004）。Li L等（2015）研究发现，泛酸缺乏会降低草鱼鱼鳃中IL-10、TGF-β1的mRNA水平，并增加IFN-γ2、IL-8、NF-κB p65的mRNA水平，从而促进炎症的产生。其潜在机制可能是，泛酸通过激活NF-κB、TOR、Nrf2、p38 MAPK和肌球蛋白轻链激酶（myosin light chain kinase，MLCK）信号通路调节草鱼免疫功能。此外，泛酸及其衍生物均可缓解氧化剂柴油颗粒提取物诱导的人表皮角质形成细胞活力下降，降低细胞ROS水平、细胞色素P4501A1调节基因的表达水平，其中泛酸衍生物可抑制TNF-α mRNA表达水平，上调Nrf2、γ-谷氨酰半胱氨酸合酶、血红素加氧酶-1和醌氧化还原酶-1的mRNA表达水平，并提高细胞内还原型谷胱甘肽水平，从而缓解细胞氧化应激（Yokota等，2018）。

五、维生素B_6与动物基因表达调控

维生素B_6又称吡哆素，是一种包括吡哆醇（pyridoxine，PN）、吡哆醛（pyridoxal，PL）及吡哆胺（pyridoxamine，PM）的B族维生素（Baker等，1964）。VB_6是维持动物生理功能必需的微量营养素，以辅酶形式参与糖、蛋白质和脂质的正常代谢，并参与白细胞、血红蛋白的合成。它主要参与机体多种氨基酸代谢的转氨基过程，以及酪氨酸、

组氨酸等的脱羧基过程。此外，VB_6可作为半胱氨酸脱羧酶、胱硫醚酶等的辅酶共同参与转硫反应。

植物和许多微生物能够利用小分子代谢物合成磷酸吡哆醛（pyridoxal 5′-phosphate，PLP），然而哺乳动物自身无法合成PLP，必须通过吸收外源VB_6供自身需要，因此在动物生产中常需要添加VB_6以保证正常生长。外源VB_6的存在形式为PLP、磷酸吡哆胺（pyridoxamine 5′-phosphate，PMP）和PN，但PLP、PMP必须先在小肠腔内由非特异性去磷酸化酶分解为PL和PM，从而与PN一起被机体吸收，随后在体内不同器官与组织中发挥作用（Qian等，2017）。动物体内缺乏VB_6时会出现厌食、生长迟缓、神经失调、贫血等症状，尤其会导致机体蛋白质代谢异常，造成蛋白质吸收障碍（Wei等，1999）。

1. 维生素B_6对生长及脂肪代谢基因表达的调控

VB_6是多种畜禽水产动物生长所必需的营养物质。妊娠母猪玉米-豆粕型日粮中添加1 mg/kg VB_6时，窝产仔数和断奶仔猪数增加；同时，提高日粮VB_6含量可显著改善断奶仔猪日增重和采食量，提高生长性能（Easter等，1983）。添加VB_6可以提高断奶獭兔生长性能，降低腹泻率，且脾脏IL-6和IFN-γ的mRNA表达水平随VB_6的增加而升高（Liu等，2018）。Weiss和Scott（1979）发现种鸡缺乏VB_6，会出现食欲减退、孵化率下降、产蛋率下降的症状。此外，添加VB_6可以提高鲶鱼、凡纳滨对虾和大黄鱼等水产动物的生长率、增重率和存活率（刘坤，2008；Mohamed，2001；王军霞等，2005；张春晓，2006）。Zhao M等（2013）研究发现VB_6缺乏可改变人肝癌细胞HepG2中脂肪酸组成，降低细胞中花生四烯酸的含量以及花生四烯酸与亚油酸的比例，下调去饱和酶基因Delta-5和Delta-6的mRNA表达，表明缺乏VB_6抑制了细胞中不饱和脂肪酸的合成。

2. 维生素B_6调控氨基酸代谢相关基因的表达

VB_6作为叶酸代谢途径中丝氨酸羟甲基转移酶、甜菜碱羟甲基转移酶等的辅酶，可以协助完成同型半胱氨酸到甲硫氨酸和胱硫醚的代谢（吴瑕玉，2013）。饲料中VB_6含量不足可导致机体氨基酸转移酶活力降低，从而降低机体氨基酸的吸收速度和吸收率，阻碍机体蛋白质正常的代谢。饲料中添加200 mg/kg的VB_6，可以明显改善这一现象。Li J等（2019）研究表明，高粗蛋白质含量日粮中VB_6的添加可以降低断奶仔猪腹泻率，显著提高血液中总蛋白、胆固醇、高密度脂蛋白含量；显著增加空肠氨基酸转运载体SLC6A19和SLC6A20的mRNA表达水平，降低SLC36A1的mRNA表达水平；显著提高回肠绒毛高度和宽度，IL-1β、TNF-α、环氧化酶-2（cyclooxygenase-2，COX-2）、转化生长因子-β的mRNA表达水平，以及氨基酸转运载体SLC6A19、SLC7A6、SLC7A7和SLC36A1的mRNA表达水平，从而缓解饲喂高粗蛋白质含量日粮导致的断奶仔猪肠道受损和蛋白质吸收代谢异常。Liu GY等（2017）发现日粮VB_6可以提高生长肉兔MyoD、MyoG、Myf5和MSTN的mRNA的表达，从而显著改善生长肉兔的蛋白质代谢。日粮中VB_6的添加可以提高鲑鱼肌肉中PN含量（呈剂量依赖性）和天冬酰胺氨基转移酶活性，改善鲑鱼生长性能（Hemre等，2016）。此外，母体缺乏VB_6会导致后代氨基酸代谢异常及大脑缺陷。Almeida等（2016）研究表明，日粮中缺乏VB_6的母鼠所生后代出现了高同型半胱氨酸血症，且仔鼠大脑海马体中谷氨酸脱羧酶1、成纤维细胞生长因子2和谷氨酸氨连接酶的mRNA表达水平显著升高，而谷氨酰胺酶和色氨酸羟化酶1的水平降低。

3. 维生素B_6对免疫应答及基因损伤修复的调控

VB_6在免疫功能的调节中有着重要作用，参与T淋巴细胞介导的细胞免疫、B淋巴细胞介导的体液免疫。VB_6缺乏会导致血清中促炎因子IL-4水平升高，抑制淋巴细胞增殖分化，导致动物生长受阻（Doke等，1997）。VB_6可以通过促进细胞因子分泌及激活JAK-STAT信号通路来调节机体免疫，影响淋巴细胞IL-2、IL-4和INF-γ的分泌水平，以及细胞因子信号转导抑制因子1（suppressor of cytokine signaling 1，SOCS-1）、T-bet基因的转录水平（Qian等，2017）。日粮中添加VB_6可提高断奶仔猪空肠COX-2、IL-10、氨基酸转运载体SLC36A1和TGF-β的mRNA表达，可显著提高回肠IL-1β、TNF-α、COX-2、IL-10和TGF-β的mRNA表达，从而改善仔猪生长性能（Yin等，2020）。Coutinho等（2017）研究发现VB_6可以通过调控腺嘌呤脱嘧啶核酸内切酶1（apurinic endonuclease 1，APE1）基因的表达修复DNA损伤。Zhang PP等（2014）研究发现PL可以提高人结肠癌细胞HT29、Caco2、LoVo细胞、人胚肾细胞HEK293T、人肝癌细胞HepG2中p21基因表达及p21上游的P53蛋白磷酸化水平，而VB_6缺乏则显著降低小鼠结肠中p21的mRNA水平和P53蛋白磷酸化水平，表明VB_6可能是一种预防结肠癌的保护因子。

六、生物素与动物基因表达调控

生物素（biotin，维生素B_7）又称维生素H，是动物机体维持正常机能必需的一种维生素，分子式为$C_{10}H_{16}O_3N_2S$。1936年，德国科学家Kogl和Tonnis从煮熟的鸭蛋黄中分离得到可以维持酵母的正常生长的物质，并将其命名为生物素。1940年，Gyorgy进一步揭示生物素可参与机体营养物质代谢的功能。

生物素广泛存在于自然界的各种生物中，动物一般不会缺乏生物素，一旦缺乏就会导致食欲不振、皮炎、脱毛等症状。生物素在油籽粕、干燥酵母、紫花苜蓿粉等原料中含量非常丰富；在肉粉和鱼粉中，含量则相对较低。在动物机体中，生物素主要在小肠的近端部位被转运吸收，并作为乙酰CoA羧化酶（ACC）的辅酶，催化乙酰CoA生成丙二酰CoA，参与脂肪酸合成的起始反应、固碳和羧化过程，是长链不饱和脂肪酸正常合成和脂肪酸代谢的必需物质。此外，生物素对葡萄糖代谢、免疫反应、生殖等功能起到重要的调节作用，并参与蛋白质合成、氨基酸（如亮氨酸）脱氨、嘌呤合成及核酸代谢过程。例如，生物素可参与多种氨基酸降解时的转移脱羧过程。当生物素缺乏时，机体内与亮氨酸降解有关的甲基丁烯酰辅酶A羧化酶的活性会降低，鸟氨酸合成瓜氨酸的速率降低（Mock和Mock，1992；Maeda等，1996；McDowell，2006）。

1. 生物素对葡萄糖代谢相关基因表达的调控

生物素可通过影响丙酮酸羧化酶的活性，影响糖异生途径，进而促进体内葡萄糖的合成，并通过提高葡萄糖激酶活性降低血糖水平，促进糖原合成（McCarty，1999）。此外，生物素具有类似胰岛素的功能，可调控糖异生途径相关基因的转录，诱导葡萄糖激酶的mRNA表达，并抑制PEPCK的mRNA表达，从而降低血糖含量（McCarty，2016）。Lazo-de-la-Vega-Monroy等（2017）研究发现，日粮中生物素的添加可提高小鼠胰岛中胰高血糖素mRNA的表达水平和分泌量，且不影响空腹血糖浓度、糖原含量及肝糖异生率限制酶PEPCK的mRNA表达，说明在不影响空腹血糖浓度和胰高血糖素耐受性的前提下，添加生物素可促进胰高血糖素基因表达和分泌。

2. 生物素对脂肪酸合成相关基因表达的调控

生物素对脂肪酸合成及碳链延长起着至关重要的作用。Enjalbert等（2008）研究表明，补充生物素可增加奶牛泌乳早期的产奶量，并提高泌乳第3周时乳中C16：1脂肪酸的含量。其潜在原因可能是，在泌乳早期，受到饮食适应的影响，奶牛瘤胃消化能力和生物素合成水平下降，生物素的补充显著改善了乳腺中脂肪酸的合成，并间接参与了乙酰胆碱和胆固醇的合成。Xu等（2017）研究表明，生物素可促进鲷鱼肝胰腺多不饱和脂肪酸的合成，随着生物素水平的升高，肝胰腺中ACCα、SREBP1和酰基CoA氧化酶的mRNA表达水平显著升高。Moreno-Mendez等（2019）研究表明，添加生物素可增加小鼠胚胎成纤维细胞3T3-L1中AMPK、ACC1和ACC2的蛋白质丰度，增加脂肪酸转运蛋白Fatp1和Acsl1的mRNA丰度，加快细胞脂肪酸氧化和脂肪酸摄取速率，并减少脂肪酸的合成。另外，生物素在下丘脑抑制动物食物摄取方面起着举足轻重的作用，可在下丘脑积累并增加ACC2 mRNA表达，且作为ACC2的辅酶促进丙二酰-CoA的合成，从而降低食欲并减少食物摄取（Sone等，2016）。

3. 生物素对免疫功能相关基因表达的调控

生物素缺乏会导致细胞增殖缓慢，免疫功能受损（Manthey等，2002）。日粮生物素缺乏会降低草鱼头肾、脾和皮肤中抗菌肽LEAP-2A和LEAP-2B、Hepc、β-防御素-1和黏蛋白2的mRNA水平，增加促炎因子IL-1β、IL-6、IL-8、IL-12 p40、IL-15、IL-17D、TNF-α和IFN-γ2的mRNA水平，且降低草鱼增重率（He等，2020）。Wiedmann等（2003）报道，提高肉鸡日粮的生物素水平可以提高血清IFN-γ浓度和IFN-γ mRNA表达水平。陈宏等（2008）研究表明，生物素可以提高猪圆环病毒2型诱导的感染仔猪血清IFN-γ的浓度、T淋巴细胞转化率、胸腺指数及生长性能，促使外周淋巴器官维持正常形态。

4. 生物素对生殖功能相关基因表达的调控

生物素在生殖功能中起着至关重要的作用，生物素缺乏会导致雄性动物精子生成延迟和精子数量减少。Daryabari等（2014）研究表明，补充生物素可增加老龄母鸡输卵管中亲和素相关蛋白2（avidin-related protein-2，AVR2）与亲和素的表达水平，从而维持人工授精后输卵管内精子的活力，提高老龄母鸡的受孕率。

七、叶酸与动物基因表达调控

叶酸是饮食中必需的水溶性B族维生素，广泛分布于绿叶植物、动物性食品、水果和酵母中（World Health Organization，2005）。天然膳食中的叶酸主要由聚谷氨酸形式的5-甲基四氢叶酸和10-甲酰基四氢叶酸组成。叶酸只有一个谷氨酸残基，需要在二氢叶酸还原酶作用下还原成具有天然生物活性形式的四氢叶酸（tetrahydrofolate，THF）来发挥功能（Sijilmassi，2019 ）。

肝脏通过首次代谢、胆汁分泌及肝肠再循环等控制叶酸的供应，最后通过衰老红细胞回收（杨淑芬和方热军，2016）。叶酸参与一碳转移反应，作为不同氧化状态的一碳单元的来源，对基因表达、基因转录、染色质结构、基因组修复和基因组稳定性的调控产生影响，在营养物质吸收、抗氧化和免疫反应等方面有重要作用（吴妙宗，1999；李宁等，2019；Munyaka等，2012）。

1. 叶酸对基因表达调控的分子机制

叶酸缺乏时，会激活还原叶酸载体基因（G80A）、蛋氨酸还原酶基因（A2756G）和亚甲基四氢叶酸还原酶基因（C677T、A1298C），阻断DNA碱基切除修复（base excision repair，BER）通路，促进微核形成，增加染色体断裂和基因组整合错误，导致DNA损伤和突变（Rosati等，2012）。小鼠研究表明，母体补充叶酸和断奶前补饲叶酸，能够显著降低后代肝脏整体和局部的DNA甲基化相关基因——Pparγ、雌激素受体（Er）的表达水平（Sie等，2013）。妊娠期间，胎儿需要叶酸来维持正常发育，通过增强参与神经上皮、神经嵴和内脏内胚层细胞中叶酸转运的叶酸受体1（folate receptor 1，FOLR1）和FOLR2基因，抑制核苷酸生成基因Pax3和丝氨酸羟甲基转移酶1（serine hydroxymethyltransferase 1，SHMT1）的表达，从而预防神经管缺陷（Imbard等，2013）。叶酸也通过高亲和力叶酸受体1（FOLR1），介导DNA修复作用，促进中枢神经系统轴突的再生，调控中枢神经系统损伤后的再生和修复（Iskandar等，2010）。

2. 叶酸对生长发育相关基因的调控

对宫内发育迟缓仔猪补充叶酸，可预防肝脏DNA甲基化和基因表达的变化，改变PPARα、PPAR启动子甲基化而促进其表达，缓解宫内发育迟缓对脂肪酸合酶和磷酸烯醇丙酮酸羧化激酶相关基因表达模式的损害（Jing-Bo等，2013）。但围产期补充过量叶酸会对胚胎、胎儿发育产生不利影响，同时对神经管发育相关的重要基因Vang样蛋白1（Vang like protein 1，Vangl1）的表达有一定的抑制作用；妊娠期间添加较高剂量的叶酸补充剂，会抑制后代大脑半球中许多发育相关基因羧肽酶N2（carboxypeptidase N2，CPN2）、5-羟色胺受体4（5-hydroxytryptamine receptor 4，HTR4）、锌指蛋白353（zinc finger protein 353，ZFP353）、退变样蛋白2（Vestigial-like family member 2，VGLL2)的表达，并上调与发育呈负相关的X染色体失活特异性转录本（X-chromosome inactive special transcript，XIST）、NK6同源框蛋白3（NK6 homeobox 3，Nkx6-3）、Leprecan样蛋白1（Leprecan like protein 1，Leprel1）、核因子Ⅸ（Nuclear factor Ⅸ，Nfix）、SLC17A7基因的表达水平（Barua等，2014）。

3. 叶酸对营养物质代谢基因的调控

叶酸作为一碳基团参与蛋白质合成，可以促进蛋白酶原的激活，提高胃肠道蛋白酶分泌量及其活性（葛文霞等，2006）；还能够促进苯丙氨酸与酪氨酸、组氨酸与谷氨酸、半胱氨酸与蛋氨酸的转化，从而增强蛋白质的合成（徐高骁等，2011）。叶酸在增强蛋白质水解的同时，能够将与蛋白质结合的矿物质元素呈游离状态释放出来，从而提高矿物质的利用率（杨淑芬和方热军，2016）。在叶酸作用下，肠道内的矿物质可以刺激脂肪酶的分泌及活性，从而提高粗脂肪的利用率（邢晋祎等，2019），并影响禽类肝脏中脂肪沉积的重要候选基因LPIN1的表达，影响磷脂酸磷酸化酶的活性，从而影响机体脂质代谢。Lillycrop等（2010）认为，妊娠早期叶酸缺乏能够引起DNA甲基转移酶1（DNA methyltransferase 1，DNMT1）异常，影响后代脂质代谢相关基因的表达。

4. 叶酸对免疫与凋亡相关基因表达的调控

叶酸在免疫应答和免疫调节中起着非常重要的作用。支丽慧（2014）对孵化期11胚龄肉鸡注射叶酸，显著提高了肉仔鸡生长性能、血液免疫球蛋白含量、肝脏叶酸代谢基因亚甲基四氢叶酸还原酶（methylene tetrahydrofolate reductase，MTHFR）和甲硫氨酸合成酶还原酶（methionine synthase reductase，MTRR）以及细胞因子IL-2、IL-4、IL-6的mRNA相对表达量。妊娠母猪每天补充8 mg叶酸，会影响后代仔猪断奶时的外周淋巴细胞比例和仔猪的二次抗体应答水平（韦珏等，2017）。Huang RF等（1999）发现叶酸缺乏可导致细胞脱氧核苷酸库失衡，导致Bcl-2、Bax和p53等凋亡相关基因表达出现异常，最终引起细胞DNA损伤、凋亡增加和生长抑制，而补充叶酸则可逆转这些负面效应。此外，叶酸可影响Agouti基因启动子的甲基化程度，改变凋亡相关基因的表达量（Kotsopoulos等，2008）。

八、维生素B_{12}与动物基因表达调控

维生素B_{12}（vitamin B_{12}，VB_{12})又叫钴胺素，是发现最晚的一种B族维生素，大多由微生物合成，动物和大多数植物不能合成（Briani等，2013）。VB_{12}是唯一含金属元素的维生素，也是唯一一种需要肠道分泌内源因子帮助才能被吸收的维生素，甲钴胺和腺苷钴胺是其主要活性形式（Hunger等，2015）。

VB_{12}作为甲基转移酶的辅因子，参与甲硫氨酸、胸腺嘧啶等的合成，能够促进遗传物质合成，有利于神经系统发育和生理正常功能维持，同时促进碳水化合物、脂肪和蛋白质的代谢（刘欢和黄国伟，2005）。

1. 维生素B_{12}对基因表达调控的分子机制

对VB_{12}功能的研究较多地集中在神经基因损伤、DNA甲基化水平和RNA核糖开关启动方面。Fernandez-Roig等（2012）利用钴胺素传递蛋白受体（transcobalamin receptor，TCblR/CD320)）敲除小鼠来研究VB_{12}对脑组织神经功能的影响，结果发现Tcblr基因缺陷小鼠大脑中VB_{12}的含量较正常小鼠急剧降低，大脑组织全基因组DNA甲基化水平显著下降，表明VB_{12}通过影响TCb1R，与DNA甲基化水平正相关。核糖核苷酸还原酶（ribonucleotide reductase，RNR）催化核糖核苷酸向脱氧核糖核苷酸转化，并且对于DNA的从头合成和修复是必不可少的。Borovok等（2006）发现，VB_{12}能够分别参与两类RNR的表达调控，可对核糖核酸还原酶Ⅰα类亚基（ribonucleotide reductase class Ⅰ alpha subunit，ⅠαRN）基因的核糖开关进行调控。

2. 维生素B_{12}对发育和代谢相关基因的调控

母鼠哺乳期补充VB_{12}，会影响宫内生长受限仔鼠骨骼肌胰岛素信号通路中关键分子PI3K基因的表达，改变机体胰岛素抵抗能力（张慧等，2018）。饲料中添加VB_{12}对动物肝脏中极长链脂肪酸延长酶7（elongase of very long chain fatty acids 7，ELOVL7）的基因表达量有显著影响，适当的添加可以提高禽类的胸肌率，降低腹脂率，改善胴体组成

（程漫漫等，2019）。Manzanares和Hardy（2010）发现，VB_{12}通过促进DNA合成，促进氨基酸平衡，从而增强蛋白质合成。VB_{12}可被视为NF-κB、髓细胞瘤癌基因（myelocytomatosis oncogene，Myc）和Fos原癌基因（Fos proto-oncogene，Fos）基因水平的内源性负调控因子，从而影响发育和代谢（Romain等，2016）。

3. 维生素B_{12}对免疫相关基因的调控

VB_{12}通过调节生长因子，维持巨噬细胞和凝血系统的正常功能，控制炎性细胞因子NF-κB、Myc和Fos基因的表达（Romain等，2016），并调控免疫细胞发挥最佳的抑菌和吞噬作用，从而增强抗炎效果（Wheatley，2006）。Ruetz等（2019）发现，免疫系统利用衣康酸-辅酶A（itaconyl-CoA）和VB_{12}结合产生的双自由基，阻断结核杆菌对VB_{12}依赖的甲基丙二酰辅酶A变位酶基因表达，从而抵抗细菌感染。Boran等（2016）发现缺乏VB_{12}时，婴儿血液中的$CD4^+$、$CD25^+$调节性T细胞（T-regular cell，Treg）含量降低，促炎因子增加，IL-10等抑炎因子表达减少。相似地，VB_{12}缺乏患者血液中IL-6、TNF-α等促炎因子基因表达水平升高，$CD4^+$尤其是$CD8^+$淋巴细胞的绝对数量减少，CD4/CD8比值升高，NK细胞活性下降（Erkurt等，2008）。

九、维生素C与动物基因表达调控

维生素C（vitamin C，VC）又称抗坏血酸，显酸性，有氧化型VC和还原型VC两种形式，理化性质不稳定，其分子式为$C_6H_8O_6$，共有4种异构体：L-抗坏血酸、L-异抗坏血酸、D-抗坏血酸、D-异抗坏血酸（苏桂棋，2019）。VC是目前公认的人体所必需的水溶性维生素。由于豚鼠和灵长类（包括人类）体内缺乏L-古洛糖酸内酯氧化酶基因，因此只能通过从外界食物摄取来维持体内VC的平衡。

VC是高效抗氧化剂，可减轻抗坏血酸过氧化物酶（ascorbate peroxidase）基底的氧化应力，维持酶分子中自由巯基（—SH）的还原状态以保持巯基酶的活性，从而延长细胞的寿命（王峻等，2016）。VC还能促进胶原蛋白的合成，是胶原脯氨酸羟化酶和胶原赖氨酸羟化酶维持活性的辅因子之一（邓怡萌，2015）。VC可以促进Fe吸收，缓减VA、VE、VB_2、VB_{12}和泛酸缺乏症状（Hill等，2019）。此外，VC通过调节肝细胞中多种酶的活性，参与机体排毒过程（姚建国和熊国远，2000），但大量使用则有血栓、泌尿结石和肾损伤等风险（Ferraro等，2016）。

1. 维生素C对胚胎干细胞和记忆相关基因的调控

VC能通过诱导表面抗原CD105和CD166，促进人胎盘间充质干细胞的产生（江雪燕等，2010）。郭琳等（2014）发现，在培养人胚胎干细胞（human embryonic stem cells，hESCs）过程中添加VC，可以提Asz1（Ankyrin repeat, SAM and basic leucine zipper domain containing 1）、精子缺乏症类基因（deleted in azoospermia-like，Dazl）等一些生殖系相关基因的甲基化水平，使胚胎干细胞表现出囊胚样，并通过提高STAT2的磷酸化程度促进Nanog同源框（Nanog homeobox，Nanog）基因表达，维持胚胎干细胞的多能性网络。VC也可通过抑制5′-核苷酸酶（5′-nucleotide enzyme，NT5E）、内皮糖蛋白（endoglin，ENG）和Thy1细胞表面抗原（THY1），诱导FABP4的表达，增加脂滴形成，从而促进牛间充质干细胞向成熟脂肪细胞分化（Jurek等，2020）。适量的VC可以提高小鼠海马细胞的*N*-甲基-D-天冬氨酸受体（*N*-methyl-D-aspartate receptor，NMDAR）亚单位ε1基因的表达水平，预防和治疗慢性铅中毒（王程强和彭小春，2011）。胡志成等（2009）也报道VC对NMDAR有保护作用，可以缓解幼龄大鼠铅中毒引起的皮质和海马神经细胞损伤。

2. 维生素C对免疫与凋亡相关基因的调控

VC可以提高肠炎机体CD3、CD4和CD4/CD8含量，降低CD8含量，提高淋巴细胞转化率，促进IL-1、IL-2、IL-6等免疫因子的表达，增强细胞免疫，提高机体免疫力（张立新和高志星，2012）。Manning等（2013）发现，VC通过上调受体CD8和激酶ζ链相关蛋白-70（ζ-chain associated protein70，ZAP70）基因的表达，来诱导和维持T细胞基因表达，影响T细胞的发育。van Gorkom等（2018）报道，在10-11易位家族蛋白（ten-eleven translocation family protein，Tet）介导的DNA和组蛋白去甲基化中，VC可通过表观遗传调节或辅因子作用增强和恢复淋巴细胞和NK细胞的功能。VC在预防肿瘤方面也有一定功效，主要通过抑制COX-2和MAPK基因的表达，缓解炎症水平，抑制肿瘤发生时的血管生成；通过降低IGF-2基因表达水平，抑制MAPK通路，进而减少人黑色素瘤细胞生成（Lee等，2008）；同时也可以降低血管生成相关基因碱性成纤维细胞生长因子（basic fibroblast growth factor, bFGF）、VEGF和MMP-2的表达水平，阻碍TNF-α诱导的NF-κB通路，从而抑制癌细胞的生成（Yeom等，2009）。

3. 维生素C对抗氧化与凋亡相关基因的调控

VC可以通过上调透明质酸合成酶2（hyaluronic acid synthase 2，HAS-2）基因的转录水平，增加真皮透明质酸的合成，下调MMP-1基因的转录水平，减少MMP-1对胶原的降解，从而使真皮的厚度及弹性增加，达到抗氧化和延缓皮肤老化的作用（范丽云，2009）。适量VC干预时，Bcl-2与Bax基因的作用相对平衡，表现抗凋亡作用（荆晓明等，2003）。给铅中毒的年幼大鼠喂饲VC后，随着给药时间的延长，Bcl-2的表达水平也增加，同时Bax表达明显减弱，缓解了细胞凋亡（胡志成等，2009）。高剂量的VC会通过上调钠依赖性维生素C转运体2（sodium-dependent vitamin C transporter 2，SVCT-2）

基因的表达，促进活性氧的产生，进而促进凋亡诱导因子（apoptosis-inducing factor，AIF）的生成，导致凋亡依赖的细胞自噬（Heidi等，2014）。

（编者：王凤芹，路则庆，单体中）

第七章 营养代谢病的分子基础与防治

近几十年来，我国畜牧业集约化程度与日俱增，伴随着育种技术及营养与饲料科学技术等的迅猛发展，动物生产性能和繁殖性能得到极大发挥和提升，具体表现为饲料转化率（feed conversion ratio，FCR）和繁殖率不断提高。然而，饲料转化率和繁殖率的提高必然是动物机体代谢速率不断增加的结果，动物往往处于“生产应激”状态，这种状态使动物非常易于发生营养代谢病，并有与日俱增之势。虽然，目前对我国养殖业危害最大的是一些动物传染性疾病，但营养的缺乏或代谢紊乱常常成为某些动物传染性疾病暴发的诱因。由于动物营养代谢病所造成的经济损失相当可观，引起了国内外学者和相关实践工作者的极大关注。人们已经认识到，改善饲养管理特别是预防营养代谢病已成为有效预防动物传染性疾病不可缺少的环节。面对生产中层出不穷的动物营养代谢病新问题，国内外学者有针对性地从病因学、病理学、营养学、分析化学、饲料科学等多学科相互交叉的角度进行动物营养代谢病防治的研究。

第一节 营养代谢病概述

一、营养代谢病的概念及特点

物质代谢指体内外营养物质的交换及其在体内的一系列转变过程，受神经体液系统的调节，营养物质供应不足或过多，神经、激素及酶等对营养物质的调节异常，均可导致营养代谢病。动物营养代谢病（nutritional and metabolic disorders in domestic animals and fowl）是指营养性疾病（nutritional diseases）和代谢紊乱（metabolic disorder）性疾病的总称。前者是指动物机体所需的某些营养物质绝对和相对缺乏或过多所致的疾病；后者是指因遗传因素、内分泌紊乱或其他因素所引起的机体内的一个或多个代谢过程异常，导致机体内环境紊乱而发生的疾病。近年来，也有学者主张将与遗传有关的中间代谢障碍及分子病也列入营养代谢病的范畴。营养代谢病常影响动物的生长发育、繁殖等生理过程，表现为营养不良、生产性能低下及繁殖障碍综合征。动物营养代谢病病因复杂、种类繁多、症状各异，但它们又有若干相似之处（王小龙，2009），具体常表现为以下几个方面。

1. 地方流行性

由于地质化学方面的缘故，有些地区某些矿物元素含量的变化比较大。例如，我国缺硒现象常出现在黑龙江、辽宁、吉林、内蒙古、河北、山东、河南、四川、云南等14个省、自治区的部分地区或大部分地区，呈现出一条由东北向西南走向的缺硒地带。据调查，浙江省有10个县严重缺硒（饲料含硒量≤0.02 mg/L），14个县低硒（0.03～0.05 mg/L）（于春海，2006）。缺硒地区的畜禽硒缺乏症也是比较普遍的。

2. 群发性及非传染性

在畜牧业集约化饲养条件下，动物营养代谢病群发性的特点更为明显。例如，随着奶产量的不断提高，奶牛真胃变位的发病率由过去的0.2%～0.5%提高到2%～4%（曹杰和王春璈，2005）；我国奶牛酮病的发病率占泌乳牛的15%～30%（牛淑玲，2004）；对我国苏州地区1020头仔猪的随机调查发现，它们血液中血红蛋白值仅为64.4 g/L（联邦德国和美国仔猪的平均值为80 g/L），属于缺铁性贫血（iron deficiency anemia，IDA）（滕衍河等，1992）。动物营养代谢病在某个养殖场或某一地区虽呈群发性，但经过仔细调查发现，从患畜体内难以分离到特异性病原微生物或寄生虫，个体之间亦难以找到相互传染的证据。病畜除发生继发性感染之外，一般体温不升高，其食欲变化通常也不像传染病发生时那样明显。

3. 生产性能相关性

有些动物营养代谢病被人们称为生产性疾病或发育性疾病，如奶牛的酮病、真胃变位等多发生在奶产量超过6000 kg的高产牛群中；又如肉鸡腹水综合征或肉鸡猝死综合征等多发生于45～50天内体重达到3.0 kg以上的快速生长的良种肉鸡。很显然，这些疾病的发生与畜禽的较高生产性能密切相关。

4. 发病缓、病程长，症状相似性

从营养代谢紊乱到患畜机体出现功能和形态学的变化乃至呈现临床症状，往往会经过长短不一的时间（数周、数月或更长时间），一般呈慢性过程。有些动物营养代谢病通常只表现为精神沉郁、被毛粗乱、食欲减退、消化障碍、生长发育不良、贫血、消瘦、有异嗜癖、生产性能下降，与一般的寄生虫性疾病或中毒性疾病极为相似，会给诊断带来一定的困难。

5. 少数呈现特征性

部分动物营养代谢病具有特征性的器官系统病理变化、临床血液学变化或临床血液生物化学变化。例如，产后血红蛋白尿母牛除了具有血红蛋白尿、贫血等症状外，还有低磷酸盐血症，血液学检查时可见到网织红细胞。硒缺乏的雏鸭除出现两肢瘫痪外，肌胃变性是其较特征性的病理变化；而硒缺乏的雏鸡常在腹部皮下呈现渗出性素质的特征性病理变化。此外，继发性维生素K缺乏的鸡常呈现全身性出血性病变；维生素A缺乏犊牛常呈现出夜盲症甚至失明；锰缺乏家禽常呈现骨短粗症；铁缺乏仔猪常呈现出贫血症。上述诸多实例均显示出动物营养代谢病的这一特征。然而应当指出的是，还有许多动物营养代谢病缺乏特征性的症状或病理变化。

6. 与传染病的并发性

动物营养和免疫力间的关系已得到证实和认可。良好的饲养管理是提高动物抗病力的重要因素；营养代谢病的发生常常会降低动物免疫力，进而使一些传染病有机可乘。在兽医临床上，一些传染病的防治除了应用疫苗、抗血清或抗生素之外，必须同时补充动物缺乏的营养物质，以提高机体体液免疫和细胞免疫能力，这种综合的防治才能有效地提高防治效果。这也是发展中国家集约化畜牧业发展过程中动物营养代谢病发生的一个新特点。

7. 部分营养代谢病具有遗传性

例如，α-甘露糖苷累积病是由于α-甘露糖苷酶先天性缺乏，使各种短链多聚糖在细胞溶酶体内沉积所致的一种遗传性糖代谢病。在安格斯牛、盖洛威牛、墨累灰牛中均发现该病，目前尚无根治办法。检出并剔除致病基因携带者是消除本病传入和扩散的唯一方法。

二、营养代谢病的病因

营养物质摄入不足或日粮中某种营养物质的缺乏是动物营养代谢病常见的一种病因。饲料短缺、种类单一，甚至质地不良及饲养不当等均可造成营养物质缺乏。例如，在冬春枯草季节或自然灾害（如干旱、草鼠害）引起牧草短缺时，放牧动物长时间处于饥饿或半饥饿状态，大部分动物出现营养不良甚至营养衰竭和死亡。如单纯地饲喂稻草和棉饼这种未经科学搭配的日粮，牛出现视力障碍甚至夜盲等症状，显然是与维生素A

缺乏有关。此外，妊娠、泌乳、产蛋及生长发育旺期等特殊生理阶段导致的营养物质需要量增加，慢性寄生虫病、马立克氏病及结核等慢性疾病对营养物质的消耗增多等原因也会导致营养物质摄入不足。

某些营养物质摄入过多是当今集约化畜牧业中引起动物营养代谢病的常见原因之一。为了提高畜禽生产性能，盲目采用高营养饲喂，常导致营养过剩。如日粮中动物性蛋白质饲料过多可能引发痛风；碘过多引发甲状腺肿；高浓度钙日粮易造成锌相对缺乏；高产奶牛在干奶期过度饲喂，使其体况过于肥胖，产后容易罹患肥胖母牛综合征(或称母牛脂肪肝综合征)。

某些营养代谢病继发于一些消化吸收和代谢功能障碍性的非传染性或传染性疾病。当动物发生胃肠炎以及肝脏、胰腺、肾脏等疾病时，会影响动物的消化、吸收、排泄和代谢功能，继而发生某些营养代谢病。例如，动物发生慢性胃肠炎，时间过长会影响动物对营养物质的消化和吸收，并引起某些营养物质缺乏症。某些慢性肝脏疾病，尤其是胆汁淤积导致排入肠腔中的胆汁减少，影响脂溶性维生素K在肠道的吸收，可引起获得性维生素K缺乏症所致的出血性疾病。肾型传染性支气管炎的鸡由于肾脏实质受到病毒损害，所以导致尿酸盐的正常排泄功能出现障碍，常常继发痛风，并且使尿酸盐过量地在内脏表面沉积。

现代畜牧业中，动物营养代谢病常常是由于某些养殖者片面追求饲料转化率所致。随着畜牧业集约化程度不断提高，育种学家和营养学专家常常以追求饲料转化率为目标。然而，片面地追求饲料转化率则可能使动物处于“生产应激”的状态而出现一些生产性疾病。如高产奶牛的真胃变位、高产蛋鸡的骨质疏松症、肉鸡的胫骨软骨发育不良、肉鸡腹水综合征等均可能是由于没有完全合理地制定育种目标，从而使动物过度发挥其生产性能（如生长非常快、产奶量高等），继而容易使动物机体营养代谢失衡，发生营养代谢病。

饲料添加剂或日粮中存在某些抗营养因子，也是动物营养代谢病的常见原因。例如为预防生长猪发生佝偻病，在日粮中过多添加石粉（碳酸钙），反而使生长猪容易发生锌缺乏，呈现出皮肤角化异常（parakeratosis）。在日粮中大量使用未经高温处理的生豆饼易使动物患病。这是因为未经高温处理的豆饼含有抗胰蛋白酶因子，它们会大大降低胰蛋白酶活性，导致动物肠道对蛋白质的消化、吸收和利用能力下降，从而使动物容易罹患蛋白质缺乏症。饲料中含有适量的脂肪有利于钙的吸收，但如果饲料中含有过多脂肪（15%以上）则不利于动物对钙的吸收；过多的脂肪酸可在肠道中与钙结合成为不溶性的皂化物沉淀，动物正常分泌胆汁酸的量无法使其充分溶解和吸收，从而导致动物容易发生钙缺乏症。

一些动物代谢疾病的发生由某些遗传因子的作用引起。如安格斯牛和盖洛威牛的α-甘露糖苷过多症（α-mannosidosis），多呈常染色体隐性遗传，为家族性疾病（Khan 和 Ranganathan，2009）。该病的杂合个体在澳大利亚安格斯牛中比例为5%，在新西兰安格斯牛中为10%，其比例甚高。又如先天性卟啉病（congenital porphyria）是由控制卟啉代谢和血红素合成的有关酶先天性缺陷所致的一种遗传性卟啉代谢病，又称红齿病或红牙病（pink tooth disease），在猪上被人称为红骨病或黑骨病。猪的先天性卟啉病属于红细胞生成性卟啉病型，呈常染色体显性遗传或多基因遗传。牛的先天性卟啉病多数属于红细胞生成性卟啉病型，呈常染色体隐性遗传（Agerholm等，2012）。

第二节　营养素与基因互作对营养代谢病的影响

一、营养代谢病产生的遗传学基础

人们对营养素与基因之间相互作用的最初认识是从对先天性代谢缺陷的研究开始的。1907年，Garrod博士在研究尿黑酸尿症（alcaptonuria）病因时，首次使用了“先天性代谢缺陷”这一术语。此后，又相继发现了隐形高铁血红蛋白症（recessive methemoglobinemia）、冯吉尔克症（von Gierke disease）、苯丙酮尿症（phenylketonuria，PKU）等营养代谢病。迄今为止，有报道的先天性代谢缺陷病已超过300种。先天性代谢缺陷病的主要病因是基因突变导致的某种酶缺乏，从而使与该种酶密切相关的营养素代谢和利用过程发生障碍。人们可以利用营养素来弥补或纠正这种缺陷。前期在先天性代谢缺陷研究与治疗方面积累的丰富经验以及获得的突出成就，使得美国实验生物科学家联合会在1975年举行的第59届年会上专门安排了“营养与遗传因素相互作用”专题讨论会，这是营养学历史上具有里程碑意义的一次盛会。从1988年开始，分子营养学研究进入了黄金时代，人们开始关注有关分子生物学技术在营养学研究中的应用、营养素对基因表达的调节、基因多态性对营养素需要量的影响、基因多态性与营养素的互作对营养代谢性疾病的影响等。

畜禽在不同的生理和生产条件下，对日粮中能量和营养成分的需求是不同的。通常只有在日粮提供的能量和营养成分首先满足其维持需要后，才能用于生长发育、泌乳、产蛋等生产性能需要。与此同时，机体为适应生理和生产的需要，并受到其他外界环境因素的影响，各器官和系统的机能，尤其是神经和内分泌系统的调节机能也会发生相应变化。营养物质除了直接提供能量、营养等用于维持生命体的生命、生长发育、繁殖外，还可作为某个或某些基因表达的调控物，直接和独立地调控基因表达，对动物生长发育、繁殖、健康等产生重要的影响（Dawson，2006）。动物体内特异性疾病基因的存在与决定个体对某种疾病易感性有重要影响，某些疾病的产生通常与其特异的易感基因有关；而环境因素（营养、应激、生长环境等）则对于特异性疾病基因的表达起重要调节作用。在集约化、规模化养殖的动物生产过程中，畜禽的营养、环境因素等变化快，而遗传因素变化慢，两者之间存在进化上的矛盾。如果生产条件能够相对长期稳定，一些基因可能失活、变异或关闭，在大部分适应了环境变化的个体中，这些基因不再起作用；而在另外一些个体体内，这些基因没有被关闭，仍在起作用，往往对一些营养代谢病特别易感，表现为易感群（孙长颢，2004a）。要避免动物易感群的发病，首先要防止致病基因的激活和表达；其次要通过长期努力，结合遗传手段和饲养环境改良动物体内特异性疾病基因。

随着基因组学研究的发展以及人类基因组计划的实施和完成，营养学研究开始步入了“基因时代”，出现了营养基因组学。营养基因组学（nutrigenomics）的概念最早提出于2000年，是基于人类基因组计划的一种新的营养学理论（Peregrin，2001）；是一门应用分子生物学技术研究食物如何影响个体遗传信息表达，以及个体基因如何参与营养和生物活性物质代谢，并对这一代谢过程做出何种反应的科学。研究的重点主要包括：营养物质代谢和免疫调节效应的分子机制；基因型对营养的利用及对动物健康的影响；营养物质对动物繁殖、组织发育和生长发育等性状相关基因表达调控的分子机制；营养物质对肉品质相关性状基因表达调控的影响；不同营养水平与饲料组成条件下对有关调控饲料摄入和代谢的基因表达水平的影响等方面。

营养素对基因表达的调控可发生在基因复制、转录或者翻译过程，通过选择性改变基因表达水平，调节不同环境下各组织特定基因或基因组的活性。氨基酸、脂肪酸和糖等营养成分都会影响基因的表达，其作用方式可以通过控制基因构型、代谢产物或代谢状态（如激素情况、细胞氧化还原状况等）导致mRNA水平和（或）蛋白质水平甚至功能的改变（李幼生和黎介寿，2004；Innes，2006）。动物体内的营养代谢过程和水平受基因的调控，主要通过改变神经内分泌和消化代谢等途径实现，具体调控机制尚存在争议。较受认可的解释是，神经内分泌因子的产生及活性受基因调控，基因通过调节神经内分泌因子和相关激素的分泌量及活性影响动物体的整个消化代谢过程。目前，已有的一些研究从分子遗传角度发现了相关调节物质基因水平的改变，或者通过对中间调节物质的监测解释了营养代谢过程的改变，但从遗传到营养的全过程对营养代谢调控过程的系统研究尚需进一步加强（Ordovas和Mooser，2004）。在未来的一段时间内，营养基因组学结合基因组学、蛋白质组学、基因型鉴定、转录组学和代谢组学领域必将快速发展，并对动物营养与饲料科学研究乃至对整个畜牧业生产产生深远的影响。

二、营养素与基因的相互作用

DNA是生物体全部遗传信息的携带者，基因的选择性表达决定了生物体个体的细胞分化、细胞周期调控、细胞的衰老/凋亡、生长发育、健康状况、外部表型、机体对外部环境的适应能力等。营养素是生物体新陈代谢的物质基础，平衡充足的营养物质是保证生物正常生长发育、顺利完成繁衍后代等生命过程的必要条件（Neeha 和 Kinth，2013）。从本质上讲，营养代谢过程取决于细胞众多mRNA分子的表达和众多基因编码蛋白质的相互作用。氨基酸、碳水化合物、维生素及微量元素等营养成分都会影响基因的表达；有些营养素（如维生素A、维生素D、锌和脂肪）能够直接影响基因的表达，而另一些营养素（如膳食纤维）可以通过机械刺激或改变激素信号、肠道细菌代谢产物而间接调控基因表达（李幼生和黎介寿，2004）。反之，基因及其表达产物的改变也能影响组织和细胞中营养成分的吸收、运输和代谢过程，从而影响动物机体的代谢过程，最终影响动物的生长和生产。

在营养基因组学的研究中，对氨基酸参与调控基因表达的研究较为深入。氨基酸作为蛋白质合成的前体物质，不仅影响蛋白质代谢，而且还参与对整个机体的内稳态平衡的调节。某些营养状态和应激状态能影响血液氨基酸浓度；相反，细胞亦可通过调节不同基因的表达而改变对氨基酸的获取，进而调节氨基酸的众多生理功能。氨基酸本身亦可调节靶基因的表达。例如体内胰岛素样生长因子结合蛋白1（IGFBP-1）过度表达可抑制机体生长，而血液氨基酸浓度降低能够直接诱导IGFBP-1的表达（李幼生和黎介寿，2004）。因此，长期进食蛋白质匮乏的食物可致体内IGFBP-1表达增多，从而使机体生长发育受到抑制（Goya等，2002）。研究表明，脑组织中氨基酸浓度的变化会直接影响大脑前梨状皮层的功能，继而改变相关基因的表达和蛋白质的合成速度（Akiyama等，1992）。营养素种类和量的变化能够调节靶基因的表达，并引起靶细胞功能发生相应改变。研究营养素对基因表达调控的作用，不仅要考虑单个基因的作用，更应考虑与该基因具有协同表达作用的基因及协同表达基因在不同个体间的差异。不同个体间相同基因的差异主要表现为单核苷酸多态性（single nucleotide polymorphism，SNP）；营养素在一些个体内的代谢异常与SNP的存在有关。以人类编码亚甲基四氢叶酸还原酶（MTHFR）的基因为例，MTHFR基因最常见的多态性是第677位密码子由C突变为T，

MTHFR基因突变型杂合子在群体中占45%～50%，纯合子占10%～12%。MTHFR基因突变型纯合子可导致MTHFR活性降低，导致5,10-亚甲基四氢叶酸还原为5-甲基四氢叶酸的过程发生障碍，从而导致神经管鞘缺陷、Down氏综合征、心血管疾病和肿瘤的发病危险性增加（Kaput和Rodriguez，2006）。

营养物质通过进食方式进入动物体内后进行多种途径的新陈代谢，其中也包括多种方式的基因反应。这些过程影响着各代谢过程相关基因的复制、转录及翻译水平。因此，基因与营养素间的相互作用非常复杂。此外，动物体内存在单核苷酸多态性等基因差异及相应基因激活和调控过程的改变，导致了存在基因差异的不同动物个体对营养也有不同的要求，具体表现为以下两个方面。

1. 基因差异导致不同个体对营养需要量的改变

不同生物体内DNA结构的不同导致了生物多样性以及不同生物间形态学和生物学特征的差异。DNA结构差异包括序列差异和长度差异，实质是DNA序列某些碱基的缺失、增加或突变。这种差异在蛋白质非编码区及无重要调节功能区域发生的概率比较高，因而多数差异不会影响靶基因的转录以及翻译过程；少数差异可发生在蛋白质编码区及基因转录、翻译过程的调控区域，这些差异可能是有益突变，也可能是有害甚至致死的。就人类基因组而言，在人群中发生率不足1%的碱基突变称为罕见遗传变异；当某些碱基的突变在人群发生率超过1%时，称为基因多态性或遗传多态性。这种基因多态性决定个体间差异。如基因多态性存在于营养代谢有关的基因中，就会导致不同个体对营养素吸收、代谢和利用过程存在很大差异，从而导致个体对营养素需要量的不同（孙长颢，2004b；Montoliu等，2013）。

不同个体基因之间存在的单核苷酸多态性可能是机体对营养素需求及响应差异的分子基础。人类基因组中存在140万～200万个单核苷酸多态性，其中约有6万个存在于外显子中。这些变异可能会导致体内生化反应或代谢过程发生转变，进而影响对营养素的消化吸收。例如，绝大部分人群产生乳糖酶的基因会在断奶后关闭；但由于基因组中相关DNA的突变，使北欧人群的乳糖酶基因在断奶后继续表达，从而具备了终生消化牛奶的能力。此外，个体间基因的差异性还表现在机体内基因被激活的水平。研究发现，生物体在遭受到某种刺激或病变时往往伴随着某些基因表达量的变化，从而使个体基因表达水平呈现多样性。由于基因多态性和基因表达水平的差异，不同机体对营养素消化、吸收和代谢情况不同，即使摄入相同的食物也会产生截然不同的营养效果（Dang等，2014）。

2. 摄入营养素的差异导致体内基因调控过程的改变

某些营养素在参与物质代谢的同时，还具有独立的、基因水平的生物效应，能直接或间接地与核酸发生相互作用，参与基因转录或翻译水平的调控及修饰，最终影响功能基因表达。如日粮中的营养物质可直接或作为辅因子催化体内的生化反应，还可以作为信号分子或者调控蛋白质的结构。维生素A、维生素D、锌、氨基酸、脂肪酸和葡萄糖等都能直接影响基因的表达，其作用方式包括：结合基因上游特异性反应元件从而控制下游基因表达、通过与特异性受体的结合控制协同表达基因的转录过程、改变代谢过程中关键酶活从而对底物基因的表达产生影响等；而膳食纤维常通过改变激素信号、机械刺激或肠道细菌代谢产物而对基因表达产生间接调控作用（Chen H等，2013）。一种营养素可调节多种基因的表达，既可调控其本身代谢途径所涉及酶或辅酶的基因表达，也能够影响其他营养素代谢所涉及受体、酶或其他功能蛋白的基因表达。营养素既可影响细胞正常增殖、分化及机体生长发育相关基因的表达，又会对某些致病基因的表达产生调节作用；反之，一种基因转录、翻译以及修饰等过程又同时受多种营养素的调节。目前，利用基因组技术已经能够测定营养素对细胞或组织基因谱表达的影响。此外，在一些疾病的发生过程中，往往涉及一些与营养素代谢相关的酶、辅酶或其他功能蛋白基因表达的显著改变。这种基因表达的变化可引起多种代谢过程紊乱，从而影响基因相关疾病的发生发展过程。蛋白质组学及代谢组学等方法的出现，为比较研究一些疾病的基因差异表达情况提供了有效的手段，对阐明发病机制、寻找特异性基因诊断方法及治疗研究提供了方向。

三、营养与基因互作关系在营养代谢病研究中的应用

分子生物学技术的不断发展及其在营养学中的应用，使人们明确认识到营养物质与基因表达之间存在着广泛的相互调控的关系。营养素与基因之间的这种相互作用是持续而复杂的。个体间基因差异性的存在往往会导致相同的食物对不同机体产生不同影响。合理利用基因和营养的相互调控作用能使其更好地发挥作用。营养基因组学是专门研究营养与基因之间相互作用的科学。深入开展营养组学研究，探索营养与基因的互作关系，并进行合理运用，将有可能产生以下几个方面的重要影响。

1. 营养素的作用机制或毒性研究

通过基因表达的差异和变化能够研究能量限制、微量元素缺乏及糖脂代谢紊乱等问题；利用转录组学技术可以分析单一营养素对某种细胞或组织基因表达谱的影响；应用基因组学技术可以探讨营养素对整个细胞、组织或相关信号通路上所有分子的影响（Kaput和Rodriguez，2006）。因此，这种高通量、大规模的检测使研究者能够真正全面解析营养素的作用机制。

2. 动物营养需要量的分子标记物筛选

现有的营养需要量除了极少数依据生化指标外，大多数是根据基因表达来确定的。营养物质进入机体后，会进行大量的新陈代谢反应，其中包括多种方式的基因水平的相互作用反应。营养影响着基因的变异和基因表达水平的改变。同时，由于个体基因不同多态性的存在以及基因激活和调控方面存在的差异，导致不同人群对营养需求也有不同。借助于功能基因组学技术，可通过DNA、RNA到蛋白质等不同层次的研究找寻适宜的分子标记物（Dang等，2014）。利用cDNA芯片研究动物营养素缺乏、适宜和过剩条件下的基因表达图谱，能够发现更多的、能用来评价营养状况的分子标记物；将这些分子标记物作为评价营养素在动物体内代谢过程及相关功能的新指标，进而更准确、合理地确定动物对营养素的需要量，改变传统根据剂量-功能反应确定营养素需要量的研究模式（Spielbauer和Stahl，2005）。但需要注意的是，从基因水平研究营养需要量，既要考虑单个基因的作用，还应考虑协同表达基因的参与及个体间的基因多态性。

3. 动物营养素需要量和供给量个体化方案的制定

基因及其多态性决定了个体对营养素的敏感性反应不同，从而决定了个体之间对营养素需要量的差异。随着关于特异营养素如何影响基因表达，以及特异性基因或基因型如何决定营养素的需要量和营养素的利用等方面研究的日益增多，在未来根据基因确定动物的营养素需要量及类型将不是难事。一方面，以饲料中营养素对基因表达和基因组结构的影响研究为基础综合考虑，能够更好地利用“有益”基因的表达和结构的稳定抑制“有害”基因的影响，在制定营养素需要和营养标准时提供更有意义的借鉴；另一方面，基因多态性对饲料中营养素消化、吸收、代谢和排泄以及生理功能影响的研究，能够针对不同基因型群体为不同营养素需要量的制定提供理论和实践基础。营养基因组学的应用研究不仅能够使人们更好地理解由于基因差异而导致的个体对营养成分以及摄入方式所产生的不同反应，而且相关营养基因组数据也会为特定群体研制有效的饲料配方提供基础数据。基因组外显子中单核苷酸多态性是研究动物对营养素需求及产生反应差异的重要分子基础。根据营养基因组学、遗传学的相关发现与对饲料中数百种化合物的深入了解，梳理营养素与功能基因、调控基因之间的关系，阐明与营养有关的动物基因组单核苷酸多态性；鉴定基因组成及代谢型，用以研究动物对营养素需求的个体差异，有望根据个体的“基因特征”，有的放矢地确定个体的营养需要量，实现动物个体的精准营养，从而通过营养控制来防治基因型疾病，即根据动物的遗传潜力进行个体化饲养（Kaput和Rodriguez，2006）。

通过营养调控，促进对健康有利基因的表达，抑制与疾病和死亡有关基因的表达，并加以应用，这是营养基因组学研究的重要意义和最终目的。目前在这一领域还有大量的基础性研究工作要做，具体内容包括：①筛选和鉴定机体对营养素反应存在差异的基因多态性或变异；②基因多态性或变异对营养素消化吸收、代谢及相关生理功能的影响；③基因多态性对营养素需要量的影响（孙长颢，2004b）。

第三节　组学技术在营养代谢病研究领域的应用

营养基因组学（nutrigenomics）、蛋白质组学（proteomics）、代谢组学（metabonomics）、表观基因组学（epigenomics）、糖组学（glycomics）、临床营养学（clinical nutrition）、内分泌与代谢病（endocriology and metabolic disorders）等人类医学研究领域的快速发展及其所获得的新成果也对“动物营养代谢病”的防控研究起到了良好的借鉴和巨大的促进作用。

一、营养基因组学

营养基因组学是研究营养素与基因表达相互关系的一门新兴学科；在动物科学领域，是利用高通量基因组测序技术研究日粮营养素与基因组相互作用及其与健康关系的重要学科，其目的在于揭示调控体内营养素的吸收、转运及代谢等功能基因，并探索营养素对功能基因表达的影响以及基因编码产物对营养素的反馈调节作用（Grayson，2010）。研究日粮中营养素对基因表达的调控，可以筛选并鉴定机体对营养素做出应答的基因，明确受该营养素调控基因的功能。研究营养素对基因表达和基因组结构的影响及其作用机制，一方面有利于深入理解营养素发挥已知生理功能的分子机制，另一方面有助于探究营养素的新功能（李宗付等，2008）。此外，基因组学技术可以帮助确认一些与疾病发生有关的基因，根据基因型，确定个体的营养需要量，通过调整日粮营养水平使畜禽健康状况达到最佳状态，有效地防止畜禽体内与疾病相关基因的表达。随着一些动物基因组信息的全面发现，根据动物基因型的特点，确定营养素与易患疾病的关系将不再是难事，从而在实际生产中加以避免。通过营养基因组学的研究，还可以评价营养素的毒性作用，提供有关营养状况的诊断性分析结果，发现营养相关性疾病的分子标记物，并能为具有不同遗传潜力的动物制定能满足其群体或个体的营养需要的日粮配方。

目前，营养基因组学在动物营养代谢病研究领域的应用日益广泛，有学者已经开始着手研究日粮营养对动物体内正常生理生化反应过程和组织发育的关键基因表达的影响及其分子调控机制。例如，泌乳期奶牛脂肪代谢与产奶量密切相关，体脂沉积或流失过多均会降低牛奶产量。目前的研究结果已经揭示了与泌乳期奶牛脂肪代谢相关的一些基因，并发现可通过补充微量元素铬改变这些基因的表达，其结果不但能减少脂肪在泌乳奶牛体内沉积，也能阻止泌乳奶牛体脂过多流失，从而提高奶牛的生产性能（Strucken等，2012）。此外，科学家们也从基因水平上研究了一些营养素与动物机体免疫功能的关系，并建立起一些表征和解释日粮营养与基因表达互作关系的统计学方法。营养基因组学在动物生产实践中的应用有助于人们全面认识营养素对动物功能基因转录和翻译过程的调控作用，而且也有助于确立预警和诊断疾病的生物标识，并通过营养干预的手段对特定基因或蛋白质的表达进行调节，以达到防止散发或群发性动物疾病的目的。具体到营养代谢病，可从以下几个方面开展研究：①筛选并鉴定与营养相关代谢疾病有关的基因，明确其在疾病发生发展过程中的作用；②基因多态性对营养代谢病发生发展和严重程度的影响；③营养素与基因相互作用导致营养相关疾病和先天代谢性缺陷的过程及机制（韩飞和任保中，2008）。

二、蛋白质组学

蛋白质组学是以蛋白质组为研究对象，研究细胞、组织或生物体蛋白质组成及其变化规律的科学；其本质上指在大规模水平上研究蛋白质的特征，包括蛋白质的表达水平、翻译后的修饰、相互作用等，由此获得蛋白质水平上的关于疾病发生、细胞代谢等过程的整体而全面的认识。一个基因在不同的情况下可以产生多种不同的蛋白质，最终发挥功能的蛋白质是基因转录及翻译初始产物经过转录后加工、翻译调控以及翻译后加工等过程的修饰后形成的，因此这些蛋白质的特性可能与基因所编码的氨基酸序列结构特点不完全等同。此外，蛋白质在不同细胞、组织内环境发挥作用的形式亦具有特异性。因而，蛋白质组学的研究才能更真实地解释营养素与各种生命现象的内在关系（Kussmann等，2010）。蛋白质组学研究是后基因组时代的主要研究内容，而比较蛋白质组学研究作为蛋白质组学研究的重要组成部分已成为自然科学研究的热点之一。比较蛋白质组学着眼于蛋白质表达的时序和空间特异性，动态反应生物体系所处的状态，提供细胞、组织或机体在特定状态下精确的分子描述，更有利于揭示生命现象的本质和规律。目前，比较蛋白质组学研究在疾病早期诊断、疗效监测、发病机制研究、胚胎发育、增殖分化、细胞的信号调节、能量代谢等诸多领域已经展开应用（郝贵增和徐闯，

2007）。

在营养代谢病的发生发展过程中，与营养物质代谢相关的酶、辅酶及一些功能蛋白基因表达的变化或缺失常常是重要的发病原因；而这种基因表达的变化或异常可引起许多代谢紊乱，影响疾病的发生发展过程。因此，比较研究该类疾病的基因差异表达情况，对阐明营养代谢病的发病机制、寻找特异性基因诊断方法及预防和治疗方式具有重要意义。将比较蛋白质组学技术应用于营养代谢病方面的研究在今后一段时间里将成为该类疾病研究的重要内容，可为这类疾病的研究提供大量的实验数据及方向（郝贵增和徐闯，2007；马原菲等，2014）。

三、代谢组学

代谢组指的是“一个细胞、组织或器官中所有代谢组分的集合”，尤其指小分子物质。代谢组学则是一门在新陈代谢的动态进程中，系统研究代谢产物的变化规律，揭示机体生命活动代谢本质的科学。代谢组学通过对生物体液和组织中随时间改变的代谢物进行检测、定量和分类，将这些代谢信息与病理生理过程中的生物学变化关联起来，反映细胞或组织在外界刺激或是遗传修饰下代谢应答的变化，包括糖、脂质、氨基酸、维生素等。所有对机体健康有影响的因素均可反映在代谢组中，它是评价健康和治疗的合适的分子集合。基因、环境、营养、药物（外源物）和时间（年龄）最终通过代谢组对表达施加影响，即代谢组学具有明显的整体反应性的特点。近年来代谢组学技术用于疾病诊断的研究日趋广泛，通过对机体病理改变引起的代谢物变化进行分析，为探究疾病病变过程和体内代谢途径的变化提供研究基础，并筛选出与疾病相关的特征性生物标志物，并应用于疾病的临床诊断（王伟和李琳琳，2007；聂存喜和张文举，2011）。

四、表观基因组学

在基因组水平上对表观遗传学改变进行研究的领域被称为表观基因组学。表观遗传学是研究基因的核苷酸序列不发生改变的情况下，基因表达可遗传变化的遗传学分支学科。传统遗传学研究基因序列改变所致的基因表达水平变化，如基因突变、基因杂合丢失及微卫星不稳定等；而表观遗传学研究非基因序列改变所致的基因表达水平变化，如DNA甲基化、染色体构象变化等。表观遗传学的变化不仅可以影响个体发育和遗传信息的传递，而且与某些疾病的发生发展有着极为紧密的联系。通过研究营养素与表观基因组学的关系，可以更深刻地了解营养素与机体健康的关系（府伟灵和黄庆，2004）。

五、糖组学

糖组学是基因组学的后续和延伸，其目的在于全面分析单个个体所包含的所有糖蛋白上的聚糖，内容涉及分析个体的全部糖蛋白结构、鉴定编码糖蛋白的基因并揭示蛋白质糖基化的机制。种类繁多的聚糖覆盖了多细胞生物有机体的所有细胞，它们不仅在细胞与细胞之间、细胞与基质之间的识别、黏附和信号转导中扮演“识别标志”的重要角色，而且也与细胞的发育、分化和形态，肿瘤转移，微生物感染，免疫反应等很多生物学现象有密切的关联。毫无疑问，全面了解营养素在复杂的机体代谢活动中所扮演的角色，充分理解基因组学、蛋白质组学、糖组学之间的相互关系，并基于整体观念更深入地阐明疾病的发病机制，更准确地筛选出预测和诊断疾病的标记物，对找出药物的治疗靶标大有裨益（Rudd等，2015）。

第四节　营养代谢病防治研究进展

一、动物营养代谢病防治研究现状

国内外动物营养代谢病防治研究的历史，就是人类对生命体的认识从宏观到微观，从现象到本质的认识过程；从早期对单一营养素缺乏症的研究逐步地转变为对营养素缺乏相关机制的研究，再到应用基因组、转录组、蛋白质组以及代谢组等技术手段研究营养素与基因、蛋白质之间相互作用的更为复杂、更为微妙的研究。近年来，学术界从比较医学的角度研究动物营养代谢病，为人类的相关疾病提供新疾病模型和防治新思路。这些研究在国内外广泛展开，尤其是利用猪作为动物模型对糖尿病、高血压、动脉粥样硬化等发病机制的研究取得了明显的进展。随着分子营养学和营养基因组学的发展和技术手段的日益完善，诸多研究已经证明了日粮营养物质与功能基因之间存在着的广泛联系和相互作用。动物机体内诸多关键代谢酶基因控制着体内各种生化反应和代谢通路，从而对整个机体的代谢产生影响。对营养与基因之间关系的深入认识对于从分子水平层面上揭示动物营养代谢病的本质具有重要的理论和现实意义。了解动物营养代谢病防治研究进展的动态，对于发现生产实践中存在的现实问题、制定解决问题的方案具有十分重要的指导作用（王仍瑞等，2011）。

二、分子生物学在营养代谢病防治研究中的应用

近年来，随着分子生物学技术的不断发展，人们逐步认识到动物的所有活动（包括生长、繁殖等）都是基因表达的结果，日粮中营养素与许多基因的表达之间存在着密切的相互作用。营养素的摄入可影响基因的表达，而基因表达的结果又反作用于代谢的途径从而改变代谢效率，并决定营养素的需要量。营养素对基因的影响可能发生在几秒钟或几分钟，也可能是较长时间的适应性反应。通过改变涉及体内代谢的关键蛋白质，营养素可改变机体代谢过程，从而为营养代谢病的防治提供契机。

1. 利用基因组和转录组学技术探究营养素与代谢相关基因的关系及机制

虽然一些营养素在饲料中广为应用，但相关机制尚不清楚，如高铜、高锌的促生长机制就尚未得到圆满解释。从本质上讲，营养代谢过程取决于细胞内基因的表达及其与蛋白质的相互作用。已有的研究揭示糖、氨基酸、脂肪酸和维生素等都会影响基因的转录和翻译过程，导致目标基因mRNA或蛋白质表达水平出现差异，从而使其功能发生改变。畜禽个体基因的单核苷酸多态性（SNP）可能是个体对营养素需求及响应差异的重要分子基础。基因组学技术能够发现等位基因和SNP等遗传变异和表型特征的关系，有助于理解不同的基因型和饮食环境的交互作用，为精准的个体化营养干预提供依据。转录组学主要研究mRNA水平和剪接变异体，它们的变化是饮食与基因相互作用的结果。转录组学的研究有助于理解饮食或营养素的功效、发现疾病的生物标志物以及发现营养素参与调控的信号通路。利用基因组和转录组学技术可以研究营养素在动物体内的作用和代谢通路，阐明其作用机制，为营养物质的合理使用提供科学依据。

2. 利用蛋白质组学技术揭示重要靶蛋白的功能及细胞生命活动规律

在疾病研究中，借助蛋白质组学工具可探究与疾病的发生、发展和转归过程密切相关的蛋白质及其变化特征，为揭示疾病发生机制提供科学依据。基因的表达与蛋白质的丰度并不完全相关，并且蛋白质的功能也受翻译后修饰的影响。蛋白质组学，主要研究蛋白质的构成以及翻译后的修饰。有研究表明，营养素对蛋白质的翻译后修饰有影响。因此，蛋白质组学的研究对了解营养素在营养代谢病中的功能有很大帮助。利用蛋白质组学技术，在寻找并鉴定差异蛋白质的基础上，结合其他技术分析并验证差异蛋白质的具体功能将是蛋白质组学用于营养代谢病研究的重点和难点，另外对致病过程中特定蛋白质翻译后修饰模式的研究也是未来的研究方向。

3. 利用代谢组学技术筛选营养代谢病的分子生物标志物

动物营养代谢病因其发病机制的复杂性以及防治的困难性成为现代畜牧业亟待攻克的难题。代谢组学主要研究动物的代谢产物，以组群指标分析为基础，以信息建模整合为目标，以数据处理为手段，通过对机体代谢产物的时空定量和定性分析，从总体上评价生命体的功能状况及其改变。代谢组学研究的代谢产物是机体基因表达过程中的特异性产物，对它们的研究有助于深入了解营养素与机体的相互作用，筛选特异性的生物标志物。将代谢组学技术应用于营养代谢病的防治，能够将病理表观和代谢物分子动态变化联系在一起，及时发现动物体内的代谢异常，从分子水平系统全面地揭示疾病病理变化、发病机制以及各代谢性疾病之间的关联，为营养代谢病的防治提供理论基础，还有助于疾病生物标志物的发现并辅助临床诊断与治疗。

随着我国人民生活水平不断提高，对畜产品卫生要求日益提高，减少畜产品抗生素的残留和某些金属元素的残留，使人们能真正地吃上放心肉和绿色食品甚至优质产品，已成为迫在眉睫的任务。为达到这一目标，我们在进行动物营养代谢病防治研究过程中必须注意处理好动物营养学、营养代谢病与分子生物学的关系（张英杰，2012）。近年来，我国越来越多的学者开始致力于在细胞和分子水平上研究动物营养代谢病的发生机制。与此同时，也不能忽视研究动物营养学与动物医学的整合性。任何一个单方面研究所提供的资料在广度与深度上都有明显的局限性；只有整合多方面的研究，才能在更深层次上揭示病理活动的本质。另一方面，动物营养学研究必须着眼于整体。不同方向的研究相互启示、相互推动，在微观层面的工作（细胞、分子水平的研究）能够为宏观的观察提供分析基础，宏观的现象又有助于引导微观研究的方向和体现功能改变的意义。站在整体性和系统性角度妥善利用上述两方面的研究结果能够为我国动物营养学及营养代谢病研究的发展做出新的贡献（王仍瑞等，2011）。

（编者：韩菲菲等）

第三部分

关键信号通路与营养代谢调控

第八章 AMPK信号通路与动物营养代谢调控

腺苷酸活化蛋白激酶（AMP-activated protein kinase，AMPK）是真核生物高度保守的一种丝氨酸/苏氨酸蛋白激酶，主要调控细胞内的能量代谢，被称为生物的能量调节阀。越来越多的研究表明，AMPK除了直接磷酸化底物，调控代谢酶的活性外，还可调控基因的表达、细胞的生长和分化，对免疫反应、细胞自噬、肿瘤的发生等生物过程具有重要的调控作用，并可作为目标分子用于药物的开发和糖尿病、肥胖等代谢疾病的干预和治疗。本章主要讨论AMPK对动物营养物质的吸收和代谢的调控作用及其机制。

第一节 AMPK的分子结构和活性调控

一、AMPK的结构

AMPK为异源三聚体，由α、β和γ这3个亚基组成。α亚基是AMPK的催化活性亚基，β和γ是AMPK的活性调节亚基。在无脊椎动物（如果蝇）中，AMPK同源体的3个亚基由单一基因编码；在脊椎动物中，3个亚基都存在不同的亚型，不同的亚型由不同的基因编码，α和β亚基各有两个不同的亚型（α1和α2；β1和β2），γ亚基有3个亚型（γ1，γ2和γ3）（图8-1）。在人体中，编码α1和α2的基因为PRKAA1和PRKAA2，编码β1和β2的基因为PRKAB1和PRKAB2，编码γ1、γ2和γ3的基因为PRKAG1、PRKAG2和PRKAG3。因此，理论上这7个不同的亚基可以组合12种不同的AMPK全酶。但大量研究表明，AMPK的表达具有物种和组织特异性，如在人体的骨骼肌中，AMPK只存在

3种不同的组合，即α1β2γ1、α2β2γ1和α2β2γ3。不同AMPK三聚体组织表达的特异性可能与其亚细胞定位、调控特性、上下游蛋白的差异有关。

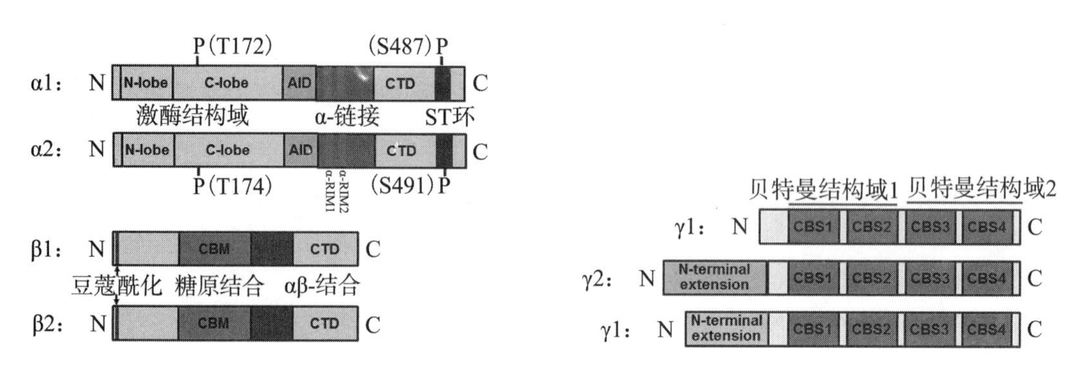

图8-1　AMPK α、β和γ亚基的结构域分布

1. AMPK各亚基的结构

AMPK的α亚基为全酶的催化亚基。α亚基N末端为激酶结构域（kinase domain，KD）。KD中保守苏氨酸位点（Thr172，具体的位置因物种和亚型不同存在差异）的磷酸化可将AMPK的激酶活性提高100倍以上，是AMPK完全活化所必需的。KD羧基端与KD相邻的自抑结构域（autoinhibitory domain，AID）结合，抑制KD的活性。除AID调控AMPK的激酶活性外，α亚基C末端的α-链接（α-linker）通过一对调控亚基作用模体（regulatory-subunit-interacting motif，α-RIM）与γ亚基相互作用，在腺苷酸调控AMPK的活性过程中发挥着重要作用（Xiao等，2013）。α亚基C末端结构域（C-terminal domain，CTD）为β和γ亚基的结合部位，包含一个丝氨酸/苏氨酸富集域，称为ST环。

β亚基是AMPK全酶3个亚基中肽链最短的亚基，哺乳动物中β亚基存在β1和β2两种亚型，β1和β2两种亚型的肽链长度几乎一样。β亚基的N末端为保守的MGNXXS序列，含有一个豆蔻酰化位点。人体中β1和β2在切除起始甲硫氨酸后Gly2能被豆蔻酰化，Gly2的豆蔻酰化促进AMPK的膜定位（Liang J等，2015）。此外，β亚基还有两个保守区，分别为碳水化合物结合模块（carbohydrate-binding module，CBM）和C末端结构域（CTD）。碳水化合物结合模块又称为糖原结合区，AMPK通过CBM结合并感知糖原。在哺乳动物细胞中，CBM结构的存在使得细胞内部分AMPK与糖原颗粒结合，其生物意义还不完全为人所知。AMPK与糖原的结合可能使其与糖原合成酶在细胞中共定位，调控糖原合成酶的活性和糖原的合成。CBM的另一功能是参与形成AMPK变构药物和代谢物结合位点ADaM。如A769662、991等小分子合成物或水杨酸等天然植物成分结合到ADaM位点后激活AMPK（Calabrese等，2014）。C末端结构域是AMPK形成三聚体全酶时α和γ亚基的结合部位。

AMPK的γ亚基有3种亚型，3种不同亚型的N末端无论是肽链长度还是氨基酸顺序都存在较大差异。所有物种的γ亚基都含有4个串联的胱硫醚β合成酶（CBS）重复序列，形成一对贝特曼结构域。4个CBS重复序列包含4个AMPK可能的腺苷酸结合位点，AMP、ADP或ATP可竞争与AMPK结合。在哺乳动物中，位点1和3可竞争性地结合AMP、ADP或ATP，位点2由于核苷酸结合所需要的关键天冬氨酸的缺失而没有腺苷酸结合能力（Xiao等，2011）。位点4可以结合AMP和ATP，但对AMP的亲和力高于ATP（Calabrese等，2014）。γ亚基结合AMP、ADP和ATP的能力赋予AMPK精确感知细胞能量水平的能力。

2. AMPK拓扑学结构

对AMPK全酶晶体结构的解析进一步促进了对AMPK调控机制和功能的了解。Xiao等（2013）首先揭示了AMPKα2β1γ1的晶体结构后，AMPKα1β1γ1（Calabrese等，2014）和AMPKα1β2γ1（Li X等，2015）的晶体结构也随后得到解析。研究表明，这3种不同的AMPK全酶具有保守的拓扑学结构。

AMPK三聚体的结构主要由3部分或3个模块组成：催化模块、CBM和核苷酸结合模块（又称调控片段）。α亚基的活化环位于催化模块和核苷酸结合模块之间的界面，接近β亚基的C末端和γ亚基的CBS重复序列，这样的空间结构能使γ亚基上核苷酸结合所引起的AMPK构象变化能迅速影响AMPKα Thr172的磷酸化和去磷酸化，从而调控AMPK的活性。AMPK催化结构域具有典型的真核生物丝氨酸/苏氨酸KD结构，包括N端小叶和C端大叶。CBM直接与N端小叶接触，两个模块之间形成一个独立的缺口，可结合A769662等AMPK激活剂。核苷酸结合模块主要由γ亚基构成，同时包含α和β亚基的C末端结构域（CTD）。γ亚基形成一个扁平的圆盘，γ亚基上的4个CBS重复序列对称排列于圆盘中心。当γ亚基上的核苷酸结合位点3结合AMP时，γ亚基与α-链接形成稳定的相互作用。此时，α-链接中的α-RIM1与γ亚基中的结合位点2结合，α-RIM2与位点3的AMP作用将α亚基上三螺旋束的AID从KD“拉”向核苷酸结合模块，解除AID对KD的抑制作用（Xiao等，2013；Calabrese等，2014）。同时，α-RIM与γ亚基的结合限制了α-链接的自由度，使催化模块和核苷酸结合模块形成紧密连接，防止AMPKα Thr172的去磷酸化。因此，AMP与AMPKγ的结合改变α亚基上α-RIM和AID与核苷酸结合模块的相互作用，导致AMPK的变构激活、催化模块和核苷酸结合模块界面的压缩，防止Thr172的去磷酸化。据报道，ADP与位点3的结合也能产生同样的效应，从而说明在某些条件下ADP也可能是AMPK的活化信号（Xiao等，2011）。相反，当位点3结合ATP时，α-链接与γ亚基解离，AID位移回抑制位置，抑制KD的活性。同时，催化模块和核苷酸结合模块的分离，使得磷酸化的AMPKα Thr172更易被蛋白磷酸酶催化而去磷酸化。

与AMP不同，A769662等在AMPK上的结合位点和激活AMPK的机制都不一样。A769662与AMPK的结合，以及β亚基上Ser108的磷酸化能提高CBM的稳定性，加强CBM与KD的相互作用（Xiao等，2013；Calabrese等，2014；Li X等，2015）。特别是A769662等激活剂的结合能诱导β亚基上位于CBM的羧基端α-螺旋的形成，此α-螺旋与KD上的C-螺旋（C-helix）作用使KD的构象发生改变，变为一个密闭的活性构象，阻止Thr172的去磷酸化，并提高AMPK的底物亲和性。糖原能抑制CBM与KD之间的相互作用，这可能是糖原抑制AMPK活性的机制（McBride等，2009）。

二、AMPK活性的调控

1. 经典调控机制

AMPK的活性受到细胞能量水平的调控，当细胞能量水平降低，AMP/ATP比率升高时，AMPK即可被活化，细胞能量水平对AMPK活性的调控称为AMPK活性的经典调控（Garcia和Shaw，2017）。能量应激通过3种机制调控AMPK的活性：①AMP或ADP与γ亚基结合促进α亚基上Thr172的磷酸化，催化Thr172磷酸化的上游激酶LKB1（liver kinase B1，肝脏激酶B1）（Woods等，2003）。②AMP或ADP与γ亚基结合，引起AMPK构象变化，抑制蛋白磷酸酶对Thr172的去磷酸化（Gowans等，2013）。蛋白磷酸酶1（Garcia-Haro等，2010）、蛋白磷酸酶2A和蛋白磷酸酶2C可催化AMPK去磷酸化，抑制AMPK活性。③AMP变构激活AMPK（Gowans等，2013），ADP没有此功能。值得一提的是，ATP能抑制以上3种机制对AMPK的激活作用。

2. 非经典磷酸化调控

无论哪种机制激活AMPK，AMPK的完全活化需要α亚基上Thr172的磷酸化。除LKB1为AMPK激酶外，钙/钙调蛋白依赖性蛋白激酶激酶2（CAMKK2/β）也可磷酸化活化AMPK。CAMKKβ的活性受细胞中钙离子的调控。当胞质中钙浓度升高时，CAMKKβ即被活化，活化的CAMKKβ便可磷酸化激活AMPK。因此，CAMKKβ虽然不能直接感知细胞内的能量水平，但CAMKKβ能被多种激素和食物中的功能成分激活，从而对全身代谢起着重要的调控作用，如广泛存在于食物中的α-硫辛酸可通过促进线粒体钙的释放而激活骨骼肌中的AMPK（Shen等，2007b）。

除α亚基上Thr172的磷酸化调控AMPK的活性外，ST环的磷酸化抑制AMPK的活性。环腺苷酸依赖的蛋白激酶（protein kinase A，PKA）和胰岛素激活的蛋白激酶（Akt/PKB）均可磷酸化AMPKα1 Ser485和AMPKα2 Ser491，AMPK活性可能与葡萄糖异生过程及胰岛素调控机制有着重要的关系。在下丘脑，瘦素可通过p70S6K磷酸化AMPKα2 Ser491，从而抑制AMPK活性（Dagon等，2012）。此外，糖原合成激酶3（GSK3），蛋白激酶D（PKD1）和蛋白激酶C（PKC）可通过磷酸化ST环抑制AMPK（Suzuki等，2013；Coughlan等，2016；Heathcote等，2016）。α亚基中ST环的磷酸化抑制Thr72的磷酸化，可能通过物理干扰Thr72的磷酸化或促其去磷酸化而抑制AMPK活性。总之，ST环的磷酸化可能是生物进行合成代谢时抑制AMPK，使AMPK保持在低活性的一种重要调控机制。例如在肿瘤细胞中，Akt磷酸化AMPK，削弱AMPK对细胞增殖的抑制作用（Hawley等，2014）。

3. AMPK的其他调控机制

如前所述，β亚基N末端MGNXXS序列的豆蔻酰化促进AMPK的膜定位。$LKB1^{C433S}$小鼠试验表明，将LKB1中的Cys433突变为Ser433以抑制LKB1的法尼基化和膜定位，虽然体外$LKB1^{C433S}$能充分活化AMPK，但$LKB1^{C433S}$突变小鼠体内AMPK的基础和诱导活性显著低于野生型小鼠，从而证实豆蔻酰化调控AMPK活性（Houde等，2014）。

有研究表明，低营养水平时，AMPK可与LKB1和支架蛋白Axin（axis inhibiter）形成复合体，通过晚期内吞体/溶酶体调节剂/MAPK和mTORC活化剂（late endosomal lysosomal adaptor / MAPK and mTOR activator，LAMTOR1）结合于溶酶体膜表面；敲除LAMTOR1后，细胞或组织中的AMPK失去活化功能（Zhang CS等，2014）。系统分析表明，除溶酶体外，AMPK还可在高尔基体、内质网、线粒体和细胞质膜上富集（Miyamoto等，2015）。

AMPK在细胞内的活性还受到泛素介导的蛋白质降解的调控。在肿瘤中高水平表达的黑色素瘤抗原A3（melanoma-associated antigen A3，MAGE-A3）和MAGE-A6可通过泛素连接酶TRIM28促进AMPKα1的泛素化和降解，从而促进肿瘤的生长。同样，泛素结合酶20（ubiquitin conjugating enzyme 20，UBE20）通过泛素化AMPKα2促进AMPKα2的降解和肿瘤的生长（Vila等，2017）。此外，泛素连接酶WWP1在高葡萄糖时降解AMPKα2（Lee JO等，2013），从而说明泛素介导的AMPK降解是一种重要的AMPK活性调控机制。

最后，越来越多的证据表明AMPK是一种氧化还原敏感蛋白。活性氧（ROS）既可通过增加AMP的浓度间接活化AMPK（Hawley等，2010），也可通过翻译后修饰调控AMPK活性（Zmijewski等，2010）。在HEK293和肺细胞中，H_2O_2诱导α亚基Cys299和Cys304的氧化和谷胱甘肽化而活化AMPK（Zmijewski等，2010）。在心肌细胞中，H_2O_2水平的升高和心脏缺血诱导α亚基中高度保守的Cys130和Cys174氧化，促进AMPK分子的聚集，阻止上游激酶对AMPK的磷酸化从而抑制AMPK活性（Shao等，2014）。硫氧还蛋白1（Trx1）可预防AMPK的氧化，对维持细胞AMPK活性是必需的（Shao等，2014）。因此，AMPK是细胞代谢和氧化还原状态的连接节点。

4. 天然和人工合成AMPK活化剂

鉴于AMPK在代谢、胰岛素信号转导和细胞增殖等生物过程中的调控作用，AMPK激活剂被认为是潜在的干预或治疗剂，可用于糖尿病、肥胖、癌症等多种疾病。高通量筛选鉴定出了多种天然或人工合成的AMPK激活剂，根据其对AMPK的激活机制可分为三大类：ATP合成抑制剂、AMP类似物前体及AMPK直接激活剂（图8-2）。

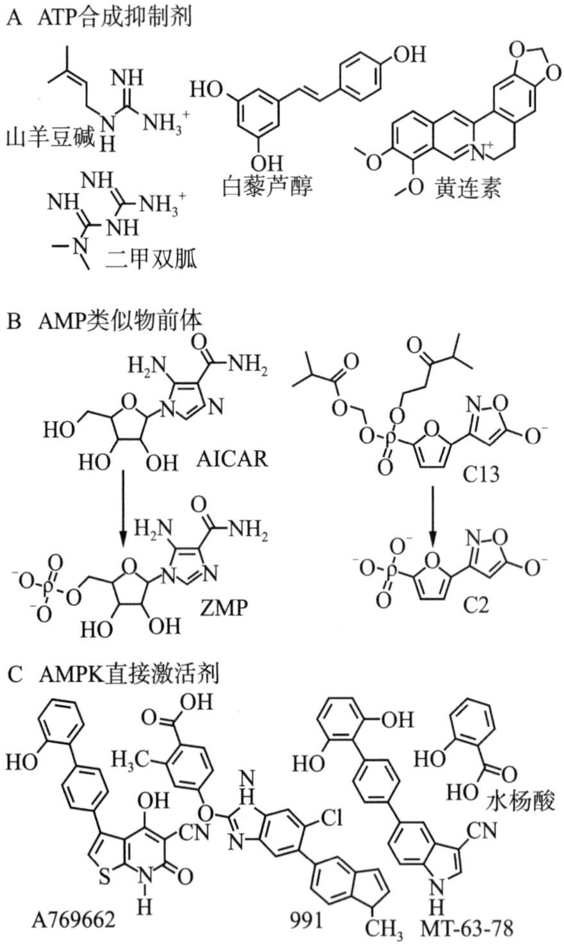

图8-2 AMPK激活剂的种类和分子结构

ATP合成抑制剂通过抑制ATP的生成、升高细胞中AMP/ATP和ADP/ATP比率来间接激活AMPK。这类AMPK激活剂大多为呼吸链抑制剂，如白藜芦醇、槲皮苷、寡霉素通过抑制线粒体ATP合成酶（F_1F_0-ATPase）间接激活AMPK。2-脱氧葡萄糖通过抑制糖酵解来降低细胞能量水平而激活AMPK。此外，抗糖尿病药物每福敏（二甲双胍）和植物化合物小檗碱（黄连素）、山羊豆碱也都属于此类AMPK激活剂（Hawley等，2010）。

AMP类似物前体进入细胞后可被相关的酶转化为AMP类似物，如5-氨基咪唑-4-甲酰胺核苷（5-aminoimidazole-4-carboxamide ribonucleoside，AICAR）。AICAR可被腺苷转运蛋白转运至胞内，进入细胞后AICAR被磷酸化而变成ZMP，后者类似AMP可通过3种机制激活AMPK。AICAR被用作AMPK激活剂广泛应用于AMPK研究。AICAR的缺陷在于其特异性不高，ZMP可影响其他一些AMP敏感酶和代谢途径，如糖原磷酸酶、果糖-1,6-二磷酸酶等。新近发现的另一种AMP类似物5-(5-羟基异恶唑-3yl)-呋喃-2-磷酸[5-(5-hydroxyl isoxazol-3-yl)-furan-2-phosphonic acid，或称C2]对AMPK的激活效率比AMP高100倍，比ZMP高1000倍。由于C2带有一个带负电荷的磷酸基团，因此C2不具有细胞膜穿透性。与ZMP相比，C2具有高度的选择性，不影响其他AMP敏感代谢酶的活性。C2与γ亚基的结合既能变构激活AMPK，也能抑制α亚基Thr172的去磷酸化，但与AMP和ZMP不同，C2只能激活AMPKα1而不能激活AMPKα2。

A769662为AMPK直接激活剂，这类化合物β亚基的碳水化合物结合模块与AMPK结合后直接激活AMPK。与AMP类似，A769662既能变构激活AMPK，也能抑制AMPKα Thr172的去磷酸化（Sanders等，2007a）。A769662对β1亚基AMPK的活化效率显著高于β2亚基。β1亚基突变（S108A）后，此位点不能自动磷酸化，A769662失去对突变AMPK的激活作用（Sanders等， 2007a）。除A769662外，属于此类AMPK激活剂的化合物还有991和MT-63-78。晶体结构研究表明，991与A769662在AMPK上的结合位点相同（Xiao等，2013）。虽然MT-63-78在AMPK上的结合位点还没有确证，MT-63-78对β1亚基的选择性说明其可能也与A769662具有相同的结合位点（Zadra等，2014）。水杨酸是目前发现的直接激活AMPK的唯一天然化合物。与A769662和991一样，水杨酸对AMPK的激活作用具有β1亚基选择性，并且β1亚基的突变（S108A）使水杨酸失去对AMPK的活化作用，因此，水杨酸也可能在AMPK上结合于相同的位点。阿司匹林为水杨酸的乙酰酯衍生物，在肠道吸收后能在体内迅速降解为水杨酸。据此推测，阿司匹林的一些药效可能是通过水杨酸激活AMPK而发挥作用。

第二节　AMPK对能量和底物代谢的调控

AMPK是细胞能量代谢的总开关，当细胞能量水平降低、AMP/ATP和ADP/ATP比率升高时，AMPK即可被活化。活化的AMPK上调细胞产能代谢过程，如糖酵解和脂肪酸的氧化；同时，抑制细胞的耗能代谢过程，如脂肪酸和蛋白质的合成，以恢复细胞正常的ATP水平，维持细胞正常的功能。AMPK既可直接磷酸化代谢酶，快速调控细胞能量和底物的代谢，也可通过调控基因转录长效调控机体代谢。在下丘脑中，AMPK通过调控神经肽Y（NPY）和Agouti相关蛋白（AgRP）的表达而调控食欲。同时，AMPK的活性受瘦素（leptin）、脂联素（adiponectin）等激素或细胞因子的调控，因此AMPK不仅调控单一细胞或组织的代谢，对周身的能量代谢和平衡也起着重要的调控作用（图8-3）。

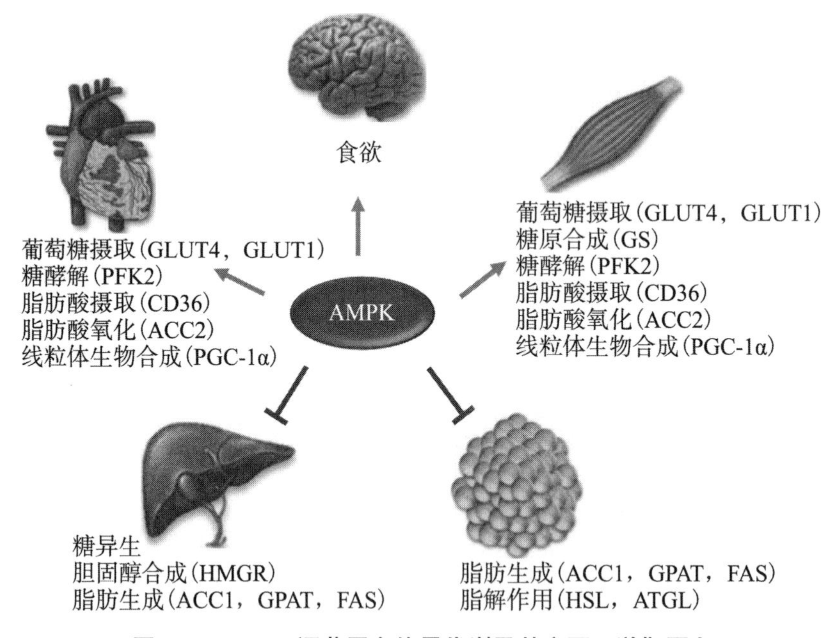

图8-3　AMPK调节周身能量代谢及其主要下游靶蛋白

一、AMPK调控碳水化合物代谢

AMPK对动物体内糖水化合物代谢的调控作用涉及葡萄糖的摄取、糖酵解、糖原的降解和糖异生等代谢过程，调控部位涉及骨骼肌、肝脏、心脏和脂肪等组织器官（图8-3）。

1. 葡萄糖摄取

葡萄糖转运蛋白4（GLUT4）负责胰岛素刺激条件下葡萄糖的转运，在整个机体葡萄糖的摄取中承担主要转运作用。GLUT4主要在骨骼肌、心脏和脂肪组织中表达，在这些组织中，细胞内外葡萄糖梯度、细胞质膜和GLUT4是葡萄糖摄取的限速因素。1997年，Merrill等（1997）首先发现AICAR能增加大鼠后肢肌肉脂肪酸的氧化和葡萄糖的摄取。随后研究发现，骨骼肌中AMPK的活化与葡萄糖的摄取密切相关，而这种AICAR、缺氧和肌肉收缩所引起的葡萄糖转运量的增加可被过表达无活性突变形式DN-AMPK所阻止（Sakoda等，2002）。AICAR所引起的骨骼肌葡萄糖摄取量的增加依赖于AMPKα2（Jorgensen等，2004）。敲除LKB1后，小鼠骨骼肌中AMPKα2的基础活性显著降低，肌肉收缩和AICAR不能增加骨骼肌AMPK活性和葡萄糖摄取量，说明LKB1调控AMPK的活化和肌细胞葡萄糖的摄取，是AMPK的上游影响因子（Sakamoto等，2005）。在心脏中，电刺激和药物活化AMPK，促进心肌细胞对葡萄糖的摄取（Zarrinpashneh等，2006）。运动可通过β-肾上腺素信号通路上调AMPK活性和葡萄糖转运（An等，2005）。心肌缺血所引起的能量压力也可通过激活AMPK而促进心脏对葡萄糖的摄取（Zarrinpashneh等，2006）。在脂肪组织中，脂联素通过激活AMPK促进脂肪细胞葡萄糖转运和摄取（Wu等，2003）。

AMPK可能有多种机制促进葡萄糖的转运和摄取。目前，已得到阐明的主要机制是，AMPK通过磷酸化160 kDa Akt底物（AS160，又称TBC1D4）和TBC1D1，促进GLUT4由囊泡向细胞膜转位。对于胰岛素引起的GLUT4膜转位和葡萄糖转运的分子机制，目前已非常清楚。胰岛素受体（IR）是一种典型的蛋白酪氨酸激酶（protein tyrosine kinase，PTK）受体，由位于细胞外的两个α亚基和位于细胞内的两个β亚基组成，α亚基为胰岛素特异结合部位，β亚基含有酪氨酸激酶活性区域及自身磷酸化位点，其Tyr960磷酸化后可作为胰岛素受体底物1（IRS1）的识别和结合部位。当胰岛素（INS）与IR结合后，IR自身的酪氨酸被磷酸化、酪氨酸激酶活化。IR磷酸化IRS1，IRS1募集并激活磷脂酰肌醇3-激酶（PI3K）。PI3K磷酸化细胞膜上的磷脂酰肌醇-4,5-二磷酸（phosphatidylinositol-4,5-biphosphate，PIP2）生成磷脂酰肌醇-3,4,5-三磷酸（phosphatidylinositol-3,4,5-triphosphate，PIP3），最终使Akt/PKB被激活。AS160和TBC1D1为Akt的靶蛋白，两者与包含GLUT4的囊泡结合，抑制囊泡的膜转位。Akt磷酸化AS160和TBC1D1，促进GLUT4与囊泡的解离、与14-3-3蛋白的结合，从而促进GLUT4的膜转位。另外，GLUT4囊泡与细胞膜的融合需要靶膜相关可溶性*N*-乙基马来酰亚胺敏感因

子附着蛋白受体（t-SNARE）与囊泡相关SNARE（v-SNARE）结合形成的复合体。胰岛素和AMPK调节v-SNARE家族中囊泡结合膜蛋白（synaptic veside-associated membrane protein，VAMP），包括VAMP2、VAMP5和VAMP7的膜转位。然而，AICAR能促进2型糖尿病患者骨骼肌GLUT4的膜转位和葡萄糖的摄取（Koistinen等，2003），说明AMPK对葡萄糖摄取的调控作用不依赖胰岛素信号，AMPK通过直接磷酸化AS160和TBC1D1促进GLUT4的膜转位。

AMPK还能调节GLUT4的转录，从而介导运动对周身胰岛素敏感性的改善作用，其分子机制涉及AMPK对PGC-1α和组蛋白去乙酰化酶5（histone deacetylase 5，HDAC5）的磷酸化（McGee等，2008）。AMPK磷酸化HDAC5中Ser259和Ser498，抑制HDAC5与GLUT4启动子的结合，诱导GLUT4的表达。另外，AMPK诱导GLUT4增强因子和肌细胞增强因子2（MEF2）两种转录因子的活化，上调GLUT4的表达（Holmes等，2005）。

另外，AMPK通过磷酸化硫氧还蛋白互作蛋白（thioredoxin-interacting protein，TXNIP）而上调GLUT1的转录（Beauloye等，2002）。AMPK磷酸化TXNIP，使TXNIP迅速被蛋白酶体系统降解，GLUT1从TXNIP解离出来，从而使GLUT1的转录上调。高浓度葡萄糖诱导TXNIP与GLUT1的结合，抑制GLUT1的转录，因此AMPK活化能同时提高GLUT1的功能和表达水平。

2. 糖酵解

细胞在应激条件下，如葡萄糖缺乏、缺氧或氧化应激，细胞中的AMPK即被激活。活化的AMPK能上调糖酵解以增加ATP的生成，维持细胞能量平衡。AMPK通过磷酸化Ser466活化糖酵解限速酶——磷酸果糖激酶2（phosphofructokinase -2，PFK-2），从而催化果糖-6-磷酸生成果糖-2,6-二磷酸，进而上调糖酵解。当心脏缺血、细胞缺氧、细胞氧化应激时或在癌细胞中，细胞中的AMPK被激活后，磷酸化PFK-2并上调糖酵解。

3. 糖原代谢

糖原主要储存在人与动物的肝脏和骨骼肌，是肌肉收缩和运动的重要能量来源。糖原水平受合成和分解代谢的动态调控。AMPK调控糖原代谢。首先，AMPK磷酸化激活磷酸化酶激酶，磷酸化酶激酶再磷酸化活化糖原磷酸化酶。糖原磷酸化酶是糖原分解的关键酶，催化糖原生成葡萄糖-1-磷酸，为糖酵解提供底物。其次，AMPK调控糖原合成限速酶——糖原合成酶（GS）的活性，其活性受到葡萄糖-6-磷酸的变构调节和磷酸化共价修饰调节。AMPK通过磷酸化Ser7下调GS活性，从而抑制糖原的合成。AMPK能通过AMPK β亚基上接近CBM区的Thr148的自磷酸化影响其与糖原颗粒等碳水化合物的结合，与GS共定位以调控其活性。

4. 糖异生

体内各组织细胞活动所需的能量大部分来自葡萄糖，血糖必须保持一定的水平才能维持体内各器官和组织的需要。许多研究表明，AICAR、二甲双胍等AMPK激活剂具有抑制肝脏糖异生、降低血糖的作用（An和He，2016）。进一步研究表明，AMPK能通过FoxO1抑制糖异生关键酶——磷酸烯醇式丙酮酸羧化激酶（PEPCK）和葡萄糖-6-磷酸酶的表达而抑制肝脏糖异生（Yadav等，2017）。

二、AMPK调控脂类代谢

机体脂代谢不仅与人类健康和肥胖、胰岛素抵抗等疾病密切相关，还直接影响动物生产的效益。动物生产中，脂肪在皮下、内脏器官的过多沉积提高酮体脂肪含量，降低瘦肉率。从经济角度来看，这是对饲料的浪费。而肌内脂肪的增加可提高肉品的大理石纹评分，提高肉品质。AMPK对脂肪代谢的多重调控作用意味着其可作为目标分子用于肉品质的改良和提高动物生产的经济效益。

1. 脂肪酸摄取

脂肪代谢的第一步是脂肪酸的摄取。进入细胞内的脂肪酸转变为脂酰辅酶A（酯酰-CoA），脂酰辅酶A既可被直接送入线粒体进行β-氧化，也能以甘油三酯的形式在脂肪、肝脏等组织储存起来。长链脂肪酸（LCFA）的跨细胞质膜转运需要多种转运载体的参与，其中脂肪酸转运蛋白（FATP1—6）、膜脂肪酸结合蛋白（plasma membrane fatty acid binding protein，FABPpm）和脂肪酸转位酶CD36是不同组织中最常见的脂肪酸转运载体。AMPK调节CD36由胞内向细胞质膜的转位，从而上调LCFA的摄取。与GLUT4类似，AMPK对CD36质膜转位的调控作用依赖于AMPK对AS160的磷酸化抑制作用（Samovski等，2012）。CD36也通过LKB1-AMPK调控脂肪酸的摄取。当胞外脂肪酸水平低时，CD36与AMPK、LKB1和Src家族酪氨酸激酶Fyn形成蛋白复合物，Fyn磷酸化LKB1而促其核转移，抑制LKB1对AMPK的活化作用。当胞外脂肪酸水平升高时，脂肪酸与CD36结合，Fyn从蛋白复合物解离，LKB1停留在细胞质而磷酸化激活AMPK，活化的AMPK磷酸化AS160而上调CD36的质膜转位并上调脂肪酸的摄取（Samovski等，2015）。

2. 脂解作用

AMPK具有抗脂解作用。当葡萄糖缺乏时，AMPK抑制脂肪细胞的脂解作用，其机制是AMPK磷酸化激素敏感性脂肪酶（HSL）位点2（Ser565），抑制PKA对位点1（Ser563）的磷酸化作用，从而抑制HSL活性。虽然脂解作用是分解代谢，但AMPK对脂肪分解的抑制作用被认为是为了维持细胞能量平衡，因为脂肪酸的过多积累会促进甘油三酯的合成，而甘油三酯的合成为耗能过程。

另外，AICAR能增加HEK-293和3T3-L1脂肪细胞中脂肪甘油三酯脂酶（adipose triglyceride lipase，ATGL；又称PNPLA2）的磷酸化（Ser406），而这种磷酸化可被AMPK抑制剂Compound C所抑制（Ahmadian等，2011）。并且，细胞中的ATGL突变（S406A）后彻底抑制了AICAR所诱导的脂解作用。AICAR（体内注射）增加小鼠血清脂肪酸的含量，而脂肪组织特异敲除ATGL的小鼠则无此现象，进一步证实了AMPK通过ATGL调节脂肪细胞的脂肪分解（Ahmadian等，2011）。

3. 脂类生物合成

AMPK对胆固醇、脂肪酸、甘油三酯和磷脂的合成都具有重要的调节作用，其调控机制是多方面的，包括对关键酶的直接磷酸化活性调控，也可通过胆固醇调节元件结合蛋白（SREBP）调控FAS等多个关键酶的表达和活性。

乙酰辅酶A羧化酶（ACC）是脂肪酸合成的限速酶，能催化乙酰-CoA羧化生成丙二酸单酰辅酶A（丙二酸单酰-CoA），同时又是脂肪酸氧化过程中肉碱棕榈酰转移酶1（CPT1）的变构抑制剂，对脂肪酸的氧化起着重要的调控作用。ACC有ACC1（ACCα）和ACC2（ACCβ）两种亚型，两种亚型具有不同的生物功能。ACC1是最早发现的AMPK下游底物，存在于胞质中，在肝脏和脂肪组织中主要负责脂肪酸的合成。ACC2位于线粒体外膜，是肌肉中ACC的主要形式，主要调控脂肪酸的β-氧化。ACC1是最早发现的AMPK下游底物。AMPK可在多个位点磷酸化ACC1，包括Ser79、Ser200和Ser215。AMPK是唯一磷酸化Ser79的上游激酶，Ser79磷酸化会抑制ACC1活性，从而抑制丙二酸单酰-CoA的生成和脂肪酸合成。ACC1是AMPK的生理底物，AMPK通过磷酸化抑制ACC1的活性而抑制细胞或体内脂肪酸的合成（Corton等，1995；Henin等，1995）。相对应ACC1的Ser79，AMPK磷酸化ACC2的Ser212（Fullerton等，2013）。

HMG-CoA还原酶（HMGR）是光滑型内质网的内在膜蛋白，在胆固醇合成过程中催化3-羟-3-甲基戊二酰辅酶A生成甲羟戊酸，这步酶促反应既具有胆固醇生物合成专一性，又是胆固醇合成的限速步骤。HMGR的活性受AMPK的磷酸化调控，在大鼠肝脏细胞中AICAR通过激活AMPK抑制HMG-CoA还原酶活性和胆固醇的生物合成（Corton等，1995；Henin等，1995）。

虽然具体的机制目前还不清楚，但少量研究表明AMPK也可能通过磷酸化下游底物调节甘油三酯和磷脂的生物合成。甘油-3-磷酸酰基转移酶（glycerol-3-phosphate acyl transferase，GPAT）催化甘油-3-磷酸和脂酰-CoA生成溶血磷脂酸（lysophosphatidic acid，LPA），是甘油三酯和甘油磷脂合成的第一步反应，也是限速反应。GPAT有微粒体和线粒体GPAT两种亚型。据研究，纯化的重组AMPK能抑制干细胞线粒体GPAT的活性，并且AICAR激活的AMPK能直接抑制肝细胞中甘油三酯的合成，这种抑制作用与线粒体GPAT活性的下降有关，与微粒体GPAT的活性无关（Muoio等，1999）。虽然并没有检测到AMPK对线粒体GPAT的直接磷酸化作用，但以上结果表明AMPK可能通过磷酸化一种未知的中间蛋白而间接调控GPAT的活性和溶血磷脂酸的合成（Muoio等，1999）。另外，耐力训练激活AMPK，下调肝脏和脂肪组织中线粒体GPAT的活性而对微粒体GPAT的活性无影响（Park等，2002）。超表达组成性激活的AMPK，可抑制人肌细胞中甘油三酯的生成（Steinberg等，2006）。

SREBP分为SREBP1a、SREBP1c和SREBP2三种亚型，直接调控脂类生成基因的表达，研究发现AMPK能调控转录因子SREBP的表达。体内转基因和基因敲除研究表明，SREBP1c参与调节脂肪酸的合成和胰岛素诱导的葡萄糖代谢，SREBP2主要调控胆固醇的合成，而SREBP1a则兼有SREBP1c和SREBP2的功能。在小鼠肝脏，AMPK磷酸化抑制SREBP1c，从而下调ACC、FAS和硬脂酰辅酶A去饱和酶1（stearoyl-CoA desaturase 1，SCD1）的表达。在3T3-L1前体脂肪细胞中，AICAR抑制SREBP1c的转录（Giri等，2006）。在肝脏和脂肪细胞中，用二甲双胍激活AMPK，能抑制SREBP1的共激活因子——类固醇受体共激活因子2（steroid receptor coactivator 2，SRC-2）的转录，从而抑制脂肪酸合酶的表达（Madsen等，2015）。总之，以上研究表明，AMPK通过调控脂类生成基因的表达调控脂肪酸、胆固醇和甘油三酯等脂类的生物合成。

4. 脂肪酸氧化

如前所述，丙二酸单酰-CoA是脂肪酸从头合成的起始前体物，同时又是脂肪酸氧化过程中CPT1的变构抑制剂。在CPT1催化下，脂酰-CoA上的CoA脱离，由肉碱取代生成脂酰肉碱。脂酰肉碱被运送至线粒体，在肉碱/脂酰肉碱移位酶的催化下透过线粒体内膜并在线粒体内进行β-氧化。AMPK磷酸化抑制ACC活性，下调丙二酸单酰-CoA浓度，从而解除丙二酸单酰-CoA对CPT1的抑制作用，促进脂酰肉碱生成和脂肪酸的β-氧化（Hardie等，2012）。利用基因敲除手段的研究表明，AMPK通过ACC1调控脂肪酸的合成，通过ACC2调控脂肪酸的氧化（Hardie和Pan，2002）。

值得指出的是，AMPK对脂肪酸氧化的调控可能取决于AMPK的激活方式和时间。Gaidhu等（2006）用AICAR短时快速激活AMPK来抑制脂肪酸的氧化。然而，长时间活化AMPK能调节PPARα、PPARδ和PGC-1α等转录因子，上调脂肪酸氧化和线粒体生物合成相关基因的表达（Gaidhu等，2009；Ahmadian等，2011）。

三、AMPK调控线粒体生物合成

大量研究表明，药物、运动、能量限制和氧化压力等激活AMPK的因素都能促进线粒体的生物合成，即线粒体的生长和分裂（Marcinko和Steinberg，2014）。与此相反，敲除AMPK或抑制AMPK活性则降低肌肉中线粒体含量（Zong等，2002），说明AMPK对线粒体的生物合成具有重要的调节作用。AMPK主要通过PPAR和PGC-1α调节线粒体的生物合成（Lee等，2006；Jager等，2007）。PPARα主要与线粒体β-氧化相关酶的上调有关，而PGC-1α与能量消耗的增加（如线粒体呼吸、生物合成）及能量底物的摄取有关。PGC-1α通过结合或共激活其他转录因子或核受体，上调这些因子或受体的表达，如雌激素相关受体α（estrogen related receptor α，ERRα）、NRF1、Nrf2、MEF2和PPARα（Handschin和Spiegelman，2006）。AMPK可直接磷酸化调控PGC-1α活性或调控其表达（Jager等，2007），也可通过SIRT1去乙酰化调控PGC-1α的活性（Canto等，2009）。受PGC-1α去乙酰化活化而调控的下游基因有CPT1、丙酮酸脱氢酶激酶4（pyruvate dehydrogenase kinase 4，PDK4）和GLUT4（Canto等，2009）。

四、 AMPK调控食欲和周身能量代谢

AMPK不仅调控单一细胞的能量代谢和平衡，还在下丘脑参与食欲和周身能量消耗的调控。下丘脑作为摄食中枢，根据外周信号调控神经肽的合成，从而调控摄食和周身能量平衡。当能量摄入超过能量消耗时，下丘脑中NPY和AgRP等促食欲神经肽的表达就会增加；反之，食欲抑制前阿黑皮素原（POMC）、可卡因和安非他命调节的转录子（cocaine- and amphetamine-regulated transcript，CART）的合成就增加。大量体内和体外试验证实，下丘脑中AMPK活性的变化与神经肽表达的变化密切相关（Lage等，2008），下丘脑中AMPK基因的敲除抑制动物食欲和体重，而超表达组成性激活的AMPK，可使其食欲和体重增加（Minokoshi等，2004），说明下丘脑中AMPK活性调控动物神经肽的合成、食欲和体重。事实上，下丘脑AMPK活性的调节是摄食生理调节过程适应性变化的一部分，饥饿增加下丘脑中AMPK的活性，而饱食降低AMPK的活性。

AMPK的活性受胰岛素、瘦素、胰高血糖素样肽-1（GLP-1）、黑皮质素受体激动剂等激素及营养物质的调控。胰岛素可能通过Akt抑制下丘脑AMPK活性，胰岛素缺乏可能是链脲佐菌素（streptozotocin，STZ）诱导的糖尿病大鼠下丘脑中AMPK活化和摄食过量的原因之一（Namkoong等，2005）。在骨骼肌和下丘脑，瘦素对AMPK具有不同的调控作用（Kola等，2006）。在骨骼肌，瘦素激活AMPK，促进脂肪的氧化。在下丘脑，

瘦素抑制AMPK，抑制食欲而降低摄食量（Kola等，2006）。瘦素通过对中枢神经系统和外周组织AMPK的调节共同调控周身的能量摄入和代谢。糖皮质激素、食欲刺激素(ghrelin)、甲状腺素、脂联素在下丘脑激活AMPK，具有增加食欲的作用（Kola等，2006；Lage等，2008）。Ghrelin由消化道分泌，进食前血液中的含量增加，进食后分泌下降。Ghrelin对食欲的调控不依赖NPY，可能通过AMPK-AgRP调控摄食量（Nakazato等，2001）

除激素外，营养物质也调控下丘脑中AMPK的活性。高葡萄糖抑制下丘脑AMPK活性（Minokoshi等，2004），是下丘脑感知低血糖症并进行反调节的原因，也是进食后食欲下降的原因之一（Minokoshi等，2004）。另外，一些天然食物成分（如α-硫辛酸）在骨骼肌激活AMPK（Lee等，2005；Shen等，2007b），提高胰岛素敏感性和分解代谢；在下丘脑抑制AMPK活性和食欲（Kim等，2004）。

五、AMPK调控蛋白质代谢

AMPK活化的总体结果是激活细胞的产能分解代谢途径，同时抑制耗能的合成代谢途径以恢复或维持细胞的能量水平。蛋白质的生物合成为耗能过程，因此，AMPK的活化可能抑制细胞的蛋白质合成。这一假设已在骨骼肌和干细胞中得到证实，AMPK主要通过两条途径抑制蛋白质合成的起始和肽链的延长（图8-4）。

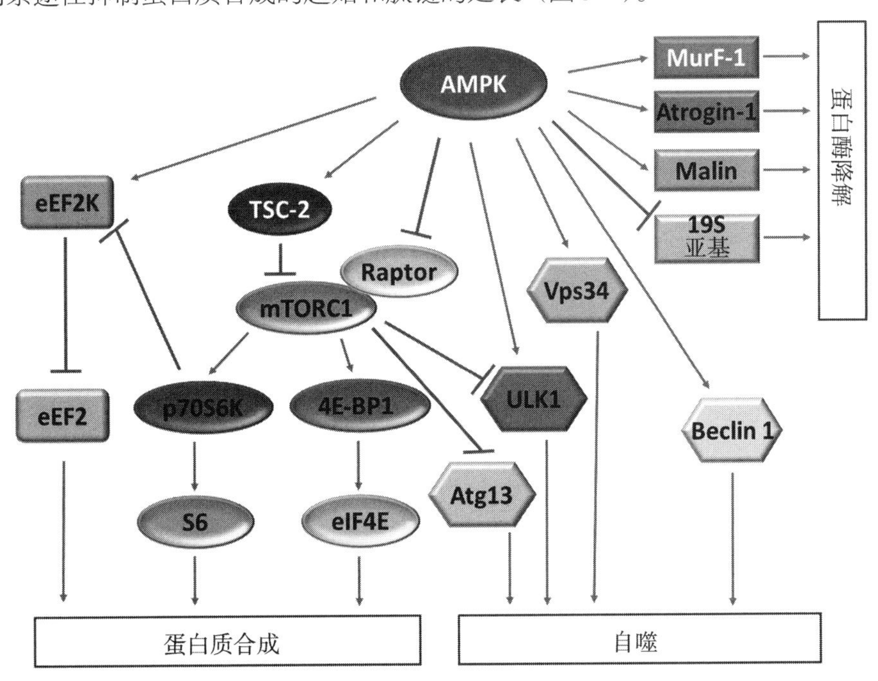

图8-4 AMPK调节蛋白质的生物合成和降解

AMPK通过抑制mTORC1抑制蛋白质的合成。mTORC1对蛋白质的合成和细胞生长具有中心调控作用。胰岛素样生长因子1（IGF-1）、氨基酸等都可通过mTORC1刺激蛋白质合成和细胞生长。一方面，mTORC1可以通过磷酸化活化p70S6K，从而促进编码核糖体蛋白和蛋白质翻译因子的5′TOP mRNA的翻译。另一方面，mTORC1通过磷酸化真核翻译起始因子4E结合蛋白（4E-BP1）而释放真核起始因子4E（eIF4E），解除4E-BP1对eIF4E和蛋白质合成的抑制作用。另外，p70S6K还能通过磷酸化抑制真核延伸因子2激酶（eukaryotic elongation factor 2 kinase，eEF2K），增加真核延伸因子2（eEF2）活性，上调蛋白质合成。AMPK通过mTOR调节相关蛋白（regulatory associated protein of mTOR，Raptor）和结节性硬化复合体2（tuberous sclerosis complex 2，TSC2）抑制mTORC1活性，从而通过核糖体蛋白S6、eIF4E和eEF2三条途径抑制蛋白质的合成。其次，AMPK也可以通过磷酸化直接活化eEF2K而抑制蛋白质的合成（Horman等，2002）。

除调控蛋白质生物合成外，AMPK还调节蛋白质的降解。自噬是一个细胞内蛋白质或细胞器被包被进入囊泡，与溶酶体融合形成自噬溶酶体后被降解的过程。AMPK通过调节细胞自噬使细胞在能量不足时对细胞内组分进行降解和再利用。当能量充足时，mTORC1活化，mTORC1通过高度磷酸化UNC 51样自噬激活激酶1（Unc-51 like autophagy activating kinase 1，ULK1）和自噬相关蛋白13（autophagy related protein 13，Atg13）来抑制细胞自噬。当能量缺乏时，AMPK被激活，AMPK通过TSC2和Raptor抑制mTORC1活性，去磷酸化的Atg13与ULK1形成复合物，与FIP200相互作用，诱导自噬体的成核和延伸（Tan和 Miyamoto，2016）。其次，AMPK通过磷酸化直接激活ULK1而促进细胞自噬（Egan等，2011；Kim J等，2011）。最后，AMPK还可通过直接磷酸化Ⅲ型磷脂酰肌醇激酶（Vps34）及其结合蛋白Beclin 1，抑制非自噬Vps34复合体、促进自噬Vps34复合体的形成和细胞自噬（Kim J等，2013）。

AMPK还通过泛素-蛋白酶体系统（ubiquitin-proteasome system，UPS）调节蛋白质的降解。UPS降解蛋白质需要消耗能量，大约每降解1分子蛋白质需要消耗150分子的ATP。因此，AMPK的活化可抑制UPS降解蛋白质以减少能量消耗，同时抑制内皮细胞内蛋白酶体活性（Wang SX等，2009），其分子机制可能是通过影响*O*-GlcNAc糖基化实现的（Xu等，2012）。尽管UPS降解蛋白质是一个耗能过程，但是在一些特殊情况下AMPK的活化还能通过UPS促进特定蛋白质的降解。在骨骼肌和心肌，AMPK通过FoxO和MEF2促进泛素连接酶（MuRF1和Atrogin-1）的表达（Tong等，2009a；Baskin和Taegtmeyer，2011）。MuRF1和Atrogin-1通过泛素化肌原纤维蛋白，介导AMPK抗肌肉肥大作用。类似的，AMPK调节泛素连接酶Malin与Laforin之间的相互作用，介导1型蛋白磷酸酶调节亚基——导向糖原蛋白（protein targeting to glycogen，PTG）的降解，抑制糖原合成（Solaz-Fuster等，2008）。此外，AMPK还通过泛素连接酶调节膜离子通道和转运蛋白的降解（Alzamora等，2010）。

第三节　AMPK对肠道营养物质吸收和屏障功能的调节

动物健康是高效生产的前提条件。肠道作为机体的最大消化器官，具有双重功能，既是营养物质消化和吸收的主要场所，又是保持机体内环境稳定的先天性屏障，其健康水平关系着动物整体健康和生产水平与效率。大量研究表明，AMPK对肠道健康具有保护作用，如调节营养物质的吸收，改善屏障功能，抑制肠炎、结直肠癌、代谢相关疾病的发生和发展等。

一、AMPK与肠道吸收

主动吸收是肠道葡萄糖吸收的主要途径，葡萄糖的主动吸收需要GLUT2、GLUT5和钠-葡萄糖共转运载体1（SGLT1）的参与。这些葡萄糖转运蛋白在肠道的表达模式和表达量直接影响葡萄糖的吸收。Gabler等（2009）发现母猪日粮中n-3多不饱和脂肪酸的添加可以显著增加仔猪空肠中GLUT2和SGLT1的表达水平，并且使葡萄糖摄取量增加两倍，而仔猪葡萄糖吸收功能的改善与肠道中AMPK的活化有关。更多研究表明，AMPK不仅调节小肠葡萄糖转运蛋白的表达，被AICAR和二甲双胍激活的AMPK还促进GLUT2向肠道顶膜的转位，使GLUT2和（或）GLUT5的表达量增加，SGLT1的表达量降低（Walker等，2005）。AMPK对肠道葡萄糖吸收的调节作用在基因敲除大鼠中进一步得到证实。敲除AMPKα2显著降低大鼠空肠GLUT2和GLUT5的表达水平，但增加SGLT1的表达水平（Sakar等，2009）。

食物中的蛋白质经胃肠道消化后主要以小肽和氨基酸的形式在小肠被吸收，小肽在小肠黏膜细胞的吸收需要转运载体的参与。在Transwell培养的Caco-2细胞中，AICAR抑制顶侧二肽的转运并抑制肽转运载体1（PepT1）的表达（Pieri等，2010）。相反，AMPK抑制剂Compoud C上调PepT1的表达，促进小肽的转运（Takeda等，2013）。考虑到Caco-2细胞对小肽的摄取是一个耗能的主动运输过程，AMPK的活化抑制PepT1的表达和小肽的转运，这就非常符合逻辑。但以上研究都是在体外培养的Caco-2细胞中完成的，关于体内AMPK对蛋白质消化吸收的调节作用还需深入的研究。

AMPK还参与调节上皮细胞对无机离子的吸收和代谢平衡。在小鼠肾、呼吸道和结肠上皮细胞中，AMPKα1抑制上皮细胞Na^+通道（epithelial sodium channel，ENaC）的表达。敲除AMPKα1小鼠对Na^+的吸收增加，肠、肾的功能和表型发生变化（Almaca等，2009）。进一步研究发现，AMPK对ENaC的调节作用依赖于泛素连接酶Nedd4-2和细胞内吞作用（Almaca等，2009）。AICAR和苯乙双胍（Phenformin）激活的AMPK同时抑制H441肺细胞中ENaC和Na^+/K^+-ATPase活性，从而抑制Na^+跨细胞转运（Woollhead等，2005）。AMPK还调节肠上皮细胞Cl^-的分泌（Kongsuphol等，2009）。肠上皮细胞腔内囊性纤维化跨膜传导调节因子（cystic fibrosis transmembrane conductance regulator，CFTR）的激活导致Cl^-过度分泌而引起腹泻，AMPK通过磷酸化抑制CFTR（Hallows等，2003）。以上研究说明，AMPK可作为靶蛋白用于药物的开发、分泌性腹泻的治疗或辅助治疗。

AMPK对肠道营养物质消化吸收的调节作用还表现为调控肠道的蠕动。AMPK的突变破坏果蝇肠道的蠕动，影响食物在消化道的移动和对营养物质的吸收，从而延迟变态过程和生长（Bland等，2010）。另外，AMPK还通过磷酸化肌球蛋白轻链激酶（MLCK）调节平滑肌的收缩（Horman等，2008），从而调节肠系膜血液循环和营养物质的转运。

二、AMPK与肠道屏障功能

肠道屏障是指肠道能防止肠腔内的有害物质（如细菌和毒素等）穿过肠黏膜而进入体内其他组织器官和血液循环的结构和功能的总和（呙于明等，2014）。动物生长（尤其早期）受环境和营养应激等因素的影响，肠道屏障很容易受损，动物免疫机能降低，引发各种疾病甚至死亡。AMPK调节肠道细胞的紧密连接。用AICAR处理Caco-2细胞，促进细胞紧密连接的形成；相反，敲除AMPK，延缓钙离子转换后紧密连接的形成和跨细胞层电阻的建立。上皮细胞特异性敲除AMPKα1后，小鼠肠道的通透性增加，紧密连接结构受损。钙诱导的紧密连接的形成可能与CaMKK-AMPK信号通路有关（Sun等，2017）。肠道分化过程中紧密连接的形成受尾型同源盒转录因子2（caudal type homeobox 2，CDX2）的调控（Silberg等，2000）。AMPK能调节组蛋白的甲基化修饰和CDX2的表达，从而促进肠道上皮细胞的分化和紧密连接的形成（Sun等，2017）。另外，AMPK敲除后，雷帕霉素能促进上皮细胞紧密连接的形成，推测mTOR可能是AMPK调节紧密连接的另外一条信号通路（Zhang等，2006）。

许多天然或人工合成的AMPK激活剂或微生物代谢产物能通过激活AMPK促进紧密连接的形成或改善紧密连接结构。AICAR和二甲双胍能降低细菌、病毒或γ-干扰素的破坏作用，改善上皮细胞的紧密连接和屏障功能（Xue等，2016；Sun等，2017）。丁酸梭菌（*Clostridium butyricum*）能通过产丁酸来激活AMPK，促进紧密连接的形成和减轻非酒精性脂肪肝所引起的肠道通透性增加（Peng等，2009；Endo等，2013）。

第四节　AMPK与畜禽肉品产量和品质

畜禽养殖的主要目的之一是肉的生产。肉的产量和品质直接关系到养殖和屠宰业，甚至是肉品加工业的经济效益。畜禽骨骼肌的发育和肌肉量直接影响屠宰率和肉品产量，而肌肉的肌纤维类型、代谢特性、肌内脂肪含量、糖原含量等生物学特性直接影响着肉的色泽、嫩度、多汁性和风味等品质特性。利用营养学手段提高畜禽养殖肉的产量和品质是动物营养研究的主要任务之一。大量研究表明，AMPK对肌肉发育、肌纤维类型形成与转换、脂肪沉积及宰后肌肉的代谢和肉品质的形成具有重要的调控作用。因此，以AMPK为目标分子，通过营养调控和管理手段提高畜禽肉的产量和品质，这具有潜在的可行性。

一、AMPK在肌肉发育中的作用

RN^-（Rendement Napole）猪可作为AMPK调节畜禽肌肉发育、肉产量和品质的典型例子。与正常猪相比，RN^-猪AMPKγ3亚基的突变导致肌肉糖原含量增加，使其具有生长快、胴体瘦肉率高、脂肪含量低，但肉的pH低、保水性差等特点（Milan等，2000）。这一突变增加了RN^-猪体内AMPK的活性（Sanders等，2007b）。与此类似，AMPKγ3亚基R225Q的突变改变小鼠高能饲喂时的生长表现。虽然正常饲喂时，突变型与野生型小鼠的生长和体重没有差异，但采用高能饲料饲喂时，RN^-小鼠腓肠肌、皮下和性腺脂肪的量均增加，并且RN^-小鼠的采食量显著高于对照组（Zhao JX等，2010）。报道发现，与对照组相比，AMPKα1的敲除（AMPKα1$^{-/-}$）降低了小鼠跖肌的质量、肌纤维直径和每根肌纤维中细胞核的数量（Mounier等，2009）。除小鼠外，对牛、羊等大动物的研究也支持AMPK调节家畜肌肉发育与肉品质的结论。在肉牛背最长肌中，AMPK活性与生长速率、瘦肉率和肌肉中糖原含量正相关，与肌内脂肪含量负相关（Underwood等，2007；Underwood等，2008）。在绵羊中，母体营养过剩和肥胖，会下调胎儿骨骼肌中AMPK活性和生肌调节因子MyoD、MyoG的表达，使胎儿肌肉发育受损，但胎儿肌肉中PPARγ的表达水平和肌内脂肪含量增加（Zhu等，2008；Tong等，2009b）。以上研究说明，AMPK既可调节动物的采食和生长发育，也可调节动物肌肉发育和脂肪的沉积。

肌肉的生长发育是一个复杂的过程，涉及胚胎间充质干细胞的成肌决定（myogenic commitment）、肌细胞分化（myogenic differentiation）、卫星细胞的活化和自我更新，以及蛋白质的合成与增生性肥大等过程。目前，AMPK调控肌肉发育和动物肌肉量的机制还非常不清楚，除前面提到的AMPK可能通过调节采食量、营养物质的摄取和蛋白质代谢调节肌肉肥大和萎缩外，AMPK可能通过以下几方面调节肌肉生成（myogenesis）。首先，葡萄糖抑制C2C12细胞的成肌分化，而这种抑制作用依赖于AMPK和SIRT1的活化，从而证实AMPK在感知营养供给或限制的同时，通过调节烟酰胺磷酸核糖转移酶（nicotinamide phosphoribosyl transferase，Nampt）和SIRT1活性调节成肌细胞的分化（Fulco等，2008）。其次，在C3H10T1/2间充质细胞中，AMPK可直接磷酸化β-catenin（Ser552），从而上调经典Wnt信号通路和β-catenin/TCF（T-cell factor 1，T细胞因子1）靶基因的表达（Zhao J等，2010）；同时，AMPK还可以通过磷酸化组蛋白去乙酰化酶5（HDAC5）促其核外排而上调β-catenin的表达，从而说明AMPK可能通过Wnt/β-catenin信号通路调节间充质干细胞的成肌决定和分化，进而调节肌肉生成（Zhao等，2011）。在母体肥胖的羊胎儿骨骼肌中，AMPK活性和β-catenin水平同时下调（Tong等，2008；Zhu等，2008；Tong等，2009b），从而说明AMPK-Wnt/β-catenin可能参与母体肥胖对胎儿肌肉发育的调节作用。值得一提的是，肥胖所致的炎症反应使FoxO3与TCF/LEF（lymphoid-enhancer binding factor，淋巴增强结合因子）复合物竞争性结合β-catenin，从而进一步下调经典Wnt信号通路。AMPK及其上游激酶LKB1在成肌分化过程中活性的增加（Mian等，2012），以及LKB1的敲除导致肌肉发育和再生缺陷（Shan等，2014），说明AMPK可能参与LKB1对肌肉生成的调节作用。虽然LKB1通过GSK3β-Wnt/β-catenin信号通路调节肌卫星细胞的分化和肌管融合，但鉴于LKB1对AMPK活性和AMPK对GSK3β活性（Horike等，2008）的调节作用，不能排除LKB1通过AMPK调控肌细胞分化这一种可能（Shan等，2014）。通过$Pax7^{Cre}/AMPKa1^{fl/fl}$小鼠的研究证实，AMPKα1的敲除对肌卫星细胞分化有抑制作用，并且肥胖通过抑制AMPK活性破坏肌肉再生。用AICAR激活AMPK，在一定程度上能挽救肥胖对肌肉再生的抑制作用，但在

AMPKα1$^{-/-}$小鼠中AICAR失去其功能，这说明肥胖对肌肉卫星细胞功能和肌肉再生的影响依赖AMPKα1而不是AMPKα2（Fu等，2016）。虽然肥胖影响肌肉再生的具体分子机制还不完全清楚，但鉴于AMPK对Wnt/β-catenin信号通路的调节作用，不能排除肥胖通过AMPKα1-Wnt/β-catenin调节肌肉生成这一种可能。最后，AMPK可能通过调节卫星细胞的活化和自我更新而调节肌肉的发育与再生。LKB1的敲除（LKB1$^{-/-}$）不仅影响卫星细胞的分化，而且促进卫星细胞的增殖。AICAR和雷帕霉素对LKB1$^{-/-}$肌卫星细胞分裂增殖的抑制作用证实：LKB1通过AMPK-mTORC信号通路调节细胞增殖（Shan等，2014）。此外，LKB1的敲除导致体内肌卫星细胞自动激活，不仅影响肌卫星细胞的分化，而且促进肌卫星细胞的增殖（Shan等，2014）。这说明LKB1-AMPK可能调控肌卫星细胞的自我更新和卫星细胞池的动态平衡。LKB1-AMPK对肌卫星细胞活化、自我更新和分化的调节作用可能是LKB1$^{-/-}$小鼠肌肉发育和再生受损，但肌内脂肪异位沉积增加的原因（Shan等，2015）。除以上报道外，研究还发现，横纹肌特异性敲除AMPKα2，同时降低小鼠骨骼肌甘油三酯的含量和体内脂肪的沉积量（Chen T等，2015），其具体机制尚不清楚。综合上述，AMPK是骨骼肌发育所必需的。在营养限制时，AMPK除通过Nampt和SIRT1抑制成肌细胞分化外，还可能通过调节卫星细胞活化、增殖和自我更新，肌祖细胞分化和融合，蛋白质合成及肌肉增生性肥大等多个过程调节肌肉生长发育和动物肉产量。

另外，大量研究表明，无论是耐力训练还是长期药物刺激，AMPK的慢性激活能促进猪肌纤维类型由糖酵解型向氧化型转变（Park等，2009），主要通过PGC-1α促进线粒体的生物合成而提高肌纤维的氧化能力（Lira等，2010）。Ⅰ型肌纤维通常较Ⅱ型肌纤维直径小，并且氧化型肌肉通常含有较高的肌内脂肪，毛细血管较糖酵解型肌肉发达，因此肌纤维类型也影响肉的色泽、风味、嫩度，以及宰后的代谢和肉的保水性等。

二、AMPK在脂肪生成和沉积中的作用

相对于肌肉发育，AMPK对脂肪生成（adipogenesis）和沉积的调节机制更为人所了解。大量研究表明，药物或基因突变上调AMPK活性，抑制脂肪前体细胞的分化和油滴的聚集；反之，AMPK活性的抑制促进白色脂肪生成和沉积，但棕色脂肪的分化需要AMPK的活化（Fernández-Veledo等，2013）。AMPK通过以下途径调节脂肪细胞的分化和脂肪沉积：首先，AICAR处理或缺氧诱导的AMPK活化都抑制3T3-L1细胞的增殖和克隆扩增（Kim等，2005；Mitterberger和Zwerschke，2013）。其次，AMPK通过上调Wnt/β-catenin信号抑制脂肪细胞分化早期标志基因PPARγ和C/EBPα，以及晚期标志基

因FAS和ACC的表达（Lee H等，2011），并促进抗脂基因GATA3的表达（Wang和Di，2015）。因此，AMPK可以通过抑制脂肪细胞分化和脂肪生物合成两方面抑制脂肪的沉积。第三，AMPK通过MAPK信号通路抑制脂肪生成，包括p38 MAPK、ERK1/2和JNK等（Ahn等，2008；Zhang T等，2013；Poudel等，2014；Jang等，2015）。第四，AMPK通过抑制mTORC1来抑制脂肪细胞的分化（Fernàndez-Veledo等，2013；Figarola和Rahbar，2013）。第五，AMPK通过FTO（脂肪与肥胖相关）蛋白调节mRNA的m^6A修饰和脂肪的沉积（Zhou XH等，2015；Wu等，2017），这是AMPK调节脂肪代谢的一种新机制。最后，与白色脂肪不同，棕色脂肪细胞的分化需要AMPK的活化（Vila-Bedmar等，2010）。棕色脂肪细胞在分化过程中按LKB1-AMPK-mTOR和TSC2-mTOR-p70S6K信号通路的顺序活化。在分化早期，AMPK的活化调节前体脂肪细胞进入棕色脂肪细胞这一分化程序，此时抑制AMPK可使细胞向着非棕色脂肪细胞方向分化。在分化后期，AMPK活性的抑制和mTOR的活化促进脂滴的积累（Vila-Bedmar等，2010）。

三、AMPK调控宰后肌肉糖酵解和肉品质的形成

动物宰后细胞转变为以糖酵解的方式供能，糖酵解所产生的乳酸使肌肉的pH不断下降。由于糖酵解的速率和程度决定着宰后肌肉pH下降的速率和极限pH，而pH直接影响肉品的色泽、保水性、蛋白酶活性，以及肌肉蛋白质的加工性能，因此，宰后肌肉糖酵解对肉品质的形成具有决定作用。大量研究表明，非正常糖酵解是产生劣质肉［如白肌（pale，soft and exudative，PSE）肉、黑干（dark，firm and dry，DFD）肉和酸肉］的根本原因。PSE肉具有pH低、灰白、表面液体渗出和保水性差等缺陷，是引起猪肉和禽类宰后损失的主要原因。据研究，猪PSE肉的正常发生率为10%～30%，在个别例子中高达60%（Lee和Choi，1999）。火鸡和肉鸡的PSE肉发生率分别为5%～30%和47%左右（Barbut，1998；Sams等，2002）。在我国，虽然缺乏对PSE肉大规模的调查统计，但少量的研究表明，PSE肉在肉鸡中的发生率高达23.39%（Zhu等，2012），PSE猪肉的发生率为13%～15%（周光宏，2014）。据此计算，以2013年我国猪肉产量5493万吨、禽肉产量1798万吨为例，保守地以每公斤PSE肉造成的经济损失为1.0元计算，则2013年PSE肉给我国肉品工业带来的经济总损失高达124.5亿元。

为了探究宰后肌肉糖酵解调控的分子机制，为控制PSE肉的发生提供思路，有必要研究AMPK对宰后肌肉糖酵解的调控作用。研究首先发现，在宰后早期（30 min内）PSE猪肉中AMPK活性显著高于正常肉，具有更低的pH值和更高的乳酸含量，此结果说明AMPK可能对宰后肌肉糖酵解具有调控作用（Shen等，2006b）。随后通过安乐死前

强迫小鼠游泳或腹腔注射AICAR激活小鼠肌肉中AMPK，结果表明游泳和AICAR使小鼠宰后肌肉pH的下降显著快于对照组，并且极限pH低于对照组（Shen和Du，2005b）。相反，通过Compound C抑制AMPK，也抑制了宰后肌肉的糖酵解和pH的下降（Shen等，2008）。与这些结果相一致，小鼠肌肉中过表达显性负突变体AMPK，与对照组和AMPK激活组相比较，AMPK敲除显著降低了宰后肌肉pH的下降和乳酸的积累（Du等，2005b；Shen和Du，2005b），从而证实AMPK调控宰后肌肉糖酵解。深入的研究发现，宰前应激和氟烷基因通过加速ATP消耗激活AMPK而上调宰后糖酵解，促进PSE猪肉的发生（Shen等，2006a；2007a）。无论是通过AICAR激活AMPK，还是宰前应激，都能提高宰后肌肉蛋白质的总体乙酰化水平，并且组蛋白乙酰转移酶抑制剂抑制宰后肌肉糖酵解，而去乙酰化酶抑制剂促进宰后肌肉pH的下降和乳酸的积累（Li ZW等，2016；Li Q等，2017）。乙酰蛋白质组分析揭示，宰前应激使宰后猪背最长肌中多种糖酵解酶的乙酰化修饰水平发生改变。以上研究说明，蛋白质乙酰化可能是宰前应激和AMPK活化调控宰后肌肉糖酵解的一种新机制。

四、利用AMPK提高畜禽肉品产量和品质

多不饱和脂肪酸、牛蒡子苷元、白藜芦醇、甜菜碱、黄连素等食物或天然植物成分具有激活AMPK的作用。因此，利用饲料添加剂调控AMPK活性从而提高动物的健康水平，调节畜禽肌肉发育、脂肪沉积和宰后肉品质的形成，似乎是一种可行的手段。具体来说，在以下几个方面存在潜在的应用价值：①通过AMPK提高动物肠道的屏障功能，降低疾病，尤其是仔猪断奶后腹泻的发生；②促进骨骼肌发育，提高肉的产量；③调节肌纤维类型形成，提高肉品质；④增加肌内脂肪的含量，降低皮下和内脏脂肪的沉积，不仅提高肉的品质，而且提高饲料转化率；⑤通过调节宰前骨骼肌中糖原的储存和宰后糖酵解，防止PSE肉、DFD肉等劣质肉的发生，提高肉品质。在这些方面目前已尝试并取得一些研究结果。

大量研究表明，许多氨基酸通过AMPK调控畜禽肌肉的生长发育、脂肪沉积、肠道功能和动物的健康水平。天冬氨酸和天冬酰胺能抑制脂多糖（LPS）处理后断奶仔猪骨骼肌中FoxO、MuRF1等基因的表达和肌肉萎缩（Wang XY等，2016；Liu Y等，2017）。日粮添加0.5%～1%的天冬氨酸或天冬酰胺，能降低LPS引起的猪肠道损伤，同时提高肠道细胞的能量水平，下调AMPKα1的表达和AMPKα的磷酸化水平。这说明天冬氨酸和天冬酰胺可以通过AMPK调节断奶仔猪的肠道功能，提高动物的健康水平（Pi等，2014；Wang XY等，2015）。另外，大量研究表明，亮氨酸促进蛋白质的合成和

动物肌肉的生长发育（Schnuck等，2016）。猪日粮添加亮氨酸，不仅能增加眼肌面积（Zhang等，2016a），还促使仔猪背最长肌肌纤维类型由慢肌向快肌转变，表明亮氨酸可能通过AMPK调节猪的肌肉发育和肉品质。蛋白质限制通过下调AMPK信号通路上调猪骨骼肌中解脂作用相关基因的表达，提高肌内脂肪含量（Li等，2016a）。以上研究结果说明，AMPK介导蛋白质/氨基酸营养水平对猪肠道功能、肌肉发育和脂肪沉积的调控作用。

PSE肉和非肌内脂肪沉积过多是目前肉鸡生产的两大问题。研究表明，在肉鸡生长中后期（22～42天）的饲料中添加800～1200 mg/L的α-硫辛酸，能显著降低肉鸡腹部脂肪和平均日采食量（El-Senousey等，2013），抑制宰后肌肉AMPK活化和糖酵解，预防PSE肉的发生，并对大腿肌肉、胸肌的重量和饲料转化率没有显著影响。这说明α-硫辛酸可用于肉鸡生产，降低饲料消耗、改善胴体特征和肉品质（Shen和Du，2005a；Shen等，2005；El-Senousey等，2013）。但在小鼠日粮中添加0.5%～1.0%的α-硫辛酸，在抑制脂肪沉积的同时，显著降低了股外侧肌的重量。这可能与α-硫辛酸添加量过高、饲喂时间过长、采食量下降过大有关（Shen等，2005）。也有报道，α-硫辛酸上调肠黏膜紧密连接蛋白occludin和ZO-1的表达，提高肠道屏障功能，从而降低断奶大鼠腹泻的发病率（Fan P等，2017）。这说明α-硫辛酸也可用于提高畜禽的健康水平，预防或干预仔猪断奶腹泻的发生。

虽然有不一致的报道，但大量研究表明，饲粮中甜菜碱的添加具有提高猪日增重和屠宰率、增加眼肌面积、降低胴体脂肪的作用。研究表明，甜菜碱可通过AMPK抑制高糖诱导的肝脏脂肪变性，调节体内脂肪代谢（Zhou XH等，2015；Cai等，2016）。这一机制的揭示为科学利用甜菜碱调节动物生长发育和肉品质提供了理论指导。另外，多不饱和脂肪酸、短链脂肪酸对AMPK活性的调节作用为通过肠道微生物发酵调节动物肠道屏障功能，通过饲粮脂肪酸调节动物体内代谢和肉品质，提供了新的理论支持和思路。AMPK不仅调节肌肉发育、脂肪细胞的分化和脂肪沉积，LKB1-AMPK还可能调节干细胞的转分化（Shan等，2014；2015）。因此，在动物生长发育的不同关键阶段，通过定向调节干细胞的分化，提高畜禽的肌肉量和肌内脂肪含量，降低皮下脂肪沉积，可能是一种可行的设想。但目前研究表明，许多天然化合物通过激活AMPK抑制皮下脂肪沉积的同时，在下丘脑通过抑制AMPK来抑制食欲，从而影响动物个体的生长发育，包括肌肉发育。鉴于AMPK不同亚型的组织表达、生物功能与活性调控机制存在差异（Ross等，2016），进一步弄清AMPK在不同组织，甚至是细胞中独特的功能、表达和活性调控机制，创新其活性调控方式，是实现AMPK定向调控细胞的分化和代谢，从而调节畜禽肉的产量和品质所需要解决的关键问题。

（编者：沈清武）

第九章 mTOR信号通路与营养物质代谢调控

哺乳动物雷帕霉素靶蛋白（mTOR）是一种丝氨酸/苏氨酸蛋白激酶，在细胞生长、分化、增殖、迁移和存活等方面扮演重要角色。在mTOR发现的二十多年里，全球多个实验室围绕着这一重要蛋白激酶开展了广泛的研究。这些研究揭示了一个以mTOR为核心的真核生物细胞信号调节网络，这一网络参与不同条件下细胞生长的调节，并在细胞与机体的生理机能调节中发挥基础调控作用。mTOR信号通路的激活依赖于生长因子（如胰岛素）、能量（如葡萄糖）及营养（如氨基酸）的共同刺激，通过对一系列生物学过程（包括蛋白质合成、脂类合成、核苷酸合成等）的调节，最终促进细胞的生长。本章将从氨基酸、脂质、糖等营养物质的代谢调控出发，介绍并总结mTOR信号通路与营养物质代谢调控之间的最新研究进展。

第一节　mTOR信号通路概述

一、mTOR的研究历史与现状

mTOR的发现与鉴定最初是在酵母细胞上进行的。1991年，来自巴塞尔大学的3名科学家Joseph Heitman、Rao Movva和Michael N. Hall在酵母中筛选并鉴定参与雷帕霉素（rapamycin）毒性作用的蛋白质时，发现两种蛋白质的突变能使酵母对雷帕霉素产生抗性，这两种蛋白质被命名为雷帕霉素靶蛋白（target of rapamycin，TOR）。随后，Hall小组和另一个小组几乎同时完成了TOR1（DRR1）和TOR2（DRR2）的纯化，并通过序列比对进一步阐明TOR可能具有磷脂酰肌醇3-激酶（PI3K）类似活性。由于TOR的高度保守性，David M. Sabatini和另外两个课题组分别在哺乳动物细胞中分离纯化到了TOR的同源蛋白，即mTOR。

基于酵母中对TOR功能的研究，最初研究者认为mTOR通过调节细胞周期进而调节细胞生长。后续的研究发现，mTOR可以调节核糖体蛋白S6激酶1（S6K1）和真核起始因子4E结合蛋白1（4E-BP1）的磷酸化。S6K1和4E-BP1是哺乳动物中调节蛋白质合成的关键蛋白质。这一发现表明，mTOR参与蛋白质合成的调节。随后，研究证实：氨基酸的缺失可以导致S6K1和4E-BP1的去磷酸化，并引起蛋白质合成速率的降低；而氨基酸重补后，这些变化均快速消失。此外，S6K1还表现出对糖代谢和胰岛素抵抗等的调节作用。这些现象显示出营养物质与mTOR之间的紧密联系。Sabatini领导的研究小组对mTOR调节相关蛋白（Raptor）的鉴定，证实了mTOR通过与Raptor形成复合体参与营养物质的调节。此后，Sabatini实验室率先发现了新的mTOR结合蛋白，即对雷帕霉素不敏感的mTOR伴侣（rapamycin-insensitive companion of mTOR，Rictor）。Rictor的鉴定与发现确定了mTOR存在两种完全不同的多蛋白复合体，即mTORC1和mTORC2，其中mTORC2是雷帕霉素不敏感复合体。在接下来的十多年，科学家们对mTOR进行了广泛而又深入的研究，发现mTOR在细胞生长调节中发挥着极为重要的作用，并发展出复杂的信号通路调控网络。其中，mTOR信号通路与营养物质代谢之间的调控过程成为研究的热点。

二、mTOR信号的上游与下游通路

mTOR是一个大小约为280 kDa的丝氨酸/苏氨酸蛋白激酶，属于磷脂酰肌醇激酶相关激酶（phosphatidylinositol kinase-related kinase，PIKK）蛋白家族。在哺乳动物细胞中，mTOR与其他蛋白形成了两种复合体，分别是mTORC1和mTORC2。mTORC1由mTOR、具有底物识别功能的Raptor、哺乳动物致死Sec-13蛋白8（mammalian lethal with Sec-13 protein 8，mLST8，也称GβL）、起负调控作用的富含脯氨酸且相对分子质量为40 kDa的Akt/PKB底物蛋白（Proline-rich Akt/PKB substrate 40 kDa，PRAS40）和mTOR的Dep结构域结合蛋白（Dep-domain mTOR interacting protein，Deptor）组成；而mTORC2则由mTOR、Deptor、mLST8、Rictor、哺乳动物应激激活蛋白激酶互作蛋白1（mammalian stress-activated protein kinase interacting protein 1，mSin1）和Protor1/2等蛋白质组成。两种复合体中，mTORC1对雷帕霉素、生长因子及营养物质敏感，可以综合细胞内氨基酸、生长因子及应激等信号，控制多种主要的细胞生命活动，如蛋白质合成、脂肪合成、能量代谢和自噬等过程。mTORC2对雷帕霉素不敏感，人们对其功能的了解相对较少。研究表明，mTORC2与细胞骨架重排有关，并参与细胞增殖及代谢调节。

mTORC1的调节作用倾向于促进细胞的合成代谢，这一过程需要对细胞内促生长的激素水平、可供给的能量状态及大分子合成所需的原料储量等信号进行整合。在哺乳动物中，mTORC1的上游通路承担着这3个方面的整合功能。结节性硬化复合体（tuberous sclerosis complex，TSC）是mTORC1信号通路的负调控因子，该复合体是由TSC1、TSC2和TBC1D7构成的异三聚体复合物，功能类似于鸟苷三磷酸酶激活蛋白（GTPase activating protein，GAP）能够抑制Rheb（Ras homologenriched in brain，一类小GTPase）与GTP的结合。TSC-Rheb通路是mTORC1调节的关键通路，因为$Rheb^{GTP}$直接参与mTORC1的激活，是其活化所必需的。细胞内的生长因子以及能量状态信号都可以通过TSC调节mTORC1的激活，如细胞接收到胰岛素或胰岛素样生长因子1（IGF-1）的信号后，PI3K得到激活，这一激酶通过磷酸化作用使其底物磷脂酰肌醇-4,5-二磷酸（PIP2）转化成磷脂酰肌醇-3,4,5-三磷酸（PIP3）。PIP3是一种重要的第二信使，能与细胞内含有PH（pleckstrin homology）结构域的蛋白磷脂酰肌醇依赖性激酶1（phosphoinositide dependent kinase 1，PDK1）结合进而磷酸化激活Akt/PKB。磷酸化的Akt可以调节TSC2多个位点的磷酸化，使TSC从溶酶体上解离，实现Rheb在溶酶体上的定位并激活。能量状态信号对mTORC1的激活调节主要依赖于LKB1-AMPK信号通路。LKB1又称STK11（serine threonine protein kinase 11），是AMPK的上游激酶，在能量供给不足时可以激活AMPK，活化的AMPK可以直接磷酸化TSC2和Raptor，实现对mTORC1的抑制。

与mTORC1相比，mTORC2主要作用于PI3K-Akt信号通路。mTORC2的组成蛋白mSin1具有PH结构域，能够与PI3P结合，并在胰岛素信号缺失的条件下抑制mTORC2的催化活性。mTORC2能够磷酸化并激活Akt，实现对mTORC1的调节，而激活后的Akt又可以磷酸化mSin1，从而激活mTORC2并进一步促进Akt的磷酸化与完全活化。

mTOR的下游靶蛋白通常是指mTORC1的下游蛋白，包括S6K1、4E-BP1、脂素1（lipin 1，LPIN1）、活性转录因子4（activating transcriptional factor 4，ATF4）、缺氧诱导因子1α（HIF-1α）、过氧化物酶体增殖物激活受体共激活因子1α（PGC-1α）、ULK1等。激活后的mTOR通过这一系列下游靶标来调节细胞内多种重要的生物学过程，包括促进蛋白质、脂肪、核苷酸的合成，维持细胞能量平衡以及抑制细胞自噬等。

第二节　mTOR信号通路在营养代谢中的作用

一、mTOR信号与氨基酸的感受和蛋白质合成调节

氨基酸是蛋白质的基本构件，同时也是细胞内最丰富的大分子物质。细胞需要感受胞内与胞外的氨基酸浓度，以实现对其合理利用。当氨基酸缺乏时，部分蛋白质通过泛素-蛋白酶体系统（UPS）和自噬（autophagy）途径发生降解，使其中储存的氨基酸释放出来，用以合成某些必需的蛋白质。此外，长期饥饿以及低血糖可能使氨基酸转化为糖类和酮体类物质，从而参与某些器官的能量供给。因此，为了维持氨基酸和蛋白质的平衡，细胞必须将营养供给状况的变化与蛋白质合成和周转的调节相结合。而mTORC1是这一过程的核心，通过整合不同的环境条件信号，以协调细胞内多种代谢过程。

关于mTOR感受细胞内氨基酸变化的研究早在1998年就已开始。多项研究显示，氨基酸可以诱导S6K1和4E-BP1的磷酸化（Fox等，1998；Xu等，1998）。这一发现提示mTOR信号可能参与氨基酸的感受。同时，果蝇和哺乳动物细胞中TSC1和TSC2基因的缺失使S6K1活性增强，并阻碍了由于氨基酸缺失引起的S6K1的去磷酸化。然而，随后的研究显示，TSC1/2的干扰和敲除对氨基酸调节S6K的磷酸化无显著影响（Smith等，2005），而由TSC蛋白缺失引起的活化Rheb与mTOR的结合过程受氨基酸的调节（Long等，2005）。这些结果表明，TSC-Rheb轴可以参与mTOR活性的调节，但并不承担细胞内氨基酸感应的功能。

2008年，两个研究小组同时独立发现，Ras相关鸟苷三磷酸酶（Ras-related small GTPases，Rag）以异二聚体的形式参与mTORC1信号通路，能够介导氨基酸激活mTORC1（Kim E等，2008；Sancak等，2008）。这一突破性发现填补了氨基酸到mTORC1之间信号传递的空白。在黑腹果蝇S2细胞中，Kim等（2008）在使用RNA干扰技术筛选GTP酶时，发现4种Rag（RagA、RagB、RagC和RagD）的沉默可以抑制因氨基酸水平改变而诱导的TORC1靶蛋白S6K1的磷酸化。与S2细胞相同，哺乳动物细胞Rags基因的敲除也能抑制氨基酸水平的改变对mTORC1的刺激作用。与此同时，Sabatini等（1994）在研究mTORC1的互作蛋白时，认识到免疫共沉淀SDS-PAGE检测过程中抗体重链可能覆盖了某些大小在45～55 kDa的蛋白质。通过对这一区域的鉴定，研究人

员成功发现RagC可以与Raptor共纯化（copurify），而Raptor是mTORC1的组成部分。这一现象提示Rag与mTORC1信号通路氨基酸感受密切相关。

在随后的研究中，研究者逐渐发现了Ragulator、v-ATPase等多个蛋白质及蛋白质复合体参与mTORC1对氨基酸的感受，而mTORC1感受氨基酸的模式如图9-1。其中Rag（芽殖酵母中的Gtr）通过调节活性（结合GTP）和非活性（结合GDP）状态，来控制细胞内的信号转导。在酵母细胞和人类细胞中，Gtr和Rag都通过形成异源二聚体发挥功能，该二聚体都由一个Gtr1样因子（RagA或RagB）和一个Gtr2样因子（RagC或RagD）组成。氨基酸刺激促使二聚体中RagA/B结合GTP，而RagC/D与GDP结合，进而调节mTORC1的活化。同时氨基酸的加入会促进mTOR在胞质中的聚集，并定位到RAB7阳性囊泡结构（这些囊泡结构后被证实为溶酶体），该部位聚集的还有mTOR的激活剂Rheb（Sancak等，2008；2010）。因此，Rag在氨基酸刺激的mTORC1活化过程中具有关键性的作用，可以通过与Raptor的结合将mTORC1招募到溶酶体表面。

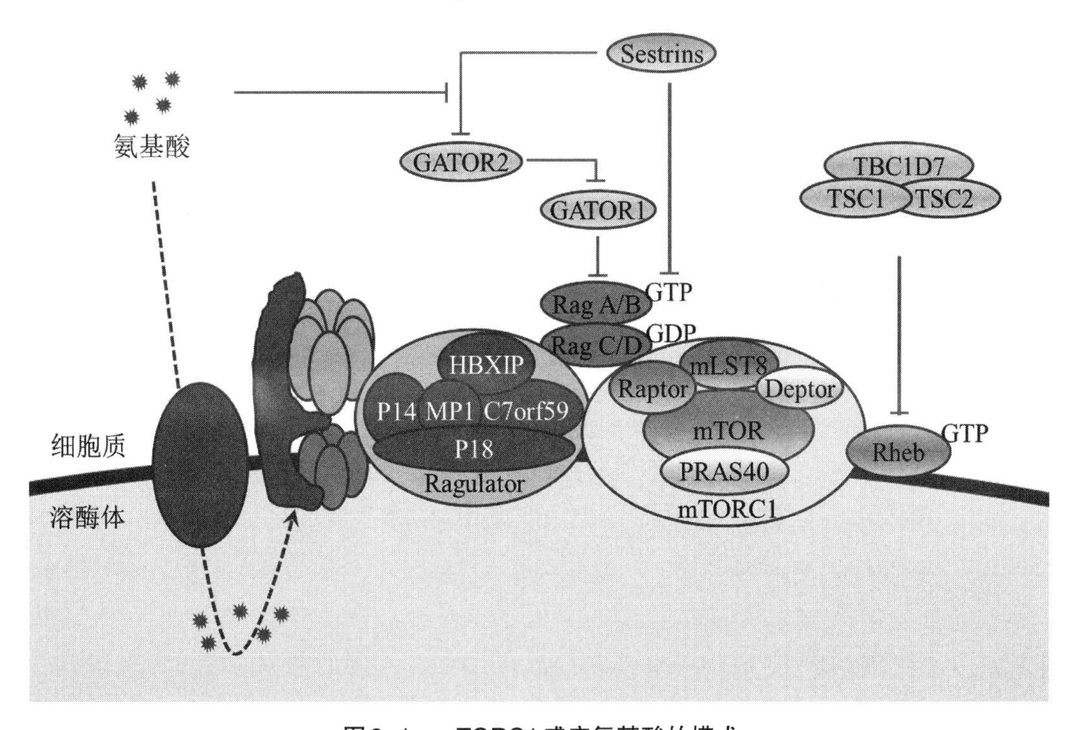

图9-1 mTORC1感应氨基酸的模式

然而Rag自身并不具有脂质锚定结构，因此，其在溶酶体上的定位还需要Rag结合蛋白复合体Ragulator的辅助。Ragulator是由MP1、P14、P18、7号染色体开放阅读框59（C7orf59）和乙肝病毒X蛋白结合蛋白（hepatitis B X-interacting protein，HBXIP）组成的五聚体复合物。其中，P18蛋白可以直接固定于溶酶体表面，为其他蛋白质在溶酶体上的定位提供平台。P18蛋白在溶酶体的固定需要其N端的豆蔻酰化和棕榈酰化位点的脂化。MP1与P14蛋白参与细胞内涵体的转运，并参与调节MAPK信号通路。HBXIP的相对分子质量为19 kDa，在哺乳动物中非常保守，是细胞组成型蛋白。HBXIP在肿瘤细胞的增殖、细胞周期进展和细胞凋亡中发挥重要作用。

质谱分析结合co-IP实验表明，Ragulator能够与Rag互作，且只有以五聚体复合物的形式存在时才能协助Rag促进mTORC1的溶酶体定位（Sancak等，2010；Bar-Peled等，2012）。同时，Ragulator具有鸟嘌呤核苷酸交换因子（guanine-nucleotide exchange factor，GEF）活性，能够改变二聚体中RagA/B的鸟嘌呤结合状态。氨基酸刺激诱导Ragulator，促使RagA/B与GDP的解离，从而与GTP结合。RagA/B^{GTP}能够招募并结合Raptor，使mTORC1定位到溶酶体上（Bar-Peled等，2012）。另外，研究显示下调细胞Ragulator的表达后，氨基酸诱导不能引起Rag和mTORC1溶酶体表面的聚集，此时，mTORC1对氨基酸不敏感（Schweitzer等，2015）。此外，通过改造P18蛋白的细胞定位信号，使其定位于线粒体表面，Rag和mTORC1也同时靶向至线粒体区域。这些发现证实，Ragulator-Rag对mTORC1在溶酶体上定位至关重要。

Ragulator并不能直接感受细胞氨基酸水平的变化，然而，细胞质与溶酶体中的氨基酸均能通过不同的途径被mTORC1所感受，因此，细胞存在多种氨基酸的感受器，承担氨基酸浓度的感受功能。质子辅助转运蛋白1（proton-assisted transporter 1，PAT1）是一类质子偶联的氨基酸转运载体，位于溶酶体上，能将氨基酸转运出溶酶体。细胞过表达PAT1，可完全抑制氨基酸对mTORC1的激活作用，而过表达PAT1的同类蛋白PAT4（不定位于溶酶体）则对mTORC1无影响（Zoncu等，2011；Jung等，2015）。这一现象表明，氨基酸进入溶酶体，这是激活mTORC1的前提。因此，溶酶体内腔的氨基酸被细胞感应的过程和机制是mTORC1感受氨基酸过程的关键步骤之一。

Zoncu等人利用干扰技术在果蝇S2细胞中筛选能够参与氨基酸激活mTORC1过程的溶酶体相关蛋白时，发现液泡质子腺苷三磷酸酶（vacuolar-type H^+-ATPase，v-ATPase，其作用是将质子泵入溶酶体内）的抑制阻碍了氨基酸介导的S6K1的磷酸化。与之相似，在人类细胞中使用v-ATPase抑制剂（SalA或ConA）均能引起氨基酸介导的S6K1的磷酸化受阻（Zoncu等，2011）。这一发现表明，v-ATPase是氨基酸介导mTORC1激活的关键蛋白。v-ATPase是一种广泛分布于细胞器膜上多亚基质子泵，参与H^+主动转运。v-ATPase具有两个主要结构：跨膜的V0结构域，这一结构能在ATP水解供能时通过旋转作用将质子泵入细胞器；另一个结构是位于细胞质内的V1结构域，能分解ATP。在氨基酸信号传递过程中，v-ATPase位于氨基酸的下游，能够与Ragulator和Rag相互作用，并且在氨基酸存在的条件下激活Ragulator的GEF活性，促进RagA/B^{GTP}-RagC/D^{GDP}二聚体的形成（Zoncu等，2011）。近期研究还发现，氨基酸水平能够影响v-ATPase复合体的组装，进而调节v-ATPase和Ragulator的相互作用。

溶酶体内腔的氨基酸的感应程序已经相对清楚，而存在于细胞质的氨基酸激活mTORC1信号通路的机制还存在着大量空白。需要明确的是，氨基酸激活mTORC1的场所始终位于溶酶体表面，因此，细胞质氨基酸的感受需要以氨基酸进入溶酶体为前提。Bar-Peled等（2013）在研究Rag的负向调控时，鉴定到由8个蛋白质组成的多聚复合体GATOR能与Rag相互作用。由于这8个蛋白质相互之间结合的紧密程度不同，GATOR复合体又可以分为GATOR1和GATOR2两种复合体，其中GATOR1由DEPDC5、Nprl2和Nprl3组成，GATOR2由Mios、WDR24、WDR59、Seh1L和Sec13组成。GATOR1和GATOR2在氨基酸调节mTORC1活性的过程中具有相反的效应，GATOR1具有GAP活性，能够促进$RagA/B^{GTP}$中结合的GTP水解为GDP，过表达GATOR1能抑制氨基酸对mTORC1激活，而GATOR1的缺失使mTORC1对氨基酸饥饿不敏感；而GATOR2能抑制GATOR1的GAP活性，促进氨基酸对mTORC1激活。

Sestrins是GATOR2的互作蛋白，包含3种亚型，分别是Sestrin1、Sestrin2、Sestrin3，其中Sestrin2与GATOR2结合更密切。Sestrins可以负向调控mTORC1，同时它还能通过与GATOR2相互作用，解除其对GATOR1的抑制，进而抑制mTORC1的溶酶体定位与激活（Chantranupong等，2014）。此外，研究人员发现，Sestrins能与异源二聚体RagA/B-RagC/D结合，对RagA/B具有鸟嘌呤核苷酸解离抑制因子（GDP dissociation inhibitor，GDI）活性。当Sestrins过表达时，氨基酸诱导的RagA/B的鸟嘌呤核苷酸交换过程受到抑制，mTORC1无法定位到溶酶体，导致氨基酸无法诱导mTORC1激活；进一步的突变试验显示，Sestrins中GDI结构域的突变会导致细胞内mTORC1对氨基酸饥饿不敏感，而通过补加含有GDI结构域的多肽，可以恢复氨基酸饥饿对mTORC1的抑制作用（Peng等，2014）。另一项研究指出，亮氨酸与Sestrin2结合，能抑制Sestrin2与GATOR2的相互作用，进而发挥GATOR2对GATOR1的抑制效应，激活mTORC1（Parmigiani等，2014；Wolfson等，2016）。在这一过程中，Sestrin2是一种亮氨酸的感受器，直接感受细胞质中亮氨酸的浓度。此外，研究还发现，KICSTOR复合物（由KPTN、ITFG2、C12orf66和SZT2组成的mTORC1的调节器）可以参与GATOR1复合体在溶酶体上的定位（Peng等，2017；Wolfson等，2017）。

除去上述已鉴定到的参与mTORC1感受氨基酸信号过程的蛋白质或蛋白质复合体外，能够确证的氨基酸感受器依然缺乏。细胞内的氨基酸转运感受体因其转运并感受氨基酸的功能而受到关注。已有研究显示，SLC1A5是谷氨酰胺的转运蛋白，阻断SLC1A5抑制了细胞对谷氨酰胺的摄取，同时也抑制了mTORC1信号的激活。SLC7A5/SLC3A2是一类异二聚双向反向转运体，能够实现细胞内谷氨酰胺与细胞外亮氨酸的交换，参与mTORC1的激活过程（Nicklin等，2009）。这些转运蛋白对mTOR信号的调节作用预示着其可能作为氨基酸信号传递至mTORC1的重要感受器。此外，SLC38A9是溶酶体膜上精氨酸转运感受体，位于胞质N末端的119个氨基酸残基能与Ragulator和Rag发生相互作用（Jung等，2015）。研究显示，SLC38A9基因的敲除，抑制了精氨酸激活mTORC1；过表达SLC38A9后，mTORC1持续激活并对精氨酸饥饿不敏感。由此可见，SLC38A9是氨基酸激活mTORC1信号通路的重要成分。

在实现对氨基酸的感受后，mTORC1主要通过调控其下游蛋白4E-BP1和S6K1的磷酸化，通过影响mRNA的翻译功能来调节蛋白质合成。蛋白质合成的限速步骤是翻译的起始，在这个过程中真核起始因子4F（eIF4F）复合体与mRNA 5′帽子结构的结合是关键。eIF4F复合体由eIF4E、eIF4G和eIF4A等3种转录起始因子组成，其中eIF4E能与mRNA的5′帽子结构结合，并能够召集eIF4G和eIF4A来调节eIF4F复合体的形成。mTORC1能够直接调节S6K1的磷酸化，进而磷酸化和激活一系列下游底物，以促进mRNA翻译的起始，如eIF4B（可以正向调节mRNA 5′帽子结构与eIF4F复合体的结合）；催化底物降解，如PDCD4（eIF4B的抑制物）；或者通过与SKAR的互作加强mRNA的剪切效率。这些底物被磷酸化后能极大幅度地提高核糖体的翻译效率，促进蛋白质的合成。与S6K1不同，mTORC1对4E-BP1的调节主要是通过磷酸化抑制其与eIF4E的结合，4E-BP1多位点的磷酸化使其与eIF4E发生解离，从而允许5′帽子结构依赖的mRNA进行翻译。

二、mTOR信号与脂质代谢调节

在机体中，脂质代谢与能量代谢密切相关。当能量的摄入高于消耗时，多余的碳水化合物通过代谢途径转化为脂肪酸或者甘油三酯储存于肝脏和脂肪组织中，因此，脂质代谢调控更多是对脂质的合成与分解的调节。胰岛素是调节机体内脂肪合成的关键激素，能被位于细胞膜表面的胰岛素受体（IR）识别，并激活PI3K，促进PIP3的生成，从而募集并激活Akt。Akt可以正向调节脂质的生物合成，这一作用有赖于转录因子胆固醇调节元件结合蛋白1（SREBP1）的激活。SREBP1是脂质合成过程中关键的转录调控因子，在翻译完成后以非活性的前体形式与内质网结合。当细胞受到生长因子或营养信号激活后，SREBP1经由外壳蛋白复合体Ⅱ（coat protein complex Ⅱ，COPⅡ）从内质网转运到高尔基体，再经过高尔基体的加工转换为活性形式，随后发生核质穿梭转移到细胞核中，从而诱导脂质合成基因的表达。

胰岛素处理或其他刺激引起的Akt的激活能够迅速地诱导SREBP1在核内的聚集，进而促进脂质合成相关基因的表达（Porstmann等，2005）。体外培养实验发现，雷帕霉素处理会抑制mTORC1，减少脂肪生成，同时也阻碍Akt诱导的SREBP1在核内的聚集（Porstmann等，2008）。在这一过程中，Akt直接磷酸化TSC1/2和PRAS40，之后mTORC1通过正向调节SREBP1的活性促进脂质合成。S6K1在这一过程中发挥重要作用，有报道指出通过干扰S6K1的表达可以显著降低SREBP1及其下游脂质合成相关蛋白质的水平，抑制脂质的从头合成（Duvel等，2010）。此外，对于S6K1缺失的小鼠，高脂饮食不能诱导其体重的增加。而在摄食未受影响的条件下，S6K1的缺失增加了甘油三酯的分解，阻止了脂肪在脂肪组织的富集（Carnevalli等，2010），这一表型与脂肪组织特异性Raptor敲除的小鼠相似，而Raptor是mTORC1维持自身活性的必要亚单位（Polak等，2008）。这些研究显示，S6K1是mTORC1调节SREBP1从而实现脂质代谢调控的关键蛋白，但是S6K1调节SREBP1的分子机制依旧不明确。

过氧化物酶体增殖物激活受体γ（PPARγ）是一类配体诱导型转录因子，属于核受体超家族。在哺乳动物中，PPAR家族包含3种亚型：PPARα（也称NR1C1），PPARβ/δ（也称NR1C2），PPARγ（也称NR1C3）。通过与PPAR的效应调节元件，如维甲酸X受体（retinoid X receptor，RXR）和CCAAT/增强子结合蛋白（C/EBP）的结合，PPAR可以参与脂肪生成和代谢过程中多种基因的表达调控（Poulsen等，2012）。有研究显示，雷帕霉素介导的mTORC1的抑制会减少PPARγ和C/EBPα及大量的脂肪生成相关基因的表达（Kim和Chen，2004）。同样，TSC2的敲除引发的mTORC1的激活也会促进PPARγ和C/EBPα的表达并促进脂肪生成（Zhang等，2009）。此外，mTORC1的底物4E-BP1的缺失会导致PPARγ、C/EBPα和C/EBPδ的上调表达，并能促进脂肪生成（Le Bacquer等，2007）。这些研究表明，mTORC1可以通过PPARγ调节脂质代谢，在这一过程中4E-BP1具有部分调节功能。

此外，mTORC1对SREBP1活性的调节还有一种非S6K1依赖的方式，mTORC1介导的脂素1（LPIN1）的磷酸化与抑制是这一调控过程的关键。LPIN1是一种磷脂酸磷酸酶，在机体脂质代谢中具有重要的功能。一方面，LPIN1通过转化磷脂酸生成甘油二酯，并进一步促进甘油三酯的形成；另一方面，LPIN1的缺失会引起脂质代谢障碍，而其过表达则会导致肥胖（Reue和Brindley，2008）。此外，LPIN1可以直接与PPARγ互作从而调节多种脂肪生成关键基因的表达，而其敲除试验证实LPIN1能够调节PPARγ和C/EBPα的表达（Kim KS等，2008）。这些现象表明，LPIN1是一种转录共激活子，调节包括PPARγ在内的多种转录因子的激活，进而参与脂质代谢调节。LPIN1能够下调SREBP1的活性，而mTORC1能够直接调节LPIN1多个位点的磷酸化进而抑制其入核转运，使得SREBP1介导的脂质合成相关基因被大量激活（Peterson等，2011）。

除上述调控方式外，mTOR也能够调控cAMP反应元件结合蛋白（cAMP response element binding protein，CREB）调节转录共激活子2（CREB regulated transcription coactivator 2，CRTC2）的表达，通过影响COPⅡ依赖性的SREBP1蛋白加工过程抑制脂质合成（Han等，2015）。CRTC1、CRTC2和CRTC3均属于CRTCs蛋白家族，相关研究多集中于机体内糖的稳态调节。其中，CRTC1主要集中于脑中，其敲除可以引发小鼠肥胖；CRTC3能够影响脂肪组织中儿茶酚胺信号，参与肥胖的发生；而CRTC2敲除的小鼠在高脂膳食（high-fat diet，HFD）条件下，表现出更高的胰岛素敏感性。这些研究提示了CRTCs与脂质代谢之间的密切联系，不论肥胖，还是胰岛素敏感性的调节都是脂质代谢非常重要的一个方面。而mTORC1通过CRTC2调节SREBP1的活化，提示mTORC1参与脂质代谢调节不仅仅局限于转录与翻译水平，翻译后修饰也可能是一个重要方向。

与mTORC1相比，mTORC2对脂质代谢调节的研究相对较少，主要集中于mTORC2底物AGC家族激酶，包括Akt、血清和糖皮质激素诱导的蛋白激酶1（serum- and glucocorticoid-induced protein kinase 1，SGK1）及PKC-α。由于mTORC2是Akt的上游信号，所以研究人员最初推断mTORC2可在脂质代谢中发挥作用。两项于线虫中开展的研究显示，TORC2功能的损害会影响脂肪的沉积。Rictor缺失的线虫表现为机体脂肪沉积增加，而这一过程依赖于SGK1的调节（Jones等，2009）。另一项研究得出了相似的结论，Rictor缺失的线虫表现出高脂肪形态，不仅受SGK1的调节，还受Akt的调节（Soukas等，2009）。这些研究显示，TORC2对线虫脂肪沉积有重要的调控作用，而SGK1是这一过程的重要调节蛋白。然而，在哺乳动物中，脂肪组织特异性Rictor的敲除对脂肪细胞的形成没有影响（Cybulski等，2009）。即使SGK1全敲除的小鼠也未表现出脂质代谢的障碍。这一事实表明，mTORC2参与哺乳动物脂质代谢的机制可能更加复杂。

三、mTOR信号通路与糖代谢

葡萄糖是细胞必需的能源物质，维持机体内糖的平衡是机体正常生长与生存所必需的。细胞内已知的糖代谢途径有氧化磷酸化（柠檬酸循环）、糖酵解、磷酸戊糖途径、糖原合成及糖异生。机体内糖平衡的维持是对这些代谢途径的合理调控。mTOR信号能够响应细胞内与环境中细胞生长抑制信号，如ATP不足、低氧浓度及损伤等。其中，由葡萄糖缺乏导致的细胞能量不足或降低能够激活细胞内的能量感受器——AMPK，AMPK激活后可以通过磷酸化TSC2或者Raptor，间接抑制mTORC1。有趣的是，在

AMPK敲除的条件下，葡萄糖缺失也能通过抑制Rag进而抑制mTORC1的活化（Kalender等，2010；Efeyan等，2013）。上述研究结果证明，mTORC1具有多种途径感知葡萄糖信号，而通过对这些信号的汇集，mTORC1对糖代谢发挥着重要调控作用。

代谢图谱和基因表达结果分析显示，mTORC1可以参与调节糖酵解、甾醇和脂质的合成中关键酶的表达（Duvel等，2010）。mTORC1可以促使糖代谢途径由氧化磷酸化转变为糖酵解，这一转变促使营养物质转化为新的营养成分，从而促进细胞生长发育。在这一过程中，mTORC1能够增加HIF-1α的表达，该转录因子能够激活糖酵解过程中多种酶的表达，如磷酸果糖激酶（PFK）（Duvel等，2010）。此外，mTORC1也可以激活SREBP，增加葡萄糖通过磷酸戊糖途径氧化的通量，从而利用糖的碳骨架生成NADPH及其他中间代谢产物以供给细胞所需。值得注意的是，mTORC1也可以调控线粒体数量和功能。Cunningham等（2007）发现，mTORC1能够促进PGC-1α的转录活性，进而调节线粒体生物合成和氧化代谢能力。在小鼠骨骼肌中，Raptor的缺乏导致线粒体及呼吸链上相关基因的表达量降低，且线粒体氧化磷酸化受损。有关mTORC1促进糖酵解和氧化磷酸化的作用机制依旧不明确，这一过程对于了解肿瘤的发生机制具有重大意义，相关工作正在开展。

当血糖浓度降低时，肝脏通过激活糖异生及调节酮体的合成与释放来维持血糖水平。在这一调节过程中，mTORC1具有关键性的调节作用。肝脏TSC1特异性敲除小鼠的mTORC1表现为持续的活化状态，这种持续活化的mTORC1抑制了酮体合成相关转录因子PPARα的表达，致使酮体合成受阻（Sengupta等，2010）。另一项研究通过在小鼠中表达RagA的等位基因，使RagA维持与GTP结合的活化状态。这种小鼠具有正常的发育状态，但是在出生后会因为无法维持正常血糖水平而迅速死亡，而Sestrins敲除的小鼠也具有相似的表型（Efeyan等，2013；Peng等，2014）。综合上述研究，肝脏中mTORC1在饥饿状态下的抑制对于维持正常的血糖水平具有重要的调控作用。

细胞中的糖代谢还与胰岛素信号密切相关。通过影响胰岛素信号通路、胰腺β细胞发育等多种途径，mTOR信号通路可以影响胰岛素抵抗的发生，从而参与糖代谢的调节。mTORC1对胰岛素敏感性的调控作用机制复杂。一方面，胰岛素可通过PI3K-Akt信号通路激活mTORC1；另一方面，mTORC1-S6K1信号可通过负反馈机制降低胰岛素敏感性。这一过程中，S6K1的活化显著上调胰岛素受体底物1（IRS1）多个位点磷酸化水平，导致IRS1的降解。离体实验证实，使用雷帕霉素处理或者干扰S6K1的表达，均可显著抑制胰岛素敏感性的降低。同样由于S6K1的敲除，小鼠仍保持对胰岛素敏感，但其IRS1的磷酸化水平显著下调。这些研究提示，体内S6K1是胰岛素的负调控因子，可通过上调胰岛素受体底物磷酸化来调节胰岛素敏感性。

除上述研究外，在胰岛β细胞特异性TSC2敲除的小鼠中，过度激活的mTORC1对胰岛β细胞表现出双向调节作用。年轻TSC2敲除小鼠表现为胰岛β细胞质量的增加，具有更高水平的胰岛素及增强的葡萄糖耐受性；老年鼠与之相反，TSC2的敲除降低了胰岛β细胞质量，血液中胰岛素的水平下降同时对葡萄糖不耐受（Rachdi等，2008）。在给予雷帕霉素处理后，这种组织特异性基因敲除小鼠的胰岛β细胞质量和血液中胰岛素水平均显著降低（Rachdi等，2008）。由此可推断，mTORC1的抑制可以增强小鼠对葡萄糖的耐受性。然而令人疑惑的是，长期慢性雷帕霉素处理的小鼠表现出相反的效应，产生了胰岛素抵抗，体内糖的平衡受损（Deblon等，2012）。一个可能的解释是，长期的雷帕霉素处理也引起了mTORC2信号的抑制，因为mTORC2可以直接激活Akt，进而影响胰岛素-PI3K的下游信号，即mTORC2的抑制可能会阻断胰岛素的应答。与这一推测相符的是，胰岛β细胞特异性Rictor敲除后，动物出现胰腺β细胞发育障碍，以及对葡萄糖不耐受（Gu等，2011）。目前，对于mTORC1和mTORC2信号如何影响和调节糖代谢的了解仍然很少，还需要大量的工作。

四、mTOR信号与核酸合成

目前，关于mTORC1调控核酸合成的研究依旧相对缺乏。有报道指出，mTORC1能够快速调节嘧啶的从头合成。mTORC1下游蛋白S6K1介导的氨基甲酰磷酸合成酶（carbamoyl-phosphate synthetase，CAD）的磷酸化与激活，增加核苷酸池中可用于RNA和DNA合成的原料，以满足核糖体的生物合成及细胞合成代谢的需要（Ben-Sahra等，2013；Robitaille等，2013）。另一项研究指出，在多种小鼠和人的细胞内，mTORC1也能通过刺激线粒体四氢叶酸（mitochondrial tetrahydrofolate，mTHF）循环促进嘌呤的合成。mTORC1通过激活ATF4促进亚甲基四氢叶酸脱氢酶2（methylenetetrahydrofolate dehydrogenase 2，MTHFD2）的表达，该酶是mTHF循环的关键酶，为嘌呤的合成提供一碳单位（Ben-Sahra等，2016）。

mTOR信号通路在细胞环境感应与营养物质代谢中发挥着关键性的调控作用。随着研究的不断深入，各种新的相关蛋白与功能被鉴定和发现，mTOR信号通路的功能在不断地扩展。目前，研究报道指出，mTOR信号通路参与了包括氨基酸、脂质、糖类及核酸等多种营养物质的代谢调节（图9-2），然而这些调节的细节依旧模糊不清。其中，mTOR对多种营养成分的感受程序，以及这些营养信号的有序整合与呈递的过程都值得重点关注。此外，mTOR对糖平衡的双向调控机制及其意义，mTOR信号通路在核酸合成过程中更进一步的功能分析，都是值得关注的研究方向。另外，上述研究成果多来自于离体细胞或者实验培育小鼠，这些研究成果向人类疾病与代谢研究的转化，以及在畜牧动物生产中的运用都将是留给广大研究者的重大挑战。

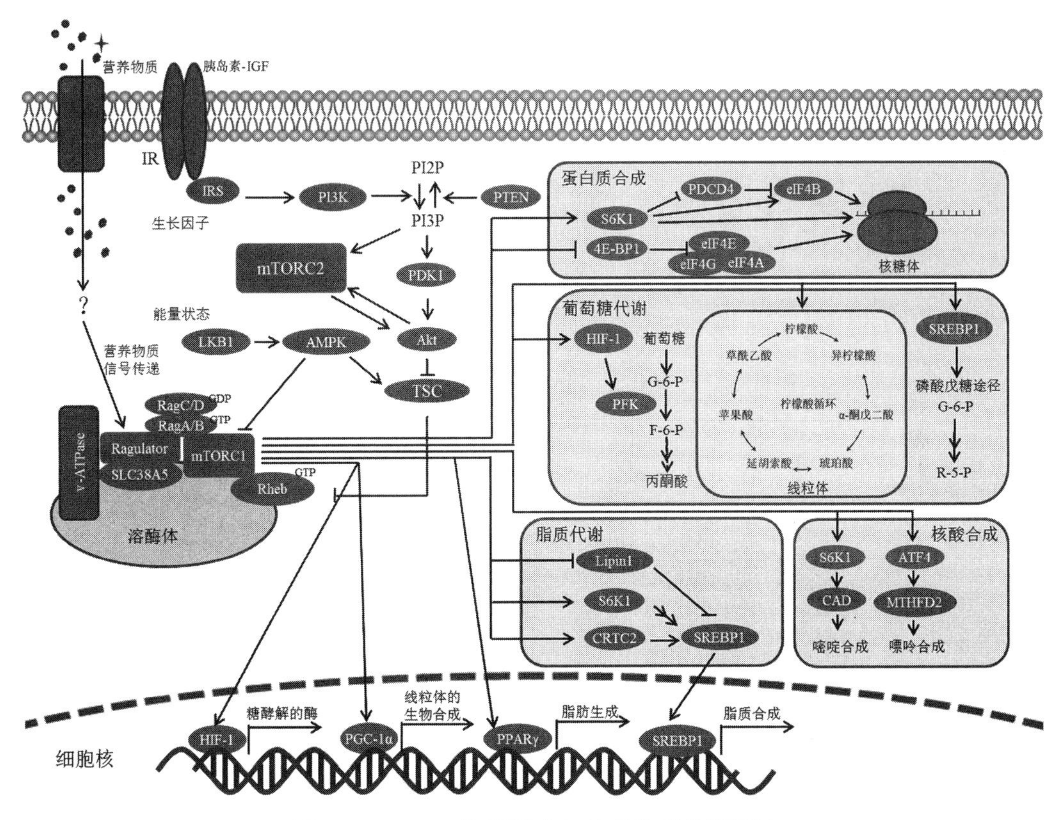

图9-2　mTOR信号通路与营养物质代谢调控

（编者：晏向华等）

第十章 核受体与脂质代谢调控

核受体（nuclear receptor，NR）是一类结构相似的配体依赖型转录因子，它们与配体结合后通过特定应答元件激活靶基因转录从而调控大量目的基因表达，最终影响机体生长发育、稳态和代谢。本章在简要介绍脂质代谢和核受体概念的基础上，将着重阐述核受体过氧化物酶体增殖物激活受体（PPAR）、肝X受体（liver X receptor，LXR）、法尼醇X受体（farnesoid X receptor，FXR）和维甲酸X受体（RXR）在调节脂质代谢方面的研究进展。

第一节 核受体概述

一、核受体概念与分类

（一）核受体定义

类固醇激素/甲状腺激素受体超家族是一类位于细胞质或核内与亲脂性激素相结合的蛋白，因这些受体通常在胞内与配体结合，并直接与DNA分子发生作用，所以常称为核受体。核受体超家族是指一组由配体激活的位于胞质或核内的转录因子，这些配体包括固醇类激素、维生素D、蜕化素、9-顺式和全反式视黄酸、甲状腺激素、脂肪酸、氧化甾醇、前列腺素J2、白三烯B4和法尼醇代谢产物等（Evans，1988）。只有配体结合到核受体上后，才会使受体因构象发生改变而被激活，从而上调或下调其靶基因表达。

（二）核受体分类

在原生动物、藻类、真菌和植物中均未发现核受体，只在多细胞动物中才有核受体。仅线虫（*C. elegansprotists*）就有270种核受体，人、小鼠和大鼠分别有48、49和47种。1999年，核受体命名委员会（Nuclear Receptors Nomenclature Committee）提出了核受体系统命名法则。根据65种核受体基因（来源于脊椎动物、节肢动物和线虫）进化树分析结果，依同源性将NR分为6个亚家族（subfamily），分别为甲状腺激素类受体、维甲酸类X受体、雌激素类受体、神经生长因子类受体、甾类生成因子类受体、生殖细胞核因子类受体，并以1、2、3……表示，而对只含一个保守区的非典型核受体，一律独立归为0。每一亚家族又可分为若干组，分别以A、B、C……表示，同一组内NR的DNA结合结构域（DNA binding domain，DBD）同源性在80%～90%，配体结合结构域（ligand binding domain，LBD）同源性在40%～60%（王水良和傅继梁，2004）。同组不同NR再以1、2、3……区分，NR分类和命名见表11-1。

表11-1　核受体分类

组别		成员			
		核受体国际会员编号	缩写	名称	基因
核受体亚家族1(NR1)——甲状腺激素类受体(thyroid hormone receptor-like)					
A	甲状腺激素受体	NR1A1	TRα	甲状腺激素受体-α	THRA
		NR1A2	TRβ	甲状腺激素受体-β	THRB
B	视黄酸受体	NR1B1	RARα	视黄酸受体α	RARα
		NR1B2	RARβ	视黄酸受体β	RARβ
		NR1B3	RARγ	视黄酸受体γ	RARγ
C	过氧化物酶体增殖物激活受体	NR1C1	PPARα	过氧化物酶体增殖物激活受体α	PPARα
		NR1C2	PPARβ/δ	过氧化物酶体增殖物激活受体β/δ	PPARδ
		NR1C3	PPARγ	过氧化物酶体增殖物激活受体γ	PPARγ
D	Rev-ErbA	NR1D1	Rev-ErbAα	Rev-ErbAα	NR1D1
		NR1D2	Rev-ErbAβ	Rev-ErbAβ	NR1D2

续表

组别		成员			
		核受体国际会员编号	缩写	名称	基因
E	RAR孤核受体	NR1F1	RORα	RAR孤核受体-α	RORα
		NR1F2	RORβ	RAR相关孤核受体-β	RORβ
		NR1F3	RORγ	RAR相关孤核受体-γ	RORγ
F	肝X受体	NR1H3	LXRα	肝X受体-α	NR1H3
		NR1H2	LXRβ	肝X受体-β	NR1H2
		NR1H4	FXR	法尼醇X受体	NR1H4
		NR1H5	FXRβ	法尼醇X受体-β	NR1H5P
G	维生素D样受体	NR1I1	VDR	维生素D受体	VDR
		NR1I2	PXR	孕烷X受体	NR1I2
		NR1I3	CAR	结构性雄甾烷受体	NR1I3
H	与两个DNA结合域结合的核受体	NR1X1	2DBD-NRα		
		NR1X2	2DBD-NRβ		
		NR1X3	2DBD-NRγ		
核受体亚家族2(NR2)——维甲酸类X受体(retinoid X receptor-like)					
A	肝细胞核因子4	NR2A1	HNF4α	肝细胞核因子4α	HNF4A
		NR2A2	HNF4γ	肝细胞核因子4γ	HNF4G
B	维甲酸X受体	NR2B1	RXRα	维甲酸X受体-α	RXRα
		NR2B2	RXRβ	维甲酸X受体-β	RXRβ
		NR2B3	RXRγ	维甲酸X受体-γ	RXRγ
C	睾丸孤核受体	NR2C1	TR2	睾丸孤核受体2	NR2C1
		NR2C2	TR4	睾丸孤核受体4	NR2C2
D	TLX/PNR	NR2E1	TLX	无尾果蝇基因类似物	NR2E1
		NR2E3	PNR	光感受器细胞特异性核受体	NR2E3
E	COUP/EAR	NR2F1	COUP-TF Ⅰ	鸡卵清蛋白上游启动子转录因子Ⅰ	NR2F1
		NR2F2	COUP-TF Ⅱ	鸡卵清蛋白上游启动子转录因子Ⅱ	NR2F2
		NR2F6	EAR-2	V-erbA-related	NR2F6

续表

组别		成员			
		核受体国际会员编号	缩写	名称	基因
核受体亚家族3(NR3)——雌激素类受体(estrogen receptor-like)					
A	雌激素受体	NR3A1	ERα	雌激素受体α	ESR1
		NR3A2	ERβ	雌激素受体β	ESR2
B	雌激素相关受体	NR3B1	ERRα	雌激素相关受体α	ESRRA
		NR3B2	ERRβ	雌激素相关受体β	ESRRB
		NR3B3	ERRγ	雌激素相关受体γ	ESRRG
C	3-酮类固醇受体	NR3C1	GR	糖皮质激素受体	NR3C1
		NR3C2	MR	盐皮质激素受体	NR3C2
		NR3C3	PR	孕酮受体	PGR
		NR3C4	AR	雄激素受体	AR
核受体亚家族4(NR4)——神经生长因子类受体(nerve growth factor 1B-like)					
A	NGFIB/Nurr1/NOR1	NR4A1	NGF1B	神经生长因子1B	NR4A1
		NR4A2	Nurr1	核受体相关因子1	NR4A2
		NR4A3	NOR1	神经元孤儿受体1	NR4A3
核受体亚家族5(NR5)——甾类生成因子类受体(steroidogenic factor-like)					
A	SF1/LRH-1	NR5A1	SF1	类固醇生成因子1	NR5A1
		NR5A2	LRH-1	肝受体同源物1	NR5A2
核受体亚家族6(NR6)——生殖细胞核因子类受体(germ cell nuclear factor-like)					
A	GCNF	NR6A1	GCNF	生殖细胞核因子	NR6A1
核受体亚家族0(NR0)——非典型核受体(miscellaneous)					
A	DAX1/SHP	NR0B1	DAX1	剂量敏感性别逆转肾上腺发育不良临界区,位于染色体X,基因1	NR0B1
		NR0B2	SHP	小异源二聚体伴侣	NR0B2

NR按作用模式和配体选择性不同还可分为3个家族。

1. 类固醇激素受体家族

类固醇激素受体家族包括雌激素、孕激素、雄激素等性激素受体，盐皮质激素受体和糖皮质激素受体等。只有雌激素受体位于细胞核内，其他受体均位于细胞质内，并与热休克蛋白（HSP）结合而处于非活化状态。配体与受体结合后使HSP与受体解离，暴露DNA结合区。激活的受体二聚化并移入核内，与目的基因上的激素反应元件（hormone response element，HRE）相结合或与其他转录因子相互作用，调控靶基因转录（刘晓霞等，2011）。

2. 非类固醇激素受体家族

非类固醇激素受体家族包括甲状腺激素受体（thyroid hormone receptors，TPs）、维甲酸受体、维生素D受体、9-顺式维甲酸受体和过氧化物酶体增殖物激活受体等。此类受体位于细胞核内，没有与HSP结合，大多以同源或异源二聚体的形式与DNA或其他蛋白质结合。受体与进入细胞核内的配体结合而被激活，并通过HRE调节基因转录（刘晓霞等，2011）。

3. 孤核受体家族

孤核受体是没有配体或尚未发现配体的核受体。孤核受体可在其相关辅因子调控下，以单体或多聚体形式调控基因转录。

二、核受体结构

大多数核受体相对分子质量在50 kDa至100 kDa之间，典型的核受体通常由A/B、C、D、E和F四大具有不同功能的结构域组成（图10-1）。A/B域为N末端调节结构域，含有配体非依赖活化功能域1（activation function 1，AF-1），其转录活性很低，但可与E域中的活化功能域2（AF-2）发挥协同作用产生更强调节基因表达的效果。不同核受体A/B序列变异较大。C域为DNA结合结构域（DBD），序列高度保守，含有2个锌指结构，能与目的基因上的激素反应元件（HRE）结合。D域为铰链区，是连接DBD和配体结合结构域（LBD）柔性较好的结构域，影响核受体在细胞内的运输和亚细胞定位。E域为LBD，依受体不同其序列呈中等或高度保守。LBD除与配体结合外，还能与共激活因子或共抑制因子结合。LBD可使受体二聚体化而被激活，LBD含有配体依赖活化功能域2（AF-2）。F域为C末端结构域，依受体不同其序列变异较大。

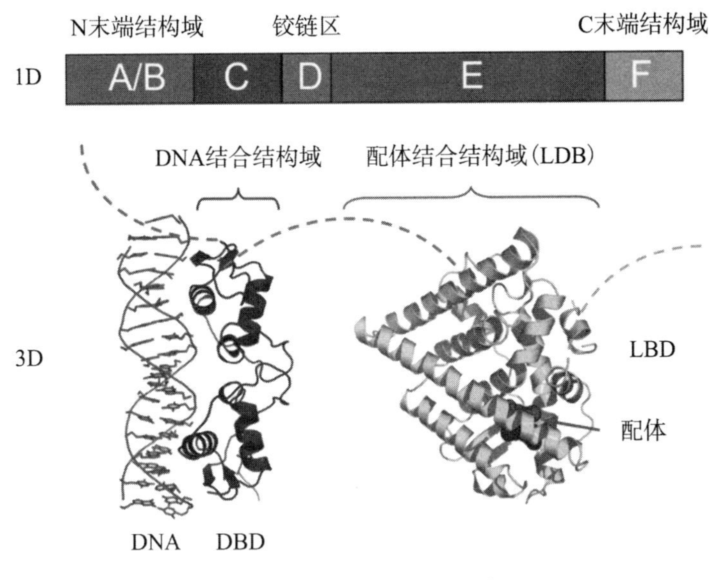

图10-1　核受体结构示意

三、核受体作用模式

有配体的核受体根据其在亚细胞中的定位可分成两大类：位于细胞质中的Ⅰ型核受体和位于细胞核中的Ⅱ型核受体，这些核受体通常以同源或异源二聚体形式发挥作用。另外，Ⅲ型核受体是Ⅰ型的变异体，Ⅳ型核受体是以单聚体形式与DNA序列结合的受体。因此，核受体作用方式有以下4种。

Ⅰ型核受体：配体与细胞质中的Ⅰ型核受体结合后，导致热应激蛋白与受体解离、受体同源二聚化并从细胞质移入细胞核内，与靶基因上的HRE结合从而调节其转录和翻译，最终改变细胞功能。Ⅰ型核受体主要包括亚家族3受体（NR3），如雄（雌）性激素受体、糖皮质激素受体和孕酮受体等（Linja等，2004）。

Ⅱ型核受体：与Ⅰ型核受体不同，无论与配体结合与否，Ⅱ型核受体一直位于细胞核内，并以异源二聚体（通常与RXR）的形式与目的基因上的特定DNA序列结合。在无配体结合的情况下，核受体与共抑制因子结合，与配体结合后会使共抑制因子解离，同时招募共激活因子。Ⅱ型核受体主要包括亚家族核受体1（NR1），如维甲酸受体、维甲酸类X受体和甲状腺激素受体（Klinge等，1997）。

Ⅲ型核受体：Ⅲ型核受体主要包括亚家族核受体1（NR1），与Ⅱ型核受体相同之处是以同源二聚体形式与目的基因上的HRE结合，不同之处是其可直接与HRE的正向重复序列而非反向重复序列结合。

Ⅳ型核受体：Ⅳ型核受体可以同源或异源二聚体形式与DNA结合，但其单链DNA结合位点只与HRE的一个半位点结合。Ⅳ型核受体主要包括大多数核受体亚家族。

四、核受体共调节因子

共激活因子：核受体与配体结合后其构象发生改变，促进受体与共激活因子结合。这些共激活因子通常本身具有组蛋白乙酰转移酶（HAT）活性，从而降低组蛋白与DNA的结合，促进基因转录。

共抑制因子：拮抗剂与核受体结合后使，构象会发生有利于与共抑制因子结合的改变。这些共抑制因子可招募组蛋白脱乙酰酶，从而增加组蛋白与DNA结合，抑制基因转录。

第二节　PPAR与脂质代谢

1990年，英国科学家首先发现了一种新的能被脂肪酸氧化合物-过氧化物酶体增殖物激活的甾体激素受体，并将其命名为过氧化物酶体增殖物激活受体（PPAR）（Issemann和Green，1990）。因其能被内源性脂肪酸及其代谢产物激活，也被称为脂肪酸受体。PPAR有PPARα、PPARβ/δ和PPARγ三种亚型，它们结构相似，其靶基因广泛参与脂肪生成、脂质代谢、葡萄糖稳态、细胞生长和分化等多种生物学过程，因此PPAR在脂质代谢及相关代谢疾病中起重要作用。

一、PPAR组织特异性

大多数组织细胞能共表达PPARα、PPARβ/δ及PPARγ，但其组织分布和功能有所差异。PPARα通常在富含线粒体和β-氧化活性较高的组织（肝脏、心脏、骨骼肌、肠黏膜、肾皮质和棕色脂肪组织）中表达，其中肝脏最高，其他组织相对较低。PPARα主要调节脂肪酸分解代谢和酮体生成，可降低血脂水平，是贝特类药的作用靶点。PPARγ主要在脂肪组织中高表达，在大肠和脾脏等组织中也有表达。PPARγ主要调节脂肪细胞分化和糖脂代谢，是胰岛素增敏剂噻唑烷二酮类药物（TZDs）的作用靶点。PPARβ/δ

几乎在所有组织中均有表达，在肝脏、肠、肾、腹部脂肪组织中表达量较高，并调节这些组织中的脂肪酸线粒体氧化、能量利用及产热。

二、PPAR基因结构

PPARα：人PPARα（NR1C1）基因位于22号染色体的22q12-q13.1，跨越约93.2 kb，小鼠Pparα基因位于15E2染色体上，两者均编码468个氨基酸。

PPARβ/δ：人PPARβ/δ基因位于6号染色体p21.2，跨越10.7 kb，由8个外显子组成，编码由441个氨基酸组成的蛋白。

PPARγ：人PPARγ基因定位3号染色体上，而小鼠Pparγ基因定位6号染色体上，跨度均超过100 kb。人PPARγ有4种转录本，编码PPARγ1和PPARγ2两种蛋白，后者N端比前者多28个氨基酸残基，导致γ2的非配体依赖激活活性为γ1的5～10倍。PPARγ1主要在脂肪组织、巨噬细胞及肝肾中表达；PPARγ2主要在脂肪组织中表达。鼠Pparγ有3种转录本，编码两种蛋白，PPARγ2的N端比PPARγ1多30个氨基酸残基，使其AF-1激活转录活性增加5～6倍（刘治国，2013）。鸡PPARγ有5种转录本，其唯一差异是5′端序列不同，也编码cPPARγ1（由475个AA组成）和cPPARγ2（由481个AA组成）两种蛋白（段逵，2015）。

三、PPAR调控基因表达的机制

PPAR对基因表达的调控属于Ⅱ型核受体类型，在无配体存在时，PPAR与维甲酸X受体（RXR）结合形成异二聚体，并募集共抑制因子形成无活性的复合体抑制靶基因表达。共转录抑制因子有维甲酸和甲状腺激素受体沉默调节因子（silencing mediator of retinoic acid and thyroid hormone receptor，SMRT）、核受体辅助抑制因子（nuclear receptor co-repressor，N-CoR）等。当PPAR或RXR配体与PPAR结合后，受体构象发生改变并与共激活因子结合，同时共抑制因子发生泛素化降解，引起组蛋白乙酰化从而招募RNA聚合酶Ⅱ，活化的PPAR-RXR二聚体与靶基因启动子区DNA序列——PPAR反应元件（PPAR responsive element，PPRE）结合，从而启动基因表达（刘治国，2013）。PPRE含有6个核苷酸重复序列组成的DR（direct repeats），即AGGTCA-n-AGGTCA（由1或2个碱基隔开，分别命名为DR1和DR2）。含有PPRE序列的基因有乙酰辅酶A合成酶（ACS）、脂肪酸结合蛋白4（FABP4）及脂肪因子leptin、visfatin及TNF-α等。靶基因被激活后参与脂肪形成、糖脂代谢等重要生理过程（Willson等，2003）。

PPAR有PGC-1α、PGC-1β（也叫PGC-1相关雌激素受体α共激活因子，PERC）和PGC-1相关共激活因子（PRC）。PGC-1α和PGC-1β在棕色脂肪、慢纤维肌肉组织及所有高氧化活性组织中高表达。

四、PPAR对脂质代谢的影响

（一）PPARα对脂质代谢的影响

PPARα所调节与脂肪代谢相关的靶基因主要涉及脂肪酸线粒体β-氧化、过氧化物酶体β-氧化、微粒体ω-羟化/氧化、脂肪合成、酮体生成、脂肪结合或转运蛋白/脂蛋白、胆固醇代谢及LXR表达等。PPARα对脂肪代谢的影响主要体现在以下几点。

1. PPARα促进脂肪合成

PPARα可调节脂质生成基因的表达，包括SREBP1c、FAS、DGAT等。PPARα还可通过调节转录因子SREBP1c和LXRα的表达，提高硬脂酰辅酶A去饱和酶1（SCD1）及其他脂质生成相关基因的转录水平，进而影响肝脏内脂肪生成（高倩，2015）。PPARα激动剂（如贝特类药）能够改善肝脏的脂肪变性和脂质过氧化。

2. PPARα促进脂肪酸氧化、增加酮体生成量

PPARα在肝脏内的主要功能为调节脂肪酸氧化代谢和能量消耗。如前所述，肝脏内脂肪酸氧化有3种途径：线粒体β-氧化、过氧化物酶体β-氧化和微粒体/内质网ω-氧化（高倩，2015）。PPARα激活后可以提高肝脏FATP、ACS、肉毒碱脂酰转移酶1（CAT1）的表达水平。其中，FATP可促进肝脏对脂肪酸的摄取，ACS促进肝脏对脂肪酸的摄取、增加FFA酯化，CAT1促进酯化FFA转入线粒体，从而促进脂肪酸线粒体β-氧化。PPARα配体可有效地激活脂酰辅酶A氧化酶（acyl-CoA oxidase，ACOX1）、L-PBE/MFP1和PTL的表达，促进过氧化物酶体β-氧化。PPARα可增加CYP4A的表达水平，催化饱和及不饱和脂肪酸ω-氧化，减少肝脏脂肪变性（Pyper等，2010）。

3. PPARα增加肝脏中LPL活性，降低血液甘油三酯含量

PPARα可提高肝脏中LPL活性，并抑制载脂蛋白ApoC-Ⅲ的表达（ApoC-Ⅲ是LPL的抑制剂），从而进一步提高LPL活性。LPL可分解富含TG的脂蛋白（乳糜微粒和VLDL），降低血液甘油三酯（triglyceride，TG）含量。

4. PPARα增加外周组织中的胆固醇逆转运

高密度脂蛋白（HDL）是胆固醇的逆转运载体，可把外周组织中的胆固醇逆转运到肝脏中代谢。PPARα激活后可增加HDL主要载脂蛋白ApoA-Ⅰ和ApoA-Ⅱ、SR-BⅠ/CLA-1

和ABCA1的表达，增加血液HDL水平。其中，SR-BⅠ/CLA-1与HDL特异性结合后，可增加HDL对胆固醇的摄取，同时介导产生甾体类激素的组织器官和肝脏实质细胞选择性摄取胆固醇以及巨噬细胞中胆固醇的外流（Chinetti等，2000）。

5. PPARα与肝脏脂肪变性

PPARα可影响肝脏脂肪生成。在能量需求增加时（如饥饿），肝脏内脂质含量升高，激活PPARα调控脂肪酸氧化代谢通路，从而降低脂肪沉积（彭丽红和阳学风，2006）。相反，如抑制PPARα表达，会使与脂质代谢相关的蛋白质和酶基因表达水平降低，肝脏内脂肪酸氧化减少，脂蛋白合成代谢受阻，导致脂质沉积，从而加速脂肪肝发生。

6. PPARα转录活性的调控

PPARα基因的表达受到多个转录因子调控。应激、激素、糖皮质激素、胰岛素、瘦素（leptin）和老龄化等因素都会影响啮齿动物PPARα的表达水平。在棕色脂肪细胞和巨噬细胞分化过程中，饥饿使PPARα表达量增加。另外，通过与PPARα启动子上的DR1元件结合，肝细胞核因子4可诱导PPARα表达；而鸡卵清蛋白上游启动子转录因子Ⅱ（chicken ovalbumin upstream promoter transcription factor Ⅱ，COUP-TF Ⅱ）抑制PPARα表达（高倩，2015）。

除基因表达量外，PPARα转录活性还受自身蛋白翻译后修饰，特别是磷酸化的影响。特定丝氨酸残基的磷酸化可使PPARα转录活性增加近1倍，胰岛素可使PPARα第12和21位丝氨酸发生磷酸化，MAPK、PKC信号通路和应激可增加其磷酸化。另外，PPARα转录调节活性还受泛素-蛋白酶体系统的调控。共激活因子和共抑制因子也可调节PPARα转录活性。目前，已发现的共激活因子有11个，包括PGC-1α、PGC-1β、cAMP反应元件结合蛋白/p300（CREB/p300）、类固醇受体共激活因子1（SRC-1）等，PPAR-互作蛋白（PRIP）和精氨酸甲基转移酶-1相关激活因子（CARM-1）等具有组蛋白脱乙酰化酶活性，可通过改变染色质结构激活PPARα转录。

（二）PPARβ/δ对脂质代谢的影响

众多研究证明，PPARβ/δ也是调节脂质代谢的转录因子。提高PPARβ/δ的表达，可增加HDL含量，降低TG含量。

PPARδ可减少脂肪沉积，改善血脂谱：提高PPARδ表达可增加脂肪分解相关酶的活性，从而增加能量消耗，改善血脂谱。PPARβ/δ激动剂L-165041能显著提高HDL-C及其载脂蛋白ApoA-Ⅰ、ApoA-Ⅱ和ApoC-Ⅲ的含量，降低白色脂肪中脂蛋白脂肪酶活性。PPARβ/δ选择性激动剂GW501516可使胰岛素抵抗，肥胖中年恒河猴血清HDL-C含量增加，LDL和甘油三酯含量降低。激活PPARδ可上调棕色脂肪组织中脂肪酸氧化和脂代谢相关酶的表达，包括HSL、ACOX1、CPT1、极长链酰基辅酶A脱氢酶（VLCAD）、长链酰基辅酶A脱氢酶（long-chain acyl-CoA dehydrogenase，LCAD）、乙酰辅酶A氧化酶及UCP1和UCP3等。PPARδ还通过活化ABCA1（胆固醇转运蛋白）及抑制编码肠胆固醇吸收蛋白Niemann-Pick C1-like-1（NPC1L1）的基因来参与脂蛋白代谢。

在肝脏中，PPARδ能提高脂代谢相关三大酶类的表达：脂肪酸合成直接相关酶，如乙酰辅酶A羧化酶β、ATP柠檬酸裂解酶、脂肪酸合酶等；脂肪酸延长及修饰相关的酶，如甘油-3-磷酸酰基转移酶、硬脂酰辅酶A去饱和酶等；磷酸戊糖途径相关的酶，如磷酸葡萄糖酸脱氢酶等（常虹和叶山东，2008）。

在骨骼肌中，PPARδ表达量是PPARα和PPARγ的10～50倍，PPARδ参与脂肪酸转运和氧化、线粒体呼吸和产热，以及氧化代谢。激活PPARδ可提高以下蛋白质和酶的表达：CPT1、HMG-辅酶A合酶2（HMGCS2）、琥珀酸脱氢酶（SDH）、柠檬酸合成酶、细胞色素氧化酶Ⅱ、细胞色素氧化酶Ⅳ、解偶联蛋白2（UCP2）、ACOX1、VLCAD、LCAD和MCAD等。

（三）PPARγ对脂质代谢的影响

PPARγ在促进脂肪细胞分化、脂肪酸氧化、胆固醇和脂质逆转运等方面发挥作用。

1. PPARγ促进脂肪细胞分化

脂肪细胞分化过程中伴随着脂肪代谢相关基因的表达，如LPL、GLUT4（葡萄糖转运蛋白4）、FABP4、FAS等，从而增加脂肪的合成和脂滴在脂肪细胞内的聚集。C/EBP家族成员（即C/EBPα、C/EBPβ、C/EBPδ）、PPARγ和SREBP1是调节脂肪细胞分化的主要因子，其中PPARγ可促进脂肪细胞分化（王青，2016）。PPARγ还能促进非脂肪细胞系细胞分化成脂肪细胞。异位表达PPARγ会使成纤维细胞表现出白色脂肪细胞样特点，白色脂肪基因表达增加，脂滴聚集（刘治国，2013）。

2. PPARγ改变脂肪细胞形态和分布位置，改善胰岛素抵抗

激活的PPARγ可诱导内脏和皮下脂肪细胞的凋亡，促使前脂肪细胞分化为成熟脂肪细胞、小脂肪细胞数目增加。另外，PPARγ激活可改变脂肪细胞的形态，使内脏脂肪细胞变小，促进白色脂肪细胞（储能）向棕色脂肪细胞（产热）转化，减少肝脏脂肪沉积，从而改善肝脏和外周组织胰岛素的敏感性。PPARγ还可通过降低脂肪组织中脂蛋白脂肪酶活性，减少其FFA释放量，防止脂肪在肌肉和肝脏中的异位沉积。肌内脂肪减少是因脂肪转移到了皮下脂肪组织，而非肌肉内脂质氧化增加所引起。PPARγ激活剂可促进脂肪重新分布，在体重增长的情况下，血中甘油三酯含量下降，胰岛素敏感性增加(耿珊珊和蔡东联，2008)。

3. PPARγ活化降低血脂含量

PPARγ通过调节脂质代谢相关基因（如PEPCK、FABP4、FAT/CD36、LPL和FATP）表达，增加FFA在脂肪细胞中的储存，抑制脂肪分解，从而降低游离脂肪酸含量。PPARγ同时还能诱导肝细胞表达载脂蛋白、脂肪酸氧化相关酶酶系及脂肪酸转运酶/蛋白的表达，增加细胞对脂肪酸的摄入和脂酰辅酶A的形成，从而促进脂质氧化，降低血脂浓度（刘治国，2013）。PPARγ激动剂罗格列酮通过增加HDL的合成，降低LDL和TG水平，进而改善脂质代谢（彭丽红和阳学风，2006）。

4. PPARγ活化促进胆固醇和脂质外排

PPARγ活化可增加固醇调节元件结合蛋白的表达，促进胆固醇和脂质逆转运（刘治国，2013）。PPARγ可提高大鼠肝细胞、肝脏内皮细胞及Kupffer细胞SR-BⅠ的表达，介导HDL将胆固醇从肝外组织逆转运至肝脏而排出体外。

5. PPARγ对脂肪因子的影响

PPARγ可通过调节脂肪因子的分泌间接影响脂代谢，如脂连素、抵抗素、瘦素、IL-6、PA1-1、MCP-1等（耿珊珊和蔡东联，2008）。PPARα/γ双重激动剂能够明显减轻高脂饮食所致的脂肪肝，抑制内脏脂肪形成，并可增强胰岛素的敏感性，具有降血脂、改善胰岛素抵抗的效果（徐成等，2004）。

第三节　LXR与脂质代谢

Willy等1995年从肝脏cDNA文库中分离出肝X受体（LXR），因它在肝脏中表达最高而得名（Willy等，1995）。LXR可调节机体多种生理活动，包括脂肪代谢、胆固醇代谢和糖代谢等。

一、LXR基因、组织分布与结构

（一）LXR基因

猪LXRα基因开放阅读框（ORF）长1344 bp，编码447个氨基酸。LXRα基因进化较为保守，猪与牛的同源性最高，达96.87%；与鸭的同源性最低，为70.47%。

（二）LXR组织分布

LXRα主要在脂质代谢旺盛的组织中表达，如肝脏、肠、脂肪组织、肾和巨噬细胞等，其中肝脏表达最高；而LXRβ几乎在所有组织中都表达，但表达量均较低。

二、LXR配体和转录调节模式

（一）LXR配体

LXR内源性配体为胆固醇，如22(*R*)-羟化胆固醇、24(*S*), 25-环氧胆固醇、24(*S*)-羟化胆固醇、20(*S*)-羟化胆固醇和27-羟化胆固醇。LXR的人工合成激动剂有T0901317和GW3965等（王强和江渝等，2009）。

（二）LXR的转录调节模式

LXR被配体激活后，与RXR结合形成异二聚体，通过与靶基因中的特定核苷酸序列——LXR反应元件（LXRE）结合而调节靶基因转录。此外，LXR可在转录水平上抑制一些不含LXRE靶基因的表达，如在人的巨噬细胞中，激活的LXR可结合到髓过氧化酶启动子区的Alu受体反应元件（Alu RRE）上，抑制基因的转录。

三、LXR对脂质代谢的影响

LXR主要参与调节胆固醇及胆汁酸代谢。

（一）LXR对胆固醇代谢的影响

LXR可通过促进胆固醇的逆转运、加强肝脏中胆固醇向胆汁酸的转化、抑制肠道中胆固醇的吸收和促进其排泄来降低血浆中胆固醇水平，维持脂质内环境稳定。

1. LXR调节胆固醇逆转运

胆固醇逆转运（reverse cholesterol transport，RCT）：当血管壁胆固醇过多时，通过激活细胞膜上的ABCA1将细胞内胆固醇转移到血浆HDL，转运至肝脏，再合成胆汁酸或直接以胆汁的形式从粪便排出，这一过程称为RCT（王强和江渝，2009）。

LXR可通过提高ABC转运蛋白的表达及增加细胞外胆固醇受体（如ApoE等）的方式激活机体RCT过程，如图10-2。ABC超家族ABCA1、ABCG1、ABCG5和ABCG8等是

LXR的靶基因。ABCA1和ABCG1分别是ApoA-Ⅰ和HDL的甾醇转运蛋白。其中ABCA1参与胆固醇逆转运过程第一步反应。脂质化脂蛋白促使胆固醇回流到肝脏，其中低密度脂蛋白受体（low density lipoprotein receptor，LDLR）和SR-BⅠ可结合不同脂蛋白转运至细胞，继而胆固醇分泌至胆汁或转化为胆汁酸。ApoE参与肝脏对乳糜微粒、VLDL和一些HDL亚型的吸收，包括：①促进外周组织对血浆中甘油三酯的摄取；②促进细胞胆固醇的外流及血液中胆固醇的逆转运；③维持巨噬细胞的脂代谢平衡；④抗氧化作用等（王强和江渝，2009）。巨噬细胞吞噬氧化低密度脂蛋白（ox-LDL）形成泡沫细胞，当巨噬细胞内胆固醇积聚过多时，因配体增多而激活LXR，进而激活靶基因ABCA1、ABCG1和ApoE等的转录。小鼠敲除LXRα和ApoE后，其外周组织巨噬细胞，特别是皮肤会积累大量胆固醇，且对10周龄小鼠具有明显致死性。

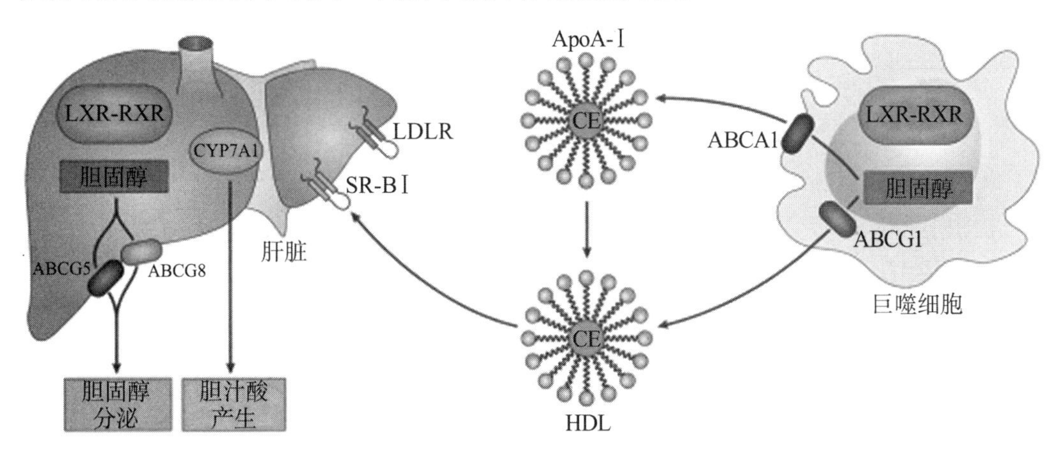

图10-2 LXR调节胆固醇逆转运

2. LXR调节胆固醇合成胆汁酸

胆固醇7α-羟化酶（cholesterol 7α-hydroxylase，CYP7A）是胆固醇转化为胆汁酸的关键限速酶，也是LXR的靶基因之一。饲喂高胆固醇饲粮的LXRα敲除小鼠，体内不能正常表达CYP7A，导致肝脏内胆固醇大量积累，进而引发肝功能损伤。此外，LXRα磷酸化后还可调节LPL、胆固醇酯转运蛋白（cholesterol ester transfer protein，CETP）、磷脂转移蛋白（phospholipid transfer protein，PLTP）和胆汁酸浓度。

3. LXR调节肠道胆固醇代谢

ATP结合盒转运蛋白ABCG5和ABCG8在肠道吸收胆固醇方面发挥关键作用。这些转运蛋白位于肠细胞的顶端膜上，其主要功能是将吸收的胆固醇回送到肠腔内。低密度脂蛋白受体（LDLR）及其他基底外侧膜蛋白能将血液中脂蛋白转运至肠细胞中。LXR通过上调肝细胞胆小管内ABCG5和ABCG8的表达，促进肠腔中胆固醇沉积，减少粪便甾醇损失；同时上调肠上皮细胞ABCG5、ABCG8和ABCA1等的表达，减少肠道对食物胆固醇的吸收（王强和江渝，2009）。

（二）LXR对脂肪代谢的影响

LXR也是脂肪合成的关键调节因子。LXR主要通过调节SREBP1c的表达调节肝脏中脂肪酸的合成，SREBP1c表达的增加可激活多种脂肪酸合成相关酶的转录，包括乙酰辅酶A羧化酶（ACC）、FAS和硬脂酰辅酶A去饱和酶1（SCD1）等（Eberle等，2004）。SREBP有3种亚型：SREBP1a调控参与脂肪酸和胆固醇合成相关基因的表达，SREBP1c主要参与脂质合成，SREBP2促进胆固醇合成酶的生成。当细胞内胆固醇浓度过高时，LXR可激活SREBP1c，增加油酸合成，并与过多的胆固醇酯化促进胆固醇的储存；而抑制LXR活性可降低SREBP1c转录，从而减少脂肪和甘油三酯含量（Coleman和Lee，2004）。

FAT/CD36也是LXR的靶基因，LXR激动剂能减弱FAT/CD36敲除小鼠肝脏的脂肪变性及脂质合成基因的表达，进而缓解甘油三酯血症的发生。

LXR合成激动剂T0901317处理小鼠，显著增加肝脏中甘油三酯含量，刺激VLDL分泌，导致严重的肝脏脂肪变性和功能性失调，同时瞬间提高血浆中甘油三酯水平。毫无疑问，LXR合成激动剂可诱导脂质生成，进而诱发严重肝脂肪变性和高甘油三酯血症。这限制了其在临床上的应用。

第四节　FXR与脂质代谢

法尼醇X受体（FXR）最早由Forman等于1995年在大鼠肝脏cDNA文库中克隆发现，因其转录活性可受法尼醇和保幼激素Ⅲ微弱激活而得（Forman等，1995）。1999年，研究人员发现，生理水平的胆汁酸是FXR内源性配体，因此也可称为胆汁酸受体（董琳等，2009）。FXR主要参与调节胆汁酸代谢和胆固醇稳态。

一、FXR基因、组织分布和结构

FXR基因编号为NR1H4，人类有FXRα和FXRβ两个基因。其中FXRα位于12号染色体，由11个外显子和10个内含子组成，碱基数为76997。编码4个亚型：FXRα1、FXRα2、FXRβ1和FXRβ2。FXRβ是位于1号染色体上的假基因。鼠源FXR基因位于10号染色体上，不同物种FXR基因进化保守性和相似性很高。

FXR广泛分布于肝脏、肠道、肾脏和其他富含胆固醇的组织（如肾上腺等）（喻莹，2012）。在小鼠上，肝脏、肾脏、肠道以及肾上腺高表达FXRα，而肝脏和睾丸高表达FXRβ。在人体内，肝脏和肾上腺高表达FXRα；而结肠、十二指肠和肾脏高表达FXRβ，肝脏略低。

二、FXR配体和转录调节模式

（一）FXR配体

FXR内源性激动剂为胆汁酸（bile acid，BA）、脱氧胆酸（deoxycholic acid，DCA）、石胆酸（lithocholic acid，LCA）和疏水性胆汁酸-鹅去氧胆酸（chenodeoxycholic acid，CDCA）。另外，羟固醇、雄甾酮和花生四烯酸、二十二碳六烯酸和亚麻酸等一些多不饱和脂肪酸也是FXR天然激动剂。FXR合成激动剂有非甾体异恶唑类似化合物GW4064和CDCA衍生物6-ECDCA（喻莹，2012）。FXR拮抗剂大部分为甾体类化合物，其中天然产物GS是高效拮抗剂。

（二）FXR的转录调节作用模式

在无配体存在时，细胞核中的FXR/RXR异源二聚体与转录共抑制因子形成复合物结合在FXR反应元件（FXRE）上。转录共抑制因子有维甲酸和甲状腺激素受体沉默调节子（SMRT）及核受体辅助抑制因子（N-CoR）。在共激活因子作用下，核受体构象发生变化，并与靶基因启动子区内的FXRE结合发挥转录调节作用。FXRE为含有AGGT-CA核心序列的重复序列，重复序列为由1个核苷酸分隔的反向重复序列（IR-1），或由4个核苷酸分隔的直接重复序列（DR4），或由8个核苷酸分隔的外翻重复序列（ER8），其中IR-1是FXR主要的结合位点。

有趣的是，FXR可以单体形式与靶基因，如与ApoA-Ⅰ和UDP-葡萄糖醛酸基转移酶（UGT2B4）结合并激活基因的表达。禁食会诱导PGC-1α的转录表达，从而增加肝脏FXR mRNA的表达水平。

三、FXR受体对脂质代谢的影响

FXR可被内源性配体胆汁酸激活，通过调节胆汁酸、胆固醇、脂蛋白及脂肪酸代谢维持血脂稳态（张晓燕和管又飞，2007）。

（一）调节胆汁酸代谢

胆汁酸可以特异性地激活FXR，并通过以下3条途径调节胆汁酸代谢：通过小异源二聚体伴侣（small hetero-dimer partner，SHP）和FGF19下调胆汁酸合成；增加胆汁酸的水溶性和外排；调节胆汁酸重吸收。

在肝脏中，FXR靶基因是SHP，SHP为核受体超家族成员（NR0B2），但因缺少DBD而通过结合和抑制其他转录因子的方式抑制基因转录。FXR激活SHP的表达，将抑制SHP靶基因的转录。SHP可与肝受体同源物1（liver receptor homologue-1，LRH-1）结合，从而下调CYP7A1基因表达，减少胆汁酸合成。

高浓度的胆汁酸、胆汁酸代谢产物和各种类固醇化合物均会产生毒性，故肝脏必须将这些化合物转化成毒性更小、水溶性更强的代谢物。胆汁酸辅酶A合成酶（BACS）和胆汁酸辅酶A氨基酸*N*-乙酰基转移酶（BAT）可使胆汁酸分别与甘氨酸或牛磺酸结合以增加其水溶性；UGT2B4和SULT2A1则使胆汁酸分别转变为水溶性更好的葡萄糖醛酸和羟基甾体。FXR可激活BACS、BAT、UGT2B4和SULT2A1的表达，从而增强胆汁酸及相关化合物从肝细胞排入胆小管，最后进入胆囊。

另外，FXR会诱导胆汁酸外排转运蛋白的表达，包括胆盐输出蛋白（bile salt export protein，BSEP）、多耐药蛋白3（multi-drug resistance protein 3，MRP3）和多耐药蛋白2（MRP2），促进胆汁酸及磷脂分泌入胆汁，调节胆汁酸的肠肝循环（楚纪明等，2015）。摄食促进肠道释放胆囊收缩素（CKK），刺激胆囊收缩排出胆汁酸进入十二指肠。肠道中约95%胆汁酸和胆汁酸代谢产物通过肝肠循环重吸收回到肝脏。FXR可直接调节参与重吸收转运蛋白的表达，如钠依赖性胆汁酸转运体（apical sodium-dependent bile acid transporter，ASBT）和异二聚体有机溶质转运蛋白α和β（OSTα和OSTβ）。在小肠细胞中，肠道胆汁酸结合蛋白可结合胆汁酸，控制小肠细胞中胆汁酸浓度，以保护肝脏通过OSTα和OSTβ重吸收过量的胆汁酸，减少其毒性（Makishima等，1999）。

（二）调节甘油三酯代谢

FXR对TG的调节则包括抑制合成与促进清除两方面，如图10-3所示。FXR可通过抑制SREBP1c和激活PPARα减少TG合成。FXR通过激活SHP下调LXR靶基因SREBP1c的转录，而SREBP1c的多个靶基因与脂肪酸和TG合成有关，如乙酰辅酶A羧化酶、乙酰辅酶A合成酶、脂肪酸合酶等（张晓燕和管又飞，2007）。另外，FXR通过激活PPARα增强脂肪酸氧化。

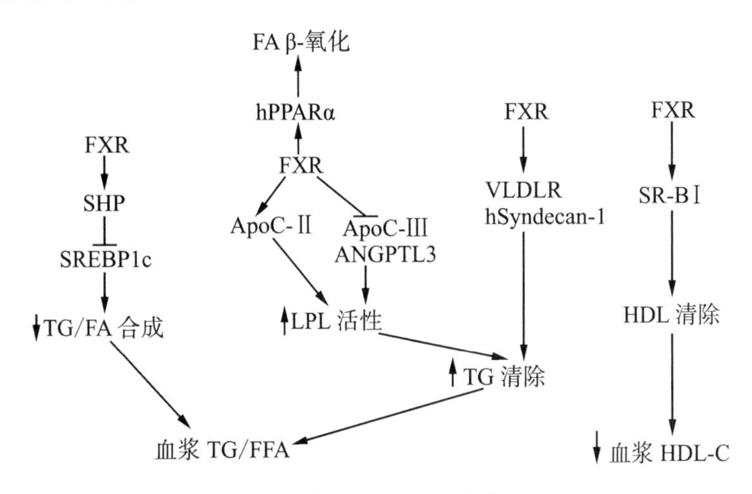

图10-3 肝脏中FXR对脂质代谢的调控

FXR还可通过激活脂蛋白酯酶调节TG含量。有研究表明，FXR/RXR可下调ApoC-Ⅲ（抑制LPL活性）的表达，上调ApoC-Ⅱ和ApoA-Ⅴ（激活LPL活性）的表达；增加LPL活性可下调TG含量。此外，FXR还可通过ANGPTL3增加LPL活性。

（三）通过HDL调节胆固醇代谢

载脂蛋白A1为外周组织胆固醇的初级接受体，参与催化HDL中胆固醇酯的生成。FXR基因敲除后，小鼠血浆中HDL及ApoA-Ⅰ水平大幅升高。FXR活化可通过SHP抑制LRH-1靶基因ApoA-Ⅰ基因的转录，也可通过调控HDL循环相关酶和受体分子的表达间接调节HDL体内水平。FXR也可诱导磷脂转移蛋白（PLTP）表达，PLTP可将外周组织和其他脂蛋白上的磷脂转至HDL。因此，PLTP是HDL成熟过程中的关键酶（张迁和江渝，2007）。

肝脂酶（hepatic lipase，HL）可催化HDL甘油三酯和磷脂降解。研究表明，FXR配体（CDCA和GW4064）都可通过FXR降低肝癌细胞中HL转录水平（张迁和江渝，2007）。SR-BⅠ介导肝脏吸收HDL中的胆固醇，活化的FXR显著增加磷脂转移蛋白表达水平，加速磷脂和胆固醇从富含三酰甘油的脂蛋白向高密度脂蛋白转运，从而起到抗动脉粥样硬化的作用。

第五节 RXR与脂质代谢

1990年，用人视黄酸受体筛选人肝和肾细胞cDNA文库时，研究人员发现了维甲酸X受体α（hRXRα），随后发现了hRXRβ和及鼠RXRγ。维甲酸类受体包括视黄酸受体（RAR）和维甲酸X受体（RXR），其中，RXR有RXRα（NR2B1）、RXRβ（NR2B2）及RXRγ（NR2B3）3种亚型（杨华和马鹏程，2016）。因RXR可与多种核受体结合形成二聚体而发挥作用，已成为NR研究热点之一。

一、RXR基因、组织分布及结构

（一）RXR基因

RXR存在于各类动物中，包括无脊椎动物，如海绵、昆虫和甲壳动物等。RXR由RXRα、RXRβ和RXRγ等3种基因编码，不同亚型和同一亚型不同异构体N端存在差异。

（二）RXR组织分布

RXRα主要在肝脏、肾脏、脾脏、胎盘和上皮组织中表达；RXRβ则几乎在所有组织中表达；RXRγ只在肌肉和脑等组织中表达（董琳等，2009）。

两个不同亚家族维甲酸类受体RAR和RXR在大鼠脂肪组织中均有表达，但两者在白色脂肪组织和褐色脂肪组织中的表达存在差异性。在白色脂肪组织中RARα、RARγ和RXRα mRNA高表达，而RARβ和RXRγ表达水平很低；在褐色脂肪组织中，RARβ和RXRγ高表达，而RARα、RARγ和RXRα低表达。这表明维甲酸类受体在褐色脂肪组织和白色脂肪组织中调节的靶基因也不同（林亚秋，2007）。

二、RXR配体及其转录调节机制

（一）RXR配体

RXR的天然配体：维甲酸（RA，视黄酸）、全反式维甲酸（ATRA）、13-顺式维甲酸（13-cRA）和9-顺式维甲酸（9-cRA）。人工合成配体有LGD1069（第1个合成配体）、LG100268、AGN194204和甲氧普烯酸等。

（二）RXR调控基因转录的机制

RXR是核受体超家族中的一个特殊成员，能与自身及RAR、VDR、PPAR、LXR、FXR、甲状腺激素受体（TRs）和雌激素受体（ER）等其他核受体结合形成同源二聚体或异源二聚体，进而调节靶基因的转录。

根据RXR异源二聚体激活方式不同，可将其分为非兼容性、兼容性和条件性异源二聚体。其中，非兼容性异源二聚体指无需RXR配体即能激活的二聚体，如TRs/RXR和VDR/RXR；兼容性异源二聚体则既可被RXR配体或其他核受体配体激活，也可由两种配体联合激活发挥协同作用，如PPAR/RXR、LXR/RX及FXR/RXR；条件性异源二聚体是RXR配体不主动激活的二聚体，但可促进其他核受体（如RAR）配体的活化。另外，RXR同源二聚体与PPRE结合可招募共激活物转录中介因子2和类固醇受体共激活因子-1，调节相应靶基因表达（杨华和马鹏程，2016）。

三、RXR对脂质代谢的影响

（一）RXRα对脂肪细胞分化的影响

体外研究表明，维甲酸在脂肪形成的早期和晚期均起关键作用，肝脏是参与维甲酸储存和平衡的主要器官，余下的维甲酸储存在脂肪组织中的脂肪细胞而非基质血管细胞内，占总量15%～20%。在基质血管细胞和前脂肪细胞分化为白色和棕色脂肪细胞过程中均有维甲酸聚集（林亚秋，2007）。Tontonoz等（1994）证明，RXRα和PPARγ配体都能激活RXRα/PPARγ二聚体，促进脂肪细胞分化。

RXRα在猪前脂肪细胞分化过程中持续表达，并对脂肪细胞分化有促进作用。低浓度（0～10 nmol/L）9-cis RA可通过上调RXRα、PPARγ mRNA表达，增加脂肪细胞数目和胞内脂肪含量及甘油-3-磷酸脱氢酶（glycerin-3-phosphate dehydrogenase，GPDH）活性而促进猪前体脂肪细胞分化；高浓度（100 nmol/L～10 μmol/L）9-cis RA则通过下调RXRα和PPARγ mRNA表达，降低脂肪细胞数目、脂肪细胞内脂肪含量及GPDH活性而抑制前体脂肪细胞分化（林亚秋，2007）。

（二）RXRα对脂肪细胞凋亡的影响

与脂肪细胞增殖和分化一样，脂肪细胞凋亡在调控脂肪细胞数目方面发挥重要作用。脂肪细胞凋亡受瘦素（leptin）、神经肽Y（NPY）、胰岛素样生长因子1（IGF-1）、PPARγ及其配体、肿瘤坏死因子-α和激素等影响。

维甲酸及其受体能诱导脂肪细胞等多种细胞凋亡。RXRα可与其他核受体形成二聚体来调控细胞凋亡，如LXR/RXR可抑制胰岛β细胞增殖并诱导其凋亡；RXRα通过协助孤核受体TR3转运的途径诱导细胞凋亡；RXRα/Nur77可从胞核移位到线粒体后与Bcl-2结合触发细胞凋亡。10 nmol/L 9-cisRA可抑制猪前体脂肪细胞凋亡（林亚秋，2007）。

（三）RXR对脂肪酸、胆汁酸和胆固醇代谢的影响

PPAR、FXR和LXR分别是脂肪酸、胆汁酸和胆固醇代谢以及炎症应答的重要调控因子，因此RXRα作为这些核受体的共同伙伴是调控脂代谢稳态的核心分子（詹琪等，2015）。活化的PPARγ/RXRα以同源或异源二聚体的方式与PPRE结合并启动基因转录，增加胆固醇转运蛋白ABCA1、ABCG1及胆固醇7α-羟化酶（CYP7A1）的表达，促进胆固醇的逆转运，使胆固醇转化为胆汁酸而排出体外，从而维持机体胆固醇平衡。激活的PPARγ/RXRα还可通过抑制肝脏LXR-ABCA1信号通路改善脂质蓄积。另外，RXR选择性配体可通过激活RXR/FXR抑制CYPA1和CYPB1的羟基化，从而减少胆汁酸合成和脂肪摄取。

（编者：李卫芬等）

第十一章 Wnt信号通路与动物营养代谢调控

第一节 Wnt信号通路概述

1982年，Roel Nusse和Harold Varmus确定了一种新的小鼠原癌基因并将其命名为Int1。该基因在多数物种间高度保守，包括人类和果蝇。随后，研究人员发现果蝇中的Int1基因实际上是已知被称为Wingless（Wg）的果蝇基因，因此将Wingless与Int1合称为Wnt基因。Wnt基因编码蛋白调控的重要信号传导系统，也相应地被称为Wnt信号通路。尽管最初对Wnt基因的研究主要围绕其诱导肿瘤形成的功能，但后来许多证据都显示，该基因在正常的细胞增殖、个体发育和能量代谢中同样发挥着重要作用。

一、Wnt信号通路的组成

Wnt信号通路由多种参与介导和调控的蛋白质组成。Wnt蛋白（或配体）是一种分泌型糖蛋白家族，长度为350～400个氨基酸不等。在脊椎动物中，Wnt信号通路包括多达19个分泌型疏水糖蛋白的Wnt配体家族（Wnts），以及12个以上的细胞膜表面受体和共同受体。Wnts能激活细胞内多条信号通路，且大多数Wnt信号通路细胞内分子与其他信号通路共享。因此，Wnt信号通路可与其他多种信号通路互作，并产生条件依赖性整合应答机制。

二、Wnt信号通路的分类

Wnt信号通路是基于自分泌和旁分泌的复杂调控网络，在细胞发育和组织重塑过程中发挥重要的开关作用。简言之，特异性Wnt配体与其细胞表面受体的结合，调节细胞内信号通路。通常Wnt信号通路可以分为β-catenin依赖性和β-catenin非依赖性两种。Wnt/β-catenin依赖性通路可调节TCF/LEF转录活性以改变细胞命运，如干细胞的定向、增殖和分化。相反，β-catenin非依赖性通路则在细胞迁移和极化过程中发挥重要的作用。两种机制并非彼此独立，而是相互协同，相辅相成。此外，Wnt信号通路的选择还具有条件依赖性，即依据细胞类型、组织和特定的发育阶段的差异，而呈现动态变化的特征。这种动态的灵活性也是Wnt信号通路适应局部和环境代谢变化能力的重要基础。

（一）β-catenin依赖性Wnt信号通路

经典Wnt信号通路与β-catenin和β-catenin降解复合体有关（图11-1）。该降解复合体包括核心蛋白Axin、腺瘤样息肉蛋白（adenomatous polyposis coli，APC）和GSK3。另外，GSK结合蛋白（GSK binding protein，GBP）、酪蛋白激酶（CK）和蛋白磷酸酶2A（protein phosphatase 2A，PP2A）的催化亚单位也与β-catenin降解复合体相关。经典Wnt通路未被激活时，该降解复合体快速磷酸化细胞质β-catenin。随后，β-catenin被泛素化依赖性蛋白酶体降解。特异性Wnt（如Wnt1、Wnt10b或Wnt3A）与Fzd（Frizzled）-低密度脂蛋白相关蛋白5（low density lipoprotein receptor-related protein 5，LRP5）或Fzd-LRP6受体复合物结合，可导致细胞内异源三聚G蛋白和Dvl（Dishevelled）蛋白的活化。Axin与LRP5（或LRP6）受体结合，诱导β-catenin降解复合体的分解，最终导致胞内β-catenin的积累。β-catenin并进入细胞核调控基因表达。该过程同样受到Dickkopf相关蛋白（Dickkopf-related protein 1，Dkk1）、Axin2β-TrCP、Dact1（Dapper homolog 1）和分泌性Fzd相关蛋白（secreted Fzd-related protein，sFRP）的调控。

目前，已知有超过80多种目标基因受Wnt/β-catenin信号通路调控。这些靶基因通常具有LEF/TCF反应性启动子，或在启动子外具有相关功能的TCF结合位点。Wnt/β-catenin/TCF主要靶基因包括一些细胞周期基因、原癌基因和细胞分化调控相关基因，如细胞周期蛋白D1（cyclin D1）和DNA结合抑制因子2（inhibitor of DNA binding 2，Id2）、Myf5、Runt相关转录因子（Runt-related transcription factor 2，Runx2）、Dlx5和osterix等。除了TCF和LEF之外，核β-catenin还结合其他转录因子，如FoxO，PPARγ、RXRα和RAR等。这些转录因子与代谢调节密切相关。此外，β-catenin还与MyoD、Sox3（sry related HMG box 3）、Sox17、Prop1（paired-like homeobox 1）和Pitx2（pituitary homeobox 2）等伴侣蛋白相互作用，在细胞干细胞增殖、自我更新和定向分化中发挥重要作用。

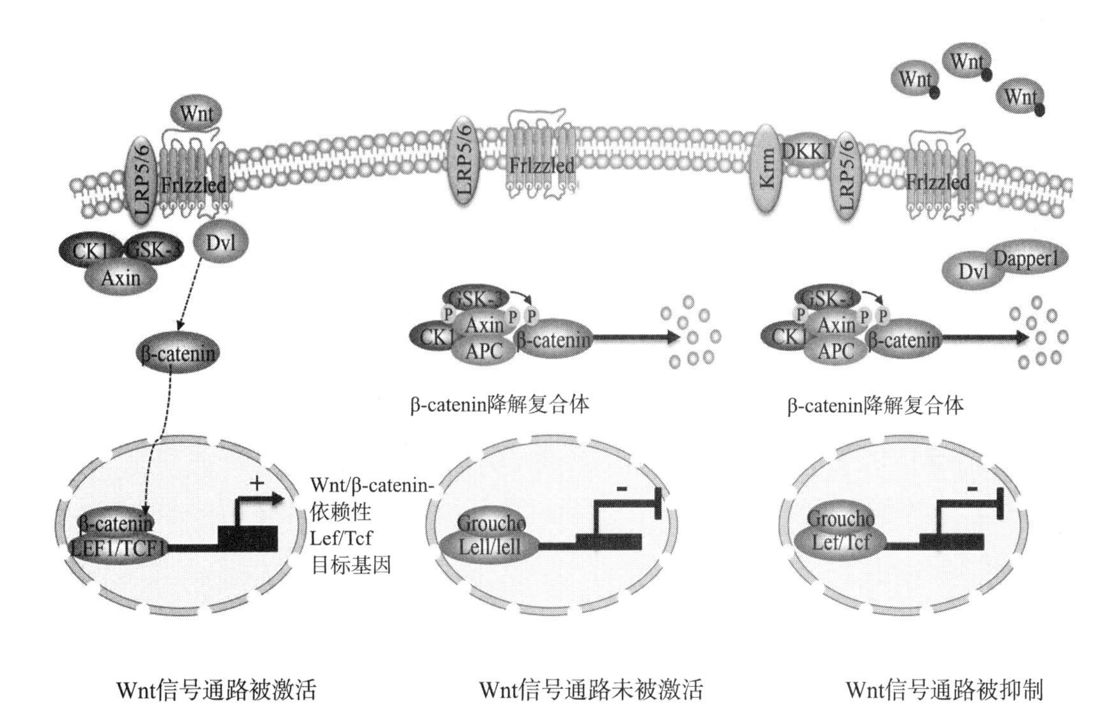

图 11-1　β-catenin依赖性Wnt信号通路

（二）β-catenin非依赖性Wnt信号通路

β-catenin非依赖性Wnt信号通路不需要β-catenin的转录活性，这些信号通路根据其特异性受体种类可分为以下3种。

1. Fzd和LRP5/6介导的β-catenin非依赖性通路

目前，仅发现一种需要Fzd和LRP5/6受体，但不依赖β-catenin的Wnt信号通路。该信号通路将Wnt结合受体和mTORC1的活化联系起来。mTORC1由mTOR、Raptor和mLST8组成，其作用是刺激核糖体生物合成和蛋白质合成。该通路是目前已知第一个将Wnt信号通路与蛋白质翻译联系起来的新机制。一旦Wnt激活Fzd，即可抑制GSK3活性，并使GSK底物TSC2失活（Inoki等，2006），随后通过Rheb和mTOR控制蛋白质翻译过程。除了需要Fzd、LRP5/6和GSK3之外，受体相互作用的支架蛋白Dvl和Axin也参与该通路。

2. Fzd介导LRP5/6非依赖性通路

Wnt可以通过单独结合Fzd受体，并激活多个第二信使，包括Ca^{2+}、cGMP和cAMP。这些信号大多参与调节微管和肌动蛋白重塑，并激活T细胞活化核因子（nuclear factor of activated T-cells，NFAT）、激活蛋白-1（AP-1）和cAMP反应元件结合蛋白（CREB）

等转录因子。此外，该通路还参与细胞的极化或不对称调节。平面细胞极化的调节过程还与Rho相关激酶（Rho-associated kinase，ROCK）和JNK有关（Veeman等，2003）。Wnt诱导的Dvl与Fzd受体结合，可激活Rho和Rac这两个小G蛋白。Wnt通过Rho诱导ROCK1，而通过Rac激活JNK（Malliri和Collard，2003）。最终，这些信号一起控制细胞极化和运动所需的肌动蛋白重塑过程。

Wnt/Ca^{2+}信号通路同样不依赖于LRP5/6。该通路由Wnt-Fzd诱导的磷脂酶C（phospholipase C，PLC）介导，并引起细胞内细胞质Ca^{2+}水平的增加。细胞内Ca^{2+}信号进一步激活Ca^{2+}敏感性蛋白激酶C（PKC）、钙调蛋白依赖性蛋白激酶Ⅱ（Ca^{2+}/calmodulin-dependent protein kinase Ⅱ，CaMKⅡ）、NFAT。同时，该通路还降低细胞内cGMP，抑制Wnt/β-catenin/TCF信号（Wang和Malbon，2003）。Wnt/Ca^{2+}信号通路主要参与调节细胞黏附和细胞骨架重排等生物过程。

3. Fzd受体非依赖性Wnt信号通路

研究表明，Wnt还可以结合并激活非Fzd受体，如受体酪氨酸激酶样孤儿受体2（receptor tyrosine kinase-like orphan receptor 2，ROR2）和酪氨酸激酶相关受体（receptor related to tyrosine kinase，Ryk）。Wnt5a诱导的ROR2活化可诱导细胞迁移，在骨骼、呼吸和心脏发育过程中发挥重要作用。ROR2功能的缺失会导致小鼠侏儒症和呼吸功能障碍，甚至新生小鼠死亡，这与Wnt5a缺失的表型类似（Minami等，2010）。在脊椎动物中，ROR2下游信号未被完全解析。但在非洲爪蟾蜍发育过程中，ROR2可以通过PI3K-Cdc42-MKK7-JNK途径，激活AP-1（ATF2和c-Jun），并上调近轴原钙黏附蛋白（paraxial protocadherin，PAPC）的表达。此外，Wnt和ROR2的结合也可以与Wnt /PCP信号通路协同抑制Wnt/β-catenin/TCF靶基因的表达（Green等， 2008）。研究表明，Wnt与Ryk的结合与轴突导向和分化过程有关（Li等， 2010）。Ryk既可激活Src家族酪氨酸激酶的信号，也可以作为Fzd的共受体来激活Wnt/β-catenin信号通路。此外，Wnt还能促进Ryk的蛋白酶依赖性裂解，及其胞内结构域的核定位。该过程与神经分化的控制有关（Angers和Moon，2009）。

三、Wnt信号通路的交互作用

综上所述，各个Wnt信号通路并非相互独立的线性或单向途径。大量研究表明，这些信号通路一方面存在固有的反馈机制以强化或削弱自身信号，另一方面也可对其他相平行Wnt诱导的信号发挥拮抗或协同作用。例如，Wnt/Ca^{2+}信号通路或Wnt5a/ROR2信号均可抑制Wnt/β-catenin信号通路（Weidinger和Moon，2003）。这种拮抗作用在组织再生和肢体发育等方面具有一定的生理意义。同理，Wnt信号通路细胞外部分也可能交互作用。如细胞外的结合蛋白（如sFRPa和Dkk1）可与邻近细胞的Wnt信号产生拮抗作用。这对于混合细胞而言，组织中的不同细胞之间的旁分泌调控尤为重要。今后，随着研究的不断深入，Wnt信号通路网络整合多种信号协同调节细胞特异性的复杂应答机制也将逐渐清晰。

第二节　Wnt信号通路在营养代谢中的作用

已有大量研究表明，Wnt信号通路除独立发挥作用外，还广泛与细胞外基质Cadherin（Weidinger和Moon，2003）、Hedgehog、Notch、TGF-β/BMP和P53等信号通路彼此关联，相互作用。因而，Wnt信号通路在营养素感应及营养代谢相关基因表达调控方面发挥重要的作用。

一、Wnt信号通路对各种营养素的感应

最近研究表明，动物的营养状态能调节多种Wnt/β-catenin信号通路相关基因的表达水平。例如，啮齿动物在不同营养状态（自由采食、禁食和再采食），或营养过剩（遗传性肥胖和高脂诱导的肥胖）时，脂肪组织中Wnt配体（Wnt10b和Wnt3a）和Wnt拮抗蛋白（Dact1s、FRP1s和FRP5）的表达水平有明显差异（Lagathu等，2009）。与此类似，禁食后再采食，大鼠肝脏、肌肉和脂肪组织中β-catenin表达水平也显著升高（Anagnostou和Shepherd，2008）。这些证据均表明，Wnt信号通路在各种营养素的感应中发挥重要的作用。

（一）葡萄糖

己糖胺合成通路（hexosamine biosynthesis pathway，HBP）是细胞能量感应的重要通路，它可以将葡萄糖转化为乙酰氨基葡萄糖代谢中间产物，并对细胞内特定蛋白质进行糖基化修饰。在此过程中，谷氨酰胺/果糖-6-磷酸氨基转移酶（glutamine/fructose-6-phosphate amidotransferase，GFAT）是以谷氨酰胺为氨供体，催化糖酵解来源的6-磷酸果糖转化为6-磷酸葡萄糖胺的关键酶。HBP的最终产物是一种高能复合物“UDP-GlcNAc”，

该复合物可对胞内蛋白进行*O*-糖基化修饰，也可对细胞膜蛋白、转运载体和分泌蛋白进行*N*-糖基化修饰。

由于HBP需要同时依赖碳素、氮素及各种能量稳态底物（如6-磷酸果糖、谷氨酰胺、乙酰辅酶A和UTP），因此该通路被认为不仅是细胞内代谢流变化的感应机制，还是联系细胞能量状态与细胞功能的桥梁。近年来研究表明，Wnt配体的生物学活性受到翻译后修饰的影响。而且，巨噬细胞内Wnt/β-catenin通路活性与HBP之间存在密切关联（Anagnostou和Shepherd，2008）。不同Wnts的主要氨基酸序列具有高度同源性，这些氨基酸的*N*-糖基化修饰是Wnt正确折叠和分泌所必需的（Reichsman等，1996）。此外，葡萄糖能通过HBP激活巨噬细胞Wnt/β-catenin自分泌信号通路（Anagnostou和Shepherd，2008）。这些证据均表明，Wnt信号通路参与了细胞对葡萄糖的感应。

（二）脂　质

除糖基化修饰外，Wnt还能够通过脂酰化修饰感应非酯化脂肪酸（non-esterified fatty acid，NEFA）水平。研究表明，Wnt第一个保守的半胱氨酸残基可被棕榈酰化修饰。该修饰对Wnt锚定细胞膜，正确识别和激活受体，以及受体内化都至关重要（Kurayoshi等，2007）。此外，内质网存在序列与*O*-脂酰基转移酶高度同源的Porcupine蛋白，Porcupine蛋白被认为是催化Wnt脂酰化修饰的关键酶（Hofmann，2000）。与此相反，Wnt拮抗蛋白Dickkopf家族则发挥去脂酰化作用（Niehrs，2006）。上述结果说明，清除NEFA可能导致Wnt配体减少或活性降低，而脂质过度累积将造成Wnt信号通路的异常激活。尽管目前尚无证据显示全部的Wnt均会发生棕榈酰化修饰，但针对Wnt的棕榈酰化修饰已经成为抗癌药物研发的靶标之一（Chen等，2009）。

（三）氨基酸

Wnt信号通路在蛋白质的合成、细胞分化和组织发育中发挥重要作用。一方面，Wnt配体和拮抗蛋白的合成会受到氨基酸的直接调控；另一方面，β-catenin在细胞内属于组成性表达，且半衰期较短，因而对细胞内短期氨基酸缺乏更为敏感。众所周知，mTOR是细胞内感受氨基酸水平的重要蛋白激酶。营养过剩（尤其是氨基酸）和胰岛素均可以激活mTOR信号通路（Beugnet等，2003）。如前所述，Wnt-GSK3-TSC2通路调节细胞蛋白质的合成需要通过mTOR介导。因而，细胞内游离氨基酸水平可能在Wnt信号通路中发挥重要的辅助作用。有研究表明，精氨酸能上调Wnt5a和NFAT的表达，促进人骨髓间充质干细胞由成脂分化向成骨分化转变（Huh等，2014）。也有证据显示，精氨酸能抑制猪肌内脂肪细胞Wnt/β-catenin通路，从而促进肌内脂肪细胞分化（Chen

等，2017）。上述结果提示，Wnt信号通路对氨基酸的感应可能视细胞类型有所差异。

二、Wnt信号通路调控关键代谢相关基因表达

Wnt信号通路可以通过两种不同的机制调节营养代谢关键酶（图12-2）：①通过GSK3/Axin降解复合物，调节部分代谢酶的蛋白质稳定性；②通过β-catenin的转录活性，直接调控多数功能基因的转录（Kim NG等，2009）。在营养物质代谢酶中，有小部分可以直接受到GSK调控。这些酶包括醛缩酶、胞嘧啶脱氨酶和二氢硫辛酰胺琥珀酰转移酶。在转录调控方面，已有大量组学研究发现，Wnt信号通路能够调节多种代谢相关基因的表达。例如，肝脏特异性过表达野生型β-catenin和致癌突变型β-catenin后，很多糖异生和谷氨酰胺代谢相关酶基因的表达受到影响（Kim NG等，2009）。与此类似，肝脏特异性敲除APC，会导致56种蛋白质下调，其中多数涉及线粒体功能异常和碳水化合物代谢，提示Wnt信号通路的缺失可导致细胞能量代谢从脂肪酸有氧氧化向糖酵解转变（Chafey等，2009）。但也有学者指出，类似研究很难区分Wnt信号通路的直接调控作用和间接的发育性适应。随后有研究进一步从代谢相关基因启动子序列中鉴定出TCF/LEF反应元件。Schwartz等用此方法鉴定出80多种包含TCF反应元件的基因启动子，其中至少有8种碳水化合物和谷氨酰胺代谢酶基因（图11-2）（Schwartz等，2003）。

除直接作用外，Wnt信号通路还可以通过其他相关联的转录因子，间接地调节细胞代谢。例如，c-Myc就是其中一个TCF应答基因，该基因主要参与线粒体谷氨酰胺的分解代谢（Wise等，2008）。另一个重要的TCF应答基因是PPARδ，该基因在心脏、肝脏和脂肪等代谢活跃组织广泛表达。PPARδ主要参与线粒体生成和脂质氧化代谢的调节过程。而且，PPARδ还可以进一步促进β-catenin与TCF/LEF反应元件的结合，从而形成一种正反馈调节机制。另外，Wnt/β-catenin通路还可以通过c-Myc、cyclinD1、Id2和COUP-TFⅡ等TCF应答基因，抑制成脂相关转录因子（如PPARγ和C/EBPα）的表达。有研究表明，β-catenin还可以直接负调控PPARγ的活性。这与其对PPARδ的调节正好相反。此外，β-catenin还与多种代谢相关转录因子互作，如FoxO、RXR和RAR等。这些均说明，Wnt/β-catenin通路在营养代谢方面具有广泛的调节作用。

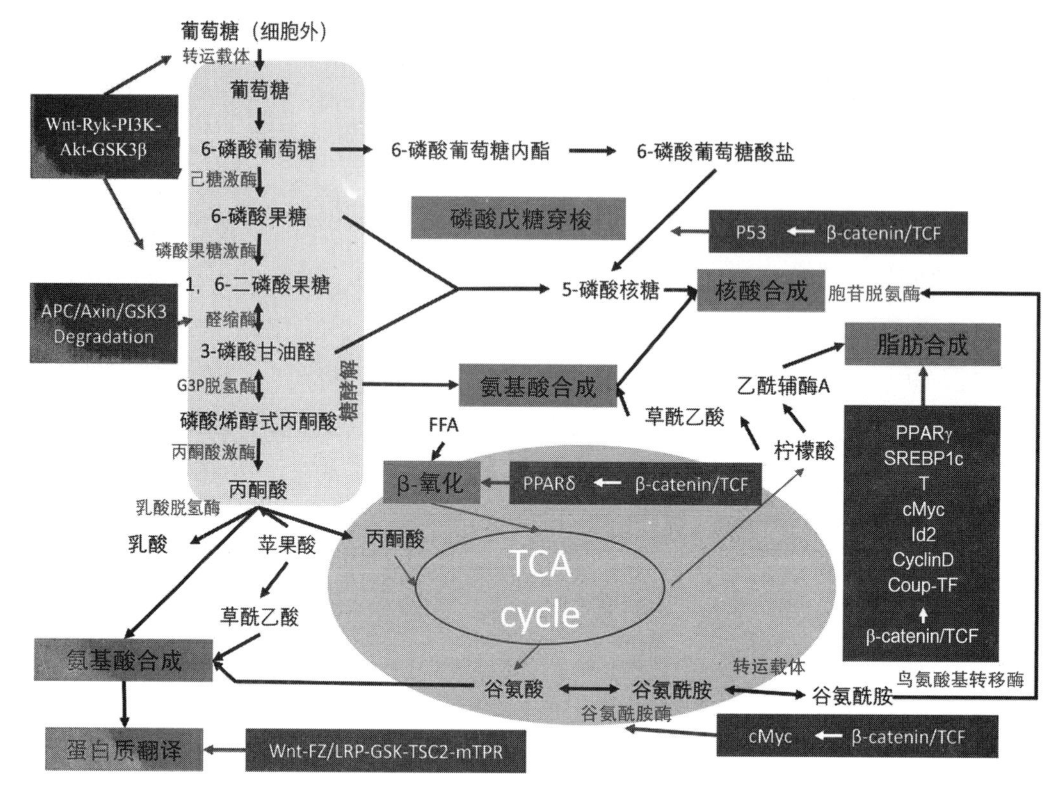

图11-2 Wnt信号通路调节营养代谢示意图

三、Wnt信号通路与能量稳态调节

在组织损伤修复和再生过程中，组织细胞对代谢底物的选择和代谢方式也必须与相应细胞功能相适应。Wnt信号通路不仅在细胞增殖、迁移和分化调节中扮演至关重要的角色，而且对全身性能量稳态调节同样发挥重要作用。

（一）Wnt信号通路在肝脏中的作用

肝脏是哺乳动物的代谢中枢，对维持全身性代谢稳态至关重要。肝脏由多种类型细胞组成，包括肝细胞、胆道上皮细胞、卫星细胞、Kupffer细胞和窦状内皮细胞。这些细胞彼此协同，广泛参与营养物质的各种代谢过程，主要包括糖原合成、糖异生、解毒、蛋白质和胆汁酸的合成等。而且，肝脏还是一种具有较高可塑性的组织，可以进行重组或调整以适应各种代谢需求或毒物的入侵。研究表明，Wnt和Fzd受体可以在特定的肝脏细胞中表达（Zeng等，2007）。而且，肝脏中Wnt信号通路相关基因的表达水平也可随肝脏处在不同生理或病例状态而异。Wnt信号通路与肝脏发育、再生、代谢、氧化应激和纤维化过程密切相关（Thompson 和 Monga，2007）。通过诱导cyclin D1的表达，Wnt信号通路可以调节动物出生后肝脏的生长和再生（Tan等，2006）。重要的是，肝脏特异性敲除β-catenin对肝细胞增殖的影响，可被白细胞介素6（IL-6）和血小板源生长因子（platelet-derived growth factor receptor，PDGFR）代偿。细胞膜上的β-catenin还可以通过与细胞外基质（E-cadherin）相互作用促进肝细胞增殖（Tan等，2006）。

研究表明，Wnt信号通路在肝脏碳水化合物和谷氨酰胺代谢中发挥重要作用。Wnt可以通过FoxO、细胞色素P450和谷胱甘肽转移酶缓解肝脏氧化应激。相反，肝脏特异性敲除APC后，Wnt信号通路还有助于肝脏脂肪沉积，在营养过剩状况下诱导脂肪肝的形成（Chafey等，2009）。目前，对于Wnt信号通路在肝脏脂肪化和脂肪肝形成中的作用仍不明确，但肝脏脂质的累积需要成脂相关基因的异位激活。在营养过剩时，肝脏中成脂相关转录因子PPARγ2、SREBP和C/EBP都会被激活，从而有助于脂肪在肝脏的异位沉积。尽管有证据表明，选择性激活肝脏卫星细胞中的Wnt信号通路，可以引起卫星细胞转分化成某种纤维化类型的细胞（Tsukamoto等，2008）。但尚无证据支持肝脏脂肪的沉积与脂肪组织一样需要通过抑制Wnt信号通路实现。

（二）Wnt信号通路在胰腺中的作用

胰腺既是一个外分泌器官（分泌消化液），又是一个重要的内分泌器官。胰腺中的胰岛可以分泌胰岛素和胰高血糖素，调节全身的糖稳态。但Wnt信号通路对胰腺的内分泌和外分泌功能具有差异化调节作用。Wnt信号通路可以部分通过c-Myc，促进胰腺上皮细胞和腺泡前体细胞的增殖，从而促进外分泌功能（Wells等，2007）。但对胰腺内分泌功能的报道不一（Heiser等，2006）。Wnt信号通路对胰岛的作用可能具有时间依赖性。其中，早期激活Wnt信号通路，可抑制β细胞发育；而晚期激活，则增大β细胞体积（Rulifson等，2007）。大量研究表明，成年动物胰岛β细胞能够表达多种Wnts、FRPs、LRPs和Dkks。更为重要的是，胰腺还表达一种T细胞转录因子——TCF7L2（以前称为TCF4），该转录因子的遗传突变被认为与胰岛素分泌、β细胞体积和糖尿病风险密切相关（Welters和Kulkarni，2008）。研究还发现，Wnt/β-catenin信号通路还可以调节胰岛β细胞功能，如糖诱导的胰岛素释放（Shu等，2008），细胞存活和增殖。Wnt信号通路，尤其是TCF7L2，可能介导了GLP-1的促胰岛素分泌作用。其次，Wnt信号通路还可能参与了胰岛β细胞代谢程序化，即早期营养缺乏使Wnt信号通路受到抑制，导致胰岛β细胞体积减小，最终导致对糖尿病的易感性增加（Dabernat等，2009）。

（三）Wnt信号通路在骨骼肌中的作用

骨骼肌是体内最大的能量代谢组织。大量研究表明，Wnt信号通路，尤其是Wnt/β-catenin通路，在骨骼肌胚胎期发育和成年后肌肉再生过程中均发挥重要作用。在胚胎期，Wnt信号通路能诱导生肌调节因子Pax3、MyoD、Myf5和bHLH（basic helix-loop-helix）等的表达（Munsterberg等，1995）。此外，Wnt信号通路可以通过Wnt/β-catenin靶基因Pitx2，促进体节成肌前体细胞（Pax3/Pax7阳性）的增殖（Abu-Elmagd等，2010）。在体节形成过程中，Wnt信号通路只是被短暂激活，而且与其他β-catenin非依赖性通路（如Wnt-PKA-CREB）协同激活成肌相关基因的表达（Chen等，2005）。

成年骨骼肌中部分干细胞（骨骼肌卫星细胞）具有分化为成肌细胞的潜力。这些祖细胞对肌肉生长、损伤修复和功能适应具有重要价值。为发挥这些作用，骨骼肌卫星细胞一方面需要在特定微环境中维持干性，另一方面又需要在特定营养和生物物理信号刺激下启动分化。研究表明，不同的营养状态确实可以调节骨骼肌Wnt/β-catenin信号通路（Anagnostou和Shepherd，2008）。而且，肌肉损伤后，也可以产生多种Wnt亚型蛋白（Polesskaya等，2003）。运动可以促进Dv1和GSK3β结合，使β-catenin去磷酸化（Aschenbach等，2006）。但急性运动时，Wnt相关基因表达并没有改变（Parise等，2008）。然而，这并不排除长期慢性锻炼后，Wnt信号通路在骨骼肌适应性过程中发挥重要的作用。

肌肉氧化代谢能力的提高是全身能量消耗的重要基础。在发育过程中，动物成肌细胞始终保持着发育和代谢潜能的可塑性。近年来的研究表明，Wnt家族成员Wnt3a和Wnt1通过激活β-catenin依赖性通路促进肌卫星细胞分化（Weidinger和Moon，2003），并调控快肌纤维中MyoD的高表达和慢肌纤维中MyoG的高表达（Nusse，2003，Hayward等，2008）。上述结果说明，Wnt信号通路可能参与了肌肉类型的调控。另有研究发现，小鼠胚胎的β-catenin功能缺失后，其四肢中的MyHC Ⅰ蛋白明显降低（Guo和Wang，2009）。而且，利用腺病毒载体缺失Wnt5a能显著降低骨骼肌快肌纤维和慢肌纤维的比率（Price和Kalderon，2002）。与此相反，高表达Wnt5a后能使快肌纤维增加，而慢肌纤维减少。以上结果表明，Wnt5a在肌纤维类型和代谢调控方面发挥重要作用。

此外，Wnt信号通路还与肌肉组织的发育和运动神经元-肌肉接头（Neuromuscular junction，NMJ）的形成有关。在肌肉发生过程中，Wnt信号通路主要参与早期发育阶段的分化控制，阻断该信号通路将导致骨骼肌形成不良。在脊椎动物NMJ的形成中，Wnt信号通路主要调节几种关键蛋白质的定位和精确控制肌肉收缩。在肌肉纤维化过程中，Wnt信号通路同样能够与其他促纤维化分子［如结缔组织生长因子（connective tissue growth factor，CTGF）和TGF-β］相互作用（Cisternas等，2014）。

（四）Wnt信号通路在脂肪组织中的作用

脂肪组织包括褐色脂肪和白色脂肪。褐色脂肪负责机体的能量平衡，通过脂肪氧化代谢增加能量消耗。有研究表明，Wnt相关基因（包括Wnt10a、Wnt5a和TCF7）的表达与褐色脂肪的生成负相关；而Wnt拮抗剂（如sFRP2）则与褐色脂肪的分化正相关。相关证据表明，Wnt/β-catenin不仅能阻断分化早期褐色脂肪的形成，还能刺激分化成熟的褐色细胞向白色脂肪细胞转化。已有研究显示，Wnt信号对褐色脂肪分化和代谢的调控主要依赖于胰岛素和转录共激活因子PGC-1β的作用。

与褐色脂肪不同，白色脂肪的主要作用是将体内多余的能量以脂肪的形式储存起来。研究发现，Wnt/β-catenin不仅促进多能干细胞向前体脂肪细胞定向分化，还参与白色脂肪细胞的终末分化和组织可塑性调节。β-catenin依赖性和β-catenin非依赖性这两条通路均在脂肪前体细胞分化过程中发挥重要的作用，如激活Wnt/β-catenin/TCF依赖性通路能显著抑制体外和体内的脂肪形成（Christodoulides等，2009）。研究表明，在脂肪前体细胞和成熟脂肪细胞之间，Wnt/β-catenin信号通路相关基因和TCF靶基因的表达也有显著性差异，且这些基因在脂肪前体细胞分化早期呈现时序性动态表达的特点。以往研究发现，Dact1是调节Wnt/β-catenin信号通路的重要分子。在脂肪前体细胞分化过程中，Dact1和Wnt/β-catenin关键蛋白的基因表达均逐渐下调。过表达Dact1被认为可以通过下调Wnt自分泌信号促进脂肪生成。此外，Dact1、Wnt配体（Wnt10b和Wnt3A）和拮抗剂（sFRP）等也受到营养水平的精细调节，表明Wnt信号通路在整合营养信号、参与脂肪分化和代谢调节中发挥了重要作用。

目前已有大量研究报道，Wnt/β-catenin信号通路抑制脂肪形成的机制与两种脂肪生成转录因子PPARγ和C/EBPα有关。例如，Wnt/β-catenin/TCF靶基因cyclin D1和c-Myc可直接抑制PPARγ和C/EBPα（Fu等，2005）。近年来研究发现，Wnt/β-catenin/TCF下游另外两个靶蛋白（COUP-TFⅡ和Id2）也具有类似作用。COUP-TFⅡ属于一种孤核受体，能有效抑制PPARγ和C/EBPα的表达。Id2是HLH转录因子家族中无活性成员之一，具有促进PPARγ表达、脂肪细胞分化和细胞聚酯的功能。反之，siRNA下调Id2的表达，则抑制脂肪前体细胞分化。

四、结　论

目前，已有大量研究确定了Wnt信号通路在胚胎发育、组织再生和可塑性，以及癌症的发生等生物过程中的作用。此外，Wnt信号通路网络不仅是将细胞代谢变化和这些生物过程联系起来的关键枢纽，也是促进组织适应营养状态的改变以维持机体能量稳态的关键信号通路。有关Wnt信号通路感应营养素的机制，对深入认识营养素在细胞和整体代谢调控中的作用具有重要的参考价值。

（编者：束刚等）

第十二章 Notch信号通路与营养代谢调控

Notch基因编码一类高度保守的细胞表面受体，它能调节无脊椎动物到脊椎动物等多种生物细胞的生长发育，影响细胞正常形态发生的多个过程，如细胞命运决定、细胞分化、增殖和凋亡。Notch信号通路是一个复杂的信号系统，调节胚胎期血管、神经等各个系统的发生和发育，影响机体的正常发育，参与调控成年动物肌肉等组织的损伤与修复等。Notch信号通路与肿瘤、遗传性疾病、心血管病变等多种疾病的发生发展有着密切的关系。最近研究揭示，Notch信号通路在调节糖脂代谢的过程中也发挥重要的作用，Notch信号的异常激活导致高血糖和脂肪肝等疾病。

第一节 Notch信号通路概述

一、Notch信号通路组成

Notch信号通路广泛存在于多种动物中，是一类进化上高度保守的细胞信号通路，主要由Notch受体、Delta/Serrate/LAG-2（DSL）蛋白（Notch配体）、重组信号结合蛋白Jκ（recombination signal binding protein for immunoglobulin kappa J region，RBPJ；又称CBF-1、CSL）、其他的效应物及Notch转录因子和调节分子等组成。Notch受体基因于1919年被发现。该基因的缺失会导致果蝇翅膀边缘产生缺口（notches），Notch因此而得名。随后的研究发现，Notch受体是一种Ⅰ型膜蛋白受体。在哺乳动物体内有4种Notch受体（Notch1-4）、5种Notch配体（分别为Delta-like 1、Delta-like 3、Delta-like 4、

Jagged1和Jagged2）。Notch配体是表达在Notch受体邻近细胞上的膜蛋白，Notch配体与受体在相邻细胞间的相互作用激活Notch信号通路。在此过程中，Notch蛋白经过3次剪切，从胞内域（Notch intracellular domain，NICD）释放入胞质，并进入细胞核内与转录因子CSL结合，形成NICD/CSL转录激活复合体，从而激活Hes（hairy/enhancer of split）、Hey（Hes-related with YRPW motif protein）等靶基因，发挥生物学作用。

（一）Notch受体

Notch受体在细胞表面介导细胞间的信号传递，是一类高度保守的受体蛋白，胞外亚基和跨膜亚基间可通过Ca^{2+}依赖的非共价键结合形成异源二聚体，其相对分子质量约为300 kDa，翻译产物为180 kDa（胞外域）和120 kDa（跨膜区和胞内域）多肽段构成的异二聚体。Notch蛋白在不同物种中具有高度的同源性，是由胞外区（Notch extracellular domain，NECD）、跨膜区（transmembrane domain，TMD）和NICD组成的跨膜蛋白（Mumm和Kopan，2000）。NECD包含3个富含半胱氨酸的Lin Notch重复序列（Lin Notch repeats，LNR）、29～36个串联的表皮生长因子（epidermal growth factor，EGF）序列和N、C端异源二聚体（heterodimerization domains，HD）形成的负调控区（NRR）。LNR的功能为促进与配体结合蛋白的二聚化，EGF序列是与配体结合的关键区域，NRR则保证了配体才能对Notch信号通路进行激活。NICD主要包括5个部分：1个RAM（RBP2J kappa associated molecular）结构域、6个锚蛋白（ankyrin，ANK）重复序列、2个核定位信号（nuclear localization signal，NLS）、1个翻译启动区（translational active domain，TAD），以及1个富含脯氨酸、谷氨酸、丝氨酸和苏氨酸的PEST区域。RAM可与DNA结合蛋白结合；ANK是启动Notch的增强子，可介导Notch与其他蛋白质之间的相互作用；PEST结构域与Notch胞内域的降解有关。谷氨酰胺的转录激活区TAD含有磷酸化位点，该位点允许其他信号通路选择性地调节Notch的活性。人的Notch1和Notch2含TAD，Notch3、Notch4不含TAD；Notch1和Notch2均有36个EGF序列，而Notch3和Notch4分别含有34和29个EGF序列（Masek和Andersson，2017）。

Notch1、Notch2和Notch3在许多组织器官中表达，如中枢神经系统、造血细胞、胰腺、毛发等；而Notch4主要在成熟的巨噬细胞、胰腺和上皮细胞中表达，且Notch4蛋白胞内段短，相对分子质量小，第2、6、11个EGF序列比其他3个亚型的相应序列分别多出10、3、3个氨基酸。早期小鼠胚胎发育过程中，不同的Notch受体组织特异性不同：Notch1在中胚叶中大量表达，Notch2主要在神经节点、神经槽和脊索处表达，Notch3则在外胚层和中胚层表达。果蝇则只有一个Notch蛋白，在结构和功能上与哺乳动物的Notch1蛋白更为接近。

（二）Notch配体

Notch配体也被称为DSL蛋白，是一种含保守分子结构的跨膜蛋白。研究发现，Notch配体在脊椎动物中有5种，分别为Delta-like 1（Dll1）、Delta-like 3（Dll3）、Delta-like 4（Dll4）、Jagged 1（Jag1）和Jagged 2（Jag2）。Notch配体的胞外域与Notch受体蛋白一样，含有数量不等的EGF序列，在邻近胞膜处有一富含半胱氨酸区、与Notch受体结合部位；而胞内域较短，保守性差，只有70～215个氨基酸残基。人的Notch配体胞外域包括信号肽（signal peptide，SP）、DSL结构域、EGF重复序列、Notch配体N末端结构域（Notch ligand N-terminal domain，MNNL）、血管性血友病因子C结构域（von Willebrand factor type C domain，vWFC）、JSD（Jagged Serrate domain）结构域。不同亚型的配体在结构上各有特点，Jag1包括以上结构域，有1218个氨基酸；Jag2、Dll3则有两种亚型，而Dll配体缺少vWFC和JSD区域。所有配体的DSL结构域均具有高度保守性，是与Notch结合并激活Notch所必需的（Masek和Andersson，2017）。

Dll1与Jag1在骨髓间质细胞、造血细胞、抗原提呈细胞和淋巴细胞等表面均有表达，两者均可以诱导淋巴细胞的分化。Dll1是果蝇Delta配体的人类同源体，Jagged是果蝇Serrate配体的人类同源体。根据NCBI上序列发现，人的Jag1、Jag2基因全长分别是5940 bp、4700 bp，与大鼠比对同源性为98%和89%；人的Dll1、Dll3、Dll4基因分别编码723、619、528个氨基酸，与小鼠比对同源性为90%、79%、86%。Notch的配体都具有一定的保守性，其中Jag1具有高度的保守性，因此Jag1可能是一个关键基因，对物种的进化有着重要的作用。

（三）Notch转录因子

CSL（CBF-1/RBPJ）——DNA结合蛋白家族参与的信号转导途径是一种经典的Notch信号通路途径，被称为CSL（CBF-1/RBPJ）依赖途径，是Notch胞内域与CSL家族结合的途径。CSL是转录抑制因子的一种，在Notch信号通路中起关键作用。CBF-1/RBPJ作为转录调节因子，识别并结合到位于Notch诱导基因启动子上的特定DNA序列（GTGGGAA），激活下游Hes、Hey等靶基因的表达。NICD能通过RAM和ANK结构域与CBF-1结合，置换SMRT辅阻碍物、组蛋白去乙酰化酶p300等共抑制分子基因，激活Notch信号通路的转录。

（四）Notch靶基因

Notch信号通路能直接接收相邻细胞间的信号，不需要第二信号和蛋白激酶的参与，但这种传导方式不能放大信号，因此需要精确调控下游的靶基因。不同物种的Notch下游靶基因也有差异，果蝇的靶基因主要是Espl，非洲爪蟾的靶基因主要是Xheyl，脊椎动物Notch信号激活的下游靶基因包括Hes、Hey家族以及其他编码bHLH转录因子的序列。Hes和Hey均为转录因子超家族bHLH的一员，具有碱性-螺旋-环-螺旋和Orange结构域，Hey的结构比Hes在C末端多一个YRPW保守四肽（YRPW在人的HeyL基因中缺失，在小鼠Hey2基因中变为YQPW）。人的Hes/Hey家族有13个成员：Hes1—7、HeyL、Hey1、Hey2、HeyL、Dec1、Dec2。与Hes蛋白相比，Hey蛋白有3点不同：①在Hes的bHLH碱性区域（可以结合N-box的DNA区域）中的脯氨酸在Hey中对应的是甘氨酸；②Hes C末端的四肽是WRPW，而Hey为YRPW；③Hey的C末端有TE（I/V）GAF结构域。Hes可以与Hey形成异源二聚体结合在靶基因的启动子区域，Hes-Hey比其同源二聚体的抑制转录的活性更大（Iso等，2001）。

Notch可以通过与Hes1—5的启动子或增强子位点竞争性结合来阻断激活路径，形成一种转录抑制模式，从而抑制细胞分化，而其他的Hes基因则不能。研究发现，Hes1和Hes2主要通过显著抑制E47降低MyoD的表达水平，抑制细胞的分化；Hes6则有与Hes1相反的作用效果。在C2C12细胞系中过表达Hes6，Hes1的表达量降低，细胞的分化增加。Hes6通过结合Hes1的E序列盒子抑制Hes1/E47形成二聚体来促进细胞分化。反之，在成肌细胞中突变基因Hes6，MyoD的拮抗蛋白MyoR显著增加，细胞的分化将受到抑制（Gratton等，2003）。Hey基因主要在心脏、体节等区域表达，与心血管系统的形成、神经发生、骨骼肌发育等相关。敲除基因Hey2的小鼠在出生后表现出心室肥大和膜性心室间隔缺失，出生数天后即死亡（Donovan等，2002）。在骨骼肌卫星细胞中表达Hey1、HeyL基因，这两个基因的同时敲除导致小鼠出生后肌卫星细胞缺失和肌肉再生障碍（Fukada等，2011）。2012年，Heisig等用微阵列GO分析鉴定Hey蛋白的靶基因功能，发现Hey与细胞凋亡调节、骨骼系统发育、肌肉系统发育、转录负调控等密切相关（Heisig等，2012）。

二、Notch信号通路激活机制

Notch信号通路主要有两条激活途径：经典的CSL（CBF-1/RBPJ）依赖途径和CSL（CBF-1/RBPJ）非依赖途径。经典的CSL途径：相邻细胞表面受体的第11—12个EGF重复序列与配体的DSL结构域结合激活后，在内质网中合成Notch蛋白，糖基转移酶使*O*-岩藻糖与胞外域EGF的苏氨酸或丝氨酸残基结合，通过高尔基体中的*N*-乙酰葡糖基转移酶Fringe对EGF进行修饰，将Notch蛋白裂解成C端和N端两个片段，最终形成成熟的Notch二聚体。在CBF-1/RBPJ依赖的经典途径中，Notch信号传导经过3次裂解活化：第1个裂解点S1，位于胞外区1654位精氨酸残基和1655位谷氨酸残基之间，与高尔基体内的furin样转化酶（furin-like convertase）作用而产生裂解，得到胞外域和跨膜片段2个亚基。第2个裂解点S2位于胞外近膜区1710位丙氨酸与1711位缬氨酸间，与配体结合后，在金属蛋白酶（metalloprotease，ML）/肿瘤坏死因子-α转换酶（TNF-α converting enzyme，TACE）作用下裂解为2个片段。N端裂解产物在胞外区被配体表达细胞吞噬。而C端裂解产物进一步与跨膜区位于1743位甘氨酸和1744位缬氨酸间的第3个裂解点S3作用，经γ-分泌酶（γ-secretase）、presenilin及各种辅因子等水解释放Notch蛋白的活化形式NICD（ICN）和一个短的跨膜片段。激活后的NICD通过核孔转运进入细胞核。其中，CSL（CBF-1/RBPJ）转录因子序列位于Notch靶基因的启动子上，未激活状态下该蛋白质复合体作为转录抑制蛋白发挥作用；当该蛋白质复合体与NICD结合后，CSL的辅助抑制蛋白SMRT/HDAC1会被NICD替换掉，转变为转录活化蛋白，并与MAML1、p300等其他调控因子组成共激活复合体，激活Notch下游的Hes、Hey家族等靶基因的转录，从而发挥一系列生物学作用，进而激活下游基因的转录（Nowell和Radtke，2017）。目前，对于CSL非依赖途径的研究较少。该途径通过细胞内的锌指蛋白Deltex与Notch受体的ANK区结合，抑制转录因子E47。在哺乳动物体内也存在着CSL非依赖的Notch信号通路，但其具体机制有待进一步研究（Bray，2006）。

三、Notch的修饰调控

Notch信号通路中的受体和其配体都会受到蛋白质水解、磷酸化、糖基化、泛素化等作用的修饰，以及泛素介导的蛋白质降解等因素的影响。*O*-岩藻糖基化是Notch信号通路所需的，糖基转移酶Fringe家族可以促进O连接糖基化位点的海藻糖的延伸，即糖基化发生结构变化来调节Notch信号（Okajima和Irvine，2002）。磷酸化修饰对酶的活化、复合形成、降解和亚细胞定位至关重要。Notch1胞内域由泛素连接酶（E3）降解。通过磷酸化降解FBW7基因，在细胞核中阻断Notch1胞内域诱导的转录复合物的形成，促进泛素依赖的磷酸化修饰（Lee等，2015）。在细胞核内存在多种转录机制以调节Notch下游靶基因的表达。CSL-NICD-MAML复合物和信号衰减是通过泛素化介导的。当Notch失活时，CSL与一些辅抑制物共同抑制靶基因的转录。改变NICD、CSL和

MAML的构象，可调节非结构蛋白片段的折叠，形成有活性的复合体。活性复合体促进转录因子（CBP/P300、PCAF）的生成，从而促进染色质的乙酰化和靶基因的表达。

Notch信号通路泛素化分为单泛素化和由Deltex介导的泛素化。单泛素化需要细胞质膜内表面赖氨酸残基，但突变这些赖氨酸残基不能直接阻止Notch受体蛋白的分裂。介导泛素化的Deltex与Notch和Kurtz三者的结合可以促进Notch的泛素化，是一种影响内涵体分离的泛素连接酶（Tagami等，2008）。在缺少Kurtz时，Notch蛋白表达水平显著提高。由此推断，泛素介导的蛋白质降解影响了Notch的持续激活。Numb内吞调节蛋白是Notch的结合抑制因子，聚集于细胞边缘纺锤体的末端，关系到细胞分裂过程中的细胞命运。Numb不均等分离到子细胞，与Notch结合招募内吞蛋白Eps15、泛素连接酶和α-衔接蛋白，使Notch胞内域进入溶酶体后降解，抑制Notch的正常表达；而不包含Numb的子细胞中Notch活性没有被抑制，Notch信号通路可以得到激活（Flores等，2014）。此外，在DSL配体表达中也存在抑制因子不均等的分离，表明Notch信号通路受到配体中抑制因子不均等分离的调节。这些修饰在Notch信号通路中对靶基因的转录、表达有着不可忽视的作用。

第二节　Notch信号通路与组织发育调控

Notch信号通路在胚胎和组织发育过程中发挥着重要的作用。在发育早期抑制RBPJ的活性，可导致神经干细胞向中间态神经前体细胞分化困难（Mizutani等，2007）。在哺乳动物中，通过建立Notch受体、配体及关键转录因子RBPJ等基因敲除小鼠模型发现，基因敲除小鼠常常早期胚胎死亡或难以形成重要的组织器官，表明Notch信号在哺乳类动物的胚胎及组织发育中发挥重要功能。

一、Notch与肌肉生长发育

Notch与肌肉的生长发育密切相关，参与肌肉胚胎期的形成、幼年动物肌肉的生长调控、成年动物的肌肉增长和肌肉再生等，在成年动物的肌肉损伤修复中也起到重要的作用。Notch信号通路是调控肌卫星细胞静息、激活和增殖的关键通路。不同年龄鼠的肌肉损伤实验发现，Notch信号通路可以直接调控肌肉的再生修复。研究发现，幼龄动物肌肉损伤愈合速度快与Notch的配体Delta显著升高有关（Conboy和Rando，2002）。进一步研究发现，在老年鼠中过表达激活Notch，可促进肌肉的再生，敲除Notch，则抑制肌肉的损伤修复（Conboy和Rando，2002）。随着年龄的增长，Notch活性降低，影响肌肉的再生能力。如果抑制Notch，会抑制幼龄动物肌肉的再生；激活Notch，可以恢复老年肌肉的再生潜力，使肌肉细胞大量增殖。

在肌卫星细胞的增殖、分化和再生过程中，Notch信号通路也起着重要的作用。Notch蛋白活性高，可维持细胞的静息（自我更新）状态；Notch蛋白活性维持在正常状态，将激活肌卫星细胞进入细胞周期；而Notch蛋白活性处于低水平，将促进肌卫星细胞的分化（Bjornson等，2012；Wen等，2012）。研究发现，在鼠的C2C12细胞系中，Notch的胞内域（NICD）的过表达可以显著抑制细胞的分化，主要通过下调MyoG和Myf5基因的表达来抑制细胞的分化。RBPJ是Notch信号通路中的重要转录因子。RBPJ缺失导致肌卫星细胞迅速增殖并分化，影响肌源性细胞的再生。对RBPJ缺失小鼠进行肌肉损伤后发现，修复过程中肌卫星细胞越过DNA合成的细胞周期S期，直接进入增殖和分化过程并对受损组织进行修复。这说明Notch信号通路对于维持骨髓肌卫星细胞的静息期和正常的细胞周期是必不可少的（Hirsinger等，2001）。

Notch信号通路在肌肉发育的不同阶段发挥着不同的功能（Shan等，2016）。在肌卫星细胞中激活Notch能显著上调Pax7基因的表达，促进肌卫星细胞自我更新；同时下调MyoD等基因表达，抑制肌卫星细胞分化。敲除RBPJ或Dll1都将导致肌卫星细胞过早分化及其数量减少，出生后肌肉生长受抑制和严重的肌营养不良（Vasyutina等，2007；Bjornson等，2012）。Bi等（2016b）对肌肉不同发育阶段小鼠敲除Notch，研究发现，MLC-Cre介导的过表达Notch1鼠肌肉受损后，肌卫星细胞的分化受到抑制，肌细胞去分化成肌卫星细胞，肌卫星细胞处于静息状态，导致肌肉再生障碍；而MCK-Cre介导的过表达Notch1能促进配体肌肉损伤修复和再生，提高Notch配体Dll4、Jag2的表达，促进肌卫星细胞自我更新。

在畜禽上，关于Notch信号通路对肌卫星细胞功能及肌肉发育调控的研究报道较少。在鸡的胚胎发育过程中，通过配体Dll1激活Notch，肌卫星细胞的分化明显减慢，肌肉分化受抑制。经过分析发现，肌肉中MyoD的表达量显著降低，但不影响肌肉中Myf5和Pax3的表达（Delfini等，2000）。Qin等（2013）研究发现，Notch1、Notch2和Notch3在培养的猪卫星细胞中均有表达，敲低Notch1使猪肌卫星细胞的增殖功能降低，而敲低Notch2和Notch3对猪肌卫星细胞增殖无显著影响。通过重组的NF-κB处理提高Notch1表达，显著促进猪肌卫星细胞增殖。进一步研究发现，Notch通过影响靶基因Hes5的表达调控猪肌卫星细胞增殖及与细胞周期相关基因（cyclin B1、cyclin D1、 cyclin D2、cyclin E1和p21）和生肌调节因子（MyoD、MyoG）的表达；Notch1表达变化可以调控GSK3β-3（Qin等，2013）。华南农业大学王翀教授实验室研究了蓝塘猪和长白猪不同胚胎期的Notch活性，发现胚胎期77天（E77）为蓝塘猪Notch信号通路高表达时期，胚胎期91天（E91）为长白猪Notch信号通路高表达的时期，E77、E91的MyoG基因在蓝塘猪中表达均高于长白猪，说明蓝塘猪比长白猪肌肉发育时间要早（覃立立，2012；Villanueva等，2013）。Notch1信号的高表达能上调靶基因Hes5的表达量，下调MyoD基因的表达量，说明Notch1传导的信号通路可以通过靶基因Hes5调控下游基因的表达。同时研究发现肌肉组织与细胞水平的调控模式一致。由此推测，Notch在猪的不同发育时期存在差异调控，能影响到肌肉的发育情况，进而导致蓝塘猪和长白猪间的肌肉形态及大小都呈现出明显的差别。因此，Notch信号通路可能是决定猪种瘦肉型还是肥胖型的一个重要的内部调控机制，其在胚胎期的差异表达，可能是决定肌纤维数量的一个很关键的内部因素。

二、Notch与脂肪发育沉积调控

脂肪细胞的分化聚酯是影响胴体组成和肉品品质的重要因素，分化聚酯的过程也是脂肪沉积的过程，受到多条信号通路和转录因子的调控，如CCAAT/增强子结合蛋白（C/EBPα、C/EBPβ、C/EBPδ）和过氧化物酶体增殖物激活受体（PPARα、PPARγ和PPARβ/δ）。在3T3-L1前脂肪细胞系中，Notch的配体Jag1抑制Notch信号分泌一些细胞因子，促进脂肪细胞生长和增殖（Urs等，2008）。Notch的靶基因Hes1在前体脂肪细胞中表现出对脂肪形成的阻碍作用，抑制C/EBP家族和PPAR家族的基因表达（Ross等，2004）。Hes1可形成同源二聚体来抑制靶基因的转录活性，从而抑制聚酯分化，说明其在脂肪生成过程中起着必需的作用（Ross等，2006）。Hes1敲除可以增加抑制聚酯分化的Dll1基因表达，抑制3T3-L1前脂肪细胞聚酯分化。在人的原代细胞中，Notch激活抑制细胞间充质干细胞与动物前体脂肪细胞的聚酯分化能力，抑制脂肪沉积（Vujovic等，2007；Osathanon等，2012）。然而，在胚胎成纤维细胞中，敲除Notch1、RBPJ基因，聚酯分化能力没有明显的减弱（Nichols等，2004）。因此，聚酯分化能力结果的不一致可能源于处理Notch的时间和剂量及细胞使用类型的不同。例如，聚酯分化使永生化3T3-L1细胞系不断地进入细胞周期，这个过程直接受Notch的影响（Lai等，2013）。前体脂肪细胞分化具有异质性和功能多样性，在不同的细胞来源以及分化阶段，Notch配体和结合的受体是不同的。从以上研究结果可知，Notch在脂肪细胞的分化聚酯过程中起到负调控作用，激活Notch信号通路，抑制脂肪沉积。

哺乳动物脂肪细胞可分为白色、米色和棕色脂肪细胞。白色脂肪组织是长期的能源储存部位，过量的热量摄入将导致白色脂肪组织增大；棕色和米色脂肪细胞含有大量的线粒体和解偶联蛋白1（UCP1），能够分解脂肪产生热量。在冷刺激的情况下，交感神经系统释放儿茶酚胺，与β肾上腺素受体结合后，通过cAMP途径促使脂肪分解成脂肪酸（FA），直接激活UCP1产热（Bi和Kuang，2015）。脂肪酸促进NICD入核，促进靶基因Hes和Hey家族的转录；Hes1可以抑制PR结构域蛋白16（PR domain-containing 16，PRDM16）、PPARγ和PGC-1α的转录，导致线粒体数目和UCP1的表达减少，抑制线粒体生物合成（Austin和St-Pierre，2012），抑制脂滴脂解的发生。抑制Notch或过表达Notch信号，均能影响脂肪细胞分化聚酯及脂质代谢（Shan等，2017），异常的Notch信号可能导致脂肪肉瘤等脂肪代谢性疾病。关于Notch通路对脂质代谢的影响详见本章第三节。

三、Notch与其他组织发育调控

Notch信号通路不仅在肌肉和脂肪组织中发挥关键作用，还直接参与调控肝脏、胰脏、神经系统、软骨、肺脏、肾脏、前列腺及卵巢卵泡等器官和组织的发育。在肝脏组织中，特异性敲除RBPJ，饮食诱导的肥胖型（diet-induced obesity，DIO）小鼠的胰岛素抵抗症状得到缓解，说明Notch信号通路是肝脏内胰岛素抵抗的关键因素。腺病毒激活Notch1可诱导促进肝糖原合成的G6PC的表达，加剧DIO小鼠的胰岛素抵抗，通过药理阻断γ-分泌酶的水解作用，可抑制Notch信号，改善DIO小鼠葡萄糖耐量和胰岛素敏感性（Pajvani等，2011）。在胰脏中，Notch信号通路收到禁食的信号而被高度激活，通过营养传感器mTOR和AMPK增强β细胞的可塑性；高能量摄入可以下调Notch信号通路的调控水平，促使胰胆管细胞分化为成熟的内分泌细胞（Ninov等，2013）。在神经干细胞中，β-链蛋白和Notch1形成复合体，从而促进Hes1基因的表达，决定了神经细胞的增殖水平；缺氧可激活Notch并增加Notch靶基因（如Hes1、Hes3和Hes5等基因）的表达水平，从而促进神经干细胞的自我更新并抑制分化（Shimizu等，2008）。高脂喂养的雌性小鼠及其后代的体重和血清总胆固醇较野生型明显升高，内脏脂肪积累增多，而且在后代的大脑神经干细胞中，Notch信号调节通路相关基因表达量显著升高（Yu等，2014）。可见，Notch在多种组织发育调控方面起着关键调节器的作用。

在畜禽上，对我国秦川牛Notch1基因的多态性分析发现NICD的5个新SNPs和8种单倍型组合。对这5个SNPs关联分析发现，g. A48250G与身高、体重及髋关节交叉高度显著相关，g. A49239C与身高显著相关。这表明，Notch1基因在肉牛养殖中可以作为一个强有力的候选标志基因（Liu M等，2017）。Stone和Rubel（1999）探讨了鸡内耳毛细胞再生过程中Notch信号通路相关基因的表达规律，发现在正常的小鸡中，Notch信号通路相关基因Dll1的mRNA在椭圆囊毛细胞中表达丰富，这种细胞不断进行毛细胞的生产；Dll1 mRNA在静息状态的基底乳头细胞中未见表达。药物引起毛细胞损伤后的第3天，在椭圆囊和基底乳头的细胞增殖区中Dll1表达显著上调，损伤后的第10天恢复正常；在毛细胞再生过程中，M期细胞中Notch1的表达水平升高（Stone和Rubel，1999）。Dll1可反馈调节鸡毛细胞的生长（Chrysostomou等，2012）。在禽类发育中，Notch信号通路调节耳后基板祖细胞的增殖（Shida等，2015），配体依赖的Notch信号强度调节鸡内耳发育侧感应和侧抑制（Petrovic等，2014）。对鸡的腺胃发育研究发现，在早期腺体形成过程中，Delta1表达细胞、未分化细胞和Notch激活细胞共定位在内胚层上皮中（Matsuda等，2005）。抑制Notch信号通路，可导致管腔分化；而激活Notch信号通路，可促进未成熟腺细胞的增殖，防止随后的分化及腺内陷（Matsuda等，2005）。这些结果表明，内胚层细胞中Dll1介导的Notch信号通路决定腺和腔的分化命运，并调节鸡腺胃腺体的分化（Matsuda等，2005）。鸡视网膜能够有限地再生，当其受到损伤时，一些Müller胶质细胞增殖和去分化为祖细胞，尽管这些祖细胞大部分不能分化为神经元。在动物视网膜再生过程中，Notch信号通路相关基因的表达上调。研究发现，Notch信号元件在增殖的祖细胞中表达上调。在Müller胶质细胞去分化为祖细胞时，阻断Notch信号通路，可抑制视网膜再生；而当Müller胶质细胞分化成祖细胞后，阻断Notch信号通路，可显著促进新的神经元的比例（Hayes等，2007）。结果表明，Notch信号通路调节禽类视网膜的再生，并且在视网膜再生过程中起着两种不同的作用（Hayes等，2007）。其他研究发现，Notch信号通路可能通过调节颗粒细胞的生长和雌激素的产生而参与绵羊卵泡发育（Jing等，2017）。

第三节　Notch信号通路与营养代谢

一、Notch信号通路与葡萄糖代谢

骨骼肌是葡萄糖储存的主要场所，利用葡萄糖和游离脂肪酸供能，协调维持血糖水平。动物在进食时，血糖的升高刺激胰腺分泌胰岛素，循环中的胰岛素抑制肝葡萄糖生

产，包括糖原分解和糖异生，促进葡萄糖的利用、糖酵解和脂肪生成。骨骼肌摄取葡萄糖不仅满足肌肉收缩时的能量消耗，还促进肌细胞合成和释放细胞分泌因子及多肽类激素以调节身体代谢。研究发现，Notch基因位点突变引起动物表型改变，肝细胞中Notch信号的异常激活导致高血糖和脂肪肝，可见Notch在调节糖脂代谢中起着关键的作用，对动物的营养代谢调控有重要的作用。

Notch信号通路调节葡萄糖和脂肪的生成，在肝脏葡萄糖生成过程中主要通过FoxO1与NICD结合来发挥作用。FoxO1主要调控PI3K-PKB信号通路，在机体细胞的增殖、凋亡、抵抗氧化应激和代谢等方面发挥重要作用。FoxO1被Akt磷酸化出核，直接激活G6PC（葡萄糖-6-磷酸酶）、G6PC催化亚基、PCK1，以及糖原分解、糖异生相关限速酶的转录，促进脂肪的分解。Notch和FoxO1间的协同作用对胰岛素敏感性起到一个正反馈调节作用。同时，在小鼠比目鱼肌中特异性敲除FoxO1，可促使氧化型慢肌转化为糖酵解型快肌肌纤维（Kitamura等，2007）。DIO小鼠存在严重的胰岛素抵抗的症状，$FoxO1^{+/-}$：$Notch1^{+/-}$的DIO小鼠较普通DIO小鼠的胰岛素抵抗情况得到明显改善，两者进食后血糖有显著性差异。与野生型以及$FoxO1^{+/-}$型小鼠相比，$FoxO1^{+/-}$：$Notch1^{+/-}$小鼠葡萄糖摄取率要高得多，机体的葡萄糖代谢较快。抑制Notch信号通路或敲除Notch，可提高动物葡萄糖的摄入量。脂肪组织特异性超表达Notch的小鼠有胰岛素抵抗和高血糖等症状，与人类去分化的脂肪肉瘤组织学形态相似；脂肪组织特异性敲除Notch1，降低了小鼠的葡萄糖耐受力和胰岛素敏感性（Bi等，2014）。胰岛素抵抗促进糖异生作用和脂肪生成，将导致高血糖和高甘油三酯血症（脂肪肝）等疾病，从而直接影响脂肪代谢。

二、Notch信号通路与脂质代谢

动物通过物质代谢从外界摄取营养物质，转化为组织和细胞可以利用的能量来维持生命活动。物质代谢过程中的糖脂代谢是基础的氧化供能方式，与机体新陈代谢的调节密切相关。胰岛素-PI3K-Akt通路是脂肪代谢中的一条重要通路，其中mTORC1能促进肝糖原糖异生作用并合成脂肪。AMPK能通过mTORC1途径来调节Notch信号通路，AMPK激活剂（二甲双胍）或mTORC1抑制剂（雷帕霉素）可以抑制Notch的激活。高水平的葡萄糖和游离脂肪酸（FFA）激活AMPK，促进蛋白激酶AMPK-mTORC1信号转导，影响SREBP1c和FAS的表达及糖脂代谢（Li H等，2014）。在哺乳动物中，Notch信号通路与脂肪代谢障碍有着直接的关系。与野生组小鼠相比，Notch1突变小鼠的Notch1受体表达不变，Notch信号传导降低，生长减缓，体重减轻，皮下脂肪含量明显变少，血糖一定程度地下降，证实了Notch1信号通路能够影响糖脂代谢。

Notch信号通路在调节白色和米色脂肪细胞在体内的转换过程中扮演着重要的角色，能直接影响到体内的能量代谢。美国普度大学匡世焕教授实验室通过脂肪特异性敲除Notch1或RBPJ获得aP2-Notch1和aP2-RBPJ敲除小鼠（Bi等，2016b）。他们发现，aP2-Notch1和aP2-RBPJ敲除小鼠的脂肪组织重量减少，白色脂肪组织中的米色脂肪细胞增加，UCP1的表达水平升高，代谢率、葡萄糖耐受和胰岛素敏感性增加，并抑制高脂日粮诱导的肥胖。该研究表明，Notch信号通路调控米色脂肪细胞生成和机体能量代谢。Notch配体和受体在棕色和白色脂肪细胞之间存在差异表达，在脂肪前体细胞和成熟脂肪细胞间的代谢也存在差别。脂肪组织特异性超表达NICD（Ad-NICD）小鼠体重增加而白色脂肪组织减少了大约90%，脂肪组织的脂肪细胞分化和脂肪生成相关基因的转录水平下降；在高脂高能喂养下，严重缺乏脂肪组织的Ad-NICD小鼠体重没有明显增长（Chartoumpekis等，2015）。Ad-NICD小鼠脂肪细胞去分化后出现脂质代谢障碍和功能障碍，敲除PTEN后Ad-NICD小鼠糖脂代谢恢复正常（Bi等，2016a）。

三、Notch信号通路与其他营养因子和活性因子

维生素与动物的生长、代谢、发育有着密切的关系。在Notch信号通路中，维生素A可调节树突状前体细胞的Notch受体或配体的表达，刺激脾脏树突细胞的生长；维生素A代谢物视黄醇也能促进神经干细胞的Notch信号传导和增殖（Paschaki等，2012）。补充维生素B_9（叶酸）能增加胚胎神经干细胞Notch1和Hes5表达水平，并能刺激神经干细胞增殖，影响胚胎神经系统的神经生成过程。通过减少维生素D的喂食使大鼠体内缺乏维生素D，发现Notch信号通路活性和肌肉增殖潜能下降，并且老年大鼠骨骼肌出现萎缩，说明维生素D缺乏可能加重肌肉再生能力下降的症状（Domingues-Faria等，2014）。维生素E代谢产物δ-生育三烯酚抑制肺癌细胞（NSCLC）中Notch信号通路，Notch1及其下游靶基因（包括Hes1、cyclin D1等基因）的表达也下降，从而抑制癌细胞迁移，诱导肿瘤细胞凋亡（Ji等，2012）。

植物提取物在缓解应激、预防疾病、提高动物免疫力和改善动物产品品质等方面有明显的优势，植物提取物的使用在畜禽业发展中必不可少。大豆异黄酮是大豆生产中的代谢产物，它可以激活Notch信号通路，使大脑动脉闭塞患者的Notch1和Hes的mRNA和蛋白质水平发生变化，减少细胞凋亡，对脑卒中（中风）起到神经保护作用（Huang等，2009）。茶多酚中最有效的活性成分表没食子儿茶素没食子酸酯（epigallocatechin gallate，EGCG），可降低人脐静脉内皮细胞炎性因子和氧化应激基因的表达，且使

Notch1及其下游靶基因的表达水平显著下降。EGCG可能通过抑制Notch1降低炎性因子和氧化应激相关基因的表达，进而减少炎症和氧化应激诱导产生的尿酸（Xie等，2015）。二甲双胍能与mTOR抑制剂——雷帕霉素单独或协同作用来降低肥胖糖尿病小鼠的血糖水平和胰岛素水平，同时降低Notch信号通路相关基因的表达水平，抑制肥胖糖尿病小鼠胰腺肿瘤生长（Cifarelli等，2015）。而且，很多营养因子、活性因子能通过Notch信号来抑制肿瘤等疾病的发生发展。但更多可治疗疾病的因子有待发掘，其分子机制仍需进一步探索。

（编者：单体中等）

第四部分

表观遗传与营养吸收代谢调控

第十三章 甲基化修饰与动物营养吸收代谢调控

第一节 甲基化修饰概述

经典遗传学理论认为，DNA序列中存储着生命的全部遗传信息，基因序列的改变或染色体突变是引起基因表达水平变化的主要原因。但随着越来越多的科学研究表明，基因的表达不仅受到遗传物质的控制，还受到一系列外界因素（如饮食、环境等）的影响。这种不依赖于核苷酸序列改变，而是在已有的核酸或蛋白质上加修饰标签，通过改变遗传物质修饰状态或空间结构完成基因表达调控的方式称为表观遗传。最常见的表观遗传修饰是甲基化修饰，如组蛋白甲基化、DNA甲基化、RNA甲基化修饰等。甲基化修饰是不遵循孟德尔遗传定律的，它可能会影响一个或多个等位基因的表达。表观遗传修饰是在整个生命过程中获得的，具有潜在可逆性及可遗传性。

动物的表型是基因组和表观基因组（营养、环境等）之间相互作用的结果。甲基化这一动态可逆的修饰能快速介导外界因素对基因表达的调控，增强动物对环境的适应性，同时避免了DNA反复突变造成的遗传信息紊乱。动物机体表观遗传修饰的建立和变化贯穿整个生命时期，尤其在早期胚胎形成时期，受精卵在形成和着床期间存在广泛的脱甲基作用，这个时期生物所处的环境是影响表观遗传标记模式建立的关键因素。营养会通过改变表观遗传修饰模式对动物（尤其是经济型动物）整个生命过程产生深远的影响。如果追求更高的料肉比和更佳的动物产品品质，那么就需要综合考虑动物的饲养环境、营养条件等因素，形成科学的动物饲养模式。

在营养学领域，大量研究表明营养物质可通过改变甲基化修饰相关的酶活性或甲基代谢底物来改变基因表达，如常量营养素（如脂肪、碳水化合物和蛋白质等）、微量营养素（如维生素等）和天然生物活性化学物（如白藜芦醇等）都能参与到甲基化表观修饰中。其中，蛋氨酸、叶酸、胆碱、甜菜碱等营养物质是一碳单位代谢通路中重要的组成物质，对甲基化调控作用非常关键。在动物机体中，营养素的变化会引起细胞中DNA甲基化、组蛋白甲基化等表观遗传学变化。表观遗传学弥补了经典遗传学研究的不足，成为目前动物营养学和动物遗传学研究的热点。

第二节　组蛋白甲基化与动物营养吸收代谢

一、组蛋白甲基化

真核细胞中，组蛋白主要有H_1、H_{2A}、H_{2B}、H_3、H_4这5种类型的蛋白质亚基。其中，后4种各两个分子组成八聚体，形成核小体基本结构中的核心组蛋白。两个核小体之间由60个碱基对的DNA链及1个H_1亚基连接起来。组蛋白的氨基酸链N端富含碱性氨基酸（如赖氨酸和精氨酸），可被不同的基团所修饰。以*S*-腺苷甲硫氨酸（SAM）作为修饰基团的修饰方式即组蛋白甲基化。截至目前，已发现多种特异性的组蛋白甲基转移酶，可分别完成H_3、H_4组蛋白上不同位点的甲基共价修饰，包括单甲基化、双甲基化和三甲基化，参与转录调控、基因组完整性维持及表观遗传模式的传递。

组蛋白H_3是发生修饰最多的亚基，在第4、9、27、36和79位的赖氨酸残基上均可发生甲基化修饰。组蛋白修饰主要通过改变染色质的紧缩程度，达到调控基因表达的目的。此外，组蛋白H_3不同位点的赖氨酸甲基化与其他修饰方式相互作用，分别调控基因启动子和增强子的活性。

二、组蛋白甲基化与一碳代谢

营养素参与一碳代谢和SAM水平的调节，影响细胞内组蛋白甲基化修饰水平。常见的甲基来源有叶酸、维生素B_6、维生素B_{12}、胆碱、甜菜碱和蛋氨酸等，组蛋白甲基化直接受到饮食的影响（Shyh-Chang等，2013）。研究发现，妊娠期胎儿产前暴露于酒精会降低基因表达活化标志——组蛋白H_3第4位赖氨酸三甲基化（trimethylation of histone H_3 lysine 4，H3K4me3）水平，并增加抑制性标记——组蛋白H_3第4位赖氨酸二甲基化（dimethylation of histone H_3 lysine 4，H3K4me2）水平，而妊娠期补充胆碱使组蛋白甲基化水平恢复正常（Mentch等，2015）。

SAM和*S*-腺苷同型半胱氨酸（*S*-adenosyl Homocysteine，SAH）的数量将一碳代谢与甲基化修饰关联起来。近年来研究表明，蛋氨酸代谢水平通过调节SAM/SAH影响H3K4me3的水平，从而调控基因表达。其他的营养物质（如叶酸、胆碱等）也可提供SAM进而影响组蛋白甲基化。叶酸缺乏可抑制组蛋白H_3第4位赖氨酸（histone H_3 lysine 4，H3K4）甲基化，从而下调PER33的表达。在叶酸缺乏的条件下，H3K4甲基化水平下降程度高于H3K79，说明不同组蛋白的甲基化程度对营养缺乏的敏感性不同（Friso等，2017）。叶酸除了作为一碳单位的载体，影响甲基化反应中的活性甲基含量，还能结合一种H3K4me1/me2中的去甲基化酶——赖氨酸特异性去甲基化酶1（lysine specific demethylase 1，LSD1），参与表观遗传修饰水平的调节。

三、组蛋白甲基化与脂质代谢

CCAAT/增强子结合蛋白α（C/EBPα）和PPARγ等转录因子的激活在脂肪细胞分化前期具有重要作用。利用染色质免疫共沉淀测序（Chip-seq）发现H3K4me3/me2/me1、H3K27me3和H3K36me3等甲基化修饰参与脂肪形成过程。H3K4甲基化对脂肪形成有很大影响，流行病学调查显示，2型糖尿病性肥胖和非糖尿病性肥胖人群的脂肪细胞H3K4me2水平比正常个体脂肪细胞低约40%；相反，H3K4me3水平在糖尿病性肥胖个体脂肪细胞中要比正常个体和非糖尿病性肥胖者高40%（刘洋等，2017）。全基因组分析显示，H3K4me3多位于启动子附近并与转录起始相关，如脂肪细胞特异性可变启动子PPARγ附近存在H3K4me3。在小鼠3T3-L1前体脂肪细胞向成熟脂肪细胞分化过程中，Pparγ2启动子附近发生H3K4me3，激活Pparγ2启动子活性，增强Pparγ2基因的表达；而在非成脂分化的过程中，Pparγ2启动子区域上发生H3K9me2，抑制Pparγ2基因的表达，从而抑制脂肪的生成。H3K4me2/me1与开放染色体和顺式作用元件活性有关，常分布于启动子、内含子和基因间区域。H3K4甲基转移酶相关蛋白PTIP敲除后会抑制H3K4me3及RNA聚合酶Ⅱ在PPARγ及C/EBPα启动子的富集，使脂肪形成过程受到抑制。H3K4的去甲基化对脂肪细胞的分化也非常重要。敲除H3K4me2/me1特异性赖氨酸去甲基化酶1（LSD1），可抑制3T3-L1前体脂肪细胞的分化，这是由于C/EBPα启动子处的H3K4me2水平降低及H3K9me2水平升高导致的。另外，LSD1抑制剂可阻断LSD1催化活性并促进脂肪干细胞的成骨分化。H3K9也能发生单甲基化、二甲基化或三甲基化，此位点的甲基化多与基因沉默有关。在脂肪细胞有丝分裂阶段，组蛋白甲基转移酶G9a可被C/EBPβ反式激活，通过调节启动子处H3K9me2抑制PPARγ和C/EBPα的表达，从而阻止脂肪细胞分化。受G9a调节的H3K9me2选择性地富集于整个PPARγ位点。在脂肪形成过程中，H3K9me2和G9a的水平与PPARγ的表达负相关（Bishop和Ferguson，2015）。常染色质组蛋白赖氨酸*N*-甲基转移酶1（euchromatic histone-lysine *N*-methyltransferase 1，EHMT1）是控制棕色脂肪细胞命运的PRDM16转录复合物的一个必要成分。棕色脂肪细胞中EHMT1丢失导致棕色脂肪特征丧失。EHMT1通过稳定PRDM16来打开棕色脂肪细胞中的生热基因程序。敲除EHMT1，会减少由BAT介导的适应性热生成，造成肥胖和胰岛素抵抗。H3K4/K9的LSD1通过抵抗H3K9甲基转移酶的作用来维持染色质活性。敲低H3K9甲基转移酶SETDB1（SET domain bifurcated 1），通过降低CEBPα启动子处H3K9二甲基化水平和增加H3K4二甲基化水平，产生与LSD1相反的作用，从而促进分化。含有JmjC（JumonjiC）结构域的组蛋白去甲基化酶（JmjC-domain-containing histone demethylase，JHDM）在调控代谢基因表达方面发挥重要作用，敲除Jhdm基因的小鼠会产生肥胖和高脂血症，可导致棕色脂肪细胞中β-肾上腺素刺激的糖释放和棕色脂肪组织中氧消耗的紊乱。可见组蛋白甲基化修饰是甲基转移酶和去甲基化酶的动态协调作用过程，多种组蛋白甲基化共同调节脂肪细胞的分化（Bannister和Kouzarides，2011）。

四、组蛋白甲基化与维生素代谢

2006年Zhang纯化了组蛋白去甲基化酶JHDM1，JHDM1在Fe^{2+}和α-酮戊二酸（2-oxoglutaric acid，2OG）存在条件下，能够特异性地使H3K36去甲基化。不久之后，JHDM1被确定为可以去除H3K9和H3K36三甲基化的转录抑制因子。到目前为止，已发现的含有JmjC结构域的组蛋白去甲基化酶家族成员约20种，它们可以分别去掉单甲基化、二甲基化和三甲基化的组蛋白赖氨酸残基。含有JmjC结构域的组蛋白去甲基化酶（如TET）也属于Fe^{2+}和2OG双加氧酶超家族。抗坏血酸是生理pH条件下维生素C的主要形态。作为组蛋白去甲基化酶JHDM发挥最佳催化活性的辅因子，抗坏血酸参与组蛋白的去甲基化过程。当抗坏血酸盐缺乏时，JHDM的去甲基化作用丧失。尽管对抗坏血酸在组蛋白去甲基化中的作用仅在体外进行了测定，而且对抗坏血酸在其他不含有JmjC结构域的组蛋白去甲基化酶成员中的作用尚未报道，但可以推测抗坏血酸可能是含有JmjC结构域的组蛋白去甲基化酶的辅因子家族。

H3K9甲基化是体细胞重编程到诱导性多能干细胞（induced pluripotent stem cell，iPSC）中的屏障，抗坏血酸盐帮助组蛋白去甲基酶通过调节核心的H3K9甲基化状态来切换pre-iPSC的命运（抗坏血酸在pre-iPSC过渡到完全的重编程iPSC过程中起着关键作用)。此外，抗坏血酸盐可刺激骨髓间充质干细胞的增殖，提高来自间充质干细胞的iPSC产生效率。

维生素D受体（VDR）和组蛋白去甲基化酶活性之间存在相互调节作用。在结肠癌细胞系SW480-ADH中，1,25-$(OH)_2$-维生素D_3增加了赖氨酸特异性去甲基酶1/2的表达。1,25-$(OH)_2$-维生素D_3治疗也影响了一系列不同的含有JmjC结构域的组蛋白去甲基化酶的表达。第一个确定的JmjC家族成员是KDM2A/JHDM1A。表达谱分析数据显示，KDM2A和KDM2B的表达量在几个肿瘤细胞中不同，1,25-$(OH)_2$-维生素D_3抑制几种组蛋白去甲基化酶（如KDM4A/4C/4D/5A/2B、JMJD5/6和PLA2G4B）的表达，诱导其他几种组蛋白去甲基化酶（如JARID2和KDM5B）的表达。KDM4的家族成员催化H3K9或H3K36的去三甲基化。H3K9me3是异染色质的标记，H3K9的去甲基化被认为与染色体不稳定性相关。因此，可以通过1,25-$(OH)_2$-维生素D_3抑制KDM4家庭成员的表达来提高基因组稳定性。

五、组蛋白甲基化与微量元素代谢

砷是常见的环境化学暴露物，主要以硫化物形式存在，我国北方局部地区有较大面积的饮水型砷暴露，是动物生产中的威胁性因素之一。研究表明，人肺癌细胞经亚砷酸盐处理后，H3K9me2水平显著增加，p53基因的启动子附近甲基化水平也随之增加。通过亚硫酸氢盐PCR测序（BSP）和染色质免疫共沉淀（ChIP）等试验技术发现，H3K9me2不同的修饰水平使染色质的空间结构发生改变，进而影响其他转录因子与基因启动子的亲和性来调控基因表达。H3K4甲基化水平的增加会影响胰岛β细胞细胞周期相关DNA的复制，进而影响胰岛β细胞的增殖水平。

第三节　DNA甲基化与动物营养吸收代谢

一、DNA甲基化修饰

DNA甲基化是哺乳动物DNA最常见的复制后修饰方式之一，即DNA甲基转移酶（DNMT）将SAM提供的甲基基团转移到DNA分子特定碱基上的过程。在原核生物中，

DNA有5-甲基胞嘧啶（5mC）、N^6-甲基嘌呤（6mA）和7-甲基鸟嘌呤（7mG）等甲基化形式；但在真核生物中，胞嘧啶甲基化是非常常见的一种方式，而那些可被甲基化的CpG二核苷酸并非随机分布于基因组的序列中（刘玥，2012），它们通常位于基因的启动子区域、5′端非翻译区和第一个外显子区。在动物模型中，这种修饰通常发生在DNA链中CpG双核苷酸丰富且对称的区域，这个区域称为CpG岛。管家基因和发育基因的启动子区含CpG岛，该区域的DNA甲基化通过阻碍转录因子及RNA聚合酶与模板链的结合，影响该区域的基因表达，引起机体生物学功能发生相应的改变（王波和罗海玲，2017）。DNA甲基化是通过DNMT催化和维持的。在真核生物中，目前已发现3种DNMTs，分别为DNMT1、DNMT2和DNMT3。该家族蛋白在C末端具有高度保守的催化结构域，能够将甲基基团合成到5′-CpG-3′中胞嘧啶的第5位碳原子上。通过质子的释放与共价中间产物的转变，DNMT参与DNA甲基转移的催化反应。

DNA甲基化是一个动态可逆的调控过程，在动物机体中存在多种去甲基化的机制，包括碱基切除或核苷酸剪切的修复途径、延伸因子复合物蛋白亚基1（elongator complex protein 1，ELP1）等介导的基因组去甲基化（通过TET蛋白介导，催化5-甲基胞嘧啶转变为5-羟甲基胞嘧啶，从而实现DNA去甲基化）。

二、DNA甲基化与氨基酸代谢

蛋白质是生命的物质基础，也是畜禽饲粮重要的营养素之一。蛋白质会影响DNA甲基化和基因的表达（Rees等，2000）。研究表明，妊娠期的小鼠饲喂低蛋白质含量日粮后，其子代的肝脏组织基本上处于DNA高度甲基化。很多研究也逐步证实，在妊娠期间动物摄入的蛋白质含量较低会使子代DNA中一些重要区域甲基化模式产生变化。更为关键的是，这种变化在该子代成年之后也会保持。除此之外，也有研究发现，处于孕期的小鼠一旦被限制蛋白质的摄入，小鼠的肾上腺相关基因的甲基化也会随之降低，这也被认为是导致子代小鼠高血压的因素之一（Bogdarina等，2010）。因此，在小鼠出生前，DNA甲基化水平可能增加或者减少，而这种变化是由其母体营养条件决定的。出生后小鼠的日粮蛋白质水平对DNA的甲基化影响会比在胚胎时母体摄入的蛋白质水平影响小得多（Carone等，2010）。蛋白质水平可以调节甲基化基因PPARa的表达，该基因会影响肝脏脂肪的形成，其表达异常会导致肝胆固醇或者脂肪合成总量升高，增加脂肪肝的发生风险。也有学者对小鼠出生前后饲喂不同蛋白质含量的日粮进行研究，研究结果表明，低蛋白质含量日粮影响了子代小鼠体内肝糖皮质激素受体1（GR1）的表达（Lillycrop等，2007）。与高蛋白质水平组相比，低蛋白质水平组子代甲基化降低

33%，说明孕期的蛋白质水平可能在相当长一段时间里影响着动物的生长和发育。

蛋氨酸是一种重要的氨基酸，它会影响SAM含量。SAM是DNA甲基化的甲基供体，在提供一碳单位后产生SAH。SAH经过转化会产生一种叫高半胱氨酸的化学物质。在酶的作用下，高半胱氨酸生成蛋氨酸。所以，日粮中的蛋氨酸含量变化会改变DNA甲基化水平。而DNMT的活性能力依赖SAH的消耗数量和SAM的生成数量。因此，SAM/SAH被定为DNA甲基化水平的标准（Waterland，2006）。研究表明，日粮中蛋氨酸含量增加会导致SAM浓度增加而SAH浓度降低。然而有些学者的研究结果显示，5～6周小鼠饲喂高水平的蛋氨酸，会增加肾中SAH的总体浓度但不会改变SAM/SAH量。还有学者认为日粮中补充蛋氨酸时，会显著减少肝和脑部位的SAM/SAH，却不会导致全基因组的甲基化水平改变（Devlin等，2004）。

三、DNA甲基化与脂质代谢

给妊娠期小鼠饲喂高脂肪含量的日粮，发现肝Cdkn1a（细胞周期蛋白依赖性激酶抑制因子）基因CpG区域去甲基化，促进该基因的表达，导致后代小鼠患脂肪肝（Dudley等，2011）。也有研究发现，妊娠期高脂肪含量日粮会使子代小鼠脑垂部的多巴胺转运子（dopamine transporter，DAT）、阿片样物质受体（Mu opioid receptor，MOR）以及后脑啡肽原（proenkephalin，PENK）启动子甲基化水平降低，改变神经递质等物质的mRNA表达量，改变动物的采食习性（Vucetic等，2010）。在断奶之后，高水平脂肪日粮喂养的小鼠脑部的MOR启动子区域甲基化程度会显著升高，相应MOR mRNA的表达量会显著降低（Vucetic等，2011）。也有研究表明，断奶之后给小鼠饲喂高脂日粮，会使酪氨酸羟化酶（tyrosine hydroxylase）和多巴胺转运子基因的启动子区域的甲基化水平增强，减少酪氨酸羟化酶和多巴胺转运子基因表达量（Vucetic等，2012）。所以，DNA甲基化的改变可能影响动物的肥胖。以上研究结果也可以证明：不同时期的日粮饲喂方式对动物DNA甲基化的影响存在差异，同一品种可能由于出生阶段而不同，同一机体因不同部位而不同，同一器官的不同细胞DNA甲基化水平也不同。

四、DNA甲基化与微量元素代谢

微量元素对DNA甲基化也有一定作用。有研究表明，硒、锌等一些微量元素会影响机体DNA甲基化水平。低硒日粮组鸡的肌肉、肝脏、免疫组织的DNA总甲基化水平低于对照组，甲基转移酶的mRNA表达水平也有降低趋势。硒的缺少也会导致结肠癌细胞DNA的低甲基化（Davis和Uthus，2003）。

微量矿物质元素Se对动物体内甲基化影响的研究较多。Se在DNA甲基化的过程中的作用与维生素类似，是SAM提供的甲基反应过程中酶的重要辅因子。Se可以通过调控酶的活性制约DNA甲基化，缺Se会导致细胞DNA甲基化水平降低。另有研究表明，日粮中Se元素的缺乏会降低肝和结肠中基因的甲基化水平，增加肝和结肠肿瘤发生的可能性（Davis等，2000）。

五、DNA甲基化与维生素代谢

维生素是一种生物体自身不能合成，但在生长发育阶段必需的物质，一般是从食物中摄取的。维生素分为两大类：水溶性维生素（维生素C、B族维生素等）和脂溶性维生素（维生素D、维生素A、维生素E、维生素K等）。在生物机体中，如果某一种维生素长期不足，将会引起与其相对应的生理功能障碍。维生素B_{12}、维生素B_2、叶酸和维生素B_6作为维持生物体生理功能稳态的物质，是影响DNA甲基化最主要的物质。它们对DNA甲基化途径调节都是通过一碳单位完成的。它们是甲基的重要来源物质，任何一种缺少或者过量，DNA甲基化水平都会受到影响（杨凤等，2000）。

在由同型半胱氨酸（Hcy）生成5-甲基四氢叶酸和甲硫氨酸，最后生成四氢叶酸的过程中，维生素B_{12}作为一个重要的辅因子参与其中；维生素B_2作为许多种辅酶的前体物质影响维生素B_{12}和叶酸的代谢；维生素B_6作为一种重要辅因子参与由THF生成亚甲基四氢叶酸，Hcy生成半胱氨酸的过程（Duthie等，2010）。保持体内这几种维生素的平衡不仅有助于婴幼儿的神经系统发育，而且还可以稳定体内的DNA甲基化水平，患癌症的风险也会大大降低。研究发现，断奶大鼠饲料缺乏叶酸，会引起大鼠肝脏中的甲基化水平升高，并且这种情况会一直持续到饲料中添加叶酸才会消除（Kotsopoulos等，2008）。同时，维生素B_{12}长期不足也会诱导贲门腺癌、DNA低甲基化和食管鳞状细胞癌（Sinclair等，2007），也可能会导致小鼠结肠和肝脏中SAM / SAH的比值降低，最后降低DNA甲基化。还有报道称，胰岛素样生长因子2（IGF-2）的DNA甲基化模式会被围产期膳食中维生素B族的含量所影响。

第四节　RNA甲基化与动物营养吸收代谢

一、RNA甲基化修饰

RNA修饰是一种转录水平的调控方式。目前为止，已有超过100种RNA修饰被发现，这些修饰很大程度上丰富了RNA功能和遗传信息的多样性。RNA甲基化是RNA修饰中最主要的修饰方式，其中m^6A和m^5C是最具代表性的两种修饰方式。

m^6A是mRNA上最为常见的一类RNA修饰，广泛存在于真核生物中。RNA m^6A虽然早在19世纪70年代就已经被发现，但其功能一直处于未知阶段。2011年首个mRNA m^6A去甲基化酶FTO被发现，揭示了RNA甲基化修饰是动态可逆的过程（Jia等，2011）；2012年，m^6A抗体免疫共沉淀-高通量测序技术（m^6A-seq或MeRIP-seq）的出现，为m^6A的深入研究打开了大门。随后，m^6A相关蛋白质的研究取得了突破性进展，另外一个m^6A去甲基化酶ALKBH5（alk B homolog 5）被发现（Zheng GQ等，2013），m^6A甲基转移酶复合物被解析，包括METTL3、METTL14和WTAP等形成的甲基转移酶复合物可以催化m^6A的形成；多个m^6A结合蛋白被报道，包括YTH结构域家族蛋白（YTH domain family，YTHDF）和核内不均一型核糖核蛋白A2B1（heterogeneous nuclear ribonucleoprotein A2B1，hnRNPA2B1）等，m^6A的生物学功能主要通过m^6A结合蛋白来发挥。YTHDF与mRNA m^6A的结合能改变mRNA的翻译效率和稳定性，从而影响特定蛋白质的表达水平（Wang和He，2014；Du等，2016）。hnRNPA2B1为m6A结合蛋白，可以干扰pri-miRNA的剪接，揭示了m^6A在miRNAs生成过程中的重要调控作用（Alarcón等，2015）。hnRNPC是定位在细胞核内的RNA结合蛋白。m^6A介导hnRNPC与底物RNA的结合，会影响底物RNA的含量及选择性剪接，从而改变基因表达及下游通路，证明m^6A除了可以作为RNA结合蛋白直接作用的标签，还可以作为RNA结构“开关”间接调控RNA与RNA结合蛋白的相互作用（Liu N等，2015），这为研究m^6A生物功能指出了新的方向。基于利用meRIP-seq和m^6A-seq技术获得的m^6A修饰图谱，越来越多的实验室投入m^6A功能的研究中，越来越多的研究提示m^6A修饰可能在生长发育、脂肪沉积、细胞分化等生命过程中发挥着重要作用。

mRNA m^5C修饰是继m^6A研究之后的又一RNA甲基化研究热点。m^5C甲基化最早发现于rRNA中，继而在mRNA中被发现，近年来相继在tRNA、snRNA、miRNA、长链非编码RNA（long non-coding RNA，lncRNA）等中也检测到m^5C甲基化。目前，对于RNA m^5C的研究尚处于起步阶段。目前发现的mRNA m^5C修饰的甲基转移酶主要是NSUN（NOP2/5UN RNA methyltransferase）家族蛋白（如NSUN2、NSUN4等）和DNMT2（DNA methyltransferase 2）等（Goll等，2006），介导mRNA m^5C修饰的结合蛋白ALYREF（Aly/REF export factor）和Ybx1（Y box-binding protein 1）也被发现（Yang等，2017；Yang等，2019）。由于m^5C修饰的研究起步较晚，就目前的研究结果来看，m^5C与蛋白质翻译、RNA稳定性可能有密切关系，更多的生物学功能研究亟须开展。

二、RNA甲基化与动物生长发育

哺乳动物胚胎发育是一个非常严密有序的过程，涉及自身基因组被激活，母源mRNA被清除的过程，这个过程的生长发育和蛋白质合成对其整个生命过程中的生长非常重要，而表观遗传因素在该过程中发挥重要作用。芝加哥大学的何川团队研究发现，约1/3的斑马鱼母源mRNA上带有m^6A修饰，甲基化阅读蛋白YTHDF2能识别这种修饰并介导mRNA降解，阻止这些mRNA的翻译，使子代斑马鱼胚胎得到进一步发育。而敲除斑马鱼胚胎内的YTHDF2，则会影响到母源mRNA的降解过程，抑制子代胚胎基因组激活，导致发育受限（Wang和He，2014）。

除YTHDF2作为mRNA阅读蛋白直接介导mRNA降解作用外，m^6A甲基转移酶METTL3在胚胎发育中也起着重要的调节作用。Geula等（2015）在小鼠和人类的胚胎干细胞中干扰METTL3，发现缺失METTL3的胚胎干细胞停滞在自我更新的状态，无论体内或体外均无法正常分化。METTL3缺失的小鼠胚胎仅能形成胚状体，无法产生成熟的神经元，最终死亡；虽然分离出的$METTL3^{-/-}$小鼠胚胎细胞保留了Nanog等多潜能标记物，但无法进行细胞系分化，且在胚胎移植后期死亡（Geula等，2015）。猪在基因组和生理特性上与人类都有极大的相似性，是人类疾病和临床医学应用的重要模型。然而，目前猪胚胎干细胞还没有完全成功分离。诱导性多能干细胞（iPSC）是一种类似胚胎干细胞的多能干细胞，在形态学、基因和蛋白质表达、分化能力、表观遗传修饰状态等方面与胚胎干细胞都极为相似。因此，猪iPSC已成为一种理想的替代研究模型。Wu等（2019a）研究发现，METTL3是调控猪iPSC多能性的关键调控因子。METTL3能够抑制猪iPSC分化，保持其多能性。进一步研究发现，METTL3通过提高JAK2和SOCS3 mRNA的m^6A甲基化水平，使其分别为YTHDF1和YTHDF2识别和结合。YTHDF1促进JAK2 mRNA翻译；YTHDF2促进SOCS3 mRNA降解。JAK2和SOCS3分别正调控和负调控STAT3磷酸化，进而提高STAT3下游多能性核心基因KLF4和Sox2的表达水平，最终促进猪iPSC多能性的维持。

mRNA m^6A 修饰的甲基化转移酶METTL3对动物早期胚胎发育的影响也体现在造血干细胞方面。研究人员发现，斑马鱼胚胎缺失METTL3蛋白后，产生造血干细胞的能力显著减弱，而血管的内皮特性却明显增强，内皮-造血转化（endothelial-to-hematopoietic transition，EHT）过程受到阻断（Ear和Lin，2017）。结合 m^6A-Seq和RNA-Seq的分析发现，胚胎缺失METTL3后，Notch基因的 m^6A 修饰水平显著降低，而mRNA水平却显著升高。Notch基因作为动脉内皮发育的关键基因，推测其甲基化修饰与EHT过程中内皮和造血基因表达的平衡调控相关。进一步结合YTHDF2-RIP-Seq和 m^6A-miCLIP-Seq分析发现，YTHDF2可结合Notch mRNA上 m^6A 位点，促进该基因mRNA的降解，进而维持EHT过程中内皮和造血基因表达的平衡，调控造血干细胞的发生（Ear和Lin，2017）。以上研究结果说明，mRNA m^6A 在早期胚胎发育过程中发挥着重要作用。

三、RNA甲基化与脂质代谢

FTO是第一个被鉴定证实的RNA m^6A 去甲基化酶。FTO基因是第一个通过全基因组关联分析（genome-wide association study，GWAS）筛选出来与人类肥胖密切相关的基因（Hinney，2007），其单核苷酸多态性（SNP）在脂肪沉积的模型中发挥重要作用。研究表明，相对于正常小鼠，过表达FTO的小鼠摄取更多的食物，脂肪组织和体重显著增加（Church等，2010），而FTO敲除小鼠体型瘦弱，在中脑中可检测到的调控脂肪代谢相关基因的表达量降低，且伴随高水平的 m^6A 修饰（Fu等，2013）。当猪的皮下脂肪细胞超表达FTO时，总mRNA的 m^6A 水平下降，脂肪沉积增强，这表明mRNA的 m^6A 水平与脂肪沉积存在负相关关系（Wang XX等，2015）。

最近研究表明，mRNA m^6A 甲基化与脂肪沉积的调控关系密切。Wang XX等（2018）研究发现，金华猪的背脂沉积水平显著高于长白猪，而脂肪组织中 m^6A 修饰水平显著低于长白猪；金华猪脂肪组织中的FTO表达量高于长白猪，而METTL3表达量低于长白猪。通过 m^6A 测序发现，不同猪种的脂肪组织以及肌肉组织的甲基化谱均存在显著性差异，经进一步分析并筛选得到了多个 m^6A 差异修饰基因，如UCP2、PNPLA2、线粒体载体同源物2（mitochondrial carrier homologue 2，MTCH2）和内质网自噬受体蛋白FAM134B（family with sequence similarity 134，member B）等。对这些 m^6A 差异修饰基因功能进行研究，结果发现在脂肪细胞中，m^6A 负调控UCP2蛋白表达，促进脂肪沉积；m^6A 正调控PNPLA2蛋白表达，抑制脂肪沉积（Wang XX等，2018）。而在肌肉组织中，m^6A 正调控MTCH2蛋白表达，促进肌内脂肪沉积（Jiang等，2019），表明 m^6A 在调控脂肪沉积中发挥重要作用。

FTO在脂肪形成的早期阶段起着重要作用。在猪前体脂肪细胞中，FTO缺失会提高JAK2的m^{6}A水平，调控JAK2 mRNA的稳定性，从而降低JAK2的表达水平，STAT3磷酸化水平随之降低，减少STAT3进入细胞核，进而抑制了早期脂肪形成时必要的转录因子C/EBPβ的转录（Wu等，2019b）。另有研究表明，FTO通过降低细胞周期关键基因——细胞周期素A2（cyclin A2，CCNA2）和细胞周期蛋白依赖性激酶2（cyclin-dependent kinase 2，CDK2）mRNA的m^{6}A水平，提高其mRNA的稳定性和蛋白质表达水平，促进细胞周期进程，最终促进脂肪细胞分化（Wu等，2019b）。

利用小鼠前体脂肪细胞系3T3-L1为模型，研究发现m^{6}A修饰与基因的可变剪接密切相关，并鉴定出FTO是一个mRNA选择性剪接的重要调节因子，可促进富含丝氨酸和亮氨酸的剪切因子（serine and arginine rich splicing factor 2，SRSF2）蛋白与RNA结合，促进外显子的转录（Zhao X等，2014）。FTO通过调节剪接位点周围的m^{6}A水平，控制脂肪形成调节因子Runx1的外显子剪接，从而调控脂肪沉积。Wang XX等（2019）研究发现，在小鼠和猪的前体脂肪细胞中，FTO通过调控Atg5和Atg7的表达影响自噬过程。利用LC-MS/MS和m^{6}A测序技术，研究人员发现Atg5和Atg7的3′-UTR存在2～3个m^{6}A位点，这些m^{6}A位点是YTHDF2识别的靶点，同时也是Atg5、Atg7发生降解的“信号”。干扰FTO后，这些位点m^{6}A修饰水平提高，被YTHDF2识别并降解，导致Atg5、Atg7的蛋白质表达量显著下降，抑制自噬体的形成和自噬流发生，从而抑制脂肪沉积过程。为进一步探讨这一机制的普遍性，研究人员在小鼠的脂肪组织中特异性敲除FTO，发现小鼠白色脂肪组织的脂肪沉积显著降低，脂肪组织中的Atg5和Atg7表达水平降低，自噬过程被显著抑制，证实FTO通过影响自噬调控脂肪沉积的过程在活体中也是存在的。

除了FTO以外，m^{6}A的其他调控元件在脂肪细胞分化过程中也具有重要功能。Jiang等（2019）研究发现，m^{6}A能够通过YTHDF1介导的翻译作用，提高MTCH2的表达水平，促进猪肌内脂肪细胞的成脂分化。Yao等（2018）研究指出，METTL3的表达与猪骨髓间充质干细胞的成脂分化负相关，干扰METTL3可降低靶基因JAK1的mRNA m^{6}A水平，阻止YTHDF2的结合并介导JAK1 mRNA的降解，从而促进JAK1蛋白表达和STAT5磷酸化，提高C/EBPβ启动子的活性，最终激活JAK1-STAT5-C/EBPβ通路，促进猪骨髓间充质干细胞向脂肪细胞的分化。Liu等（2019）研究发现，ZFP217能够降低METTL3的表达水平，降低细胞整体和细胞周期基因CCND1的m^{6}A修饰水平，促进细胞周期进程和脂肪沉积。同年，另一个研究团队则报道，ZFP217能够提高FTO的转录和蛋白质表达，进而促进脂肪细胞分化（Song等，2019）。以上研究表明，m^{6}A甲基化能够通过多种途径调控脂肪沉积。

研究发现，外源营养素能够通过m^6A甲基化调控脂肪沉积。Wu RF等（2018）发现，茶多酚EGCG通过抑制FTO蛋白表达，提高细胞增殖关键基因的m^6A甲基化水平；通过m^6A结合蛋白YTHDF2降低细胞增殖关键基因CCNA2和CDK2的mRNA稳定性，从而抑制脂肪沉积。

RNA的修饰具有重要的生物学功能，并且有些修饰高度动态可变。表观转录组学的发展和新技术的不断涌现，将极大地促进mRNA转录后修饰形成机制和生物学功能的研究，尤其是对于深入理解营养如何通过RNA修饰调控动物生理学过程、影响动物表型有着重要的意义。

（编者：王新霞等）

第十四章 非编码RNA与动物营养吸收代谢调控

基于“中心法则”，传统基因表达调控研究主要集中在编码蛋白质的基因。然而，蛋白质编码基因只占动物基因组的2%左右，提示动物基因组存在大量功能未知的非编码RNA分子。最初，关于RNA的研究主要关注与基因表达和蛋白质合成密切相关的核糖体RNA（rRNA）和转运RNA（tRNA）。20世纪80年代初研究发现，小核RNA（snRNA）在剪切内含子中发挥作用。之后发现，小核仁RNA（small nucleolar RNA，snoRNA）是构成剪接体的重要组成成分，从而增加了非编码RNAs家族成员的数量（Cech和Steitz，2014）。1993年报道了线虫中第一个miRNA基因lin-4及其功能（Lee等，1993；Wightman等，1993）。近年来，关于非编码RNA的研究引起了学者们的广泛关注。随着畜禽基因组图谱绘制的进行或完成，以及下一代测序技术的深入，非编码RNAs在动物营养中的研究也必将得到快速发展。

非编码RNA（noncoding RNA，ncRNA）是一类不编码蛋白质但是具有很多其他生物学功能的RNA。近年来研究发现，非编码RNA的种类和作用方式很多，除了自身具有生物功能的核糖酶（ribozymes）和核糖开关（riboswitches）之外，大多数非编码RNA主要通过形成RNA-蛋白质复合体而发挥作用。非编码RNA可根据其作用的不同分为管家非编码RNA和调控非编码RNA。管家非编码RNA主要包括rRNA、tRNA、snRNA和snoRNA，这些RNA一般广泛并以既定形式表达分布在细胞和组织中。而调控非编码RNA则主要包括微小RNA（miRNA）、小干扰RNA（small interference RNA，siRNA）、PIWI结合RNA（PIWI interacting RNA，piRNA）和长链非编码RNA（lncRNA）（Cech和Steitz，2014；Chen，2016）。非编码RNA可在基因转录、RNA成熟、蛋白质翻译等过程中参与基因表达调控，并在发育、分化和新陈代谢等多种基本生物学过程中发挥重要功能（Cech和Steitz，2014）。非编码RNA不仅参与机体的发育调控过程，而且对动物机体的营养代谢也有着重要的调控作用。目前关于非编码RNA研究较多的主要是

miRNA和lncRNA，下文将以这两类非编码RNA为例，介绍非编码RNA在动物营养吸收和代谢中的作用和机制，以期为相关研究和应用的开展提供新方法和新思路。

第一节 miRNA与动物营养吸收代谢

miRNA是一类广泛存在于多细胞动物和植物中，具有调控基因表达作用的短链内源非编码单链RNA，长度一般为20～23个碱基。早在1993年，科学家就在秀丽线虫（*Caenorhabditis elegans*）中发现了第一个miRNA基因lin-4。研究表明，lin-4可在转录后水平通过调控基因表达参与线虫发育的时序调控（Lee等，1993）。但是直到7年后，科学家在秀丽线虫中发现了第二个miRNA let-7（Reinhart等，2000），才在脊椎和非脊椎动物中开展大规模筛选、鉴定新miRNA的相关研究（Lagos-Quintana等，2001；Lau等，2001；Lee和Ambros，2001）。研究证明，miRNA在动植物界普遍存在。绝大多数miRNA对基因表达的调控是通过部分或完全配对原则与mRNAs的3′-UTR区结合，从而抑制mRNA的翻译或者促进其降解。研究发现，1个miRNA可能作用的靶点基因有几百甚至上千个，在哺乳动物中miRNA参与调控约50%的编码基因（Lewis等，2005；Miranda等，2006）。越来越多的研究证实miRNAs在基因表达调控中起着关键作用，其参与机体几乎所有生物学过程的调控，包括细胞增殖、分化、凋亡，个体免疫、生长发育、营养物质吸收代谢及多种疾病的发生发展（Ambros，2004；Baltimore等，2008；Zhang和Farwell，2008）。同时，除可调控目的基因的表达外，miRNA本身的合成和成熟过程也受众多因素的调节（Winter等，2009）。

一、miRNA的产生及作用机制

miRNA通常位于编码基因的内含子区，主要由RNA聚合酶Ⅱ催化而转录为初始miRNA（pri-miRNA）。之后经过一系列的核内、胞质内酶切步骤而组装成有功能的RNA诱导的沉默复合体。初始miRNA通常会形成一个或多个茎环结构，从而可以被RNA内切酶Ⅲ Drosha和DGCR8复合体识别。在初始miRNA的基部，核酸内切酶切割双链RNA并形成长度约70个核酸的前体miRNA（pre-miRNA）。该前体miRNA的5′端有磷酸基，3′端有二核苷酸突出序列。之后，转运蛋白Exportin-5通过识别前体miRNA的3′

端二核苷酸信号而与前体miRNA结合，将前体miRNA从细胞核转运至胞质内。在细胞质内，前体miRNA被另一个RNA内切酶Ⅲ Dicer和TARBP2识别，生成一个长度约20个核酸的成熟miRNA二聚体。成熟miRNA来自前体miRNA的一条臂，另一条臂会生成一个长度与成熟miRNA相同的片段，即miRNA（Carthew和Sontheimer，2009；Kim VN等，2009）。一般情况下，只有成熟miRNA具有生物学功能，而另外一条则在细胞内被降解。

成熟的miRNA进入RNA诱导的沉默复合体（RNA-induced silencing complex，RISC）中发挥作用。RISC是miRNA发挥调控作用的基础。其中，Ago蛋白是该复合体的核心，具有十分重要的作用。RISC抑制目的基因的表达主要通过两个不同的途径：通过影响脱乙酰基酶从而去掉多聚核酸尾（ployA tail），进而诱导mRNA降解；在翻译起始或者在延伸阶段阻止翻译进程。miRNA有效的靶向要求其种子序列（5′端第2—8核苷酸序列）和目的基因mRNA的连续互补配对（Bartel，2009）。有研究表明，当mRNA与miRNA完全互补时，大多数miRNA主要参与mRNA降解；而当mRNA与miRNA不完全互补时，miRNA主要指导翻译抑制（Lai，2002）。

二、miRNA调控动物脂肪代谢

传统观点认为，脂肪是动物机体能量储存的一种形式，同时参与调节食欲和能量代谢等机体功能。研究表明，脂肪组织还作为一种高度敏感的内分泌器官，调控代谢稳态、炎症和免疫反应等复杂的生理过程（Vienberg等，2017）。鉴定具有调控脂肪细胞增殖和分化功能的miRNA并研究其作用机制，对于提高畜禽的胴体品质具有重要的意义。

脂肪细胞的分化起始于多能干细胞或胚胎干细胞，经历脂肪母细胞、前体脂肪细胞和不成熟脂肪细胞，最后分化发育为成熟脂肪细胞。脂肪细胞的分化由复杂的分子信号通路和基因表达进行调控，miRNA则是脂肪发育过程中的重要转录后调控因子。研究表明，猪脂肪细胞miRNA在不同品种、发育阶段和生理状态下的表达种类和表达数量均存在一定差异（Wang Q等，2017）。这提示差异表达的miRNA针对不同靶基因对脂肪组织的生理过程进行调控（表14-1）。miR-196a/b、miR-17、miR-143、miR-20a、miR-199a-5p、miR-26b、miR-146b、miR-106b、miR-93和miR-21等可以促进脂肪细胞或前体脂肪细胞分化，而miR-146a-5p、miR-375、miR-130b、miR-135a-5p、miR-33b、miR-125a、miR-27、miR-191、miR-135a、miR-224-5p、miR-24和miR-133a等则在脂肪细胞的分化过程中发挥抑制作用。就脂肪细胞而言，miR-196a/b、miR-199a-5p和miR-146b等分别通过靶向调控PGC-1α和Cav-1等基因，促进前体脂肪细胞的分化；而miR-146a-5p、 miR-375和miR-130b则通过靶向TNF-α和BMPR2（骨形态发生蛋白受体2）等基因抑制其分化。在miRNA调控脂肪细胞分化的过程中，同一miRNA可以通过靶向多个基因调控脂肪细胞的分化：miR-33b通过调节从EBF1到C/EBPα和PPARγ之间的信号级联，进而降低脂肪合成基因的表达，抑制猪皮下前体脂肪细胞的分化和发育（Taniguchi等，2014）。在脂肪前体细胞中过表达miR-20a，可以抑制其生长并降低脂肪细胞特异性转录因子PPARγ、C/EBPα、C/EBPβ和aP2的表达，促进脂肪前体细胞向成熟脂肪细胞的分化。miR-20a还可以通过负向调节脂肪前体细胞转录本中的重要组成部分Kdm6b和TGF-β促进脂肪前体细胞的分化（Zhou J等，2015）。而不同的miRNA也可通过靶向相同的基因实现拮抗或协同作用，进而形成对脂肪细胞增殖和分化的调控网络：miR-20a、miR-33b、miR-27和miR-191等均可以通过降低PPARγ的表达抑制脂肪细胞或前体脂肪细胞分化（Zhou等，2015；Taniguchi等，2014；Sun和Trajkovski，2014）。miR-24可通过促进AP-1的表达显著抑制脂肪前体细胞的分化和成熟，而miR-21则可通过下调AP-1的表达显著促进脂肪细胞分化（Kang等，2013）。

表14-1　对脂肪细胞分化具有调控作用的miRNA举例

miRNA	功　能	靶基因或调控对象	文献出处
miR-196a/b	促进脂肪细胞分化	PGC-1α	Liu L等,2017
miR-17、miR-21、miR-143	促进pBMSCs向脂肪细胞分化	C/EBPα	An等,2016
miR-20a	促进脂肪母细胞分化	Kdm6b、TGF-β	Zhou J等,2015
miR199a-5p	促进前体脂肪细胞增殖分化	Cav-1	Shi等,2014
miR-26b	促进脂肪细胞分化	PTEN	Song等,2014
miR-146b	促进内脏前体脂肪细胞分化	KLF7	Chen L等,2014
miR-106b、miR-93	促进棕色脂肪细胞分化	Ucp1	Wu等,2013
miR-21	促进脂肪细胞分化	AP-1	Kang等,2013a
miR-146a-5p	抑制前体脂肪细胞分化	TNF-α、IR	Wu D等,2016
miR-375	抑制前体脂肪细胞分化	BMPR2	Liu S等,2016
miR-130b	抑制脂肪细胞分化	PGC-1	Chen Z等,2015
miR-135a-5p	抑制前体脂肪细胞分化	Wnt/β-catenin	Chen C等,2014
miR-33b	抑制前体脂肪细胞分化发育	EBF1、C/EBPα、PPARγ	Taniguchi等,2014
miR-125a	抑制前体脂肪细胞分化	ERRα	Ji等,2014
miR-27	抑制前体棕色脂肪细胞分化	PPARγ、PGC-1α	Sun和Trajkovski,2014
miR-191	抑制前体脂肪细胞分化	C/EBPβ、PPARγ、aP2	刘帅等,2013

续表

miRNA	功　能	靶基因或调控对象	文献出处
miR-135a	抑制前体脂肪细胞分化	APC	陈晨,2013
miR-224-5p	抑制脂肪细胞分化	EGR2	Peng等,2013
miR-24	抑制脂肪细胞分化和成熟	AP-1	Kang等,2013b
miR-133a	抑制棕色前体脂肪细胞分化	Prdm16	Liu WY等,2013

脂代谢主要包括甘油三酯代谢、胆固醇及其酯的代谢、磷脂和糖脂代谢等。在这些代谢过程中，有大量的蛋白酶、受体和转运子等参与其中，而这一过程又受许多信号转导途径的调控，形成复杂而精细的调控网络（Brandão等，2017）。脂代谢信号转导涉及的重要途径主要包括：过氧化物酶体增殖物激活受体（PPAR）途径、肝X受体（LXR）途径和胆固醇调节元件结合蛋白（SREBP）途径等，共同维持着细胞乃至机体内的脂平衡（邱磊等，2016）。在脂肪细胞分化、脂质合成和脂质分解过程中，miRNA主要通过调控以上脂代谢途径或其他相关代谢途径中的某些基因来影响脂肪和胆固醇等的合成、转运、分解及利用。因此，miRNA被认为是脂代谢调控过程的重要分子。

脂肪细胞分化后，miRNA将调控其葡萄糖利用、脂质周转及氧化代谢等基本的代谢功能。脂肪细胞，特别是棕色脂肪，利用大量可用葡萄糖维持其功能。Chen YH等（2013）研究发现，在脂肪细胞中超表达miR-93可以下调葡萄糖转运蛋白4（GLUT4）的表达。重要的是，miR-93在胰岛素抵抗的非肥胖个体脂肪组织中表达量较高，并与GLUT4的水平负相关。脂肪组织miRNA介导的葡萄糖转运能力的改变，可能在一定程度上与胰岛素抵抗的发病机制有关。葡萄糖被脂肪细胞吸收后将进一步分解，为线粒体提供产生ATP的底物。有关miRNA在脂肪细胞糖酵解中的作用的研究不多，但在其他组织中，葡萄糖利用与特定miRNA之间的联系已经确立（Kornfeld等，2013）。Reis等（2016）使用Adicer基因敲除模型证明了miRNA可以控制脂肪细胞的糖酵解过程。在脂肪细胞中，甚至在能量缺乏氧化代谢有望被激活的情况下，Dicer缺失将诱导无氧糖酵解。上述表型与脂肪细胞线粒体功能障碍有关，表明miRNA在脂肪细胞控制营养代谢变化（如氧化和糖酵解）方面发挥着重要的作用。

转录辅助激活因子PGC-1家族是线粒体生物合成、产热及脂肪酸和葡萄糖代谢的关键调节因子，并在线粒体含量较高的组织（如棕色脂肪组织）中高表达。miR-378前体位于PGC-1β基因的第一个内含子区域，伴随着强氧化组织（如脂肪组织）中宿主基因的表达并与之相互制衡（Eichner等，2010）。与对脂肪代谢的作用相一致，miR-378/378*基因敲除动物可以抵抗日粮诱导的肥胖。miR-378和miR-378*的靶基因分别为β-氧化过程中的两个重要蛋白质——肉碱乙酰转移酶和中介复合体亚基13（mediator complex subunit 13，MED13），抑制脂肪组织的氧化代谢（Carrer等，2012）。

在合成代谢过程中，糖酵解和三羧酸循环（tricarboxylic acid cycle，TCA）的中间代谢产物可以作为脂质合成的成分。在脂肪细胞中，新合成的脂肪酸或游离脂肪酸可以再酯化为甘油三酯而储存起来，这个过程称为脂质合成。脂质合成中的一个限速步骤为硬脂酰辅酶A去饱和酶1（SCD1）的催化反应。在哺乳动物中，SCD1 mRNA是miR-125b的靶点，这种miRNA过表达可以降低甘油三酯在脂肪细胞中的积累（Cheng等，2016）。有趣的是，能量限制可以促进小鼠皮下脂肪miR-125b的表达，脂肪前体细胞中该miRNA的高表达对氧化应激诱导的细胞凋亡具有保护作用（Mori等，2012）。Guo等（2012）研究表明，miR-145在猪去分化脂肪细胞中呈现高表达，且过表达miR-145可通过调节IRS1基因的mRNA水平抑制脂肪细胞的两个标志基因C/EBPα和PPARγ2的表达水平，进而抑制甘油三酯积聚和脂肪形成。

脂肪分解的过程由营养供给、激素和miRNA共同调控。在猪脂肪细胞中miR-27a的过表达能够显著加速脂肪水解以释放出更多的甘油和游离脂肪酸，而miR-143的过表达则能在脂肪细胞中积累更多的甘油三酯以促进脂肪形成（Wang T等，2011）。Lin等（2014）研究发现，miR-145可以调节小鼠脂肪细胞的分解效率。研究采用KSRP（KH型剪接调节蛋白）基因敲除小鼠，这种小鼠的特点是缺乏控制miR-145等miRNA合成的RNA结合蛋白。KSRP基因敲除小鼠的附睾脂肪表现出更高的脂肪分解效率，主要原因为FoxO1、CGI58及ATGL等基因表达的上调。在3T3-L1脂肪细胞中异位表达miR-145，可以靶向抑制FoxO1和CGI58的mRNA表达，从而减少脂解作用。使用相同的动物模型，Chou等（2014）研究发现，KSRP基因敲除动物的白色脂肪会转化为棕色脂肪进而降低体脂，这主要是由靶向PRDM16和PPARγ基因的miR-150表达下调引起。Li HY等（2013）研究发现，在猪前体脂肪细胞中miR-181a的过表达可以通过抑制TNF-α基因表达而显著提高猪前体脂肪细胞中脂滴的积聚，证实miR-181a靶向TNF-α mRNA的3′-UTR，可以通过TNF-α基因调节猪脂肪形成。

三、miRNA调控动物糖类代谢

（一）miRNA与葡萄糖摄取

动物体内中糖类主要以葡萄糖的形式吸收进入细胞并氧化供能，葡萄糖吸收进入细胞这一过程依赖于葡萄糖转运蛋白（GLUT）。Xu G等（2015）研究发现，miR-26b在肥

胖动物及人类的内脏脂肪组织中表达量较低，miR-26b可以通过上调GLUT4在成熟脂肪组织的移位和表达促进胰岛素诱导的葡萄糖吸收。在作用机制方面，miR-26b通过PTEN-PI3K-Akt信号通路靶向抑制PTEN基因表达，调节胰岛素诱导的Akt激活。Lu等（2010）研究发现，miR-233过表达可以诱导新生大鼠心肌细胞GLUT4的表达进而增加葡萄糖摄取，而通过RNA干扰沉默可以拮抗这一作用。Horie等（2009）研究发现，外源过表达的miR-133可靶向降低KLF15的蛋白质水平，并导致KLF15下游GLUT4的表达水平降低，减少心肌细胞在胰岛素介导下的葡萄糖摄取。反之，通过转染miR-133互补片段抑制其功能后，KLF15及GLUT4表达上调。提示miR-133通过靶向KLF-15调控GLUT4，参与心肌细胞的代谢调控。Zhou等（2016）报道，外源提高miR-106、miR-27a和miR-30d，可以降低GLUT4、MAPK14和PI3K调节亚基β在L6细胞的表达，减少葡萄糖摄取和消耗；反之，通过基因沉默技术干扰上述miRNA表达可以促进GLUT4、MAPK14和PI3K调节亚基β的表达，增加和提高葡萄糖摄取量及利用率。Bian等（2015）报道，在奶牛乳腺上皮细胞中抑制miR-29s的表达，可以促进泌乳相关基因（如CSN1S1、ElF5、PPAR、SREBP1及GLUT1等）的甲基化水平，进而抑制乳腺上皮细胞分泌乳蛋白、甘油三酯和乳糖的能力，这一过程与DNMT3A/3B的表达调控有关。上述研究都说明miRNA参与调节葡萄糖的转运过程。

（二）miRNA与葡萄糖代谢

葡萄糖经GLUT介导进入细胞，通过糖酵解、三羧酸循环及生物氧化等过程生成ATP为细胞的各种生理活动提供能量来源。此过程主要分为两个代谢步骤：在细胞质中完成的无氧分解（产生少量ATP）及在线粒体中进行的有氧分解。大多数细胞依靠葡萄糖的有氧分解过程获取能量（邱磊等，2013）。在糖酵解过程中，丙酮酸激酶M2（pyruvate kinase M2，PKM2）可以催化丙酮酸生成，是葡萄糖代谢的重要调控靶点。研究发现，miR-326可以靶向调控PKM2基因，其与PKM2的表达水平负相关。采用RNA干扰技术下调PKM2表达，神经胶质瘤细胞表现出生长受阻，以及代谢活性、ATP产量和谷胱甘肽水平降低等特征（Kefas等，2010）。miR-378*的基因位于参与细胞氧化代谢的转录调控因子PGC-1β的编码基因PPARGC1b内，也具有调控糖酵解的作用。Carrer等（2012）研究发现，miR-378和miR-378*的靶基因——肉碱乙酰转移酶和MED13对葡萄糖无氧分解具有重要的调控作用。Eichner等（2010）发现，miR-378*受ERBB2调控而影响糖酵解代谢；在这个过程中，miR-378*可以抑制PGC-1β的两个协同作用分子GABPA和ERRγ，降低三羧酸循环相关基因（IDH3a、OGDH和SDHB等）表达水平及耗氧量，提高乳酸产量并促进细胞增殖。

作为葡萄糖有氧分解的主要场所，线粒体在细胞能量代谢过程中发挥着重要功能。近年来，许多研究表明，miRNA可以通过调控线粒体功能参与能量代谢。Wu HL等（2016）研究表明，PKM2超表达可以增强线粒体融合蛋白2（mitofusin 2，Mfn2）的表达，降低细胞内ATP水平和线粒体DNA的拷贝数，进而引起线粒体功能障碍。有趣的是，在PKM2超表达细胞中，miR-106b的表达下降，而miR-106b超表达可以降低Mfn2的表达，促进线粒体功能的恢复。结果提示，miR-106b在Mfn2表达下调以及PKM2介导线粒体能量代谢、糖酵解和氧化磷酸化方面具有重要的调控作用。Liu X等（2016）通过分析杜洛克和皮特兰猪背最长肌中miRNA差异表达谱，发现在猪肌肉组织中，miR-25靶向BMPR2和IRS1，miR-363靶向USP24，miR-28靶向HECW2，miR-210靶向ATP5I、ME3、MTCH1和CPT2基因，与快肌纤维和慢肌纤维的代谢、细胞中ATP水平等密切相关。以上研究结果提示，miRNA和mRNA网络对调控猪肌纤维线粒体能量代谢起重要作用。

藏猪和约克夏猪肝脏miRNA表达谱分析表明，miR-34a、miR-326、miR-1、miR-335、miR-185及miR-378参与了两个猪种的葡萄糖代谢差异；其中，藏猪肝脏中miR-34a表达显著低于约克夏，其可以通过促进SIRT1基因表达提高肝脏糖异生的能力（Li G等，2016）。生物信息学研究证明，猪、马和狗等动物的miR-143-3p可以靶向Akt1基因并参与葡萄糖稳态调控，具体表现为促进葡萄糖的吸收转运以及糖异生过程（Buza等，2014）。

（三）miRNA与胰岛素分泌及胰岛素敏感性

胰腺中胰岛发育及机体胰岛素敏感性受到众多信号分子的精密调控，miRNA在其中发挥着重要的作用。Lynn等（2007）研究发现，有多于125种miRNA的表达与胰腺发育和β细胞形成相关。Hu等（2016）通过抑制及超表达miR-375，研究了其在猪胰腺干细胞向胰岛细胞发育过程中的作用。结果表明，miR-375的超表达可以通过激活PDK1-Akt信号通路促进细胞凋亡，抑制细胞增殖及向胰岛细胞的分化发育。miR-103和miR-107在肥胖动物体内高表达，这两种miRNA可以直接靶向胰岛素受体的关键调节蛋白——小凹蛋白-1。沉默miR-103和miR-107，可以提高机体葡萄糖稳态及胰岛素敏感性；相反地，在肝脏或脂肪中超表达miR-103和miR-107，足以诱导葡萄糖稳态的破坏（Trajkovski等，2011）。此外，Jordan等（2011）研究发现，miR-143和miR-145在肥胖动物肝脏中高表达，miR-143的超表达可以破坏胰岛素诱导的Akt活性及葡萄糖稳态；而敲除miR-143和miR-145，会抑制肥胖相关胰岛素抵抗的发展。Mennigen等（2012）通过虹鳟摄食后肝脏中miRNA的表达分析，研究了miRNA调控胰岛素信号通路的作用机制。结果发现，omy-miR-33和omy-miR-122b在虹鳟饲喂4 h后的表达显著提高，并与肝脏胰岛素信号途径的关键分子SREBP1c及FAS等生脂基因的表达变化相同，与CPT1a和CPT1b等脂肪分解基因的表达变化相反。研究提示，上述miRNA可能通过胰岛素通路参与调控虹鳟摄食后糖脂类代谢，其具有潜在的激活胰岛素信号通路的作用。

四、miRNA调控动物氨基酸代谢

目前关于miRNA与动物氨基酸代谢的关系的研究还较少。一些研究报道了动物肝脏miRNA与谷胱甘肽和蛋氨酸代谢的关系（Lu等，2016）。miRNA可以通过靶向相关酶合成的不同阶段调控细胞内的谷胱甘肽水平。miRNA（如miR-1和miR-433）可以通过靶向谷氨酸半胱氨酸连接酶（glutamate cysteine ligase，GCL）的3′-UTR，调控其中的限速步骤（如GCL的催化）（Cheng等，2013）。miRNA主要通过靶向调节GCL亚基、Nrf2及其介导的抗氧化反应元件的反式激活，间接调节谷胱甘肽合成。研究表明，miR-144可以直接作用于Nrf2，其超表达可以下调Nrf2的表达，降低谷胱甘肽水平。miR-28、miR-93、miR-153、miR-27a及miR-142-5p都可以直接作用于Nrf2的3′-UTR区域（Ayers等，2015）。哺乳动物的蛋氨酸代谢主要包括两条途径：蛋氨酸循环和转硫作用。这两条途径都包括将蛋氨酸转化为同型半胱氨酸的前三步反应。在肝脏中，蛋氨酸代谢被严格调控，以保障*S*-腺苷甲硫氨酸（SAM）维持在一个小的浓度范围。当SAM浓度降低时，蛋氨酸再生途径被激活，胱硫醚β合成酶（CBS）活性降低，同型半胱氨酸不再被转硫。当SAM浓度过高时，甲基转移酶介导转硫作用激活以降低SAM的浓度（Lu和Mato，2012）。肝脏中SAM的水平由甲硫氨酸腺苷转移酶（methionine adenosyltransferase，MAT）催化的合成及甘氨酸*N*-甲基转移酶（glycine-*N*-methyltransferase，GNMT）催化的消耗所控制。Yang H等（2013）研究发现了针对这两种主要酶的miRNA。在哺乳动物中，由两个不同的基因（MATIA和MAT2A）来编码MAT的催化亚基。MAT1A主要在正常肝细胞中表达，MAT2A主要在肝外组织和肝脏非实质细胞中表达。miR-495、miR-664和miR-485-3p可以抑制MAT1A基因的表达。抑制上述miRNA的表达，可以促进MAT1A的表达（Yang H等，2013）。另有研究表明，miR-22和miR-29a可以靶向调控大鼠MAT1A的表达（Koturbash等，2013）。

在机体代谢过程中，谷氨酰胺与水在谷氨酰胺酶的作用下转化为氨和L-谷氨酸。L-谷氨酸或作为底物合成谷胱甘肽，或与丙酮酸在丙酮酸转氨酶作用下生成α-酮戊二酸，从而进入三羧酸循环以产生ATP（Gao等，2009）。因此，谷氨酸代谢是机体代谢过程中一个重要的能量来源，并为生物合成提供材料。动物体内细胞生命活动越活跃，谷氨酰胺代谢反应越旺盛。c-myc是myc基因家族的重要成员之一，c-myc可以作为转录因子参与机体物质代谢、细胞分裂和凋亡的调控。在物质能量代谢过程中，c-myc与E2F1系统调控线粒体的生物合成，并参与葡萄糖和谷氨酸代谢的精细调节（李明等，2013；邱磊等，2016）。有研究表明，c-myc的代谢调控功能与miRNA及转录和转录后相关途径基因表达调节有着密切的关系。如在畜禽中具有高度保守性的miR-17-92基因簇可以通过c-myc调节动物的生长发育过程（Mu等，2009）；c-myc可以诱导miR-27a/b表达，后者可以靶向抑制PHB1和Nrf2基因；敲除c-myc或miR-27a/b，可以逆转LCA诱导的Nrf2、PHB1及GCL亚基低表达；c-myc-miR-27a/b-Nrf2/PHB1通路的激活可以抑制GCL表达进而调控谷氨酸代谢（Barbier-Torres等，2015）。c-myc可以促进细胞增殖，并在转录水平抑制miR-23a/b的表达，进而引起miR-23a/b目的基因和线粒体谷氨酰胺酶表达量的提升，促进谷氨酰胺的分解代谢（Gao等，2009）。综上所述，miRNA对动物的氨基酸代谢有直接或间接的调控作用。

五、miRNA与动物维生素及矿物质代谢

日粮调整及营养补充是提高动物生产性能和防治疾病的有效措施。常量元素和微量元素已被证实具有预防疾病和调节miRNA的功能，其中微量元素可能是首选的干预途径，因为微量元素避免了常量营养调整在能量供给方面的弊端。许多研究采用细胞或动物模型，明确了miRNA和维生素及矿物质营养之间的关联。

维生素D是一种脂溶性维生素和激素原，可以通过日粮中胆钙化醇（维生素D_3）或麦角钙化醇（维生素D_2）补充，也可以由皮肤受到日光照射而合成。除了在维持骨骼健康和钙稳态方面的经典作用外，维生素D在一系列疾病，如葡萄糖代谢异常、自身免疫性疾病中也发挥着重要的作用。通过miRNA调控mRNA的表达已被证实为维生素D的一种重要作用机制。针对乳腺上皮细胞（MCF12F）的一项研究表明，血清骨化三醇的剥夺导致多个miRNA表达水平的显著增加（包括miR-26b、miR-182、miR-200b/c及let-7家族），然而这在骨化三醇存在的情况下得以逆转，说明miRNA对细胞通过维生素D抵抗应激起重要作用（Peng等，2010）。另外有研究表明，血清25-羟基维生素D的水平与miR-532-3p的表达正相关，而miR-532-3p已被证实可以靶向调控葡萄糖代谢过程中的葡萄糖-6-磷酸酶基因表达（Jia等，2012）。

叶酸（如5-甲基四氢叶酸）、蛋氨酸、胆碱和维生素B_{12}在碳代谢中具有重要的作用，它们是细胞甲基化反应中的主要甲基供体来源，参与的生理过程包括DNA的合成和修复、DNA甲基化、细胞增殖和氨基酸合成等。叶酸和其他甲基供体可以通过改变

DNA甲基化状态间接影响miRNA的表达，或通过甲基化反应对miRNA表达水平产生影响（Beckett等，2014）。研究表明，叶酸缺乏可以抑制小鼠胚胎干细胞的生长，并显著提高细胞的凋亡率。在叶酸缺乏过程中，多个miRNA（let-7a、miR-15a、miR-15b、miR-16、miR-29a、miR-29b、miR-34a、miR-130b、miR-125a-5p、miR-124、miR-290和miR-302a）被证实差异表达（Liang等，2012）。在人类细胞中也有相同的效应已被证实。人的淋巴母细胞在叶酸缺乏的培养基中培养6天，24种miRNA的表达水平发生显著变化；而将这些细胞重新培养在叶酸充足的培养基中，这些变化miRNA的表达可以恢复到正常水平（Marsit等，2006）。

维生素E是一类脂溶性维生素，包括生育酚及生育三烯酚等。维生素E具有很多生物学功能，它可以作为主要的脂溶性抗氧化剂。在某些情况下，维生素E在基因表达调控中也具有重要的作用。Tang等（2013）研究了维生素E对尼罗罗非鱼肝脏miRNA表达的影响，发现维生素E的添加引起罗非鱼肝脏miRNA的响应（如miR-21、miR-223、miR-146a、miR-125b、miR-181a、miR-16、miR-155和miR-122）。维生素E缺乏可以降低肝脏中SOD活性，下调miR-233、miR-146a、miR-16及miR-122的表达；而过量的维生素E会降低肝脏SOD活性，上调上述miRNA的表达。Rimbach等（2010）采用啮齿类动物模型研究了日粮维生素E对miRNA表达的影响。维生素E缺乏导致miR-122和miR-125b水平的降低以及血浆胆固醇水平的下降。在小鼠中抑制miR-122的表达，可以提高108个脂质代谢相关基因的表达，并显著降低血浆胆固醇水平。以上研究结果提示，维生素E可以通过miRNA调控转录后基因的表达。

用硫酸铝铁和硫酸铝处理小胶质细胞可以通过NF-κB依赖途径提高miR-125b和miR-146a的表达水平，这两种miRNA参与了细胞增殖和炎症反应的过程（Pogue等，2011）。铁单独作用于特定miRNA，虽尚未得到证实，但铁血红素在miRNA加工及作用中的机制已被发现。DGCR8可以与铁血红素结合为高度稳定和活性的复合物。当铁被还原为亚铁状态时，pri-miRNA对于DGCR8复合物的加工能力会丧失（Barr等，2012）。类似的，RISC（RNA诱导的沉默复合体）是镁离子依赖蛋白，镁已被证实可以与miRNA的加工过程发生交互作用。镁离子也位于Argonaute蛋白的小RNA结合结构域，镁离子有助于miRNA与Argonaute蛋白的结合，对于序列特异的miRNA-靶点相互作用具有重要的意义。此外，镁离子还可以调节Argonaute蛋白的稳定性（Ma等，2012）。

硒在机体内是生物大分子的构成成分，其存在形式包括硒代蛋氨酸、硒代半胱氨酸、硒酸盐及亚硒酸盐等。硒具有促凋亡和DNA修复特性，是抗氧化酶产生和活性调节的重要辅因子。研究表明，低硒状态与免疫功能紊乱及高死亡率相关。miRNA的调控是硒发挥生物学功能的一个潜在作用机制。使用亚硒酸盐处理人前列腺癌细胞，可以诱导P53蛋白及miR-34b/c的高表达（Sarveswaran等，2010）。有研究表明，miR-34可以靶向p53基因，提示miRNA在细胞周期调控中具有重要作用。尽管如此，仍需要进一步研究来确定硒诱导miR-34的靶向目标以及硒化合态对这一过程的影响。

锌是众多分子结构、催化及功能调节所必需的，锌缺乏可以导致动物生长迟缓、皮炎、血液系统异常和免疫功能障碍。饮食消除及补充摄入锌实验表明，血浆锌的浓度和9种miRNA的表达水平具有相关性。miR-10b、miR-155、miR-200b、miR-296-5p、miR-373、miR-92a、miR-145、miR-204和miR-211在饮食锌剥夺阶段显著下调，而在锌补充阶段表达上调（Ryu等，2011）。锌的低添加与血细胞应对炎症刺激反应并产生炎性细胞因子TNF-α的能力有关。

总之，miRNA发现至今，其对基因表达的调控作用正在被逐步揭示。miRNA在畜禽营养物质吸收代谢及机体发育过程中的调控功能越来越受到研究者的关注。目前，miRNA对营养物质代谢的调控研究多集中在糖脂及氨基酸代谢方面，矿物质和维生素等营养物质代谢调控中miRNA的功能研究还相对较少。此外，目前的研究工作还主要集中在代谢过程中差异miRNA的筛选，很多miRNA的靶基因尚不明确，对其具体作用机制的研究也还不够深入。同时，miRNA具有多因一效及一因多效的特征，不同miRNA可能作用于同一靶基因，又或者相同miRNA在不同代谢过程中调控相同的靶基因。miRNA作用于靶基因后，还可能通过基因调控影响众多上下游相关基因，进而相互调控形成复杂的作用网络，进一步加深了相关研究的难度（邱磊等，2016）。因此，深入研究miRNA的靶基因并从分子和整体水平上确定其对畜禽营养物质代谢的调控功能及作用机制，这具有重要的意义，可以为促进畜禽养分吸收效率，提高畜禽生产性能和肉蛋奶品质等提供新的调控手段及理论依据。

第二节　lncRNA与动物营养吸收代谢

在众多非编码RNAs中，lncRNA的种类最多，功能最复杂。lncRNA在哺乳动物基因组中广泛表达，但是目前其生化鉴定和功能研究尚处于起步阶段。尽管依据长度和非编码蛋白质来定义长链非编码RNA并不确切，但是目前研究的lncRNA一般是指长度大于200 nt的非编码RNA（Ponting等，2009）。大多数lncRNA同mRNA一样，由RNA聚合酶Ⅱ催化转录而来，具有5′端帽子结构和可变剪切位点，并且含有多聚核苷酸尾，但

lncRNA的表达量和外显子含量较mRNA少（Mercer和Mattick，2013）。部分lncRNA由RNA聚合酶Ⅲ转录而来，不含有polyA尾结构（Dieci等，2007）。尽管lncRNA的分类目前仍然存在争议，但是根据转录位点在基因组中的位置及其与邻近编码基因的关系，可以将lncRNA分为以下5类：正义长链非编码RNA（与编码基因的一个或多个外显子正向重叠）、反义长链非编码RNA（与mRNA外显子反向重叠）、双向长链非编码RNA（与mRNA由同一个启动子调控，但是转录方向相反）、内含子长链非编码RNA（由基因的内含子产生）及基因间长链非编码RNA（位于两个基因的间隔可独立转录）（Ponting等，2009；Qu等，2015；蔡含芳等，2015）。此外，研究发现lncRNA序列在进化上相对保守（Guttman等，2009；Yue等，2014），虽然保守性较低，但是往往存在于不同物种间的同一染色体区域（Ulitsky等，2011；Necsulea等，2014）。目前认为，lncRNA序列的保守性可能与其保守的三维结构有关，而其保守性较低可能与不同物种的特征性以及器官形成的复杂性有关（Goff等，2015；Grote和Herrmann，2015）。

一、lncRNA的作用机制

关于lncRNA作用机制、lncRNA对染色质修饰和染色体结构影响以及因此而引起的基因转录和染色质相关的功能改变等表观遗传学机制是现在研究的热点。研究发现，lncRNA在不同水平上参与调控基因表达和基因组活性，主要包括转录调控、转录后调控和表观遗传调控。

（一）lncRNA与基因转录因子互作

lncRNA可与转录因子相互作用而影响转录因子的活性，从而调控细胞功能。例如，长链非编码RNA DEANR1从转录因子FoxA2的下游转录而来，可通过与SMAD2/3作用并募集复合物至FoxA2启动子区，进而促进胚胎干细胞向内胚层细胞分化（Jiang等，2015；Kurian等，2015）；超保守增强子Dlx-5/6区域可以转录产生长链非编码RNA Evf2，后者可以结合Dlx-2并作为转录辅激活因子增强Dlx-5/6的转录和相关蛋白编码基因的表达（Feng等，2006）；lncRNA RMST可介导转录因子Sox2与其结合位点结合，在调控神经分化中起重要作用（Ng等，2013）；lnc-DC可与STAT3结合并激活STAT3，从而促进树突细胞分化（Wang P等，2014）。此外，二氢叶酸还原酶转录的抑制涉及上游启动子编码的长链非编码RNA与启动子主要区域的结合，非编码RNA与TFⅡB的直接作用以及转录起始复合物与启动子的分离等过程。这提示lncRNA能够通过影响RNA聚合酶的活性调控基因的转录（Martianov等，2007）。

（二）lncRNA参与基因转录后调控

lncRNA可以和与其序列互补的mRNA序列特异性结合，参与mRNA剪接、编辑、降解及运输等过程（蔡含芳等，2015）。研究发现，很多lncRNA可直接影响某些特定基因的RNA剪接，或者与剪切因子作用，从而影响RNA剪切和成熟过程。例如：lncRNA Pnky可与剪接因子PTBP1（polypyrimidine tract-binding protein 1，多聚嘧啶序列结合蛋白1）结合，从而调控一系列与神经相关的基因剪切方式（Ramos等，2015）；lncRNA MIAT在不同的物种和细胞中均可影响RNA剪切，如在胚胎神经发生中可调控Wnt7b的剪切，在诱导多能干细胞和鼠原代神经元细胞中可与剪切因子结合（Aprea等，2013；Barry等，2014）；lncRNA NORAD可抑制Pumilio蛋白活性从而促进基因组稳定性，并且NORAD的抑制可引起染色体不稳定性的增加和非整倍体的出现（Lee等，2016）。Gong和Maquat（2011）发现，1/2-sbsRNA相关lncRNA可以与SMD靶标的mRNA 3′-UTR中Alu元件不完全配对，形成STAU1结合位点，参与mRNA转录后调控。此外，lncRNA可通过与内源性siRNA的相互作用参与RNA的沉默过程（蔡含芳等，2015；Ogawa等，2008）；circRNA（circular RNA，环状RNA）作为最新发现的lncRNA，也参与转录后调控，如过表达脑特异性circRNA CDR1，可通过抑制let-7功能损伤斑马鱼中脑的发育（Hansen等，2013；Memczak等，2013）。

（三）lncRNA调控表观遗传

lncRNA作为关键调控因子在表观遗传的基因表达调控中起重要作用。lncRNA可通过组蛋白修饰、DNA甲基化和基因组特定位点染色质重塑复合物募集等方式在不同层面影响染色质修饰和结构，进而调控表观遗传特征。首先，lncRNA可参与组蛋白修饰作用。Xist 5′端编码的1600个碱基lncRNA（RepA）以Ezh2（Zeste基因增强子同源物2）为RNA结合亚基，募集多梳蛋白复合体2（PRC2），通过组蛋白甲基化沉默一条X染色体，进而抑制相关基因表达（Zhao等，2008）；另一个从HoxC基因间转录而来的保守lncRNA Hotair，可通过与PRC2互作抑制HoxC，并可与组蛋白H3K4me1/me2去甲基化酶LSD1相互作用而抑制目的基因的表达（Rinn等，2007）。其次，lncRNA可参与调控DNA甲基化过程。研究发现lncRNA与DNMT1结合会阻止DNA甲基化（di Ruscio等，2013）；相似的研究结果在卵母细胞和胚胎细胞中也有报道，敲除lncRNA pancRNA可抑制临近的蛋白质编码基因的表达并促进DNA甲基化（Hamazaki等，2015）。此外，lncRNA还与染色质重塑复合物相互作用，并以能量依赖方式控制染色质重塑。在人前列腺癌中，lncRNA SChLAP1可与染色质重塑复合物SWI/SNF的SNF5亚基结合，抑制

SWI/SNF与染色质的结合，从而解除基因组水平上的基因活性抑制作用（Prensner等，2013）；lncRNA Myheart也可与SWI/SNF的亚基结合，阻止染色质重塑（Han等，2014）。lncRNAs也可募集SWI/SNF复合物并诱导基因活化，如lncTCF7可募集SWI/SNF至TCF7的启动子区域，进而促进TCF7表达和Wnt信号转导（Wang YY等，2015）。

二、lncRNA对动物脂肪代谢的调控

lncRNA可以调节脂肪组织的发育及相关功能，其表达呈现时空及组织特异性。Zhang T等（2017）采用RNA测序的方法分析了鸡前体脂肪细胞分化过程中lncRNA的表达情况，在12个样本中共检测到27023个新的lncRNA。这些基因通过甘油酯代谢、过氧化物酶体增殖物激活受体、丝裂原活化蛋白激酶信号通路等调控前体脂肪细胞的分化。其中丙酸代谢、脂肪酸代谢及氧化磷酸化途径等均为首次报道。通过k-均值聚类确定其表达模式，3095个差异表达基因聚为8个簇，XLOC_068731、XLOC_022661、XLOC_045161、XLOC_070302、CHD6、LLGL1、NEURL1B、KLHL38及ACTR6等9个基因与脂肪分化阶段高度相关。Muret等（2017）采用FEELnc（FIExible extraction of lncRNAs）等新型的生物信息学工具，挖掘分析了鸡肝脏及脂肪组织的2193个lncRNA，结果发现lnc_DHCR24通过编码胆固醇生物合成的关键酶基因而参与脂质代谢。

Chen JT等（2015）使用lncRNA芯片技术测定了白色脂肪和棕色脂肪中lncRNA表达谱的差异，共检测到735个上调基因及877个下调基因。基因本体（gene ontology，GO）及代谢通路分析结果表明，AK142386和AK133540可能通过Hoxa3和Acad10等靶基因影响脂肪生成及相关代谢过程。Liang等（2017）采用HiSeq技术分析了荷斯坦奶牛干奶期、泌乳初期及高峰期肝脏组织中cDNA和sRNA表达情况，共检测到不同泌乳时期差异表达的33个lncRNA。生物信息学分析结果表明，41对lncRNA-mRNA中有11个相同的miRNA及30个差异表达基因。其中12个基因与PI3K-Akt、MAPK、AMPK、mTOR及PPAR介导的脂肪代谢相关。该研究为通过转录组等技术调控奶牛乳腺及肝脏脂肪合成提供了一定理论依据。

Ramayo-Caldas等（2012）对猪的肝脏转录本进行分析，在拥有低和高的肌内脂肪酸组分的猪肝脏中分别鉴定出186和270个lncRNA，提示这些基因在猪脂肪酸代谢中发挥重要的作用。Yu等（2017）对中国陆川猪与杜洛克猪的转录组分析得到4868个差异的lncRNA，这些lncRNA具有很强的组织特异性表达模式。在脂肪组织中差异表达的lncRNA有794个潜在的靶基因，涉及脂肪细胞因子信号通路、PI3K-Akt信号通路及钙信

号通路等，结果提示这些lncRNA在脂肪细胞代谢中发挥重要的作用。

Wei等（2015）发现，猪内源性PU.1的敲除促进脂质形成，然而内源性PU.1 AS lncRNA的敲除则会起到相反的效果。通过内源性核酸酶保护实验结合RT-PCR检测方法，检测到PU.1 mRNA/PU.1 AS lncRNA复合物，从而确定PU.1 AS lncRNA复合物可以促进脂肪的形成。Pang等（2013）也发现，PU.1基因的mRNA在前体脂肪细胞中高表达，PU.1 AS lncRNA的敲除能增加PU.1基因的mRNA水平，促进前体脂肪细胞发育，从而阻止脂肪的形成。

三、lncRNA对动物糖类代谢的调控

哺乳动物机体的葡萄糖浓度通过多种机制得到严格的控制，以满足机体的能量需要。禁食情况下，肝脏葡萄糖激酶（glucokinase，GCK）的下调可以促进肝脏葡萄糖的糖异生。Goyal等（2017）报道了lncRNA lncLGR（liver glucokinase repressor）对GCK转录的调控作用。结果发现，禁食可以诱导lncLGR的表达，lncLGR的高表达可以抑制GCK的表达，降低肝脏中糖原的水平。lncLGR的敲除可以提高GCK的表达及糖原的储备。具体来说，lncLGR可以特异性地结合GCK的转录抑制因子——异质核糖核蛋白L（heterogeneous nuclear ribonucleoprotein L，hnRNP L）。上述结果证明，lncLGR促进GCK对hnRNPL的招募，进而抑制GCK的转录。这揭示了lncRNA对葡萄糖激酶表达和糖原沉积的调控机制。Li ZK等（2014）报道，lncRNA UCA1可以促进膀胱癌细胞的糖酵解功能以及UCA1介导的已糖激酶2（HK2）的功能。进一步研究发现，通过激活STAT3并抑制miRNA143，UCA1可以激活mTOR来调控HK2。上述结果为UCA1通过mTOR-STAT3/microRNA143-HK2调控葡萄糖代谢提供了证据。Li HJ等（2015）采用RNA测序法对糖尿病db/db小鼠肝脏的转录组进行了分析，鉴定了218个差异表达的基因，其中在db/db小鼠肝脏中3个lncRNA显著下调，H19是其中差异最大的lncRNA。H19的表达与糖酵解和糖异生途径相关基因的表达显著相关，提示H19可以直接或间接地调控这些基因的表达。在HepG2和小鼠原代肝细胞中抑制H19，可以显著提高肝脏糖原异生水平和肝脏葡萄糖的输出量。HepG2中H19的敲除会导致胰岛素信号通路的受损以及糖异生基因表达重要转录因子——FoxO1表达的提高。上述结果揭示，低水平H19可以通过调节FoxO1导致糖异生功能降低。

四、lncRNA对动物维生素及矿物质代谢的调控

Ma等（2017）通过心脏lncRNA和mRNA全基因表达谱分析了叶酸对肥胖小鼠的影响，并筛选得到58952个差异表达的lncRNA及20145个差异表达的mRNA。信号通路分析表明，差异表达基因主要与炎症、能量代谢和细胞的分化有关，NONMMUT033847、NONMMUT070811及NONMMUT015327三个lncRNA是其中的重要调控者。结果提示，叶酸可以通过上述与炎症和细胞分化相关的lncRNA提高肥胖个体的心血管功能，lncRNA是肥胖的潜在生物标志物及药物靶点。

硒缺乏可以引起肉鸡的渗出素质（ED），其损伤与氧化损伤密切相关。Cao等（2017）采用硒缺乏诱导的ED模型研究了肉鸡静脉的lncRNA表达谱并验证了与ED氧化损伤相关的lncRNA功能，筛选得到635个显著变化的lncRNA。GO分析表明氧化还原在这个过程中具有重要的作用。此外，研究证实的23个lncRNA靶向19个mRNA，且都与氧化还原过程有关。

总之，与miRNA相比，lncRNA被认为是生物学中的暗物质，其在动物营养中的功能及调控机制等方面的研究仍处于起步阶段，人们对它们的了解还十分有限。目前对于畜禽lncRNA的研究集中在脂肪代谢及肌肉发育等方面。lncRNA表达丰度低、时空表达特异性强、序列保守性差等特点使得lncRNA在营养物质吸收代谢方面的研究广度和深度明显滞后，仍有大量的空白需要去填补。此外，营养物质代谢过程具有系统性、动态性及整体性，这其中涉及大量非编码RNA和编码RNA的协同作用以及远端组织的代谢调控过程等，这也为lncRNA调控营养物质代谢的研究带来一定难度（傅湘辉，2017）。二代测序技术的广泛应用，推动了lncRNA的发现与注释，这也为动物营养中营养物质吸收代谢调控的研究带来了新契机。lncRNA的功能及作用机制研究，已成为动物营养领域非编码RNA的探索热点。

（编者：靳明亮）

第十五章 泛素化/去泛素化修饰与营养吸收代谢调控

第一节　蛋白质降解概述

蛋白质降解是指细胞通过蛋白质降解酶将摄入的蛋白质降解为多肽和氨基酸。在机体对蛋白质吸收的过程中，细胞内蛋白质的合成和降解处于动态平衡，调控着动物体内几乎所有的生命活动，以确保细胞生长和生物学功能的正常发挥。蛋白质的正确修饰对于蛋白质降解至关重要，保证生命活动的正常进行。

一、蛋白质的稳态

细胞内的蛋白质水平取决于蛋白质的周转速率，而蛋白质的周转速率取决于蛋白质合成和蛋白质降解之间的平衡。蛋白质的半衰期是蛋白质体内稳态的一个重要特征。控制细胞内蛋白质的稳定性是调节细胞生长、分化、存活、发育的根本途径。在特殊的生理条件下，蛋白质周转速率的测定是评价蛋白质的功能是否受到蛋白质水解调控的第一步。蛋白质寿命的N末端学说认为蛋白质多肽链的N端氨基酸残基的性质与细胞质中蛋白质的半衰期有关。泛素-蛋白酶体系统（UPS）是蛋白质半衰期的主要控制器。UPS介导的蛋白质水解参与系列细胞过程调节，如细胞周期控制、细胞分化、抗原加工和血管生成。UPS也可通过降解错误折叠、未组装或损伤蛋白质防止其聚集产生潜在的细胞毒性。UPS介导的关键功能包括调节短半衰期蛋白质（如调节酶、转录因子）、免疫监督和调节肌肉蛋白质的代谢。蛋白质体内平衡对每一个细胞事件都至关重要，蛋白质体内稳态的异常是多种疾病的根源。机体蛋白质稳态的维持有助于细胞生长和增殖、应对环境变化和营养素供给，保护细胞免受病原菌攻击。细胞内蛋白质稳态的维持需要蛋白质的合成、转运和降解之间的平衡。新合成蛋白质的降解是维持蛋白质稳态极其重要的部分，因为过量蛋白质不仅是细胞的负担，而且还浪费细胞能量。

二、动物蛋白质的降解途径

动物机体内尤其是动物的胃肠道中含有系列蛋白酶，它们在蛋白质的降解中发挥着重要的作用。然而，动物蛋白质的彻底降解通常需要在溶酶体、蛋白酶体中进行，其中存在于细胞质中的蛋白酶体对蛋白质的降解作用较为专一。真核细胞主要通过自噬-溶酶体系统（autophagy-lysosome system）和泛素-蛋白酶体系统降解蛋白质。UPS是细胞内蛋白质降解的主要途径，负责哺乳动物细胞内80%以上的蛋白质的降解，并且具有高度的选择性（Dikic，2017）。巨自噬（macroautophagy）将细胞内蛋白质或细胞器递送到巨噬液泡并降解。两种降解系统相互协同以调节细胞内蛋白质的质量，从而维持细胞内蛋白质稳态（Wang等，2013；Zheng等，2009；Dikic，2017）。

（一）泛素-蛋白酶体系统

UPS是真核生物蛋白质的主要降解途径，主要负责半衰期相对较短的调控蛋白、错误折叠蛋白和大部分的细胞组分（长寿命的细胞组件）蛋白质的降解，参与细胞内蛋白质修饰的调控。最近的蛋白组学研究已经揭示了大量的泛素化蛋白和泛素化事件。泛素还可通过组蛋白修饰和转录因子活性/丰度调节来影响基因表达。细胞内信号通路元件的活性、寿命和定位由泛素介导调控。同样，真核生物代谢途径的关键酶也能被泛素修饰，从而改变其半衰期或活性。

UPS主要由泛素（ubiquitin，Ub）、泛素活化酶（ubiquitin-activating enzyme，E1）、泛素结合酶（ubiquitin-conjugating enzyme，E2）、泛素连接酶（ubiquitin-protein ligase，E3），去泛素化酶（deubiquitinating enzymes，DUBs）、26S蛋白酶体及其底物（需要降解的蛋白质）构成（Zheng等，2009；李兴爽等，2016）。Ub是一种存在于真核生物中的小蛋白，在特殊酶的作用下，其C端的甘氨酸残基与需要降解的蛋白质的赖氨酸残基的侧链相连，从而标记靶蛋白。对于依赖ATP的蛋白酶体，Ub先标记需要降解的蛋白质，然后由蛋白酶体识别并进行降解，并且该过程需要消耗ATP。泛素化过程一般包括蛋白质降解、小泡筛选、DNA修复、自噬和转录（Mukhopadhyay和Riezman，2007），而靶蛋白的泛素化主要有3种类型，即单泛素化、多泛素化和多聚泛素化。泛素与靶蛋白可通过48位的赖氨酸和63位的赖氨酸连接（Peng等，2013），第48位的赖氨酸可连接4个泛素或更多泛素分子使靶蛋白能够被蛋白酶体所识别。靶蛋白的第63位赖氨酸残基与NF-κB相连，并具有自噬的结构特征（Tan等，2008；Wertz和Dixit，2010）。48位赖氨酸和63位赖氨酸介导的泛素-靶蛋白连接类型在动物机体内发挥不同的作用（Trempe，2011）。

（二）自　噬

自噬是细胞内容物（包括蛋白质和细胞器）通过自噬空泡化而被降解的分解代谢过程。生理状态下自噬处于一个低水平范围，但其能被一系列细胞应激因子（如营养饥饿、DNA损伤、受损蛋白质的积累以及细胞器损伤应答等）活化。在多种生理和病理条件下，自噬功能可以保护细胞免受这些应激。在哺乳动物体内至少有3种类型的自噬，包括巨自噬、微自噬（microautophagy）和分子伴侣介导的自噬（chaperone-mediated autophagy，CMA）。巨自噬是研究得较为透彻的一种自噬类型，在过去几年间备受关注。巨自噬被认为是降解细胞内蛋白质和细胞器的主要途径，它通过形成双膜的囊泡，即通常所说的自噬体递送大体积的细胞质物质（包括细胞器）进入溶酶体，使其与溶酶体融合并降解（Kaushik和Cuervo，2012）。部分细胞质的自我消化为机体重要蛋白质的合成提供了能量和必需氨基酸。因此，在营养素匮乏的情况下，巨自噬对细胞的存活至关重要。巨自噬能选择性地降解缺陷型细胞器（如去极化的线粒体）或聚集的异常蛋白。因此，巨自噬被认为是细胞内细胞器质量调控和蛋白质质量调控的主要参与者。微自噬能直接将完整的细胞器递送进入溶酶体，是一种非选择性的溶酶体降解方式。对于分子伴侣介导的自噬来说，含有特定序列的可溶性底物蛋白分子被细胞内的热休克同源蛋白70递送到溶酶体膜（Kiffin等，2004）。与溶酶体膜受体对接后，靶蛋白展开，渗透进入溶酶体而被降解。同UPS类似，CMA能靶向错误折叠蛋白。大约30%的细胞内蛋白质序列中含有KFERQ模体，不包含那些翻译后修饰产生的序列。许多蛋白质的KFERQ模体可能埋藏在天然结构的内部，不能引发CMA。然而，源于翻译后修饰的错误折叠、部分未折叠或某些情况下构象的变化都能暴露于CMA-靶向模体而诱发CMA（Kiffin等，2004）。因此，CMA可能通过KFERQ模体靶向错误折叠蛋白并使其进入溶酶体，从而在调控蛋白质的质量过程中发挥重要作用。在衰老过程中，主要由于溶酶体相关膜蛋白-2A（lysosome-associated membrane protein type 2a，LAMP-2A）水平降低，CMA的活性也降低。在肝脏组织中，通过过表达LAMP-2A而恢复CMA，可改善老年小鼠肝细胞处理蛋白质损伤的能力，从而保持肝功能（Zhang和Cuervo，2008）。蛋白质聚集在细胞内，导致细胞容易受到各种应激的攻击（Massey等，2006），而CMA抑制氧化蛋白的聚集。当慢性暴露于高脂日粮或急性暴露于富含胆固醇的日粮时，溶酶体膜上的LAMP-2A被破坏而抑制CMA（Rodriguez-Navarro等，2012）。虽然这3种类型蛋白质降解系统由不同的机制和不同的分子所介导，但因为涉及溶酶体的蛋白质水解作用，统一归属于“自噬”。

三、动物蛋白质降解的生物学意义

蛋白质降解在动物细胞-组织-器官功能的发挥以及机体健康维持中起着至关重要的作用。自噬-溶酶体系统和泛素-蛋白酶体系统是基于被降解蛋白质功能的选择性蛋白质降解途径。自噬是真核生物具有的一种进化保守的蛋白质降解过程，其能对细胞内和细胞外因子（如氨基酸饥饿、生长因子撤销、内质网应激、缺氧、氧化应激、病原菌感染和细胞器损伤等）产生应答反应，维持细胞稳态，从而有利于细胞在不利条件下的生存。因此，动物机体内自噬过程受到多种不同蛋白质的精确调控。UPS是细胞质内各种受损蛋白质主要的一种选择性降解途径。UPS在多种细胞功能中发挥着关键作用，包括蛋白质质量控制、细胞增殖调节、DNA损伤修复和信号转导等。功能性UPS也是细胞应对各种应激的途径。归纳起来，蛋白质降解的生物学意义主要体现在以下几方面（罗莉等，2001；陈科等，2012）：①快速去除一些重要调节因子和代谢关键酶等特定的蛋白质，精细调控细胞的正常生长、维持细胞内代谢稳态；②快速降解特异蛋白，有助于动物对新生理状态或细胞组分改变的适应；③控制蛋白质质量，对防止翻译后错误折叠或未折叠蛋白质在机体内的蓄积至关重要，主要包括新合成蛋白质的折叠和再折叠，错误折叠蛋白质的降解，维持蛋白质的天然结构等；④为应激或病理状态下机体正常代谢过程提供必需氨基酸；⑤介导机体免疫系统的调节；⑥DNA损伤修复；⑦细胞周期调控。

第二节　泛素-蛋白酶体系统

泛素-蛋白酶体系统（UPS）是一种广泛存在于动物机体内的蛋白酶体系统，参与细胞周期调控、免疫反应、信号转导、DNA修复和蛋白质降解等，与哺乳动物细胞的生命活动密切相关。凭借泛素的发现及UPS的进一步阐明，以色列科学家阿龙·切哈诺沃（Aaron Ciechanover）、阿夫拉姆·赫什科（Avram Hershko）和美国科学家欧文·罗斯（Irwin Rose）荣获2004年诺贝尔化学奖。

一、泛素及类泛素蛋白

（一）泛　素

泛素（Ub）是由76个氨基酸残基组成的高度保守的ATP依赖性小分子（8.5 kDa）调节蛋白，尤其是在脊椎动物和高等植物中具有高度的保守性。Ub作为单个分子或多聚泛素以共价键与Ub分子或靶蛋白结合，广泛存在于真核生物的大部分组织中，负责正常蛋白的快速周转和异常蛋白的非溶酶体降解。Ub与靶蛋白赖氨酸残基ε-氨基的结合是在一系列ATP依赖性酶（E1、E2和E3）作用下反应完成的。大多数成熟形式的泛素蛋白的末端具有双甘氨肽序列，通常暴露于蛋白质水解过程后，其C端的75、76位的甘氨酸残基在多样性Ub化学反应中发挥重要作用。Ub自身通过特定的赖氨酸残基（K6、K11、K27、K29、K33、K48或K63）共价连接，从而形成多种链状连接形式。这些共价Ub键（异肽连接）能被特定的去泛素化酶（DUBs）所逆转，移除与靶蛋白结合的泛素，使泛素链拆开。Ub参与许多重要的细胞过程，如细胞分裂、DNA的修复、内吞、细胞信号转导和蛋白质质量调控等。目前，已经鉴定出许多包含不同结构域的泛素结合蛋白或泛素结合结构域（ubiquitin-binding domain，UBD）。这类与泛素相互作用的蛋白质被称为泛素结合蛋白。

（二）类泛素

真核生物的泛素家族包含近20种蛋白质，参与各种大分子的翻译后修饰。类泛素蛋白（ubiquitin-like proteins，UBL）是泛素家族的一部分，具有泛素家族成员共同的结构特征——β-抓握折叠（β-grasp fold），这种超蛋白家族的构型被称为“泛素折叠”。UBL与靶蛋白或脂质共轭结合，调控它们的活性、稳定性、亚细胞定位或大分子的相互作用。虽然结构类似，但是UBL调节完全不同的细胞过程，包括核运输、蛋白质水解、翻译、自噬和抗病毒途径。随着新的UBL底物的不断发现，UBL在调节细胞稳态和生理学方面的功能多样性被进一步拓展。目前研究较多的UBL有APG12、Urm1、UB1、SMT3、SUMO-1、SUMO-2、SUMO-3、RUB1、Nedd8、UCRP、UCRP Ⅰ、UCRP Ⅱ、hsFAT10 Ⅰ、hsFAT10 Ⅱ、Hub1、FAU、An1a和An1b等（Jentsch和Pyrowolakis，2000）。通常，除了APG12、Urm1和FAT10这几个成熟蛋白外，其余UBL（包括泛素蛋白）都是没有活性的前体，在特异性蛋白酶的剪切作用下，被快速加工为成熟蛋白。UBL所介导的类泛素化过程与泛素介导的泛素化过程非常相似，与泛素不同的是，泛素可以形成多泛素的泛素链（多聚泛素链），而UBL不能形成这种链。

（三）泛素结构域蛋白

除了共轭模体-类泛素外，另外一种类泛素蛋白——非结合泛素结构域蛋白（ubiquitin domain protein，UDP）包含泛素结构域，但缺乏完整的泛素编码区域（Upadhya和Hedge，2003）。泛素结构域蛋白不能发挥共轭模体的功能，但是与泛素途径有关。泛素结构域具有和26S蛋白酶体结合的能力，因而，大多数的泛素结合结构域（UBD）在泛素-蛋白酶体通路中发挥作用。最近的研究表明，UDP的功能与蛋白酶体、伴侣分子和凋亡通路有着密切的联系。因此，UDP介导的蛋白质折叠与降解通路在调控信号传导级联过程中起着重要的作用。

（四）泛素化及类泛素化

蛋白质泛素化是其中一个最强大的蛋白质翻译后修饰过程，在复杂性和范围上都超过磷酸化。泛素化过程的动态本质：调节蛋白质稳定性、维持泛素的稳态和控制泛素依赖性信号通路。它以独特的方式调控细胞内过程，是机体内至关重要的生理过程，包括细胞存活、分化，以及固有免疫和适应性免疫等。

泛素化是介导泛素蛋白与底物蛋白结合的酶促反应过程，主要通过三步级联机制完成（邱小波等，2008）。首先，泛素活化酶（E1）通过催化泛素与E1内的半胱氨酸残基形成高能硫酯，活化泛素C末端的甘氨酸残基；其次，泛素结合酶（E2）通过形成E2-Ub硫酯中间产物，将活化的泛素转移到能够特定性结合泛素连接酶（E3）家族成员的底物分子上。在某些情况下，泛素被转移到E3之前就已经形成E3-Ub高能硫酯中间产物。多数情况下，多个Ub与起始Ub的一部分形成聚泛素链。4个或更多个Ub链被26S蛋白酶体识别底物所需。

同泛素化过程相类似，聚泛素链通过E1、E2和E3的级联反应特异性的结合类泛素蛋白，共轭连接类泛素蛋白和底物。Nedd8和SUMO含有单一的E2和有限数量的E3，Atg8、Atg12、Ufm1和ISG15包括E2，但缺乏E3，目前，E2和E3对Urm1、Hub1和FAT10的作用机制尚不清楚。因此，有大量的E2和E3家族成员介导泛素化过程，其作用机制还需进一步研究。

二、参与蛋白降解的酶类

UPS介导的蛋白质降解是一个多级酶联反应过程，参与该过程的关键酶主要包括泛素活化酶（E1）、泛素结合酶（E2）、泛素连接酶（E3）、去泛素化酶（DUBs）和26S蛋白酶体。

（一）泛素活化酶（E1）

泛素活化酶（E1）是催化泛素化反应的第一步，是一种ATP依赖酶。在该催化反应过程中，首先，E1与Ub和ATP形成复合物，催化Ub腺苷酰化，释放焦磷酸（PPi），然后Ub的C端与E1之间形成硫酯键，释放出AMP（Callis，2014）。

（二）泛素结合酶（E2）

泛素结合酶（E2），亦称泛素载体蛋白，是泛素与底物蛋白结合所需要的第二个酶，在泛素化过程中发挥着重要作用。E2在动植物中生化特性较为保守，含有140～200个氨基酸的保守区域（即UBC结构域），其中硫酯形成所需要的半胱氨酸残基就包含在该区域内（Callis，2014）。在第一步泛素活化酶（E1）激活UBC结构域核心的基础上，通过转硫醇作用从E1处获得泛素蛋白，进而在E3的帮助下直接将泛素蛋白转移到底物蛋白上，或先将泛素转移到E3的HECT（homologous to E6AP C terminus）或RBR（Ring-between-Ring）结构域，再转移到底物蛋白周围。E1可以与全部的特异性泛素结合酶（E2）反应，但是E2家族成员与E3的相互作用具有特异性。

（三）泛素连接酶（E3）

泛素连接酶（E3）催化泛素化级联反应的最终步骤，主要是帮助E2转移泛素到底物蛋白上，并与底物分子的赖氨酸残基形成共价键，在决定泛素介导底物蛋白降解的选择性上具有重要意义。E3是一大类多样性超蛋白家族，哺乳动物体内已经发现了600多种E3。大多数E3含有与Ub、E2和底物蛋白相互作用的结构域。根据特征结构域以及Ub传递到底物蛋白的作用机制，E3分为3个家族：HECT型、RING /U-box型和RBR型。其中，HECT型E3在硫酯连接的泛素中间体的活性位点需要一个半胱氨酸残基。因此，对于HECT型E3，在转移到底物蛋白之前，泛素通过转硫酯反应先从E2转移到E3。而对于环指结构的E3和含U-box的E3，E2通过保守结构域与E3非共价性反应，作为E2-E3-底物复合物的一部分参与泛素的转移。近年来，在哺乳动物中发现了第3种混合型，即RBR型，在泛素转移到底物蛋白之前，E3与E2发生作用，将泛素转移到RBR的半胱氨酰残基上（Callis，2014；Zheng和Shabek，2017）。除了底物蛋白泛素化，在E2的存在下，E3也能自泛素化，这一特征可能是E3控制其自身细胞内水平的一种自我调节机制。

（四）去泛素化酶

去泛素化酶（DUBs）是扭转蛋白泛素化的蛋白酶类，主要介导调控蛋白质的翻译后修饰（Mevissen和Komander，2017）。DUBs调控多种关键的细胞过程，发挥以下生物学效应：①膜运输和蛋白质质量控制；②平衡受体的降解和再循环；③参与胞吞途径和分泌途径；④介导Wnt/TGF-β信号通路；⑤调控转录、RNA加工、DNA修复和组蛋白的修饰（Claque等，2012）。人类DUBs可以分为5类超家族：泛素特异性蛋白酶（USP）家族、泛素C端水解酶家族、卵巢癌蛋白酶（OTU）家族、约瑟芬家族和JAB1/MPN/MOV34金属酶家族（JAMMs或MPN^+）（Claque等，2012）。部分DUBs参与调控细胞增殖和凋亡过程。泛素在泛素化蛋白被降解之前，就被DUBs水解脱离下来，循环使用。DUBs可能通过以下机制调节蛋白质的稳定性或活性：①对抗E3的作用；②稳定、使失活或活化靶蛋白；③间接调节E3作用的靶蛋白的稳定性。

（五）蛋白酶体

泛素化蛋白的快速降解由26S蛋白酶体所催化。26S蛋白酶体是一种广泛分布于细胞核和细胞质中的巨大的（2.5 MDa）、具有多种催化活性的ATP依赖性蛋白酶复合物，其体积是细胞外蛋白酶的50～100倍。26S蛋白酶体是调控真核生物细胞质、细胞核和细胞膜蛋白质降解的主要途径，催化哺乳动物细胞内绝大多数蛋白质的降解（至少80%），包括错误折叠蛋白的快速降解，以及大多数细胞内蛋白质的慢速降解。虽然26S蛋白酶体能够催化泛素化蛋白的降解，消化某些没有泛素化的蛋白质，特别是损伤蛋白质的降解，但这种活性的生物学意义尚不清楚。

26S蛋白酶体由位于中心的桶状20S蛋白酶体（催化中心）和位于两端的19S蛋白酶体或PA700（调节复合物）组成（Lecker等，2006）。20S核心蛋白酶体是具有蛋白质消化功能的空心圆柱体，由4个同轴的、7个亚基组成的七聚体环（2个位于外侧的α环和2个位于内侧β环）垒叠形成，主要发挥以下功能：①α亚基的NH_2-端可形成控制底物进入和降解产物释放的两个狭窄的轴向门控通道；②在由β环组成的降解催化腔的两侧各形成一个“接待室”，用以容纳相当数量的待降解底物或（部分）降解产物；③α亚基能够独立聚合成环，α环的组装是β环形成的必要条件；④α环作为降解腔的屏障，能够防止细胞内非降解蛋白质误入降解腔；⑤20S蛋白酶体的拓扑结构避免了天然蛋白质进入催化部位，从而有助于蛋白酶体的选择性（邱小波等，2008）。19S调节复合物（PA700）是一个多亚基复合物，结合于20S圆柱体的一端或两端，因此，PA700可以定位为底物进入20S蛋白酶体的“门卫”。PA700包括6个不同的AAA-家族ATP酶

(Rpt1—6)，组装成的六聚物环沿20S蛋白酶体的外侧α-环轴向延伸分布。PA700和催化中心的ATP依赖性相互作用促进了20S蛋白酶体孔的开放，为底物访问催化中心提供了通道。PA700的ATP酶亚基也有助于蛋白质底物的解折叠，促使解折叠蛋白通过20S蛋白酶体的狭窄入口进入蛋白质水解室。PA700的部分非ATP酶亚基呈现出去泛素化活性(也称异肽酶活性)，而部分作为泛素交互作用亚基招募聚泛素化底物到蛋白酶体。26S蛋白酶体催化的整个蛋白质水解过程是ATP依赖性水解过程，蛋白质水解过程中确切的能量消耗步骤尚不清楚，但可能与底物的解折叠、移位和去泛素化相关联。除了19S调节复合物（PA700）外，有其他几种调节蛋白或蛋白复合物，如PA200和PA28也能直接结合20S蛋白酶体的外环。与PA700不同，这些调节因子非ATP酶，不结合聚泛素链，它们可能介导蛋白酶体的非泛素依赖性蛋白质水解功能。此外，两种富含脯氨酸的蛋白质PI31和Pr39也能通过直接抑制20S蛋白酶体的活性或阻止其与蛋白酶体活化剂的结合从而抑制蛋白酶体的功能（Lecker等，2006）。

第三节　泛素-蛋白酶体系统与动物营养及健康

蛋白质是生命活动的主要物质基础，参与机体所有的生命活动。动物体内蛋白质的分解代谢和合成代谢处于动态平衡。蛋白质的降解参与调节细胞过程，包括细胞生长和分化、细胞内蛋白质质量的控制、病原生物的感染反应、细胞凋亡和DNA损伤修复等。泛素-蛋白酶体系统是细胞内蛋白质降解的主要途径，与动物健康密切相关。

一、蛋白质的营养生理作用

（一）蛋白质是动物组织和产品的主要成分

蛋白质是动物组织（如骨骼肌、乳腺、肝脏、小肠等）和动物产品（如肉、奶、蛋和羊毛等）的主要成分。蛋白质缺乏症主要表现包括厌食、生长缓慢、低饲料效率、低出生重和低的产奶量等。与老龄动物相比，幼龄动物需要较高的日粮蛋白质水平。动物妊娠和泌乳阶段也需要较高的日粮蛋白质水平。因此，日粮蛋白质的充足摄取对于确保家畜、家禽和鱼类最大生长、生产性能和饲料效率至关重要。

（二）蛋白质是组织更新和损伤修复的必需物质

蛋白质是含有碳、氢、氧、氮、铁、磷和硫等元素的有机化合物。蛋白质是动物机体内新组织的生长和旧组织的修复所必需的。据统计，每天有3%～5%的体蛋白被重建。在动物的肌肉组织损伤修复过程中，蛋白质水解物提供了丰富的蛋白质以备特殊环境下的蛋白质需求。与整体蛋白质或游离氨基酸混合物相比，蛋白质水解物的消耗可以加速氨基酸的摄取。此外，蛋白质水解物能够产生很强的促胰岛素效应，进而增强肌肉和组织对直链氨基酸的摄取。上述效应有助于增强损伤组织的修复（Thomson和Buckley，2011）。

（三）蛋白质是动物机体的重要调节物质

蛋白质作为信使在机体内发挥多方面的调节作用。对于酶蛋白而言，其本身作为生物催化剂，能够加速反应但自身不参与反应，能根据机体的需要而调节其生理功能（从能量的产生到新蛋白质的合成，到活化其他蛋白质）。激素是能影响细胞或组织行为的分子。例如，胰岛素可以刺激机体对葡萄糖的摄入。受体蛋白通过结合分子激活细胞内的活性物质，进而引起细胞内一系列生物化学反应。免疫反应也需要蛋白质的大量参与。白细胞合成多种免疫分子，包括抗体和化学因子等蛋白质，以防止感染和炎症。此外，蛋白质还可作为转运和储存分子。血红蛋白能够携带氧到机体各个组织，转运蛋白可以使小肠吸收消化的营养物质从肠道进入血液；肌红蛋白储存少量的氧在肌肉组织中，而在肝脏组织中，铁蛋白结合铁作为这种矿物质的潜在来源。

（四）蛋白质可氧化供能

蛋白质不是动物机体首选的优质燃料，但是在特殊生理状态下也能提供能量。每克蛋白质大约能够提供16 J的能量，从而帮助执行生理功能。当日粮中摄入的蛋白质过量时，蛋白质被降解为氨基酸，然后氨基酸通过分解代谢——脱氨基作用产生C-骨架，即α-酮酸。α-酮酸通过三羧酸循环氧化供能，或者转变为糖（生糖氨基酸）或脂肪储存起来。而当能量摄入不足时，机体甚至动用肌肉组织蛋白质来提供能量。

二、泛素-蛋白酶体系统在蛋白质消化、吸收和代谢中的作用

蛋白质代谢对于动物的健康、生产性能和产品品质均会产生影响。在肾脏周围的脂肪组织和皮下脂肪组织中，相较于对照组，饲喂高纤维日粮组与泛素-蛋白酶体相关的

几个基因的表达显著下调，这可能与日粮诱导参与凋亡和细胞周期调节途径的基因有关（Gondret等，2016）。由于最初人们对UPS的认识只是一个标记和降解蛋白质的过程，在相关领域关于Ub因子和UPS的研究得以迅速发展，并且发现了许多Ub因子结合的新功能。大量研究表明，UPS的主要生物学功能包括以下几个方面。

（一）快速去除蛋白质

与大多数调节机制不同，蛋白质降解是不可逆的过程。UPS特异性降解靶蛋白，使得靶蛋白结构被破坏并促使其他相关蛋白质发生变化，因而快速、完全、持续性地终止其所参与的调节过程。特定蛋白质的快速降解也是对新的生理环境的适应，从而维持机体稳态。

（二）调控基因转录

Ub通过多种机制影响转录，许多转录因子泛素化被蛋白酶体降解。事实上，在多种情况下，泛素与转录因子结合的转录激活结构域重叠，激活剂的泛素化和蛋白酶的水解可能通过去除已活化的激活剂并重新激活启动子来激活转录活性，实现新一轮的转录（Lipford等，2005）。此外，转录因子的调控可以通过改变位置实现。例如，促炎转录激活因子NF-κB能够通过与IκB的相互作用而保留在细胞核外，IκB磷酸化后被β-转导重复相容蛋白（β-TrCP）E3所识别，泛素化而迅速降解，游离的NF-κB转位进入核内。上述过程是对加速炎症反应至关重要的一步（Karin和Ben-Neriah，2000）。

（三）调控蛋白质质量

真核生物细胞拥有蛋白质质量调控系统，主要包括分子伴侣和UPS，以降解错误折叠或受损的蛋白质。UPS可以调节各种蛋白质的稳定性，通过参与细胞内蛋白质降解维持所有必要的细胞功能。例如在囊性纤维化（由位于第7对染色体CF基因突变引起的常染色体隐性遗传病）中，跨膜传导调节因子（CFTR）的突变形式会被选择性降解而无法到达细胞表面（Jensen等，1995）。因为Ub结合和降解过程是在细胞质中进行的，CFTR的破坏表明UPS能够降解错误折叠蛋白或分泌蛋白。在内质网相关降解过程中，内质网内许多错误折叠的蛋白质通过一系列内质网膜相关的Ub结合蛋白被反向转运到细胞质，然后靶向进入细胞质中的蛋白酶体并降解（Meusser等，2005）。

（四）免疫监督

除了调控细胞生长、代谢以及清除错误折叠蛋白等基本作用外，UPS在免疫系统的信息收集机制中发挥着至关重要的作用。MHC Ⅰ分子的抗原呈递依赖于蛋白酶体的功能。在高等脊椎动物中，蛋白酶体连同其他蛋白质水解元件、溶菌酶等产生抗原肽，介导免疫系统。这些肽能使循环的淋巴细胞掩护细胞外和细胞内环境中的外源蛋白。通过抗原递呈、细胞内吞作用所摄取的细胞外蛋白质能够被溶菌酶所降解，诱导淋巴细胞活化并产生抗体。

（五）作为氨基酸的来源

氨基酸在动物组织的代谢、生长、维护和修复过程中发挥重要作用。机体内氨基酸的来源之一是组织蛋白质的水解，在动物营养不良或功能不足时，机体利用蛋白质来氧化供能。在蛋白质摄入过量或日粮氨基酸不平衡的情况下，蛋白质转化为糖类和脂肪储存于机体。动物机体在特定的病理生理状态下可降解利用体蛋白，尤其是肌肉组织蛋白质，将其分解成氨基酸。在饥饿或疾病状态下，上述过程的活化往往会导致肌肉萎缩（Shastri等，2002）。因为UPS在细胞调控和稳态中的许多重要功能，在应激或病理状态下UPS的活化必须具有高度选择性并且受到精确调控，以避免肌肉或其他器官中必需蛋白质的降解。

（六）其他功能

泛素也可以单体形式而非Ub链的形式与蛋白质结合。这种类型的标记会诱导细胞表面蛋白质的内化而进入胞吞途径（Hicke和Dunn，2003），也可用于转录调控（Sigismund等，2004）。

三、泛素-蛋白酶体系统与动物健康

泛素化已成为细胞死亡和炎症信号转导的重要中介，介导机体防御稳态的调控（Meier等，2015），UPS在机体抗感染和免疫调节中发挥重要作用（王艳和肖意传，2016）。猪圆环病毒复制的早期阶段需要UPS的介入（Cheng等，2014）。猪流行性腹泻病毒（PEDV）对IFN的抗病毒效应具有抵抗性，其分子机制可能与PEDV感染所致的STAT1蛋白酶体依赖模式降解有关（Guo等，2016）。组蛋白泛素化修饰是翻译后修饰的一种。组蛋白进行泛素化和去泛素化，能够介导某些生理和病理过程，通过抑制（多数）或促进（少数）基因转录影响基因表达。组蛋白泛素化酶和去泛素化酶通过识别DNA损伤位点、传导信号和招募修复因子等方式参与染色质稳态的维持（林烨等，2019）。

日粮蛋白质水平、氮能比、氨基酸、肽及饲喂水平等因子调节肌肉蛋白质降解。生长因子和营养素通过活化mTOR促进蛋白质的合成，抑制蛋白质的降解。mTOR信号通路调控营养素刺激的骨骼肌中蛋白质的合成，而UPS调控肌纤维蛋白质的降解（Sadri等，2016）。研究表明，在营养限制性奶牛的肌肉组织中，AMPK的活性显著低于正常对照组，而蛋白质泛素化却显著高于对照组。这表明营养限制加速了蛋白质的降解（Du等，2005a）。然而，在奶牛胎儿的肌肉组织中却没有发现蛋白质泛素化的差异。上述研究表明，降低蛋白质的合成，促进蛋白质的降解，妊娠母牛肌肉萎缩，即营养素缺乏期间奶牛肌肉萎缩可能与增加了肌肉蛋白质的降解有关。肉碱的添加改善了生长猪的性能，如蛋白质沉积等。对其分子机制的深入研究发现，日粮中添加肉碱可能通过调节泛素-蛋白酶体系统抑制剂（如IGF-1）的释放，进而降低骨骼肌和肝脏组织中泛素-蛋白酶体系统相关基因的转录水平（Keller等，2012）。

在哺乳动物中，泛素介导的蛋白质降解途径是一个重要的蛋白质降解途径。该途径受到饲养状态的调控，可能与通过PKB-FoxO信号通路介导萎缩相关的泛素连接酶、Atrogin-1和MuRF-1的转录调控有关（Seiliez等，2005）。对热应激的仔鸡的实验研究表明，热应激导致肌肉组织中蛋白质的降解和线粒体中ROS的产生，其机制可能与Atrogin-1介导的泛素化途径的活化有关（Furukawa等，2016）。猪COPS2、COPS4、COPS5、COPS6、USP6和USP10基因与泛素-蛋白酶体系统有关（Wu X等，2007）。对猪不同组织的研究结果表明，泛素-蛋白酶体系统成分存在一定的组织特异性，各组织的泛素化受到严格调控，并且共轭泛素维持相对恒定的比例。泛素-蛋白酶体系统和去泛素化酶是维持泛素稳态的关键调控因子（Patel和Majetschak，2007）。泛素-蛋白酶体系统在控制机体内甘油三酯的合成中发挥重要作用。有研究表明，高葡萄糖水平通过牛乳腺上皮细胞中泛素-蛋白酶体系统的介导调控牛奶中脂质的合成，高葡萄糖水平能导致牛乳腺上皮细胞对泛素-蛋白酶体系统抑制作用的超敏感性，反过来增加牛奶中脂质的合成（Liu L等，2015）。近年来也有研究表明，泛素介导的蛋白质降解途径的活化是区别克什米尔细毛山羊初级卵泡和次级卵泡的重要信号通路（Ji XY等，2016），这对研究克什米尔细毛山羊和其他哺乳动物的毛囊具有重要的指导意义。

（编者：徐春兰）

第五部分

肠道微生物与动物基因表达和营养吸收代谢调控

第十六章

肠道微生物与动物基因表达调控

肠道微生物组成丰富多样，微生物能够通过产生的代谢物，如短链脂肪酸、模式识别分子（如脂多糖和肽聚糖）、生物胺等物质，调节宿主代谢和与免疫过程相关的基因表达。肠道微生物及其代谢物不仅能够调节肠道上皮的基因表达和生理过程，也能够通过肠肝循环、脑肠轴等，影响肠道外器官的基因表达。本章综述近年来肠道微生物对营养代谢和免疫重要环节中的基因表达的调控，为通过营养途径改变宿主-微生物互作提供参考。

第一节　动物肠道微生物组成概述

单胃动物肠道微生物的数量大约为10^{14}个，至少是宿主细胞数目的10倍，种群数量达到500～1000个（International Human Genome Sequencing，2004），其编码基因的数量是宿主基因组编码基因的100～200倍。因此，肠道微生物丰富的遗传多样性可以提供很多宿主缺乏的生物活性。

一、肠道微生物随日龄的变化规律

新生仔猪肠道微生物主要来源于母猪和外界环境。新生仔猪在出生之后，好氧菌和兼性厌氧菌——大肠杆菌属（*Escherichia*）和链球菌属（*Streptococcus*）首先定植于肠道。随着氧气的消耗，肠道内变为厌氧环境，为拟杆菌属（*Bacteroides*）、双歧杆菌属

(*Bifidobacterium*)、梭菌属（*Clostridium*）和乳杆菌属（*Lactobacillus*）定植创造了有利的条件（Isaacson和Kim，2012；Konstantinov等，2006）。断奶前，仔猪胃中pH值低，能够有效阻止致病菌进入肠道（Su等，2008；Isaacson和Kim，2012）。断奶期间，日粮由母乳到谷物，胃的pH值升高，基础日粮的转变使肠道微生物发生动态变化。Su等（2008）发现仔猪断奶后胃食糜中乳酸杆菌增加，而空肠和回肠食糜中乳酸杆菌减少。仔猪结肠中总细菌拷贝数在断奶后3天显著降低，而梭菌Ⅳ群拷贝数变化则不显著（边高瑞等，2010）。此外，断奶后结肠食糜中具有碳水化合物发酵能力的细菌［如考拉杆菌属（*Phascolarctobacterium*）、罕见小球菌属（*Subdoligranulum*）和普氏菌属（*Prevotella*）］显著增加（Mu等，2019），仔猪粪样中微生物也发生显著变化。Mach等（2015）研究发现，与断奶之前相比，断奶之后仔猪粪样微生物的多样性有增加的趋势。此外，断奶之前仔猪粪样中厚壁菌门（Firmicutes）和拟杆菌门（Bacteroidetes）分别占54.0%和38.7%，断奶之后Firmicutes和Bacteroidetes分别占35.8%和59.6%（Alain等，2014）。Bian等（2016）研究了仔猪从出生到49日龄粪样微生物的定植，发现粪样中变形菌门逐渐减少并被拟杆菌门细菌代替，兼性厌氧菌逐步减少，严格厌氧菌增加，微生物多样性随之增加，且微生物的定植与母乳成分有关，例如：大肠杆菌的相对丰度与乳蛋白浓度显著正相关，而与乳糖含量显著负相关。Kim HB等（2011）对生长猪粪样微生物的研究发现，粪样中细菌主要由Firmicutes、Bacteroidetes、变形菌门（Proteobacteria）、放线菌门（Actinobacteria）和螺旋菌门（Spirochaetes）等5大门类组成，其中Firmicutes和Bacteroidetes的比例高达90%。Firmicutes的相对丰度随着日龄的增长不断增加，而Bacteroidetes的相对丰度随着日龄的增长逐渐减少。在属水平上，*Prevotella*、厌氧孢杆菌属（*Anaerobacter*）、*Streptococcus*、*Lactobacillus*、粪球菌属（*Coprococcus*）、*Sporacetigenium*、巨球形菌属（*Megasphaera*）、*Subdoligranulum*、布劳特氏菌属（*Blautia*）和颤杆菌克属（*Oscillibacter*）为主要优势菌属。在10周龄时，*Prevotella*为最优势菌属，其相对丰度达到30%；在22周龄时，其相对丰度降至3.5%～4.0%。与*Prevotella*相反，Firmicutes中*Anaerobacter*丰度显著增加（Kim HB等，2011）。

二、肠道微生物的区室化

由于酸碱度、肠道营养物质以及肠道上皮结构的影响，小肠、大肠微生物的结构和功能存在差异。仔猪断奶后3天，胃食糜中乳酸杆菌和链球菌*Streptococcus sui*数量低于空肠和回肠食糜（苏勇，2007）。通过分析42日龄仔猪胃肠道微生物组成，研究人员发现十二指肠、空肠、回肠的微生物多样性与结肠相比，没有显著性差异，而微生物组成存在明显不同：十二指肠、空肠和回肠食糜的优势细菌为链球菌属、乳酸菌属、大肠杆菌属和梭菌属细菌，而结肠食糜优势细菌为*Subdoligranulum*、副拟杆菌属（*Parabacteroides*）和*Prevotella*细菌（Mu等，2017a）。不同部位微生物的功能也存在差异，结肠食糜细菌的多糖代谢能力高于空肠食糜细菌（Mu等，2017a）。研究发现，3月龄生长猪肠道微生物的组成在不同肠段以及同一肠段的肠腔和黏膜均存在差异。在门水平上，回肠微生物的组成与盲肠和结肠两处有明显的差异。在回肠，Firmicutes为绝对优势菌群；在盲肠和结肠中，Firmicutes和Bacteroidetes的比例相似。对于属水平，在回肠，*Anaerobacter*和*Turicibacter*为主要优势菌属；在结肠，*Prevotella*、*Oscillibacter*和琥珀酸弧菌属（*Succinivibrio*）为主要优势菌属。此外，回肠肠腔中的微生物和黏膜上的微生物的组成存在差异，黏膜上*Prevotella*、*Coprococcus*和*Papillibacter*的丰度显著高于他们在肠腔中的丰度（Looft等，2014）。

由于氨基酸代谢能力的差异，细菌存在着代谢区室化。有研究显示，猪小肠不同肠段的微生物对氨基酸的利用具有一定的肠段差异性，并且十二指肠微生物对氨基酸的利用效率明显低于空肠和回肠微生物（Dai等，2010）。体外培养12 h后，空肠微生物对苏氨酸、精氨酸、蛋氨酸以及苯丙氨酸的利用明显低于回肠微生物，而对赖氨酸的利用明显高于回肠微生物（Dai等，2010）。进一步研究发现，空肠微生物与回肠微生物对氨基酸的利用同样存在差异。体外培养24 h后，空肠微生物对组氨酸、苏氨酸以及支链氨基酸的利用低于回肠微生物，而对谷氨酸、精氨酸和赖氨酸的利用在两个肠段间没有差异（Yang YX等，2014）。此外，同一肠段上的不同层次的微生物也存在代谢区室化。Yang YX等（2014）采用体外发酵技术，将肠腔微生物、肠壁松散连接微生物以及肠壁紧密连接微生物分别接种至单一氨基酸培养基进行厌氧发酵，研究发现这些不同层次的微生物在代谢氨基酸能力上存在着差异。其中，肠腔微生物一直保持着对氨基酸的分解代谢，肠壁紧密连接微生物在前12 h表现为对氨基酸的合成，而肠壁松散连接微生物对氨基酸表现为既存在合成代谢也存在分解代谢。体外培养12 h后，空肠肠壁紧密连接微生物对氨基酸均表现为合成代谢，合成率高达40%。然而，回肠肠壁紧密连接微生物对氨基酸的合成代谢主要表现在前6 h，合成率为0～20%。与肠腔微生物以及肠壁紧密连接微生物不同，松散连接微生物对氨基酸的利用未表现出明显的代谢模式。除了谷氨酸、蛋氨酸以及赖氨酸以外，空肠肠壁松散连接微生物在培养前12 h对氨基酸主要表现出较强的合成能力；在12～24 h，则以分解为主；发酵24 h后，微生物对除谷氨酸、谷氨酰胺、蛋氨酸以及赖氨酸以外的其余氨基酸均表现出净合成效应。回肠肠壁松散连接微生物对于谷氨酸一直表现为净合成作用，对苯丙氨酸则表现为分解效应，对赖氨酸在前12 h表现出合成效应，之后表现为分解为主，最终表现为净利用效应。以上研究表明，肠道微生物对氨基酸的代谢存在区室化。

三、肠道微生物的主要功能

肠道微生物可以向宿主传递信息，交换能量，此外在维持宿主营养代谢、生理及免疫功能方面起着重要作用。近年来研究发现，肠道微生物同糖尿病、肥胖、克罗恩病以及肠易激综合征（irritable bowel syndrome，IBS）存在着密切关联。

（一）肠道微生物参与营养物质的代谢

肠道微生物可以降解宿主不能消化的食物，为宿主提供能量和营养物质。猪结肠中毛螺菌科为纤维降解细菌，能够将纤维素降解为单糖和短链脂肪酸（乙酸、丙酸和丁酸）。短链脂肪酸通过单羧酸转运蛋白1（MCT1）和钠耦合单羧酸转运蛋白1（sodium coupled monocarboxylate transporter 1，SMCT1）被宿主肠上皮细胞摄取利用（den Besten等，2013b）。其中，丁酸主要参与宿主肠上皮细胞能量代谢，主要在长链酰基辅酶A脱氢酶（LCAD）、短链酰基辅酶A脱氢酶（short-chain acyl-CoA dehydrogenase，SCAD）及羟酰基辅酶A脱氢酶（HADH）的β-氧化作用下转化为乙酰辅酶A，后者进入三羧酸循环参与肠上皮细胞的能量代谢（Donohoe等，2011）。丙酸能够通过血液循环进入肝脏，主要参与宿主的糖异生途径。首先，丙酸在丙酸辅酶A连接酶作用下转化为丙酰辅酶A；其次，丙酰辅酶A分别在丙酰辅酶A羧化酶、甲基丙二酸单酰辅酶A差向异构酶及甲基丙二酸单酰辅酶A变位酶的作用下转化为琥珀酰辅酶A；最后，琥珀酰辅酶A进入三羧酸循环转化为草酰乙酸，后者是糖异生的前体物（den Besten等，2013b）。乙酸既能够参与宿主的能量代谢，也可以用于胆固醇、长链脂肪酸、谷氨酰胺和谷氨酸的合成（den Besten等，2013b）。Voltolini 等（2012）研究发现，*Clostridium*和消化链球菌属（*Peptostreptococcus*）为蛋白质降解菌，能够通过降解赖氨酸、丝氨酸和天冬氨酸产生短链脂肪酸，并通过激活G蛋白偶联受体（G protein-coupled receptor，GPCR）（如GPR41和GPR43）调节肠道免疫功能，进而影响肠道健康。此外，Yang YX等（2014）研究发现，猪小肠微生物能够代谢氨基酸，并且小肠不同区室的微生物对氨基酸的代谢是不同的：肠道微生物偏向对氨基酸的利用，而紧密连接微生物具有合成氨基酸的能力，小肠微生物对支链氨基酸代谢的贡献很少。同时，肠道微生物能够合成B族维生素和维生素K。其中，某些维生素可以通过肠道吸收供宿主利用。然而，维生素B_{12}不能直接被宿主利用，需要与胃内R因子结合形成复合物。在远端回肠，R因子另一个活性部位与回肠黏膜上皮细胞结合，从而促进维生素B_{12}的吸收。此外，肠道微生物能够间接地激活消化酶，如淀粉酶、纤维素酶、酸性蛋白酶和脂肪酶，促进对营养物质的消化吸收及利用。

（二）肠道共生微生物抑制病原微生物生长

肠道内共生菌群能够抑制病原微生物的定植。其作用机制是，肠道内共生菌通过与病原菌竞争营养和黏附的位置，抑制病原菌在肠道定植。肠道内乳酸产生菌和短链脂肪酸产生菌能够产生乳酸和短链脂肪酸，降低肠道 pH 值，抑制病原菌的生长。通过体外试验发现，丁酸处理显著抑制致病菌肠道沙门氏菌（*Salmonella enterica*）毒力因子的表达（Gantois等， 2006）。以小鼠为动物模型研究发现，双歧杆菌的代谢产物乙酸能够抑制肠道中出血性大肠杆菌O157:H7的过度繁殖（Fukuda等，2011）。

（三）肠道共生微生物促进肠道干细胞增殖

肠道干细胞能够分化成小肠潘氏细胞、杯状细胞、内分泌细胞、结肠吸收细胞和小肠上皮细胞等，这些细胞与所分泌的因子形成肠道屏障。Lee SM 等（2013）研究发现，临近隐窝中的肠道干细胞有细菌定植，暗示肠道微生物可能参与调控肠道干细胞的增殖。细菌通过模式识别受体和代谢产物影响肠道干细胞的增殖。研究发现，鼠李糖乳杆菌GG（*Lactobacillus rhamnosus* GG）通过激活磷脂酰肌醇3-激酶（PI3K）途径中的蛋白激酶B（Akt）来抑制细胞因子诱导的肠道表皮细胞凋亡，并且增强增殖细胞核抗原基因的表达，最终调节上皮干细胞的生存和增长（Yan等，2007）。Jones等（2013）研究发现，小鼠肠道乳酸杆菌能够通过刺激肠道上皮ROS的产生，激活肠上皮细胞NADPH氧化酶1（NADPH oxidase 1，Nox-1）活性，促进肠道干细胞的增殖。

第二节　肠道微生物-黏膜上皮互作与宿主基因表达

一、肠道微生物代谢物对肠道内基因的调控

肠道微生物会产生大量的代谢物，其中很多具有生物活性，如短链脂肪酸、吲哚、生物胺等，而这些代谢物对宿主肠道生理具有重要的调节作用。肠道黏膜上皮是宿主与环境的交互界面，肠细胞稳态影响宿主生理，包括发育、代谢和免疫。

（一）短链脂肪酸

短链脂肪酸（SCFA）是微生物产生的重要代谢物，它由结肠和远端小肠中的微生物发酵抗性淀粉、日粮纤维和其他低消化率的多糖而产生。其中，乙酸、丙酸和丁酸是主要的短链脂肪酸。这些代谢物无论是对菌群本身还是对宿主都具有重要的调控作用。SCFA既可以作为细胞的能量物质促进细胞生长，也可以作为信号分子发挥作用，从而影响宿主肠道免疫、代谢和屏障功能等。

丁酸是结肠上皮细胞的一种重要能量物质，在维持结肠稳态方面发挥着重要作用。当丁酸缺乏时，会造成结肠上皮的营养性缺陷，引起短期性黏膜萎缩和长期性营养性结肠炎。此外，丁酸具有抑制结肠炎症和结肠癌的作用，还能增强结肠防御屏障、降低氧化应激。由于肠上皮与肠道菌群及其代谢物关系紧密，肠细胞对这些潜在的肠腔内容物的免疫刺激存在着感应和应答机制，以保证宿主能维持一种正常的可控性低水平炎症反应的正常生理状态。大量体外、体内试验表明，微生物代谢物丁酸能影响宿主免疫应答。丁酸是一种重要的组蛋白去乙酰化酶（HDAC）抑制剂，能抑制组蛋白去乙酰化酶的活性，进而抑制宿主调控相关炎性细胞因子的基因转录（Li SH等，2017）。此外，它还能作用于结肠上皮的GPR41和GPR43，激活宿主GPCR信号，通过丝裂原活化蛋白激酶（MAPK）介导的信号路径调控炎症反应，包括抑制脂多糖（LPS）和细胞因子诱导的促炎因子TNF-α、IL-6和NO的生成，以及增加抗炎因子IL-10的释放（Vinolo等，2011）。

丙酸主要被肝脏利用，具有抑制脂肪生成、降低胆固醇及抗结肠癌细胞增殖等效果，还能影响体重、减少采食量。肝细胞中脂质合成受到SCFA含量与种类的强烈影响，其中丙酸发挥着重要作用。在控制饱感方面，丙酸能刺激回肠和结肠中的L细胞，使其分泌胃肠道激素胰高血糖素样肽-1（GLP-1）和肽YY（peptide YY，PYY）。这两种激素能增加饱感，从而减少动物的采食量。GLP-1除了能控制肌细胞中肝糖原合成外，还能促进胰岛素分泌和胰腺β细胞的增殖，而PYY可以减少胃排空。除了GLP-1和PYY，瘦素也是一种重要的由丙酸触发的饱感信号，这种潜在的厌食激素能通过结合中枢神经系统中的相关受体而抑制采食。研究表明，丙酸能上调血清及脂肪组织中瘦素mRNA和蛋白质的表达（Xiong等，2004）。

乙酸主要进入系统循环，并到达外周组织。乙酸的增加能引起副交感神经系统的激活，进而促进胰岛素和生长激素释放肽的分泌，引起采食量增加以及肥胖（Perry等，2016）。此外，乙酸会影响参与心血管健康和功能的基因的表达调控（Marques等，2017）。

（二）吲　哚

吲哚是动物结肠微生物的一种代谢产物，由革兰氏阴性菌和革兰氏阳性菌分解肠腔中的色氨酸而生成，其中埃希氏大肠杆菌是产生吲哚的主要菌株。吲哚作为肠腔中细菌的一种特殊信号分子，能通过影响肠道菌群结构对宿主肠上皮功能进行调节。吲哚具有抑制致病性大肠杆菌的作用，如削弱其趋化性、能动性及对肠上皮的附着能力等（Bansal等，2007）。也有研究指出，吲哚具有增强机体肠道免疫的功能，它可以上调黏膜屏障和黏蛋白的相关基因表达，并抑制促炎因子表达，促进抗炎因子IL-10的表达（Bansal和Demain，2010）。

（三）生物胺

肠道中的生物胺是由微生物发酵蛋白质而产生的一类代谢物。常见的有腐胺、尸胺、精胺、亚精胺、组胺和色胺等。其中，腐胺、精胺和亚精胺涉及RNA、DNA和蛋白质合成的多个层面。当其含量处于很低水平时，它们对细胞的生长和分化至关重要；但若其含量很高时，则会对动物有害。研究表明，酪胺能显著增加肠道致病菌——大肠杆菌O157:H7对盲肠黏膜的黏附力（Lyte，2004）。给哺乳期大鼠灌胃精胺或亚精胺，能诱导消化道的全面成熟。此外，精胺或亚精胺的外源补充也有利于减缓断奶应激反应，增强黏膜免疫功能（陶青燕和王康宁，2009）。

二、肠道微生物与黏膜固有免疫基因表达的调节

（一）黏膜固有免疫

肠道固有免疫主要包括肠黏膜组织、各种免疫细胞（如单核巨噬细胞、树突细胞、自然杀伤细胞等）及其他多种免疫指标。作为固有免疫系统的四大屏障之一，肠道固有免疫系统的表皮屏障和相关成分是宿主防御外源侵染的重要机制。肠黏膜长期暴露于外源的食物抗原和细菌抗原等，具有重要的防御作用。除此之外，这些机制也由获得性免疫调节，彼此共同建立起一种有效的防御机制。

（二）肠道微生物对模式识别受体基因表达的调节

肠道内模式识别受体（pattern recognition receptors，PRR）主要表达于肠道固有免疫细胞表面，如具有抗原提呈作用的树突细胞。模式识别受体主要识别肠道中模式分子

（配体）的功能，在感染和激活免疫过程中起重要作用。其中Toll样受体（TLR）和NOD样受体（nucleotide binding oligomerization domain-like receptors，NLR）分别作为胞外和胞内受体，是目前研究最多的模式识别受体。

模式识别受体对模式分子的识别，在介导肠道微生物对免疫的调节中起到“门户”的作用，进而激活下游一系列信号通路，激活免疫应答。不同的受体识别的模式分子类型也不同，表16-1呈现了不同TLRs主要识别的模式分子类型。肠道微生物的组成和多样性的变化对模式识别受体的基因表达有极大的影响，从而进一步对后续的肠道免疫系统的发育、表皮屏障的完整性、炎症的发生以及对致病菌的杀伤作用起到调节作用。无菌小鼠肠道的模式识别受体普遍处于低表达状态，而当定植了某些共生菌之后，这些受体的基因表达水平就会恢复到正常水平（Belkaid和Hand，2014）。某些微生物模式分子作用于TLR2，使其基因表达受到调节，在增强肠道上皮的紧密连接方面起到信号传递的作用（Cario等，2004）。上皮细胞中NOD1识别来源于革兰氏阴性菌的肽聚糖，能够诱导肠道中孤立淋巴小泡基因的表达（Bouskra等，2008）。革兰氏阴性菌细胞壁的主要成分LPS可以诱导TLR4和NOD1的表达，从而通过一系列信号通路诱导多种免疫细胞的分化和成熟，进而启动免疫杀伤作用，清除相关的致病菌。

表16-1　Toll-样受体及其识别的主要成分（黄栩林和庞广昌，2008）

受　体	配　体
TLR1/TLR2	细菌脂蛋白
TLR2	脂蛋白/脂肽、脂磷壁酸、甘油肌醇-磷脂、红细胞凝聚素、病毒的结构蛋白等；内源性配体(Gp96、HSP60、HSP70、透明质酸、HMGB1等)
TLR3	双链RNA
TLR4	脂多糖、呼吸道合胞病毒(RSV)融合蛋白、小鼠乳腺肿瘤病毒(MMTV)被膜蛋白等；内源性配体(Gp96、HSP60、HSP70、透明质酸、硫酸乙酰肝素、纤维蛋白原、纤维连接蛋白A，HMGB1、β-防御素、表面活性蛋白等)
TLR5	鞭毛蛋白
TLR6/TLR2	二酰基脂肽
TLR7	咪唑喹啉、洛索立宾
TLR8	咪唑喹啉、ssRNA
TLR9	含CpG的DNA

（三）肠道微生物对固有免疫细胞活性和细胞因子基因表达的调节

固有免疫细胞是固有免疫系统中重要的组成部分，主要功能包括抗原提呈（如树突细胞和巨噬细胞等）、免疫因子的分泌（如树突细胞和自然杀伤细胞等）以及对致病菌的杀伤作用（如巨噬细胞和自然杀伤细胞等）等。它们各司其职，但又紧密地联系在一起，这种联系主要是通过细胞间受体-细胞因子互作信号实现的。因此，通过观察细胞因子的表达情况，可以间接地了解相关的免疫细胞个体及整体在肠道菌群的作用下所处的响应状态。某些特定的肠道微生物在诱导免疫细胞的活化以及相关细胞因子的产生中发挥重要的作用，如位于黏膜固有层的单核吞噬细胞，包括巨噬细胞和树突细胞，可以介导免疫球蛋白对共生菌的低应答反应，这对维持肠道稳态非常重要。肠道巨噬细胞对共生菌反应较弱，它们并不会引起促炎分子基因表达的显著性变化。微生物区系对于上调单核巨噬细胞pro-IL-1β的表达非常重要。共生菌不能诱导pro-IL-1β转化为成熟的IL-1β。相反，肠内致病菌，如*Salmonella enterica serovar Typhimurium*和绿脓杆菌（*Pseudomonas aeruginosa*）的侵染会通过NLRC4炎症小体促进半胱氨酸蛋白酶1的激活，诱导pro-IL-1β的活化，使其进一步转化为成熟的IL-1β（Buc等， 2013）。因此，NLRC4依赖的IL-1β表达代表一种特异性的反应，这种反应可以识别致病菌和共生菌，同时这也表明不同微生物对免疫的调节作用具有很大的差异。

（四）肠道微生物对抗菌肽、黏蛋白等效应因子基因表达的调控

致病菌在肠道上皮的附着是其侵染的第一步。作为一种防御机制，表皮细胞产生黏液和抗菌肽分子来抑制致病菌的侵染。黏液为微生物的附着和营养提供了物质基础，也避免了肠道微生物与表皮细胞表面紧密接触而引起的较强免疫应答。已有证据表明，共生菌在维持肠道表皮的完整性方面起作用，表现为无菌小鼠肠道表皮细胞增生的速率明显低于正常小鼠（Pull等，2005）。这表明微生物可以诱导肠道表皮细胞的增生和相关基因的表达，如重组激活基因和Toll样受体信号转移途径中的Myd88基因等，而定植多形拟杆菌（*Bacteroides thetaiotaomicron*）的无菌小鼠可以激活多种肠道的功能性基因，包括肠道表皮屏障的防御。

潘氏细胞是位于小肠隐窝基底的一种特殊的表皮细胞，主要产生抗菌肽。无菌小鼠定植微生物后能够诱导复杂的抗菌肽基因的表达（Vaishnava等，2008）。共生菌对血管生成素样蛋白4（angiopoietin like protein 4，ANGPLT4）的基因表达具有调节作用。ANGPTL4是一种由哺乳动物肠道产生的具有杀菌性质的蛋白，属于潘氏细胞特异性合成和分泌的抗菌肽，对革兰氏阳性菌有特异的抗菌作用，如李斯特菌（*Listeria monocytogenes*）和粪肠球菌（*Enterococcus faecalis*）。对小鼠的研究表明，当由母乳转向调节型日粮时，正常小鼠血管生成素样蛋白4的表达量明显增加，快速达到成年小鼠的水平；而无菌小鼠ANGPTL4则不会达到正常水平。这表明ANGPTL4的完全表达需要潘氏细胞与肠道菌群之间的协同作用。ANCPTL4在早期断奶动物中的表达模式，表明共生菌能

够影响潘氏细胞的发育以及相应抗菌肽基因的表达。这也表明肠道微生物与宿主可能在肠道菌群的定植方面具有协调作用。抗菌肽主要集中在黏液层，而在肠腔中分布较少，这种分布规律可以有效地增加对菌体渗透的保护功能。除去限制菌体与肠道表皮的联系，抗菌肽也能塑造小肠微生物的组成（Salzman等，2010），这也是免疫系统和微生物双向作用的体现。因此，共生菌诱导的抗菌肽的表达在稳态下对免疫调节起到重要的作用。

（五）肠道微生物与肠道炎症疾病

肠道微生物在诱导和激活慢性肠炎及肠炎性相关疾病中发挥作用，尽管具体的机制还不清楚，但可能和肠道菌群与黏膜表面相互作用的失调有关。此外，许多肠炎疾病会导致表皮细胞功能的改变，损伤抗菌肽的表达。α-防御素表达的降低会导致黏膜表面细菌的增加，从而引起多种免疫细胞的活化和促炎因子的表达，导致不可控的炎症。抗菌肽和黏液分泌的减少也可能会导致细菌对表皮细胞的侵染，从而伴随炎症的产生，甚至产生疾病，形成恶性循环。在许多自发性肠炎模型中，肠道免疫识别和杀伤微生物能力的损伤会导致炎症性肠道疾病的发展。有证据表明，包括NOD2和自噬相关蛋白16-1（autophagy related 16-like 1，Atg16L1）在内的许多肠炎敏感性基因的表达调节了宿主与微生物之间的互作（Cho，2008）。NOD2是胞内的细菌肽聚糖感受体，属于克罗恩病的敏感型基因。此外，微生物介导的NOD2信号对潘氏细胞功能具有调节作用，调节多种抗菌肽的表达。NOD2小鼠模型中，潘氏细胞分泌抗菌肽的能力受损，进而介导炎症性肠道疾病的发生。因此，宿主识别和清理肠道菌能力的缺失与炎症性肠道疾病的发生和发展直接相关。

微生物的慢性侵染及随后引起的炎症反应，对诱发肿瘤及相关基因的表达起到促进作用。最近有研究表明，小鼠腺瘤导致肠道表皮屏障损伤，同时微生物促进IL-23和IL-17的过表达，进而介导肿瘤生长（Grivennikov等，2012）。肠道内丝状分枝杆菌能够通过调节Th17型细胞因子的表达，促进肿瘤生长（Wu S等，2009）。结肠炎通过改变肠道微生物组成以及诱导具有毒性基因的微生物扩散，从而对肿瘤相关基因的表达具有促进作用（Eaton和Yang，2015）。总体而言，微生物通过调节某些免疫相关基因的表达，使组织屏障受到破坏。致病菌和肠道炎症破坏肠道屏障功能，增加肠道渗透性，造成肠道微生物的紊乱，进一步破坏黏膜屏障，增强炎症，影响肠道肿瘤的发生。

三、肠道微生物与体液免疫基因表达的调节

（一）肠内体液免疫

体液免疫主要是以B淋巴细胞产生的抗体为主，包括IgA、IgG等，通过血液、组织液等体液中的抗体执行免疫功能，而肠道微生物在介导B细胞（特别是肠道中的B细胞）免疫应答中发挥重要的调节作用。

（二）肠道微生物对肠黏膜体液免疫的影响

作为肠黏膜免疫的主效应因子，分泌型IgA（sIgA）在消化道黏膜免疫防御中处于举足轻重的位置，在调节肠道微生物的组成和功能方面发挥重要的作用，同时sIgA的表达也受到肠道菌群的影响。正常情况下，肠黏膜包含大量的IgA分泌型浆细胞，而无菌小鼠IgA分泌型浆细胞的数量显著减少，但正常小鼠粪样微生物或特定微生物的定植能刺激浆细胞数量的增加及IgA的表达。肠道菌群能够通过调节黏膜固有层树突细胞或者滤泡树突细胞功能，诱导产IgA的B细胞的分化（Macpherson等，2012）。共生菌来源的鞭毛促进视黄酸的合成，视黄酸在促进产IgA的B细胞分化方面起作用。此外，肠道共生菌在调节IgG（Zeng等，2016）和IgM（Wesemann，2015）等抗体的基因表达方面也起到重要作用，从而抵抗致病菌的定植及维持肠道稳态乃至整个机体的健康。

辅助性T细胞2（T helper cells 2，Th2）在介导体液免疫中也具有重要的作用。在肠道微生物通过某些信号途径对Th2相关的细胞因子进行调节时，其Th2的活性受到影响，从而对体液免疫进行辅助性调节，包括IgA等多种抗体的基因表达也受到影响（Mikkelsen等，2017）。

肠道微生物与过敏反应的发生有关。过敏反应主要由Th2介导。Th2在B细胞、粒细胞等免疫细胞的活化和相关基因的表达方面有调节作用。此外，过敏原特异性IgE的产生在过敏中起到中心作用。无菌小鼠体内存在较高水平的IgE，而重新定植肠道菌群之后，IgE的水平恢复正常，从而对过敏起到一定的缓解作用（Cahenzli等，2013）。

第三节　肠道微生物对肠外组织基因表达的调节

一、肠道微生物与肠道外免疫器官基因表达

（一）肠道微生物对中枢免疫器官和其他外周免疫器官的影响

机体的免疫器官主要分为中枢和外周免疫两大部分，中枢免疫主要包括胸腺和骨髓，而外周免疫则包括脾脏、淋巴结等多种器官或组织，肠道免疫也属于外周免疫的一部分。近年来，大量的研究表明，肠道菌群不仅对肠道免疫有直接的调控作用，还可以通过免疫细胞和免疫分子对肠外其他免疫组织的免疫应答起调节作用（Maynard等，2012）。肠道微生物与肠外其他器官的交流主要由细胞因子等多种免疫因子通过循环系统、内分泌系统及神经系统形成的信号交流网络实现（Cani和Knauf，2016）。

在对中枢免疫系统影响的研究中发现，肠道菌群介导了胸腺过早退化，从而造成T淋巴细胞功能缺陷以及Foxp3和细胞毒性T淋巴细胞相关蛋白4等相关基因表达的失调，这在癌症的发生和发展中起到重要的作用。研究发现，肠道微生物相关的模式分子起到激活骨髓中造血功能相关基因表达的作用，正如无菌小鼠中髓样细胞的缺乏导致髓样细胞分化出的各种吞噬细胞显著减少。因此，共生菌对骨髓的作用在免疫细胞抵御致病菌的侵染过程中非常重要（Khosravi等，2014）。在对外周免疫系统的影响中发现，肠道菌群对甲状腺等其他组织都有影响（Köhling等，2017）。在关于格雷夫斯-甲状腺亢进疾病的研究中发现，小肠结肠炎耶尔森氏菌（*Yersinia enterocolitica*）、幽门螺杆菌（*Helicobacter pylori*）及其他细菌种类都对该病的发生和发展有影响。与野生型小鼠脾脏的调节功能比较，肠道菌群缺失（无菌小鼠）或改变都对脾脏的重量、细胞因子的表达、$CD4^+$和$CD8^+$细胞亚型的分化及活化产生不良影响（Hrncir等，2008）。

（二）对机体自身免疫疾病的影响

肠道微生物对宿主免疫系统的免疫应答状态有重要的调节作用，这种调节作用在一定范围内塑造了局部和全身性的稳态平衡，但是其组成或多样性的变化导致的肠道菌群失调又会打破宿主和肠道菌群的共生关系，使机体的免疫平衡受到影响。免疫过强就会造成自身免疫疾病的发生。全身性的红斑狼疮就是一种典型的自身免疫性疾病，在多种

器官中都有发生。近年来研究表明，红斑狼疮的发生和发展就是由肠道微生物的缺失和结构的变化导致核抗原耐受性降低所引起的，主要表现为多种抗核抗原成分的自身抗体，特别是IgG型抗-DNA抗体，且最终的原因很可能与饮食方式的改变（高脂高蛋白饮食）以及抗生素的滥用有关（Rosser和Mauri，2016）。大量研究表明，肠道微生物在多种自身免疫性疾病的发生和发展中起到重要的作用，包括多发性硬化症、1型糖尿病及类风湿性关节炎。

利用关节炎模型小鼠研究表明，肠道菌群的存在及组成的改变通过影响自身性抗原、发生中心及Th17细胞活性来对关节炎的发生和发展产生影响（Wu HJ等，2010）。在小鼠多发性硬化症模型实验中，分节丝状菌诱导的Th17在肠黏膜固有层活化，通过再循环的方式进入大脑，从而引起和加重脑炎（Vieira等，2014）。用抗生素干预肠道菌群，不仅缓解了抗原诱导的风湿病，也抑制了IL-10诱导的调节性B细胞的分化。

目前研究表明，肠道微生物在介导自身免疫性肝脏疾病（主要包括原发性硬化性胆管炎、肥大性肝硬化及自身免疫性肝炎）中起到重要的作用，其中涉及普氏菌属和罗氏菌属的减少，以及埃希菌属和巨球菌属的增加。因此有科学家提出，对于某些肝脏的自身免疫疾病，可以通过调节肠道菌群来实现缓解甚至治疗的目的，主要涉及上述菌属的干预。其他受肠道菌群影响的自身免疫疾病包括强直性脊柱炎、牛皮癣和银屑病等（Forbes等，2016）。此外，肠道菌群对宿主代谢性疾病的发生和发展具有显著的影响，包括2型糖尿病、冠状动脉硬化等。而这些疾病的发生和发展都与自身免疫系统不平衡的响应有直接的关系。基于以上研究，今后可以将肠道菌群作为多种器官或全身性自身免疫疾病的干预靶点，从而通过饮食方式、益生元的应用等更加安全的方法缓解和治疗自身免疫性疾病。

二、微生物-肠-肝轴与宿主基因表达

（一）微生物-肠-肝轴概述

Nicholson等（2012）提出宿主-微生物代谢轴（host-microbe metabolic axis），并将其定义为能够将一些特定的宿主细胞通路和一系列微生物种类、亚生态系统及微生物代谢活动联系在一起的、多向的、互作的化学信号高速联通途径。在这个代谢轴中，多个微生物基因组能够共同有序地调节代谢过程，通过微生物产生的代谢物建立起微生物和宿主基因表达之间的关联（Nicholson和Wilson，2003），同时这些微生物产物参与调节多种疾病，包括糖尿病、肥胖和心血管疾病。近些年研究发现，通过一些特定的干预手段

改变肠道微生物菌群结构及其代谢产物，能够影响宿主机体代谢。减少大鼠肠道内甲烷菌数量，能够调节机体碳水化合物和氨基酸的代谢（Yang YX等，2015）；饲喂抗生素能够显著改变肠道微生物代谢谱，影响生长仔猪的机体氨基酸代谢（Mu等，2017b）；饲喂抗性淀粉仔猪的肠道微生物组成改变，同时肝脏中脂代谢受到影响（Sun等，2016）。这些结果表明，肠道微生物与宿主之间存在一定的联系，即宿主-微生物代谢轴。

另外，肝脏作为机体最主要的代谢器官，肠道与肝脏在功能上存在广泛的“交流互作”，其相互作用被称为“肠-肝轴”，也称肠肝循环。研究发现，肠道菌群的紊乱会导致肠道黏膜通透性增加及内毒素LPS进入血液，并通过识别肝脏TLR4诱导促炎因子（IL-1、IL-6、TNF-α等）的产生（Zeuzem，2000）。此外，通过调节肠道微生物组成，还能够在一定程度上改善肝脏的健康。摄入适量的益生菌，能够有效降低非酒精性脂肪肝患者的血清肝酶含量，并且在一定程度上减少肝脏氧化应激、代谢压力、脂质贮积以及肝细胞脂肪变性（Paolella等，2014）。Torres等（2016）在急性结肠炎小鼠模型上发现，饲喂添加混合益生菌（VSL#3）能够显著增加肝脏中巨噬细胞（$CD68^{+}$）和增殖细胞（$Ki67^{+}$）的数量。以上研究说明，肠道微生物在介导肠-肝轴的过程中发挥重要作用。

（二）微生物代谢产物介导的微生物-肠-肝轴及其对宿主机体健康的影响

在动物对外源性物质（非动物宿主机体本身的化合物，主要来源于进入肠道的食物及由微生物产生的代谢物）的消化代谢过程中，机体及其肠道微生物能够代谢生成大量的小分子代谢产物，如短链脂肪酸（SCFA）和胆碱等。这些小分子物质在关联宿主细胞和与宿主共生的微生物的信息传递过程中以及对机体的健康起到至关重要的作用。

1. 短链脂肪酸

短链脂肪酸（SCFA）主要由乙酸、丙酸、丁酸等组成，主要来源于大肠（盲肠和结肠）中的微生物对食物中膳食纤维或复合碳水化合物的降解发酵过程。SCFA是蛋白质降解和氨基酸微生物发酵的主要代谢产物。微生物发酵产生的SCFA可提供宿主10%～15%的能量，在宿主肝脏代谢过程中发挥重要作用，特别是乙酸和丙酸均能够参与肝脏的能量和脂质代谢。比如，梭状芽孢杆菌属（*Clostridium*）可以通过丙烯酸途径代谢和利用丙氨酸并产生丁酸，也可以在苏氨酸脱氢酶的作用下代谢和利用苏氨酸并产生丙酸。此外，甘氨酸也可以通过Stickland反应产生乙酸等。研究发现，无菌小鼠的肝脏组织表现出ATP水平匮乏甚至产生自噬反应（降低自噬体标记蛋白LC3-Ⅱ水平）等严重缺乏能量的状态，并表现出上调AMPK基因表达的特征（Backhed等，2007）。

SCFA进入肝脏还能够通过激活AMPK途径上调PGC-1α，进而抑制肝脏脂肪酸合成以及促进脂肪酸氧化过程（den Besten等，2013b）。此外，乙酸、丙酸和丁酸还能够作为动物机体葡萄糖、胆固醇代谢的重要底物（den Besten等，2013a）。

2. 胆　碱

胆碱（choline）是细胞膜结构中的重要组成部分，是一种必需膳食营养，主要从食物中获得，如红肉和鸡蛋，但也可以由动物机体自身合成，并主要在肝脏中被代谢。胆碱对肝脏的脂质代谢和极低密度脂蛋白的合成有着重要的作用。在人和小鼠上的研究均显示，当食物中的胆碱水平不足时，肠道微生态常出现失衡，紫单胞菌科（Porphyromonadaceae）、丹毒丝菌科（Erysipelotrichaceae）的相对丰度增加，普氏菌科（Prevotellacaeae）的相对丰度降低，肠道内的微生物代谢改变，导致由肠道进入门静脉TLR4和TLR9的激活剂增加，进而上调肝脏促炎因子TNF-α的表达，最终造成或加速非酒精性脂肪肝（NAFLD）的发生（Henao-Mejia等，2012）。在人类粪便菌群中低水平的γ-变形菌纲（Gammaproteobacteria）和高水平的丹毒丝菌纲（Erysipelotrichi）与脂肪肝的发生具有显著的相关性（Spencer等，2011）。肠道微生物在与宿主酶活性的交互作用下还能够将胆碱转化成具有毒性的甲胺，比如三甲胺（trimethylamine，TMA）由肠道微生物产生，可进一步在肝脏中被代谢为氧化三甲胺（trimethylamine oxide，TMAO），后者与人类的心脑血管疾病密切相关。微生物将胆碱转化成甲胺的过程可能会通过降低胆碱的生物利用水平，增加进入肝脏的游离脂肪酸、游离脂肪酸β-氧化再加工形成的自由基氧化物，以及减少极低密度脂蛋白的分泌等机制，进而引发小鼠的脂肪变性及NAFLD。改变肠道微生物组成和微生物对胆碱的代谢能力，可能对改善NAFLD及维持葡萄糖稳态起到重要作用。此外，研究显示，血浆中TMAO及其代谢产物的水平与心脑血管疾病的发生具有密切的相关性。这种相关性表现在对具有动脉粥样硬化倾向的小鼠使用广谱抗生素治疗后，其动脉粥样硬化发病率显著降低（Wang ZN等，2011）。因此，如果能够筛选出一种或一类肠道微生物，它们在代谢胆固醇和胆碱的能力上存在差异性，可能有助于心脑血管疾病的预防和治疗。

（三）微生物介导的胆汁酸肠-肝循环及其对宿主机体代谢和健康的影响

胆汁酸是由胆固醇代谢产生的肠-肝轴中的主要代谢物之一，在维持肠-肝轴稳态过程中起到关键性作用。在人体胆固醇代谢过程中，大部分胆固醇在肝脏中被转化为胆汁酸。胆汁酸合成过程会形成胆汁流，同时伴随磷脂、胆固醇和有毒代谢物的分泌。胆汁酸在肝脏中合成分泌，在肠道中重吸收，两个过程共同形成了肠-肝循环。该循环不仅能够参与营养物质的消化吸收，还能够维持动物机体的能量平衡。而在胆汁酸肠-肝循环过程中，肠道微生物（特别是大肠微生物）能够通过影响胆汁酸的代谢来调节这一循环（皮宇等，2017）。

1. 微生物-胆汁酸互作参与机体营养物质消化过程

胆汁酸主要储存在胆囊中，在机体进食后，胆汁酸会被分泌进入小肠中（十二指肠），参与食物的消化过程。胆盐在脂类消化环节中扮演着重要角色，特别是在胆固醇、脂质及脂溶性维生素的乳化和吸收过程中起到关键性作用。胆汁酸能够激活胰腺酶，并与脂类物质在小肠中形成混合胶束，促进脂类物质在肠道中的消化吸收。

然而，在胆汁酸参与机体营养物质消化的过程中，肠道微生物能够对胆汁酸进行修饰，影响其功能。肠道细菌释放的胆酸盐水解酶（bile salt hydrolase，BSH）作用于胆盐的酰胺键结构，反应生成甘氨酸或牛磺酸及游离胆汁酸，进一步催化游离胆汁酸的脱羟基反应（Jiang等，2010）。*Bacteroides*、*Clostridium*、*Bifidobacterium*、*Lactobacillus*和肠球菌属（*Enterococcus*）普遍具有胆酸盐水解能力，但不同株细菌的BSH活性不同，如瑞士乳杆菌（*Lactobacillus helveticus*）和发酵乳杆菌（*Lactobacillus fermentum*）只能代谢牛磺酸胆盐而不能代谢甘氨酸胆盐（Jiang等，2010）。由此推测，肠道微生物的BSH具有识别类固醇和氨基酸类物质的能力。另外，饲喂添加具有BSH活性的菌种，能显著降低小鼠和狗血清中的胆固醇水平（Jiang等，2010），而胆汁酸水解产物牛磺酸胆盐能够抑制艰难梭菌（*Clostridium difficile*）毒素A和毒素B裂解活性，进而能够有效避免结肠上皮细胞遭受毒素损伤（Darkoh等，2013）。由此可见，细菌BSH活性不仅反映肠道细菌对胆酸环境的适应力，还能通过改变胆盐修饰影响宿主代谢及微生态平衡，体现出一定的益生效应。

2. 微生物-胆汁酸互作调节机体健康

胆汁酸具有防止胆结石形成的作用。胆固醇随着胆汁一同被排入胆囊中。胆汁会在胆囊中被浓缩，而胆固醇由于难溶于水，易发生沉淀。但因胆汁中含胆汁酸盐与卵磷脂，可使胆固醇分散形成可溶性微团而不易沉淀形成结石，进而抑制胆固醇在胆汁中析出沉淀。胆汁酸还能维持肝脏正常的功能。研究发现，抗生素处理能够调节小鼠肝脏中的胆汁酸组成，增加牛磺β鼠胆酸（tauro-β-muricholic acid，T-β-MCA）。T-β-MCA是法尼X醇受体（FXR）的抑制剂，能够通过抑制FXR表达，减少由高脂肪日粮诱导的甘油三酯在肝脏中的积累，最终达到预防和治疗非酒精性脂肪肝的作用（Jiang等，2015a）。进一步研究发现，甘氨酸-鼠胆酸（glycine-β-muricholic acid，Gly-β-MCA）可以抑制肠道内FXR，达到预防和治疗脂肪肝的效果（Jiang等，2015b）。胆汁酸还能改善机体肠道疾病、糖尿病及肥胖。在减少12α-羟基胆汁酸的同时增加肠道中T-β-MCA含量，可有效降低由高脂饮食诱导的机体磷脂、神经鞘磷脂及神经酰胺水平，进而改善糖尿病和肥胖（Zhou XY等，2014）。因此，胆汁酸与机体健康密切相关，维持机体胆汁酸的平衡是改善机体健康的一个重要前提。

3. 微生物-胆汁酸互作作为营养激素信号分子调节宿主-微生物互作

胆汁酸除了在消化、运输和营养物质代谢过程中发挥重要作用以外，还可以作为动物机体中的一种信号分子，通过与细胞受体［如FXR和GPCR、鞘氨醇1-磷酸受体2（sphingosine-1-phosphate receptor 2，S1PR2）、毒蕈碱受体等］结合，发挥它们的营养信号激素的功能。FXR是代谢型核受体超家族中的一员，在肠道和肝脏中均具有较高的基因和蛋白质表达水平，并且能够被一些具有高效力的初级胆汁酸激活，如鹅去氧胆酸、胆酸以及这些胆汁酸结合物。FXR还能促进SHP基因的表达。这种核孤儿受体与胆汁酸在回肠末端的重吸收有关。另外，在回肠FXR激活后，一方面可以促进回肠胆汁酸结合蛋白（ileal bile acid-binding protein，IBABP）基因的转录，进而促进胆汁酸在细胞基底膜的转运；另一方面，还可以促进有机溶质转运蛋白α-β（organic solute transporter α-β，OSTα-OSTβ）基因的转录。该转运蛋白能够作为转运载体将胆汁酸从回肠转运到门静脉系统（Frankenberg等，2006）。胆汁酸还能够直接激活GPCR（主要是TGR5），改善机体葡萄糖的稳态。与FXR不同，TGR5主要被一些次级胆汁酸激活，如脱氧胆酸（由胆酸转化形成）、石胆酸（由鹅去氧胆酸转化形成）。TGR5信号能够诱导肠内L细胞分泌GLP-1，从而改善肝脏和胰腺的功能，增强肥胖小鼠的葡萄糖耐受性。在小鼠上的研究发现，激活棕色脂肪组织和肌肉的TGR5，能够增加机体能量的消耗和有效防止饮食诱导的肥胖（Watanabe等，2006）。这些研究说明，肠道微生物可能是通过调节胆汁酸代谢池的组成以及对FXR和TGR5信号的调控来控制机体脂代谢和糖代谢过程，最终对2型糖尿病和肥胖程度起到决定性作用。

肠道微生物与胆汁酸的互作在胆汁酸介导的营养激素信号传递过程中起到重要的调控作用。研究发现，使用抗生素改变肠道微生物菌群组成后，能够增加肠道中FXR拮抗剂（T-β-MCA）的含量，进而对FXR基因表达产生抑制作用（Li F等，2013）。由此推断，抗生素的有效治疗可能是通过改变肠道微生物菌群结构，改变肠腔中胆汁酸组成，进而达到抑制回肠FXR信号的效果。肠杆菌通过降解牛磺胆酸（TCA）来增强回肠FXR信号，改变胆汁酸组成（Kuribayashi等，2012）。研究显示，肠道特异性Fxr基因敲除小鼠的回肠成纤维细胞生长因子15（fibroblast growth factor 15，Fgf15）、Shp、Ibabp和Ostα基因mRNA表达水平降低（Kim等，2007；Stroeve等，2010），但是，当回肠FXR信号被选择性激活后，这些基因的mRNA表达水平增加（Modica等，2012）。通常情况下，胆汁酸能够激活体内的FXR信号，主要是因为胆汁酸在肠杆菌介导的降解、脱羟基、肝脏氨基酸结合以及再羟化途径作用下会发生转化作用，进而影响到胆汁酸的代谢。胆汁酸除了可以激活FXR外还可以激活其他核受体，如孕烷X受体（pregnane X receptor，PXR）和维生素D受体（VDR）。这些核受体信号能够增加回肠FGF15基因在mRNA水平上的表达（Ricketts等，2007；Schmidt等，2010）。总之，胆汁酸可以作为一种信号分子，发挥其营养信号激素的功能，参与动物机体代谢的调控。

三、微生物-肠-脑轴介导的神经相关基因调控

（一）微生物-肠-脑轴

动物肠-脑轴（gut-brain axis）是由中枢神经系统（central nervous system，CNS）、自主神经系统（auto nervous system，ANS）和肠道神经系统（enteric nervous system，ENS）等神经系统组成的双向神经通信网络，参与机体各项生理功能的调节。该双向神经通信网络，主要由多种神经纤维构成。其中，交感神经纤维和迷走神经纤维在动物肠道内分布最为广泛。迷走神经纤维作为信号传入神经，约占肠道神经纤维总量的80%以上，可通过分布于肠道表面的特异性受体识别肠道中分泌的各类脑肠肽激素。脑肠肽激素是由动物肠道内分泌系统感应肠道内环境的改变而分泌产生的，如PYY、GLP-1、5-羟色胺（5-hydroxytryptamine，5-HT）和脑源性神经营养因子（brain derived neurotrophic factor，BDNF）等（高侃等，2016）。脑肠肽激素将神经信号沿迷走神经上传至CNS，进而调控机体情绪管理（如焦虑、抑郁等）、摄食行为、能量代谢、肠道营养吸收，以及参与肠道渗透性、蠕动、排空等生理功能的调控。

动物消化道内定植着1000多种微生物菌群，参与肠道各项生理过程的调控，包括营养素的消化与吸收、免疫应答、能量代谢等，从而形成肠道内环境稳态。肠道微生物菌群结构和功能的改变，往往会引起机体神经生理相关功能的变化。当肠道微生物菌群数量和多样性下降时，小鼠的认知能力显著降低，可见肠道微生物还与宿主神经系统功能的调控密切相关（Frohlich等，2016）。Hoban等（2016a）利用抗生素长期饲喂大鼠后发现，肠道微生物菌群的减少与大鼠记忆能力的丧失显著正相关。此外，大量研究发现，肠道微生物利用肠道营养素合成的代谢产物（如短链脂肪酸）也能通过脑-肠轴介导宿主脑部各项神经生理功能，如食欲、摄食行为、能量代谢等（de Vadder等，2014；Frost等，2014）。因此，肠道微生物在维持宿主脑功能正常运作中的作用受到了越来越多的关注，同时微生物-肠-脑轴（microbiota-gut-brain axis）以及肠道微生物作为神经功能关键调节因子的概念也由此产生（Mu等，2016b）。

宿主CNS与肠道微生物间的双向信号传递主要通过神经信号途径、内分泌途径和免

疫途径等完成。一方面，肠道表面的感受器信号通过特异性受体识别微生物表面结构，将其转变为神经电信号上传至CNS，从而影响CNS相关功能；另一方面，CNS的神经电信号通过ENS的传递作用于肠道，改变肠道生理功能，进而影响肠道微生物菌群结构和功能（Collins等，2012）。肠道内分泌途径主要由肠道内分泌系统和营养感应系统构成，内分泌系统则由多种肠道内分泌细胞（enteroendocrine cells，EEC）组成，如K细胞、L细胞和肠嗜铬细胞等。EEC主要分布于肠道上皮层内，数量仅占肠道上皮细胞总量的1%，但是EEC能够通过激活其细胞表面的特异性感应受体，产生20多种脑肠肽激素。肠道微生物如瘤胃球菌属（*Ruminococcus*）、罗氏菌属（*Roseburia*）、*Bacteroides*、*Blautia*内的细菌能够利用肠腔内的碳水化合物合成产生SCFA，包括乙酸、丙酸和丁酸等。丙酸能够被肠道表面游离脂肪酸受体2（FFAR2）和FFAR3特异性识别，促进PYY、GLP-1等脑肠肽激素的表达，使小鼠食欲降低、能耗增加（Psichas等，2015）。免疫途径主要由细胞因子、趋化因子和一些微生物内毒素等构成。肠球菌属（*Enterococcus*）、*Escherichia*等机会性致病菌属内细菌丰度的增加，会引起肠道炎症反应，造成肠道组织通透性增强。炎性细胞因子、细菌及其内毒素成分能够进入血液循环系统，到达CNS并引起神经相关功能改变。Bercik等（2010）利用鼠鞭虫（*Trichuris muris*）感染小鼠，引起了小鼠结肠慢性炎症反应。伴随焦虑样情绪的产生，小鼠血液中TNF-α等致炎性细胞因子增加。研究进一步发现，通过灌服益生菌*Bifidobacterium longum*，能够有效缓解结肠炎症反应，同时改善小鼠的精神状态（Bercik等，2010）。

（二）微生物介导的神经发育相关基因调控

动物和人的神经发育主要包括神经细胞的增殖、迁移、定植和分化过程。这些神经细胞通过轴突将各神经细胞连接在一起，最终形成宿主的神经信号网络。利用广谱抗生素（氨苄西林、万古霉素、环丙沙星和甲硝唑）灌喂小鼠7周后发现，小鼠肠道微生物菌群数量显著下降。同时，海马区神经细胞个数显著下降，神经形成过程减缓。进一步研究发现，益生菌VSL#3能够恢复小鼠海马区神经形成过程，促使其神经细胞个数恢复正常水平（Möhle等，2016）。该研究表明，宿主神经发育过程可能受肠道微生物介导。

对人和动物研究发现，神经递质5-HT能够与神经细胞表面的5-HT受体结合，进而促进神经发育过程。肠道微生物能通过影响CNS和ENS上的5-HT神经信号通路，进而介导宿主神经发育过程（O'Mahony等，2015）。此外，脑源性神经营养因子（BDNF）作为一类神经营养因子，能够通过与特异性受体——酪氨酸激酶受体B（tropomyosin receptor kinase B，TrkB）结合，促进神经细胞的成熟和突触可塑性（Yoshii和Constantine-Paton，2010）。Gao等通过使用广谱抗生素进行仔猪回肠末端灌注试验，发现改变猪大肠微生物后，粪样中5-羟色胺的前体氨基酸——色氨酸浓度显著降低，而血清和下丘脑中5-羟色胺的浓度也降低（Gao等，2018）。通过在仔猪盲肠灌注淀粉，进一步研究发现，后肠碳水化合物增加后，芳香族氨基酸的利用率降低，血液和下丘脑中芳香族氨基酸的浓度增加，下丘脑中的神经递质5-羟色胺、多巴胺浓度增加，BDNF浓度也增加（Gao等，2019a）。结合体外细胞培养研究发现，色氨酸和酪氨酸等芳香族氨基酸能够通过环磷腺苷效应元件结合蛋白依赖的途径上调神经递质的表达，表明芳香族氨基酸是介导微生物-肠-脑轴互作的关键因子（Gao等，2019a，2019b）。

肠道微生物参与宿主髓鞘形成相关基因的调控，髓鞘的形成帮助完善宿主神经网络间的电信号传递。与正常小鼠相比，无菌小鼠前额皮质髓鞘形成相关基因表达发生改变，具体表现为髓鞘相关糖蛋白（myelin-associated glycoprotein，MAG）、髓鞘少突胶质细胞糖蛋白（myelin oligodendrocyte glyco protein，MOG）、髓鞘碱性蛋白（myelin basic protein，MBP）、蛋白脂质蛋白1（proteolipid protein 1，PLP1）和髓鞘相关少突胶质细胞碱性蛋白（myelin-associated oligodendrocytic basic protein，MOBP）等转录因子的表达量显著上升（Hoban等，2016b）。用抗生素（万古霉素、新霉素、甲硝唑和两性霉素B）饲喂小鼠后同样发现，小鼠前额皮质髓鞘形成相关基因（Mag、Mog、Mbp、Plp1和Mobp）显著上调。同时，正常小鼠移植抗生素饲喂小鼠的肠道菌群后，引起前额皮质髓鞘形成相关基因表达量上升（Gacias等，2016）。该研究进一步表明肠道微生物参与调控机体CNS髓鞘的形成过程。

（三）微生物介导的行为相关基因调控

动物和人的行为主要受宿主中枢神经系统的控制，肠道微生物在宿主行为调控过程中具有重要的作用。Diaz等（2011）研究发现，与正常小鼠相比，无菌小鼠前额皮质基因Ngfi-a、杏仁核和海马区的突触可塑性相关基因Bdnf、齿状回的多巴胺受体基因Drd1a表达量显著下降；无菌小鼠杏仁核*N*-甲基-D-天冬氨酸受体（*N*-methyl-D-aspartate receptor，NMDA）亚型Nr2b基因和5-HT受体5Ht1a基因表达量显著下降，而齿状回Bdnf基因表达量显著上升。此外，与正常小鼠相比，无菌小鼠杏仁核Bdnf基因Ⅰ、Ⅳ、Ⅵ和Ⅸ外显子区转录水平显著下调（Arentsen等，2015）。以上研究表明，BDNF基因可能是肠道微生物介导宿主行为的主要作用位点，肠道微生物能通过介导神经突触可塑性相关基因表达，进而调控宿主行为。

肠道微生物菌群中，潜在有益菌和机会性致病菌对宿主行为的影响存在明显差异。以无菌小鼠作为动物模型研究发现，无菌小鼠灌注婴儿型双歧杆菌（*Bifidobacterium infantis*）后应激反应减弱，皮质和海马区NMDA相关受体基因（NR-1、NR-2a）表达显著下调；然而，无菌小鼠灌注致病性大肠杆菌（enteropathogenic *Escherichia coli*，ETEC）后应激反应增强，皮质和海马区NMDA相关受体基因（NR-1、NR-2a）表达显著上调（Sudo等，2004）。伽马氨基丁酸（gamma aminobutyric acid，GABA）作为一类抑制性神经递质，其受体表达异常与抑郁、焦虑样行为的产生密切相关（Frost等，2014）。潜在有益菌——鼠李糖乳酸杆菌JB1（*Lactobacillus rhamnosus* JB1）主要通过介导不同脑区域的GABA受体（包括$GABA_{A\alpha1}$、$GABA_{A\alpha2}$和$GABA_{B1b}$）表达，从而改善宿主抑郁、焦虑样行为（Bravo等，2011）。

（四）微生物介导的生物节律相关基因调控

生物节律主要指在24 h内，动物和人的生命活动呈现规律性、一致性和周期性的变化模式。在哺乳动物中，生物节律相关转录调控基因CLOCK和BMAL1主要在白昼期间表达，而周期调控基因CRY和PER则主要在黑暗期表达。这些生物节律相关基因协同介导机体的日常活动，如睡眠、饮食、内分泌和能量代谢等。有研究显示，肠道微生物菌群组成同样呈现规律性、周期性的节律波动。Firmicutes在白昼期的丰度低于其在黑暗期的丰度；相反的，Bacteroidetes在白昼期的丰度高于其在黑暗期的丰度（Liang X等，2015）。敲除小鼠生物节律相关基因Per，会导致肠道微生物节律异常和菌群失调，表明微生物与宿主生物节律相关基因之间存在紧密的互作机制（Thaiss等，2014）。肠道微生物菌群数量的减少还与宿主生物节律相关基因表达的下调密切相关。用抗生素饲喂小鼠后发现，小鼠肠道上皮细胞生物节律相关基因Bmal1、Cry表达显著下调，肠道微生物主要通过结合肠道上皮细胞表面的Toll样受体，激活细胞下游c-Jun氨基末端激酶和过氧化物酶体增殖物激活受体α（PPARα），调控生物节律相关转录因子基因（Rorα和Reverbα）的表达量，从而介导小鼠肠道生物节律（Mukherji等，2013）。

第四节　调控微生物组成和宿主基因表达的营养策略

肠道微生物和肠道之间存在着一定的互作关系，而日粮对肠道菌群和宿主肠道生理功能具有一定的调节作用。那么，通过调整日粮组分比例或添加特定添加剂来调整肠道微生物和肠道生理功能，则是一种有效的措施。

一、改变日粮组成

日粮中常量组分如蛋白质、脂肪、碳水化合物的差异会影响肠道微生物和肠道生理功能。因此，改变这些营养素的来源和含量，可调控肠道微生物和宿主基因表达。

（一）蛋白质

蛋白质是日粮中的重要常量营养素，因此该成分的质与量对动物肠道健康具有重要意义。常见的蛋白质原料主要包括豆粕、鱼粉、血浆蛋白粉和酪蛋白等。蛋白质源的不同会对肠道菌群组成产生不同的影响。在断奶仔猪日粮中添加大豆分离蛋白质、玉米醇溶蛋白及酪蛋白，研究发现酪蛋白更有利于提高肠道中乳酸杆菌、双歧杆菌及芽孢杆菌的数量及比例，降低后肠中大肠杆菌的数量及比例，更利于肠道健康（亓宏伟，2011）。

除了蛋白质源外，大量研究表明，蛋白质水平的变化也会影响肠道菌群结构。当蛋白水平从18%下降至15%时，猪盲肠中的短链脂肪酸浓度显著降低，后肠中的菌群组成也发生了显著改变，盲肠中的乳杆菌属和结肠中的链球菌属的相对丰度显著降低，而普氏菌属（*Prevotella*）和*Coprococcus*则显著升高（Zhou LP等，2015）。Zhang C等（2016）研究表明，低蛋白质含量日粮会显著影响猪结肠中Firmicutes、梭菌簇Ⅳ、梭菌簇Ⅺ-Ⅴa、大肠杆菌和乳酸杆菌数量，提高结肠中丙酸和丁酸的含量，降低氨和苯酚的浓度；除了对肠道菌群及其代谢物产生影响外，低蛋白质含量日粮也下调了宿主结肠黏膜上促炎因子、TLR4、MyD88及NF-κb等免疫相关因子的基因表达，且宿主免疫相关指标变化与肠道微生物（大肠杆菌）及代谢物（氨）含量正相关。相较于对照组（20%蛋白质），高蛋白质含量日粮组（45%蛋白质）大鼠的肠道菌群和自身机体代谢都发生了显著改变，大肠中大肠杆菌属、肠球菌属、链球菌属及拟杆菌属等细菌增加，而双歧杆菌属和瘤胃球菌属等细菌则下降，这说明高蛋白质含量日粮会增加肠道中不利于机体健康的细菌；除此之外，高蛋白质含量日粮还上调了包括趋化应答、肿瘤坏死因子α信号过程、氧化应激和凋亡在内的疾病发生过程的基因表达，下调了固有免疫、氧连接的黏蛋白糖基化、氧化磷酸化等参与免疫保护过程的基因表达（Mu等，2016a）。

（二）氨基酸和肽

为了降低饲粮中蛋白质含量，同时满足动物对氨基酸的需求，使用合成氨基酸和肽类也是一种常见手段，这些氮营养源的差异会对肠道环境产生不同影响。氨基酸，特别是支链氨基酸以及一些其他的功能性氨基酸，在调节肠道菌群方面有重要作用。Yang Z

等（2016）研究发现，支链氨基酸混合补充物（BCAAem）能减缓肠道菌群随年龄增长的变化速度，并能提高*Akkermansia*和双歧杆菌属（*Bifidobacterium*）的丰度，降低肠杆菌科（Enterobacteriaceae）的比例。此外，BCAAem也改变了宿主肠道代谢（主要是糖脂代谢）以及肠道与宿主的抗原呈递。一些功能性氨基酸，如精氨酸和谷氨酰胺等，在改变肠道菌群结构和影响肠道功能基因表达方面也发挥着重要作用。当肥胖者口服谷氨酰胺两周后，其肠道中的Firmicutes和Actinobacteria比例显著降低，Firmicutes和Bacteroidetes的比值也降低，这与肥胖者体重下降的菌群变化特点一致，说明肠道菌群变化可能会引起机体内分泌、代谢相关的变化（Souza等，2015）。富含小肽的酪蛋白酶解物的饲喂可以改变小鼠肠道菌群，提高肠道Bacteroidetes和Firmicutes的比值，降低乳酸和丁酸的产生水平（Emani等，2013）。给仔猪低蛋白质含量日粮补充富含小肽的酪蛋白酶解物后，仔猪肠道罗伊氏乳杆菌的数量增加，仔猪肠道免疫能力提高（Wang等，2019）。

（三）脂　肪

脂肪是提供能量的重要营养素，饲料中常使用油脂来提高饲粮的能值。高脂日粮无论是对肠道微生物还是肠上皮基因表达都有显著影响。高脂日粮会引起肠道优势细菌多样性的改变，降低瘤胃球菌科（Ruminococcaceae）的比例，增加理研菌科（Rikenellaceae）的比例（Daniel等，2014）。小鼠采食高脂日粮会改变小肠细菌的空间定位，使原本没有细菌定植的肠绒毛间的位置被密集的细菌占据；也改变了肠道菌群组成，使Firmicutes、Proteobacteria和疣微菌门（Verrucomicrobia）比例增加，而Bacteroidetes和分节丝状菌（*Arthromitus*）的比例则下降（Tomas等，2016）。

高脂日粮除了对肠道菌群产生影响外，还能影响宿主肝脏代谢。当给大鼠饲喂8周的高脂日粮后，State-3线粒体氧化磷酸化受到抑制，线粒体酰基肉碱相关的H_2O_2产物显著增加，线粒体醌池变小，生酮反应和脂肪酸依赖性呼吸作用减弱，而Cd36、Fabp1、Cpt1a和酰基-CoA脱氢酶的mRNA表达水平升高，表明β-氧化率更低（Vial等，2011）。

日粮脂肪组成也能够影响猪肠道健康。早期研究发现，日粮中补充1.5%的脂肪可以减少生长猪小肠食糜大肠菌群和乳酸菌数量（Øverland等，2008）。日粮中补充大豆油能够提高断奶仔猪生长性能，增加血清IgG浓度以及十二指肠和空肠绒毛高度（Long等，2020）。日粮中补充富含n-6多不饱和脂肪酸的葵花籽油，与补充富含n-3多不饱和脂肪酸的鱼油相比，能够显著增加盲肠食糜中拟杆菌属的丰度（Andersen等，2011）。与饲喂基础日粮的仔猪相比，饲喂高脂肪日粮的仔猪空肠、回肠和盲肠食糜中普氏菌属丰度增加，与能量代谢关系密切的微生物也增加（Feng等，2015）。然而，关于肠道微生物是否参与日粮脂肪对代谢的调节，还有待更多研究。

（四）日粮纤维

日粮纤维由一系列非消化性食物组分构成，包括非淀粉多糖、低聚糖、木质素和对健康有益的多糖类似物。日粮纤维在小肠中不能被消化吸收，是后肠微生物的能量底物。当这些未被消化的日粮纤维到达后肠时，可被后肠微生物发酵并产生短链脂肪酸等物质。这些物质既能作为微生物的能量物质，也可以对宿主产生影响。给哺乳仔猪日粮中添加不同来源纤维（苜蓿、麦麸和纯纤维），会改变肠道菌群结构，影响后肠挥发性脂肪酸的含量，其中麦麸能提高后肠丙酸的含量；在对菌群的影响方面，不同来源纤维都可以刺激丁酸产生菌和纤维降解菌的生长，但各纤维源影响的特定细菌存在差异（Zhang LL等，2016；Wang JW等，2018）。由于肠道菌群结构的改变会影响宿主代谢，日粮纤维可通过影响肠道菌群间接影响宿主的代谢方式。例如，日粮纤维依赖型的菌群结构发生变化，会提高宿主去结合胆汁酸的量，促进短链脂肪酸的生成，从而调控炎症生物活性物质（Zeng等，2014）。此外，日粮纤维能提高肠道营养转运体的表达水平并提高动物的繁殖力（林燕，2011）；还能增强机体抗氧化能力，增强血清和肝脏中SOD和谷胱甘肽过氧化物酶（GPx）活性，上调抗氧化防御基因的表达，减少DNA氧化损伤（Jing等，2008）。

二、添加益生素和化学益生素

除了饲料常量组分外，益生素和化学益生素等多种添加剂对肠道菌群和肠道基因表达具有显著影响。下文主要讨论益生素和化学益生素的作用。

（一）益生素对肠道菌群及肠道功能的调节作用

益生素是指能定植于动物肠道并产生健康活性的有益微生物活菌制剂。常见的益生素往往由源自动物肠道的有益菌（如乳酸杆菌和双歧杆菌等）制备而成，因此益生素也被称为益生菌。肠道内寄居着大量的微生物，各微生物间处于动态平衡，一旦这种平衡被破坏，则有害菌会大量增殖，引起很多问题。益生菌作为肠道菌群的重要组分，对肠道菌群稳态具有重要调节作用。外源添加益生素，常被作为一种治疗肠道菌群紊乱的手段而用于人的肠病治疗和动物生产中。外源添加乳酸杆菌，能抑制肠道病原菌的生长，进而提高动物生长性能。益生菌可下调肠道炎性细胞因子TNF-α和IFN-γ的表达量，降低肠上皮导电性和渗透性，增强肠道屏障功能（Madsen等，2001），从而提高机体免疫功能，提高宿主对肠道病原菌的抵抗能力。此外，益生菌还可以降低宿主的炎症反应。给IL-10缺陷型小鼠饲喂VSL3益生菌的DNA两周后，发现小鼠结肠黏膜的IFN-γ和TNF-α的分泌受到抑制，同时结肠组织病变也得到改善（Jijon等，2004），说明益生菌的DNA在宿主黏膜对细菌识别过程中发挥重要作用。

（二）化学益生素对肠道菌群及肠道功能的调节作用

化学益生素是指能促进消化道中有益微生物生长或提高其活性的物质。常见的化学益生素有果寡糖、甘露寡糖、低聚木糖、低聚半乳糖等寡糖类物质，还有菊粉和果胶等复杂多聚糖。化学益生素通过肠道前端进入大肠后被盲肠和结肠细菌选择性发酵，从而改变肠道菌群组成和活性，促进肠道健康。日粮中菊粉和果胶在肠道中的降解产物（如果寡糖），可进一步选择性地促进微生物发酵，产生大量短链脂肪酸（SCFA），发挥益生作用。

化学益生素在影响肠道菌群的同时，也会影响肠道功能，如减少肠道炎症的发生，改善脂质代谢、营养素吸收等。肠道炎症是影响动物健康的重要疾病，而肠炎的发生又与肠道菌群的失衡密切相关。化学益生素通过调节肠道菌群，减少促炎因子IL-1β和IFN-γ的含量，并提高TGF-β的含量，这有利于减缓结肠炎症状。化学益生素也有利于矿物质钙离子的吸收，这种促进作用可能与肠道内钙结合蛋白的表达或者微生物发酵诱导的肠道pH值降低有关。

综上所述，动物肠道微生物在机体营养代谢和免疫应答中发挥重要作用，研究肠道微生物及其代谢物在体内的功能，有助于阐明宿主-微生物互作的生理基础，进而有助于通过营养措施调控动物肠道微生物组成及功能，促进动物肠道和整个机体的健康。

（编者：慕春龙，朱伟云等）

第十七章 肠道微生物与动物营养代谢

动物肠道内共生着一个复杂的微生物群，肠道微生物群在维持肠道生态平衡方面起到了巨大的作用，肠道微生物群参与代谢平衡以及免疫调节，也可能通过影响宿主引发癌症等疾病。微生物群数量多，作用广且有许多方面尚未被人们认识。动物肠道微生物群正逐渐成为一个研究热点，也出现了不少亮点研究和突破性成果。

早年就有研究发现，动物的肠道微生物与机体物质代谢相关，它可以通过调控肠道内重要基因的表达来帮助宿主消化食物，合成营养物质等（Brulc等，2009）。在免疫方面，肠道微生物群则通过不同机制的调节来影响肠道免疫以及机体整个免疫系统。Dasgupta等（2014）发现，浆细胞样树突状细胞（plasmacytoid dendritic cells，PDC）可以协调一种肠道共生微生物分子的有益作用，通过固有免疫和适应性免疫机制起到抗炎症作用。对于动物肠道微生物变化的研究可以为其他研究提供参考。例如，通过肠道微生物群变化可以确定疾病因果关系和进展，可以将之应用于动物养殖管理。Bledsoe等（2016）研究鲶鱼肠道微生物群随个体发育的变化，认识鲶鱼肠道微生物组成动力学变化，为商业养殖鲶鱼的益生菌预处理和益生菌补充操作提供理论依据。

第一节 动物肠道微生物种类概述

一、微生物种类

动物肠道微生物数量繁多，种类多样，主要由细菌、真菌、古菌等组成，其中以细菌为主。微生物群主要包括Proteobacteria、Bacteroidetes、Actinobacteria、Firmicutes和Spirochaetes等。而不同动物的肠道微生物组成不同，且会受到食物、气候、环境等多种因素的影响（David等，2014）。

微生物群中细菌为优势菌，主要可分为革兰氏阳性菌和革兰氏阴性菌。前者包括葡萄球菌、链球菌等，后者则包含大肠杆菌、伤寒杆菌等。肠道内微生物大多属于革兰氏阴性菌，可以分为厌氧菌和好氧菌。因肠道为比较典型的厌氧系统，微生物多以专性厌氧菌为主，如双歧杆菌属、梭形杆菌属和乳杆菌属；次要菌群则多为兼性厌氧菌和好氧菌，如大肠杆菌，葡萄球菌和链球菌。此外，我们根据细菌对机体是否有益可将其分为共生菌群、条件致病菌群和致病菌群。共生菌群一般指拟杆菌、梭菌、双歧杆菌、乳杆菌等；条件致病菌群指大肠杆菌等，这类菌若增殖过多有可能对机体产生损害；致病菌群则会对机体产生有害作用，如沙门氏菌可使人体或动物致病。

二、典型动物肠道微生物

1. 大肠杆菌（*Escherichia coli*）

大肠杆菌是动物肠道微生物中较为典型的一种。通常情况下，大肠杆菌对动物机体无害，但致病性大肠杆菌可能引起动物的肠道疾病，如腹泻等。Yimer等（2015）研究发现在新生动物细菌性腹泻中，大肠杆菌是最常见和最重要的原因之一。He等（2017）研究发现，健康奶牛犊牛的大肠杆菌种群可以受到断奶的影响，喂养酵母益生菌可能不会影响其胃肠道大肠杆菌种群。Meganck等（2014）认为，初乳管理可以有效减少大肠杆菌数量，是预防新生犊牛腹泻疾病最重要的措施。禽致病性大肠杆菌（avian pathogenic *Escherichia coli*，APEC）是最重要的肠外致病性大肠杆菌（extraintestinal pathogenic *Escherichia coli*，ExPEC）亚组，主要通过呼吸道感染家禽，并导致家禽的多系统混合感染，甚至引起急性死亡，对家禽业造成严重的经济损失。Cunha等（2017）鉴定了来自巴西不同家禽农场匹配的APEC菌株，发现APEC菌株具有大量的尿道致病性大肠杆菌（uropathogenic *Escherichia coli*，UPEC）和败血性大肠杆菌（sepsis *Escherichia coli*，SEPEC）菌株的毒力决定簇。Awad等（2016）研究发现，其他菌株会对大肠杆菌造成影响，使其发生易位，影响肉鸡胃肠道的微生物组成并对肉鸡造成肠道或肠外器官感染。

2. 双歧杆菌（*Bifidobacterium*）

双歧杆菌是肠道有益微生物的重要组成之一。双歧杆菌可以增强肠道健康，抑制腐败菌生长，预防病原体侵袭肠道，抑制肿瘤细胞的产生，而且在一定程度上调控机体代谢和能量平衡。Jiang等（2016）通过比较研究脂肪型和瘦型猪结肠内微生物群落的差异，发现脂肪型猪结肠腔双歧杆菌的丰度较大，细菌代谢物浓度较低，并认为猪的胖瘦与肠道微生物双歧杆菌有关。Takamasa等（2016）研究了不同乳酸菌菌株对猪轮状病毒（rotavirus，RV）感染和免疫调控的保护作用，发现双歧杆菌可以显著降低感染猪肠上皮细胞中RVs的毒性，在出生犊牛和羔羊肠道黏膜附着的细菌中双歧杆菌占主导地位。Geigerová等（2016）在研究中发现，与对照组犊牛相比，饲喂冷冻干燥双歧杆菌的犊牛粪便样本中大肠菌群数量降低，腹泻率降低，其作用机制可能与双歧杆菌能够合成有机酸等相关。

3. 乳杆菌（*Lactobacillus*）

乳杆菌是乳酸菌中最大的一个属，它是动物肠道中占优势的菌群之一。乳酸菌具有提高机体的抗感染能力和免疫能力，改善肠道健康，增强营养物质消化吸收，改善肉品质等功能。Grajek 等（2016）研究了犊牛和仔猪胃肠道中乳酸菌株的黏附能力，发现乳酸菌对动物体内的产气荚膜梭菌和大肠杆菌等病原菌具有拮抗作用。Liu HB等（2017）研究结果表明，乳杆菌可以通过增加仔猪结肠丁酸浓度，上调PPARγ和GPR41的下游分子来调节肠道内源性宿主防御肽的表达，进而改善新生仔猪的肠道健康。Manfreda等（2017）研究了嗜酸乳杆菌对肉鸡生长性能的影响，结果表明实验组肉鸡的平均日增重以及饲料转换率较对照组显著增加。Shokryazdan等（2017）等研究发现，肉鸡饮食中补充3种唾液乳杆菌菌株的混合物，可以提高肉鸡生长性能，降低血清中总胆固醇、低密度脂蛋白胆固醇和甘油三酯，增加肠道内有益细菌（如乳杆菌和双歧杆菌）的数量，减少有害细菌（如致病性大肠杆菌），改善肉鸡肠道形态。

4. 梭杆菌（*Fusobacterium*）

梭杆菌是动物肠道微生物的正常组成，但也可能是动物脓毒性感染病例的病因。Shanthalingam等（2016）在研究患肺炎的北美大角羊的样本中检测到大量梭杆菌，但梭杆菌是否是主要致病因子还有待进一步的研究。Witte等（2017）研究发现，与猪链球菌阴性的猪相比，感染猪链球菌的猪肠道微生物群落中存在大量的新型梭杆菌，提示梭杆菌可能与链球菌感染猪的溃疡有关。

5. 其他肠道微生物

动物肠道微生物数量巨大，分别具有不同的生理功能，各司其职。如多形拟杆菌（*Bacteroides thetaiotaomicron*）是动物肠道内数量较多的一种微生物，其主要作用是通过合成酶降解碳水化合物，帮助动物肠道将多糖分子降解为葡萄糖和其他易消化的小分子糖类，参与糖代谢。脆弱拟杆菌（*B. fragilis*）可以促进动物免疫系统恢复，增加白细胞含量，增强巨噬细胞免疫功能，调节免疫力。对无菌斑马鱼体内微生物研究发现，拟杆菌门的细菌会使其肠道上皮脂滴增大，而厚壁菌门会使脂滴数量增加（Semova等，2012）。肠道微生物发挥着各自不同的功能，它们与动物机体之间的关系及影响宿主的调控机制等还有待深入研究。

第二节　肠道微生物与动物营养吸收代谢

一、猪

在猪的不同发育阶段，胃肠道内定植了大量不同种类的微生物。微生物与宿主之间及微生物群落之间建立的良好的动态平衡关系，与猪的营养物质吸收和能量供给相关，也与猪的正常生理状况及疾病的产生与发展有关。

在猪的消化道内，微生物菌群中最开始定植的是需氧菌，紧接着是兼性厌氧菌，最后是专性厌氧菌（汤文杰等，2016）。仔猪出生时的胃肠道是无菌的；由于粪便、母体产道及环境中一些微生物的影响，在出生3～4 h之后，链球菌和大肠杆菌开始在肠道内定植；在出生24 h内，大肠杆菌、肠球菌、乳杆菌、双歧杆菌和酵母菌等在空肠、直肠、回肠和盲肠定植并且在8～22日龄到达高峰，逐渐形成固定的菌群。仔猪断奶前，优势菌群主要是乳杆菌和双歧杆菌，两月龄后优势菌群逐渐演变为乳杆菌。健康成年猪的肠道内微生物区系在一般情况下是相对稳定的，大肠中的微生物主要是*Streptococcus*、*Megasphaera*和*Selenomonas*等，小肠中的微生物主要是*Colibacillus*、*Lactobacillus*、*Bifidobacterium*、*Enterobacter*、*Streptococcus*与*Bacteroides*等（曹克飞，2018）。

对于肠道菌群来说，宿主的遗传背景、饮食、年龄和所处环境等影响肠道微生物区系组成。Yang LN等（2014）研究了8个不同品种猪的肠道微生物，发现不同品种猪的肠道微生物不尽相同。Chen H等（2014）研究了不同饮食对不同生长阶段猪的发酵产物和肠道菌群的影响，发现饮食与挥发性脂肪酸可调控肠道菌群的组成。Murphy等（2013）发现将低聚糖加入猪的日粮时，有益菌的数量增加。与此同时，低聚糖通过降低pH值抑制一些有害菌（如大肠杆菌）的生长。Looft等（2012）把APS250抗生素添加入18周龄猪的饲料中，14天后对猪的肠道菌群进行测定，发现变形菌门细菌数量增加，其中大肠杆菌显著增加，占到变形菌门的62%。与此同时，对它们进行宏基因组分析发现，抗生素使与能量代谢相关的基因和抗生素抗性基因等的表达水平增加。

肠道微生物与机体的营养吸收、生长发育、新陈代谢和免疫等息息相关。定植在猪大肠中的多种肠道微生物对纤维类物质、蛋白质、脂肪等进行发酵，产生单糖、氨基酸、脂肪酸等营养物质，为机体的生长提供了必要条件（杨伟平等，2017）。Zhou XL等（2014）研究发现，在环江猪的饮食中添加大豆低聚糖，肠道微生物的多样性、益生菌的数量、肠腔中短链脂肪酸的浓度均增加，致病菌数目有一定程度的减少。Ahmed等（2014）研究发现，单一酸化剂（柠檬酸）和混合酸化剂可以促进肠道中乳酸菌的生长，抑制肠道中沙门氏菌和大肠杆菌的增殖，并且能够使断奶仔猪的免疫力有所增加，从而提高其生长性能。何贝贝等（2014）研究肠道微生物对生长性能的影响时发现，生长性能高的猪的肠道微生物相似度、丰度和均匀度很高，并且*Rothia*、*Lactobacillus*和*Coprococcus*的丰度也很高。这一现象表明，猪的肠道微生物通过代谢调节对猪的生长产生影响。Lee等（2014）将不同菌体量的枯草芽孢杆菌LS1-2添加在饲料中，发现猪的日采食量、日增重及营养物质的消化率等都显著提高。

二、家　禽

在家禽的肠道内定植着数量大且种类丰富的微生物，其对家禽的生理、营养、代谢、免疫有重要影响。对微生物菌群多样性的调控，可以改善家禽的肠道状况，进而提高其生产性能。

在胚胎时期，鸡肠道几乎是无菌状态。出雏1 h后，大肠杆菌和粪链球菌开始在盲肠定植，并在接下来的3天内分布于整个肠道。饲喂4 h后，乳酸菌开始定植在盲肠和嗉囊，并在24 h内遍布回肠、盲肠和十二指肠。出雏3天后，乳酸菌、肠球菌、大肠杆菌和链球菌等初步建立了肠道微生物体系（杨天龙等，2017）。对于十二指肠和小肠来说，2周内就能建立稳定的菌群结构，且其优势菌主要是大肠杆菌和粪链球菌。随后，随着雏鸡的生长，微生物的菌群结构发生改变，优势菌种逐渐变成乳杆菌。对于盲肠来说，在5～7周内才能建立稳定的菌群结构，且其主要组成为兼性及严格厌氧菌，如大肠杆菌、梭菌属、片球菌属和粪链球菌等。家禽的肠道微生物不仅随着日龄而变化，而且随着肠道部位而变化。定植在嗉囊的主要是革兰氏阳性兼性厌氧菌，其优势菌群是乳酸菌属；定植在肌胃系统的主要是乳酸菌、大肠杆菌、肠球菌等；定植在回肠的主要是兼性和微嗜氧性细菌，如乳酸菌属；定植在盲肠的主要是专性厌氧菌，如梭菌属等。

研究表明，宿主对肠道微生物的多样性、群落结构等有重要影响，肠道微生物的组成与分布受宿主和外界环境的共同影响。胥彩玉等（2014）研究发现，在饲料中添加丁酸梭菌时，仔鸡盲肠中的双歧杆菌和乳杆菌数量增加，而沙门氏菌和大肠杆菌数量降低。Ilina等（2016）通过对不同颜色的Hajseks鸡种的肠道微生物进行分析，发现其肠道微生物的菌群结构差异较大。Zhao L等（2013）对56日龄体重相差10倍的鸡的肠道微生物进行了高通量测序，一共检测到190个菌种，并且其中68个菌种有明显不同。

肠道微生物通过糖酵解，将膳食纤维在结肠内消化并产生短链脂肪酸，主要包括乙酸、丙酸、异丁酸和丁酸等，对宿主的生长发育、新陈代谢及免疫调节有重要影响。Tang等（2014）通过宏蛋白组技术对鸡盲肠中的微生物进行分析，一共发现了3673个活性蛋白，其中380个来自乳酸菌属，155个来自梭菌属，66个来自链球菌属，其中的一些活性蛋白与磷酸甘油酸酯激酶和丙酮酸激酶途径有关。Pourabedin等（2014）发现，鸡肠道微生物菌群通过T-cell激活鸡的免疫体系并刺激肠道免疫系统的成熟来调控肠道基因的表达。齐博等（2016）在仔鸡饮食中添加了一定量的硫酸黏杆菌素和枯草芽孢杆菌后，发现42日龄仔鸡的体重有了明显增加。Chang等（2016）建立了宏基因文库，发现在日粮中添加三叶鬼草后，鸡肠道微生物菌群结构发生改变，并且这种改变引起了鸡饲料转化率、体重和肠道形态的变化。孙全友等（2015）发现在日粮中添加200 mg/kg姜黄素和200 mg/kg抗菌肽后，肠道内乳酸杆菌和双歧杆菌的数量大幅度增加，同时大肠杆菌和沙门氏菌的数量减少，提高了肉仔鸡的生长性能和抗氧化功能。

肉鸡感染的细菌性疾病大多是沙门氏菌和大肠杆菌感染（贺永明和鄂禄祥，2016）。肉鸡健康状况较好时，肠道中的有益菌群与沙门氏菌和大肠杆菌竞争而使其在肠道内数量减少；但是当肉鸡处于不健康状态时，肠道微生物菌群可能会失调。菌群失调又会影响机体营养物质的消化吸收，降低肠道功能和机体免疫力，使得病情进一步加重。

三、反刍动物

与单胃哺乳动物相比，反刍动物的消化方式从刚出生时的单胃摄食转化到成年后的复胃消化，发展了一种前肠发酵系统（瘤胃或网状瘤胃）。瘤胃有几个重要的生理功能，包括吸收、运输、代谢活动和宿主保护。瘤胃中的共生微生物能够消化饲料中的纤维素物质和非蛋白氮类等不能被单胃生物利用吸收的物质，从而为反刍动物提供易吸收的营养物质，高度适应各种饮食（Morgavi等，2015）。反刍动物完全依靠胃肠道（gastrointestinal tract，GIT）微生物群落将植物基质转化为营养素（Dillmcfarland等，2017）。其中，大多数的分解发生在由细菌和真菌菌落组成的前肠室瘤胃中，后肠道对总体养分消化的贡献远远低于瘤胃，但是后肠道微生物的发酵也为机体提供了5%～10%的能量来源（Gressley等，2011）。

反刍动物的肠道微生物种类多、数量大，具有重要的代谢功能，共同影响着宿主的生长发育和机体代谢。反刍动物瘤胃中的微生物超过3000种，既包括细菌、原虫、真菌和古细菌，也包括噬菌体和病毒（吴鹏等，2017；Ross等，2013），具有物种多样性和相互作用复杂性。这些数量庞大的微生物协同降解植物细胞壁，作用于宿主的营养、生理及免疫的各个过程。反刍动物通过瘤胃中的微生物将饲料中的营养物质降解为挥发性脂肪酸（乙酸、丙酸、丁酸）、肽类、氨基酸和氨等；通过利用氮源、能源等合成微生物蛋白、维生素B和维生素K等各类营养物质，以提供反刍动物的能量和蛋白质需求。计算后肠干物质的比例，反刍动物中大肠的微生物数量最多。研究发现，在绵羊和阉牛的盲肠中存在大量与瘤胃类似的细菌，但其中没有发现原虫。反刍动物后肠中的厌氧菌数量比好氧菌丰富，表明后肠主要是厌氧环境，大量微生物在其中进行厌氧发酵（孔祥浩等，2005）。

反刍动物肠道微生物的种类和数量受宿主机体状态、所处的环境及动物消化吸收食物状况等因素的影响，不同部位均有差异。这些种类多样的微生物与动物宿主之间形成一种相互制约、相互依赖的复杂动态平衡。其中，宿主基因和肠道微生物相互作用，肠道微生物群可能会影响宿主基因表达，宿主的遗传背景在一定程度上影响着肠道微生物的种类和数量，这种影响更多的是通过营养代谢或者生理结构的差异水平间接表现出来（谭振等，2016）。Liggenstoffer等（2014）研究发现，宿主的基因型在影响肠道的真菌群落结构中起到了重要作用。近年来，通过引入组学方法（如宏基因组学、蛋白质组学、基因组学），确定了肠道微生物和宿主相互作用的分子基础。

反刍动物肉产品胆固醇、脂肪含量低，具有很高的营养价值，深受广大消费者喜爱，其肉品质与年龄、日粮营养水平和饲料等有关。研究发现，当日粮诱导亚急性酸中毒时，牛瘤胃菌群结构会发生改变，寡养单胞菌和毛螺旋菌增加，芽孢杆菌减少，挥发性脂肪酸增加，pH降低（Mao等，2012）。通过研究日粮对反刍动物肠道菌群的调节机制，根据其调节日粮配比可改善反刍动物肠道健康。脂肪酸受到宿主基因调控、营养调控等的影响，通过肠道微生物可以调控反刍动物肌肉中脂肪酸的含量和组成，改善其肉品质，如风味、抗氧化性能和肉色（李晓亚等，2016）。

饲料是影响反刍动物肠道微生物结构和功能的主要因素，肠道微生物的稳定对反刍动物健康具有重要作用。饲料添加剂等能够有效平衡反刍动物肠道微生物，保证反刍动物健康。例如，微生态制剂具有调整或维持肠道内微生态平衡、增强营养物质的消化吸收、改进并增强机体免疫力、减少疾病发生，从而提高日增重、降低料重比和提高羔羊肉的品质等功能。日粮中单宁的添加可以改变反刍动物瘤胃发酵以及瘤胃微生物菌群的功能（Walker和Drouillard，2014）。寡乳糖、寡果糖、寡半乳糖和甘露寡糖等外源寡糖通过影响反刍动物胃肠道微生物的组成，可调节其肠道微生物区系，抑制肠道有害微生物，促进双歧杆菌和乳杆菌的增长（桑断疾等，2013）。膳食补充剂的替代物，如假丝酵母和桑叶黄酮可抑制大肠杆菌K99对反刍动物肠道的攻击，改善肠道健康，保证反刍动物肠道微生物的健康生长（Bi等，2017）。

四、水生动物

水生动物因其遗传信息、生活方式、饮食习惯、水体环境和机体构造等的不同，肠道内的主要菌群也有所不同。Zhang ML等（2014）采用Illumina测序方法检测出凡纳滨对虾（*Litopenaeus vannamei*）肠道细菌的组成，结果表明，以变形菌门（Proteobacteria）和无壁菌门（Tenericutes）为主。王纯等（2014）研究了食草性草鱼（*Ctenopharyngodon idellus*）和团头鲂（*Megalobrama amblycephala*）的肠道菌群组成，结果表明，两者的消化道菌群中γ-变形菌门（γ-Proteobacteria）、梭杆菌门（Fusobacteria）和厚壁菌门（Firmicutes）占主导地位。张涵等（2013）研究发现，三角帆蚌（*Hyriopsis cumingii*）肠道内的优势菌群为不动杆菌属（*Acinetobacter*）、志贺氏菌属（*Shigella*）和分枝杆菌属（*Mycobacterium*）。祭仲石等（2014）采用聚合酶链式反应-变性梯度凝胶电泳（PCR-denaturing gradient gel electrophoresis，PCR-DGGE）技术分析了鲢（*Hypophthalmichthys molitrix*）、鳙（*Aristichthys nobilis*）肠道微生物的组成。DNA测序结果表明，变形菌门和厚壁菌门为两者肠道内共同的优势菌群。

目前的研究数据表明，饲料成分和养殖水体环境在很大程度上影响着水生动物肠道微生物的群落结构。Apper等（2016）通过试验对比了亚洲鲈鱼（*Lates calcarifer*）在36%鱼粉、6%鱼粉和6%小麦水解蛋白这三种饲养条件下肠道菌群的变化情况，发现不同饲料会对鱼体肠道菌群的相对丰度产生影响。Green等（2013）发现用大豆蛋白浓缩物喂养大西洋鲑鱼（*Atlantic salmon*），可以增加其肠道菌群的多样性。李存玉等（2015）采用MiSeq高通量测序技术分析了池塘和工厂化两种养殖模式下牙鲆（*Paralichphys olivaceus*）肠道菌群结构，结果显示，工厂化养殖条件下牙鲆肠道内的弧菌属（*Vibrio*）细菌比池塘养殖的丰度高。张美玲和杜震宇（2016）以尼罗罗非鱼（*Tilapia mossambica*）和凡纳滨对虾为研究对象，发现不同盐度环境下宿主肠道微生物的组成不同。

近年来，肠道微生物在水生动物体内的作用受到越来越多的关注。虽然肠道微生物定植于宿主肠道黏膜层上，并依靠宿主消化道提供其生长所需的营养物质和良好的栖息环境，但它同时直接或间接参与了宿主的生长发育、宿主基因的表达调控、宿主体内能量代谢的维持、宿主免疫反应的调节、营养物质的加工、食物消化的吸收、对致病性细菌入侵的抵抗、肠道正常功能的维持等多种重要生理生化活动。

肠道菌群对于维持宿主的正常生命活动非常重要。肠道正常菌群可以通过定植和繁殖在宿主体内形成一道健康而稳定的肠道生物屏障，并通过与致病性细菌竞争黏附位点和营养成分、刺激肠黏膜分泌非特异性免疫因子、产生抗菌物质细菌素和抗菌肽等方式抵御致病性细菌的入侵，从而提高宿主的免疫力（张家松等，2015）。一些有益共生菌能够有效地抑制有害菌的生长、预防炎症性疾病的发生。有研究表明，用嗜酸小球菌（*Pediococcus acidilactici*）作为益生菌添加剂饲养鳜（*Siniperca chuatsi*）仔鱼，可以显著降低鱼体肠道致病菌的数量（夏耘等，2016）；而在凡纳滨对虾的养殖环境中添加适量枯草芽孢杆菌（*Bacillus subtilis*）的营养细胞悬浮液，则有利于提高对虾在哈氏弧菌（*Vibrio harveyi*）攻击下的存活率（Zokaeifar等，2014）。

水生动物在消化道内利用消化酶分解和吸收营养物质，而肠道菌群分泌的胞外酶可以与消化酶产生协同作用，增强宿主对其生长所需营养物质的消化和吸收（张家松等，2015）。肠道微生物本身含有丰富的菌体蛋白，可以作为水生动物的营养补充。肠道菌群还可以通过酵解作用发酵食物中的多糖，生成大量的短链脂肪酸（SCFA）和单糖，为宿主提供能量，并促进肠黏膜的生长和修复，增强肠道吸收养分的能力（Chaiyapechara等，2012）。在食物短缺的情况下，肠道微生物能够充分利用宿主消化道内的多糖，及时补充宿主的能量代谢。

国内外大量的研究表明，在水生动物的饲养过程中，根据种类的不同，在其饲料中添加某种特定的益生菌或其他营养成分，有助于增强宿主肠黏膜的耐受性、调节肠道微生物结构、提高肠道的免疫状态，并通过调节宿主肠道健康改善其肉质和风味。Safari等（2016）的研究显示，在虹鳟（*Oncorhynchus mykiss*）的膳食中添加肠球菌（*Enterococcus casseliflavus*），可以使虹鳟鱼肠道中乳酸菌的数目增加，提高鱼体对链球菌（*Streptococcus iniae*）感染的抵抗力，并通过免疫调节改善其生长性能。Duan等（2017）在饲料中添加适量的丁酸梭菌（*Clostridium butyricum*）来饲喂凡纳滨对虾，进行56天的试验研究发现，丁酸梭菌可以增加肠上皮绒毛高度，并提高对虾体内粗蛋白质的含量，改善虾肉肉质。

（编者：王彦波，傅玲琳等）

第六部分

畜禽产品品质形成的分子营养调控

第十八章 肉产品品质形成的分子营养调控

肉产品的评价指标主要有四个方面，即感官特征、理化特性、营养成分及质量安全。感官特征包括肉产品的肉色、多汁性、嫩度、香气和风味，一方面表现在肉产品外观的色泽与纹理，另一方面体现在肉产品的口感、滋味和多汁性，是十分直观的评价指标。理化特性的评价指标包括pH值、系水力、滴水损失、熟肉率等，可以通过不同的检测手段获得，直观地体现肉产品品质的特点。营养成分是指肉产品的各项化学成分，包括蛋白质、脂肪、灰分、维生素、无机盐及浸出物（非蛋白质含氮浸出物及不含氮浸出物），这些决定了肉产品的食用价值。此外，还包括肉产品的质量安全，同样决定肉产品的品质。

肉产品品质受到多方面因素的影响，营养是影响肉品质的重要因素之一。如何通过营养合理供给生产优质猪肉，已成为动物营养学研究的重点内容之一。随着现代分子生物学的不断发展，参与猪肉品质形成的调控因子和分子网络逐渐被发掘，这有助于利用营养进行精准调控，从而改善猪肉品质，生产优质肉产品。本章从影响猪肉品质的肌肉生物学特性的两个重要方面，即肌内脂肪沉积和肌纤维发育，综述了优质猪肉形成的分子机制和营养调节的国内外研究进展。

第一节 肌内脂肪及分子营养调控

一、肌内脂肪概述

肌内脂肪是影响肉质嫩度、风味及多汁性的重要因素，它包括肌纤维内的脂滴，以及沉积在肌纤维之间和肌束之间的肌细胞膜、肌内膜及肌束膜上的脂肪。肌纤维内部的脂肪取决于细胞内脂滴的形成和分解过程，而肌纤维间脂肪是由间充质干细胞定向分化为脂肪前体细胞，再聚酯分化而来（Vettor等，2009）。肌内脂肪的沉积出现在个体发育的较晚阶段，最先沉积在肌肉内的大血管周围。它对肌肉组织的感观品质、食用品质、加工及储藏性能都有重要的影响。

二、肌内脂肪与肉品质关系

肌内脂肪对肉风味的影响：肌内脂肪中富含不饱和脂肪酸，而多不饱和脂肪酸极易被氧化。脂肪氧化产物大量积累，一方面会直接影响肉的风味，另一方面也可以与其他物质发生化学反应，从而影响肉的风味。

肌内脂肪对肉嫩度的影响：肉的嫩度主要受到肌原纤维和结缔组织的影响。随着肌纤维数量和密度的增加，肌内脂肪含量增加，这有利于改善肉的嫩度，提高肉的适口性。

肌内脂肪对多汁性的影响：一般来说，评价多汁性有两个方面内容。①在咀嚼初期，从肉块中释放出的肉汁量；②持续咀嚼后，肉块释放肉汁的持续性。前者由肉块自身的含水量和肉汁量决定，而后者则源于咀嚼时唾液腺受肉块中肌内脂肪的刺激所分泌的液体。因此，肌内脂肪的含量影响肉质的多汁性。

目前，关于肌内脂肪对肌肉系水力的影响结论不一。有研究表明，肌内脂肪与系水力负相关。还有研究表明，随着肌内脂肪含量升高，肌肉的系水力增强，从而降低了肉的滴水损失和烹调带来的水分损失，提高了肉产品的持水能力。肌内脂肪对肌肉系水力的影响可能主要与pH值的变化有关。当肌内脂肪含量高时，肌肉的pH值向酸性改变，从而中和了蛋白质所携带的负电荷，使其吸附水的能力下降，导致肉产品失水。当蛋白质静电荷为零时，肌肉系水力最低，此时滴水损失和蒸煮损失增加。

三、肌内脂肪形成的影响因素

研究表明，肌内脂肪的代谢方式不同于肾周脂肪和皮下脂肪。肌内脂肪的主要能量来源是葡萄糖，而皮下脂肪则是乙酸盐。肌内脂肪的脂肪合成和沉积速率较慢，同时，肌内脂肪细胞控制脂肪分解的限速酶——激素敏感性脂肪酶（HSL）的mRNA表达量较低，这表明脂肪组织细胞代谢水平在不同的部位存在差异（Bee等，2006；Bosch等，2012）。肌内脂肪的代谢平衡主要通过肌肉内甘油三酯的摄入、合成与分解来调节，同时也与其他多种代谢途径有关，包括日粮中提供的脂肪、肝脏中脂肪的从头合成、肌肉从血液中摄入的非酯化甘油三酯、脂肪酸氧化提供的能量等。

在骨骼肌早期发育阶段，特别是胚胎期和新生阶段，间充质干细胞分化成肌细胞、脂肪细胞和成纤维细胞（Uezumi等，2011）。从分化的方向来看，大部分的间充质干细胞分化为肌细胞，只有少部分的间充质干细胞会形成具有共同前体细胞的脂肪细胞和成纤维细胞，因此这个共同的前体被叫作成纤维/脂肪前体细胞（Du和Carlin，2012）。肌内脂肪的生长同时伴随着肌肉的生长，与肌肉的生长速率和肌纤维类型密切相关。一般来说，当肌肉内糖酵解速率较高、代谢较旺盛时，肌内脂肪含量较低。也有研究人员发现，不同肉牛品种的肌内脂肪积累与肌肉生长速率之间没有显著的相关性（Alberti等，2008）。肌细胞和脂肪细胞之间存在互作，如脂肪细胞分泌的瘦素与肌细胞分泌的肌肉生长抑制素可以相互影响各自细胞的分泌功能（Choi等，2011）。除细胞分泌因子外，肌肉自身的基因（如肌肉生长抑制素基因）发生突变，在提高肌肉组织发育的同时，也会影响脂肪细胞的发育，使脂肪细胞体积减小，从而降低肌内脂肪沉积水平。一般在胚胎和妊娠期，肌纤维的形成伴随着肌内脂肪的合成。在骨骼肌纤维类型中，氧化型肌纤维通常含有较高的脂质组成，这表明肌纤维的类型可能影响肌内脂肪的沉积。在安格斯肉牛中肌内脂肪沉积和肌纤维分化过程同步，这可能与肌纤维数量及类型改变肌肉组织中的能量输出和代谢方式，促进肌内脂肪沉积有关（Duarte等，2013）。因此，虽然肌肉生长与肌纤维类型是影响肌内脂肪沉积的一个重要因素，但脂肪细胞的数量、大小及候选基因表达量也对肌内脂肪沉积具有关键作用。研究表明，Wnt家族蛋白在肌细胞与肌内脂肪细胞相互作用中起决定作用，其信号转导途径会促进肌细胞生长而抑制肌内脂肪细胞的合成（Chazenbalk等，2012）。热休克蛋白β1（HSPB1）广泛存在于人体的各个组织，尤其在骨骼肌、平滑肌等肌肉组织中含量最高。对于HSPB1，最初的研究主要集中在人类的肿瘤、神经疾病及细胞凋亡等方面。有研究发现，HSPB1与肌内脂肪的沉积有关，可能通过调控肌细胞发育来影响肌内脂肪的沉积（Zhang等，2010）。早期B细胞因子（early B-cell factor，EBF）家族转录因子中的ZFP423在前体脂肪细胞系中有着很高的表达量，在成脂分化过程中发挥着重要的作用。进一步研究表明，ZFP423可以通过上调PPARγ的表达量，促进脂肪沉积（Gupta等，2010）。

四、肌内脂肪沉积的营养调控

肌内脂肪主要在机体发育后期沉积，与营养水平有很大的关联。随着研究的深入，发现越来越多的营养因素（如日粮能量、蛋白质水平、氨基酸组成、脂肪、微量元素等）能调控肌内脂肪的形成。

1. 日粮能量水平

脂肪的沉积与日粮能量水平关系密切。一般来说，增加日粮能量水平，会提高饲料利用率和动物日增重，促进动物胴体脂肪沉积。日粮能量水平在一定范围内时，动物的肌肉组织主要进行蛋白质的积累；摄入的能量如果超过某一临界值，肌肉中蛋白质含量将保持不变，多余的能量则转化为脂肪并储存，造成肌内和皮下脂肪的沉积。饲喂高能量水平的日粮能够显著提高猪的外周脂肪含量、背膘厚及肌内脂肪含量，有助于脂肪的沉积（刘作华等，2007）。高能量饲料对于肌内脂肪的调控还受到日粮中的蛋能比的影响。研究发现，与对照组相比，低能低蛋白质含量日粮能够增加动物肌内脂肪含量，使其没有过多的胴体脂肪沉积。也有研究发现，给猪饲喂较低营养水平的日粮，有利于肌内脂肪的沉积，改善肉品质，且对生长猪的生产性能和胴体品质没有显著影响（D'Souza等，2003；Tang等，2010）。日粮能量水平可以影响猪LPL基因mRNA的表达水平及LPL酶活，进而影响皮下脂肪和肌内脂肪沉积（李庆海等，2015）。

2. 日粮蛋白质水平和氨基酸组成

日粮中蛋白质的添加有利于肌肉沉积，提高胴体的瘦肉率，减少肌内脂肪的沉积和肌肉大理石纹，降低肉品的嫩度；而在一定范围内适当降低日粮蛋白质水平，能明显提高肉品的感官和食用性能。张克英等（2002）研究发现，提高日粮蛋白质水平，可以提高胴体眼肌面积和瘦肉率，降低皮脂率和背膘厚，使肌内脂肪含量和大理石纹评分下降，而对肌肉pH值、肉色评分、滴水损失和失水率无显著影响。Li等（2018）研究发现，低蛋白质含量日粮可以通过调节肌内脂肪含量和脂肪酸组成提高育肥猪肉品质。脂肪的沉积也会受到蛋白质类型和质量的影响。如在畜禽营养研究中，家禽的第一限制性氨基酸是蛋氨酸，猪的第一限制性氨基酸是赖氨酸。这两类氨基酸在日粮中的含量和比例不仅影响畜禽对于蛋白质的吸收和利用，对脂类代谢也有显著影响。在育肥期后期饲喂赖氨酸缺乏日粮，可以提高猪肌内脂肪的沉积。不同来源的蛋白质对育肥猪的肌间脂肪含量没有影响。但减少日粮中的蛋能比，则显著增加背最长肌中的肌内脂肪含量（王静，2012）。在早期限制仔猪日粮中蛋氨酸含量，可促进脂质沉积，提高生长肥育猪肌内脂肪含量（Li W等，2019）。降低育肥期日粮中的赖氨酸含量，能够显著提高金华-杜洛克杂交猪肌肉中的脂肪含量（黄菁等，2016b）。日粮中添加L-精氨酸能够通过上调过PPARγ和C/EBPα的表达，增加肌内脂肪含量（Chen XL等，2017）。在低蛋白质含量（17%粗蛋白质）饮食中，优化支链氨基酸比例，可以显著提高肌内脂肪含量，并提高不同骨骼肌中PUFA与SFA的比例（Duan等，2016a）。低蛋白质含量日粮（15%粗蛋白质）可通过调节肌内脂肪含量、脂肪酸组成、肌纤维特性和游离氨基酸分布来改善生长育肥猪肉品质（Li等，2018），而高蛋白质含量日粮能显著提高大巴沙杂交猪的肌内脂肪含量。由此可见，适宜的蛋白质水平不仅对动物的生长性能、胴体性状和饲料成本的控制起关键作用，还对肉的风味、嫩度和多汁性等特性产生影响（de Almeida等，2010）。

3. 日粮脂肪酸种类

猪肉脂肪中的脂肪酸组成与日粮脂肪酸密切相关。体内合成的脂肪酸主要是C16∶0和C18∶0，还含有少量的C16∶1和C18∶1，而C18∶2和C18∶3等脂肪酸无法在体内合成，必须由饲粮提供。日粮中添加5%的共轭亚油酸，可显著提高猪肌内脂肪含量（Joo等，2002）；日粮中添加亚麻籽，可以促进肌内脂肪的沉积，并可提高背最长肌中C18∶3n-3的浓度（刘则学等，2006）。在单胃动物中，饲喂鱼油/鱼粉可提高肌内脂肪中二十碳亚烯酸（eicosapentaenoic acid，EPA）和二十二碳六烯酸（DHA）含量（Raes等，2004）。饲喂亚麻籽可以增加猪肌内脂肪中DHA的含量（Enser等，2000）。

4. 日粮中其他营养因子

铬是胰岛素的协同因子，它可以作为葡萄糖耐量因子（GTF）中的一种辅因子，活化胰岛素，促进葡萄糖从循环系统转运进入外周组织。因此，在生长育肥猪饲料中加入0.2 mg/kg吡啶羧酸铬，可以显著降低育肥猪背膘厚度，增加瘦肉率，提高胴体品质和眼肌面积。β-葡聚糖是一种功能性多糖，日粮中添加100 mg/kg β-葡聚糖，可以显著增加肌内脂肪的含量，改善肉质及风味（Luo等，2019）。α-酮戊二酸（α-ketoglutarate，AKG）是三羧酸循环中的关键中间体，参与能量生产，促进蛋白质合成和改善氨基酸代谢。Chen JS等（2019）研究结果表明，在低蛋白质含量饮食中补充AKG，可以通过改变脂质代谢相关基因mRNA的表达，增加猪股二头肌的肌内脂肪含量。甜菜碱作为一种重要的甲基供体，也是一种可以改善肉质的营养因子。汪以真等（1998）研究表明，甜菜碱的添加使三元杂交猪背最长肌脂肪含量明显增加，肉质得到明显改善。甜菜碱还能促进长链脂肪酸进入肌肉线粒体并进行β-氧化，在减少体脂的同时还能增加肌内脂肪的含量，有效改善肉质（汪以真等，1998）。植物提取物对肌内脂肪含量也有一定影响，研究发现，饲粮中添加的紫苏籽提取物可上调育肥牛背最长肌脂肪酸合成相关基因（SREBP1、FAS、ACC和PPARγ）的表达，下调脂肪酸分解相关基因（HSL和CPT1）的表达，提高脂肪酸合成关键酶（FAS和ACC）的活力，并降低脂肪酸分解关键酶（HSL和CPT1）的活力，从而促进肌内脂肪沉积（张海波，2019）。在猪日粮中添加3%茶叶粗提物，能显著降低杜定猪背膘，减少肌肉中脂肪的沉积（王桂云，2016）。而在猪肌内脂肪细胞中添加0.4 μmol/L的1-脱氧野尻霉素（1-deoxynojirimycin），可减少ERK1/2磷酸化，抑制ERK-PPARγ通路的激活，下调PPARγ、aP2和FAS基因的表达，促进HSL基因的表达，进而抑制猪肌内脂肪细胞成脂分化和脂质沉积（Wang GQ等，2015）。

五、肌内脂肪沉积调控的分子机制

研究者分析日本黑牛和荷斯坦牛的转录组数据，筛选出了500多个可能与肌内脂肪沉积相关的基因（Albrecht等，2016）。另有研究通过miRNA芯片技术，发现miR-143、miR-145、miR-2325c和miR-2361在肌内脂肪中高表达，并且其靶基因参与脂肪沉积调控（Wang HY等，2015）。在韩牛中，PPARγ-RXRA通路可激活参与脂肪酸氧化的靶基因，通过增加ATP来增加甘油三酯的形成，促进肌内脂肪沉积（Lim等，2015）。Du等（2018）研究表明，miR-125a-5p的过表达能够促进猪肌内前体脂肪细胞的增殖，抑制其成脂分化。Sun等（2017）研究发现，猪体内的血小板衍生生长因子受体α（platelet derived growth factor receptor α，PDGFRα）正调控猪肌内脂肪的沉积，且受miR-34a靶向调控。Chen FF等（2017）研究发现，miR-425-5p可显著抑制肌内脂肪的形成分化，并下调脂肪形成标记基因PPARγ、FABP4和FAS表达。

脂肪酸结合蛋白（FABP）在脂肪细胞脂肪酸转运中起重要作用，被认为是家畜脂肪性状的候选基因。山羊FABP1基因主要在肝、肾和大肠中表达，FABP2基因在小肠中特异性表达，FABP3基因的表达水平与肌内脂肪含量显著性相关。H-FABP mRNA丰度与拜城油鸡腿部的肌内脂肪含量负相关（Wang Y等，2015）。H-FABP表达水平与大足黑山羊肌内脂肪沉积水平正相关（王子苑，2015）。

关于猪肌内脂肪候选基因，有研究发现生长停滞特异性基因6（GAS6）在沙子岭仔猪背最长肌中的表达量高于约克夏猪，可促进脂肪沉积，表明GAS6可作为猪肉质性状选择和肌内脂肪沉积的潜在候选基因（Xu D等，2015）。IGFBP-2是参与调控生长的胰岛素样生长因子结合蛋白家族的一员。IGFBP-2基因定位于15号染色体，它的缺失对杜洛克猪肌肉的滴水损失、肉色评分、剪切力和pH值等有显著的影响。因此，IGFBP-2可作为猪生长速度、背膘厚度、腰肌面积和某些品质性状的潜在候选基因（Prasongsook等，2015）。另有研究发现与约克夏猪相比，藏猪的肌内脂肪含量和GLUT2基因的表达水平更高，表明GLUT2可能作为评价猪肌内脂肪沉积的候选基因（Liang Y等，2015）。

在猪肌内脂肪细胞的研究中发现，过表达成纤维细胞生长因子21（FGF21）可降低赖氨酸特异性去甲基化酶1（LSD1）基因的表达水平，抑制PPARγ和C/EBP家族基因的表达，从而降低脂肪沉积水平。FGF21可抑制脂肪酸结合蛋白4（FABP4）、葡萄糖转运蛋白4（GLUT4）、脂联素和围脂滴蛋白1（PLIN1）的表达（Wang YL等，2016）。磷酸酪氨酸互作结构域1（phosphotyrosine interaction domain containing 1，PID1）能促进猪肌内前体脂肪的分化，过表达PID1能显著上调脂肪细胞分化主要转录因子C/EBPα和PPARγ的表达水平（Chen等，2016）。沉默NCOA2（nuclear receptor coactivator 2，核受体辅激活因子2）基因可抑制PPARγ、FABP4、LPL和脂联素的表达，从而抑制猪肌内前体脂肪的分化（孙文星等，2016）。甲硫氨酸腺苷转移酶（MAT）是一种关键的细胞酶，负责形成*S*-腺苷甲硫氨酸（SAM），而SAM是必不可少的生物甲基供体。有研究显示，MAT2A和MAT2B通过ERK1/2信号通路促进猪肌内脂肪沉积（Zhao等，2019）。

基因单核苷酸多态性与家畜肉品质密切相关，研究发现FAS（G.16024G>A）和FAS（G.17924A>G）多态性与安格斯肉牛胸肌和腰肌中C14：0、C16：0和C18：1n-9的比例有关。AA基因型的肉牛肌肉中C14：0、C16：0的比例更高，C18：1n-9比例较低（Barton等，2016）。

第二节　肌纤维类型的分子营养调控

一、肌纤维的概念

肌肉组织主要由肌细胞组成，肌细胞之间有丰富的血管和神经以及少量结缔组织。肌细胞在形态上呈纤维状，因此又称肌纤维。大量的肌纤维集合形成肌束，肌束又被结缔组织鞘膜包裹。数条肌束集合在一起，经由一层较厚的结缔组织膜包裹，最终形成一块肌肉。肌纤维是构成骨骼肌的基本单位，其组成及类型是决定畜禽肉品质的重要因素，可影响肌肉的外观特性、生理生化及营养特性等。因此，了解肌纤维类型及其转化的调节机制是改善肉质的必要前提。大量研究发现，肌纤维类型及其组成与分布直接影响着各项肉质指标。

二、肌纤维类型及其鉴定

根据不同的分类方法，肌纤维可划分为不同的种类。目前，主要根据肌纤维的代谢特征、收缩特性和肌球蛋白重链（MyHC）的多态性进行分类。根据肌纤维的代谢类型、肌纤维所包含的酶系，可将肌纤维分为有氧代谢型和酵解代谢型两大类。有氧代谢型肌纤维含有大量的肌红蛋白和较多的线粒体及细胞色素，外观呈鲜红色，因此也被称

为红肌纤维；而酵解代谢型肌纤维的肌红蛋白和细胞色素的含量较少，外观呈苍白色，因此也被称作白肌纤维。两者的代谢特点不同，所依赖的能源物质和酶系也不同。根据肌肉的收缩功能，可将肌纤维分为Ⅰ型和Ⅱ型两种。Ⅰ型肌纤维又被称为慢速收缩纤维，具有收缩缓慢而持久、高氧化能力、低糖酵解能力的特点，红肌纤维多为Ⅰ型肌纤维；Ⅱ型肌纤维又被称为快速收缩纤维，收缩快但持续时间短，白肌纤维多为Ⅱ型肌纤维。

随着人类对肌纤维研究的深入和分子生物学的快速发展，其分类方法也不断更新。目前公认的分类方法是，根据MyHC多态性对肌纤维类型进行分类，这种方法较传统分类方法更为准确和可靠（Pette等，2000）。研究人员将MyHC的亚型作为肌纤维分类的标志，这是因为他们发现所有肌球蛋白重链都有独立的基因表达（Weiss等，1999）。通过单克隆抗体确认具体的肌球蛋白亚型，可以将肌纤维分为Ⅰ型（慢速氧化型肌纤维）、Ⅱa型（快速氧化型肌纤维）、Ⅱb型（快速酵解型肌纤维）和Ⅱx型（中间型肌纤维），分别对应4种肌球蛋白重链（MyHCⅠ、MyHCⅡa、MyHCⅡb和MyHCⅡx）。

由表18-1可见，不同类型肌纤维的特征有一定的差异。Ⅰ型肌纤维直径较小，肌红蛋白含量高，尽管其肌纤维糖原含量和ATP酶活性很低，但有氧代谢的酶系（如细胞色素氧化酶、琥珀酸脱氢酶）活性很高，完全靠有氧氧化机制供能。因此，Ⅰ型肌纤维收缩速度最慢，可以承受长时间低频率的工作。Ⅱa型肌纤维既可以依赖糖酵解供能，也可以通过糖的有氧氧化供能。Ⅱb型肌纤维几乎全部通过糖酵解途径获取供能，虽收缩速度快，但不持久、易疲劳。而Ⅱx型肌纤维的收缩特性和代谢特征介于Ⅱa与Ⅱb型肌纤维之间。

表18-1　不同类型肌纤维的生物学特征

类　型	Ⅰ型	Ⅱa型	Ⅱx型	Ⅱb型
直径	细	较细	较粗	粗
糖原含量	少	较多	多	多
肌红蛋白含量	高	较高	较低	低
ATP酶活性	低	中	较高	高
代谢特征	氧化	氧化、酵解	酵解为主	酵解
收缩特征	慢	中	较快	快
抗疲能力	高	稍高	中	低
缓冲能力	低	中	较高	高

三、肌纤维类型与肉品质的关系

1. 肌纤维类型与肉色的关系

在动物体中，肌红蛋白是肉色呈红色的关键物质，肉色主要取决于氧和肌肉中肌红蛋白含量。当肌红蛋白内的亚铁血红素未与氧结合时，肌肉呈暗红色；与氧结合后，肌肉则显现出鲜红色。但长时间暴露在空气中，亚铁血红素中的Fe^{2+}会被氧化成Fe^{3+}，肉色会呈暗褐色。不同的肌纤维类型中肌红蛋白的含量差别较大，如Ⅰ型、Ⅱa型肌纤维中肌红蛋白的含量高，所以当它们所占比例较高时，肌肉颜色鲜红；而Ⅱb型肌纤维所含肌红蛋白量很低，若Ⅱb型肌纤维在肌肉中所占比例高，肌肉颜色则显得苍白，肉色评分较低。

除了肌红蛋白因素外，近些年的研究还报道了一些非肌红蛋白因素影响肉色的机制。主要是肌肉组织内部结构的光散射使肉色发生轻微差异，其中包括3个关键的因素：肌丝晶格间距的变化、肌节长度的变化、肌浆蛋白质组成和分布的变化（Purslow等，2020）。

2. 肌纤维类型与pH值的关系

不同肌纤维类型糖原酵解的强度和速度不同。肌肉中糖原酵解产生的乳酸和ATP分解产生的磷酸是导致动物宰后肌肉pH值降低的重要原因。当动物被宰杀后，糖酵解等一系列物理、化学反应仍在进行，屠宰时肌肉中糖原的含量和ATP的降解速度在很大程度上决定了宰后肌肉的pH值。快速酵解型（Ⅱb型）肌纤维具有高活性的ATP酶和高含量的糖原。当肌肉中Ⅱb型肌纤维占比较大时，肌肉中乳酸和磷酸迅速积聚，导致pH值大幅下降，甚至产生PSE肉。Larzul等（1997）通过对大白猪背最长肌的研究发现，酵解型肌纤维比例的增加会加快宰后pH值降低的速度和程度，并最终导致肌肉颜色的变浅和滴水损失的增加。

3. 肌纤维类型与嫩度的关系

肌肉的嫩度可通过测定剪切力进行评定。肌纤维类型、直径、密度、横切面积等因素对肌肉嫩度具有显著的影响。研究发现，肌纤维横截面积越大，对肉品质产生的负面影响越大，尤其是对系水力和嫩度的影响最大（Rehfeldt等，2000）。在单位面积内Ⅰ型肌纤维所占比例小或Ⅱb型肌纤维所占比例大，肌肉的剪切力较高。随着肌纤维直径的增大，肌肉嫩度相应降低。肌纤维越细，密度越大，肌肉脂肪含量越高，肉质越细嫩。由此可见，肌纤维的直径和肌肉脂肪的含量是影响肌肉嫩度的两个重要因素。氧化型肌纤维（Ⅰ型和Ⅱa型）直径较小，而酵解型肌纤维（Ⅱx型和Ⅱb型）直径较大。因此，肌肉酵解型，尤其是Ⅱb型肌纤维所占比例较大，会增加肌肉的剪切力，降低肉品的嫩度。

4. 肌纤维类型与风味的关系

风味物质作为评定指标的一种，由肉中固有成分经过复杂的生物化学变化，产生各种有机化合物所致。其特点是成分复杂多样，含量甚微，一般无法被客观、准确、直接量化测定。目前，研究人员在肌肉中已发现多种影响风味的物质，包括低分子量肽、脂肪酸、肌苷酸和磷脂等。氧化型肌纤维可以增加肉品风味，提高感官评价中牛肉的嫩度和多汁性评分，以及羊肉的多汁性和风味评分。研究发现，鸡肉肉质鲜美的主要物质基础是肌苷酸，肌苷酸在酶的作用下可以分解得到次黄嘌呤。磷脂是风味的主要决定因子，氧化型肌纤维比酵解型肌纤维含有更高的磷脂含量，进一步证明了高比例氧化型肌纤维与浓郁风味有关。但是，过多的磷脂也会增加肉品中多不饱和脂肪酸氧化的风险，造成严重的酸败风味。过高比例的氧化型纤维容易导致肉色黑、肉质硬、表面发干等异常DFD肉的形成。糖酵解、蛋白质水解和脂解作用会产生大量的非挥发性化合物，这些化合物对增加肉的风味非常重要，并且大多数内源性酶参与了此类反应。

也有研究发现，饲养方式可改变猪的肌纤维类型和风味物质含量。自由放养可通过改变肌纤维类型、密度，调控肌肉中糖酵解/糖异生有关的代谢途径，进而通过提高风味氨基酸、肌苷酸的含量来改善肉质（Qi等，2019）。

5. 肌纤维类型与系水力的关系

肌原纤维是肌肉中固定水分的主要物质，其蛋白质分子空间排列结构的变化决定了肌肉中不活动水的排出与保留。当蛋白质相邻分子间的内聚力降低时，蛋白质网状结构伸张和膨胀，网孔随之增大，而较大的网孔可以固定较多的水分，因此肌肉便表现出较强的系水力。衡量肌肉系水力常用的指标主要有蒸煮损失和滴水损失。Ⅰ型肌纤维直径较小，Ⅱb型肌纤维直径较大，而肌纤维越细，肌肉的系水力越强。研究表明，Ⅰ型肌纤维所占比例与滴水损失负相关，而Ⅱ型肌纤维的比例与滴水损失正相关（Ryu和Kim，2006）。

在屠宰、储藏、加工、运输过程中，肌肉的水分容易流失。系水力与肌糖原酵解的速率有关。糖原酵解速度加快，会导致pH值降低；同时，肌动蛋白和肌球蛋白凝结收缩，肌肉中水分大量渗出，导致肉品干燥乏味，适口性显著下降。因此，系水力和肌纤维类型具有显著的相关性，高含量的酵解型肌纤维会导致肌肉保水性能的下降。研究证实，当肌肉中酵解型肌纤维的比例较大时，会促进屠宰后猪肌肉pH值的下降，进而导致肌肉滴水损失的增加（Larzul，1997）。而相比酵解型肌纤维，氧化型肌纤维中脂肪含量较高，并且具有更高的磷脂含量，与肌肉的多汁性正相关（Valin等，1982）。

四、肌纤维形成与其类型转化的分子机制

肌纤维发育主要经历了4个阶段：①肌纤维起源于中胚层的体节，这个时期来自中胚层的间充质干细胞定向分化为生肌谱系（myogenic lineage）；②生肌谱系发育为成肌细胞（myoblast）和成熟的肌细胞（myocyte）；③肌细胞融合形成肌管（myotube）；④形成成熟的具有多细胞核特征的肌纤维。大部分脊椎动物肌纤维发育的前3个阶段在胚胎期和胎儿期就已经完成，所以出生后，肌纤维的数量不再增加。因此，出生后肌纤维的发育主要是肌纤维的肥大（hypertrophy），不依赖细胞的增生（hyperplasia）。肌纤维的肥大依赖肌肉卫星细胞的增殖与分裂。伴随动物个体的生长和发育，肌纤维开始进一步增长、增粗，逐渐发育为更加成熟的骨骼肌。

肌纤维特异性基因差异表达，可以诱导肌纤维类型的转化。调控肌纤维类型转化的信号通路包括Ca-NFAT/MEF2和Ca-CaMK/MEF2信号通路、腺苷活化蛋白激酶通路、PPARδ/PGC-1α信号通路、MAPK信号通路、Wnt/β-catenin信号通路等，目前相关研究主要集中于以下途径。

1. Ca^{2+}信号通路

在骨骼肌中，Ca^{2+}依赖转运途径对肌纤维类型转化起重要作用，可通过激活转录因子调节线粒体核编码基因，促使肌纤维类型发生转化（Chin，2005）。Ca^{2+}信号通路包括Ca-NFAT/MEF2和Ca-CaMK/MEF2两条途径，激活后均会促进快肌纤维向慢肌纤维转化。

钙调神经磷酸酶（calcineurin，CaN）是一种异二聚体蛋白磷酸酶，可被持续的低振幅钙波特异性激活，通过感知钙波动来感知收缩活性。CaN的主要作用底物是T细胞活化核因子（NFAT）。CaN可诱导NFAT脱磷酸化，使NFAT从细胞质移位到细胞核，并与其他转录因子协同作用，激活特定的依赖Ca^{2+}发挥作用的靶基因组，促进慢肌纤维的生成。活化的CaN也使核内肌细胞增强因子2（MEF2）去磷酸化，有研究表明，MEF2可调节慢肌纤维类型相关基因的表达（Wu等，2000）。敲除CaN基因，骨骼肌中Ⅰ型肌纤维比例下降；而过表达CaN基因，Ⅰ型、Ⅱa型肌纤维比例升高。

Ca^{2+}/钙调蛋白依赖性激酶（CaMK）途径也是调控肌纤维类型转化的主要信号转导途径，现已发现CaMK家族包括CaMKⅠ—Ⅳ 4个成员。研究认为，只有CaMKⅡ、CaMKⅣ参与快肌纤维向慢肌纤维的转化过程（Fluck等，2000）。钙激活的CaMK可磷酸化Ⅱ型组蛋白去乙酰化酶（HDAC）蛋白家族成员（Cohen等，2015），Ⅱ型HDAC使得MEF2去磷酸化而失去活性，因此活化的CaMK上调MEF2的转录活性。

线粒体动力相关蛋白（dynamin-related protein 1，Drp1）是介导线粒体分裂的主要

蛋白质。有研究表明，DRP1介导的线粒体形态控制着Ca^{2+}稳态和肌肉质量。敲除Drp1基因会导致线粒体功能受损，进而导致动物肌肉萎缩，肌肉的纤维总数减少。这主要是由于糖酵解型（Ⅱb/Ⅱx型）肌纤维比例较少，并且肌纤维横截面积也随之减小（Favaro等，2019）。

2. 腺苷酸活化蛋白激酶通路

腺苷酸活化蛋白激酶（AMPK）是一种重要的平衡细胞和全身能量的代谢酶，被称为“细胞能量调节器”。研究表明，氧化型肌纤维含量高的金华猪肌肉中AMPK显著高表达，提示AMPK与猪肌纤维组成密切相关（辛雪等，2014）。过表达或敲除AMPK的转基因小鼠模型以及耐力训练试验表明，AMPK在骨骼肌中Ⅱb型肌纤维向Ⅱa/Ⅱx型肌纤维转变的过程中发挥着重要作用（Rockl等，2007）。PGC-1α是AMPK下游重要的靶分子，可直接被AMPK磷酸化，PGC-1α可以增强GLUT4以及有关的有氧代谢基因的表达，对相关基因转录启动起正反馈调控作用（Islam等，2018），其基因表达可诱导Ⅱx型肌纤维向Ⅰ型肌纤维转化（Inagaki，2007）。过表达PGC-1α基因可通过提高线粒体呼吸作用及脂肪酸氧化作用，促进小鼠和猪红肌纤维（氧化型肌纤维）的形成（Zhang L等，2017）。在运动后，AMPK-PGC-1α通路激活，促进骨骼肌慢肌纤维相关基因的转录，抑制快肌纤维相关基因的转录，促进运动耐力的提升（曾韬，2019）。

3. MAPK信号通路

丝裂原活化蛋白激酶（MAPK）在生物体内信号转导过程中发挥重要作用，其蛋白家族由4个不同的信号模块组成：ERK1/2、p38 MAPK、JNK和ERK5（Holst等，2009；Scharf等，2013）。抑制肌细胞中ERK1/2通路，MyHC Ⅱx和MyHC Ⅱb表达水平降低，MyHC Ⅰ表达水平上调（Higginson等，2002）。p38 MAPK在肌管中调控MyHC Ⅱx启动子活性（Meissner等，2011）。研究发现，丝裂原活化蛋白激酶磷酸酶-1（mitogen-activated protein kinase phosphatase-1，MKP-1）可调控依赖p38 MAPK的PGC-1α磷酸化，上调其蛋白质稳定性和活性，诱导快肌纤维向慢肌纤维转化（Roth等，2009）。

4. MicroRNA调控

MicroRNA（miRNA）是一类由内源基因编码的长度约22个核苷酸的非编码单链RNA分子。越来越多的证据表明miRNA在肌肉功能的许多方面都起着至关重要的作用，包括肌卫星细胞活性、肌肉发育、收缩力等。许多miRNA以肌肉特异性的方式表达，可调控如肌纤维类型和MyHC表达等多种肌肉相关功能。MiR-499-5p在心肌和骨骼肌中高度表达，并由MyHC家族成员MyHC7b编码，是肌肉纤维类型转换和肌肉疾病生物标志物的关键调节因子（Da等，2018）。最新研究发现，miR-499-5p的过表达促进了氧化型肌纤维基因表达，并抑制了酵解型肌纤维基因表达，影响了与肌纤维类型相关的几条通路，包括NFATc1-MEF2C途径、PGC-1α、FoxO1和Wnt5a等（Xu等，2018）。

对猪胎儿背最长肌转录组的研究发现，肥胖型梅山猪背最长肌中miR-152比瘦肉型二元猪表达量高（He等，2017）。另有研究报道，miR-152可通过靶向E2F3及ROCK1调控成肌分化，在肌肉萎缩过程中起关键调节作用（Li Y等，2016）。最新研究发现，miR-152通过调节线粒体内膜上的跨膜载体蛋白——解偶联蛋白3（UCP3）表达，促进慢肌纤维形成（Zhang等，2019a）。以上结果表明，miR-152在调节肌肉生长和猪肌纤维类型组成中具有重要作用。

哺乳动物的成熟骨骼肌由多种高度专业化的肌纤维组成，这些肌纤维的选择性募集使肌肉能够完成各种功能任务。另外，骨骼肌具有高度可塑性，可以通过多种传感器检测新情况并改变其结构和功能特性，以执行新任务或应对新情况。激素、细胞因子、运动、营养和年龄等因素均可以使肌纤维类型发生转化。肌纤维类型的变化反映了基因转录的重编程，从而导致肌纤维收缩特性（快-慢型转变）或代谢谱（糖酵解-氧化转变）的重塑（Blaauw等，2013）。

五、肌纤维类型转化的营养调控

肌纤维类型间可以相互转化，这种转化受到多种因素的影响，其中营养是重要的调控因素。营养水平影响肌纤维的发育，改变肌纤维的直径和分布，进而改变肌纤维类型；饲养方式也会影响肌纤维类型的分布，改变肌肉组织中的氧化型肌纤维比例，从而影响肉品质。

1. 日粮蛋白质及能量水平

日粮蛋白质及能量水平对出生后畜禽肌纤维的生长和类型转化具有重要的影响。研究发现，日粮低蛋白质水平可以提高生长猪的肉品质；高蛋白质水平则减少猪脂肪沉积，提高胴体瘦肉率，降低肌肉的系水力，使肉嫩度、大理石纹均趋于下降或减少。与高蛋白质含量日粮组相比，低蛋白质含量日粮组猪的背最长肌中含有更高比例的氧化型肌纤维和较低比例的酵解型肌纤维（Solomon等，1994）。低蛋白质含量日粮显著提高了杜长大三元杂交猪的肌内脂肪含量，降低了肌肉MyHCⅡb的比例，提高了MyHCⅡx的比例。低蛋白质含量日粮组梅山猪肌肉MyHCⅡx的比例低于高蛋白质含量日粮组，MyHCⅡa的比例高于高蛋白质含量日粮组，但是差异不显著（孙相俞，2009）。饲粮粗蛋白质含量由16%降低至13%，生长育肥猪背最长肌和腰大肌Ⅱa型肌纤维及股二头肌Ⅰ型肌纤维的比例显著增加（Li等，2016b）。蛋白质的来源会影响肌纤维类型相关基因的表达，牛肉提取物促进小鼠趾长伸肌慢肌纤维基因的表达，而鱼蛋白则降低小鼠比目鱼肌PGC-1α含量和Ⅰ型肌纤维基因的表达量（Kawabata等，2015；Yoshihara等，2006）。氨基酸对肌纤维类型转化也具有调控作用。Chen等（2018）研究发现，精氨酸通过SIRT1-AMPK途径促进骨骼肌纤维类型从快肌纤维向慢肌纤维转换。L-亮氨酸可能也具有通过mTOR信号上调基因表达进而使骨骼肌纤维向慢速氧化型转变的能力（Sato等，2018）。Wu等（2019）研究发现，断奶后蛋氨酸的限制会促进仔猪肌纤维的发育，加快骨骼肌中慢肌纤维的形成。

给妊娠和哺乳阶段母猪饲喂不同蛋白质水平的日粮，Rehfeldt等（2008）发现限制蛋白质水平会导致仔猪的出生重和肌肉量降低。限制母猪蛋白质的摄入会导致仔猪断奶时肌纤维横截面积减小，快肌纤维比例减少；而在断奶后期，仔猪肌纤维会呈现相反的趋势，即快肌纤维比例增加（Wang JQ等，2011）。对于这种相反的现象，需要从母体日粮蛋白质水平引起的表观遗传修饰的全基因组或基因座特异性改变等方面进一步研究，以阐明其潜在机制。

日粮能量水平对畜禽肌纤维类型转化也具有重要的影响。能量水平主要改变肌纤维的直径以及快速酵解型肌纤维的数目，而对慢速氧化型肌纤维的数目却没有显著的影响。能量摄取不足会引起快速酵解型肌纤维发育不良。母猪妊娠期的能量限饲对后代仔猪早期生长及肌纤维发育造成不利影响，导致仔猪初生重、断奶重、日增重降低，肌纤维发育缓慢，半腱肌中肌纤维数减少。仔猪断奶阶段的能量限饲会导致仔猪背最长肌、比目鱼肌和菱形肌中肌纤维的面积减少，并且选择性减小Ⅰ型肌纤维直径，改变肌肉中肌纤维类型的比例。与低能量日粮组相比，高能量日粮组仔猪肌肉中Ⅱa型和Ⅱx型肌纤维比例增加，Ⅱb型肌纤维比例降低。研究发现，仔猪营养不良导致背最长肌Ⅱb型肌纤维的比例显著升高，而Ⅱa型肌纤维的比例显著降低，限饲可显著提高肌肉中Ⅰ型肌纤维的比例。提高妊娠中期（45～85天）母猪的采食量（1.5～2.0 kg/d），可减少仔猪初级肌纤维、次级肌纤维、总肌纤维和Ⅱb型肌纤维数。日粮中不同能量来源可以影响育肥猪肌纤维类型，低淀粉、高脂和高纤维日粮组可以提高Ⅰ型和Ⅱa型肌纤维，减少Ⅱx型和Ⅱb型肌纤维（Li YJ等，2015）。日粮中添加的不同淀粉种类对肌纤维类型有显著的影响。日粮中添加豌豆淀粉（直链淀粉/支链淀粉=0.07），可降低料重比、背膘率、滴水损失，通过提高MyHCⅠ和MyHCⅡa水平，降低MyHCⅡb水平，促进快-慢型骨骼肌纤维的转化，改善肉质（Li YJ等，2017）。

2. 一水肌酸及不饱和脂肪酸

一水肌酸能够保证肌肉高强度反复收缩时的能量供给，增强肌肉运动能力。研究发现，育肥猪饲料中添加一水肌酸，可显著提高眼肌面积和背最长肌率，且通过降低肌肉中乳酸的积累水平，提高肌肉pH值，降低宰后肌肉的滴水损失，改善肉质。日粮中肌酸的添加可以增加快速酵解型肌纤维的含量，一水肌酸与α-硫肌酸的组合添加可提高肌酸转运储备、氧化代谢能力、肌红蛋白表达和氧化型肌纤维比例等，从而改善肉质（门小明等，2019）。

脂肪酸的组成与比例也是影响肌纤维类型转化的重要因素。n-3不饱和脂肪酸的添加能促进猪肌肉组织Ⅰ型和Ⅱa型肌纤维相关基因的表达，改善肌纤维类型的组成。不饱和脂肪酸促进小鼠Ⅰ型肌纤维基因的表达。妊娠后期和哺乳期饲粮中添加不饱和脂肪酸，可通过母体效应促进后代哺乳仔猪肌肉组织中肌纤维相关基因的表达，提高仔猪氧化型肌纤维的比例，这可能与不饱和脂肪酸激活AMPK通路有关（任阳，2014）。猪日粮中添加1%～1.5%的共轭亚油酸，可以显著增加慢速氧化型（Ⅰ型）肌纤维的表达水平，对快速糖酵解型（Ⅱb型）肌纤维和Ⅱx型肌纤维没有显著影响，改善了生长育肥猪的肉质。

3. 其他营养物质

研究发现，日粮中添加100 g/t 低聚木糖，可使30～100 kg猪肌肉中氨基酸含量增加，上调肌肉中生肌决定因子、肌细胞生成素和肌肉生长抑制素基因的表达，一定程度上改善猪肉的营养价值（韩丽等，2018）。日粮中添加的抗氧剂、植物多酚可通过影响背最长肌中多种与肌肉功能和代谢相关基因的表达调控肉质（Sirri等，2018）。育肥猪日粮中添加6%的桑叶粉，对其平均日增重、肌肉失水率、嫩度、肉色、肌肉氨基酸含量及猪肉风味都有较好的改善作用，还可降低肉质水分损失和剪切力（何宏亮，2018；Chen GS等，2019）。给哺乳母猪补充β-羟基-β-甲基丁酸（β-hydroxy-β-methyl butyrate，HMB），可改善断奶仔猪的生产性能，HMB组的后代体重和瘦肉率均高于对照组。同时，与对照组相比，HMB饲喂的母猪背最长肌中纤维横截面积增大，MyHC Ⅱb、Sox6的mRNA表达水平升高（Wan HF等，2017）。白藜芦醇作为一种非黄酮类多酚化合物，体外实验及动物实验表明，其具有抗氧化、抗炎、抗癌及心血管保护等作用。在育肥猪饲粮种添加一定量白藜芦醇（300～600 mg/kg），不仅增加了背最长肌24 h pH值、红度（a*值）、粗蛋白质和肌红蛋白含量，还降低了24 h亮度（L*）、剪切力、滴水损失、糖原酵解潜能、背膘厚度及乳酸脱氢酶活性。同时，白藜芦醇提高了背最长肌总抗氧化能力、谷胱甘肽过氧化物酶活性及其mRNA水平，降低了丙二醛含量。此外，白藜芦醇提高了MyHC Ⅱa mRNA水平，降低了MyHC IIb mRNA水平及肌纤维横截面积。以上结果表明，白藜芦醇是一种有效改善猪肉品质的饲料添加剂，其作用机制可能与白藜芦醇引起的肌纤维特性和抗氧化能力的改变有关（Zhang等，2015）。在小鼠中，乙酸处理显著增加了肌肉中参与脂肪酸氧化关键酶的表达，以及糖酵解型肌纤维转化为氧化型肌纤维的关键酶的表达（Pan等，2015）。在育肥猪日粮中添加丁酸盐，可通过诱导特异性

microRNA和PGC-1α表达，促进育肥猪的慢肌纤维形成和线粒体生物发生（Zhang等，2019b）。研究发现，维生素A增加了犊牛Ⅰ型和Ⅱa型肌纤维的比例，减少了Ⅱx型肌纤维的比例。进一步研究发现，维生素A可能通过上调PGC-1α的表达，增加氧化型肌纤维比例（Wang B等，2018）。辣椒素可促使肌肉纤维从快速酵解型向慢速氧化型转变（Brunetti等，1997）。芒果苷使胫骨肌肉中Ⅱa型肌纤维数量增加，Ⅱb型肌纤维数量减少，研究表明，过氧化物酶体增殖物激活受体（PPARδ和PGC-1α）的下调是肌纤维转化的主要原因（Acevedo等，2017）。原花青素（procyanidin）B2促进AMPK磷酸化及AMPK上下游因子表达，如LKB1、NRF1、CaMKKβ、SIRT1和PGC-1α，通过AMPK信号通路促进骨骼肌慢肌纤维（MyHCⅠ和MyHCⅡa）基因的表达，并降低快肌纤维（MyHCⅡx和MyHCⅡb）基因的表达水平（Xu等，2020）。

综上，猪肉品质形成的原因非常复杂，因此需要在目前研究的基础上，利用营养基因组学、代谢组学及生理学等理论和技术手段，深入揭示猪肉品质形成的分子基础和代谢调控网络，从而与营养调控技术相结合，达到提高猪肉品质的最终目的。

（编者：王新霞）

第十九章 乳品质形成的分子营养调控

奶业在我国畜牧业中占有重要地位，发展奶业是改善城乡居民膳食结构，提高奶牛生产效益和人民生活水平的重要举措。随着科学技术的发展，我国奶业实现高速增长。但是，目前我国的奶业仍然是畜牧业的薄弱环节。通过营养学手段调控乳品质形成是奶业发展的重要任务。牛奶中的主要营养物质包括乳糖、乳脂肪和乳蛋白。乳糖是维持渗透压的主要成分，与奶产量密切相关；乳脂肪是牛奶中的主要能量成分，对牛奶加工及风味具有重要影响；乳蛋白中的酪蛋白不仅可以提供优质的氨基酸，还可以与矿物质结合并作为钙和磷的载体，促进矿物质的吸收；乳清蛋白中包含多种免疫球蛋白，不仅为新生动物和人类新生儿的健康生长提供营养，还可以抑制和清除肠道病原菌，提高人体免疫力。因此，本章以乳品质形成为基础，阐述了乳糖、乳脂肪和乳蛋白形成的分子营养调控机制，以期为提高动物乳品质提供研究方向和理论依据。

第一节　乳糖合成的分子营养调控

乳糖是乳中主要的碳水化合物，在大多数的动物乳中均存在，是乳腺中特有的糖。乳糖包括α乳糖和β乳糖两种异构体。当温度低于93 ℃时，得到的结晶为含水α乳糖；高于93 ℃，则得到的结晶为β乳糖。含水α乳糖经120～130 ℃加热可得到无水α乳糖。牛奶中含有较高浓度的乳糖，大约为140 mmol/L。乳糖是维持奶渗透压的主要成分，调节乳糖的合成直接影响产奶量。葡萄糖是乳糖合成的必需前体物，通过葡萄糖转运载体协助进入乳腺细胞，在半乳糖酶的作用下，一分子的D-葡萄糖可转化为一分子的D-半乳糖，并经乳糖合成酶催化与另一分子的D-葡萄糖合成一分子的乳糖。葡萄糖摄取和乳腺内葡萄糖代谢均影响乳糖的合成，进而影响乳产量。因此，研究乳糖合成的分子营养调控具有重要意义。

一、乳糖合成前体物概述

（一）乳糖前体物的来源

葡萄糖是维持机体生命活动和生产性能的重要营养物质之一，不仅是细胞的主要能量来源物质、代谢的中间产物，以及蛋白质、脂肪等的合成底物，更是泌乳动物乳糖合成必需的前体物质。反刍动物主要靠糖异生作用产生动物体内所需要的葡萄糖，即内源葡萄糖供应。瘤胃发酵产生的挥发性脂肪酸（volatile fatty acid，VFA）中的丙酸是反刍动物体内糖异生作用最主要的前体物。此外，饲料中少量未被瘤胃分解的淀粉进入小肠后被消化和吸收，得到可利用的葡萄糖，即外源葡萄糖供应。

1. 内源葡萄糖

反刍动物的胃由瘤胃、网胃、瓣胃和皱胃组成，其中瘤胃中含有大量的细菌、真菌和原虫，是微生物发酵的良好环境。在瘤胃微生物作用下，反刍动物采食饲料中的淀粉，将其分解生成葡萄糖，进而生成VFA并产生能量。只有非常少量未被消化的淀粉进入皱胃和小肠，被消化酶分解成单糖后吸收。在反刍动物的瘤胃中，饲料被分解后主要产生甲酸、乙酸、丙酸、丁酸和异丁酸等短链脂肪酸。正常情况下，提高丙酸供给量可以在一定程度上促进肝脏的糖异生活动。增加精料可以提高丙酸的产量。另外，当葡萄糖供应不足时，生糖氨基酸在一定程度上转化为葡萄糖，造成氨基酸的浪费。因此，足够的葡萄糖供应是保证反刍动物泌乳量和乳品质的重要因素。

2. 外源葡萄糖

研究发现，反刍动物小肠淀粉消化酶的活性并不高，小肠消化淀粉和吸收葡萄糖的能力有限。因内源葡萄糖的生成不容易被调控，所以增加消化道对葡萄糖的吸收是葡萄糖营养调控的手段之一。另外，因为反刍动物特殊的消化生理特点，其日粮以粗饲料为主，精料相对较少（冯仰廉，2004）。对反刍动物饲喂高精日粮或通过十二指肠灌注葡萄糖和淀粉，可以大大提高小肠对葡萄糖的吸收。因此，对日粮淀粉进行保护性处理，增加过瘤胃淀粉，可以提高反刍动物的葡萄糖供应量。

（二）乳糖前体物的代谢途径

乳腺细胞摄取的葡萄糖参与的细胞内代谢过程主要有：①在高尔基体参与乳糖的合成，与乳蛋白、乳脂肪及其他营养成分一起形成乳汁并进入腺泡腔；②通过三羧酸循环途径彻底氧化分解，为生命活动提供能量；③通过磷酸戊糖途径产生核糖，并通过还原力的形式将能量储存下来以供生物反应利用。在奶牛乳腺中，60%～70%的葡萄糖用来合成乳糖，20%～30%的葡萄糖参与磷酸戊糖途径，只有非常少量的葡萄糖进入三羧酸循环氧化供能。研究发现，当奶牛泌乳启动时，葡萄糖氧化分解和磷酸戊糖代谢相关酶的活力显著上调，并且三羧酸循环和磷酸戊糖途径所需葡萄糖显著增加，进而导致乳糖合成的葡糖糖比例降低。此外，泌乳期间，乳中柠檬酸盐和甘油三酯的量增加。这可能是因为泌乳启动后，乳腺中发生大量生物合成反应，这些反应需要足够的能量供应来维持。由此可见，在奶牛泌乳期间，葡萄糖的代谢流是可控的，激素水平可能是影响其流向的重要因素。利用同位素标记研究显示，体外培养小鼠肝癌细胞，当葡萄糖浓度低于0.5 mmol/L时，至少一半以上的葡萄糖被用于核酸合成，而葡萄糖浓度为5 mmol/L时，90%的葡萄糖转化为乳酸。这表明，增加葡萄糖的供应，可能通过增加乳糖的合成底物进而促进乳糖合成，并促进糖酵解及磷酸戊糖途径（Liu HY等，2013）。因为乳腺细胞的葡萄糖代谢和摄取是一个连续的生化反应过程，葡萄糖代谢的关键酶和葡萄糖转运载体将成为影响葡萄糖摄取利用的关键因素。

二、乳糖的生物合成

一分子葡萄糖在半乳糖酶作用下可以转化为一分子的半乳糖，经乳糖合成酶的催化作用，半乳糖于高尔基体和另一分子的葡萄糖合成一分子的乳糖，这个过程叫作乳糖的生物合成。乳腺细胞通过被动易化的方式摄取血浆中的葡萄糖，该过程离不开葡萄糖转运载体（GLUT）的介导。在乳腺细胞中，大部分的葡萄糖首先发生不可逆磷酸化反应，生成葡萄糖-6-磷酸，然后在细胞质中生成半乳糖，这些葡萄糖和半乳糖均被高尔基体囊泡摄取后用于合成乳糖。因此，葡萄糖的摄取与乳糖的合成密切相关，对葡萄糖供应、葡萄糖转运载体、乳糖合成相关酶等的研究至关重要。图19-1反映了葡萄糖摄取和乳糖合成的完整过程。

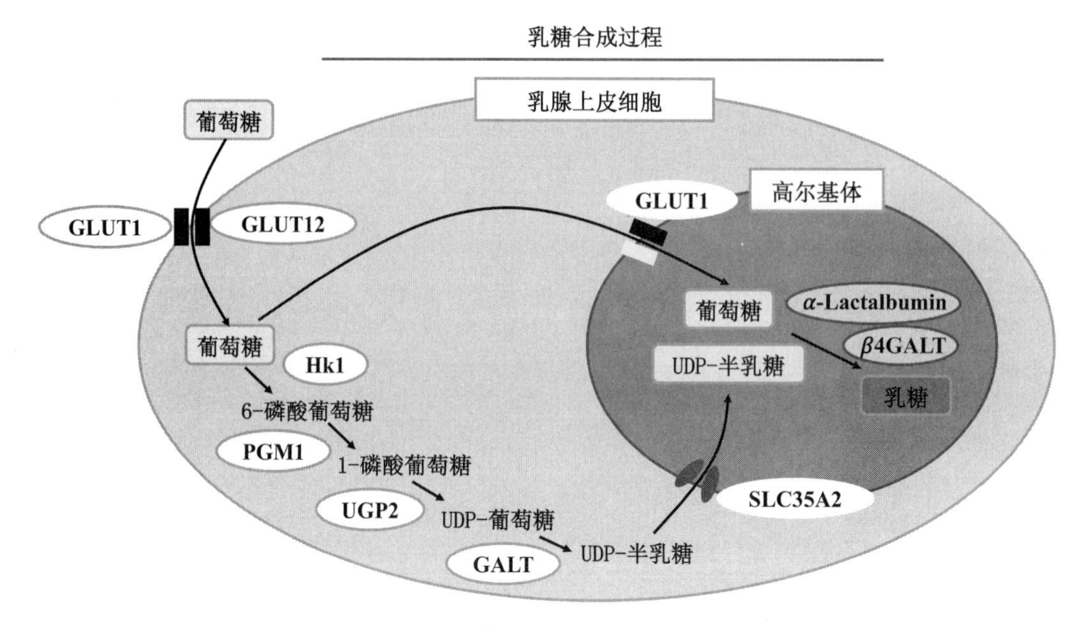

图19-1　葡萄糖摄取和乳糖合成过程

注：GLUT：葡萄糖转运蛋白。HK1：已糖激酶1。PGM1：葡萄糖磷酸变位酶1。UGP2：UDP-葡萄糖焦磷酸化酶2。GALT：半乳糖基转移酶。SLC35A2：溶质载体家族成员。α-Lactalbumin：α-乳白蛋白。β4GALT：β-4-半乳糖转移酶。

三、乳糖合成的营养调控机制

（一）乳糖前体物的摄取

1. 葡萄糖转运载体

葡萄糖是一种极性分子，需要借助转运载体蛋白进出细胞，而葡萄糖转运载体按照功能特点和结构不同分为两类：①易化扩散葡萄糖转运载体（GLUTs）；②钠-葡萄糖共转运载体（SGLTs）。其中，GLUTs是非能量依赖的被动扩散型转运载体，具有双向、可饱和、选择性等特点；而SGLTs是能量依赖的主动运输型转运载体，与钠离子偶联，具有逆葡萄糖浓度梯度的特点。目前，已有13种易化扩散葡萄糖转运载体被发现，按照发现的先后顺序分别被命名为GLUT1—12和HMIT；钠-葡萄糖共转运载体有3种，被命名为SGLT1—3。这些葡萄糖转运载体的时空分布规律、生化特性和代谢动力学特征不同（表19-1）。

表19-1 葡萄糖转运载体家族成员及其特征

名 称	类型（氨基酸）	Km*（mol/L）	表达位置	功 能
异化扩散葡萄糖转运载体(GLUTs)				
GLUT1	492	3～7	广泛分布在组织和细胞中	基础葡萄糖吸收，通过血浆组织屏障
GLUT2	524	17	肝脏、胰腺、肾脏、小肠	高容量、低亲和性转运
GLUT3	496	1.4	脑和神经细胞	神经元细胞葡萄糖转运
GLUT4	509	6.6	肌肉、脂肪、心脏	胰岛素调控的葡萄糖转运
GLUT5	501		肠、肾脏、睾丸	转运果糖
GLUT6	507		脾脏、白细胞、脑	
GLUT7	524	0.3	小肠、结肠、睾丸	转运果糖
GLUT8	477	2	睾丸、白细胞、脑、肌肉、脂肪细胞	为成熟精子供能；胰岛素应答性载体
GLUT9	511/540		肝脏、肾脏	
GLUT10	541	0.3	肝脏、胰腺	
GLUT11	496		心脏、肌肉	肌肉特异表达；果糖转运载体
GLUT12	617		心脏、前列腺、乳腺	
HMIT	618/629		脑	氢离子肌醇辅助转运载体
钠-葡萄糖共转运载体(SGLTs)				
SGLT1	664	0.2	肾脏、小肠	肠和肾脏葡萄糖的重吸收
SGLT2	672	10	肾脏	低亲和性、高选择性地吸收葡萄糖
SGLT3	660	2	小肠、骨骼肌	钠离子活化的葡萄糖吸收

2. 葡萄糖转运载体的转运机制

目前，关于乳腺葡萄糖转运载体转运葡萄糖的机制研究较少。过去人们普遍认为，葡萄糖直接进入细胞中代谢。然而，近期研究表明，葡萄糖进入细胞的过程包括两个复杂的过程：①快速摄取葡萄糖，即将葡萄糖跨膜转运进入细胞；②摄取的葡萄糖在细胞内的两个糖腔内进行慢速的交换，两个糖腔分别为一个较大细胞腔和另一个由GLUT与ATP结合后形成的较小闭合腔。这种葡萄糖摄取模型与人红细胞葡萄糖摄取模型类似。另外，研究表明，泌乳奶牛乳腺中主要表达GLUT1，同时GLUT3、GLUT8、GLUT12、SGLT1和SGLT2也有不同程度的表达。目前，关于泌乳奶牛乳腺葡萄糖转运载体GLUT1

的报道较多，研究人员普遍认为GLUT1在乳腺葡萄糖摄取中起主要作用。GLUT4是典型的胰岛素依赖型转运载体，但是在泌乳奶牛乳腺中并未检测到GLUT4的表达。Zhao K等（2014）通过胰岛素刺激乳腺上皮细胞，证明胰岛素可能通过PI3K信号通路上调GLUT8的表达以增加葡萄糖的吸收。GLUT8、GLUT12在泌乳奶牛乳腺中的表达量较高，仅低于GLUT1。另外，SGLT1、SGLT2可能在高尔基体膜的糖转运中发挥重要作用。然而，因奶牛的种属和生理特点不同，葡萄糖的摄取情况也不同，其分子机制仍然有待深入研究。

（二）乳糖合成代谢的调节

1. 葡萄糖供应

反刍动物乳腺组织中没有6-磷酸葡萄糖酯酶，所以无法通过其他生糖物质合成乳腺细胞可利用的葡萄糖。这也间接说明，奶牛乳腺所利用的葡萄糖几乎全部需要借助葡萄糖转运载体的转运作用以进入细胞。目前，关于葡萄糖供应对奶牛乳腺葡萄糖摄取影响的研究较多，但结果却各不相同。不同日粮试验中过瘤胃葡萄糖和血浆基础葡萄糖浓度的不同可能是造成这种现象的主要原因。在不同日粮条件下，供应无过瘤胃葡萄糖日粮，增加葡萄糖的灌注量，发现奶牛的泌乳量呈现先增加后减少的趋势。因此，在一定的范围内增加葡萄糖的供应可以增加泌乳量。目前认为，当葡萄糖的供应正常或偏低时，葡萄糖摄取的限速步骤是葡萄糖转运，但若葡萄糖供应偏高，己糖激酶（hexokinases，HK）催化葡萄糖的磷酸化才是限速步骤。因此，协调葡萄糖供应和摄取的关系，为奶牛提供最佳的葡萄糖供应量，是增加泌乳量的有效方式。

2. 泌乳期生理状态对乳糖合成的调节

乳腺是泌乳奶牛最为特殊的一个器官，不同生理时期乳腺的形态和结构也不同。从青春期发育到怀孕、分娩、泌乳和干奶期，奶牛乳腺发生一系列代谢变化，乳腺对葡萄糖的摄取也同样受到影响。尤其在围产期，奶牛泌乳启动之后，乳腺的葡萄糖需求量显著增加以满足乳的合成需要。一般认为，乳腺中可利用的葡萄糖借助葡萄糖转运载体进入细胞内。研究这些葡萄糖转运载体的表达和分布特点，一定程度上可以推断乳腺细胞对葡萄糖的摄取情况。研究表明，葡萄糖转运载体的表达也受机体生理状态的影响，与奶牛葡萄糖代谢的趋势一致。机体生理变化受各种激素的调控，葡萄糖转运载体的表达可能也与激素的分泌有关。泌乳期奶牛乳腺的GLUT1表达显著高于非泌乳期，而在肌肉和脂肪组织中GLUT1的表达结果却正好相反。在奶牛分娩前40天到分娩后的7天间，乳腺组织中葡萄糖转运载体的表达显著增加，尤其是GLUT1和GLUT8。这些结果说明，GLUT1或GLUT8等载体的表达可能受到相关激素的影响。

3. 葡萄糖转运载体

乳腺上皮细胞内的葡萄糖浓度不仅显著低于正常血浆中葡萄糖浓度，也远低于乳糖合成酶的动力学阈值。因此，普遍认为，葡萄糖转运载体的转运能力是葡萄糖摄取和乳糖合成的限速步骤。然而，实验结果显示，十二指肠灌注葡萄糖后乳腺上皮细胞内的葡萄糖浓度显著增加，乳糖的合成并未发生显著变化。尽管如此，葡萄糖转运载体在乳糖合成过程中的作用仍不容忽视。利用葡萄糖转运载体的特异性抑制剂——根皮素处理泌乳奶牛，发现乳糖合成量和乳产量均减少。这表明，葡萄糖转运载体的表达与葡萄糖的摄取存在一定的正相关关系。因此，葡萄糖转运载体表达的调控可间接调节葡萄糖的摄取，进而影响泌乳（赵珂等，2009）。目前，对奶牛乳腺葡萄糖转运载体表达的调控和葡萄糖摄取的研究尚少。研究发现，生长激素释放因子具有促进GLUT1表达的作用。研究泌乳奶牛乳腺上皮细胞转运载体的表达特点、调控规律和机制，可为乳腺葡萄糖摄取和乳的合成提供理论依据。

4. 葡萄糖代谢酶

血浆葡萄糖进入乳腺细胞后，在酶的催化作用下发生一系列的生化代谢反应。细胞内存在多种葡萄糖代谢限速酶，如HK、6-磷酸脱氢酶、丙酮酸激酶等。目前，有关HK的研究较多。HK存在HK1、HK2、HK3和HK4四种同工酶。主要作用是将葡萄糖磷酸化为6-磷酸葡萄糖，并使葡萄糖滞留在细胞内，从而保证细胞内外的葡萄糖浓度差，也为细胞内的多种糖代谢提供底物（赵珂等，2009）。研究表明：四种同工酶的带电情况、激素敏感性、组织分布和耐热性各有不同，对磷酸化的葡萄糖的去向有重要作用。另外，细胞膜上GLUT、SGLT和细胞内HK共同影响葡萄糖的摄取。葡萄糖的摄取及其在细胞内的生化代谢是一个连续不可分的过程，因此，细胞内的葡萄糖激酶可以负反馈调节葡萄糖的摄取。在奶牛乳腺上皮细胞中，HK在葡萄糖的氧化和乳的合成过程中发挥主要作用。相较于胞外葡萄糖浓度，泌乳山羊乳腺的代谢活性对葡萄糖摄取的影响更大。HK对乳腺葡萄糖摄取的影响，可能通过不同同工酶的相互作用，共同控制葡萄糖胞内代谢流向而实现调控。葡萄糖的浓度通过影响HK的活力进而调控葡萄糖的摄取，并非通过影响GLUT的表达，其中HK2在该过程中对葡萄糖的摄取有明显的调控作用。因此，深入研究这些同工酶的表达和调控特点及机制，可以为调控乳的合成提供理论依据。

第二节　乳脂肪合成的分子营养调控

乳脂肪是牛奶中的主要能量成分，乳脂肪主要包括甘油三酯（占总脂肪含量的95%）、二酰甘油（约占2%）、胆固醇（<0.5%）、磷脂（约占1%）及游离脂肪酸（<0.5%）。磷脂和糖鞘脂含有大量多不饱和脂肪酸。不饱和脂肪酸与阳离子结合形成稳定的乳脂滴，在乳脂球膜表面影响酶活力、细胞及细胞间的相互作用。除了对细胞增殖、细胞分化、免疫识别有所影响，不饱和脂肪酸还可作为激素和生长因子在细胞膜上的信号因子。一半以上的脂肪酸为饱和脂肪酸。其中，丁酸具有抗癌作用；羊脂酸具有抗病毒作用；油酸为单不饱和脂肪酸，可以降低血浆中胆固醇和甘油三酯浓度；共轭亚油酸具有抗癌、抗炎症作用；神经节糖苷广泛存在于神经组织，有助于大脑发育。因此，研究乳脂肪合成的分子调控具有重要意义。

一、乳脂肪合成前体物概述

乳脂肪对牛奶加工及其风味具有重要影响，因此诸多研究者对乳脂肪合成进行了研究。α-磷酸甘油途径是乳中甘油三酯的主要合成途径。脂肪酸的从头合成、从食物中摄取，或体脂动员是脂肪酸的主要来源，并用于乳脂合成。在奶牛中，一半的脂肪酸，包括短链脂肪酸（4～8碳）、中链脂肪酸（10～14碳）、一部分16碳脂肪酸，来源于脂肪酸的从头合成；另外一半脂肪酸，包括其余16碳和大于16碳脂肪酸来源于乳腺循环时的脂肪吸收。瘤胃发酵产物挥发性脂肪酸是奶牛乳腺细胞从头合成乳脂肪的前体物质，乙酸和β-羟丁酸是乳脂合成的主要碳源。乳糜微粒和极低密度脂蛋白经血液将甘油三酯转运至乳腺组织。在微血管内皮细胞内表面，甘油三酯经脂蛋白脂肪酶水解释放出脂肪酸，这是乳腺用以合成甘油三酯的又一个脂肪酸来源（邹思湘，2005）。脂肪酸的酯化作用主要发生在滑面内质网，在此合成的脂类聚集成乳脂小滴，乳脂小滴以顶浆分泌的形式将乳脂分泌到乳汁中（邹思湘，2005）。

二、乳脂肪的生物合成

乳脂肪的生物合成由脂肪酸合成和甘油三酯合成两部分组成，主要包括长链脂肪酸转运，脂肪酸运输和代谢，脂肪酸的从头合成和激活、脂滴形成及转录调节等过程。乳脂肪生物合成的详细机制如图19-2所示（Bionaza和Loor，2008）。

（一）长链脂肪酸转运

乳糜微粒是极低密度脂蛋白（VLDL）中甘油三酯的核心，可以被脂蛋白脂肪酶（LPL）和VLDL受体（VLDLR）水解，释放的脂蛋白分子和长链脂肪酸（LCFA）运输穿过血管内皮并进入细胞外间隙。LCFA主要通过一些触发器（如被动转运或外转酶）和蛋白质介导进入乳腺细胞。其中，CD36分子是调节此过程最重要的蛋白质之一，通过与FATP6（SLC27A6）协同发挥作用。一旦LCFA穿过细胞膜，在乙酰辅酶A合成酶长链家族成员1（ACSL1）的作用下，将被激活并生成长链酰基辅酶A（LCACoA）。LCACoA的形成不仅使LCFA进入细胞，也可以激活LCFA。LCACoA通过与脂肪酸结合蛋白3（FABP3）结合，将LCFA转移至特定的细胞器进而加以利用。

（二）脂肪酸运输和代谢

与FABP3结合后，LCFA或LCACoA有3种去向：①作为硬脂酰辅酶A去饱和酶（SCD）的底物，在LCFA（如C16：0和C18：0）Δ9的位置插入一个双键，随后内源的FA（如油酸）被FABP4转运至甘油三酯合成相关酶。②在内质网上的甘油-3-磷酸脂肪酰转移酶（GPAM）作用下，作为直接底物合成甘油三酯。此外，1-酰基甘油-3-磷酸-乙酰转移酶6（1-acylglycerol-3-phosphate O-acyltransferase 6，AGPAT6）、脂素1（LPIN1）和二酰甘油酰基转移酶1（DGAT1）也是甘油三酯合成过程中非常重要的酶。③被过氧化物酶体增殖物激活受体γ（PPARγ）调节。

（三）脂肪酸的从头合成和激活

脂肪酸的从头合成是在乙酰辅酶A羧化酶α（ACACA）和脂肪酸合酶（FAS）的作用下，以乙酰辅酶A和丁酰辅酶A为底物实现的。其中，乙酰辅酶A由乙酸在乙酰辅酶A合成酶短链家族成员2（acyl-CoA synthetase short-chain family member 2，ACSS2）的作用下合成。一旦大于10碳的脂肪酸形成，便可以被ACSL1激活并结合到FABP3上，从而进入甘油三酯合成途径。

（四）脂滴形成

甘油三酯一旦形成，就会插入到内质网膜的内部小叶上并形成脂滴。在奶牛乳腺中，脂肪分化相关蛋白（adipose differentiation related protein，ADFP）是脂滴形成和嗜

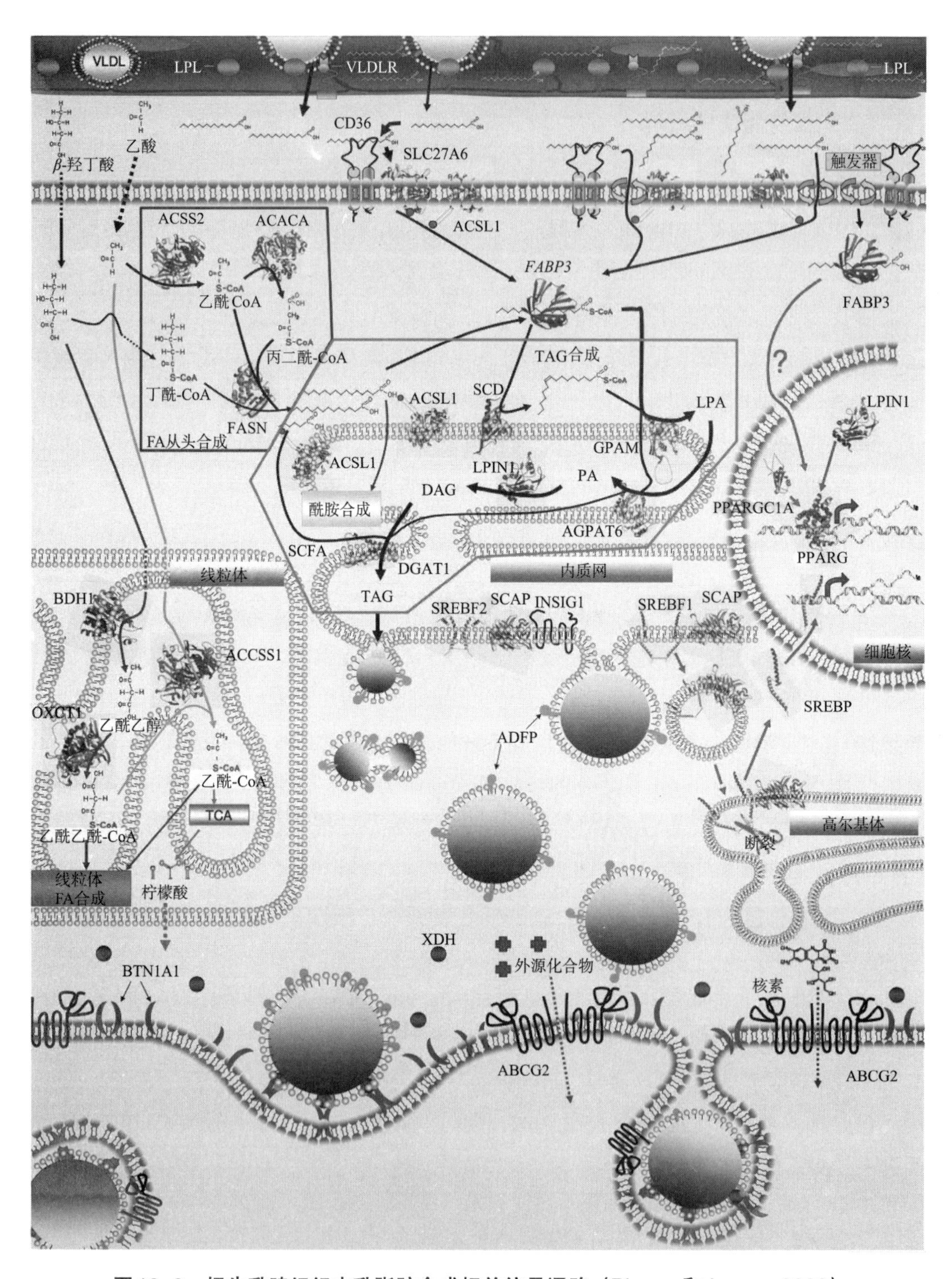

图19-2 奶牛乳腺组织中乳脂肪合成相关信号通路（Bionaz 和 Loor，2008）

乳脂蛋白（butyrophilin 1A1，BTN1A1）分泌的关键。

（五）转录调节

PPARγ在脂肪代谢中的主要作用是在PPARγ辅因子（PPARGC1A和LPIN1）的协调下完成的。脂肪酸从头合成相关基因主要由胆固醇调节元件结合蛋白1（SREBP1）调节，SREBP1与SREBP裂解激活蛋白（SREBP cleavage activating protein，SCAP）在内质网结合后，转运至高尔基体上裂解，此时SREBP1被激活。激活的SREBP1进入细胞核后调节基因表达。然而，胰岛素诱导基因1（insulin induced gene 1，INSIG1）的上调（与SCAP结合，组织SREBP转运至高尔基体）可减弱泌乳奶牛乳腺中SREBP的活性。有研究报道，PPARγ可能通过影响INSIG1的表达调节SREBP的活性。此外，SREBP2也具有调节脂肪酸从头合成相关基因表达的作用。

三、乳脂肪合成的营养调控机制

（一）脂肪酸水平

日粮中脂肪酸水平能够影响乳脂肪的合成。Boerman和Lock（2014）研究发现，日粮中不饱和脂肪酸和甘油三酯可以显著降低乳脂肪浓度。而短期饲喂棕榈酸可以显著提高饲喂效率，影响低产和高产奶牛乳脂肪酸表达谱（Rico等，2014）。此外，日粮中C16：0的添加能够提高乳脂肪的含量和产量，并且能够提高饲料向牛奶的转化效率（Lock等，2013）。日粮中的脂肪酸还可以影响乳脂肪合成相关基因的表达。Vyas等（2013）研究表明，通过皱胃灌注共轭亚油酸可以减少脂肪酸的从头合成，而当皱胃灌注乳脂时，脂肪酸的从头合成有增加的趋势。同时添加中短链脂肪酸和共轭亚油酸能够显著减少SCD1、LPL、AGPAT6、SCAP和PPARγ基因的表达水平（Vyas等，2013）。此外，在皱胃灌注共轭亚油酸时，脂肪酸从头合成相关的基因（ACACA和FAS），LPL、甘油三酯合成相关基因（如AGPAT6）的表达水平显著降低（Vyas等，2013）。然而，中短链脂肪酸不能显著影响脂肪合成相关基因的表达，可能是因为营养调节虽可以增加小肠内中短链脂肪酸的可利用性，但不能缓解由共轭亚油酸诱导的乳脂抑制作用（Vyas等，2013）。由于PPARG（PPARγ）是非反刍动物部分长链脂肪酸的天然配体，所以可通过与脂肪合成基因的启动子结合，上调脂肪合成基因的表达。Kadegowda等（2009）通过在奶牛乳腺上皮细胞中添加C16：0和C18：0等长链脂肪酸发现，C16：0和C18：0的添加显著增加INSIG1、AGPAT6、FABP3和FABP4的表达量，并且可以增加细胞内脂滴的形成。此外，添加C16：0也能够提高ACSS2、LPIN1、SCD和SREBP2的mRNA表达水平（Kadegowda等，2009）。研究提示，长链脂肪酸可能具有激活PPARγ进而调节乳脂肪合成的作用。

（二）激　素

许多研究表明，激素水平可以调节乳脂肪的合成。雌激素、孕酮和催乳素可以直接作用于乳腺。代谢类激素，如生长激素、糖皮质激素、胰岛素和瘦素，可以协同机体对代谢稳态的维持。瘦素由乳腺脂肪组织分泌，受催乳素调节。瘦素抑制剂可抵消瘦素对奶牛乳腺组织α-酪蛋白表达的调节。这提示，瘦素和催乳素通过乳腺脂肪层或脂肪细胞对奶牛乳腺组织起作用。奶牛泌乳初期，乳腺中与乳脂肪合成相关酶的表达水平迅速增加。Shao等（2013）研究发现，添加胰岛素、氢化可的松和羊催乳素和β-雌二醇（96 h）后，乳腺中SREBP1、FAS、ACACA和SCD基因的表达水平上调。综上所述，泌乳激素可以刺激奶牛乳腺脂肪基因的表达，但并不影响葡萄糖转运载体的表达。

（三）脂肪代谢酶

脂肪合成与细胞生长及细胞膜的持续形成密切相关。转录因子SREBP1是脂肪合成基因的关键调节因子。当营养类刺激信号到达mTORC1后，mTORC1促进脂类合成，以S6K依赖或S6K不依赖的形式激活SREBP1的表达。S6K不依赖的激活SREBP1途径，通过mTORC1介导磷酸化和抑制LPIN1，进而下调SREBP1的活性。mTORC1在接收生长因子或者营养素的信号后，也可直接磷酸化LPIN1的多个位点，抑制LPIN1迁移至细胞核，从而使SREBP1能够介导脂肪合成相关基因的激活过程（Peterson等，2011）。细胞实验表明，激活mTORC1是激活SREBP1必须而充分的过程。肝脏特异性敲除TSC1小鼠的SREBP1活性降低，脂肪生成减少（Sengupta等，2010），这可能与Akt的活性有关（通过负反馈回路的弱化作用）。此外，通过RNA干扰和过表达技术证实，SREBP1对乳脂肪的合成具有积极的调节作用，主要通过调节乳脂合成关键酶实现其功能（Ma和Corl，2012）。

第三节　乳蛋白合成的分子营养调控

乳蛋白是构成牛奶营养品质的重要物质基础，主要由酪蛋白和乳清蛋白组成。其中，非可溶性的酪蛋白约占全部乳蛋白的83.85%，可溶性的乳清蛋白在全部乳蛋白中所占比例为16.25%（Lapierre等，2012）。乳蛋白由于必需氨基酸含量适宜被认为是人类最优质的动物性蛋白质来源。酪蛋白中所包含的9种必需氨基酸及其构成比例，接近于人体合成蛋白质所需要的氨基酸；而乳清蛋白中主要富含支链氨基酸，如亮氨酸、异亮氨酸、缬氨酸及赖氨酸。酪蛋白的主要作用是与矿物质结合并作为钙和磷的载体，促进矿物质的吸收。酪蛋白水解产物——生物活性肽也展现出抗菌、抗氧化、抗高血压和免疫调节等作用，并可以促进其他营养物质吸收。乳清蛋白中包含多种免疫球蛋白，主要为β-乳球蛋白、α-乳白蛋白、免疫球蛋白、血清白蛋白、乳铁蛋白、乳过氧化物酶、溶菌酶、蛋白胨和转铁蛋白。其中，乳铁蛋白、乳过氧化物酶、溶菌酶具有重要的抗微生物特性，乳铁蛋白、β-乳球蛋白和α-乳白蛋白具有抑制肿瘤的功能。β-乳球蛋白是一种视黄醇载体，具有与脂肪酸结合的活性和抗氧化能力；乳铁蛋白是铁离子吸收的重要元件，并表现出抗氧化和抗癌作用；免疫球蛋白可以为新生儿提供免疫防御。

一、乳蛋白合成前体物

（一）氨基酸

氨基酸（amino acid，AA）是乳蛋白合成的主要前体物。必需氨基酸（essential amino acid，EAA）是指动物自身不能合成或合成量不能满足动物的需要，必须由饲粮提供的氨基酸（杨凤等，2000）。精氨酸（Arg）、组氨酸（His）、异亮氨酸（Ile）、亮氨酸（Leu）、赖氨酸（Lys）、蛋氨酸（Met）、苯丙氨酸（Phe）、苏氨酸（Thr）、酪氨酸（Tyr）和缬氨酸（Val）是奶牛所需的EAA。限制性氨基酸是指一定饲料或饲粮所含EAA的量与动物所需EAA的量相比，比值偏低的氨基酸。由于这些氨基酸的不足，限制了动物对其他EAA和非必需氨基酸（NEAA）的利用（杨凤等，2000）。研究表明，在以玉米蛋白为主要过瘤胃蛋白的日粮中，赖氨酸是奶牛乳蛋白合成过程中的第一限制性氨基酸。而在以豆粕为主要过瘤胃蛋白的日粮中，蛋氨酸是奶牛乳蛋白合成中的第一限制性氨基酸（NRC，2001）。另外，组氨酸、苯丙氨酸和异亮氨酸也有可能为继赖氨酸、蛋氨酸后的可能限制性氨基酸（NRC，2001）。以乳腺从血液中吸收氨基酸的效率来看，豆粕作为日粮蛋白质来源时，蛋氨酸为第一限制性氨基酸；以豆粕、芸苔和酒糟蛋白饲料作为蛋白质来源时，赖氨酸为第一限制性氨基酸（NRC，2001）。由此表明，氨基酸在乳蛋白合成中起到不可替代的作用。

（二）小　肽

肽是蛋白质分解成AA的中间产物，小肽是2～3个AA残基形成的小分子肽，具有多种生物学功能。以小肽形式为机体提供蛋白质，能显著提高动物对蛋白质的利用率（王恬等，2003；李凤娜，2005）。首先，作为机体氮源之一，小肽能直接被机体吸收用于合成蛋白质。其次，小肽与AA是两个相互独立的转运系统，小肽的添加可以避免游离AA在吸收时的相互竞争而促进AA的吸收。例如：赖氨酸与精氨酸在吸收时竞争结合位点，而以小肽的形式供给时，赖氨酸的吸收不再受精氨酸的影响。再次，小肽吸收转运快，能快速提高血液AA浓度。研究发现，蛋白质合成率与AA吸收正相关，小肽的快速吸收能提高动静脉的AA差，从而提高蛋白质合成率。另外，小肽还可能通过调节激素水平增加蛋白质的合成。

二、乳蛋白的生物合成

奶牛乳腺上皮细胞乳蛋白有两个来源：①由乳腺从头合成，90%以上的乳蛋白来自血液中游离氨基酸的从头合成，也包括少量的小肽。②其余5%～10%的蛋白质（如血清白蛋白和免疫球蛋白）不是由乳腺自身合成的，而是来源于血液（邹思湘，2005）。与其他组织合成蛋白质过程相同，乳蛋白的合成过程包括转录、翻译加工和分泌等过程。

转录是以DNA为模板，在RNA聚合酶的作用下合成mRNA，将遗传信息从DNA分子转移到mRNA的过程。其中，tRNA和rRNA等的生物合成过程也被认为是转录的过程之一。转录是基因表达的第一步，也是乳蛋白合成关键的一步，该过程受到严格的调控。真核生物基因转录活性的调控主要通过顺式作用元件（启动子、增强子和沉默子）与反式作用因子（通用或基本转录因子，上游因子和可诱导因子）的相互作用实现。经过转录过程，DNA中的遗传信息转移到mRNA的核苷酸排列顺序中。在细胞质中，以mRNA为模板，在核糖体、tRNA和多种蛋白因子等的共同作用下，将mRNA中由核苷酸排列顺序决定的遗传信息转变成由20种氨基酸组成的蛋白质，即为蛋白质的翻译过程。翻译分为起始、延伸及终止3个阶段。真核生物的起始$tRNA_{iMet}$所携带的是甲硫氨酸。起始过程：mRNA、核糖体的40S亚基、eIF2和Met-$tRNA_{iMet}$形成43S的起始复合体，进一步形成80S起始复合物。延伸过程包括氨酰-tRNA进入A位、肽键的形成和移位3步反应。当蛋白质释放因子阅读到链终止信号时，新生的肽链从核糖体解离，翻译终止（邹思湘，2005）。

乳腺细胞合成的大部分蛋白质最终被分泌出去。在粗面内质网的核糖体合成的乳蛋白由信号肽引导进入内质网腔，在内质网和高尔基体内进行翻译后修饰（包括磷酸化和糖基化修饰），然后由分泌泡转送到上皮细胞顶膜，最终通过胞吐的方式释放到腺泡腔，分泌到乳汁中（邹思湘，2005；刘桂瑞，2011）。

三、乳蛋白合成相关信号通路

（一）mTOR信号通路

mTOR是一种哺乳动物雷帕霉素靶蛋白，分为mTOR复合体1（mTORC1）和mTOR复合体2（mTORC2）两种（Laplante和Sabatini，2012）。其中，mTORC1主要参与蛋白质合成和核糖体合成等信号通路，且被许多上游信号（如生长因子、葡萄糖和氨基酸等营养素）调节。营养素调节mTORC1信号通路的作用形式如图19-3所示。其中，生长因子通过TSC-Rheb轴调节mTORC1信号通路，葡萄糖和能量通过AMPK-依赖的信号通路进一步调节mTORC1信号通路（Kim SG等，2013）。mTORC1在接收到营养素的信号刺激后，可以通过诱导核糖体的生物合成和mRNA的翻译控制蛋白质合成。mTORC1磷酸化S6K的疏水端（Thr389），激活的S6K磷酸化核糖体蛋白S6的5个丝氨酸残基（rpS6），rpS6是40S核糖体亚单位的组分。mTORC1也可以磷酸化翻译抑制因子4E-BP1，使得4E-BP1从真核起始因子4E（eIF4E）上释放。这样使释放出的eIF4E和eIF4G结合在mRNA的5′端，进而促进翻译的起始。mTORC1-S6K-S6轴通过增加核糖体的生物合成间接促进蛋白质合成。S6K也可能通过磷酸化eIF4B和真核延长因子2激酶（eEF2K），或者与eIF3相互作用以调节乳蛋白合成。此外，亮氨酰-tRNA合成酶（leucyl-tRNA synthetase，LRS）、GSK3β和同源磷酸酶-张力蛋白（phosphatase and tensin homolog deleted on chromosome ten，Pten）等基因也可以通过调节mTOR信号通路调节乳蛋白的合成（Wang L等，2014；Wang ZR等，2014；Zhang X等，2014）。

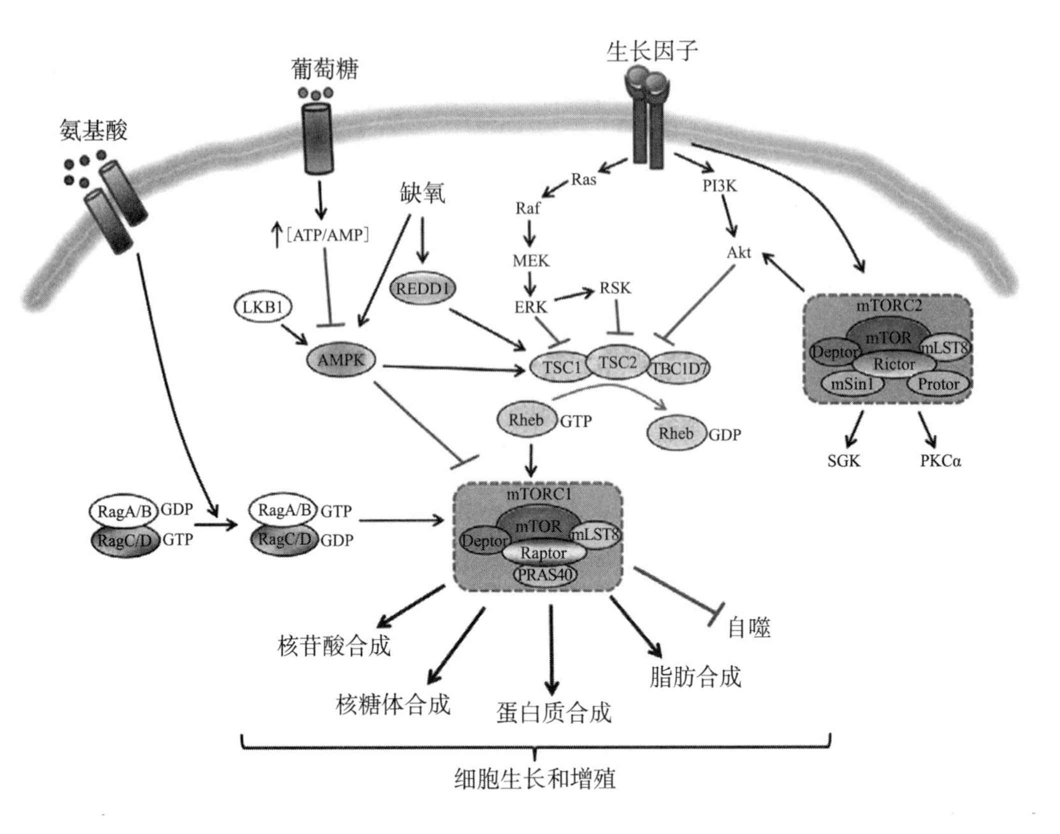

图19-3　mTORC1信号通路（Kim SG等，2013）

（二）JAK2-STAT5信号通路

JAK（janus kinase）是一类酪氨酸蛋白激酶，STAT（signal transducer and activator of transcription）是信号转导和转录激活子。JAK2-STAT5信号通路主要介导激素、营养素和生长因子等信号，最终起到调节乳蛋白合成的作用。刺激细胞的激素、营养素和生长因子等可以与相应的受体结合，使发生同源或异源寡聚化的受体亚基激活与之偶联的JAK。激活的JAK可以磷酸化STAT，使STAT形成二聚体并进入细胞核后与相应的靶基因启动子结合，进而启动目的基因的转录。

（三）GCN2信号通路

近些年来，研究发现AA不足时，eIF2α激酶介导的信号通路会被激活。eIF2α激酶一共包括4种，一般性调控阻遏蛋白激酶2（general control non-derepressible 2，GCN2）是其中的一种，当AA饥饿时，它能特异性地被聚集的空载tRNA激活。任何一种EAA的不足都能导致GCN2被激活，并且引起基因表达发生较大变化。Met缺乏时，小鼠MEF细胞中蛋白质的翻译调节主要由ATF4介导，而GCN2和eIF2α并不是必需的。在奶牛乳腺细胞中，EAA缺乏会引起GCN2表达量的升高。然而在奶牛上，关于GCN2信号通路与乳腺乳蛋白合成间的调节关系尚不明晰，有待深入研究。

四、乳蛋白合成的营养调控机制

（一）乳蛋白前体物的摄取

1. 氨基酸的摄取

乳腺氨基酸的吸收取决于三大因素：①动脉血中氨基酸浓度；②机体生理状况；③分泌细胞基底膜上转运体或转运体系的功能和激素水平。Madsen等（2005）发现对奶山羊瘤胃补充过瘤胃保护的赖氨酸和蛋氨酸，可增加动脉血赖氨酸和蛋氨酸的浓度，但乳腺对这些氨基酸的吸收并未改变。Bequette等（2000）认为乳腺细胞能通过控制乳腺血流量调节氨基酸的吸收，与其血浆浓度无关。奶山羊体内出现低水平组氨酸时，乳腺的血流量增加33%，乳腺组织吸收组氨酸的能力显著增加，而乳腺组织吸收其他可利用氨基酸［Lys、Phe、Thr、Val，以及非EAA（Pro和Ala）］的能力则下降。这些研究提示，乳腺对氨基酸的吸收是体内代谢的一种功能，并不简单地依赖于EAA在血浆中的浓度（李珊珊，2015）。

氨基酸进入乳腺上皮细胞可发挥营养和信号因子的功能，但需要通过氨基酸转运载体的介导，将氨基酸转运至细胞内（Taylor，2014）。上皮细胞的细胞膜为脂质蛋白质双分子层，对于营养物质具有选择性。由于氨基酸不易扩散并穿透脂膜，所以跨膜转运蛋白可以帮助氨基酸进出细胞及细胞隔室（如细胞质和溶酶体）（图19-4）。氨基酸转运

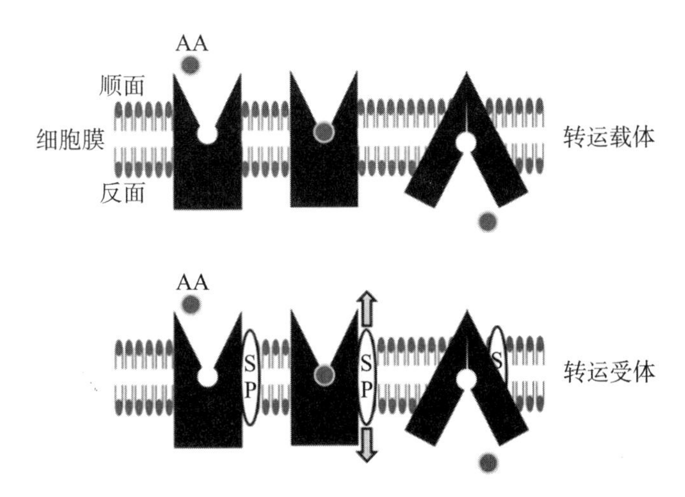

图19-4　氨基酸转运载体和氨基酸转运受体

至细胞内的效率主要由两方面决定：①氨基酸与对应的氨基酸转运载体的亲和性；②相关转运载体的活性和数目。氨基酸转运载体主要包括6个溶质载体（SLC）家族——SLC1、SLC6、SLC7、SLC36、SLC38、SLC43家族，以及一个单一羧酸盐转运载体——SLC16，这些载体均可转运芳香族的氨基酸（Taylor，2014）。

氨基酸转运载体具有氨基酸特异性，通常一个氨基酸转运载体可以转运结构相似的一类氨基酸（如较大的中性氨基酸、较小的中性氨基酸、阳离子氨基酸、阴离子氨基酸）。氨基酸转运载体的表达具有组织特异性，许多细胞类型表达多种氨基酸转运载体，并且互相有重叠的部分。同时，氨基酸转运载体对于mTORC1和GCN2信号通路的上下游具有重要的作用，且还可以监测细胞内外氨基酸的丰度（Zoncu等，2011；Ogmundsdottir等，2012）。氨基酸转运载体主要有两方面作用：①作为信号通路起始的感应器（Pinilla等，2011）；②起到导管的作用，将氨基酸转运至细胞内。

2. 小肽的摄取

机体组织小肽的跨膜转运是由肽转运载体（PepT）实现的。通过筛选克隆技术从兔子小肠和肾脏可以获得低亲和力、高容量的PepT1和高亲和力、低容量的PepT2。随后，对PepT的检测扩展到其他哺乳动物及组织中。PepT1主要在小肠表达。在奶牛乳腺中未发现PepT1的表达。用反转录PCR技术在小鼠乳腺外植体和人乳腺上皮细胞检测到PepT2 mRNA。

PepT2属于质子偶联寡肽转运载体（proton-coupled oligopetide transporter，POT）家族，该家族广泛分布于原核和真核生物，以内部直接质子电化学梯度为驱动力参与二肽和三肽的细胞跨膜转运。转运过程中，由质子向胞内质子电化学梯度提供能量，底物经刷状缘膜流入细胞，质子运动的动力由Na^+/H^+交换体（Na^+/H^+ exchanger 3，NHE3）提供。细胞顶膜上的NHE3促使质子流出（伴随着Na^+的流入），进入细胞的Na^+又不断被底膜上的Na^+/K^+ ATP酶泵出细胞，而进入细胞内的K^+经由钾离子通道流出细胞，使细胞内的Na^+和K^+恢复到原来水平。一般认为，PepT2所属转运载体超家族蛋白的转运机制遵循交替通路机制，即通过构象的变化来改变底物结合位点与膜的相对位置，从而实现底物从膜外到膜内的转运。近两年来，科研人员通过研究类似真核生物PepT2的蛋白质晶体结构，了解PepT2蛋白质的三级结构和转运机制。Newstead等（2011）和Solcan等（2012）相继报道了*Shewanella oneidensis*肽转运载体PepTSo的闭合式结构和嗜热链球菌（*streptococcus thermophilus*）肽转运载体PepTSt的内外开放式结构，预示肽转运载体在转运底物的过程中可能存在向外开口和向内开口的中间状态。由此，Solcan等提出了一个新的肽转运载体转运机制——门控理论，即：转运蛋白门控外开，暴露结合位点。底物与中心位点结合后，通过Arg53（H_1）-Glu312（H_7）和Arg33（H_1）-Glu300

(H_7)之间形成的盐桥作用关闭膜外侧开口，转运蛋白形成一个闭合的中间状态。同时，Lys126-Glu400之间的盐桥作用被削弱，使得膜内侧开口打开，底物释放进入细胞质。之后转运蛋白发生一系列的构象改变，最终恢复到向外开放的构象。

PepT2的表达和功能调节主要集中在以下几点：首先，PepT2的转运依赖于内部直接的质子电化学梯度，所以任何能改变pH和膜电位的因素都会影响其转运活动。H^+主要通过增加转运蛋白的周转速度来刺激PepT2的转运。神经胶质细胞试验证明，PepT2的活动与NHE1和NHE2有关。其次，根据PepT2的底物特异性，不同底物及其浓度会对PepT2的转运活动产生影响。对乳腺外植体的研究表明，培养液中添加适宜浓度的Phe小肽可显著增加PepT2 mRNA表达丰度。此外，PepT2的转运还受到激素、生长因子等的调节。除了受胰岛素、催乳素及氢化可的松的影响外（Zhou等，2011），PepT2还受胞内Ca^{2+}和表皮生长因子的调节。另外，PepT2的转运活动受病理状态的调节。小鼠甲状腺功能减退和甲状腺切除引起肾脏PepT2表达水平的增加，表明在改变甲状腺功能的状态下氨基酸平衡和药物药动力学受到影响。将小鼠肾脏切除5/6，两周后，肾脏PepT2的表达上调，但是16周后，又显著下降。此外，PepT2能与一种简单接头蛋白PDZK1反应，且该反应能加强PepT2活动，而PDZK1的突变会改变PepT2的转运，但具体机制尚不清楚。

目前认为，小肽以完整的形式由PepT2转运吸收进入乳腺，但其具体吸收过程、吸收数量及吸收过程中发生的变化并不清楚。进入乳腺的小肽是直接被吸收进入乳腺上皮细胞并用于乳蛋白的合成，还是先水解为游离的氨基酸，再由相应的氨基酸转运载体运进细胞？或是两种方式均存在？这些问题是解开乳腺对小肽利用的关键点。根据消化类型将肽酶分为丝氨酸型、苏氨酸型、半胱氨酸型、天冬氨酸型、谷氨酸型和金属离子型。目前，关于肽酶的研究很多，但大多都集中在药理学和生产工艺的应用（如二肽基肽酶和金属肽酶）或是原核生物上。对于哺乳动物，主要以模型肽为底物研究消化道各部位的肽酶活力及小肽消失率，关于乳腺的小肽水解的报道更为鲜见。对大鼠乳腺灌注^3H标记的（抗水解）二肽，检测乳腺小肽的吸收及吸收后的利用形式。研究发现，乳腺吸收的小肽在胞外水解为游离氨基酸（FAA），再转运进入乳腺细胞。但通过添加聚六亚甲基双胍抑制乳腺细胞中肽水解酶活性，能降低乳蛋白的合成。该结果进一步说明，至少有一些小肽是通过转运载体被小鼠乳腺完整吸收的，且被用于分泌蛋白的合成。近年来，Mabjeesh等（2005）在羊乳腺细胞基底膜检测到氨肽酶N（amino peptidase N，APN）的基因表达，并发现APN的表达受到小肽浓度的影响。在绵羊乳腺组织检测到γ-谷氨酰胺转肽酶（γ-glutamyl transpeptidase，γ-GT）的基因表达，而且其表达受到生理状态（妊娠或泌乳）的影响。妊娠或泌乳抑制γ-GT的活性，使乳蛋白合成水平降低75%。另外，报道的哺乳动物二肽水解酶有3种：二肽水解酶1（dipeptidase 1，DPEP1）、二肽水解酶2（DPEP2）、二肽水解酶3（DPEP3）。总之，这些小肽水解酶的活动可能会为我们研究小肽的吸收利用形式及效率提供新视角。

（二）乳蛋白前体物的代谢途径

1. 氨基酸

一旦氨基酸进入细胞，代谢途径主要有以下几种：①乳蛋白合成；②其他蛋白质的合成（如结构蛋白和酶）；③参与分解代谢反应（例如氧化反应）；④直接经过乳腺进入乳、血、淋巴液。Lapierre等（2012）综述了氨基酸在奶牛乳腺的代谢情况。表19-2描述了EAA通过内脏和乳腺组织的净流量（Lapierre等，2012）。与乳蛋白合成的需要相比，乳腺倾向摄取过量的支链氨基酸（亮氨酸、异亮氨酸和缬氨酸）。这些过量的支链氨基酸可能在乳腺中经历氧化作用，并与泌乳期乳腺中支链氨基酸氨基转移酶和支链酮酸脱氢酶等活性的显著增加相关。除了支链氨基酸之外，乳腺摄取赖氨酸的量大于乳蛋白输出量。乳腺摄取苯丙氨酸、蛋氨酸、苏氨酸和组氨酸的量接近于乳蛋白输出量。蛋氨酸和苏氨酸是牛乳腺细胞培养中乳蛋白合成的限制性氨基酸。在饲喂玉米基础日粮时，单独添加蛋氨酸或者与赖氨酸同时添加，可以显著提高乳蛋白的合成量（Weekes等，2006）。这些发现提示，在奶牛中饲喂过量的蛋白质会降低氮的利用率。

表19-2　必需氨基酸在内脏和乳腺中的净流量

AA类型	组　织					U:O比例
	PDV	HEP	TSP	MG	Milk	
His	10.4	−3.6	6.9	−6.8	6.8	1.01
Ile	29.2	2.1	32.2	−21.3	17.4	1.22
Leu	48.1	2.2	50.2	−34.6	28.8	1.20
Lys	36.3	0.5	36.7	−30.0	23.6	1.27
Met	13.1	−4.1	8.8	−7.1	7.3	0.97
Phe	28.1	−14.4	14.5	−11.9	11.5	1.03
Thr	25.5	−8.1	17.6	−13.9	14.1	0.99
Tyr	20.9	−9.9	11.6	−10.8	11.7	0.92
Val	36.2	2.3	38.8	−26.1	21.8	1.20

注：PDV：内脏门静脉。HEP：肝脏。TSP：全内脏组织。MG：乳腺。Milk：牛奶。U:O：乳腺摄取量/乳蛋白输出量(Lapierre等,2012)。

2. 小　肽

血液中的二肽可以参与奶山羊乳蛋白的合成，奶牛乳腺同样可以利用血液中肽结合形式的必需氨基酸来合成乳蛋白。研究表明，Lys、Met、Phe、Leu、His、Val和Tyr均能以肽结合形式被乳腺摄取并用于酪蛋白合成，且酪蛋白合成所需AA中4%～19%的Lys、8%～18%的Met、2%～20%的Phe、7%～28%的Leu和13%～25%的Tyr均来源于血液中的小肽。但Lapierre等（2012）通过对24个试验结果进行Meta分析，发现His和Met的乳腺摄取量/乳蛋白输出量（U：O）分别为1.01和0.97，而Arg和支链氨基酸的U：O均大于1。已有研究证明，当以蛋氨酸-蛋氨酸（Met-Met）或蛋氨酸-赖氨酸（Met-Lys）或Phe二肽替代等量的游离氨基酸时，二肽组奶牛乳腺上皮细胞中α_{s1}酪蛋白基因表达水平和培养液中总蛋白质含量均显著高于游离氨基酸组。小肽的添加比例及添加形式对酪蛋白的合成均存在明显影响。总之，小肽在乳蛋白的合成中发挥重要作用，但其作为乳蛋白合成原料的利用形式及效率还需要进一步研究。

（三）乳蛋白合成的调控机制

1. 氨基酸和小肽

由于氨基酸是乳蛋白合成的前体物质，日粮提供氨基酸的种类和含量对奶牛乳腺合成乳蛋白具有重要作用（Appuhamy等，2012），并能够影响乳腺组织中信号转导蛋白的表达。在奶牛乳腺细胞的体外试验中，Apelo等（2014）研究了异亮氨酸、亮氨酸、蛋氨酸和苏氨酸对奶牛乳腺组织中乳蛋白合成信号转导蛋白表达的影响。研究发现，异亮氨酸和苏氨酸能够提高mTOR的磷酸化，但这两种氨基酸存在一种拮抗关系。相似地，异亮氨酸可以线性增加核糖体蛋白S6的磷酸化，而苏氨酸则抑制异亮氨酸的作用。此外，异亮氨酸和亮氨酸能够减少真核生物延伸因子2（eEF2）的磷酸化，苏氨酸可以减少eEF2的磷酸化并能抑制亮氨酸对eEF2的影响。以上结果表明，氨基酸对于mTOR信号通路具有激活作用。Apelo等（2014）进一步发现，增加异亮氨酸、亮氨酸、蛋氨酸和苏氨酸的浓度可以增加α_{s1}酪蛋白的合成速率。Rius等（2010）研究了泌乳奶牛分别灌注水、酪蛋白、淀粉、淀粉与酪蛋白的混合物对乳蛋白合成的影响。灌注淀粉组奶产量、乳蛋白产量和乳腺血浆流量提高，乳腺对氨基酸的净吸收量提高，S6K1的磷酸化水平也提高；灌注酪蛋白和淀粉组mTOR的磷酸化水平提高。以上结果表明，调控乳蛋白合成的信号转导因子对于不同营养素的刺激的反应不同。

氨基酸是奶牛合成乳蛋白所需的底物，而完整蛋白质或其降解产生的小肽也能被动物直接吸收。在体外奶牛乳腺上皮细胞中添加蛋氨酸二肽和赖氨酸蛋氨酸二肽，比添加相同含量的游离氨基酸更能促进乳腺上皮细胞α_{s1}酪蛋白基因的表达。这可能是由于小肽能减少氨基酸之间的吸收竞争，并参与乳蛋白合成的信号通路及其调控，进而促进乳腺对氨基酸的摄取和乳蛋白的合成（周苗苗，2011）。进一步研究表明，在奶牛乳腺α_{s1}

酪蛋白合成中，Met-Met不仅能提供合成乳蛋白的底物，还可以促进氨基酸的吸收。Met-Met可通过PepT2进入细胞，激活mTOR和JAK2-STAT5信号通路，进而促进乳蛋白的合成。其中，PepT2高效摄取小肽的特点为高亲和力、低容量，其*N*-糖基化可调控PepT2在细胞膜上的表达和细胞内的定位。并且，mTOR也可调控PepT2的表达和活性，mTORC1和mTORC2均是其调控因子，Nedd4-2调控并介导mTORC1对PepT2表达和功能的调控。同时，PepT2和小肽水解酶在此过程中起到重要作用。以上结果表明，小肽也具有调节乳蛋白合成的作用。

2. 激　素

激素也是调节乳蛋白合成的主要因素。胰岛素不仅是乳蛋白基因表达必需的激素，还可以在不同水平上刺激乳蛋白的合成。Lee HY等（2013）研究表明，类维生素A和催乳素的添加促进了奶牛乳腺上皮细胞的分化，这可能与α_{s1}酪蛋白、α_{s2}酪蛋白和β酪蛋白的增加有关。此外，在地塞米松、胰岛素和催乳素存在的情况下，乳腺上皮细胞能均匀的分化并分泌酪蛋白。有研究报道，无论是奶牛体内试验还是乳腺细胞的体外试验，生长激素都具有提高乳蛋白合成的功能（Johnson等，2013）。所以，Johnson等（2013）运用基于双向凝胶电泳的蛋白质组学方法研究了生长激素的添加对奶牛乳腺上皮细胞的影响，共发现40个差异蛋白质。这些蛋白质主要与代谢、细胞骨架、蛋白质折叠、RNA和DNA的加工及氧化应激有关。Janjanam等（2014）鉴定了乳腺上皮细胞在泌乳前、中、后期蛋白质的变化，同时比较了高产和低产奶牛乳腺上皮细胞的蛋白质表达情况。结果显示，蛋白质表达的差异与泌乳通路网络的有效性有关，泌乳晚期上调的蛋白质可能与NF-κB诱导的应激信号通路有关，高产奶牛则是通过胰岛素信号通路与Akt、PI3K、p38MAPK信号通路起作用。奶牛乳腺体外试验多用于激素对乳蛋白合成的影响研究。Sciascia等（2013）利用奶牛在体试验研究了外源添加生长激素对奶牛乳蛋白合成的影响。结果表明，生长激素处理组能够影响mTORC1信号蛋白的表达，但不影响其下游靶基因的表达。并且，添加生长激素后，乳腺细胞可能通过IGF1-IGF1R-MAPK信号通路级联调节eIF4E介导的细胞核和细胞质的输出及mRNA的翻译过程。此外，Johnson等（2010）和Zhou（2008）也验证了生长激素对乳蛋白合成的促进作用。

3. 信号通路

目前，虽然氨基酸调节蛋白质合成的研究较多，但是EAA通过mTORC1信号通路调节奶牛乳蛋白合成的机制并不是很明确。Lu等（2012，2013）利用基于双向凝胶电泳的蛋白质组学方法研究了赖氨酸和蛋氨酸对乳蛋白合成的影响。结果表明，赖氨酸或蛋氨酸均能提高细胞的增殖活性，促进β-酪蛋白的表达；MAPK1可能通过上调mTOR和STAT5信号通路提高乳蛋白的合成。Nan等（2013）研究了赖氨酸和蛋氨酸比例对乳蛋白合成基因转录和翻译的影响。结果表明，当Lys：Met为3：1时，牛奶中酪蛋白的浓度最高，该过程通过上调mTOR和JAK-STAT信号途径的mRNA表达实现。但也有研究结果与之相反，Prizant和Barash（2008）发现赖氨酸、组氨酸和苏氨酸对奶牛乳腺上皮细胞的S6K1磷酸化具有负调节作用。Appuhamy等（2011）在奶牛乳腺细胞和组织中添加10种游离的氨基酸后发现，当亮氨酸、异亮氨酸和精氨酸缺乏时，磷酸化的mTOR和rpS6显著减少，而添加异亮氨酸则可以增加磷酸化的mTOR、S6K1和rpS6。当亮氨酸、异亮氨酸、蛋氨酸和苏氨酸缺乏时，蛋白质合成率显著降低，提示亮氨酸和异亮氨酸调节mTOR信号通路和蛋白质合成过程的相互独立。Appuhamy等（2011）进一步研究表明，EAA能够显著增加mTOR、S6K1、4E-BP1和胰岛素受体底物1（IRS1）的磷酸化，同时减少eEF2和eIF2α的磷酸化。以上结果提示，EAA可以有效地影响蛋白质翻译的起始和延长关键节点，进而调节蛋白质的合成速率。此外，进一步研究表明，虽然AMPK的磷酸化受到能量状态的影响，且对奶牛乳腺细胞mTOR介导的信号通路有负面影响，但是与EAA通过mTOR介导的信号通路对乳蛋白的调节相比，其影响较小（Appuhamy等，2014）。

4. 其他因素

除氨基酸、小肽、激素等因素外，在奶牛生产中，饲粮组成、饲粮中蛋白质水平、维生素和矿物质等因素也会对乳蛋白的合成产生影响（李珊珊，2015）。Zhu等（2013）分别以玉米秸秆、羊草和苜蓿为日粮粗料来源，研究不同粗料来源对奶牛乳蛋白前体物生成和泌乳性能的影响。结果表明，与玉米秸秆作为粗料来源相比，苜蓿组可以显著提高奶产量、乳蛋白产量和氮的利用效率。基于此试验，Wang MZ等（2014）研究了用玉米秸秆和稻草替代苜蓿对奶牛泌乳性能的影响。结果表明，与稻草组和玉米秸秆组相比，苜蓿组的乳产量、乳脂、乳蛋白、乳糖和固形物的产量显著高于其他两组，但是稻草组和玉米秸秆组没有显著性差异。同样地，苜蓿组乳蛋白含量高于稻草组。这可能是由于苜蓿日粮具有较高的营养可消化性，可以给奶牛提供较高的能量。并且，苜蓿组可以提供较高浓度、容易发酵的碳水化合物和瘤胃非降解蛋白，进而提供较多的代谢蛋白质。Dai等（2017）通过转录组学和蛋白组学方法，进一步研究了不同质量日粮对奶牛乳腺乳合成的影响机制。他们发现，低质粗饲料（玉米秸秆和稻草日粮）组奶牛乳蛋白合成量减少，可能是因为动物体自身蛋白质合成能力降低、蛋白质降解能力增强而能量产生不足，进而导致乳腺细胞生长缓慢。然而，其详细的内在作用机制仍需进一步研究。

（编者：刘红云等）

第二十章 蛋品质形成的分子营养调控

禽蛋是我国居民“菜篮子”中每天必需的重要生活品，是关系国计民生和社会稳定的重要农产品。随着经济的快速发展和人们消费水平的提高，禽蛋产品质量问题越来越受到社会关注。蛋的品质是由广泛的物理、化学及营养学特性构成，主要包括蛋壳质量和蛋内部（蛋清和蛋黄）品质。通过营养调控蛋品质是近年来家禽营养研究的热点之一。为提高蛋的品质，近年来学者从营养调控（蛋白质来源、维生素、微量元素、矿物质元素、添加剂等）的角度开展了大量研究，取得了一定进展。而精准调控蛋品质的关键是明确关键基因和代谢通路。随着现代分子生物研究方法的应用，蛋品质形成过程的调控因子日益明朗。了解蛋品质的形成及其调控机制，找到调控蛋品质的关键点，并将其与前期研究结合应用于传统营养，有助于进一步改善蛋品质。本章从蛋壳的矿化、蛋清蛋白的稀化和蛋黄胆固醇的代谢3个方面着手，阐述了调控蛋壳质量、蛋清品质和蛋黄胆固醇含量的分子调控机制，以期为提高禽蛋品质提供研究方向和理论依据。

第一节 蛋壳矿化的分子营养调控

蛋壳是蛋的重要组成部分，不仅可以对禽蛋内部成分起支撑作用，还能保护禽蛋内部成分免受外力和外界微生物的侵害。禽蛋在收集、分级、包装、运输、储藏和加工等作业环节中，因蛋壳破损造成的经济损失每年达上亿元。因此，了解影响蛋壳内部构造及其质量的内源直接因素，进而探讨改善蛋壳质量的营养调控途径，对促进禽蛋产业发展尤为重要。

一、蛋壳的内部构造及矿化机制

（一）蛋壳的内部构造

蛋壳是由无机物和有机物以一定的比例和结构凝聚而成的高度有序的生物矿物。通过光学和电子显微镜观察蛋壳的内部构造，可以将蛋壳分为以下5层：未矿化的内、外壳膜，矿化不规则的乳突层、栅栏层和晶体层，最外表面是胶护膜，包含一层很薄的羟基磷灰石和蛋壳斑点（图20-1）。研究表明，蛋壳无机物主要为碳酸钙，约占蛋壳重量的95%（俞路等，2008）。传统研究认为，蛋壳质量与蛋壳中钙含量密切相关。X射线能谱研究则表明，蛋壳质量与蛋壳中钙的相对含量无直接关系，但与蛋壳单位重量钙绝对含量存在必然联系（李治学等，2008）。

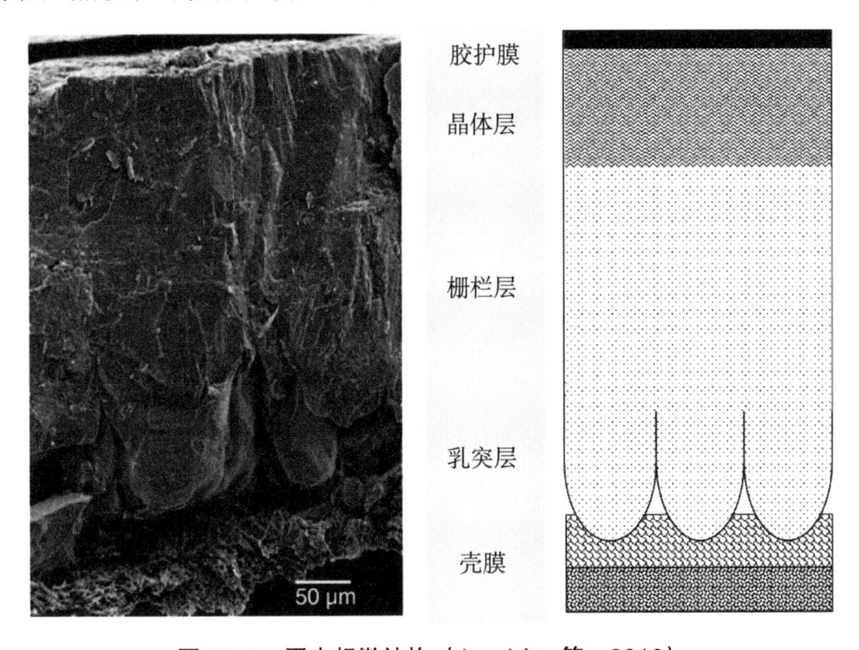

图20-1　蛋壳超微结构（Jonchère等，2010）

蛋壳有机物主要为基质蛋白质，根据蛋白质组学研究发现，基质蛋白质大约有666种（Sun等，2013）。已鉴定出的基质蛋白质可分为三大类：第一类为一般性蛋白质，即在其他组织中也存在的普通蛋白质，包括骨桥蛋白（osteopontin，OPN）和凝集素（lectin）；第二类为蛋清蛋白，不仅广泛存在于蛋壳中，同时存在于蛋清中，如卵清蛋白（ovalbumin）、卵转铁蛋白（ovotransferrin）和溶菌酶（lysozyme）；第三类为蛋壳形成特异性蛋白质，由禽类的输卵管分泌，仅在蛋壳基质中存在，包括卵钙蛋白

（ovocalyxins）和卵功能蛋白（ovocleidins）两大类（刘亚平和马美湖，2015）。尽管基质特异性蛋白质种类很多，但目前的研究仅仅集中在较高丰度的蛋白质上，其种类及分布位置见表20-1。在钙化组织的形成过程中，基质蛋白直接参与形成碳酸钙晶体，并对成熟产品的生物力学特性有一定的调节作用。

表20-1　蛋壳中高丰度特异性蛋白质的壳内分布

类　别	名　称	蛋壳中分布部位
卵功能蛋白(ovocleidins)	ovocleidin-17	乳突层和栅栏层
	ovocleidin-116	栅栏层
卵钙蛋白(ovocalyxins)	ovocalyxin-25	栅栏层
	ovocalyxin-32	栅栏层、晶体层和胶护膜
	ovocalyxin-36	壳膜、晶体层和胶护膜

（二）蛋壳的矿化机制

蛋壳矿化的本质：碳酸钙，即方解石晶体在基质蛋白的调控下于外蛋壳膜的有序沉积过程（Nys等，2004）。蛋壳矿化过程主要包括3个阶段（叶幼荣，2015）：初始阶段（禽类排卵后5—10 h）、碳酸钙的线性沉积阶段（禽类排卵后10—20 h）和矿化末期（禽类排卵后20—24 h）。卵黄在禽类卵巢部成熟后排至输卵管膨大部并被蛋清包裹，随后进入白峡部形成内外壳膜，蛋壳矿化的第一步发生在输卵管红峡部，一些有机组分会随机地沉积于外壳膜上，形成乳突体，成为碳酸钙沉积的起始位点（图20-2）。未矿化的蛋随后进入子宫部浸于子宫液中。子宫液中由蛋壳腺（子宫）黏膜细胞分泌的钙离子、碳酸氢根离子和基质蛋白前体相互作用形成方解石晶体，开始进行蛋壳的线性沉积。在碳酸钙线性沉积过程中，蛋不断旋转，形成乳突层和栅栏层。在产蛋1.5 h前，晶体层和胶护膜沉积完成，蛋壳矿化过程停止。虽然蛋壳矿化过程终止时，子宫液中钙离子和碳酸根离子浓度依然饱和，但可能由于某种生物学过程或子宫液中的某种成分，蛋壳矿化终止（孙从佼，2014）。而蛋壳没有朝内壳膜和蛋清的方向矿化的原因现在并未清楚，一种假设是内壳膜上的胶原蛋白会阻止内壳膜上的晶体矿化（孙从佼，2014）。

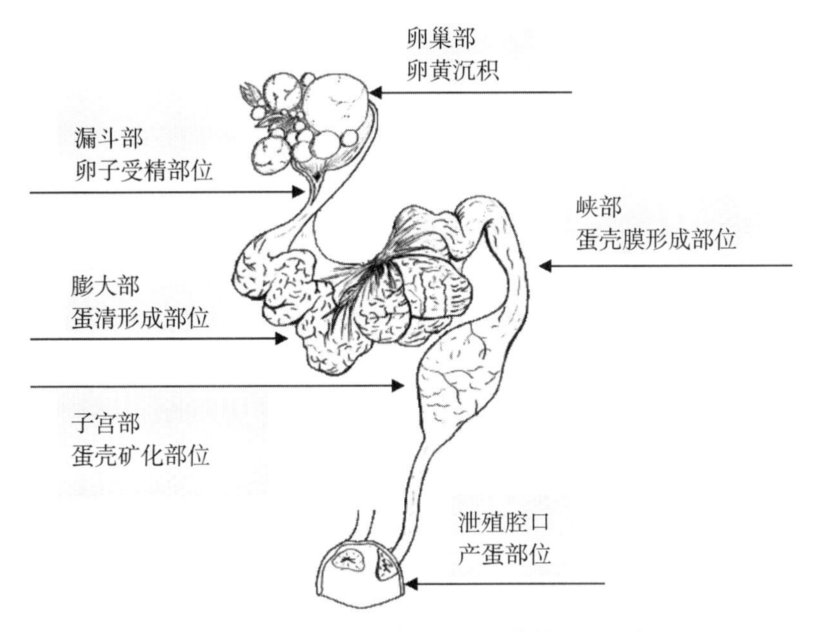

图20-2　禽类输卵管结构（孙从佼，2014）

二、蛋壳矿化过程的分子调控机制

蛋壳的结构可以形象地描述成“混凝土墙体结构”，无机物为“墙体钢筋及砖块结构”，而有机物则是将无机质胶黏在一起的“水泥”，两者量的多少直接影响“墙体”厚度和致密度（俞路等，2008）。因此，调控蛋壳形成过程中钙离子和基质蛋白对改善蛋壳质量具有重要意义。

（一）钙在子宫内的代谢调控

禽类子宫液中钙离子主要来自于饲料，饲料中的钙经过肠道消化吸收进入血液，再经血液循环运输至子宫部。子宫内钙离子的转运可能存在3种机制：①钙离子的跨细胞转运途径（Eastin和Spaziani，1978）；②血浆膜和子宫腔之间的正电位差驱动子宫腔内钙离子通过细胞旁途径转运（Cohen和Hurwitz，1974）；③子宫腔内高浓度的碳酸氢根离子可迅速结合钙离子形成碳酸钙沉积（Bar，2009）。对禽类子宫内钙离子的转运是由其中一种途径还是多种途径配合进行的，尚未有明确报道。蛋壳钙化过程中血液中的钙离子迅速大量地转移到子宫部，但是子宫中的钙离子浓度却是血浆中的2～4倍（Eastin和Spaziani，1978），此时血浆中的钙离子必须依赖各种钙离子转运蛋白逆浓度梯度主动转运到子宫液中。据此，有学者认为禽类子宫上皮细胞中钙离子转运方式与肠道相似，且钙离子跨细胞转运是蛋壳矿化过程中的主要转运机制。钙离子的跨膜转运需要一系列的蛋白质和酶的协助。钙离子经上皮钙离子通道TRPV（transient receptor potential vanilloid）转运至上皮细胞内；进入细胞内的钙离子与钙结合蛋白（CaBP）结合后扩散至基底膜，使胞质内保持很高的钙浓度；而胞内钙离子主要借助质膜钙泵（Ca^{2+}-ATPase）进行排出。其中，蛋壳腺内碳酸酐酶（carbonic anhydrase，CA）的活性可影响钙离子浓度的变化。Pastorekova等（2006）研究认为CA是钙离子沉积的推动力。由此推测，钙离子跨膜转运到子宫液这一过程受到TRPV、CaBP、Ca^{2+}-ATPase、CA等蛋白质和酶的调控。

1. CaBP

CaBP是对钙离子有高度亲和性、发挥作用时需钙离子参与的蛋白质，普遍存在于高等生物的每一个细胞内（红细胞除外），相对分子质量为46 kD，有3类同工酶。在禽类组织中只有CaBP-d28k亚型，主要由可吸收上皮细胞和管状腺细胞分泌（Wasserman等，1991），在小肠、肾脏和输卵管子宫部等与Ca^{2+}吸收转运密切相关的组织表达量较高，直接参与钙的吸收以及蛋壳的形成（张亚男等，2012），是调控禽类钙吸收、代谢的首要因子。

Nys等（1989）通过试验发现：雌激素能够促进维生素D缺乏的未成熟的小鸡子宫中CaBP-d28k mRNA的合成。产蛋期，子宫部CaBP-d28k mRNA水平在蛋壳沉积阶段明显升高，产蛋后几个小时之内开始出现下降，子宫内CaBP-d28k的浓度也降低，蛋壳的形成被抑制。再次形成蛋壳时，CaBP-d28k浓度和CaBP-d28k mRNA水平再次升高。赵海璇等（2013）对产蛋高峰期海兰褐蛋鸡进行孕酮和孕酮受体拮抗剂处理，发现孕酮处理后，血液中钙离子浓度和输卵管子宫部CaBP-d28k表达量均显著降低；孕酮受体拮抗剂处理后，血液中钙离子浓度和输卵管子宫部CaBP-d28k表达量均显著升高。这说明在蛋壳矿化过程中，孕酮对CaBP-d28k表达和钙离子转运起负调控作用。

2. CA

CA是一种含锌的金属蛋白酶家族，是催化CO_2水合作用的关键酶（形成蛋壳所必需的CO_3^{2-}由该反应提供），增加了蛋壳腺矿化部位可利用的碳酸氢根离子含量，促进碳酸钙的沉积和蛋壳膜上方解石晶体的生长并加速其积聚（Fernández等，2018）。哺乳动物上发现了16种CA家族同工酶，而在家禽组织中仅发现了CA-Ⅱ。它们存在于肾脏、松果体、破骨细胞、小肠和输卵管子宫部上皮细胞（Bar，2009）。蛋进入子宫前2 h内，进入子宫5 h后，CA的表达量逐渐升高；进入子宫15 h后，产蛋2 h后，CA表达量逐渐下降（孙杰等，2011）。这表明在蛋形成的过程中，CA是影响蛋壳矿化的重要因素。

3. Ca^{2+}ATPase

Ca^{2+}ATPase是由30多种同分异构体组成的蛋白酶家族，广泛存在于哺乳动物的小肠、肾脏和胎盘中，定位于上皮细胞的基底膜，可将能量以ATP的形式储存起来，逆电化学梯度将钙离子泵出细胞外（张璐，2016）。免疫组化研究表明母鸡输卵管子宫部Ca^{2+}ATPase含量丰富，位于子宫部管腔细胞顶部微绒毛膜上，是蛋壳形成期间子宫内参与Ca^{2+}转运的关键酶之一（Parker等，2008）。姚秀娟（2010）研究发现，Ca^{2+}ATPase的表达量随蛋在子宫中的停留时间呈逐渐升高的变化规律，在产蛋后2 h又逐渐下降，结果提示Ca^{2+}ATPase是影响蛋壳钙沉积的关键基因。

4. TRPV

TRPV主要分布在钙离子转运组织内，包含27种蛋白质，分为6个亚族。其中，TRPV6位于鸡的1号染色体上，基因长度为3405 bp，有15个外显子，6个跨膜结构，在5和6跨膜间形成离子通道孔区域（Hoenderop等，2005），是专门的上皮样钙离子通道，具有高度的钙离子选择性。由于TRPV6的表达与产蛋周期密切相关，当钙化开始后，其mRNA水平显著升高。由此推测，TRPV6可能以其典型的跨膜结构形式存在于蛋鸡输卵管中，分布于输卵管各段的黏膜上皮细胞中（叶幼荣，2015）。

杨俊花（2010）研究发现，卵子进入子宫前（产蛋后0～4.5 h），输卵管子宫部TRPV6 mRNA表达水平较低，随后表达量逐渐升高，并在产蛋后16 h表达量达到最大值。这提示：TRPV6在蛋壳钙化过程中发挥着重要作用，但输卵管子宫部TRPV6对于Ca^{2+}运输的特殊作用还需要进一步研究。

（二）基质蛋白对蛋壳矿化过程的调控

子宫液中的基质蛋白在蛋壳钙化过程中直接参与晶体的成核和无机晶体的成长，为碳酸钙的沉积提供模板，并通过调节碳酸钙晶体的成核、生长和相变等过程，影响蛋壳的宏观属性。

1. 骨桥蛋白

骨桥蛋白（osteopontin，OPN）是一种高度磷酸化的糖蛋白，在蛋壳基质中大量表达，是禽类蛋壳基质中重要的磷酸化蛋白之一，由输卵管峡部和子宫部管状上皮细胞合成和分泌，主要存在于蛋壳膜、乳突层和栅栏层（Jonchère等，2010）。在骨骼中提取的OPN会抑制羟磷灰石的生长，从肾脏中提取的OPN则抑制草酸钙晶体的生长。Fernandez等（2003）研究表明，OPN只有在碳酸钙线性沉积时期有表达，并且其表达具有周期性，这种周期性与产蛋循环密切相关。这种现象只在禽类子宫中出现。Lavelin等（1998）研究表明，骨桥蛋白在蛋鸡子宫中的表达受到机械压力的调节，蛋壳中骨桥蛋白可能在特定的条件下抑制晶体的生长。由此推测，蛋壳中的OPN对蛋壳矿化过程中碳酸钙的沉积起到抑制作用（孙从佼，2014）。

2. Ovocleidin-17

Ovocleidin-17（OC-17）是第一个用色谱技术进行分离纯化定性的壳基质蛋白，在蛋壳形成过程中由输卵管子宫部管状上皮细胞分泌，主要分布在乳突层和栅栏层（张亚男等，2012），在蛋壳形成过程中起基础性作用，并影响蛋壳的结构属性和物质属性。蛋壳中OC-17的含量约为40 μg/g，相对分子质量为17 kDa，由142个氨基酸组成（Mann等，2002），其中有两个氨基酸位点（Ser-61和Ser-67）被磷酸化修饰，但是目前尚不清楚OC-17磷酸化修饰后的作用机制（肖俊峰等，2012）。OC-17是蛋壳中调节碳酸钙沉积最有标志性的蛋白质，参与蛋壳矿化过程中各个阶段，且于碳酸钙线性沉积阶段在子宫液中浓度达到最大值。OC-17在蛋壳矿化时，与方解石晶体表面特异性结合，以催化剂的作用促进纳米球的形成（Juan等，2004）。

3. Ovocleidin-116

Ovocleidin-116（OC-116）是一种主要的壳基质蛋白，其在蛋壳中的含量约为80 μg/g。Western杂交试验发现，分别从子宫壁、子宫液和蛋壳基质分离得到的大小为116～120 kDa和180～200 kDa的两种蛋白质，且OC-116抗体呈阳性反应，说明OC-116很有可能是以两种形式存在的（肖俊峰等，2012）。利用微结构免疫组化技术发现，OC-116是由子宫上皮粒细胞分泌的，主要分布于蛋壳的栅栏层，并和其中的碳酸钙紧密结合。OC-116基因存在单核苷酸多态性显著影响蛋壳的弹性系数、形状和厚度（Dunn等，2009）。据此推测，OC-116能影响蛋壳的钙化过程，但OC-116的表达具有时间特异性，只有在蛋壳矿化初始阶段才能检测到该蛋白质的存在（张璐，2016）。目前关于OC-116的分子水平研究尚不深入，相关报道较少。

4. Ovocalyxin-32

Ovocalyxin-32（OCX-32）是一种卵壳蛋白，发现于蛋壳矿化终止阶段的子宫液中，位于蛋壳靠外的栅栏层、晶体层和蛋壳表面胶护膜，由子宫或输卵管表面上皮细胞分泌（Jonchère等，2010）。现已知其氨基酸全序列由275个氨基酸残基组成，相对分子质量约为32 kDa（Hincke等，2003）。通过Western杂交技术发现，在蛋壳形成终止阶段能够探测到OCX-32在子宫液中高水平的表达（Mikšík等，2007），提示OCX-32可能在终止矿物沉积方面起到一定的作用。OCX-32与众多蛋壳性状如蛋壳厚度、产蛋率、蛋壳重量和硬度有关。

5. Ovocalyxin-36

Ovocalyxin-36（OCX-36）主要位于靠近壳膜的蛋壳中，由453个氨基酸组成，相对分子质量为36 kDa，其cDNA序列全长1995 bp（Gautron等，2007）。OCX-36具有抗菌功能，可作为蛋壳的抗菌屏障来抵御外界病原微生物的侵袭（肖俊峰等，2012）。目前仅在输卵管的峡部和子宫部发现了OCX-36，而且只能在蛋壳矿化初始阶段检测到OCX-36的存在，在其他组织中尚未发现此种蛋白质。卵子进入子宫后，OCX-36的表达受到增量调控，在蛋壳钙化过程中起着正调节的作用。因此，OCX-36可作为调控蛋壳矿化的候选蛋白（Gautron等，2007）。

三、调控蛋壳矿化的营养途径

参与蛋壳矿化的钙离子有60%～70%直接来自饲料，因此，日粮钙水平直接影响蛋壳的矿化过程。传统上，提高蛋壳品质主要从此角度入手，如通过调整日粮内钙水平、钙源、钙磷比例、植酸酶等，促进钙离子在家禽体内的吸收转运（张亚男等，2012）。另有一部分研究从碳酸钙沉积角度入手，旨在提高输卵管子宫部钙离子和碳酸氢根离子浓度，如通过适当补充饮水中的电解质，提高CA活性，促进钙离子和碳酸氢根离子的摄取。蛋鸡日粮中添加VD和1, 25-$(OH)_2$-VD_3可改善蛋壳质量，已得到广泛认可。VD及其代谢活性产物1, 25-$(OH)_2$-VD_3参与肠道Ca、P的吸收，成骨和破骨等重要代谢，促进钙离子在子宫内的吸收转运，提高1, 25-$(OH)_2$-VD_3依赖性CaBP活性，促进蛋壳钙化。微量元素对蛋壳品质的研究同样较多，锰、锌等作为CA的重要组成部分，对提供蛋壳腺内碳酸氢根离子具有重要作用。由此可见，从蛋壳形成过程中钙离子吸收和碳酸钙沉积入手，营养调控蛋壳质量已取得较大进展。但多数研究仅从生理代谢角度探讨钙离子转运吸收机制，提高相关蛋白质（如CaBP、CA）活性，增加蛋壳矿化，而综合考虑基质蛋白的研究较少。因此，营养供给充足、饲养环境适宜条件下，仍有部分蛋壳出现软壳或破壳现象。随着对蛋壳矿化过程研究的深入，人们逐渐认识到蛋壳由碳酸钙晶体和基质蛋白互相作用而成，调控蛋壳钙和基质蛋白沉积量才是改善蛋壳质量的关键。

目前，关于基质蛋白的研究，主要集中在蛋白质结构、蛋壳腺内定位及功能方面，而将其运用到营养应用上的调控研究较少。进一步研究基质蛋白与蛋壳矿化过程中有机大分子和无机物间的相互作用，筛选蛋壳形成过程中最具敏感效用的基质蛋白，并与前期研究结合应用于传统营养，对蛋壳质量改善有很大的意义。

第二节　蛋清稀化的分子营养调控

蛋清是一种具有高黏稠度的异质胶体物质，包裹在蛋黄外，起到维持蛋形，保护蛋黄免受病原体入侵的作用。蛋清品质是衡量蛋新鲜程度的重要指标，其黏稠性用蛋白高度和哈氏单位表示，蛋白高度及哈氏单位越高表示蛋白黏稠度越好，蛋清品质越好。在生产和储藏过程中蛋清会失去黏滞性，形成一层很薄的液体，俗称蛋清稀化，导致蛋清品质下降。在集约化养殖中、优质饲粮蛋白质原料缺乏情况下和产蛋后期，蛋清品质下降得尤为严重。如何改善蛋清品质，是蛋禽产业面临的重要问题。

一、蛋清蛋白的组成和功能特性

蛋清蛋白包括两种生理成分：浓蛋白和稀蛋白，自内而外依次可分为内浓蛋白层、内稀蛋白层、外浓蛋白层和外稀蛋白层，由输卵管膨大部黏膜上皮细胞内质网合成与分泌（Moran，1986）。利用蛋白质组学的研究方法，已从蛋清蛋白中鉴定发现165种蛋白质，包括卵白蛋白、卵转铁蛋白、卵类黏蛋白、溶菌酶、卵黏蛋白等高丰度蛋白质，约占蛋清蛋白的86%，此外还包括抗生物素蛋白、半胱氨酸蛋白酶抑制剂、卵黄蛋白、卵糖蛋白和卵抑制剂等微量蛋白质（何涛，2016）。其中，蛋清中高丰度蛋白质已经可从鸡蛋清中分离，且具有抗氧化、螯合金属、抑菌、抗病毒和抗肿瘤等生物学功能（Abeyrathne等，2018）。

1. 卵白蛋白

卵白蛋白（ovalbumin），又称卵清蛋白，由输卵管膨大部上皮细胞合成与分泌，为禽蛋主要蛋白质组分，占54%以上。卵白蛋白基因位于鸡2号染色体上，由一对共显性等位基因Ov^A和Ov^B控制，全长46 kb，包括7个内含子，每天分泌合成多达2 g的蛋白质（黄菁等，2016）。卵白蛋白基因具有基因多态性特征，可分为AA、BB和AB三个基因亚型（Myint等，2010）。研究发现，卵白蛋白AA基因型对哈氏单位和蛋白高度有正选择作用，为调控蛋清品质性状的优势基因型（张璐，2016）。在卵白蛋白基因结构中含有一系列重要的转录调控元件，主要包括需要由雌激素和皮质酮诱导激活的固醇依赖调控元件，位于固醇依赖调控元件下游、抑制基因表达的反式调控元件，以及位于卵白蛋白基因上游、启动转录因子的结合位点（Park等，2000）。雌激素、孕酮、糖皮质激素及任意两种激素互作均可通过调控卵白蛋白基因转录促进卵白蛋白的表达（Arao等，1996）。

2. 卵转铁蛋白

卵转铁蛋白（ovotransferrin）属于转铁蛋白家族，结构与哺乳动物的转铁蛋白类似，又被称为伴清蛋白（conalbumin），约占蛋清蛋白含量的13%（Osborne和Campbel，2002）。卵转铁蛋白是一个单链糖蛋白，含有686个氨基酸，相对分子质量为78～80 kDa。卵转铁蛋白基因全长10.567 kb，包含17个外显子，TATA盒位于－31至－25位点处，多腺苷酸化信号位于10549至10555位点处（Jeltsch等，1987）。卵转铁蛋白具有较强的抗菌、抗病毒、抗氧化等生物活性，可防止蛋中微生物的生长，为蛋黄提供生物抗菌屏障（Majumder等，2015）。

3. 卵类黏蛋白

卵类黏蛋白（ovomucoid）是禽蛋蛋白质中存在的一种单亚基糖蛋白，糖基占20%～25%，包含186个氨基酸，相对分子质量为28 kDa，N末端为丙氨酸残基，C末端为苯丙氨酸残基（许沙沙等，2011）。该蛋白质包含3个相对独立的结构域，每个结构域内由3个域内二硫键连接，结构域间无二硫键（Kato等，1987）。卵类黏蛋白热稳定性高，水溶性好，抗胰蛋白酶活性稳定，耐受有机溶剂的沉淀或变性作用（王帅等，2014）。卵类黏蛋白基因全长5.6 kb，包含7个内含子，其mRNA含有821个核苷酸，TATATAT核苷酸序列位于mRNA起始位点前，TTGT核苷酸序列位于3′末端（Lai等，1979）。卵类黏蛋白是蛋过敏反应中致敏性最强的蛋白质，能够通过肠黏膜上皮细胞与T细胞发生作用，激发B细胞分泌IgE，引起由IgE介导的速发型变态反应（Mine和Zhang，2001）。

4. 溶菌酶

溶菌酶（lysozyme）又称胞壁质酶（muramidase），是一种能水解细菌黏多糖的碱性酶。蛋清溶菌酶由129个氨基酸组成，分子内含有4个交联二硫键，其相对分子质量约为14.3 kDa（Cunningham等，1991），能分解溶壁微球菌、巨大芽孢杆菌等许多革兰氏阳性菌。蛋清溶菌酶基因全长22 kb，包含3个内含子（Lindenmaier等，1980）。溶菌酶具有抗菌、抗病毒的作用，保护蛋黄免受病原菌侵蚀，同时作为机体非特异性免疫因子之一，参与多种免疫应答，增加机体免疫力。此外，溶菌酶作为一种防腐剂被广泛应用于各种乳制品、肉制品、发酵食品及饮料中。全其根等（2011）研究发现浓厚蛋白溶菌酶含量丰富，但随存放时间延长、外界气温影响，会逐渐变少并失去活性。然而，溶菌酶也被认为是鸡蛋过敏的主要过敏原之一。张新宝（2010）对鸡蛋蛋清中溶菌酶进行了分离纯化，研究结果显示，鸡蛋溶菌酶对枯草芽孢杆菌及其细胞壁有很强的抑制和降解作用。

5. 卵黏蛋白

卵黏蛋白（ovomucin）为一种高度聚合的线性分子，具有亚基结构，其含量约占禽蛋蛋白质的3.5%（Omana等，2010）。该蛋白质分子的亚基结构分别包括低糖（11%～15%）的α亚基和高糖（50%～60%）的β亚基，两亚基的糖基部分均包含多种糖类，如葡萄糖、甘露糖、半乳糖、果糖等，其成分组成相似。卵黏蛋白基因位于鸡5号染色体上，由两个基因进行转录翻译合成黏蛋白类的糖蛋白（龚人杰等，2015）。卵黏蛋白对蛋清品质的影响主要体现为：卵黏蛋白是维持蛋清凝胶性和浓蛋白高度的关键。

二、蛋清稀化的分子调控机制

新产蛋和储存壳蛋均会出现蛋清稀化现象，目前虽然很多学者致力于探究蛋清稀化，但具体调控机制尚不清楚。关于蛋清稀化的调控机制主要有以下几个论点。

1. 卵黏蛋白β-亚基的降解

卵黏蛋白对蛋清凝胶性起关键作用，而卵黏蛋白β-亚基中的O-型糖苷碳水化合物对于卵黏蛋白的凝胶性能具有重要作用（Kato和Sato，1972）。在蛋清浓蛋白稀化过程中，O-型糖苷碳水化合物逐渐从卵黏蛋白的丝氨酸和苏氨酸残基中释放出来，可能影响卵黏蛋白的构象，导致其β-亚基降解，进而破坏卵黏蛋白的凝胶结构。Offengenden（2011）研究证实，浓蛋白稀化过程中，β-卵黏蛋白逐渐溶解，而α-卵黏蛋白保持不变，致使蛋清蛋白中β-卵黏蛋白含量降低。

2. 卵黏蛋白与溶菌酶之间的相互作用

卵黏蛋白通常与溶菌酶以络合物的形式存在于蛋清中，它们共同参与维持浓蛋白的凝胶性（付丹，2015）。与α-卵黏蛋白相比，β-卵黏蛋白与溶菌酶的相互作用更强，这主要是由于β-卵黏蛋白末端唾液酸残基的负电荷和溶菌酶赖氨酸ε-氨基的正电荷之间的静电作用（Kato等，1976）。当pH 值为7.0时，卵黏蛋白与溶菌酶之间的相互作用最大。有学者认为，鸡蛋储存过程中蛋清pH值逐渐升高，降低了这种相互作用，进而破坏了凝胶结构，导致浓蛋白液化。然而，有学者运用沉降平衡试验研究了降解卵黏蛋白及天然卵黏蛋白与溶菌酶之间相互作用的不同，发现pH值改变并未引起卵黏蛋白与溶菌酶之间的相互作用（Miller等，1985）。之后的大量研究则表明，蛋白质之间的相互作用，特别是卵黏蛋白和溶菌酶之间的相互作用，对浓蛋白凝胶状结构的维护和蛋清的稀化具有重要作用。

3. S-卵白蛋白

有学者认为蛋清稀化不完全由于卵黏蛋白的降解。Smith和Back（1962）研究揭示了卵白蛋白中巯基参与蛋清变薄作用的可能性。卵白蛋白经过加热或存储会形成一个更稳定的蛋白质（S-卵白蛋白）。Omana等（2010）研究显示，经过20天的存储，S-卵白蛋白的丰度变化呈现上升趋势，且与哈氏单位负相关。所以卵白蛋白转化成S-卵白蛋白也可能是蛋清稀化的部分原因。

目前，卵黏蛋白复合物的降解是最易接受的蛋清稀化机制（Kato等，2014）。作为对蛋清凝胶性能起关键作用的巨大糖蛋白分子，卵黏蛋白的结构尚未得到完全解析，这在一定程度上不利于蛋清稀化过程中卵黏蛋白作用机制的揭示。此外，鲜产蛋和储存蛋的蛋清稀化机制可能并不完全相同。比如，S-卵白蛋白含量与储存蛋的哈氏单位间呈高度负相关，但S-卵白蛋白含量与产蛋鸡周龄、营养情况和蛋重无关。对储存蛋的蛋清稀化机制，主要考虑鸡蛋蛋清蛋白含量、相互作用及蛋白质构象；而对鲜蛋蛋清稀化机制要从产蛋鸡本身入手，围绕机体蛋白质代谢，聚焦蛋清分泌靶器官，进行系统研究以揭示其调控机制（王晓翠等，2019）。

三、调控蛋清稀化的营养途径

1. 饲粮粗蛋白质

蛋白质成分的改变是对由营养成分变化导致的蛋鸡体内某些蛋白质合成机制改变的应答。因此，目前通过营养调控蛋清品质的研究主要集中在饲粮粗蛋白质水平或来源对蛋清品质的影响，但研究结果并不一致。付胜勇等（2012）认为在相同氨基酸回肠标准消化率模式下，当饲粮粗蛋白质水平降低时，蛋清蛋白的浓蛋白高度显著降低。在总含硫氨基酸和赖氨酸比例恒定的情况下，Khajali等（2008）发现饲粮粗蛋白质水平降低1.5%，不影响鸡蛋浓蛋白高度；而当饲粮氨基酸摄入量增加时，蛋清蛋白中蛋白质含量和哈氏单位有所提高（Abdel-Wareth和Esmail，2014）。不同饲粮蛋白质原料可能通过其氨基酸模式、抗营养因子等影响蛋鸡体内的蛋白质合成代谢，进而影响蛋清品质。王晓翠（2015）研究表明，玉米-豆粕组和玉米-双低菜籽粕组的鸡蛋蛋白高度和哈氏单位无显著性差异。相反，He等（2017）研究发现，脱酚棉籽可通过降低蛋鸡血浆孕酮水平抑制输卵管分泌蛋清蛋白。蛋白质组学分析显示，脱酚棉籽组蛋鸡蛋清中相对含量降低的15种蛋白质包括卵白蛋白、卵转铁蛋白、卵黏蛋白、溶菌酶蛋白等。但对于不同饲粮蛋白质来源在调节卵黏蛋白等蛋清蛋白合成中的细胞生物学机制，尚需进一步研究。

2. 抗氧化剂

家禽在集约化养殖过程中，经较长产蛋高峰期，进入产蛋后期的家禽机体可能出现活性氧过度产生、抗氧化系统功能减弱等问题，导致自由基过剩、DNA和蛋白质损伤，使体内的蛋白质合成和转运能力降低，在鲜蛋蛋清品质上表现为蛋白高度、哈氏单位、浓蛋白比例下降。许多研究证实，饲粮中添加抗氧化剂，可通过提高抗氧化能力改善鸡蛋蛋白高度和哈氏单位等蛋清品质。Wang XC等（2017）研究发现，茶多酚可通过介导金属结合蛋白、细胞增殖、免疫功能相关蛋白表达和P53信号通路调控蛋鸡输卵管膨大部细胞凋亡和自噬，缓解氧化应激，最终改善蛋清品质。也有学者认为，茶多酚改善蛋清品质的机制可能是多酚可以与蛋白质、多糖形成复合物，提高β-卵黏蛋白含量和蛋清凝胶强度，但尚无研究证实这一论点。近年来，一些新的抗氧化剂，如低聚异麦芽糖、L-肉碱、吡咯喹啉醌、锌、葡萄原花青素等，被证实可通过提高机体抗氧化能力改善蛋清品质。虽然以上研究对蛋清品质的改善取得了一定进展，但研究仅局限在蛋白高度和哈氏单位等表观指标上，而针对蛋清稀化的营养调控机制尚不明确。

第三节　蛋黄胆固醇沉积的分子营养调控

胆固醇是生命活动的必需物质，但大量摄入会导致心血管疾病的发生。1986年，美国食物经济协会中心报道，每日摄食胆固醇的量不应超过300 mg。禽蛋营养价值很高，然而高含量的胆固醇（200～300 mg/枚鸡蛋）制约了人们对蛋的消费和膳食结构的改善。从改善人们的饮食和健康、提高养殖水平的角度考虑，研究开发低胆固醇鸡蛋是家禽生产的重要工作之一。

一、蛋黄胆固醇来源、转运和沉积机制

1. 蛋黄胆固醇的来源

常规产蛋禽日粮的胆固醇含量极微，蛋黄胆固醇几乎全部来源于机体自身合成。机体合成胆固醇的基本原料是乙酰辅酶A，乙酰辅酶A来自葡萄糖、脂肪酸及某些氨基酸的代谢产物。乙酰辅酶A经由3-羟基-3-甲基戊二酰辅酶A合成酶合成3-羟基-3-甲基戊二酰辅酶A（HMG-CoA），再由3-羟基-3-甲基戊二酰辅酶A还原酶（HMGR）还原生成

甲羟戊酸（mevalonic acid，MVA），经一系列步骤最终生成胆固醇（廖雅成和宋保亮，2016）。

肝脏和卵巢是产蛋禽合成胆固醇的主要器官，但很少有卵巢合成的胆固醇转运进入卵母细胞，因而卵巢对蛋中胆固醇合成影响很小。通过^{14}C标记的醋酸盐证明，肝脏是产蛋禽胆固醇合成的主要部位。肝脏合成的胆固醇经血液循环大部分进入卵母细胞，形成蛋黄中的胆固醇；其余少部分用于细胞膜的形成和转变为固醇衍生物；还有很少一部分进入肠道，经过微生物的作用转变为粪固醇后和粪便一起排出体外。因此，有学者认为，产蛋禽机体产生的胆固醇主要以蛋的形式向体外排出。

2. 蛋黄胆固醇的转运和沉积机制

在血液脂蛋白颗粒中的胆固醇（酯）进入肝脏后，禽类肝脏将大部分的胆固醇以游离的形式和其他脂（甘油三酯）一起与载脂蛋白装配成极低密度脂蛋白（VLDL）并将其分泌进入血液（李静，2009）。由于家禽载脂蛋白含有大量的脂蛋白脂肪酶抑制剂，VLDL中的甘油三酯等不能被肝外组织毛细血管的内皮细胞表面的脂蛋白脂肪酶降解，即不能转变成中低密度脂蛋白（IDL）和低密度脂蛋白（LDL）。因此，VLDL是家禽血液中胆固醇的主要储存场所。而在哺乳动物体内，VLDL则能转化为LDL，血液中胆固醇的主要储存形式为LDL和HDL（张剑锋，2011）。蛋禽血液中存在普通型和小颗粒型两种VLDL，分别由肾脏和肝脏合成。蛋禽性成熟后在雌激素调控下，由肝脏产生的小颗粒型VLDL主要被运往生长中的卵母细胞（李志琼，2007）。因此，蛋中胆固醇的形成主要依赖VLDL的小分子颗粒。该颗粒被单独命名为VLDLy。

VLDLy经转运后，到达卵巢的卵母细胞，经过受体介导的胞吞作用，被生长中的卵母细胞吸收，随后在溶酶体的作用下分解为游离胆固醇，从而完成最后的沉积过程，并一直以游离的形式伴随卵母细胞生长至最终形成蛋黄（李志琼，2007；卢建等，2013）。此途径最终合成蛋黄中95%的胆固醇（Griffin，1992）。蛋黄中胆固醇的另一主要来源是卵黄生成素（vitellogenin，VTG），它在雌激素调控下由肝脏生成并经同样的途径到达卵母细胞，提供蛋黄中4%的胆固醇（Griffin，1992）。

二、蛋黄胆固醇沉积的分子调控机制

蛋黄中胆固醇含量是一数量性状，其表达受到一系列微效多基因的综合调控。凡是对胆固醇的合成、运转和沉积等过程有影响的调控基因，都有可能对胆固醇在动物体内的运转起作用（刘向波，2012）。

1. HMGR

HMG-CoA在动物体内是胆固醇代谢的分支点，如若没有被HMGR还原成MVA，则在线粒体中裂解为乙酰乙酸和乙酰辅酶A（李晓轩，2009）。因此，HMGR是胆固醇合成过程中一个关键的限速酶，是胆固醇生物合成的重要调控靶点（杨朋坤，2011）。HMGR在大多数细胞中表达量很低，但是在胆固醇代谢旺盛的细胞中具有较高的表达量。Kan等（2003）用Northern杂交分析发现，鸡HMGR mRNA在肝脏中的表达量显著高于其他组织。调控胆固醇合成的限速酶决定了血清和蛋黄中胆固醇的含量。研究表明，抑制HMGR表达能够抑制产蛋鸡体内胆固醇的合成，减少蛋黄中胆固醇的沉积（金娜等，2018）。

2. 胆固醇调节元件结合蛋白

胆固醇调节元件结合蛋白（SREBP）是一类调控膜连接的蛋白调节因子，主要对脂肪酸和胆固醇的合成进行调控（杨朋坤，2011）。SREBP存在3种形式的同分异构体，即SREBP1a、SREBP1c和SREBP2（Goldstein等，2002）。Horton等（2003）通过转基因和基因敲除小鼠的研究发现，SREBP1a、SREBP1c主要与脂肪酸合成有关，而SREBP2在胆固醇的合成代谢调控中发挥着重要作用。

SREBP2是一个转录调控因子，主要在转录水平调控胆固醇合成通路相关基因的表达，其对应的靶基因包括与胆固醇合成相关的一系列酶，如HMGR、HMG-CoA合成酶等（刘向波，2012）。如图20-3所示，新生SREBP2以无活性前体形式结合在内质网上，当胞内胆固醇耗竭时，SREBP2前体会在SREBP裂解活性蛋白（SCAP）、1位点蛋白酶（S1P）和2位点蛋白酶（S2P）共同作用下裂解形成可溶性蛋白，进入细胞核并激活与胆固醇合成相关基因的转录，从而增加内源性胆固醇的合成（李静，2009）。当细胞固醇水平超负荷后，SREBP2会保持与内质网结合的状态，继而下调靶基因的转录（李静，2009）。

3. 载脂蛋白

VLDLy颗粒直径平均28 nm，其蛋白质组成包括一分子的载脂蛋白B（ApoB）和25分子的载脂蛋白极低密度脂蛋白Ⅱ（apolipoprotein very low density lipoprotein Ⅱ，Apo-VLDL-Ⅱ）。ApoB和Apo-VLDL-Ⅱ也是VLDLy仅有的两种载脂蛋白（陈东军，2010）。ApoB在肝细胞的粗面内质网上合成，在高尔基体上组装后释放入血液（张利敏，2009）。研究表明，降低ApoB基因的表达并不能有效降低VLDLy的合成和分泌（Dixon和Ginsberg，1993）。陈东军（2010）推测，调控VLDLy进入蛋黄的有效途径是Apo-VLDL-Ⅱ基因的表达。

Apo-VLDL-Ⅱ只在雌激素浓度升高的时候才会产生，是产蛋鸡VLDLy的特征性载脂

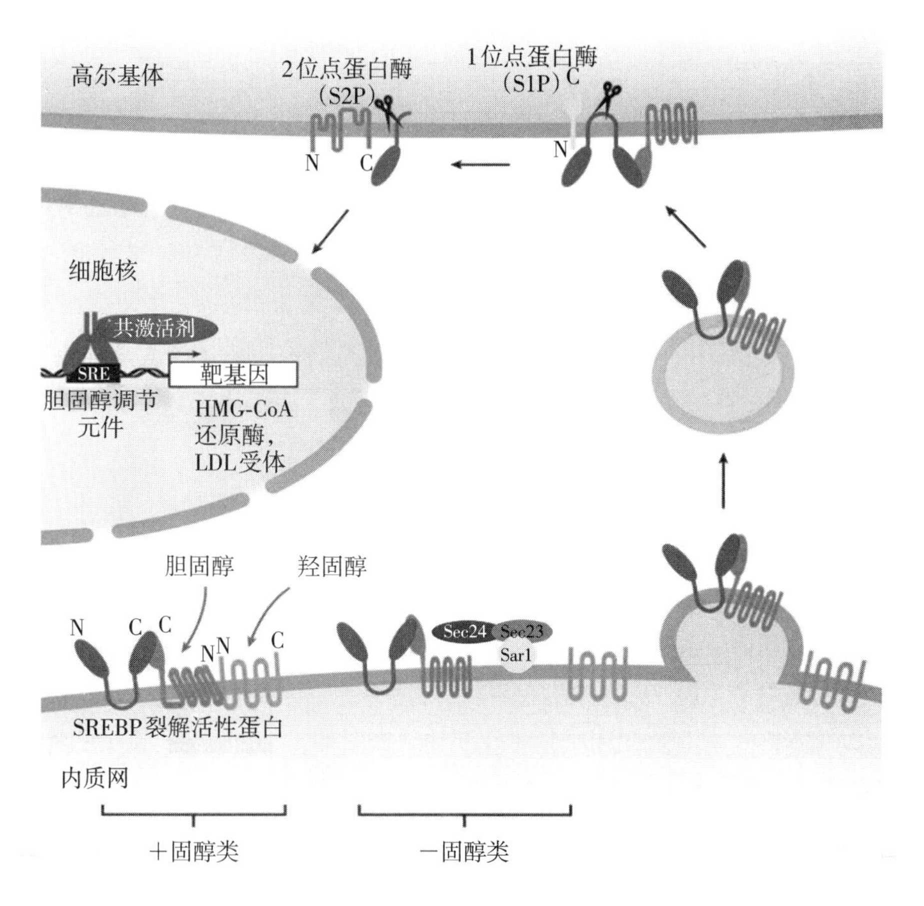

图20-3 SREBP对胆固醇合成代谢的调控

蛋白，其在产蛋鸡血浆中的含量约为400 mg/L，至少是未成年母鸡的20倍（陈东军，2010）。研究证实，调控Apo-VLDL-Ⅱ基因的表达可降低蛋黄中胆固醇的含量（李宁，2016）。

4. 胆固醇酯转运蛋白

胆固醇酯转运蛋白（CETP）是一种疏水性糖蛋白，对催化血浆脂蛋白间非极性脂质的交换和平衡具有重要作用（刘向波，2012）。CETP控制胆固醇从外周组织运输到肝脏，从而在胆固醇逆向转运系统中起到关键性作用。在蛋鸡产蛋时，肝脏中CETP mRNA表达量明显降低，说明CETP能够帮助胆固醇沉积在卵母细胞中，以促进蛋鸡正常产蛋（李宁，2016）。

5. VTG

VTG是蛋黄中胆固醇的另一个主要来源，是一种含糖、磷、脂的高分子蛋白质，非产蛋鸡不合成。VTG结构与ApoB相似，以与ApoB同样的方式围成一个圈来结合脂肪并形成卵黄磷蛋白（李晓轩，2009）。在17β-雌二醇的诱导下，产蛋鸡肝脏中会大量产生VTG，VTG随血液循环到达卵巢，被卵母细胞吸收，在卵母细胞发育过程中被水解为卵黄蛋白，从而为正在发育的胚胎提供营养和功能性物质（张利敏等，2009）。VTG向发育卵泡提供的卵黄蛋白包括卵黄高磷蛋白和卵黄脂磷蛋白（陈东军，2010），这两种磷蛋白所占比例为1∶2，并且可能由不同的VTG基因编码（朱骞和赵茹茜，2003）。

6. 卵母细胞卵黄生成受体

蛋黄胆固醇的沉积主要是指卵黄前体（VLDLy和VTG）沉积到卵母细胞的过程（李志琼，2007）。此过程中，卵黄前体通过卵母细胞上受体介导的内吞作用完整地转运进入生长中的卵母细胞（卢建等，2013）。最先发现该卵母细胞上的受体结合VTG或VLDL（刘向波，2012），后来发现其既与VLDL结合又与VTG结合，故将其命名为卵母细胞卵黄生成受体（oocyte vitellogenesis receptor，OVR）。

OVR是低密度脂蛋白受体（LDLR）的一员。OVR的组织分布特点与哺乳动物LDLR显著不同（张利敏等，2009），分布于产蛋禽卵母细胞表面有被小窝内，在禽类机体内发挥着介导卵子发生发育的重要生理功能（李宁，2016）。若编码OVR的基因位点发生突变，尽管VLDL和VTG的生成量正常，但不能沉积到卵母细胞上，导致蛋鸡不能产蛋，并伴有严重的高血脂和动脉粥样硬化（杨朋坤，2011）。目前，虽然鲜有报道通过OVR调控鸡蛋胆固醇含量的研究，但对与OVR同源性最高的LDLR的研究发现，其配体结合域有调控胆固醇摄入的特殊结构（Frykman等，1995）。

三、调控蛋黄胆固醇含量的营养途径

通过调控饲粮来降低蛋黄胆固醇含量的研究较多，如在日粮中加入纤维素类、低聚糖、铜、有机铬、大蒜素、植物固醇、药物等，虽然有降低蛋黄胆固醇的作用，但是都不同程度地影响了产蛋性能，降低了饲料效率。而且这些研究主要集中在表型性状研究，在生化与分子水平的研究不够深入，而这正是调控蛋黄胆固醇的关键。根据上述调控蛋黄胆固醇含量的关键分子可知，游离胆固醇的合成、转运和通过受体进入卵母细胞这3个过程是胆固醇成功沉积到卵母细胞的关键，可能是实现人为调控蛋黄胆固醇含量的重要靶点。

HMGR是目前能够实现人为调控禽蛋胆固醇含量的最佳环节。HMGR抑制剂，如洛伐他汀、盐酸二甲双胍等，虽效果明显，但残留问题及对产蛋性能、生理指标和环境卫生的影响也被广泛关注（李晓轩，2009）。营养物质也可通过抑制HMGR的活性来降低鸡蛋胆固醇的含量。李志琼（2007）研究发现，在罗曼粉壳蛋鸡饲粮中添加4.0% α-亚麻酸，可通过抑制HMGR基因的表达和酶活性，减少蛋中胆固醇的含量。金娜等（2018）研究证实，饲粮中添加400 mg/kg芪草提取物可通过调节血清中脂肪代谢指标和抑制HMGR、VLDLR基因表达来降低鸡蛋蛋黄胆固醇含量。

通过对转录调控因子SREBP2的调控来控制胆固醇合成相关基因的表达水平，可以进一步了解胆固醇代谢的分子机制（李宁，2016）。在鸡日粮中添加普伐他汀，能有效降低血浆低密度脂蛋白胆固醇浓度，同时增加SREBP2的表达和HMGR基因的表达（李静，2009）。而饲喂高胆固醇日粮则增加血浆总胆固醇和低密度脂蛋白胆固醇水平，下调肝脏SREBP2、HMGR的表达（李静，2009）。这一结果提示鸡的HMGR参与了组织胆固醇的生物合成，并在转录水平上受到SREBP2水平的调控（李静，2009）。

通过饲粮调控抑制HMGR表达来降低蛋黄胆固醇含量有一定效果，但都不同程度地降低了产蛋率，这是因为胆固醇是生命活动必需的物质，过度地抑制胆固醇的合成可能会导致类固醇激素合成不足而引起机体代谢异常（汪仕奎和佟建明，2002）。胆固醇在蛋鸡体内的最低需要量和不影响蛋鸡生产性能的最低沉积量还需进一步确定。鸡蛋中胆固醇主要来源于VLDLy，VLDLy的转运和沉积可能是调控胆固醇和脂肪代谢平衡最关键的步骤（周锦龙，2016）。由于VTG和VLDLy与卵母细胞同一受体OVR结合，VTG和VLDLy的摄入存在竞争抑制（Nimpf和Schneider，1991）。因此，可通过调控Apo-VLDL-Ⅱ基因表达控制VLDLy对胆固醇的亲和性，或通过调控OVR基因来减少进入卵母细胞的VLDLy，也可通过调控VTG基因的表达改变VLDLy和VTG的比例，减少进入蛋黄的VLDLy，最终降低蛋黄胆固醇含量。研究表明，在饲粮中添加苜蓿皂苷或者共轭亚油酸，均可通过显著降低蛋鸡卵巢OVR基因表达水平减少蛋黄胆固醇的含量（Zhou L等，2014），而关于通过调控Apo-VLDL-Ⅱ基因的表达来控制蛋黄胆固醇含量的研究鲜有报道。同样，蛋黄胆固醇降低的程度及其对胚胎发育、出壳率和蛋黄的烹饪质量的影响尚不清楚，有待进一步研究。

（编者：董信阳等）

参考文献

Abdel-Wareth, A. A. A., Esmail, Z. S. H. 2014. Some productive, egg quality, and serum metabolic profile responses due to L-threonine supplementation to laying hens diets. Int. J. Poult. Sci., 8: 75-81.

Abe, T., Saburi, J., Hasebe, H., et al. 2009. Novel mutations of the FASN gene and their effect on fatty acid composition in Japanese Black beef. Biochem. Genet., 47: 397-411.

Abeyrathne, E. D. N. S., Huang, X., Ahn, D. U. 2018. Antioxidant, angiotensin-converting enzyme inhibitory activity and other functional properties of egg white proteins and their derived peptides a review. Poult. Sci., 97(4): 1462-1468.

Abu-Elmagd, M. Robson, L., Sweetman, D., et al. 2010. Wnt/Lef1 signaling acts via Pitx2 to regulate somite myogenesis. Dev. Biol., 337: 211-219.

Adeola, O., Young, L. 1989. Dietary protein-induced changes in porcine muscle respiration, protein synthesis and adipose tissue metabolism. J. Anim. Sci., 67: 664-673.

Acevedo, L. M., Raya, A. I., Martinez-Moreno, J. M., et al. 2017. Mangiferin protects against adverse skeletal muscle changes and enhances muscle oxidative capacity in obese rats. PLoS One, 12 (3): e0173028. doi: 10.1371/journal.pone.0173028.

Aebersold, R., Mann, M. 2003. Mass spectrometry-based proteomics. Nature, 422(6928): 198-207.

Agerholm, J. S., Thulstrup, P. W., Bjerrum, M. J., et al. 2012. A molecular study of congenital erythropoietic porphyria in cattle. Anim. Genet., 43(2): 210-215.

Aggarwal, B. B. 2000. Apoptosis and nuclear factor-kappa B: A tale of association and dissociation. Biochem. Pharmacol., 60(8): 1033-1039.

Ahamed, T., Chilamkurthi, S., Nfor, B. K., et al. 2008. Selection of pH-related parameters in ion-exchange chromatography using pH-gradient operations. J. Chromatogr. A, 1194(1): 22-29.

Ahmadian, M., Abbott, M. J., Tang, T., et al. 2011. Desnutrin/ATGL is regulated by AMPK and is required for a brown adipose phenotype. Cell Metab., 13(6): 739-748. doi: 10. 1016/j. cmet. 2011. 05. 002.

Ahmed, S. T., Hwang, J. A., Hoon, J., et al. 2014. Comparison of single and blend acidifiers as alternative to antibiotics on growth performance, fecal microflora, and humoral immunity in weaned piglets. Asian-Austral. J. Anim., 27: 93-100.

Ahn, J., Lee, H., Kim, S., et al. 2008. The anti-obesity effect of quercetin is mediated by the AMPK and MAPK signaling pathways. Biochem. Biophys. Res. Commun., 373(4): 545-549. doi: 10. 1016/j. bbrc. 2008. 06. 077.

Akiyama, K., Daigen, A., Yamada, N., et al. 1992. Long-lasting enhancement of metabotropic excitatory amino acid receptor-mediated polyphosphoinositide hydrolysis in the amygdala/ pyriform cortex of deep prepiriform cortical kindled rats. Brain Res., 569(1): 71-77.

Alain, B. P. E., Chae, J. P., Balolong, M. P., et al. 2014. Assessment of fecal bacterial diversity among healthy piglets during the weaning transition. J. Gen. Appl. Microbiol., 60: 140-146.

Alarcón, C. R., Goodarzi, H., Lee, H., et al. 2015. HNRNPA2B1 is a mediator of m^6A-dependent nuclear RNA processing events. Cell, 162(6): 1299-1308.

Alberti, P., Panea, B., Sanudo, C., et al. 2008. Live weight, body size and carcass characteristics of young bulls of fifteen European breeds. Livest Sci., 114(1): 19-30.

Albrecht, E., Komolka, K., Ponsuksili, S., et al. 2016. Transcriptome profiling of musculus longissimus dorsi in two cattle breeds with different intramuscular fat deposition. Genom. Data, 7: 109-111.

Albuquerque, A., Neves, J. A., Redondeiro, M., et al. 2017. Long term betaine supplementation regulates genes involved in lipid and cholesterol metabolism of two muscles from an obese pig breed. Meat Sci., 124: 25-33.

Al-Harbi, N. O., Imam, F., Nadeem A., et al. 2015. Riboflavin attenuates lipopolysaccharide-induced lung injury in rats. Toxicol. Mech. Methods, 25(5): 417-423.

Almaca, J., Kongsuphol, P., Hieke, B., et al. 2009. AMPK controls epithelial Na^+ channels through Nedd4-2 and causes an epithelial phenotype when mutated. Pflugers Arch. -Eur. J. Physiol., 458 (4): 713-721. doi: 10. 1007/s00424-009-0660-4.

Almeida, M. R., Mabasa, L., Crane, C., et al. 2016. Maternal vitamin B_6 deficient or supplemented diets on expression of genes related to GABAergic, serotonergic, or glutamatergic pathways in hippocampus of rat dams and their offspring. Mol. Nutr. Food Res., 60(7):1615-1624.

Alzamora, R., Gong, F., Rondanino, C., et al. 2010. AMP-activated protein kinase inhibits KCNQ1 channels through regulation of the ubiquitin ligase Nedd4-2 in renal epithelial cells. Am. J.

Physiol. Renal Physiol., 299(6): F1308-F1319.

Ambros, V. 2004. The functions of animal microRNAs. Nature, 431: 350-355.

Amizuka, N., Kwan, M. Y., Goltzman, D., et al. 1999. Vitamin D_3 differentially regulates parathyroid hormone/parathyroid hormone-related peptide receptor expression in bone and cartilage. J. Clin. Invest., 103(3): 373-381.

An, D., Kewalramani, G., Qi, D. et al. 2005. β-Agonist stimulation produces changes in cardiac AMPK and coronary lumen LPL only during increased workload. Am. J. Physiol. endocrinol. Metab., 288(6): E1120-E1127. doi: 10. 1152/ajpendo. 00588. 2004.

An, H., L. He. 2016. Current understanding of metformin effect on the control of hyperglycemia in diabetes. J. Endocrinol., 228(3): R97-R106. doi: 10. 1530/JOE-15-0447.

An, X. L., Ma, K. Y., Zhang, Z. R., et al. 2016. miR-17, miR-21, and miR-143 enhance adipogenic differentiation from porcine bone marrow-derived mesenchymal stem cells. DNA Cell Biol., 35: 410-416.

Anagnostou, S. H., Shepherd, P. R. 2008. Glucose induces an autocrine activation of the Wnt/β-catenin pathway in macrophage cell lines. Biochem. J., 416: 211-218.

Andersen, A. D., Mølbak, L., Thymann, T., et al. 2011. Dietary long-chain n-3 PUFA, gut microbiota and fat mass in early postnatal piglet development—exploring a potential interplay. PLEFA, 85(6): 345-351.

Andersen, H. S., Gambling, L., Holtrop, G., et al. 2007. Effect of dietary copper deficiency on iron metabolism in the pregnant rat. Br. J. Nutr., 97(2): 239-246.

Angers, S., Moon, R. T. 2009. Proximal events in Wnt signal transduction. Nat. Rev. Mol. Cell Biol., 10: 468-477.

Angin Y., Beauloye, C., Horman, S., et al. 2016. Regulation of carbohydrate metabolism, lipid metabolism, and protein metabolism by AMPK. In: Cordero, M.D., Viollet, B. AMP-activated Protein Kinase. Cham: Springer.

Apelo, S. I. A., Knapp, J. R., Hanigan., M. D. 2014. Invited review: Current representation and future trends of predicting amino acid utilization in the lactating dairy cow. J. Dairy Sci., 97(7): 4000-4017.

Apper, E., Weissmon, D., Respondek, F., et al. 2016. Hydrolysed wheat gluten as part of a diet based on animal and plant proteins supports good growth performance of Asian seabass (*Lates calarifer*), without impairing intestinal morphology or microbiota. Aquaculture, 453: 40-48.

Appuhamy, J. A. D. R. N., Bell, A. L., Nayanajalie, W. A., et al. 2011. Essential amino acids regulate both initiation and elongation of mRNA translation independent of insulin in MAC-T cells and bovine mammary tissue slices. J. Nutr., 141(6): 1209-1215.

Appuhamy, J. A. D. R. N., Nayananjalie, W. A., England, E. M., et al. 2014. Effects of AMP-activated protein kinase (AMPK) signaling and essential amino acids on mammalian target of rapamycin (mTOR) signaling and protein synthesis rates in mammary cells. J. Dairy Sci., 97(1): 419-429.

Aprea, J., Prenninger, S., Dori, M., et al. 2013. Transcriptome sequencing during mouse brain development identifies long noncoding RNAs functionally involved in neurogenic commitment. EMBO J., 32: 3145-3160.

Arao, Y., Yamamoto, E., Ninomiya, Y., et al. 1996. Steroid hormone-induced expression of the chicken ovalbumin gene and the levels of nuclear steroid hormone receptors in chick oviduct. Biosci. Biotechnol. Biochem., 60: 493-495.

Arentsen, T., Raith, H., Qian, Y., et al. 2015. Host microbiota modulates development of social preference in mice. Microb. Ecol. Health Dis., 26. doi: 10.3402/mehd.v26.29719.

Aschenbach, W. G., Ho, R. C., Sakamoto, K., et al. 2006. Regulation of dishevelled and β-catenin in rat skeletal muscle: An alternative exercise-induced GSK-3β signaling pathway. Am. J. Physiol. Endocrinol. Metab., 291: E152-E158.

Austin, S., St-Pierre, J. 2012. PGC1 α and mitochondrial metabolism-emerging concepts and relevance in ageing and neurodegenerative disorders. J. Cell Sci., 125: 4963-4971.

Awad, W. A., Dublecz, F., Hess, C., et al. 2016. *Campylobacter jejuni* colonization promotes the translocation of *Escherichia coli* to extra-intestinal organs and disturbs the short-chain fatty acids profiles in the chicken gut. Poult. Sci., 95(10): 2259-2265.

Ayers, D., Baron, B., Hunter, T. 2015. miRNA influences in NRF2 pathway interactions within cancer models. J. Nucl. Acids, doi: 10. 1155/2015/143636.

Backhed, F., Manchester, J. K., Semenkovich, C. F., et al. 2007. Mechanisms underlying the resistance to diet-induced obesity in germ-free mice. Proc. Natl. Acad. Sci. U. S. A., 104: 979-984.

Bagheri, V. M., Rahmania, H., Jahaniana, R., et al. 2017. The influence of oral copper-methionine onmatrix metalloproteinase-2 gene expression and activation in right-sided heart failure induced by cold temperature: A broiler chicken perspective. J. Trace Elem. Med. Biol., 39: 71-75.

Baker, E. M., McDowell, M. E., Sauberlich, H. E., et al. 1964. Vitamin B_6 requirement for adult men. Am. J. Clin. Nutr., 15(2): 59-66.

Baltimore, D., Boldin, M. P., O'Connell, R. M., et al. 2008. MicroRNAs: New regulators of immune cell development and function. Nat. Immunol., 9: 839-845.

Bannister, A. J., Kouzarides, T. 2011. Regulation of chromatin by histone modifications. Cell Res., 21: 381-395.

Bansal, T., Demain, A. L. 2010. The bacterial signal indole increases epithelial-cell tight-junction resistance and attenuates indicators of inflammation. Proc. Natl. Acad. Sci. U. S. A., 107: 228-233.

Bansal, T., Englert, D., Lee, J., et al. 2007. Differential effects of epinephrine, norepinephrine, and indole on *Escherichia coli* O157: H7 chemotaxis, colonization, and gene expression. Infect. Immun., 75: 4597-4607.

Bar, A. 2009. Calcium transport in strongly calcifying laying birds: Mechanisms and regulation. Comp. Biochem. Physiol. Part A Mol. Integr. Physiol., 152(4): 447-469.

Barbier-Torres, L., Beraza, N., Fernúndez-Tussy, P., et al. 2015. Histone deacetylase 4 promotes cholestatic liver injury in the absence of prohibitin-1. Hepatology, 62: 1237-1248.

Barbut, S. 1998. Estimating the magnitude of the PSE problem in poultry. J. Muscle Foods, 9(1): 35-49.

Barella, L., Muller, P. Y., Schlachter, M., et al. 2004a. Identification of hepatic molecular mechanisms of action of α - tocopherol using global gene expression profile analysis in rats. Biochim. Biophys. Acta, 1689(1): 66-74.

Barella, L., Rota, C., Stöcklin, E., et al. 2004b. α-tocopherol affects androgen metabolism in male rat. Ann. NY. Acad. Sci., 1031: 334-336.

Bar-Peled, L., Chantranupong, L., Cherniack, A. D., et al. 2013. A tumor suppressor complex with GAP activity for the Rag GTPases that signal amino acid sufficiency to mTORC1. Science, 340: 1100-1106.

Bar-Peled, L., Schweitzer, L. D., Zoncu, R., et al. 2012. Ragulator is a GEF for the Rag GTPases that signal amino acid levels tomTORC1. Cell, 150: 1196-1208.

Barr, I., Smith, A. T., Chen, Y., et al. 2012. Ferric, not ferrous, heme activates RNA-binding protein DGCR8 for primary microRNA processing. Proc. Natl. Acad. Sci. U. S. A., 109: 1919-1924.

Barry, G., Briggs, J. A., Vanichkina, D. P., et al. 2014. The long noncoding RNA Gomafu is acutely regulated in response to neuronal activation and involved in schizophrenia-associated alternative splicing. Mol. Psychiatry, 19: 486-494.

Bartel, D. P. 2009. MicroRNAs: Target recognition and regulatory functions. Cell, 136: 215-233.

Barton, L., Bures, D., Kott, T., et al. 2016. Associations of polymorphisms in bovine DGAT1, FABP4, FASN, and PPARGC1A genes with intramuscular fat content and the fatty acid composition of muscle and subcutaneous fat in Fleckvieh bulls. Meat Sci., 114: 18-23.

Barua, S., Chadman, K. K., Kuizon, S., et al. 2014. Increasing maternal or post-weaning folic acid alters gene expression and moderately changes behavior in the offspring. PLoS One, 9: e101674. doi: org/10. 1371/journal. pone. 0101674.

Baskin, K. K., Taegtmeyer, H. 2011. AMP-activated protein kinase regulates E3 ligases in rodent heart. Circ. Res., 109(10): 1153-1161. doi: 10. 1161/CIRCRESAHA. 111. 252742.

Beauloye, C., Marsin, A. S., Bertrand, L., et al. 2002. The stimulation of heart glycolysis by increased workload does not require AMP-activated protein kinase but a wortmannin-sensitive mechanism. FEBS Lett., 531(2): 324-328.

Beckett, E. L., Yates, Z., Veysey, M., et al. 2014. The role of vitamins and minerals in modulating the expression of microRNA. Nutr. Res. Rev., 27: 94-106.

Bee, G., Biolley, C., Guex, G., et al. 2006. Effects of available dietary carbohydrate and preslaughter treatment on glycolytic potential, protein degradation, and quality traits of pig muscles. J. Anim. Sci., 84(1): 191-203.

Belkaid, Y., Hand, T. W. 2014. Role of the microbiota in immunity and inflammation. Cell, 157: 121-141.

Benitez, R., Nunez, Y., Fernandez, A., et al. 2015. Effects of dietary fat saturation on fatty acid composition and gene transcription in different tissues of Iberian pigs. Meat Sci., 102: 59-68.

Ben-Sahra, I., Hoxhaj, G., Ricoult, S. J. H., et al. 2016. mTORC1 induces purine synthesis through control of the mitochondrial tetrahydrofolate cycle. Science, 351: 728-733.

Ben-Sahra, I., Howell, J. J., Asara, J. M., et al. 2013. Stimulation of *de novo* pyrimidine synthesis by growth signaling through mTOR and S6K1. Science, 339: 1323-1328.

Bequette, B. J., Hanigan, M. D., Calder, A. G., et al. 2000. Amino acid exchange by the mammary gland of lactating goats when histidine limits milk production. J. Dairy Sci., 83(4): 765-775.

Bercik, P., Verdu, E. F., Foster, J. A., et al. 2010. Chronic gastrointestinal inflammation induces anxiety-like behavior and alters central nervous system biochemistry in mice. Gastroenterology, 139: 2102-2112. e2101.

Berkner, K. L. 2000. The vitamin K-dependent carboxylase. J. Nutr., 130(8): 1877-1880.

Beugnet, A., Tee, A. R., Taylor, P. M., et al. 2003. Regulation of targets of mTOR (mammalian target of rapamycin) signalling by intracellular amino acid availability. Biochem. J., 372: 555-566.

Bhattacharjee, P., Fernández-Pérez, J., Ahearne, M., et al. 2019. Potential for combined delivery of riboflavin and all-trans retinoic acid, from silk fibroin for corneal bioengineering. Mater. Sci. Eng. C Mater Biol. Appl., 105:110093. doi: 10.1016/j.msec.2019.110093.

Bi, Y., Yang, C., Diao, Q., etal. 2017. Effects of dietary supplementation with two alternatives to antibiotics on intestinal microbiota of preweaned calves challenged with *Escherichia coli* K99 . Sci. Rep., 7(1): 5439.

Bi, P., Kuang, S. 2015. Notch signaling as a novel regulator of metabolism. Trends Endocrinol. Metab., 26: 248-255.

Bi, P. P., Yue, F., Karki, A., et al. 2016a. Notch activation drives adipocyte dedifferentiation and tumorigenic transformation in mice. J. Exp. Med., 213: 2019-2037.

Bi, P. P., Yue, F., Sato, Y., et al. 2016b. Stage-specific effects of Notch activation during skeletal myogenesis. eLife, 5: e17355. doi: 10. 7554/eLife. 17355.

Bi, P. P., Shan, T. Z., Liu, W. Y., et al. 2014. Inhibition of Notch signaling promotes browning of white adipose tissue and ameliorates obesity. Nat. Med., 20: 911-918.

Bian, G. R., Ma, S. Q., Zhu, Z. G., et al. 2016. Age, introduction of solid feed and weaning are more important determinants of gut bacterial succession in piglets than breed and nursing mother as revealed by a reciprocal cross-fostering model. Environ. Microbiol., 18(5): 1566-1577.

Bian, Y. J., Lei, Y., Wang, C. M., et al. 2015. Epigenetic regulation of miR-29s affects the lactation activity of dairy cow mammary epithelial cells. J. Cell. Physiol., 230: 2152-2563.

Binkley, N. C., Suttie, J. W. 1995. Vitamin K nutrition and osteoporosis. J. Nutr., 125(7): 1812-1821.

Bionaz, M., Loor, J. J. 2008. Gene networks driving bovine milk fat synthesis during the lactation cycle. BMC Genomics., 9(1): 366.

Bishop, K. S., Ferguson, L. R. 2015. The interaction between epigenetics, nutrition and the development of cancer. Nutrients, 7: 922-947.

Bjornson, C. R., Cheung, T. H., Liu, L., et al. 2012. Notch signaling is necessary to maintain quiescence in adult muscle stem cells. Stem Cells, 30: 232-242.

Blaauw, B., Schiaffino, S., Reggiani, C. 2013. Mechanisms modulating skeletal muscle phenotype. Compr. Physiol., 3(4): 1645-1687.

Bland, M. L., Lee, R. J., Magallanes, J. M., et al. 2010. AMPK supports growth in *Drosophila* by regulating muscle activity and nutrient uptake in the gut. Dev. Biol., 344(1): 293-303. doi: 10. 1016/j. ydbio. 2010. 05. 010.

Blankson, H., Stakkestad, J. A., Fagertun, H., et al. 2000. Conjugated linoleic acid reduces body fat mass in overweight and obese humans. J. Nutr., 130(12): 2943-2948.

Bledsoe, J. W., Peterson, B. C., Swanson, K. S., et al. 2016. Ontogenetic characterization of the intestinal microbiota of channel catfish through 16S rRNA gene sequencing reveals insights on temporal shifts and the influence of environmental microbes. PLoS One, 11 (11): e0166379. doi: 10. 1371/journal. pone. 0166379.

Boerman, J. P., Lock, A. L. 2014. Effect of unsaturated fatty acids and triglycerides from soybeans on milk fat synthesis and biohydrogenation intermediates in dairy cattle. J. Dairy Sci., 97 (11): 7031-7042.

Bogdarina, I., Haase, A., Langley-Evans, S., et al. 2010. Glucocorticoid effects on the programming of AT1b angiotensin receptor gene methylation and expression in the rat. PLoS One, 5 (2): e9237. doi: 10. 1371/journal. pone. 0009237.

Boran, P., Yildirim, S., Karakoc-Aydiner, E., et al. 2016. Vitamin B_{12} deficiency among asymptomatic healthy infants: Its impact on the immune system. Minerva Pediatr.

Borovok, I., Gorovitz, B., Schreiber, R., et al. 2006. Coenzyme B12 controls transcription of the *Streptomyces* class Ia ribonucleotide reductase *nrdABS* operon via a riboswitch mechanism. J. Bacteriol., 188: 2512-2520.

Borrello, S., Deleo, M. E., Galeotti T. 1992. Transcriptional regulation of MnSOD by manganese in the liver of manganese-deficient mice and during rat development. Biochem. Int., 28(4): 595-601.

Bosch, L., Tor, M., Reixach, J., et al. 2012. Age-related changes in intramuscular and subcutaneous fat content and fatty acid composition in growing pigs using longitudinal data. Meat Sci., 91(3): 358-363.

Boukhettala, N., Claeyssens, S., Bensifi, M., et al. 2012. Effects of essential amino acids or glutamine deprivation on intestinal permeability and protein synthesis in HCT-8 cells: Involvement of GCN2 and mTOR pathways. Amino Acids, 42: 375-383.

Bouskra, D., Brézillon, C., Bérard, M., et al. 2008. Lymphoid tissue genesis induced by commensals through NOD1 regulates intestinal homeostasis. Nature, 456: 507.

Brandão, B. B., Guerra, B. A., Mori, M. A. 2017. Shortcuts to a functional adipose tissue: The role of small non-coding RNAs. Redox Biol., 12: 82-102.

Bravo, J. A., Forsythe, P., Chew, M. V., et al. 2011. Ingestion of *Lactobacillus* strain regulates emotional behavior and central GABA receptor expression in a mouse via the vagus nerve. Proc. Natl. Acad. Sci. U. S. A., 108: 16050-16055.

Bray, S. J. 2006. Notch signalling: A simple pathway becomes complex. Nat. Rev. Mol. Cell Biol., 7: 678-689.

Briani, C., Dalla Torre, C., Citton, V., et al. 2013. Cobalamin deficiency: Clinical picture and radiological findings. Nutrients, 5(11):4521-4539.

Brulc, J. M., Antonopoulos, D. A., Miller, M. E., et al. 2009. Gene-centric metagenomics of the fiber-adherent bovine rumen microbiome reveals forage specific glycoside hydrolases. Proc. Natl. Acad. Sci. U. S. A., 106: 1948-1953.

Brunetti, O., Barazzoni, A. M., Della Torre, G., et al. 1997. Partial transformation from fast to slow muscle fibers induced by deafferentation of capsaicin-sensitive muscle afferents. Muscle Nerve, 20(11): 1404-1413.

Brunton, J. A., Baldwin, M. P., Hanna, R. A., et al. 2012. Proline supplementation to parenteral nutrition results in greater rates of protein synthesis in the muscle, skin, and small intestine in neonatal Yucatan miniature piglets. J. Nutr., 142: 1004-1008.

Buc, E., Dubois, D., Sauvanet, P., et al. 2013. High prevalence of mucosa-associated *E. coli* producing cyclomodulin and genotoxin in colon cancer. PLoS one, 8: e56964. doi: 10.1371/journal. pone. 0056964.

Bulbul, T., Ozdemir, V., Bulbul, A., et al. 2014. The effect of dietary L-arginine intake on the level of antibody titer, the relative organ weight and colon motility in broilers. Pol. J. Vet. Sci., 17(1): 113-121.

Burdge, G. C., Calder, P. C. 2005. Conversion of alpha-linolenic acid to longer-chain polyunsaturated fatty acids in human adults. Reprod. Nutr. Dev., 45(5): 581-597.

Burk, R. F., Hill, K. E. 1993. Regulation of selenoproteins. Annu. Rev. Nutr., 13: 65-81.

Buza, T., Arick, M. 2nd., Wang, H. et al. 2014. Computational prediction of disease microRNAs in domestic animals. BMC Res. Notes, 7: 403.

Cahenzli, J., Balmer, M. L., Mccoy, K. D. 2013. Microbial-immune cross-talk and regulation of the immune system. Immunology, 138: 12-22.

Cai, D. M., Yuan, M. J., Liu, H. Y., et al. 2016. Maternal betaine supplementation throughout gestation and lactation modifies hepatic cholesterol metabolic genes in weaning piglets via AMPK/LXR-mediated pathway and histone modification. Nutrients, 8(10): 646.

Calabrese, M. F., Rajamohan, F., Harris, M. S., et al. 2014. Structural basis for AMPK activation: natural and synthetic ligands regulate kinase activity from opposite poles by different molecular mechanisms. Structure, 22(8): 1161-1172. doi: 10. 1016/j. str. 2014. 06. 009.

Callis, J. 2014. The ubiquitination machinery of the ubiquitin system. Arabidopsis Book, 12: e0174. doi: 10. 1199/tab. 0174.

Camacho-Pereira, J., Tarragó, M. G., Chini, C. C. S., et al. 2016. CD38 dictates age-related NAD decline and mitochondrial dysfunction through an SIRT3-dependent mechanism. Cell Metab., 23(6): 1127-1139.

Cani, P. D., Knauf, C. 2016. How gut microbes talk to organs: The role of endocrine and nervous routes. Mol. Metab., 5: 743-752.

Canovas, A., Rincon, G., Islas-Trejo, A., et al. 2010. SNP discovery in the bovine milk transcriptome using RNA-Seq technology. Mamm. Genome, 21: 592-598.

Cantara, W. A., Crain, P. F., Rozenski, J., et al. 2011. The RNA modification database, RNAMDB: 2011 update. Nucleic Acids Res., 39: D195-D201.

Canto, C., Gerhart-Hines, Z., Feige, J. N., et al. 2009. AMPK regulates energy expenditure by modulating NAD^+ metabolism and SIRT1 activity. Nature, 458(7241): 1056-1060.

Cao, J., Bobo, J. A., Liuzzi, J. P., et al. 2001. Effects of intracellular zinc depletion on metallothionein and ZIP2 transporter expression and apoptosis. J. Leukoc. Biol., 70(4): 559-566.

Cao, C. Y., Fan, R. F., Zhao, J. X., et al. 2017. Impact of exudative diathesis induced by selenium deficiency on LncRNAs and their roles in the oxidative reduction process in broiler chick veins. Oncotarget, 8: 20695-20705.

Cao, H. M., Gerhold, K., Mayers, J. R., et al. 2008. Identification of a lipokine, a lipid hormone linking adipose tissue to systemic metabolism. Cell, 134(6): 933-944.

Capecchi, M. R. 1989. Altering the genome by homologous recombination. Science, 244(4910): 1288-1292.

Cario, E., Gerken, G., Podolsky, D. K. 2004. Toll-like receptor 2 enhances ZO-1-associated intestinal epithelial barrier integrity via protein kinase C. Gastroenterology, 127: 224-238.

Carnevalli, L. S., Masuda, K., Frigerio, F., et al. 2010. S6K1 plays a critical role in early adipocyte differentiation. Dev. Cell, 18: 763-774.

Carone, B. R., Fauquier, L., Habib, N. et al. 2010. Paternally induced transgenerational environmental reprogramming of metabolic gene expression in mammals. Cell, 143: 1084-1096.

Carrara, P., Matturri, L., Galbusse, M., et al. 1984. Pantethine reduces plasma-cholesterol and the severity of arterial lesion in experimental hypercholesterolemic rabbits. Atherosclerosis, 53(3): 255-264.

Carrer, M., Liu, N., Grueter, C. E., et al. 2012. Control of mitochondrial metabolism and systemic energy homeostasis by microRNAs 378 and 378*. Proc. Natl. Acad. Sci. U. S. A., 109: 15330-15335.

Carthew, R. W., Sontheimer, E. J. 2009. Origins and mechanisms of miRNAs and siRNAs. Cell, 136: 642-655.

Castellano, R., Perruchot, M. H., Conde-Aguilera, J. A., et al. 2015. A methionine deficient diet enhances adipose tissue lipid metabolism and alters anti-oxidant pathways in young growing pigs. PLoS One, 10(7): e0130514. doi: 10. 1371/journal. pone. 0130514.

Cech, T. R., Steitz, J. A. 2014. The noncoding RNA revolution-trashing old rules to forge new ones. Cell, 15: 79-94.

Chafey, P., Finzi, L., Boisgard, R., et al. 2009. Proteomic analysis of beta-catenin activation in mouse liver by DIGE analysis identifies glucose metabolism as a new target of the Wnt pathway. Proteomics, 9: 3889-3900.

Chaiyapechara, S., Rungrassamee, W., Suriyachay, I., et al. 2012. Bacterial community associated with the intestinal tract of *P. monodon* in commercial farms. Microb. Ecol., 63(4): 938-953.

Chang, C. L., Chung, C. Y., Kuo, C. H., et al. 2016. Beneficial effect of bidens pilosa on body weight gain, food conversion ratio, gut bacteria and coccidiosis in chickens. PLoS One, 11 (1): e0146141. doi: 10. 1371/journal. pone. 0146141.

Chantranupong, L., Wolfson, R. L., Orozco, J. M., et al. 2014. The Sestrins interact with GATOR2 to negatively regulate the amino-acid-sensing pathway upstream of mTORC1. Cell Rep., 9: 1-8.

Chartoumpekis, D. V., Palliyaguru, D. L., Wakabayashi, N., et al. 2015. Notch intracellular domain overexpression in adipocytes confers lipodystrophy in mice. Mol. Metab., 4: 543-550.

Chazenbalk, G., Chen, Y. H., Heneidi, S., et al. 2012. Abnormal expression of genes involved in inflammation, lipid metabolism, and Wnt signaling in the adipose tissue of polycystic ovary syndrome. J. Clini. Endocrinol. Metab., 97(5): E765-E770.

Che, L. Q., Peng, X., Hu, L., et al. 2017. The addition of protein-bound amino acids in low-protein diets improves the metabolic and immunological characteristics in fifteen-to thirty-five-kg pigs. J. Anim. Sci., 95: 1277-1287.

Chen, A. E., Ginty, D. D. Fan, C. M. 2005. Protein kinase A signalling via CREB controls myogenesis induced by Wnt proteins. Nature, 433: 317-322.

Chen, B. Z., Dodge, M. E., Tang, W., et al. 2009. Small molecule-mediated disruption of Wnt-dependent signaling in tissue regeneration and cancer. Nat. Chem. Biol., 5: 100-107.

Chen, C., Peng, Y. D., Peng, Y. L., et al. 2014. miR-135a-5p inhibits 3T3-L1 adipogenesis through activation of canonical Wnt/β-catenin signaling. J. Mol. Endocrinol., 52: 311-320.

Chen, F. F., Xiong, Y., Peng, Y., et al. 2017. miR-425-5p inhibits differentiation and proliferation in porcine intramuscular preadipocytes. Int. J. Mol. Sci., 18 (10): 2101. doi: 10.3390/ijms18102101.

Chen, G. S., Su, Y. Y., Cai, Y., et al. 2019. Comparative transcriptomic analysis reveals beneficial effect of dietary mulberry leaves on the muscle quality of finishing pigs. Vet. Med. Sci., 5 (4):

526-535.

Chen, H., Mao, X. B., Che, L. Q., et al. 2014. Impact of fiber types on gut microbiota, gut environment and gut function in fattening pigs. Anim. Feed Sci. Tech., 195: 101-111.

Chen, H., Mao, X. B., He, J., et al. 2013. Dietary fibre affects intestinal mucosal barrier function and regulates intestinal bacteria in weaning piglets. Br. J. Nutr., 110(10): 1837-1848.

Chen, J. S., Zhang, H. H., Gao, H., et al. 2019. Effects of dietary supplementation of alpha-ketoglutarate in a low-protein diet on fatty acid composition and lipid metabolism related gene expression in muscles of growing pigs. Animals (Basel), 9(10): 838. doi: 10.3390/ani9100838.

Chen, J. T., Cui, X. W., Shi, C. M., et al. 2015. Differential lncRNA expression profiles in brown and white adipose tissues. Mol. Genet. Genomics, 290: 699-707.

Chen, J. Y., Chen, J. C., Wu, J. L. 2003. Molecular cloning and functional analysis of zebrafish high-density lipoprotein-binding protein. Comp. Biochem. Physiol. B Biochem. Mol. Biol., 136(1): 117-130.

Chen, L. L. 2016. The biogenesis and emerging roles of circular RNAs. Nat. Rev. Mol. Cell. Biol., 17: 205-211.

Chen, L., Khillan, J. S. 2010. A novel signaling by vitamin A/retinol promotes self renewal of mouse embryonic stem cells by activating PI3K/Akt signaling pathway via insulin-like growth factor-1 receptor. Stem Cells, 28(1): 57-63.

Chen, L., Dai, Y. M., Ji, C. B., et al. 2014. MiR-146b is a regulator of human visceral preadipocyte proliferation and differentiation and its expression is altered in human obesity. Mol. Cell. Endocrinol., 393: 65-74.

Chen, L., Feng, L., Jiang, W. D., et al. 2015a. Dietary riboflavin deficiency decreases immunity and antioxidant capacity, and changes tight junction proteins and related signaling molecules mRNA expression in the gills of young grass carp (*Ctenopharyngodon idella*). Fish Shellfish Immunol., 45(2):307-320.

Chen, L., Feng, L., Jiang, W. D., et al. 2015b. Intestinal immune function antioxidant status and tight junction protein mRNA expression in young grass carp (*Ctenopharyngodon idella*) fed riboflavin deficient diet. Fish Shellfish Immunol., 47(1):470-484.

Chen, S. C., Lin, Y. H., Huang, H. P., et al. 2012. Effect of conjugated linoleic acid supplementation on weight loss and body fat composition in a Chinese population. Nutrition, 28(5): 559-565.

Chen, T., Li, Z. W., Zhang, Y. Y., et al. 2015. Muscle-selective knockout of AMPKα2 does not exacerbate diet-induced obesity probably related to altered myokines expression. Biochem. Biophys. Res. Commun., 458(3): 449-455.

Chen, X. L., Guo, Y. F., Jia, G., et al. 2018. Arginine promotes skeletal muscle fiber type transformation from fast-twitch to slow-twitch via Sirt1/AMPK pathway. J. Nutr. Biochem., 61: 155-162.

Chen, X. L., Luo, Y. L., Huang, Z. Q., et al. 2016. Role of phosphotyrosine interaction domain containing 1 in porcine intramuscular preadipocyte proliferation and differentiation. Anim. Biotechnol., 27(4): 287-294.

Chen, X. L., Luo, Y. L., Jia, G., et al. 2017. The effect of arginine on the Wnt/β-catenin signaling pathway during porcine intramuscular preadipocyte differentiation. Food Funct., 8: 381-386.

Chen, Y. H., Heneidi, S., Lee, J. M., et al. 2013. miRNA-93 inhibits GLUT4 and is overexpressed in adipose tissue of polycystic ovary syndrome patients and women with insulin resistance. Diabetes, 62: 2278-2286.

Chen, Z., Luo, J., Ma, L. A., et al. 2015. MiR130b-regulation of PPARγ coactivator-1α suppresses fat metabolism in goat mammary epithelial cells. PLoS One, 10: e0142809. doi: 10. 1371/ journal. pone. 0142809.

Cheng, J. H., She, H., Han, Y. P., et al. 2008. Wnt antagonism inhibits hepatic stellate cell activation and liver fibrosis. Am. J. Physiol. Gastrointest. Liver Physiol., 294: G39-G49.

Cheng, S., Yan, W. D., Gu, W. et al. 2014. The ubiquitin-proteosome system is required for the early stages of porcine circovirus type 2 replication. Virol., 456-457: 198-204.

Cheng, X., Ku, C. H., Siow, R. C. 2013. Regulation of the Nrf2 antioxidant pathway by microRNAs: new players in micromanaging redox homeostasis. Free Radic. Biol. Med., 64: 4-11

Cheng, X., Xi, Q. Y., Wei, S., et al. 2016. Critical role of miR-125b in lipogenesis by targeting stearoyl-CoA desaturase-1 (SCD-1). J. Anim. Sci., 94: 65-76.

Chin, E. R. 2005. Role of Ca^{2+}/calmodulin-dependent kinases in skeletal muscle plasticity. J. Appl. Physiol., 99(2): 414-423.

Chinetti, G., Gbaguidi, F. G., Griglio, S., et al. 2000. CLA-1/SR-BⅠ is expressed in atherosclerotic lesion macrophages and regulated by activators of peroxisome proliferator-activated receptors. Circulation, 101(20): 2411-2417.

Cho, J. H. 2008. The genetics and immunopathogenesis of inflammatory bowel disease. Nat. Rev. Immunol., 8: 458-466.

Choi, S. J., Yablonka-Reuveni, Z., Kaiyala, K. J., et al. 2011. Increased energy expenditure and leptin sensitivity account for low fat mass in myostatin-deficient mice. Am. J. Physiol. Endocrinol. Metab., 300(6): E1031-E1037.

Chou, C. F., Lin, Y. Y., Wang, H. K., et al. 2014. KSRP Ablation enhances brown fat gene program in white adipose tissue through reduced miR-150 expression. Diabetes, 63: 2949-2961.

Christina, L., Janczak, A. M., Daniel, N., et al. 2007. Transmission of stress-induced learning impairment and associated brain gene expression from parents to offspring in chickens. PLoS One, 2(4): e364. doi: 10. 1371/journal. pone. 0000364.

Christodoulides, C., Lagathu, C., Sethi, J. K., et al. 2009. Adipogenesis and WNT signalling. Trends Endocrinol. Metab., 20: 16-24.

Chrysostomou, E., Gale, J. E., Daudet, N. 2012. Delta-like 1 and lateral inhibition during hair cell formation in the chicken inner ear: Evidence against cis-inhibition. Development, 139: 3764-3774.

Church, C., Moir, L., McMurray, F., et al. 2010. Overexpression of Fto leads to increased food intake and results in obesity. Nat. Genet., 42: 1086-1092.

Cifarelli, V., Lashinger, L. M., Devlin, K. L., et al. 2015. Metformin and rapamycin reduce pancreatic cancer growth in obese prediabetic mice by distinct microRNA-regulated mechanisms. Diabetes, 64: 1632-1642.

Cighetti, G., Delpuppo, M., Paroni, R., et al. 1987. Pantethine inhibits cholesterol and fatty acid syntheses and stimulates carbon dioxide formation in isolated rat hepatocytes. J. Lipid Res., 28 (2): 152-161.

Cisternas, P., Henriquez, J. P., Brandan, E., et al. 2014. Wnt signaling in skeletal muscle dynamics: myogenesis, neuromuscular synapse and fibrosis. Mol. Neurobiol., 49: 574-589.

Claque, M. J., Coulson, J. M., Urbe, S. . 2012. Cellular functions of the DUBs. J. Cell. Sci., 125: 277-286.

Cohen, I., Hurwitz, S. 1974. Intracellular pH and electrolyte concentration in the uterine wall of the fowl in relation to shell formation and dietary minerals. Comp. Biochem. Physiol. A Comp. Physiol., 49(4): 689-696.

Cohen, L., Azriel-Tamir, H., Arotsker, N., et al. 2012. Zinc sensing receptor signaling, mediated by GPR39, reduces butyrate-induced cell death in HT29 colonocytes via upregulation of clusterin. PLoS One, 7(4): e35482. doi: 10.1371/journal.pone.0035482.

Cohen, T. J., Choi, M. C., Kapur, M., et al. 2015. HDAC4 regulates muscle fiber type-specific gene expression programs. Mol. Cells, 38(4): 343-348.

Coleman, R. A., Lee, D. P. 2004. Enzymes of triacylglycerol synthesis and their regulation. Prog. Lipid Res., 43(2): 134-176.

Collins, S. M., Surette, M., Bercik, P. 2012. The interplay between the intestinal microbiota and the brain. Nat. Rev. Microbiol., 10: 735-742.

Colston, K. W., Chander, S. K., Mackay, A. G., et al. 1992. Effects of synthetic vitamin D analogues on breast cancer cell proliferation in vivo and in vitro. Biochem. Pharmacol., 44(4): 693-702.

Conboy, I. M., Rando, T. A. 2002. The regulation of Notch signaling controls satellite cell activation and cell fate determination in postnatal myogenesis. Developmental Cell, 3: 397-409.

Corl, B. A., Odle, J., Niu, X. M., et al. 2008. Arginine activates intestinal p70S6k and protein synthesis in piglet rotavirus enteritis. J. Nutr., 138: 24-29.

Corton, J. M., Gillespie, J. G., Hawley, S. A., et al. 1995. 5 - aminoimidazole - 4 - carboxamide ribonucleoside. A specific method for activating AMP-activated protein kinase in intact cells? Eur. J. Biochem., 229(2): 558-565.

Coughlan, K. A., Valentine, R. J., Sudit, B. S. et al. 2016. PKD1 inhibits AMPKα2 through phosphorylation of serine 491 and impairs insulin signaling in skeletal muscle cells. J. Biol. Chem., 291(11): 5664-5675.

Cousins, R. J., McMahon, R. J. 2000. Integrative aspects of zinc transporters. J. Nutr., 130 (5S Suppl.): 1384-1387.

Coutinho, L. G., de Oliveira, A., Witwer, M., et al. 2017. DNA repair protein APE1 is involved in host response during pneumococcal meningitis and its expression can be modulated by vitamin B_6. J. Neuroinflammation, 14: 243. doi: 10.1186/s12974-017-1020-5.

Coxon, K. M., Chakauya, E., Ottenhof, H. H., et al. 2005. Pantothenate iosynthesis in higher plants. Biochem. Soc. Trans., 33 (3): 319-329.

Cozzolino, M., Mangano, M., Galassi, A., et al. 2019. Vitamin K in chronic kidney disease. Nutrients, 11(1): 168-178.

Cunha, M. P. V., Saidenberg, A. B., Moreno, A. M., et al. 2017. Pandemic extra-intestinal pathogenic *Escherichia coli* (ExPEC) clonal group O6-B2-ST73 as a cause of avian colibacillosis in Brazil . PLoS One, 12(6): e0178970. doi: 10. 1371/journal. pone. 0178970.

Cunningham, F. E., Proctor, V. A., Goetsch, S. J. 1991. Egg-white lysozyme as a food preservative: An overview. Worlds Poult. Sci. J., 47: 141-163.

Cunningham, J. T., Rodgers, J. T., Arlow, D. H., et al. 2007. mTOR controls mitochondrial oxidative function through a YY1-PGC-1α transcriptional complex. Nature, 450: 736-740.

Cybulski, N., Polak, P., Auwerx, J., et al. 2009. mTOR complex 2 in adipose tissue negatively controls whole-body growth. Proc. Natl. Acad. Sci. U. S. A., 106: 9902-9907.

Dabernat, S., Secrest, P., Peuchant, E., et al. 2009. Lack of β-catenin in early life induces abnormal glucose homeostasis in mice. Diabetologia, 52: 1608-1617.

Dagon, Y., Hur, E., Zheng, B., et al. 2012. p70S6 kinase phosphorylates AMPK on serine 491 to mediate leptin's effect on food intake. Cell Metab., 16(1): 104-112. doi: 10.1016/j.cmet. 2012. 05. 010.

Dai, W. T., Chen, Q., Wang, Q. J., et al. 2017. Complementary transcriptomic and proteomic analyses reveal regulatory mechanisms of milk protein production in dairy cows consuming different forages. Sci. Rep., 7: 44234. doi: 10. 1038/srep44234.

Dai, Z. L., Zhang, J., Wu, G., et al. 2010. Utilization of amino acids by bacteria from the pig small intestine. Amino Acids, 39: 1201-1215.

Dalmeijer, G. W., van der Schouw, Y. T., Magdeleyns, E., et al. 2012. The effect of menaquinone-7 supplementation on circulating species of matrix Gla protein. Atherosclerosis, 225(2): 397-402.

Dang, T. S., Walker, M., Ford, D., et al. 2014. Nutrigenomics: The role of nutrients in gene expression. Periodontology 2000, 64(1): 154-160.

Daniel, H., Moghaddas, G. A., Berry, D., et al. 2014. High-fat diet alters gut microbiota physiology in mice. ISME J. 8: 295.

Danielsson, R., Dicksved, J., Sun, L., et al. 2017. Methane production in dairy cows correlates with rumen methanogenic and bacterial community structure. Front. Microbiol., 8: 226. doi: 10.3389/fmicb.2017.00226.

Dannenberger, D., Nuernberg, K., Nuernberg, G., et al. 2014. Impact of dietary protein level and source of polyunsaturated fatty acids on lipid metabolism-related protein expression and fatty acid concentrations in porcine tissues. J. Agric. Food Chem., 62(51): 12453-12461.

Darkoh, C., Brown, E. L., Kaplan, H. B., et al. 2013. Bile salt inhibition of host cell damage by Clostridium difficile toxins. PLoS One, 8: e79631. doi: 10. 1371/journal. pone. 0079631.

Daryabari, H. Akhlaghi, A., Zamiri, M. J., et al. 2014. Reproductive performance and oviductal expression of avidin and avidin-related protein-2 in young and old broiler breeder hens orally exposed to supplementary biotin. Poult. Sci., 93(9): 2289-2295.

da Silva, A. M. G., de Araújo, J. N. G., de Oliveira K. M., et al. 2018. Circulating miRNAs in acute new-onset atrial fibrillation and their target mRNA network. J. Cardiovasc. Electrophysiol., 29: 1159-1166.

Dasgupta, S., Erturk-Hasdemir, D., Ochoa-Reparaz, J., et al. 2014. Plasmacytoid dendritic cells mediate anti-inflammatory responses to a gut commensal molecule via both innate and adaptive mechanisms. Cell Host Microbe, 15(4): 413-423.

David, L. A., Maurice, C. F., Carmody, R. N., et al. 2014. Diet rapidly and reproducibly alters the human gut microbiome. Nature, 505:559-563.

Davidson, S., Hopkins, B. A., Odle, J., et al. 2008. Supplementing limited methionine diets with rumen-protected methionine, betaine, and choline in early lactation Holstein cows. J. Dairy Sci., 91: 1552-1559.

Davis, C. D., Uthus, E. O. 2003. Dietary folate and selenium affect dimethylhydrazine-induced aberrant crypt formation, global DNA methylation and one-carbon metabolism in rats. J. Nutr., 133: 2907-2914.

Davis, C. D., Uthus, E. O., Finley, J. W. 2000. Dietary selenium and arsenic affect DNA methylation in vitro in Caco-2 cells and in vivo in rat liver and colon. J. Nutr., 130: 2903-2909.

Dawson, K. A. 2006. Nutrigenomics: Feeding the genes for improved fertility. Anim. Reprod. Sci., 96 (3-4): 312-322.

Dawson, H. D., Gollins, G., Pyle, R., et al. 2006. Direct and indirect effects of retinoic acid on human Th2 cytokine and chemokine expression by human T lymphocytes. BMC. Immunol., 7 (27). doi:10.1186/1471-2172-7-27.

de Almeida, E. C., Fialho, E. T., Rodrigues, P. B., et al. 2010. Ractopamine and lysine levels on performance and carcass characteristics of finishing pigs. Rev. Bras. Zootecn., 39(9): 1961-1968.

de Vadder, F., Kovatcheva-Datchary, P., Goncalves, D., et al. 2014. Microbiota-generated metabolites promote metabolic benefits via gut-brain neural circuits. Cell, 156: 84-96.

Deblon, N., Bourgoin, L., Veyrat-Durebex, C., et al. 2012. Chronic mTOR inhibition by rapamycin induces muscle insulin resistance despite weight loss in rats. Br. J. Pharmacol., 165: 2325-2340.

del Vesco, A. P., Gasparino, E., Neto, A. R. O., et al. 2013. Dietary methionine effects on *IGF-I* and GHR mRNA expression in broilers. Genet. Mol. Res., 12(4): 6414-6423.

Delfini, M. C., Hirsinger, E., Pourquie, O., et al. 2000. Delta 1-activated Notch inhibits muscle differentiation without affecting Myf5 and Pax3 expression in chick limb myogenesis. Development, 127: 5213-5224.

Delvin, E. E., Salle, B. L., Glorieux, F. H., et al. 1986. Vitamin D supplementation during pregnancy: Effect on neonatal calcium homeostasis. J. Pediatr., 109 (2): 328-334.

den Besten, G., Lange, K., Havinga, R., et al., 2013a. Gut-derived short-chain fatty acids are vividly assimilated into host carbohydrates and lipids. Am. J. Physiol. Gastrointest. Liver Physiol., 305: G900-G910.

den Besten, G., van Eunen, K., Groen, A. K., et al. 2013b. The role of short-chain fatty acids in the interplay between diet, gut microbiota, and host energy metabolism. J. Lipid Res., 54: 2325-2340.

Deng, H. L., Zheng, A. J., Liu, G. H., et al. 2014. Activation of mammalian target of rapamycin signaling in skeletal muscle of neonatal chicks: Effects of dietary leucine and age. Poult. Sci., 93: 114-121.

Deng, J., Wu, X., Bin, S., et al. 2010. Dietary amylose and amylopectin ratio and resistant starch content affects plasma glucose, lactic acid, hormone levels and protein synthesis in splanchnic tissues. J. Anim. Physiol. Anim. Nutr., 94: 220-226.

Deng, X. Z., Li, X. J., Liu, P., et al. 2008. Effect of Chito - oligosaccharide supplementation on immunity in broiler chickens. Asian Austral. J. Anim., 21: 1651-1658.

Devlin, A. M., Arning, E., Bottiglieri, T., et al. 2004. Effect of Mthfr genotype on diet - induced hyperhomocysteinemia and vascular function in mice. Blood, 103: 2624-2629.

di Ruscio, A, Ebralidze, A. K., Benoukraf, T., et al. 2013. DNMT1 - interacting RNAs block gene - specific DNA methylation. Nature, 503: 371-376.

Di, W., Khan, M., Gao, Y., et al. 2017. Vitamin K_4 inhibits the proliferation and induces apoptosis of U2OS osteosarcoma cells via mitochondrial dysfunction. Mol. Med. Rep., 15(1): 277-284.

Dieci, G., Fiorino, G., Gastelnuovo, M., et al. 2007. The expanding RNA polymerase Ⅲ transcriptome. Trends Genet., 23: 614-622.

DiGiacomo, K., Warner, R. D., Leury, B. J., et al. 2014. Dietary betaine supplementation has energy-sparing effects in feedlot cattle during summer, particularly in those without access to shade. Anim. Prod. Sci., 4: 450-458.

Dihingia, A., Ozah, D., Baruah, P., et al. 2018. Prophylactic role of vitamin K supplementation on vascular inflammation in type 2 diabetes by regulating the NF-κB/Nrf2 pathway via activating Gla proteins. Food Funct., 9(1): 450-462.

Dikic, I. 2017. Proteasomal and autophagic degradation systems. Annu. Rev. Biochem., 86: 193-224.

Dilger, R. N., Baker, D. H. 2008. Excess dietary L - cysteine causes lethal metabolic acidosis in chicks. J. Nutr., 138: 1628-1633.

Dilger, R. N., Toue, S., Kimura, T., et al. 2007. Excess dietary L-cysteine, but not L-cystine, is lethal for chicks but not for rats or pigs. J. Nutr., 137: 331-338.

Dillmcfarland, K. A., Breaker, J. D., Suen, G. 2017. Microbial succession in the gastrointestinal tract of dairy cows from 2 weeks to first lactation. Sci. Rep., 7: 40864. doi: 10. 1038/srep40864.

Dimopoulos, N., Watson, M., Sakamoto, K., et al. 2006. Differential effects of palmitate and palmitoleate on insulin action and glucose utilization in rat L6 skeletal muscle cells. Biochem. J., 399: 473-481.

Ding, Y. H., Li, D. F., Piao, X. S., et al. 2004. Regulation of insulin-like growth factor-1 and growth hormone receptor gene expression in weaned pigs fed graded levels of dietary tryptophan. J.

Anim. Vet. Adv., 3: 487-494.

Ding, Z. K., Li, W. F., Huang, J. H., et al. 2017. Dietary alanyl-glutamine and vitamin E supplements could considerably promote the expression of *GPx* and *PPARα* genes, antioxidation, feed utilization, growth, and improve composition of juvenile cobia. Aquaculture, 470: 95-102.

Dittmer, K. E., Thompson, K. G. 2011. Vitamin D metabolism and rickets in domestic animals: A review. Vet. Pathol., 48(2): 389-407.

Dixon, J. L., Ginsberg, H. N. 1993. Regulation of hepatic secretion of apolipoprotein B-containing lipoproteins: information obtained from cultured liver cells. J. Lipid Res., 134: 167-179.

Doke, S., Inagaki, N., Hayakawa, T., et al. 1997. Effects of vitamin B_6 deficiency on cytokine levels and lymphocytes in mice. Biosci. Biotechnol. Biochem., 62(5):1008-1010.

Domingues-Faria, C., Chanet, A., Salles, J. et al. 2014. Vitamin D deficiency down-regulates Notch pathway contributing to skeletal muscle atrophy in old wistar rats. Nutr. Metab., 11: 47.

Domosławska, A., Zdunczyk, S., Franczyk, M., et al. 2018. Selenium and vitamin E supplementation enhances the antioxidant status of spermatozoa and improves semen quality in male dogs with lowered fertility. Andrologia, 50(6): e13023. doi: 10.1111/and.13023.

Dong, P., Tao, Y. H., Yang, Y., et al. 2010. Expression of retinoic acid receptors in intestinal mucosa and the effect of vitamin A on mucosal immunity. Nutrition, 26(7-8): 740-745.

Donohoe, D. R., Garge, N., Zhang, X. X., et al. 2011. The microbiome and butyrate regulate energy metabolism and autophagy in the mammalian colon. Cell Metab., 13: 517-526.

Donovan, J., Kordylewska, A., Jan, Y. N., et al. 2002. Tetralogy of fallot and other congenital heart defects in Hey2 mutant mice. Curr. Biol., 12: 1605-1610.

Drakesmith, H., Nemeth, E., Ganz, T. 2015. Ironing out ferroportin. Cell Metab., 22(5):777 - 787.

D'Souza, D. N., Pethick, D. W., Dunshea, F. R., et al. 2003. Nutritional manipulation increases intramuscular fat levels in the Longissimus muscle of female finisher pigs. Aust. J. Agric. Res., 54(8): 745-749.

Du, H. Zhao, Y., He, J. Q., et al. 2016. YTHDF2 destabilizes m^6A-containing RNA through direct recruitment of the CCR4-NOT deadenylase complex. Nat. Commun., 7: 12626. doi: 10. 1038/ ncomms12626.

Du, J. J., Xu, Y., Zhang, P. W., et al. 2018. MicroRNA-125a-5p affects adipocytes proliferation, differentiation and fatty acid composition of porcine intramuscular fat. Int. J. Mol. Sci., 19(2): 501. doi: 10.3390/ijms19020501.

Du, M., Carlin, K. M. 2012. Meat science and muscle biology symposium: Extracellular matrix in skeletal muscle development and meat quality. J. Anim. Sci., 90(3): 922-923.

Du, M., Zhu, M. J., Means, W. J., et al. 2005a. Nutrient restriction differentially modulates the mammalian target of rapamycin signaling and the ubiquitin-proteasome system in skeletal muscle of cows and their fetuses. J. Anim. Sci., 83: 117-123.

Du, M., Shen, Q. W., Zhu, M. J. 2005b. Role of β-adrenoceptor signaling and AMP-activated protein kinase in glycolysis of postmortem skeletal muscle. J. Agric. Food. Chem., 53(8): 3235-3239.

Duan, Y. F., Zhang, Y., Dong, H. B., et al. 2017. Effect of dietary *Clostridium butyricum* on growth, intestine health status and resistance to ammonia stress in Pacific white shrimp *Litopenaeus vannamei*. Fish Shellfish Immunol., 65: 25-33.

Duan, Y. H., Duan, Y. M., Li, F. N., et al. 2016a. Effects of supplementation with branched-chain amino acids to low-protein diets on expression of genes related to lipid metabolism in skeletal muscle of growing pigs. Amino Acids, 48: 2131-2144.

Duan, Y. H., Guo, Q. P., Wen, C. Y., et al. 2016b. Free amino acid profile and expression of genes implicated in protein metabolism in skeletal muscle of growing pigs fed low-protein diets supplemented with branched-chain amino acids. J. Agric. Food Chem., 64: 9390-9400.

Duarte, M. S., Paulino, P. V. R., Das, A. K., et al. 2013. Enhancement of adipogenesis and fibrogenesis in skeletal muscle of Wagyu compared with Angus cattle. J. Anim. Sci., 91(6): 2938-2946.

Dudley, K. J., Sloboda, D. M., Connor, K. L., et al. 2011. Offspring of mothers fed a high fat diet display hepatic cell cycle inhibition and associated changes in gene expression and DNA methylation. Plos One, 6(7): e21662. doi: 10. 1371/journal. pone. 0021662.

Dufner-Beattie, J., Kuo, Y. M., Gitschier, J. 2004. The adaptive response to dietary Zinc in mice involves the differential cellular localization and Zinc regulation of the Zinc transporters ZIP4 and ZIP5. J. Biol. Chem., 279: 49082-49090.

Dugan, M. E., Aalhus, J. L., Kramer, J. K. 2004. Conjugated linoleic acid pork research. Am. J. Clin. Nutr., 79: 1212S-1216S.

Dumas, M. E., Barton, R. H., Toye, A., et al. 2006. Metabolic profiling reveals a contribution of gut microbiota to fatty liver phenotype in insulin-resistant mice. Proc. Natl. Acad. Sci. U. S. A., 103: 12511-12516.

Dunn, I. C., Joseph, N. T., Bain, M., et al. 2009. Polymorphisms in eggshell organic matrix genes are associated with eggshell quality measurements in pedigree Rhode Island Red hens. Anim. Genet., 40: 110-114.

Dupic, F., Fruchon, S., Bensaid, M., et al. 2002. Duodenal mRNA expression of iron related genes in response to iron loading and iron deficiency in four strains of mice. Gut, 51(5): 648-53.

Dupret, J. M., Brun, P., Perret, C., et al. 1987. Transcriptional and post-transcriptional regulation of vitamin D-dependent calcium-binding protein gene expression in the rat duodenum by 1, 25-dihydroxycholecalciferol. J. Biol. Chem., 262(34): 16553-16557.

Duran-Montge, P., Theil, P. K., Lauridsen, C., et al. 2009. Dietary fat source affects metabolism of fatty acids in pigs as evaluated by altered expression of lipogenic genes in liver and adipose tissues. Animal, 3(4): 535-542.

Duriancik, D. M., Lackey, D. E., Hoag, K. A. 2010. Vitamin A as a regulator of antigen presenting cells. J. Nutr., 140(8): 1395-1399.

Duthie, S. J., Grant, G., Pirie, L. P., et al. 2010. Folate deficiency alters hepatic and colon MGMT and OGG-1 DNA repair protein expression in rats but has no effect on genome-wide DNA methylation. Cancer Prev. Res., 3: 92-100.

Duvel, K., Yecies, J. L., Menon, S., et al. 2010. Activation of a metabolic gene regulatory network downstream of mTOR complex 1. Mol. Cell, 39: 171-183.

Ear, J., Lin, S. 2017. RNA methylation regulates hematopoietic stem and progenitor cell development. J. Genet. Genomics, 44(10): 473-474 .

Eastin Jr, W. C., Spaziani, E. 1978. On the mechanism of calcium secretion in the avian shell gland (uterus). Biol. Reprod., 19: 505-518.

Easter, R. A., Anderson, P. A., Michel, E. J., et al. 1983. Response of gestating gilts and starter, grower and finisher swine to biotin, pyridoxine, folacin and thiamine additions to a corn soybean meal diets. Nutr. Rep. Int., 28: 945-953.

Eaton, K., Yang, W. 2015. Registered report: Intestinal inflammation targets cancer-inducing activity of the microbiota. Elife, 4: 120-123.

Eberle, D., Hegarty, B., Bossard, P., et al. 2004. SREBP transcription factors: Master regulators of lipid homeostasis. Biochimie, 86(11): 839-848.

Ebrahimi, M., Shahneh, A. Z., Shivazad, M., et al. 2014. The effect of feeding excess arginine on lipogenic gene expression and growth performance in broilers. Br. Poult. Sci., 55: 81-88.

Efeyan, A., Zoncu, R., Chang, S., et al. 2013. Regulation of mTORC1 by the Rag GTPases is necessary for neonatal autophagy and survival. Nature, 493: 679-683.

Egan, D. F., Shackelford, D. B., Mihaylova, M. M., et al. 2011. Phosphorylation of ULK1 (hATG1) by AMP-activated protein kinase connects energy sensing to mitophagy. Science, 331(6016): 456-461. doi: 10. 1126/science. 1196371.

Eichner, L. J., Perry, M. C., Dufour, C. R., et al. 2010. miR-378* mediates metabolic shift in breast cancer cells via the PGC-1β/ERRγ transcriptional pathway. Cell Metab., 12: 352-361.

El Asmar, M., Naoum, J., Arbid, E. 2014. Vitamin K dependent proteins and the role of vitamin K_2 in the modulation of vascular calcification: A review. Oman. Med. J., 29(3): 172-177.

El-Senousey, H. K., Fouad, A. M., Yao, J. H., et al. 2013. Dietary alpha lipoic acid improves body composition, meat quality and decreases collagen content in muscle of broiler chickens. Asian-Australas. J. Anim. Sci., 26(3): 394-400. doi: 10. 5713/ajas. 2012. 12430.

Emani, R., Asghar, M. N., Toivonen, R., et al. 2013. Casein hydrolysate diet controls intestinal T cell activation, free radical production and microbial colonisation in NOD mice. Diabetologia, 56: 1781-1791.

Endo, H., Niioka, M., Kobayashi, N., et al. 2013. Butyrate-producing probiotics reduce nonalcoholic fatty liver disease progression in rats: New insight into the probiotics for the gut-liver axis. PLoS One, 8(5): e63388. doi: 10. 1371/journal. pone. 0063388.

Enjalbert, F., Nicot, M. C., Packington, A. J. 2008. Effects of peripartum biotin supplementation of dairy cows on milk production and milk composition with emphasis on fatty acids profile. Livest. Sci., 114(2): 287-295.

Enokimura, N., Shiraki, K., Kawakita, T., et al. 2005. Vitamin K analog (compound 5) induces apoptosis in human hepatocellular carcinoma independent of the caspase pathway. Anti-Cancer Drugs, 16(8): 837-844.

Enser, M., Richardson, R.I., Wood, J.D., et al. 2000. Feeding linseed to increase the n-3 PUFA of pork: Fatty acid composition of muscle, adipose tissue, liver and sausages. Meat Sci., 55: 201-212.

Erkurt, M. A., Aydogdu, I., Dikilitaş, M., et, al. 2008. Effects of cyanocobalamin on immunity in patients with pernicious anemia. Med. Princ. Pract., 17(2):131-135.

Evans, R. M. 1988. The steroid and thyroid hormone receptor superfamily. Science, 240(4854): 889-895.

Fan, H. T., Zhang, R., Tesfaye, D., et al. 2012. Sulforaphane causes a major epigenetic repression of myostatin in porcine satellite cells. Epigenetics, 7(12): 1379-1390.

Fan, P. X., Liu, P., Song, P. X., et al. 2017. Moderate dietary protein restriction alters the composition of gut microbiota and improves ileal barrier function in adult pig model. Sci. Rep., 7: 43412. doi: 10. 1038/srep43412.

Fan, P., Tan, Y., Jin, K., et al. 2017. Supplemental lipoic acid relieves post-weaning diarrhoea by decreasing intestinal permeability in rats. J. Anim. Physiol. Anim. Nutr., 101(1): 136-146. doi: 10. 1111/jpn. 12427.

Fan, Q. W., Long, B. S., Yan, G. K., et al. 2017. Dietary leucine supplementation alters energy metabolism and induces slow-to-fast transitions in longissimus dorsi muscle of weanling piglets. Br. J. Nutr., 117: 1222-1234.

Fan, X., Xie, B. B., Zou, J., et al. 2018. Novel ETFDH mutations in four cases of riboflavin responsive multiple acyl-CoA dehydrogenase deficiency. Mol. Genet. Metab. Rep., 16: 15-19.

Fan, X. X., Liu, S. Q., Liu, G. H., et al. 2015.Vitamin A deficiency impairs mucin expression and suppresses the mucosal immune function of the respiratory tract in chicks. PLoS One, 10(9): e0139131. doi: 10.1371/journal.pone.0139131.

Fang, L., Jiang, X., Su, Y., et al. 2014. Long-term intake of raw potato starch decreases back fat thickness and dressing percentage but has no effect on the longissimus muscle quality of growing-finishing pigs. Livest Sci., 170: 116-123.

Farinazzo, A., Restuccia, U., Bachi, A., et al. 2009. Chicken egg yolk cytoplasmic proteome, mined via combinatorial peptide ligand libraries. J. Chromatogr. A, 1216(8): 1241-1252.

Favaro, G., Romanello, V., Varanita, T., et al. 2019. DRP1-mediated mitochondrial shape controls calcium homeostasis and muscle mass. Nat. Commun., 10(1): 2576. doi: 10.1038/s41467-019-10226-9.

Fechner, H., Schlame, M., Guthmann, F., et al. 1998. Alpha- and delta-tocopherol induce expression of hepatic alpha-tocopherol-transfer-protein mRNA. Biochem. J., 331 (2): 577-581.

Feng, J., Bi, C., Clark, B. S., et al. 2006. The Evf-2 noncoding RNA is transcribed from the Dlx-5/6 ultraconserved region and functions as a Dlx-2 transcriptional coactivator. Genes Dev., 20: 1407-1484.

Feng, Z. M., Li, T. J., Wu, L., et al. 2015. Monosodium L-glutamate and dietary fat differently modify the composition of the intestinal microbiota in growing pigs. Obesity Facts, 8(2): 87-100.

Feng, Z. M., Zhou, X. L., Wu, F., et al. 2014. Both dietary supplementation with monosodium L-glutamate and fat modify circulating and tissue amino acid pools in growing pigs, but with little interactive effect. PLoS One, 9: e84533. doi: 10. 1371/journal. pone. 0084533.

Ferland, G. 1998. The vitamin K-dependent proteins: An update. Nutrition Reviews, 56(8): 223-230.

Fernandes, C. A., Fievez, L. Ucakar, B., et al. 2011. Nicotinamide enhances apoptosis of G(M)-CSF-treated neutrophils and attenuates endotoxin-induced airway inflammation in mice. Am. J. Physiol. Lung Cell. Mol. Physiol., 300(3):L354- L361.

Fernandez, M. S., Escobar, C., Lavelin, I., et al. 2003. Localization of osteopontin in oviduct tissue and eggshell during different stages of the avian egg laying cycle. J. Struct. Biol., 143: 171-180.

Fernández, M. S., Montt, B., Ortiz, L., et al. 2018. Effect of carbonic anhydrase immobilized on eggshell membranes on calcium carbonate crystallization in vitro. In: Endo, K., Kogure, T., Nagasawa, H. Biomineralization: From Molecular and Nano-structural Analyses to Environmental Science. Singapore: Springer.

Fernάndez-Fígares, I., Conde-Aguilera, J. A., Nieto, R., et al. 2008. Synergistic effects of betaine and conjugated linoleic acid on the growth and carcass composition of growing Iberian pigs. J. Anim. Sci., 86: 102-111.

Fernàndez-Roig, S., Lai, S., Murphy, M. M., et al. 2012. Vitamin B_{12} deficiency in the brain leads to DNA hypomethylation in the TCblR/CD320 knockout mouse. Nutr. Metab., 9: 41. doi: 10.1186/1743-7075-9-41.

Fernάndez-Veledo, S., Vάzquez-Carballo, A., Vila-Bedmar, R., et al. 2013. Role of energy- and nutrient-sensing kinases AMP-activated protein kinase (AMPK) and mammalian target of rapamycin (mTOR) in adipocyte differentiation. IUBMB Life, 65(7): 572-583. doi: 10. 1002/iub. 1170.

Ferraro, P. M., Curhan, G. C., Gambaro, G., et al. 2016. Total, dietary, and supplemental vitamin C intake and risk of incident kidney stones. Am. J. Kidney Dis., 67(3): 400-407.

Ferreira, R. B., Gill, N., Willing, B. P., et al. 2011. The intestinal microbiota plays a role in *Salmonella*-induced colitis independent of pathogen colonization. PLoS One, 6: e20338. doi: 10. 1371/journal. pone. 0020338.

Figarola, J. L., Rahbar, S. 2013. Smallmolecule COH-SR4 inhibits adipocyte differentiation via AMPK activation. Int. J. Mol. Med., 31(5): 1166-1176. doi: 10. 3892/ijmm. 2013. 1313.

Flores, A. N., McDermott, N., Meunier, A., et al. 2014. NUMB inhibition of NOTCH signalling as a therapeutic target in prostate cancer. Nat. Rev. Urol., 11: 499-507.

Fluck, M., Waxham, M. N., Hamilton, M. T., et al. 2000. Skeletal muscle Ca^{2+}-independent kinase activity, increases during either hypertrophy or running. J. Appl. Physiol., 88(1): 352-358.

Forbes, J. D., Domselaar, G. V., Bernstein, C. N. 2016. The gut microbiota in immune-mediated inflammatory diseases. Front. Microbiol., 7: 1081.

Forman, B. M., Goode, E., Chen, J., et al. 1995. Identification of a nuclear receptor that is activated by farnesol metabolites. Cell, 81(5): 687-693.

Fox, H. L., Kimball, S. R., Jefferson, L. S., et al. 1998. Amino acids stimulate phosphorylation of p70S6k and organization of rat adipocytes into multicellular clusters. Am. J. Physiol., 274: C206-C213.

Frankenberg, T., Rao, A., Chen, F., et al. 2006. Regulation of the mouse organic solute transporter α-β, Ostα-Ostβ, by bile acids. Am. J. Physiol. Gastrointest. Liver Physiol., 290: G912-922.

Fraser, H., Lopaschuk, G. D., Clanachan, A. S. 1999. Alteration of glycogen and glucose metabolism in ischaemic and post-ischaemic working rat hearts by adenosine A1 receptor stimulation. Br. J. Pharmacol., 128(1): 197-205. doi: 10. 1038/sj. bjp. 0702765.

Friso, S., Udali, S., de Santis, D., et al. 2017. One-carbon metabolism and epigenetics. Mol. Aspects Med., 54: 28-36.

Frohlich, E. E., Farzi, A., Mayerhofer, R., et al., 2016. Cognitive impairment by antibiotic-induced gut dysbiosis: Analysis of gut microbiota-brain communication. Brain Behav. Immun., 56: 140-155.

Frost, G., Sleeth, M. L., Sahuri-Arisoylu, M., et al., 2014. The short-chain fatty acid acetate reduces appetite via a central homeostatic mechanism. Nat. Commun., 5: 3611.

Fry, R. S., Ashwell, M. S., Lloyd, K. E., et al. 2012. Amount and source of dietary copper affects small intestine morphology, duodenal lipid peroxidation, hepatic oxidative stress and mRNA expression of hepatic copper regulatory proteins in weanling pigs. J. Anim. Sci., 90(9): 3112-3119.

Frykman, P. K., Brown, M. S., Yamamoto, T., et al. 1995. Normal plasma lipoproteins and fertility in gene-targeted mice homozygous for a disruption in the gene encoding very low-density lipo protein receptor. Proc. Natl. Acad. Sci. U. S. A., 92: 8453-8457.

Fu, M. F., Rao, M., Bouras, T., et al. 2005. Cyclin D1 inhibits peroxisome proliferator-activated receptor γ-mediated adipogenesis through histone deacetylase recruitment. J. Biol. Chem., 280: 16934-16941.

Fu, X., Zhu, M. J., Zhang, S. M., et al. 2016. Obesity impairs skeletal muscle regeneration through inhibition of AMPK. Diabetes, 65(1): 188-200. doi: 10. 2337/db15-0647.

Fu, Y., Jia, G. F., Pang, X. Q., et al. 2013. FTO-mediated formation of *N*-6-hydroxymethyladenosine and *N*-6-formyladenosine in mammalian RNA. Nat. Commun., 4: 1798. doi: 10. 1038/ncomms2822.

Fukada, S., Yamaguchi, M., Kokubo, H., et al. 2011. Hesrl and Hesr3 are essential to generate undifferentiated quiescent satellite cells and to maintain satellite cell numbers. Development, 138: 4609-4619.

Fukuda, S., Toh, H., Hase, K., et al., 2011. Bifidobacteria can protect from enteropathogenic infection through production of acetate. Nature, 469: 543-547.

Fulco, M., Cen, Y., Zhao, P., et al. 2008. Glucose restriction inhibits skeletal myoblast differentiation by activating SIRT1 through AMPK-mediated regulation of Nampt. Dev. Cell, 14(5): 661-673. doi: 10. 1016/j. devcel. 2008. 02. 004.

Fullerton, M. D., Galic, S., Marcinko, K., et al. 2013. Single phosphorylation sites in Acc1 and Acc2 regulate lipid homeostasis and the insulin-sensitizing effects of metformin. Nat. Med., 19(12): 1649-1654. doi: 10. 1038/nm. 3372.

Furukawa, K., Kikusato, M., Kamizono, T., et al. 2016. Time-course changes in muscle protein degradation in heat-stressed chickens: Possible involvement of corticosterone and mitochondrial reactive oxygen species generation in induction of the ubiquitin-proteasome system. Gen. Comp. Endocrinol., 228: 105-110.

Gabler, N. K., Radcliffe, J. S., Spencer, J. D., et al. 2009. Feeding long-chain n-3 polyunsaturated fatty acids during gestation increases intestinal glucose absorption potentially via the acute activation of AMPK. J. Nutr. Biochem., 20(1): 17-25. doi: 10. 1016/j. jnutbio. 2007. 11. 009.

Gacias, M., Gaspari, S., Santos, P. -M. G., et al., 2016. Microbiota-driven transcriptional changes in prefrontal cortex override genetic differences in social behavior. eLife, 5: e13442. doi: 10. 7554/ eLife. 13442.

Gaidhu, M. P., Fediuc, S., Ceddia, R. B. 2006. 5-Aminoimidazole-4-carboxamide-1-β-D-ribofuranoside-induced AMP-activated protein kinase phosphorylation inhibits basal and insulin-stimulated glucose uptake, lipid synthesis, and fatty acid oxidation in isolated rat adipocytes. J. Biol. Chem., 281(36): 25956-25964. doi: 10. 1074/jbc. M602992200.

Gaidhu, M. P., Fediuc, S., Anthony, N. M., et al. 2009. Prolonged AICAR-induced AMP-kinase activation promotes energy dissipation in white adipocytes: Novel mechanisms integrating HSL and ATGL. J. Lipid Res., 50(4): 704-715. doi: 10. 1194/jlr. M800480-JLR200.

Gaj, T., Gersbach, C. A., Rd, B. C. 2013. ZFN, TALEN, and CRISPR/Cas-based methods for genome engineering. Trends Biotechnol., 31(7): 397-405.

Gallieni, M., Fusaro, M. 2014. Vitamin K and cardiovascular calcification in CKD: Is patient supplementation on the horizon? Kidney Int., 86(2): 232-234.

Gantois, I., Ducatelle, R., Pasmans, F., et al. 2006. Butyrate specifically down-regulates salmonella pathogenicity island 1 gene expression. Appl. Environ. Microbiol., 72: 946-949.

Gao, F., Shen, X. Z., Jiang, F., et al. 2016. DNA-guided genome editing using the *Natronobacterium gregoryi* Argonaute. Nat Biotechnol., 34: 768-773.

Gao, K., Mu, C. L., Farzi, A., et al. 2019b. Tryptophan metabolism: A link between the gut microbiota and brain. Adv. Nutr., doi: 10.1093/advances/nmz127.

Gao, K., Pi, Y., Mu, C. L., et al. 2018. Antibiotics-induced modulation of large intestinal microbiota altered aromatic amino acid profile and expression of neurotransmitters in the hypothalamus of piglets. J. Neurochem., 146(3): 219-234.

Gao, K., Pi, Y., Mu, C. L., et al. 2019a. Increasing carbohydrate availability in the hindgut promotes hypothalamic neurotransmitter synthesis: Aromatic amino acids linking the microbiota–brain axis. J. Neurochem., 149(5): 641-659.

Gao, P., Tchernyshyov, I., Chang, T. C., et al. 2009. c-Myc suppression of miR-23a/b enhances mitochondrial glutaminase expression and glutamine metabolism. Nature, 458: 762-765.

Garcia, D., Shaw, R. J. 2017. AMPK: Mechanisms of cellular energy sensing and restoration of metabolic balance. Mol. Cell, 66(6): 789-800. doi: 10. 1016/j. molcel. 2017. 05. 032.

García-Campaña, A. M., Gamiz-Gracia, L., Baeyens, W. R., et al. 2003. Derivatization of biomolecules for chemiluminescent detection in capillary electrophoresis. J. Chromatogr. B, 793(1): 49-74.

Garcia-Haro, L., Garcia-Gimeno, M. A., Neumann, D., et al. 2010. The PP1-R6 protein phosphatase holoenzyme is involved in the glucose-induced dephosphorylation and inactivation of AMP-activated protein kinase, a key regulator of insulin secretion, in MIN6 β cells. FASEB J., 24(12): 5080-5091. doi: 10. 1096/fj. 10-166306.

Gaullier, J. M., Halse, J., Hoye, K., et al. 2005. Supplementation with conjugated linoleic acid for 24 months is well tolerated by and reduces body fat mass in healthy, overweight humans. J. Nutr., 135(4): 778-784.

Gautron, J., Murayama, E., Vignal, A., et al. 2007. Cloning of ovocalyxin-36, a novel chicken eggshell protein related to lipopolysaccharide-binding proteins, bactericidal permeability-increasing proteins, and plunc family proteins. J. Biol. Chem., 282: 5273-5286.

Ge, C. X., Yu, R., Xu, M. X., et al. 2016. Betaine prevented fructose-induced NAFLD by regulating LXRalpha/PPARalpha pathway and alleviating ER stress in rats. Eur. J. Pharmacol., 770: 154-164.

Geigerová, M., Vlková, E., Bunešová, V., et al. 2016. Persistence of bifidobacteria in the intestines of calves after administration in freeze-dried form or in fermented milk. Czech J. Anim. Sci., 61(2): 49-57.

Geiser, J., Venken, K. J. T., de Lisle, R. C., et al. 2012. A mouse model of acrodermatitis enteropathica: Loss of intestine zinc transporter ZIP4 (Slc39a4) disrupts the stem cell niche and intestine integrity. PLoS Genet., 8(6): e1002766. doi: 10. 1371/journal. pgen. 1002766.

Geula, S., Moshitch-Moshkovitz, S., Dominissini, D., et al. 2015. m^6A mRNA methylation facilitates resolution of naive pluripotency toward differentiation. Science, 347: 1002-1006.

Giallongo, F., Hristov, A. N., Oh, J., et al. 2015. Effects of slow-release urea and rumen-protected methionine and histidine on performance of dairy cows. J. Dairy Sci., 98: 3292-3308.

Gibson, G. E., Zhang, H., Sheu, K. F., et al. 1998. α-Ketoglutarate dehydrogenase in Alzheimer brains bearing the APP670/671 mutation. Ann. Neurol., 44(4): 676-681.

Giri, S., Rattan, R., Haq, E., et al. 2006. AICAR inhibits adipocyte differentiation in 3T3L1 and restores metabolic alterations in diet-induced obesity mice model. Nutr. Metab., 3: 31. doi: 10. 1186/1743-7075-3-31.

Givan, A. L. 2001. Flow Cytometry: First Principles. 2nd Ed. New York: Wiley-Liss.

Glasser, F., Ferlay, A., Doreau, M., et al. 2008. Long-chain fatty acid metabolism in dairy cows: A meta-analysis of milk fatty acid yield in relation to duodenal flows and *de novo* synthesis. J. Dairy Sci., 91: 2771-2785.

Goff, L. A., Groff, A. F., Sauvageau, M., et al. 2015. Spatiotemporal expression and transcriptional perturbations by long noncoding RNAs in the mouse brain. Proc. Natl. Acad. Sci. U. S. A., 112: 6855-6862.

Goldstein, J. L., Rawson, R. B., Brown, M. S. 2002. Mutant mammalian cells as tools to delineate the sterol regulatory element-binding protein pathway for feedback regulation of lipid synthesis. Arch. Biochem. Biophys., 397: 139-148.

Goll, M. G., Kirpekar, F., Maggert, K. A., et al. 2006. Methylation of $tRNA^{Asp}$ by the DNA methyltransferase homolog Dnmt2. Science, 311 (5759): 395-398.

Gondret, F., Vincent, A., Houee-Bigot, H., et al. 2016. Molecular alterations induced by a high-fat high fiber diet in porcine adipose tissues: Variations according to the anatomical fat location. BMC Genomics, 17: 120.

Gong, C., Maquat. L. E. 2011. lncRNAs transactivate STAU1-mediated mRNA decay by duplexing with 3'UTRs via Alu elements. Nature, 470: 284-288.

González-Calvo, L., Joy, M., Alberti, C., et al. 2014. Effect of finishing period length with α-tocopherol supplementation on the expression of vitamin E-related genes in the muscle and subcutaneous fat of light lambs. Gene, 522(2): 225-233.

Gordon, K., Lee, E., Vitale, J., et al. 1987. Production of human plasminogen activactor intransgenic mice milk. Bio. Technol., 5: 1183-1187.

Gowans, G. J., Hawley, S. A., Ross, F. A., et al. 2013. AMP is a true physiological regulator of AMP-activated protein kinase by both allosteric activation and enhancing net phosphorylation. Cell Metab., 18(4): 556-566. doi: 10. 1016/j. cmet. 2013. 08. 019.

Goya, L., Garcia-Segura, L. M., Ramos, S., et al. 2002. Interaction between malnutrition and ovarian hormones on the systemic IGF-I axis. Eur. J. Endocrinol., 147(3): 417-424.

Goyal, N., Sivadas, A., Shamsudheen, K. V., et al. 2017. RNA sequencing of db/db mice liver identifies lncRNA H19 as a key regulator of gluconeogenesis and hepatic glucose output. Sci. Rep., 7: 8312.

Grajek, K., Sip, A., Foksowiczflaczyk, J., et al. 2016. Adhesive and hydrophobic properties of the selected LAB isolated from gastrointestinal tract of farming animals. Acta Biochim. Pol., 63(2): 311-314.

Gratton, M. O., Torban, E., Jasmin, S. B., et al. 2003. Hes6 promotes cortical neurogenesis and inhibits Hes1 transcription repression activity by multiple mechanisms. Mol. Cell. Biol., 23: 6922-6935.

Grayson, M. 2010. Nutrigenomics. Nature, 468(7327): S1.

Green, T. J., Smullen, R., Barnes, A. C., et al. 2013. Dietary soybean protein concentrate-induced intestinal disorder in marine farmed Atlantic salmon, *Salmo salar* is associated with alterations in gut microbiota. Vet. Microbiol., 166(1): 286-292.

Green, J. L., Kuntz, S. G., Sternberg, P. W. 2008. Ror receptor tyrosine kinases: Orphans no more. Trends Cell Biol., 18: 536-544.

Gressley, T. F., Hall, M. B., Armentano, L. E. 2011. Ruminant nutrition symposium: Productivity, digestion, and health responses to hindgut acidosis in ruminants. J. Anim. Sci., 89(4): 1120-1130.

Griffin, H. 1992. Manipulation of egg yolk cholesterol: A physiologist's view. Worlds Poult. Sci. J., 48: 101-112.

Grillo, A. S., SantaMaria, A. M., Martin, D.K., et al. 2017. Restored iron transport by a small molecule promotes absorption and hemoglobinization in animals. Science, 356(6338): 608-616.

Grivennikov, S. I., Wang, K., Mucida, D., et al., 2012. Adenoma-linked barrier defects and microbial products drive IL-23/IL-17-mediated tumour growth. Nature, 491: 254-258.

Gröber, U., Reichrath, J., Holick, M., et al. 2015. Vitamin K: An old vitamin in a new perspective. Dermatoendocrinol., 6(1): e968490. doi: 10.4161/19381972.2014.968490.

Grote, P., Herrmann, B. G. 2015. Long noncoding RNAs in organogenesis: Making the difference. Trends Genet., 31: 329-335.

Gu, Y. Y., Lindner, J., Kumar, A., et al. 2011. Rictor/mTORC2 is essential for maintaining a balance between beta-cell proliferation and cell size. Diabetes, 60: 827-837.

Guo, L. J., Luo, X. L., Li, R., et al. 2016. Porcine epidemic diarrhea virus infection inhibits interferon signaling by target degradation of STAT1. J. Virol., 90(18): 8281-8292.

Guo, X., Wang, X. F. 2009. Signaling cross-talk between TGF-beta/BMP and other pathways. Cell

Res., 19: 71-88.

Guo, Y., Chen, Y., Zhang, Y., et al. 2012. Up - regulated miR - 145 expression inhibits porcine preadipocytes differentiation by targeting IRS1. Int. J. Biol. Sci., 8: 1408-1417.

Guo, Y. L., Wu, P., Jiang, W. D., et al. 2018. The impaired immune function and structural integrity by dietary iron deficiency or excess in gill of fish after infection with *Flavobacterium columnare*: Regulation of NF-κB, TOR, JNK, p38MAPK, Nrf2 and MLCK signaling. J. Trace Elem. Med. Biol., 64: 593-608.

Gupta, R. K., Arany, Z., Seale, P., et al. 2010. Transcriptional control of preadipocyte determination by Zfp423. Nature, 464(7288): 619-623.

Guttman, M., Amit, I., Garber, M., et al. 2009. Chromatin signature reveals over a thousand highly conserved large non-coding RNAs in mammals. Nature, 458: 223-227.

Ha, J., Lee, J. K., Kim, K. S., et al. 1996. Cloning of human acetyl-CoA carboxylase-β and its unique features. Proc. Natl. Acad Sci. U. S. A., 93(21): 11466-11470.

Haenen, D., Zhang, J., Souza da Silva, C., et al. 2013. A diet high in resistant starch modulates microbiota composition, SCFA concentrations, and gene expression in pig intestine. J. Nutr., 143: 274-283.

Hailemariam, D., Mandal, R., Saleem, F., et al. 2014. Identification of predictive biomarkers of disease state in transition dairy cows. J. Dairy Sci., 97: 2680-2693.

Halder, M., Petsophonsakul, P., Akbulut, A. C., et al. 2019. Vitamin K: Double bonds beyond coagulation insights into differences between vitamin K_1 and K_2 in health and disease. Int. J. Mol. Sci., 20(4): 896-910.

Halket, J. M., Waterman, D., Przyborowska, A. M., et al. 2005. Chemical derivatization and mass spectral libraries in metabolic profiling by GC/MS and LC/MS/MS. J. Exp. Bot., 56: 219-243.

Hallows, K. R., Kobinger, G. P., Wilson, J. M., et al. 2003. Physiological modulation of CFTR activity by AMP-activated protein kinase in polarized T84 cells. Am. J. Physiol. Cell Physiol., 284(5): C1297-C1308. doi: 10. 1152/ajpcell. 00227. 2002.

Hamazaki, N., Uesaka, M., Nakashima, K., et al, 2015. Gene activation-associated long noncoding RNAs function in mouse preimplantation development. Development, 142: 910-920.

Hamelin, M., Sayd, T., Chambon, C., et al. 2007. Differential expression of sarcoplasmic proteins in four heterogeneous ovine skeletal muscles. Proteomics, 7(2): 271-280.

Han, G. -Q., Xiang, Z. -T., Yu, B., et al. 2012. Effects of different starch sources on *Bacillus* spp. in intestinal tract and expression of intestinal development related genes of weanling piglets. Mol. Biol. Rep., 39: 1869-1876.

Han, J. B., Li, E. W., Chen, L. Q., et al. 2015. The CREB coactivator CRTC2 controls hepatic lipid metabolism by regulating SREBP1. Nature, 524: 243-246.

Han, P., Li, W., Lin, C. H., et al. 2014. A long noncoding RNA protects the heart from pathological hypertrophy. Nature, 514: 102-106.

Handschin, C., Spiegelman, B. M. 2006. Peroxisome proliferator-activated receptor γ coactivator 1 coactivators, energy homeostasis, and metabolism. Endocr. Rev., 27(7): 728-735. doi: 10. 1210/er. 2006-0037.

Hansen, T. B., Jensen, T. I., Clausen, B. H., et al. 2013. Natural RNA circles function as efficient microRNA sponges. Nature, 495: 384-388.

Han-Suk, K., Arai, H., Arita, M., et al. 1998. Effect of α-tocopherol status on α-tocopherol transfer protein expression and its messenger RNA level in rat liver. Free Radical Res., 28(1): 87-92.

Haq, F., Mahoney, M., Koropatnick, J. 2003. Signaling events for metallothionein induction. Mutat. Res., 533(1): 211-226.

Hardie, D. G., Pan, D. A. 2002. Regulation of fatty acid synthesis and oxidation by the AMP-activated protein kinase. Biochem. Soc. Trans, 30(Pt 6): 1064-1070.

Hardie, D. G., Ross, F. A., Hawley, S. A. 2012. AMPK: A nutrient and energy sensor that maintains energy homeostasis. Nat. Rev. Mol. Cell Biol., 13(4): 251-262. doi: 10. 1038/nrm3311.

Hardie, D. G., Hawley, S. A., Scott, J. W. 2006. AMP-activated protein kinase-development of the energy sensor concept. J. Physiol., 574(Pt 1): 7-15. doi: 10. 1113/jphysiol. 2006. 108944.

Harrison, E. H. 2005. Mechanisms of digestion and absorption of dietary vitamin A. Annu. Rev. Nutr., 25(1): 87-103.

Hasanbasic, I., Rajotte, I., Blostein, M. 2005. The role of γ-carboxylation in the anti-apoptotic function of Gas6. J. Thromb. Haemost., 3(12): 2790-2797.

Haussler, M. R., Jurutka, P. W., Mizwicki, M., et al. 2011. Vitamin D receptor (VDR)-mediated actions of $1\alpha,25(OH)_2$ vitamin D_3: Genomic and non-genomic mechanisms. Best Pract. Res. Clin. Endocrinol. Metab., 25(4): 534-559.

Hawley, S. A., Ross, F. A., Chevtzoff, C., et al. 2010. Use of cells expressing γ subunit variants to identify diverse mechanisms of AMPK activation. Cell Metab., 11(6): 554-565. doi: 10. 1016/j. cmet. 2010. 04. 001.

Hawley, S. A., Ross, F. A., Gowans, G. J., et al. 2014. Phosphorylation by Akt within the ST loop of AMPK-α down-regulates its activation in tumour cells. Biochem. J., 459(2): 275-287. doi: 10. 1042/BJ20131344.

Hayes, S., Nelson, B. R., Buckingham, B., et al. 2007. Notch signaling regulates regeneration in the avian retina. Dev. Biol., 312: 300-311.

Haynes, T. E., Li, P., Li, X. L., et al. 2009. L-Glutamine or L-alanyl-L-glutamine prevents oxidant- or endotoxin-induced death of neonatal enterocytes. Amino acids, 37: 131-142.

Hayward, P., Kalmar, T., Arias, A. M. 2008. Wnt/Notch signalling and information processing during development. Development, 135: 411-424.

He, D. T., Zou, T. D., Gai, X. R., et al. 2017. MicroRNA expression profiles differ between primary myofiber of lean and obese pig breeds. PLoS One, 12(7): e0181897. doi: 10.1371/journal.pone.0181897.

He, J., Chen, D. W., Yu, B. 2010. Metabolic and transcriptomic responses of weaned pigs induced by different dietary amylose and amylopectin ratio. PloS One, 5: e15110. doi: 10. 1371/journal.pone. 0015110.

He, P., Jiang, W. D., Liu, X. A., et al. 2020. Dietary biotin deficiency decreased growth performance and impaired the immune function of the head kidney, spleen and skin in on-growing grass carp (*Ctenopharyngodon idella*). Fish Shellfish Immunol., 97: 216-234.

He, L. Q., Yang, H. S. Hou, Y. Q., et al. 2013. Effects of dietary L-lysine intake on the intestinal mucosa and expression of CAT genes in weaned piglets. Amino Acids, 45: 383-391.

He, L. Q., Li, H., Huang, N., et al. 2016a. Effects of alpha-ketoglutarate on glutamine metabolism in piglet enterocytes in vivo and in vitro. J. Agric. Food Chem., 64: 2668-2673.

He, L. Q., Wu, L., Xu, Z. Q., et al. 2016b. Low-protein diets affect ileal amino acid digestibility and gene expression of digestive enzymes in growing and finishing pigs. Amino acids, 48: 21-30.

He, S. J., Zhao, S. J., Dai, S. F., et al. 2015. Effects of dietary betaine on growth performance, fat deposition and serum lipids in broilers subjected to chronic heat stress. Anim. Sci. J., 86: 897-903.

He, T., Zhang, H. J., Wang, J., et al. 2017. Proteomic comparison by iTRAQ combined with mass spectrometry of egg white proteins in laying hens (*Gallus gallus*) fed with soybean meal and cottonseed meal. PLoS One, 12(8):e0182886. doi: 10.1371/journal.pone.0182886.

He, Z. X., Ferlisi, B., Eckert, E., et al. 2017. Supplementing a yeast probiotic to pre-weaning Holstein calves: Feed intake, growth and fecal biomarkers of gut health. Anim. Feed Sci. Tech., 226: 81-87 .

Heathcote, H. R., Mancini, S. J., Strembitska, A., et al. 2016. Protein kinase C phosphorylates AMP-activated protein kinase α1 Ser487. Biochem. J., 473 (24): 4681 - 4697. doi: 10. 1042/BCJ20160211.

Heidi, F., Gillian, F., Laura, W., et al. 2014. Intravenous vitamin C and cancer: A systematic review.

Integr. Cancer Ther., 13(4): 280-300.

Heiser, P. W., Lau, J., Taketo, M. M., et al. 2006. Stabilization of β-catenin impacts pancreas growth. Development, 133: 2023-2032.

Heisig, J., Weber, D., Englberger, E., et al. 2012. Target gene analysis by microarrays and chromatin immunoprecipitation identifies HEY proteins as highly redundant bHLH repressors. PLoS Genet., 8: e1002728. doi: 10. 1371/journal. pgen. 1002728.

Hemre, G. I., Lock, E. J., Olsvik, P. A., et al. 2016. Atlantic salmon (*Salmo salar*) require increased dietary levels of B - vitamins when fed diets with high inclusion of plant based ingredients. PEERJ, 4: e2493. doi: 10.7717/peerj.2493.

Henao - Mejia, J., Elinav, E., Jin, C., et al., 2012. Inflammasome - mediated dysbiosis regulates progression of NAFLD and obesity. Nature, 482: 179-185.

Henin, N., Vincent, M. F., Gruber, H. E., et al. 1995. Inhibition of fatty acid and cholesterol synthesis by stimulation of AMP-activated protein kinase. FASEB J., 9(7): 541-546.

Hentze, M. W., Muckenthaler, M. U., Galy, B., et al. 2010. Two to tango: Regulation of mammalian iron metabolism. Cell, 142(1): 24-38.

Hicke, L., Dunn, R. 2003. Regulation of membrane protein transport by ubiquitin and ubiquitin - binding proteins. Annu. Rev. Cell Dev. Biol., 19: 141-172.

Hicks, J. Tembhurne, A., P., Liu, H. C. 2008. MicroRNA expression in chicken embryos. Poultry Sci., 87: 2335-2343.

Higginson, J., Wackerhage, H., Woods, N., et al. 2002. Blockades of mitogen - activated protein kinase and calcineurin both change fibre - type markers in skeletal muscle culture. Pflugers Arch., 445(3): 437-443.

Hill, A., Clasen, K. C., Wendt, S., et al. 2019. Effects of vitamin C on organ function in cardiac surgery patients: A systematic review and Meta-analysis. Nutrients, 11(9): 585-586.

Hincke, M. T., Gautron, J., Mann, K., et al. 2003. Purification of ovocalyxin - 32, a novel chicken eggshell matrix protein. Connect. Tissue Res., 44: 16-19.

Hinney, A., Nguyen, T. T., Scherag, A., et al. 2007. Genome wide association (GWA) study for early onset extreme obesity supports the role of fat mass and obesity associated gene (FTO) variants. PLoS One, 2(12): e1361. doi: 10. 1371/journal. pone. 0001361.

Hirsinger, E., Malapert, P., Dubrulle, J., et al. 2001. Notch signalling acts in postmitotic avian myogenic cells to control MyoD activation. Development, 128: 107-116.

Hoban, A. E., Moloney, R. D., Golubeva, A. V., et al. 2016a. Behavioural and neurochemical consequences of chronic gut microbiota depletion during adulthood in the rat. Neuroscience,

339: 463-477.

Hoban, A. E., Stilling, R. M., Ryan, F. J., et al. 2016b. Regulation of prefrontal cortex myelination by the microbiota. Transl. Psychiatry., 6: e774. doi: 10. 1038/tp. 2016. 42.

Hoenderop, J. G. J., Nilius, B., Bindels, R. J. M. 2005. Calcium absorption across epithelia. Physiol. Rev., 85: 373-422.

Hoentjen, F., Welling, G. W., Harmsen, H. J., et al. 2005. Reduction of colitis by prebiotics in HLA-B27 transgenic rats is associated with microflora changes and immunomodulation. Inflamm. Bowel Dis., 11: 977-985.

Hofmann, K. 2000. A superfamily of membrane-bound *O*-acyltransferases with implications for wnt signaling. Trends Biochem. Sci., 25: 111-112.

Holick, M. F. 2008. Sunlight, uv-radiation, vitamin D and skin cancer: How much sunlight do we need? Adv. Exp. Med. Biol., 624(2): 1-15.

Holmes, B. F., Sparling, D. P., Olson, A. L., et al. 2005. Regulation of muscle GLUT4 enhancer factor and myocyte enhancer factor 2 by AMP - activated protein kinase. Am. J. Physiol. Endocrinol. Metab., 289(6): E1071-E1076. doi: 10.1152/ajpendo. 00606. 2004.

Holst, B., Egerod, K.L., Jin, C., et al. 2009. G protein-coupled receptor 39 deficiency is associated with pancreatic islet dysfunction. Endocrinology, 150(6): 2577-2585.

Hong, J., Kim, D., Cho, K., et al. 2015. Effects of genetic variants for the swine FABP3, HMGA1, MC4R, IGF2, and FABP4 genes on fatty acid composition. Meat Sci., 110: 46-51.

Horie, T., Ono, K., Nishi, H., et al. 2009. MicroRNA-133 regulates the expression of GLUT4 by targeting KLF15 and is involved in metabolic control in cardiac myocytes. Biochem. Biophys. Res. Commun., 389: 315-320.

Horigan, G., McNulty, H., Ward, M., et al. 2010. Riboflavin lowers blood pressure in cardiovascular disease patients homozygous for the 677C→T polymorphism in MTHFR. J. Hypertens., 28(3): 478-486.

Horike, N., Sakoda, H., Kushiyama, A., et al. 2008. AMP-activated protein kinase activation increases phosphorylation of glycogen synthase kinase 3β and thereby reduces cAMP - responsive element transcriptional activity and phosphoenolpyruvate carboxykinase C gene expression in the liver. J. Biol. Chem., 283(49): 33902-33910. doi: 10.1074/jbc. M802537200.

Horman, S., Browne, G., Krause, U., et al. 2002. Activation of AMP-activated protein kinase leads to the phosphorylation of elongation factor 2 and an inhibition of protein synthesis. Curr. Biol., 12 (16): 1419-1423.

Horman, S., Morel, N., Vertommen, D., et al. 2008. AMP-activated protein kinase phosphorylates and desensitizes smooth muscle myosin light chain kinase. J. Biol. Chem., 283(27): 18505-18512. doi: 10. 1074/jbc. M802053200.

Horton, J. D., Shah, N. A., Warrington, J. A., et al. 2003. Combined analysis of oligonucleotide microarray data from transgenic and knockout mice identifies direct SREBP target genes. Proc. Natl. Acad. Sci. U. S. A., 100: 12027-12032.

Houde, V. P., Ritorto, M. S., Gourlay, R., et al. 2014. Investigation of LKB1 Ser431 phosphorylation and Cys433 farnesylation using mouse knockin analysis reveals an unexpected role of prenylation in regulating AMPK activity. Biochem. J., 458(1): 41-56. doi: 10.1042/BJ20131324.

Hrncir, T., Stepankova, R., Kozakova, H., et al. 2008. Gut microbiota and lipopolysaccharide content of the diet influence development of regulatory T cells: Studies in germ-free mice. BMC Immunol., 9: 65.

Hu, J., Nie, Y. F., Chen, S. F., et al. 2017. Leucine reduces reactive oxygen species levels via an energy metabolism switch by activation of the mTOR-HIF-1α pathway in porcine intestinal epithelial cells. Int. J. Biochem. Cell Biol., 89: 42-56.

Hu, S. L., Wang, Y., Wen, X. L., et al. 2018. Effects of low molecular-weight chitosan on the growth performance, intestinal morphology, barrier function, cytokine expression and antioxidant system of weaned piglets. BMC Vet. Res., 14(1): 215. doi: 10.1186/s12917-018-1543-8.

Hu, S. X., Zhang, M. Z., Sun, F., et al. 2016. miR-375 controls porcine pancreatic stem cell fate by targeting 3-phosphoinositide-dependent protein kinase-1 (Pdk1). Cell Prolif., 49: 395-406.

Hu, Y. D., Wang, H. L., Wang, Q. T., et al. 2014. Overexpression of CD38 decreases cellular NAD levels and alters the expression of proteins involved in energy metabolism and antioxidant defense. J. Proteome Res., 13(2):786-795.

Huang, B., Xiao, D. F., Tan, B., et al. 2016. Chitosan oligosaccharide reduces intestinal inflammation that involves calcium-sensing receptor (CaSR) activation in lipopolysaccharide (LPS)-challenged piglets. J. Agric. Food Chem., 64(1): 245-252.

Huang, D. P., Zhuo, Z., Fang, S. L., et al. 2016. Different Zinc sources have diverse impacts on gene expression of Zinc absorption related transporters in intestinal porcine epithelial cells. Biol. Trace Elem. Res., 173(2): 325-332.

Huang, G. W., Cao X. H., Zhang, X. M., et al. 2009. Effects of soybean isoflavone on the notch signal pathway of the brain in rats with cerebral ischemia. J. Nutr. Sci. Vitaminol., 55: 326-331.

Huang, Q. C., Xu, Z. R., Han, X. Y., et al. 2006. Changes in hormones, growth factor and lipid metabolism in finishing pigs fed betaine. Livest Sci., 105: 78-85.

Huang, Q., Xu, W., Bai, K. W., et al. 2017. Protective effects of leucine on redox status and mitochondrial-related gene abundance in the jejunum of intrauterine growth-retarded piglets during early weaning period. Arch. Anim. Nutr., 71: 93-107.

Huang, Q. H., Lau, S. S., Monks, T. J. 1999. Induction of gadd153 mRNA by nutrient deprivation is overcome by glutamine. Biochem. J., 341: 225-231.

Huang, R. F., Ho, Y. H., Lin, H. L., et al. 1999. Folate deficiency induces a cell cycle-specific apoptosis in Hep G2 cells. J. Nutr., 129(1): 25-31.

Huang, R. L., Yin, Y. L., Wu, G. Y., et al. 2005. Effect of dietary oligochitosan san supplementation on ileal digestibility of nutrients and performance in broilers. Poult. Sci., 84(9): 1383-1388.

Huang, R. P. 2001. Detection of multiple proteins in an antibody based protein microarray system. J. Immunol. Methods, 255 (1-2): 1-13.

Huang, Y. L., Ashwell, M. S., Fry, R. S., et al. 2015. Effect of dietary copper amount and source on copper metabolism and oxidative stress of weanling pigs in short-term feeding. J. Anim. Sci., 93(6): 2948-2955.

Huh, J. E., Choi, J. Y., Shin, Y. O., et al. 2014. Arginine enhances osteoblastogenesis and inhibits adipogenesis through the regulation of Wnt and NFATc signaling in human mesenchymal stem cells. Int. J. Mol. Sci., 15: 13010-13029.

Hunger, M., Wurst, K., Krautler, B. 2015. Synthesis, solution and crystal structure of the coenzyme B (12) analogue Co(β)-2′-fluoro-2′,5′-dideoxyadenosylcobalamin. J. Inorg. Biochem., 148: 62-68.

Hwang, I., Yang, H., Kang, H. S., et al. 2013. Alteration of tight junction gene expression by calcium- and vitamin D-deficient diet in the duodenum of calbindin-null mice. Int. J. Mol. Sci., 14(11): 22997-23010.

Ilina, L. A., Yildirim, E. A., Nikonov, I. N., et al. 2016. Metagenomic bacterial community profiles of chicken embryo gastrointestinal tract by using T-RFLP analysis. Dokl. Biochem. Biophys., 466(1): 47-51.

Imbard, A., Benoist, J. F., Blom, H. J. 2013. Neural tube defects, folic acid and methylation. Int. J. Environ. Res. Public Health, 10: 4352-4389.

Inagaki, T., Dutchak, P., Zhao, G., et al. 2007. Endocrine regulation of the fasting response by PPARα-mediated induction of fibroblast growth factor 21. Cell Metab., 5(6): 415-425.

Innes, J. 2006. Diet and disease: Exploring the link through nutrigenomics. Can. Vet. J., 47(1): 68-70.

Inoki, K., Ouyang, H., Zhu, T. Q., et al. 2006. TSC2 integrates Wnt and energy signals via a coordinated phosphorylation by AMPK and GSK3 to regulate cell growth. Cell, 126: 955-968.

International Human Genome Sequencing Consortium. 2004. Finishing the euchromatic sequence of the human genome. Nature, 431: 931-945.

Isaacson, R., Kim, H. B. 2012. The intestinal microbiome of the pig. Anim. Health Res. Rev., 13: 100-109.

Iskandar, B. J., Rizk, E., Meier, B., et al. 2010. Folate regulation of axonal regeneration in the rodent central nervous system through DNA methylation. J. Clin. Invest., 120: 1603-1616.

Islam, H., Edgett, B. A., Gurd, B. J. 2018. Coordination of mitochondrial biogenesis by PGC-1α in human skeletal muscle: A re-evaluation. Metabolism, 79: 42-51.

Iso, T., Sartorelli, V., Poizat, C., et al. 2001. HERP, a novel heterodimer partner of HES/E(spl) in Notch signaling. Mol. Cell. Biol., 21: 6080-6089.

Issemann, I., Green S. 1990. Activation of a member of the steroid hormone receptor superfamily by peroxisome proliferators. Nature, 347(6294): 645.

Jackson, A. 1991. The glycine story. Eur. J. Clin. Nutr., 45: 59.

Jager, S., Handschin, C., St-Pierre, J., et al. 2007. AMP-activated protein kinase (AMPK) action in skeletal muscle via direct phosphorylation of PGC-1α. Proc. Natl. Acad. Sci. U. S. A., 104(29): 12017-12022. doi: 10. 1073/pnas. 0705070104.

Jang, Y. J., Koo, H. J., Sohn, E. H., et al. 2015. Theobromine inhibits differentiation of 3T3-L1 cells during the early stage of adipogenesis via AMPK and MAPK signaling pathways. Food Funct., 6(7): 2365-2374. doi: 10. 1039/c5fo00397k.

Janjanam, J., Singh, S., Jena, M. K., et al. 2014. Comparative 2D-DIGE proteomic analysis of bovine mammary epithelial cells during lactation reveals protein signatures for lactation persistency and milk yield. PLoS One, 9(8): e102515. doi: 10. 1371/journal. pone. 0102515.

Jaspal, K. 2014. Vitamin A/retinol and maintenance of pluripotency of stem cells. Nutrients, 6(3): 1209-1222.

Jeong, K. Y., Suh, G. J., Kwon, W. Y., et al. 2015. The therapeutic effect and mechanism of niacin on acute lung injury in a rat model of hemorrhagic shock: Down-regulation of the reactive oxygen species-dependent nuclear factor κB pathway. J. Trauma Acute Care Surg., 79(2):247-255.

Jeltsch, J. M., Hen, R., Maroteaux, L., et al. 1987. Sequence of the chicken ovotransferrin gene. Nucleic Acids Res., 15: 7643-7645.

Jenkins, P. G., Mazumdar, D. C. 2012. Oral vitamin D effects on PTH levels. Am. J. Kidney Dis., 59(5): 738.

Jensen, T. J., Loo, M. A., Pind, S., et al. 1995. Multiple proteolytic systems, including the proteasome contribute CFTR processing. Cell, 83: 129-135.

Jentsch, S., G. Pyrowolakis. 2000. Ubiquitin and its kin: How close are the family ties? Trends Cell Biol., 10(8): 335-342.

Ji, H. L., Song, C. C., Li, Y. F., et al. 2014. miR-125a inhibits porcine preadipocytes differentiation by targeting ERRα. Mol. Cell. Biochem., 395: 155-165.

Ji, X. Y., Wang, J. X., Liu, B., et al. 2016. Comparative transcriptome analysis reveals that a ubiquitin-mediated proteolysis pathway is important for primary and secondary hair follicle development in cashmere goats. PLoS One, 11: e0156124. doi: 10. 1371/journal. pone. 0156124.

Ji, X., Wang, Z., Geamanu, A., et al. 2012. Delta-tocotrienol suppresses Notch-1 pathway by upregulating miR-34a in nonsmall cell lung cancer cells. Int. J. Cancer, 131: 2668-2677.

Ji, Y., Wu, Z. L., Dai, Z. L., et al. 2016. Excessive L-cysteine induces vacuole-like cell death by activating endoplasmic reticulum stress and mitogen-activated protein kinase signaling in intestinal porcine epithelial cells. Amino acids, 48: 149-156.

Jia, G. F., Fu, Y., Zhao, X., et al. 2011. N^6-methyladenosine in nuclear RNA is a major substrate of the obesity-associated FTO. Nat. Chem. Biol., 7(12): 885-887.

Jia, Y. B., Jiang, D. M., Ren, Y. Z., et al. 2017. Inhibitory effects of vitamin E on osteocyte apoptosis and DNA oxidative damage in bone marrow hemopoietic cells at early stage of steroid-induced femoral head necrosis. Mol. Med. Rep., 15(4): 1585-1592.

Jia, Y. M., Cong, R. H., Li, R. S., et al. 2012. Maternal low-protein diet induces gender-dependent changes in epigenetic regulation of the glucose-6-phosphatase gene in newborn piglet liver. J. Nutr., 142: 1659-1665.

Jiang, G. L., Liu, Y. Y., Oso, A. O., et al. 2016. The differences of bacteria and bacteria metabolites in the colon between fatty and lean pigs. J. Anim. Sci., 94(3): 349-353.

Jiang, C. T., Xie, C., Li, F., et al., 2015a. Intestinal farnesoid X receptor signaling promotes nonalcoholic fatty liver disease. J. Clin. Invest., 125: 386-402.

Jiang, C. T., Xie, C., Lv, Y., et al., 2015b. Intestine-selective farnesoid X receptor inhibition improves obesity-related metabolic dysfunction. Nat. Commun., 6: 10166. doi: 10.1038/ncomms10166.

Jiang, J. K., Hang, X. M., Zhang, M., et al. 2010. Diversity of bile salt hydrolase activities in different lactobacilli toward human bile salts. Ann. Microbiol., 60: 81-88.

Jiang, Q., Sun, B. F., Liu, Q., et al. 2019. MTCH2 promotes adipogenesis in intramuscular preadipocytes via an m^6A-YTHDF1-dependent mechanism. FASEB J., 33(2): 2971-2981.

Jiang, W., Liu, Y. T., Liu, R., et al. 2015. The lncRNA DEANR1 facilitates human endoderm differentiation by activating FOXA2 expression. Cell Rep., 11: 137-148.

Jiao, N., Wu, Z. L., Ji, Y., et al. 2015. L-glutamate enhances barrier and antioxidative functions in intestinal porcine epithelial cells. J. Nutr., 145: 2258-2264.

Jijon, H., Backer, J., Diaz, H., et al. 2004. DNA from probiotic bacteria modulates murine and human epithelial and immune function. Gastroenterology, 126: 1358-1373.

Jing, J. J., Jiang, X. L., Chen, J. W., et al. 2017. Notch signaling pathway promotes the development of ovine ovarian follicular granulosa cells. Anim. Reprod. Sci., 181: 69-78.

Jing, W., Sun, B. G., Cao, Y. P., et al. 2008. Inhibitory effect of wheat bran feruloyl oligosaccharides on oxidative DNA damage in human lymphocytes. Food Chem., 109: 129.

Jing-Bo, L., Ying, Y., Bing, Y., et al. 2013. Folic acid supplementation prevents the changes in hepatic promoter methylation status and gene expression in intrauterine growth-retarded piglets during early weaning period. J. Anim. Physiol. Anim. Nutr., 97: 878-886.

Johansson, M., van Guelpen, B., Vollset, S. E., et al. 2009. One-carbon metabolism and prostate cancer risk: Prospective investigation of seven circulating B vitamins and metabolites. Cancer Epidemiol. Biomarkers Prev., 18(5): 1538-1543.

Johnson, T. L., Tomanek, L., Peterson, D. G. 2013. A proteomic analysis of the effect of growth hormone on mammary alveolar cell-T (MAC-T) cells in the presence of lactogenic hormones. Domest. Anim. Endocrin., 44(1): 26-35.

Jonchère, V., Réhault-Godbert, S., Hennequet-Antier, C., et al. 2010. Gene expression profiling to identify eggshell proteins involved in physical defense of the chicken egg. Bmc. Genomics, 11 (1): 57-75.

Jones, K. T., Greer, E. R., Pearce, D., et al. 2009. Rictor/TORC2 regulates Caenorhabditis elegans fat storage, body size, and development through sgk-1. PLoS Biol., 7: 604-615. doi: 10. 1371/ journal. pbio. 1000060.

Jones, R. M., Luo, L., Ardita, C. S., et al., 2013. Symbiotic lactobacilli stimulate gut epithelial proliferation via Nox-mediated generation of reactive oxygen species. EMBO J., 32: 3017-3028.

Joo, S. T., Lee, J. I., Ha, Y. L., et al. 2002. Effects of dietary conjugated linoleic acid on fatty acid composition, lipid oxidation, color, and water-holding capacity of pork loin. J. Anim. Sci., 80 (1): 108-112.

Jordan, S. D., Krüger, M., Willmes, D. M., et al. 2011. Obesity-induced overexpression of miRNA-143 inhibits insulin-stimulated AKT activation and impairs glucose metabolism. Nat. Cell Biol., 13: 434-446.

Jorgensen, S. B., Viollet, B., Andreelli, F., et al. 2004. Knockout of the α2 but not α1 5'-AMP-activated protein kinase isoform abolishes 5-aminoimidazole-4-carboxamide-1-β-4-ribofuranosidebut not contraction-induced glucose uptake in skeletal muscle. J. Biol. Chem., 279(2): 1070-1079. doi: 10. 1074/jbc. M306205200.

Juan, P. R., Abel, M., Antonio, R. 2004. Crystal structure of ovocleidin-17, a major protein of the calcified *Gallus gallus* eggshell. J. Biol. Chem., 279(39): 40876-40881.

Juchem, S. O., Robinson, P. H., Evans, E. 2012. A fat based rumen protection technology post-ruminally delivers a B vitamin complex to impact performance of multiparous holstein cows. Anim. Feed Sci. Tech., 174(1-2): 68-78.

Jung, J., Genau, H. M., Behrends, C. 2015. Amino acid-dependent mTORC1 regulation by the lysosomal membrane protein SLC38A9. Mol. Cell. Biol., 35: 2479-2494.

Jurek, S., Sandhu, M. A., Trappe, S., et al. 2020. Optimizing adipogenic transdifferentiation of bovine mesenchymal stem cells: A prominent role of ascorbic acid in FABP4 induction. Adipocyte, 9(1): 35-50.

Kadegowda, A. K., Bionaz, M., Piperova, L. S., et al. 2009. Peroxisome proliferator-activated receptor-γ activation and long-chain fatty acids alter lipogenic gene networks in bovine mammary epithelial cells to various extents. J. Dairy Sci., 92(9): 4276-4289.

Kadono-Okuda, K., Yamamoto, M., Higashino, Y., et al. 1995. Beculovirus-mediated production of the human growth hormone in larvae of the silkworm *Bombyx mori*. Biochem. Biophys. Commun., 213(2): 389-395.

Kalender, A., Selvaraj, A., Kim, S. Y., et al. 2010. Metformin, independent of AMPK, inhibits mTORC1 in a rag GTPase-dependent manner. Cell Metab., 11: 390-401.

Kamada, N., Kim, Y. G., Sham, H. P., et al. 2012. Regulated virulence controls the ability of a pathogen to compete with the gut microbiota. Science, 336: 1325-1329.

Kan, S., Ohuchi, A., Sook, S. H., et al. 2003. Changes in mRNA expression of 3-hydroxy-3-methylglutaryl coenzyme A reductase and cholesterol 7 alpha-hydroxylase in chickens. Biochim. Biophys. Acta., 1630: 96-102.

Kang, M., Yan, L. M., Zhang, W. Y., et al. 2013a. Role of microRNA-21 in regulating 3T3-L1 adipocyte differentiation and adiponectin expression. Mol. Biol. Rep., 40: 5027-5034.

Kang, M., Yan, L. M., Li, Y. M., et al. 2013b. Inhibitory effect of microRNA-24 on fatty acid-binding protein expression on 3T3-L1 adipocyte differentiation. Genet. Mol. Res., 12: 5267-5277.

Kaput, J., Rodriguez, R. L. 2006. Nutritional Genomics: Discovering the Path to Personalized Nutrition. Hoboken: Wiley-Interscience.

Karin, M., Ben-Neriah, Y. 2000. Phosphorylation meets ubiquitination: The control of NF-κB activity. Annu. Rev. Immunol., 18: 621-663.

Kato, A., Nakamura, R., Sato, Y. 2014. Studies on changes in stored shell eggs. Agric. Chem., 35(3): 351-356.

Kato, A., Sato, Y. 1972. The release of carbohydrate rich component from ovomucin gel during storage. Agric. Biol. Chem., 36(5): 831-836.

Kato, A., Yoshida, K., Matsudomi, N., et al. 1976. The interaction between ovomucin and egg white proteins. Agric. Biol. Chem., 40(12): 2361-2366.

Kato, I., Schrode. J., Kohr, W. J., et al. 1987. Chicken ovomucoid: Determination of its amino acid sequence, determination of the trypsin reactive site, and preparation of all three of its domains. Biochemistry, 26: 193-201.

Katsumata, M., Kawakami, S., Kaji, Y., et al. 2002. Differential regulation of porcine hepatic IGF-I mRNA expression and plasma IGF-I concentration by a low lysine diet. J. Nutr., 132: 688-692.

Kaushik, S., Cuervo, A. M. 2012. Chaperone-mediated autophagy: A unique way to enter the lysosome world. Trends Cell Biol., 22: 407-417.

Kawabata, F., Mizushige, T., Uozumi, K., et al. 2015. Fish protein intake induces fast-muscle hypertrophy and reduces liver lipids and serum glucose levels in rats. Biosci. Biotechnol. Biochem., 79(1): 109-116.

Kawai, T., Akira, S. 2009. The roles of TLRs, RLRs and NLRs in pathogen recognition. Int. Immunol., 21: 317-337.

Kefas, B., Comeau, L., Erdle, N., et al. 2010. Pyruvate kinase M2 is a target of the tumor-suppressive microRNA-326 and regulates the survival of glioma cells. Neuro. Oncol., 12: 1102-1112.

Keller, J., Ringseis, R., Koc, A., et al. 2012. Supplementation with L-carnitine downregulated genes of the ubiquitin proteasome system in the skeletal muscle and liver of piglets. Animal, 6: 70-78.

Kettunen, H., Tiihonen, K., Peuranen, S., et al. 2001. Dietary betaine accumulates in the liver and intestinal tissue and stabilizes the intestinal epithelial structure in healthy and coccidia-infected broiler chicks. Comparative Biochemistry and Physiology A: Molecular and Integrative Physiology, 130(4): 759-769.

Khajali, F., Khoshouie, E. A., Dehkordi, S. K. et al. 2008. Production performance and egg quality of Hy-line W36 laying hens fed reduced-protein diets at a constant total sulfur amino acid: Lysine ratio. J. Appl. Poult. Res., 17: 390-397.

Khambualai, O., Yamauchi, K., Tangtaweewipat, S., et al. 2009. Growth performance and intestinal histology in broiler chickens fed with dietary chitosan. Br. Poult. Sci., 50(5): 592-597.

Khan, J. M., Ranganathan, S. 2009. A multi-species comparative structural bioinformatics analysis of inherited mutations in α-D-mannosidase reveals strong genotype-phenotype correlation. BMC

Genomics, 10(Suppl3): 33.

Khan, M., Ringseis, R., Mooren, F. C., et al. 2013. Niacin supplementation increases the number of oxidative type I fibers in skeletal muscle of growing pigs. BMC Vet. Res., 9(1): 177.

Khillan, J. S. 2014. Vitamin A/retinol and maintenance of pluripotency of stem cells. Nutrients, 6: 1209-1222.

Khosravi, A., Yáñez, A., Price, J. G., et al. 2014. Gut microbiota promote hematopoiesis to control bacterial infection. Cell Host &Microbe, 15: 374-381.

Kiffin, R., Christian, C., Knecht, E., et al. 2004. Activation of chaperone-mediated autophagy during oxidative stress. Mol. Biol. Cell, 15: 4829-4840.

Kim, C. J., Kovacs-Nolan, J., Yang, C., et al. 2009. L-cysteine supplementation attenuates local inflammation and restores gut homeostasis in a porcine model of colitis. Bba-Gen Subjects, 1790: 1161-1169.

Kim, C. J., Kovacs-Nolan, J. A., Yang, C. B., et al. 2010. L-tryptophan exhibits therapeutic function in a porcine model of dextran sodium sulfate (DSS)-induced colitis. J. Nutr. Biochem., 21: 468-475.

Kim, E., Goraksha-Hicks, P., Li, L., et al. 2008. Regulation of TORC1 by Rag GTPases in nutrient response. Nat. Cell Biol., 10: 935-945.

Kim, H. B., Borewicz, K., White, B. A., et al. 2011. Longitudinal investigation of the age-related bacterial diversity in the feces of commercial pigs. Vet. Microbiol., 153: 124-133.

Kim, I., Ahn, S. H., Inagaki, T., et al. 2007. Differential regulation of bile acid homeostasis by the farnesoid X receptor in liver and intestine. J. Lipid Res., 48: 2664-2672.

Kim, J. E., Chen, J. 2004. Regulation of peroxisome proliferator-activated receptor-γ activity by mammalian target of rapamycin and amino acids in adipogenesis. Diabetes, 53: 2748-2756.

Kim, J., Kim, Y. C., Fang, C., et al. 2013. Differential regulation of distinct Vps34 complexes by AMPK in nutrient stress and autophagy. Cell, 152(1-2): 290-303. doi: 10. 1016/j. cell. 2012. 12. 016.

Kim, J., Kundu, M., Viollet, B., et al. 2011. AMPK and mTOR regulate autophagy through direct phosphorylation of Ulk1. Nat. Cell Biol., 13(2): 132-141. doi: 10. 1038/ncb2152.

Kim, K. H., Song, M. J., Chung, J., et al. 2005. Hypoxia inhibits adipocyte differentiation in a HDAC-independent manner. Biochem. Biophys. Res. Commun., 333(4): 1178-1184. doi: 10. 1016/j. bbrc. 2005. 06. 023.

Kim, K. S., Kim, H. E., Jin, W. J., et al. 2008. Lipin1 is a key factor for the maturation and maintenance of adipocytes in the regulatory network with C/EBP-α and PPAR-γ. FEBS J., 275:

125-125.

Kim, M. S., Park, J. Y., Namkoong, C., et al. 2004. Anti-obesity effects of α-lipoic acid mediated by suppression of hypothalamic AMP-activated protein kinase. Nat. Med., 10(7): 727-733. doi: 10. 1038/nm1061.

Kim, N. G., Xu, C., Gumbiner, B. M. 2009. Identification of targets of the Wnt pathway destruction complex in addition to β-catenin. Proc. Natl. Acad. Sci.U. S. A.,106: 5165-5170.

Kim, S. G., Buel, G. R., Blenis, J. 2013. Nutrient regulation of the mTOR complex 1 signaling pathway. Mol. Cells, 35(6): 463-473.

Kim, V. N., Han, J., Siomi, M. C. 2009. Biogenesis of small RNAs in animals. Nat. Rev. Mol. Cell Biol., 10: 126-139.

Kim, Y., Kim, T., Choi, H. M. 2013. Qualitative identification of cashmere and yak fibers by protein fingerprint analysis using matrix-assisted laser desorption/ionization time-of-flight mass spectrometry. Ind. Eng. Chem. Res., 52(16): 5563-5571.

Kimura, H. 2014. The physiological role of hydrogen sulfide and beyond. Nitric Oxide-Biology and Chemistry, 41: 4-10.

Kita, K., Nagao, K., Taneda, N., et al. 2002. Insulin-like growth factor binding protein-2 gene expression can be regulated by diet manipulation in several tissues of young chickens. J. Nutr., 132: 145-151.

Kitamura, T., Kitamura, Y. I., Funahashi, Y., et al. 2007. A Foxo/Notch pathway controls myogenic differentiation and fiber type specification. J. Clin. Invest., 117: 2477-2485.

Klimek, M. E., Aydogdu, T., Link, M. J., et al. 2010. Acute inhibition of myostatin-family proteins preserves skeletal muscle in mouse models of cancer cachexia. Biochem. Bioph. Res. Co., 391: 1548-1554.

Klinge, C. M., Bodenner, D. L., Desai, D., et al. 1997. Binding of type Ⅱ nuclear receptors and estrogen receptor to full and half-site estrogen response elements in vitro. Nucleic Acids Res., 25(10): 1903-1912.

Kloss, R., Linscheid, J., Johnson, A., et al. 2005. Effects of conjugated linoleic acid supplementation on blood lipids and adiposity of rats fed diets rich in saturated versus unsaturated fat. Pharmacol. Res., 51(6): 503-507.

Kobayashi, K., Kuki, C., Oyama, S., et al. 2016. Pro-inflammatory cytokine TNF-α is a key inhibitory factor for lactosesynthesis pathway in lactating mammary epithelial cells. Exp. Cell Res., 340 (2): 295-304.

Köhling, H. L., Plummer, S. F., Marchesi, J. R., et al. 2017. The microbiota and autoimmunity: Their role in thyroid autoimmune diseases. Clin. Immunol., 183: 63-74.

Koistinen, H. A., Galuska, D., Chibalin, A. V., et al. 2003. 5-amino-imidazole carboxamide riboside increases glucose transport and cell-surface GLUT4 content in skeletal muscle from subjects with type 2 diabetes. Diabetes, 52(5): 1066-1072.

Kola, B., Boscaro, M., Rutter, G. A., et al. 2006. Expanding role of AMPK in endocrinology. Trends Endocrinol. Metab., 17(5): 205-215. doi: 10. 1016/j. tem. 2006. 05. 006.

Kong, C., Adeola, O. 2013. Ileal endogenous amino acid flow response to nitrogen-free diets with differing ratios of corn starch to dextrose in broiler chickens. Poult. Sci., 92: 1276-1282.

Kongsuphol, P., Hieke, B., Ousingsawat, J., et al. 2009. Regulation of Cl^- secretion by AMPK in vivo. Pflügers Arch., 457(5): 1071-1078. doi: 10. 1007/s00424-008-0577-3.

Konstantinov, S. R., Awati, A. A., Williams, B. A., et al. 2006. Post-natal development of the porcine microbiota composition and activities. Environ. Microbiol., 8: 1191-1199.

Konturek, P., Burnat, G., Brzozowski, T., et al. 2008. Tryptophan free diet delays healing of chronic gastric ulcers in rat. J. Physiol. Pharmacol., 59: 53-65.

Kornfeld, J. W., Baitzel, C., Konner, A. C., et al. 2013. Obesity-induced overexpression of miR-802 impairs glucose metabolism through silencing of Hnf1b. Nature, 494: 111-115.

Koshihara, Y., Hoshi, K. 1997. Vitamin K_2 enhances osteocalcin accumulation in the extracellular matrix of human osteoblasts in vitro. J. Bone. Miner. Res., 12(3): 431-438.

Kotsopoulos, J., Sohn, K. J., Kim, Y. I. 2008. Postweaning dietary folate deficiency provided through childhood to puberty permanently increases genomic DNA methylation in adult rat liver. J. Nutr., 138: 703-709.

Koturbash, I., S. Melnyk, S., James, S. J., et al. 2013. Role of epigenetic and miR-22 and miR-29b alterations in the downregulation of Mat1a and Mthfr genes in early preneoplastic livers in rats induced by 2-acetylaminofluorene. Mol. Carcinog., 52: 318-327.

Kouba, M., Enser, M., Whittington, F. M., et al. 2003. Effect of a high-linolenic acid diet on lipogenic enzyme activities, fatty acid composition, and meat quality in the growing pig. J. Anim. Sci., 81: 1967-1979.

Kouba, M., Mourot, J. 2011. A review of nutritional effects on fat composition of animal products with special emphasis on n-3 polyunsaturated fatty acids. Biochimie, 93(1): 13-17.

Krishnan, N., Dickman, M. B., Becker, D. F. 2008. Proline modulates the intracellular redox environment and protects mammalian cells against oxidative stress. Free Radic Biol. Med., 44: 671-681.

Kurayoshi, M., Yamamoto, H., Izumi, S., et al. 2007. Post-translational palmitoylation and glycosylation of Wnt-5a are necessary for its signalling. Biochem. J., 402: 515-523.

Kurian, L., Aguirre, A., Sancho-Martinez, I., et al. 2015. Identification of novel long noncoding RNAs underlying vertebrate cardiovascular development. Circulation, 131: 1278-1290.

Kuribayashi, H., Miyata, M., Yamakawa, H., et al. 2012. Enterobacteria-mediated deconjugation of taurocholic acid enhances ileal farnesoid X receptor signaling. Eur. J. Pharmacol., 697: 132-138.

Kurt, S. G. 2017. Vitamins K_1 and K_2: The emerging group of vitamins required for human health. J. Nutr. Metab., 2017: 6254836. doi: 10.1155/2017/6254836.

Kussmann, M., Panchaud, A., Affolter, M. 2010. Proteomics in nutrition: Status quo and outlook for biomarkers and bioactives. J. Proteome Res., 9(10): 4876-4887.

Lackey, D. E., Hoag, K. A. 2010. Vitamin A upregulates matrix metalloproteinase-9 activity by murine myeloid dendritic cells through a nonclassical transcriptional mechanism. J. Nutr., 140 (8): 1502-1508.

Lagathu, C. Christodoulides, C., Virtue, S., et al. 2009. *Dact1*, a nutritionally regulated preadipocyte gene, controls adipogenesis by coordinating the Wnt/β-catenin signaling network. Diabetes, 58: 609-619.

Lage, R., Dieguez, C., Vidal-Puig, A., et al. 2008. AMPK: A metabolic gauge regulating whole-body energy homeostasis. Trends Mol. Med., 14(12): 539-549. doi: 10. 1016/j. molmed. 2008. 09. 007.

Lagos-Quintana, M., Rauhut, R., Lendeckel, W., et al. 2001. Identification of novel genes coding for small expressed RNAs. Science, 294: 853-858.

Lai, E. C. 2002. Micro RNAs are complementary to 3'UTR sequence motifs that mediate negative post-transcriptional regulation. Nat. Genet., 30: 363-364.

Lai, E. C., Stein, J. P., Catterall, J. F., et al. 1979. Molecular structure and flanking nucleotide sequences of the natural chicken ovomucoid gene. Cell, 18: 829-842.

Lai, P. Y., Tsai, C. B., Tseng, M. J. 2013. Active form Notch4 promotes the proliferation and differentiation of 3T3-L1 preadipocytes. Biochem. Biophys. Res. Commun., 430: 1132-1139.

Lapierre, H., Lobley, G. E., Doepel, L., et al. 2012. Triennial lactation symposium: Mammary metabolism of amino acids in dairy cows. J. Anim. Sci., 90(5): 1708-1721.

Laplante, M., Sabatini, D. M. 2012. mTOR signaling in growth control and disease. Cell, 149(2): 274-293.

Larner, D. P., Jenkinson, C., Chun, R. F., et al. 2019. Free versus total serum 25-hydroxyvitamin D in a murine model of colitis. J. Steroid Biochem. Mol. Biol., 189: 204-209.

Larzul, C., Lefaucheur, L., Ecolan, P., et al. 1997. Phenotypic and genetic parameters for longissimus muscle fiber characteristics in relation to growth, carcass, and meat quality traits in large white pigs. J. Anim. Sci., 75(12): 3126-3137.

Lau, N. C., Lim, L. P., Weinstein, E. G., et al. 2001. An abundant class of tiny RNAs with probable regulatory roles in *Caenorhabditis elegans*. Science, 294: 858-862.

Lavelin, I., Yarden, N., Ben-Bassat, S., et al. 1998. Regulation of osteopontin gene expression during eggshell formation in the laying hen by mechanical strain. Matrix Biol., 17(8-9): 615-623.

Lazo-de-la-Vega-Monroy, M. L., Larrieta, E., Tixi-Verdugo, W., et al. 2017. Effects of dietary biotin supplementation on glucagon production, secretion, and action. Nutrition, 43-44: 47-53.

le Bacquer, O., Petroulakis, E., Paglialunga, S., et al. 2007. Elevated sensitivity to diet-induced obesity and insulin resistance in mice lacking 4E-BP1 and 4E-BP2. J. Clin. Invest., 117: 387-396.

Lecker, S. H., Goldberg, A. L., Mitch, W. E. 2006. Protein degradation by the ubiquitin-proteasome pathway in normal and disease states. J. Am. Soc. Nephrol. Jasn., 17: 1807-1819.

Lee, H. J., Kim, M. Y., Park, H. S. 2015. Phosphorylation-dependent regulation of Notch1 signaling: The fulcrum of Notch1 signaling. BMB Rep., 48: 431-437.

Lee, H. Y., Heo, Y. T., Lee, S. E., et al. 2013. Short communication: Retinoic acid plus prolactin to synergistically increase specific casein gene expression in MAC-T cells. J. Dairy Sci., 96(6): 3835-3839.

Lee, H., Kang, R., Bae, S., et al. 2011. AICAR, an activator of AMPK, inhibits adipogenesis via the WNT/β-catenin pathway in 3T3-L1 adipocytes. Int. J. Mol. Med., 28(1): 65-71, doi: 10. 3892/ijmm. 2011. 674.

Lee, J. O., Lee, S. K., Kim, N., et al. 2013. E3 ubiquitin ligase, WWP1, interacts with AMPKα2 and down-regulates its expression in skeletal muscle C2C12 cells. J. Biol. Chem., 288(7): 4673-4680. doi: 10. 1074/jbc. M112. 406009.

Lee, R. C., Ambros, V. 2001. An extensive class of small RNAs in Caenorhabditis elegans. Science, 294: 862-864.

Lee, R. C., Feinbaum, R. L., Ambros, V. 1993. The *C. elegans* heterochronic gene lin-4 encodes small RNAs with antisense complementarity to lin-14. Cell, 75: 843-854.

Lee, S. C., Yang, G., Yong, Y., et al. 2010. ADAR2-dependent RNA editing of GluR2 is involved in thiamine deficiency-induced alteration of calcium dynamics. Mol. Neurodegener., 5: 54.

Lee, S. H., Ingale, S. L., Kim, J. S., et al. 2014. Effects of dietary supplementation with *Bacillus subtilis*, LS 1-2 fermentation biomass on growth performance, nutrient digestibility, cecal microbiota and intestinal morphology of weanling pig. Anim. Feed Sci. Tech., 188(1-2): 102-110.

Lee, S. K., Kang, J. S., Jung, D. J., et al. 2008.Vitamin C suppresses proliferation of the human melanoma cell SK-MEL-2 through the inhibition of cyclooxygenase-2 (COX-2) expression and the modulation of insulin-like growth factor Ⅱ (IGF-Ⅱ) production. J. Cell. Physiol., 216(1): 180-188.

Lee, S., Kopp, F., Chang, T. C., et al. 2016. Noncoding RNA NORAD regulates genomic stability by sequestering PUMILIO proteins. Cell, 164: 69-80.

Lee, S. M., Donaldson, G. P., Mikulski, Z., et al. 2013. Bacterial colonization factors control specificity and stability of the gut microbiota. Nature, 501: 426-429.

Lee, T. T., Huang, Y. F., Chiang, C. C., et al. 2011. Starch characteristics and their influences on in vitro and pig prececal starch digestion. J. Agric. Food Chem., 59: 7353-7359.

Lee, W. J., Song, K. H., Koh, E. H., et al. 2005. α-Lipoic acid increases insulin sensitivity by activating AMPK in skeletal muscle. Biochem. Biophys. Res. Commun., 332(3): 885-891. doi: 10. 1016/j. bbrc. 2005. 05. 035.

Lee, W. J., Kim, M., Park, H. S., et al. 2006. AMPK activation increases fatty acid oxidation in skeletal muscle by activating PPARα and PGC-1. Biochem. Biophys. Res. Commun., 340(1): 291-295. doi: 10. 1016/j. bbrc. 2005. 12. 011.

Lee, Y. B., Choi, Y. I. 1999. PSE (pale, soft, exudative) pork: The causes and solutions-review. Asian Austral. J. Anim. Sci., 12(2): 244-252.

Levin, G., Cogan, U., Levy, Y., et al. 1990. Riboflavin deficiency and the function and fluidity of rat erythrocyte membranes. J. Nutr., 120(8): 857-861.

Lewis, B. P., Burge, C. B., Bartel, D. P. 2005. Conserved seed pairing, often flanked by adenosines, indicates that thousands of human genes are microRNA targets. Cell, 120: 15-20.

Li, F., Chong, Z. Z., Maiese, K. 2006. Cell life versus cell longevity: The mysteries surrounding the NAD^+ precursor nicotinamide. Curr. Med. Chem., 13(8): 883-895.

Li, F., Jiang, C. T., Krausz, K. W., et al. 2013. Microbiome remodelling leads to inhibition of intestinal farnesoid X receptor signalling and decreased obesity. Nat. Commun., 4: 1-10.

Li, G., Li, Q. S., Li, W. B., et al. 2016. miRNA targeted signaling pathway in the early stage of denervated fast and slow muscle atrophy. Neural Regen. Res., 11: 1293-1303.

Li, H. J., Li, X., Pang, H., et al. 2015. Long non-coding RNA UCA1 promotes glutamine metabolism by targeting miR-16 in human bladder cancer. Jpn. J. Clin. Oncol., 45: 1055-1063.

Li, H. Y., Chen, X., Guan, L. Z., et al. 2013. MiRNA-181a regulates adipogenesis by targeting tumor necrosis factor-α (TNF-α) in the porcine model. PLoS One, 8(10): e71568.

Li, H., Lee, J., He, C., et al. 2014. Suppression of the mTORC1/STAT3/Notch1 pathway by activated AMPK prevents hepatic insulin resistance induced by excess amino acids. Am. J. Physiol. Endocrinol. Metab., 306: E197-209.

Li, J. K., Yan, L. Y., Zheng, X., et al. 2008. Effect of high dietary copper on weight gain and neuropeptide Y level in the hypothalamus of pigs. J. Trace Elem. Med. Biol., 22(1): 33-38.

Li, J. S., Cheng S. L., Han X. M., et al. 2009. Effects of lysine on the expression of GHR mRNA in sheep. J. Anhui Agric. Sci., 10: 9-28.

Li, J., Yin, L. M., Li, J. Z., et al. 2019. Effects of vitamin B_6 on growth, diarrhea rate, intestinal morphology, function, and inflammatory factors expression in a high-protein diet fed to weaned piglets. J. Anim. Sci., 97(12): 4865-4874.

Li, L., Feng, L., Jiang, W. D., et al. 2015. Dietary pantothenic acid depressed the gill immune and physical barrier function via NF-κB, TOR, Nrf2, p38MAPK and MLCK signaling pathways in grass carp. Fish Shellfish Immunol., 47(1): 500-510.

Li, L., Hutchins, B. I., Kalil, K. 2010. Wnt5a induces simultaneous cortical axon outgrowth and repulsive turning through distinct signaling mechanisms. Sci. Signal., 3: pt2.

Li, M. Z., Wu, H. L., Luo, Z. G., et al. 2012. An atlas of DNA methylomes in porcine adipose and muscle tissues. Nat. Commun., 3: 850.

Li, Q., Li, Z. W., Lou, A. H., et al. 2017. Histone acetyltransferase inhibitors antagonize AMP-activated protein kinase in postmortem glycolysis. Asian-Australas. J. Anim. Sci., 30(6): 857-864. doi: 10. 5713/ajas. 16. 0556.

Li, R. W., Li, C. J. 2006. Butyrate induces profound changes in gene expression related to multiple signal pathways in bovine kidney epithelial cells. BMC Genomics, 7: 234.

Li, S. F., Lu, L., Hao, S. F., et al. 2011. Dietary manganese modulates expression of the manganese-containing superoxide dismutase gene in chickens. J. Nutr., 141: 189-194.

Li, S. H., Jin, E., Qiao, E., et al. 2017. Chitooligosaccharide promotes immune organ development in broiler chickens and reduces serum lipid levels. Histol. Histopathol., 32(9): 951-961.

Li, S. S., Wang, H. C., Wang, X. X., et al. 2017. Betaine affects muscle lipid metabolism via regulating the fatty acid uptake and oxidation in finishing pig. J. Anim. Sci. Biotechnol., 8: 72.

Li, W. J., Zhao, G. P., Chen, J. L., et al. 2009. Influence of dietary vitamin E supplementation on meat quality traits and gene expression related to lipid metabolism in the Beijing-You chicken. Br. Poult. Sci., 50(2): 188-198.

Li, W., Sun, K. J., Ji, Y., et al. 2016. Glycine regulates expression and distribution of claudin-7 and

ZO-3 proteins in intestinal porcine epithelial cells. J. Nutr., 146: 964-969.

Li, W., Zhang, H. W., Lin, N., et al. 2019. Methionine restriction at the post-weanling period promotes muscle fiber transition in piglets and improves intramuscular fat content in growing-finishing pigs. Amino Acids, 51 (10-12): 1657-1666.

Li, X. G., Sul, W. G., Gao, C. Q., et al. 2016. L-Glutamate deficiency can trigger proliferation inhibition via down regulation of the mTOR/S6K1 pathway in pig intestinal epithelial cells. J. Anim. Sci., 94: 1541-1549.

Li, X. J., Piao, X. S., Kim, S. W., et al. 2007. Effects of chito-oligosaccharide supplementation on performance, nutrient digestibility, and serum composition in broiler chickens. Poult. Sci., 86 (6): 1107-1114.

Li, X., Wang, L., Zhou, X. E., et al. 2015. Structural basis of AMPK regulation by adenine nucleotides and glycogen. Cell Res., 25(1): 50-66. doi: 10. 1038/cr. 2014. 150.

Li, Y. H., Li, F. N., Chen, S., et al. 2016a. Protein-restricted diet regulates lipid and energy metabolism in skeletal muscle of growing pigs. J. Agric. Food Chem., 64(49): 9412-9420. doi: 10. 1021/acs. jafc. 6b03959.

Li, Y. H., Li, F. N., Duan, Y. H., et al. 2017a. The protein and energy metabolic response of skeletal muscle to the low-protein diets in growing pigs. J. Agric. Food Chem., 65(39): 8544-8551.

Li, Y. H., Li, F. N., Duan, Y. H., et al. 2018. Low-protein diet improves meat quality of growing and finishing pigs through changing lipid metabolism, fiber characteristics, and free amino acid profile of the muscle. J. Anim. Sci., 96(8): 3221-3232.

Li, Y. H., Li, F. N., Wu, L., et al. 2016b. Effects of dietary protein restriction on muscle fiber characteristics and mTORC1 pathway in the skeletal muscle of growing-finishing pigs. J. Anim. Sci. Biotechnol., 7(1): 47. doi: 10.1186/s40104-016-0106-8.

Li, Y. H., Li, F. N., Wu, L., et al. 2017b. Reduced dietary protein level influences the free amino acid and gene expression profiles of selected amino acid transceptors in skeletal muscle of growing pigs. J. Anim. Physiol. Anim. Nutr., 101(1): 96-104.

Li, Y. H., Wei, H. K., Li, F. N., et al. 2017c. Effects of low-protein diets supplemented with branched-chain amino acid on lipid metabolism in white adipose tissue of piglets. J. Agric. Food Chem., 65(13): 2839-2848.

Li, Y. J., Li, J. L., Zhang, L., et al. 2015. Effects of dietary energy sources on post mortem glycolysis, meat quality and muscle fibre type transformation of finishing pigs. PLoS One, 10 (6): e0131958. doi: 10.1371/journal.pone.0131958.

Li, Y. J., Li, J. L., Zhang, L., et al. 2017. Effects of dietary starch types on growth performance, meat quality and myofibre type of finishing pigs. Meat Sci., 131: 60-67.

Li, Y., Li, X., Sun, W. K., et al. 2016. Comparison of liver microRNA transcriptomes of Tibetan and Yorkshire pigs by deep sequencing. Gene, 577: 244-250.

Li, Z. J., Lan, X. Y., Guo, W. J., et al. 2012. Comparative transcriptome profiling of dairy goat microRNAs from dry period and peak lactation mammary gland tissues. PLoS One, 7(12): e52388.

Li, Z. K., Li, X., Wu, S. Z., et al. 2014. Long non-coding RNA UCA1 promotes glycolysis by upregulating hexokinase 2 through the mTOR-STAT3/microRNA143 pathway. Cancer Sci., 105: 951-955.

Li, Z. W., Li, X., Wang, Z. Y., et al. 2016. Antemortem stress regulates protein acetylation and glycolysis in postmortem muscle. Food Chem., 202: 94-98. doi: 10. 1016/j. foodchem. 2016. 01. 085.

Lian, F., Chung, J., Russell, R. M., et al. 2004. Alcohol-reduced plasma IGF-Ⅰ levels and hepatic IGF-Ⅰ expression can be partially restored by retinoic acid supplementation in rats. J. Nutr., 134(11): 2953-2956.

Liang, J., Xu, Z. X., Ding, Z., et al. 2015. Myristoylation confers noncanonical AMPK functions in autophagy selectivity and mitochondrial surveillance. Nat. Commun., 6: 7926. doi: 10. 1038/ncomms8926.

Liang, M. Y., Hou, X. M., Qu, B., et al. 2014. Functional analysis of FABP3 in the milk fat synthesis signaling pathway of dairy cow mammary epithelial cells. In. Vitro. Cell. Dev. Biol. Anim., 50(9): 865-873.

Liang, R., Han, B., Li, Q., et al. 2017. Using RNA sequencing to identify putative competing endogenous RNAs (ceRNAs) potentially regulating fat metabolism in bovine liver. Sci. Rep., 7: 6396.

Liang, X., Bushman, F. D., FitzGerald, G. A. 2015. Rhythmicity of the intestinal microbiota is regulated by gender and the host circadian clock. Proc. Natl. Acad. Sci. U. S. A., 112: 10479-10484.

Liang, X., Zhang, L. Natarajan, S. K., et al. 2013. Proline mechanisms of stress survival. Antioxid Redox Signal, 19: 998-1011.

Liang, Y., Li, Y., Li, Z., et al. 2012. Mechanism of folate deficiency-induced apoptosis in mouse embryonic stem cells: Cell cycle arrest/apoptosis in G1/G0 mediated by microRNA-302a and tumor suppressor gene Lats2. Int. J. Biochem. Cell Biol., 44: 1750-1760.

Liang, Y., Yang, X. M., Gu, Y. R., et al. 2015. Developmental changes in the expression of the

GLUT2 and GLUT4 genes in the longissimus dorsi muscle of Yorkshire and Tibetan pigs. Genet. Mol. Res., 14(1): 1287-1292.

Liggenstoffer, A. S., Youssef, N. H., Couger, M. B., et al. 2010. Phylogenetic diversity and community structure of anaerobic gut fungi (phylum Neocallimastigomycota) in ruminant and non ruminant herbivores. ISME J., 4(10): 1225-1235.

Lillycrop, K. A., Rodford, J., Garratt, E. S., et al. 2010. Maternal protein restriction with or without folic acid supplementation during pregnancy alters the hepatic transcriptome in adult male rats. Br. J. Nutr., 103(12): 1711-1719.

Lillycrop, K. A., Slater-Jefferies, J. L., Hanson, M. A., et al. 2007. Induction of altered epigenetic regulation of the hepatic glucocorticoid receptor in the offspring of rats fed a protein-restricted diet during pregnancy suggests that reduced DNA methyltransferase-1 expression is involved in impaired DNA methylation and changes in histone modifications. Br. J. Nutr., 97: 1064-1073.

Lim, D., Chai, H. H., Lee, S. H., et al. 2015. Gene expression patterns associated with peroxisome proliferator-activated receptor (PPAR) signaling in the longissimus dorsi of Hanwoo (Korean cattle). Asian-Australas. J. Anim. Sci., 28(8): 1075-1083.

Lin, M., Zhang, B., Yu, C. N., et al. 2014. L-Glutamate supplementation improves small intestinal architecture and enhances the expressions of jejunal mucosa amino acid receptors and transporters in weaning piglets. PLoS One, 9: e111950.

Lin, Y. Y., Chou, C. F., Giovarelli, M., et al. 2014. KSRP and MicroRNA 145 are negative regulators of lipolysis in white adipose tissue. Mol. Cell. Biol., 34: 2339-2349.

Lindenmaier, W., Nhuyen-Huu, M. C., Lurz, R., et al. 1980. The isolation and characterization of the chicken lysozyme and ovomucoid gene. J. Steroid Biochem., 12: 211-218.

Lindon, J. C., Nicholson, J. K. 2008. Analytical technologies for metabonomics and metabolomics, and multi omic information recovery. Trac-Trends Anal. Chem., 27: 194-204.

Lindqvist, C., Janczak, A. M., Natt, D., et al. 2007. Transmission of stress-induced learning impairment and associated brain gene expression from parents to offspring in chickens. PLoS One, 2: 364.

Linja, M. J., Porkka, K. P., Kang, Z., et al. 2004. Expression of androgen receptor coregulators in prostate cancer. J. Cancer Res., 10(3): 1032-1040.

Lipford, J. R., Smith, G. T., Chi, Y., et al. 2005. A putative stimulatory role for activator turnover in gene expression. Nature, 438: 113-116.

Lira, V. A., Benton, C. R., Yan, Z., et al. 2010. PGC-1α regulation by exercise training and its influences on muscle function and insulin sensitivity. Am. J. Physiol. Endocrinol. Metab., 299

(2): E145-161. doi: 10. 1152/ajpendo. 00755. 2009.

Liu, G. Y., Sun C. R., Liu, H. L., et al. 2018. Effects of dietary supplement of vitamin B_6 on growth performance and non-specific immune response of weaned rex rabbits. J. Appl. Anim. Res., 46 (1): 1370-1376.

Liu, G. Y., Wu, Z. Y., Zhu, Y. L., et al. 2017. Effects of dietary vitamin B_6 on the skeletal muscle protein metabolism of growing rabbits. Anim. Prod. Sci., 57(10): 2007-2015

Liu, H. B., Hou, C. L., Wang, G., et al. 2017. *Lactobacillus reuteri* i5007 modulates intestinal host defense peptide expression in the model of IPEC-J2 cells and neonatal piglets. Nutrients, 9(6): 559.

Liu, H. Y., Zhao, K., Liu, J. X. 2013. Effects of glucose availability on expression of the key genes involved in synthesis of milk fat, lactose and glucose metabolism in bovine mammary epithelial cells. PLoS One, 8(6): e66092. doi: 10.1371/journal.pone.0066092.

Liu, K., Luo, H. L., Yue, D. B., et al. 2012. Molecular cloning and characterization of the sheep α-TTP gene and its expression in response to different vitamin E status. Gene, 494(2): 225-230.

Liu, L., Qian, K., Wang, C. 2017. Discovery of porcine miRNA-196a/b may influence porcine adipogenesis in longissimus dorsi muscle by miRNA sequencing. Anim. Genet., 48: 175-181.

Liu, L., Jiang, L., Ding, X. D., et al. 2015. The regulation of glucose on milk fat synthesis is mediated by the ubiquitin-proteasome system in bovine mammary epithelial cells. Biochem. Biophys. Res. Commun., 465: 59-63.

Liu, M., Alimov, A. P., Wang, H., et al. 2014. Thiamine deficiency induces anorexia by inhibiting hypothalamic AMPK. Neuroscience, 267: 102-113.

Liu, M., Zhang, C., Lai, X., et al. 2017. Associations between polymorphisms in the NICD domain of bovine NOTCH1 gene and growth traits in Chinese Qinchuan cattle. J. Appl. Genet., 58: 241-247.

Liu, N., Dai, Q., Zheng, G. Q., et al. 2015. N^6-methyladenosine-dependent RNA structural switches regulate RNA-protein interactions. Nature, 518(7540): 560-564.

Liu P., Piao, X. S., Thacker, P. A., et al. 2010. Chito-oligosaccharide reduces diarrhea incidence and attenuates the immune response of weaned pigs challenged with *Escherichia coli* K88. J. Anim. Sci., 88(12): 3871-3879.

Liu, P., Piao, X. S., Kim, S. W., et al. 2008. Effects of chito-ligosaccharide supplementation on the growth performance, nutrient digestibility, intestinal morphology, and fecal shedding of and in weaning pigs. J. Anim. Sci., 86(10): 2609-2618.

Liu, Q., Zhao, Y. L., Wu, R. F., et al. 2019. ZFP217 regulates adipogenesis by controlling mitotic clonal expansion in a METTL3-m^{6}A dependent manner. RNA Biol., 16(12): 1785-1793.

Liu, S., Sun, G., Yuan, B., et al. 2016. miR-375 negatively regulates porcine preadipocyte differentiation by targeting BMPR2. FEBS Lett., 590: 1417-1427.

Liu, W. Y., Bi, P. P., Shan, T. Z., et al. 2013. miR-133a regulates adipocyte browning in vivo. PLoS Genet., 9: e1003626.

Liu, X. J., Wang, J. Q., Li, R. S., et al. 2011. Maternal dietary protein affects transcriptional regulation of myostatin gene distinctively at weaning and finishing stages in skeletal muscle of Meishan pigs. Epigenetics, 6(7): 899-907.

Liu, X., Trakooljul, N., Hadlich, F., et al. 2016. MicroRNA-mRNA regulatory networking fine-tunes the porcine muscle fiber type, muscular mitochondrial respiratory and metabolic enzyme activities. BMC Genomics, 17: 531.

Liu, X., Wang, Y., Guo, W. 2013. Zinc-finger nickase-mediated insertion of the lysostaphin gene into the beta-casein locus in cloned cows. Nat. Commun., 4(Pt 9): 2565.

Liu, X., Wang, Y., Tian, Y., et al. 2014. Generation of mastitis resistance in cows by targeting human lysozyme gene to β-casein locus using zinc-finger nucleases. Proc. Biol. Sci., 281(1780): 20133368.

Liu, Y., Huang, J. J., Hou, Y. Q., et al. 2008. Dietary arginine supplementation alleviates intestinal mucosal disruption induced by *Escherichia coli* lipopolysaccharide in weaned pigs. Br. J. Nutr., 100: 552-560.

Liu, Y., Li, F., He, L., et al. 2015. Dietary protein intake affects expression of genes for lipid metabolism in porcine skeletal muscle in a genotype-dependent manner. Br. J. Nutr., 113: 1069-1077.

Liu, Y., Wang, X., Leng, W., et al. 2017. Aspartate inhibits LPS-induced MAFbx and MuRF1 expression in skeletal muscle in weaned pigs by regulating Akt, AMPKα and FOXO1. Innate Immun., 23(1): 34-43. doi: 10. 1177/1753425916673443.

Liuzzi, J. P., Aydemir, F., Nam, H., et al. 2006. Zip14 (Slc39a14) mediates non-transferrin-bound iron uptake into cells. Proc. Natl. Acad. Sci., 103(37): 13612-13617.

Liuzzi, J. P., Blanchard, R. K., Cousins, R. J. 2001. Differential regulation of zinc transporter 1, 2, and 4 mRNA expression by dietary zinc in rats. J. Nutr., 131(1): 46-52.

Liuzzi, J. P., Lichten, L. A., Rivera, S., et al. 2005. Interleukin-6 regulates the zinc transporter Zip14 in liver and contributes to the hypozincemia of the acute-phase response. Proc. Natl. Acad. Sci. U. S. A., 102(19): 6843-6848.

Lo, T. W., Pickle, C. S., Lin, S., et al. 2013. Precise and heritable genome editing in evolutionarily diverse nematodes using TALENs and CRISPR/Cas9 to engineer insertions and deletions. Genetics, 195(2): 331-348.

Lock, A. L., Preseault, C. L., Rico, J. E., et al. 2013. Feeding a C16:0-enriched fat supplement increased the yield of milk fat and improved conversion of feed to milk. J. Dairy Sci., 96(10): 6650-6659.

Loest, C. A., Titgemeyer, E. C., Drouillard, J. S. et al. 2002. Supplemental betaine and peroxide-treated feather meal for finishing cattle. J. Anim. Sci., 80: 2234-2240.

Lomashvili, K. A., Wang, X., Wallin, R., et al. 2011. Matrix Gla protein metabolism in vascular smooth muscle and role in uremic vascular calcification. J. Biol. Chem., 286(33): 28715-28722.

Long, S. F., He, T. F., Liu, L., et al. 2020. Dietary mixed plant oils supplementation improves performance, serum antioxidant status, immunoglobulin and intestinal morphology in weanling piglets. Anim. Feed Sci. Technol., 260: 114337. doi: org/10.1016/j.anifeedsci.2019.114337.

Long, X., Ortiz-Vega, S., Lin, Y., et al. 2005. Rheb binding to mammalian target of rapamycin (mTOR) is regulated by amino acid sufficiency. J. Biol. Chem., 280: 23433-23436.

Looft, T., Johnson, T. A., Allen, H. K., et al. 2012. In-feed antibiotic effects on the swine intestinal microbiome. P. Nati. Acad. Sci. USA, 109: 1691-1696.

Looft, T., Allen, H. K., Cantarel, B. L., et al. 2014. Bacteria, phages and pigs: The effects of in-feed antibiotics on the microbiome at different gut locations. ISME J., 8: 1566-1576.

Lopes, P. A., Martins, A. P., Martins, S. V., et al. 2017. Higher membrane fluidity mediates the increased subcutaneous fatty acid content in pigs fed reduced protein diets. Animal, 11: 713-719.

Lu, H., Buchan, R. J., Cook, S. A. 2010. MicroRNA-223 regulates Glut4 expression and cardiomyocyte glucose metabolism. Cardiovasc. Res., 86: 410-420.

Lu, L., Li, S. M., Zhang, L., et al. 2015. Expression of β-defensins in intestines of chickens injected with vitamin D_3 and lipopolysaccharide. Genetics and Molecular Research, 14(2): 3330-3337.

Lu, L. M., Li, Q. Z., Huang, J. G., et al. 2013. Proteomic and functional analyses reveal MAPK1 regulates milk protein synthesis. Molecules, 18(1): 263-275.

Lu, L., Gao, X., Li, Q., et al. 2012. Comparative phosphoproteomics analysis of the effects of L-methionine on dairy cow mammary epithelial cells. Can. J. Anim. Sci., 92(4): 433-442.

Lu, S. C., Mato, J. M. 2012. *S*-adenosylmethionine in liver health, injury, and cancer. Physiol. Rev., 92: 1515-1542.

Lu, S. C., Mato, J. M., Espinosa-Diez, C., et al. 2016. MicroRNA-mediated regulation of glutathione and methionine metabolism and its relevance for liver disease. Free Redic. Biol. Med., 100: 66-

72.

Lu, Z. Q., Ren, Y., Zhou, X. H., et al. 2017. Maternal dietary linoleic acid supplementation promotes muscle fibre type transformation in suckling piglets. J. Anim. Physiol. Anim. Nutr., 101: 130-136.

Luo, J. Q., Zeng, D. F., Cheng, L., et al. 2019. Dietary β-glucan supplementation improves growth performance, carcass traits and meat quality of finishing pigs. Anim. Nutr., 5(4): 380-385.

Luo, Y., Wang, Y. S., Liu, J., et al. 2016. Generation of TALE nickase-mediated gene-targeted cows expressing human serum albumin in mammary glands. Sci. Rep., 6: 20657.

Lv, M., Yu, B., Mao, X. B., et al. 2012. Responses of growth performance and tryptophan metabolism to oxidative stress induced by diquat in weaned pigs. Animal, 6: 928-934.

Lynn, F. C., Skewes-Cox, P., Kosaka, Y., et al. 2007. MicroRNA expression is required for pancreatic islet cell genesis in the mouse. Diabetes, 56: 2938-2945.

Lyte, M. 2004. The biogenic amine tyramine modulates the adherence of *Escherichia coli* O157: H7 to intestinal mucosa. J. Food Prot., 67: 878-883.

Ma, F., Li, W., Tang, R., et al. 2017. Long non-coding RNA expression profiling in obesity mice with folic acid supplement. Cell. Physiol. Biochem., 42: 416-426.

Ma, L., Corl. B. A. 2012. Transcriptional regulation of lipid synthesis in bovine mammary epithelial cells by sterol regulatory element binding protein-1. J. Dairy Sci., 95(7): 3743-3755.

Ma, W., Feng, Y. F., Jia, L., et al. 2019. Dietary iron modulates glucose and lipid homeostasis in diabetic mice. Biol. Trace Elem. Res., 189(1): 194-200.

Ma, W., Lu, J., Jiang, S., et al. 2017. Maternal protein restriction depresses the duodenal expression of iron transporters and serum iron level in male weaning piglets. Br. J. Nutr., 117: 923-929.

Ma, X., Lin, Y. C., Jiang, Z. Y., et al. 2010. Dietary arginine supplementation enhances antioxidative capacity and improves meat quality of finishing pigs. Amino Acids, 38: 95-102.

Ma, Z., Xue, Z., Zhang, H., et al. 2012. Local and global effects of Mg^{2+} on Ago and miRNA-target interactions. J. Mol. Model., 18: 3769-3781.

Mach, N., Berri, M., Estelle, J., et al. 2015. Early-life establishment of the swine gut microbiome and impact on host phenotypes. Environ. Microbiol. Rep., 7: 554-569.

Macpherson, A. J., Geuking, M. B., Mccoy, K. D. 2012. Homeland security: IgA immunity at the frontiers of the body. Trends Immunol., 33: 160-167.

Madsen, A., Bozickovic, O., Bjune, J. I., et al. 2015. Metformin inhibits hepatocellular glucose, lipid and cholesterol biosynthetic pathways by transcriptionally suppressing steroid receptor coactivator 2 (SRC-2). Sci. Rep., 5: 16430. doi: 10. 1038/srep16430.

Madsen, K., Cornish, A., Soper, P., et al. 2001. Probiotic bacteria enhance murine and human intestinal epithelial barrier function. Gastroenterology, 121: 580-591.

Madsen, T. G., Nielsen, L., Nielsen, M. O. 2005. Mammary nutrient uptake in response to dietary supplementation of rumen protected lysine and methionine in late and early lactating dairy goats. Small Ruminant Res., 56(1-3): 151-164.

Maeda, Y., Kawata, S., Inui, Y., et al. 1996. Biotin deficiency decreases ornithine transcarbamylase activity and mRNA in rat liver. J. Nutr., 126(1): 61-66.

Maeds, S., Kawsi, T., Obinata, M., et al. 1985. Production of human α-interferon in silkworm using a baculovirus vector. Nature, 315: 992-594.

Majumder, K., Liang, G. X., Chen, Y. H., et al. 2015. Egg ovotransferrin-derived ACE inhibitory peptide IRW increase ACE2 but decreases proinflammatory genes in mesenteric artery of spontaneously hypertensive rates. Mol. Nutr. Food Res., 59: 1735-1744.

Makishima, M., Okamoto, A. Y., Repa, J. J., et al. 1999. Identification of a nuclear receptor for bile acids. Science, 284(5418): 1362-1365.

Malliri, A., Collard, J. G. 2003. Role of Rho-family proteins in cell adhesion and cancer. Curr. Opin. Cell Biol., 15: 583-589.

Manfreda, G., De, C. A., Sirri, F., et al. 2017. Effect of dietary supplementation with *Lactobacillus acidophilus* D2/CSL (CECT 4529) on caecum microbioma and productive performance in broiler chickens. PLoS One, 12(5): e0176309.

Mann, K., Olsen, J. V., Maček, B., et al. 2008. Identification of new chicken egg proteins by mass spectrometry-based proteomic analysis. Worlds Poultry Sci. J., 64(2): 209-218.

Mann, K., Hincke, M. T., Nys, Y. 2002. Isolation of ovocleidin-116 from chicken eggshells, correction of its amino acid sequence and identification of disulfide bonds and glycosylated Asn. Matrix Biol., 21: 383-387.

Manning, J., Mitchell, B., Appadurai, D. A., et al. 2013. Vitamin C promotes maturation of T-cells. Antioxid Redox Signal, 19(17): 2054-2067.

Manor, D., Morley, S. 2007. The α-tocopherol transfer protein. Vitam. Horm., 76(76): 45-65.

Manthey, K. C., Griffin, J. B., Zempleni, J. 2002. Biotin supply affects expression of biotin transporters, biotinylation of carboxylases and metabolism of interleukin-2 in Jurkat cells. J. Nutr., 132(5): 887-892.

Manzanares, W., Hardy, G. 2010. Vitamin B_{12}: The forgotten micronutrient for critical care. Curr. Opin. Clin. Nutr. Metab. Care, 13(6): 662-668.

Mao, S., Zhang, R., Wang, D., et al. 2012. The diversity of the fecal bacterial community and its relationship with the concentration of volatile fatty acids in the feces during subacute rumen acidosis in dairy cows. BMC. Vet. Res., 8: 237.

Mao, X. B., Qi, S., Yu, B., et al. 2013. Zn^{2+} and L-isoleucine induce the expressions of porcine β-defensins in IPEC-J2 cells. Mol. Biol. Rep., 40: 1547-1552.

Mao, X. B., Qi, S., Yu, B., et al. 2012. Dietary L-arginine supplementation enhances porcine β-defensins gene expression in some tissues of weaned pigs. Livestock Science, 148: 103-108.

Mao, X. Q., Kim, B. E., Wang, F. D., et al. 2007. A histidine-rich cluster mediates the ubiquitination and degradation of the human zinc transporter, hZIP4, and protects against zinc cytotoxicity. J. Biol. Chem., 282: 6992-7000.

Marcinko, K., Steinberg, G. R. 2014. The role of AMPK in controlling metabolism and mitochondrial biogenesis during exercise. Exp. Physiol., 99 (12): 1581-1585. doi: 10.1113/expphysiol. 2014. 082255.

Mardis, E. R. 2008. Next-generation DNA sequencing methods. Annu. Rev. Genomics Hum. Genet., 9: 387-402.

Marques, F. Z., Nelson, E., Chu, P. Y., et al. 2017. High-fiber diet and acetate supplementation change the gut microbiota and prevent the development of hypertension and heart failure in hypertensive mice. Circulation, 135: 964.

Marsit, C., Eddy, K., Kelsey, K. 2006. MicroRNA responses to cellullar stress. Cancer Res., 66: 10843-10848.

Martianov, I., Ramadass, A., Serra-Barros, A., et al. 2007. Repression of the human dihydrofolate reductase gene by a non-coding interfering transcript. Nature, 445: 666-670.

Martin, D., Muriel, E., Gonzalez, E., et al. 2008. Effect of dietary conjugated linoleic acid and monounsaturated fatty acids on productive, carcass and meat quality traits of pigs. Livest. Sci., 117: 155-164.

Martinez-Puig, D., Mourot, J., Ferchaud-Roucher, V., et al. 2006. Consumption of resistant starch decreases lipogenesis in adipose tissues but not in muscular tissues of growing pigs. Livest. Sci., 99: 237-247.

Martins, J. M., Neves, J. A., Freitas, A., et al. 2012. Effect of long-term betaine supplementation on chemical and physical characteristics of three muscles from the Alentejano pig. J. Sci. Food Agr., 92: 2122-2127.

Martyniuk, C. J., Alvarez, S., Denslow, N. D. 2012. DIGE and iTRAQ as biomarker discovery tools in aquatic toxicology. Ecotoxicol. Environ. Saf., 76: 3-10.

Masek, J., Andersson, E. R. 2017. The developmental biology of genetic Notch disorders.

Development, 144: 1743-1763.

Massey, A. C., Kaushik, S., Sovak, G., et al. 2006. Consequences of the selective blockage of chaperone-mediated autophagy. Proc. Natl. Acad. Sci. U.S.A., 103: 5805-5810.

Mateuszuk, L., Khomich, T. I., Slominska, E., et al. 2009. Activation of nicotinamide *N*-methyltrasferase and increased formation of 1-methylnicotinamide (MNA) in atherosclerosis. Pharmacol. Rep., 61(1): 76-85.

Matsuda, Y., Wakamatsu, Y., Kohyama, J., et al. 2005. Notch signaling functions as a binary switch for the determination of glandular and luminal fates of endodermal epithelium during chicken stomach development. Development, 132: 2783-2793.

Matthew, R. S., Jolyn, F., Young, M. G., et al. 2017. Redox dynamics of manganese as a mitochondrial life-death switch. Biochem. Biophys. Res. Commun., 482(3): 388-398.

Mawer, E. B., Davies, M. 2001. Vitamin D nutrition and bone disease in adults. Rev. Endocr. Metab. Dis., 2(2): 153-164.

Maynard, C. L., Elson, C. O., Hatton, R. D., et al. 2012. Reciprocal interactions of the intestinal microbiota and immune system. Nature, 489: 231-241.

Mazur-Bialy, A., Pocheć, E., Plytycz, B. 2015. Immunomodulatory effect of riboflavin deficiency and enrichment: Reversible pathological response versus silencing of inflammatory activation. J. Physiol. Pharmacol., 66(6): 793-802.

McBride, A., Ghilagaber, S., Nikolaev, A. et al. 2009. The glycogen-binding domain on the AMPK β subunit allows the kinase to act as a glycogen sensor. Cell Metabolism, 9(1): 23-34. doi: 10. 1016/j. cmet. 2008. 11. 008

McCarty, M. F. 1999. High-dose biotin, an inducer of glucokinase expression, may synergize with chromium picolinate to enable a definitive nutritional therapy for type Ⅱ diabetes. Med. Hypotheses, 52(5): 401-406.

McCarty, M. F. 2016. In type 1 diabetics, high-dose biotin may compensate for low hepatic insulin exposure, promoting a more normal expression of glycolytic and gluconeogenic enyzymes and thereby aiding glycemic control. Med. Hypotheses, 95: 45-48.

McDowell, L. R. 2006. Vitamin nutrition of livestock animals: Overview from vitamin discovery to today. Can. J. Anim. Sci., 86(2): 171-179.

McGee, S. L., van Denderen, B. J., Howlett, K. F., et al. 2008. AMP-activated protein kinase regulates GLUT4 transcription by phosphorylating histone deacetylase 5. Diabetes, 57(4): 860-867. doi: 10. 2337/db07-0843.

Meadus, W. J. 2003. A semi-quantitative RT-PCR method to measure the in vivo effect of dietary conjugated linoleic acid on porcine muscle PPAR gene expression. Biological Procedures Online, 5: 20-28.

Meganck, V., Hoflack, G., Opsomer, G. 2014. Advances in prevention and therapy of neonatal dairy calf diarrhoea: A systematical review with emphasis on colostrum management and fluid therapy. Acta Vet. Scand., 56(1): 1-8.

Meier, P., Morris, O., Broemer, M. 2015. Ubiquitin-mediated regulation of cell death, inflammation and defense of homeostasis. Curr. Top. Dev. Biol., 114: 209-239.

Meissner, J. D., Freund, R., Krone, D., et al. 2011. Extracellular signal-regulated kinase 1/2-mediated phosphorylation of p300 enhances myosin heavy chain Ⅰ/β gene expression via acetylation of nuclear factor of activated T cells c1. Nucleic Acids Res., 39(14): 5907-5925.

Melaragno, M. G., Fridell, Y. W. C., Berk, B. C. 1999. The Gas6/Axl system a novel regulator of vascular cell function. Trends Cardiovasc. Med., 9(8): 250-253.

Meléndez-Hevia, E., de Paz-Lugo, P., Cornish-Bowden, A., et al. 2009. A weak link in metabolism: The metabolic capacity for glycine biosynthesis does not satisfy the need for collagen synthesis. J. Biosci., 34: 853-872.

Memczak, S., Jens, M., Elefsinioti, A., et al. 2013. Circular RNAs are a large class of animal RNAs with regulatory potency. Nature, 495: 333-338.

Mennigen, J. A., Panserat, S., Larquier, M., et al. 2012. Postprandial regulation of hepatic microRNAs predicted to target the insulin pathway in rainbow trout. PLoS One, 7: e38604.

Mentch, S. J., Mehrmohamadi, M., Huang, L., et al. 2015. Histone methylation dynamics and gene regulation occur through the sensing of one-carbon metabolism. Cell Metab., 22: 861-873.

Mercer, T. R., Mattick, J. S. 2013. Structure and function of long noncoding RNAs in epigenetic regulation. Nat. Struct. Mol. Boil., 20: 300-307.

Merrill, G. F., Kurth, E. J., Hardie, D. G., et al. 1997. AICA riboside increases AMP-activated protein kinase, fatty acid oxidation, and glucose uptake in rat muscle. Am. J. Physiol., 273(6 Pt 1): E1107-1112.

Meusser, B., Hirsch, C., Jarosch, E., et al. 2005. ERAD: The long road to destruction. Nat. Cell Biol., 7: 766-772.

Mevissen, T. E. T., Komander, D. 2017. Mechanisms of deubiquitinase specificity and regulation. Annu. Rev. Biochem., 86: 159-192.

Mian, I., Pierre-Louis, W. S., Dole, N., et al. 2012. LKB1 destabilizes microtubules in myoblasts and contributes to myoblast differentiation. PLoS One, 7(2): e31583. doi: 10. 1371/journal. pone. 0031583.

Mikkelsen, K., Stojanovska, L., Prakash, M., et al. 2017. The effects of vitamin B on the immune/cytokine network and their involvement in depression. Maturitas, 96: 58-71.

Mikšík, I., Eckhardt, A., Sedláková, P., et al. 2007. Proteins of insoluble matrix of avian (*Gallus gallus*) eggshell. Connect. Tissue Res., 48: 1-8.

Milan, D., Jeon, J. T., Looft, C., et al. 2000. A mutation in PRKAG3 associated with excess glycogen content in pig skeletal muscle. Science, 288(5469): 1248-1251.

Mildner, A. M., Clarke, S. D. 1991. Porcine fatty acid synthase: Cloning of a complementary DNA, tissue distribution of its mRNA and suppression of expression by somatotropin and dietary protein. J. Nutr., 121: 900-907.

Miller, S. M., Kato, A., Nakai. S. 1982. Sedimentation equilibrium study of the interaction between egg white lysozyme and ovomucin. J. Agric. Food Chem., 30(6) : 1127-1132.

Minami, Y., Oishi, I., Endo, M. 2010. Ror-family receptor tyrosine kinases in noncanonical Wnt signaling: Their implications in developmental morphogenesis and human diseases. Dev. Dynam., 239: 1-15.

Mine, Y., Zhang, H. 2015. Calcium-sensing receptor (CaSR)-mediated anti-inflammatory effects of L-amino acids in intestinal epithelial cells. J. Agric. Food Chem., 63: 9987-9995.

Mine, Y., Zhang, J. W. 2001. The allergenicity of ovomucoid and the effect of its elimination from hen's egg white. J. Sci. Food Agric., 81: 1540-1546.

Mingoti, R. D., Freitas, J. E., Gandra, J. R., et al. 2016. Dose response of chitosan on nutrient digestibility, blood metabolites and lactation performance in Holstein dairy cows. Livest. Sci., 187: 35-39.

Minokoshi, Y., Alquier, T., Furukawa, N., et al. 2004. AMP-kinase regulates food intake by responding to hormonal and nutrient signals in the hypothalamus. Nature, 428(6982): 569-574. doi: 10. 1038/nature02440.

Miranda, K. C., Huynh, T., Tay, Y., et al. 2006. A pattern-based method for the identification of microRNA binding sites and their corresponding heteroduplexes. Cell, 126: 1203-1217.

Mitterberger, M. C., Zwerschke, W. 2013. Mechanisms of resveratrol-induced inhibition of clonal expansion and terminal adipogenic differentiation in 3T3-L1 preadipocytes. J. Gerontol. A Biol. Sci. Med. Sci., 68(11): 1356-1376. doi: 10. 1093/gerona/glt019.

Miyamoto, T., Rho, E., Sample, V., et al. 2015. Compartmentalized AMPK signaling illuminated by genetically encoded molecular sensors and actuators. Cell Rep., 11(4): 657-670. doi: 10. 1016/j. celrep. 2015. 03. 057.

Mizutani, K., Yoon, K., Dang, L., et al. 2007. Differential Notch signalling distinguishes neural stem cells from intermediate progenitors. Nature, 449: 351-355.

Mlyajima, A., Schreurs, J., Otsu, K., et al. 1987. Use of the silkworm *Bombyx mori* and an insect baeulovirus for high-level expression and secretion of biologically active mouse interleukin-3. Gene, 58: 373-281.

Mock, N. I., Mock, D. M. 1992. Biotin deficiency in rats: Disturbances of leucine metabolism are detectable early. J. Nutr., 122(7): 493-494.

Modica, S., Petruzzelli, M., Bellafante, E., et al. 2012. Selective activation of nuclear bile acid receptor FXR in the intestine protects mice against cholestasis. Gastroenterology, 142: 355-365, e351-354.

Mohamed, J. S. 2001. Dietary pyridoxine requirement of the Indian catfish, *Heteropneustes fossilis.* Aquaculture, 194(3/4): 327-335.

Möhle, L., Mattei, D., Heimesaat, M. M., et al. 2016. Ly6Chi monocytes provide a link between antibiotic-induced changes in gut microbiota and adult hippocampal neurogenesis. Cell Rep., 15: 1945-1956.

Montoliu, I., Genick, U., Ledda, M., et al. 2013. Current status on genome-metabolome-wide associations: An opportunity in nutrition research. Genes Nutr., 8(1): 19-27.

Morales, A., Barrera, M. A., Araiza, A. B., et al. 2013. Effect of excess levels of lysine and leucine in wheat-based, amino acid-fortified diets on the mRNA expression of two selected cationic amino acid transporters in pigs. J. Anim. Physiol. Anim. Nutr., 97: 263-270.

Moran, E. T. J. R. 1986. Protein requirement, egg formation and the hen's ovulatory cycle. J. Nutr., 117(3): 612-618.

Moreno-Mendez, E., Hernandez-Vazquez, A., Fernandez-Mejia, C. 2019. Effect of biotin supplementation on fatty acid metabolic pathways in 3T3-L1 adipocytes. Biofactors, 45(2): 259-270.

Morgan, J. L., Ritchie, L.E., Crucian, B.E., et al. 2014. Increased dietary iron and radiation in rats promote oxidative stress, induce localized and systemic immune system responses, and alter colon mucosal environment. FASEB J., 28(3): 1486-1498.

Morgan, N. G., Dhayal, S. 2010. Unsaturated fatty acids as cytoprotective agents in the pancreatic beta-cell. PLEFA, 82(4-6): 231-236.

Morgavi, D. P., Estelle, R. P., Milka, P., et al. 2015. Rumen microbial communities influence metabolic phenotypes in lambs. Front. Microbiol., 6(1060): 1060.

Mori, M. A., Raghavan, P., Thomou, T., et al. 2012. Role of microRNA processing in adipose tissue in stress defense and longevity. Cell Metab., 16: 336-347.

Mounier, R., Lantier, L., Leclerc, J., et al. 2009. Important role for AMPKα1 in limiting skeletal muscle cell hypertrophy. FASEB J., 23(7): 2264-2273. doi: 10. 1096/fj. 08-119057.

Mozaffari, S., Abdollahi, M. 2011. Melatonin, a promising supplement in inflammatory bowel disease: A comprehensive review of evidences. Curr. Pharm. Design, 17: 4372-4378.

Mu, C. L., Bian, G. R., Su, Y., et al. 2019. Differential effects of breed and nursing on early-life colonic microbiota and immune status as revealed in a cross-fostering piglet model. Appl. Environ. Microbiol., 85(9): e02510-18. doi: 10.1128/AEM.02510-18.

Mu, C. L., Yang, Y. X., Luo, Z., et al. 2016a. The colonic microbiome and epithelial transcriptome are altered in rats fed a high-protein diet compared with a normal-protein diet. J. Nutr., 146: 474-483.

Mu, C. L., Yang, Y. X., Su, Y., et al. 2017a. Differences in microbiota membership along the gastrointestinal tract of piglets and their differential alterations following an early-life antibiotic intervention. Front. Microbiol., 8: 797. doi: 10.3389/fmicb.2017.00797.

Mu, C. L., Yang, Y. X., Yu, K. F., et al. 2017b. Alteration of metabolomic markers of amino-acid metabolism in piglets with in-feed antibiotics. Amino Acids, 49: 771-781.

Mu, C. L., Yang, Y. X., Zhu, W. Y. 2016b. Gut microbiota: The brain peacekeeper. Front. Microbiol., 7: 345. doi: 10.3389/fmicb.2016.00345.

Mu, P., Han, Y. C., Betel, D., et al. 2009. Genetic dissection of the miR-17-92 cluster of microRNAs in Myc-induced B-cell lymphomas. Genes Dev., 23: 2806-2811.

Mukherji, A., Kobiita, A., Ye, T., et al. 2013. Homeostasis in intestinal epithelium is orchestrated by the circadian clock and microbiota cues transduced by TLRs. Cell, 153: 812-827.

Mukhopadhyay, D., Riezman, H. 2007. Proteasome-independent functions of ubiquitin in endocytosis and signaling. Science, 315: 201-205.

Mumm, J. S., Kopan, R. 2000. Notch signaling: From the outside in. Dev. Biol., 228: 151-165.

Munsterberg, A. E., Kitajewski, J., Bumcrot, D. A., et al. 1995. Combinatorial signaling by Sonic hedgehog and Wnt family members induces myogenic bHLH gene expression in the somite. Genes Dev., 9: 2911-2922.

Munyaka, P. M., Tactacan, G., Jing, M., et al. 2012. Immunomodulation in young laying hens by dietary folic acid and acute immune responses after challenge with *Escherichia coli* lipopolysaccharide. Poult. Sci., 91(10): 2454-2463.

Muoio, D. M., Seefeld, K., Witters, L. A., et al. 1999. AMP-activated kinase reciprocally regulates triacylglycerol synthesis and fatty acid oxidation in liver and muscle: Evidence that sn-glycerol-3-phosphate acyltransferase is a novel target. Biochem. J., 338: 783-791.

Muret, K., Klopp, C., Wucher, V., et al. 2017. Long noncoding RNA repertoire in chicken liver and adipose tissue. Genet. Sel. Evol., 49: 6.

Murphy, P., Dal Bello, F., O'Doherty, J., et al. 2013. Analysis of bacterial community shifts in the gastrointestinal tract of pigs fed diets supplemented with β-glucan from *Laminaria digitata*, *Laminaria hyperborea* and *Saccharomyces cerevisiae*. Animal, 7: 1079-1087.

Mustacich, D. J., Bruno, R. S., Traber, M. G. 2007. Vitamin E. Vitam. Horm., 76(76): 1-21.

Myint, S. L., Shimogiri, T., Kawabe, K., et al. 2010. Characteristics of seven Japanese native chicken breeds based on egg white protein polymorphisms. Asian-Australas. J. Anim. Sci., 23: 1137-1144.

Nakashima, K., Ishida, A., Yamazaki, M. 2005. Leucine suppresses myofibrillar proteolysis by down-regulating ubiquitin-proteasome pathway in chick skeletal muscles. Biochem. Biophys. Res. Commun., 336(2): 660-666.

Nakazato, M., Murakami, N., Date, Y., et al. 2001. A role for ghrelin in the central regulation of feeding. Nature, 409(6817): 194-198. doi: 10. 1038/35051587.

Namkoong, C., Kim, M. S., Jang, P. G., et al. 2005. Enhanced hypothalamic AMP-activated protein kinase activity contributes to hyperphagia in diabetic rats. Diabetes, 54(1): 63-68.

Nan, X., Bu, D. P., Li, X. Y., et al. 2014. Ratio of lysine to methionine alters expression of genes involved in milk protein transcription and translation and mTOR phosphorylation in bovine mammary cells. Physiol. Genomics, 46: 268-275.

Necsulea, A., Soumillon, M., Warnefors, M., et al. 2014. The evolution of lncRNA repertoires and expression patterns in tetrapods. Nature, 505: 635-640.

Neeha, V. S., Kinth, P. 2013. Nutrigenomics research: A review. J. Food Sci. Technol., 50(3): 415-428.

Newstead, S., Drew, D., Cameron, A. D., et al. 2011. Crystal structure of a prokaryotic homologue of the mammalian oligopeptide-proton symporters, PepT1 and PepT2. EMBO J., 30: 417-426.

Ng, S. Y., Bogu, G. K., Soh, B. S., et al. 2013. The long noncoding RNA RMST interacts with SOX2 to regulate neurogenesis. Mol. Cell, 51: 349-359.

Ni, H., Lu, L., Deng, J. P., et al. 2016. Effects of glutamate and aspartate on serum antioxidative enzyme, sex hormones, and genital inflammation in boars challenged with hydrogen peroxide. Mediat. Inflamm., 2016. doi: 10. 1155/2016/4394695.

Nichols, A. M., Pan, Y., Herreman, A., et al. 2004. Notch pathway is dispensable for adipocyte specification. Genesis, 40: 40-44.

Nicholson, J. K., Holmes, E., Lindon, J. C., et al. 2004. The challenges of modeling mammalian biocomplexity. Nat. Biotechnol., 22: 1268-1274.

Nicholson, J. K., Connelly, J., Lindon, J. C., et al. 2002. Metabonomics: A platform for studying drug toxicity and gene function. Nat. Rev. Drug Discov., 1: 153-161.

Nicholson, J. K., Wilson, I. D. 2003. Opinion: Understanding 'global' systems biology: Metabonomics and the continuum of metabolism. Nat. Rev. Drug Discov., 2: 668-676.

Nicholson, J. K., Holmes, E., Kinross, J., et al. 2012. Host-gut microbiota metabolic interactions. Science, 336: 1262-1267.

Nicklin, P., Bergman, P., Zhang, B., et al. 2009. Bidirectional transport of amino acids regulates mTOR and autophagy. Cell, 136: 521-534.

Niehrs, C. 2006. Function and biological roles of the Dickkopf family of Wnt modulators. Oncogene, 25: 7469-7481.

Nigwekar, S. U., Bloch, D. B., Nazarlan, R. M., et al. 2017. Vitamin K-dependent carboxylation of matrix gla protein influences the risk of calciphylaxis. J. Am. Soc. Nephrol., 28(6): 1717-1722.

Nimpf, J., Schneider, W. J. 1991. Receptor-mediated lipoprotein transport in laying hens. J. Nutr., 121: 1471-1474.

Ninov, N., Hesselson, D., Gut, P., et al. 2013. Metabolic regulation of cellular plasticity in the pancreas. Curr. Biol., 23: 1242-1250.

Nitto, T. 2013. Pantetheine and pantetheinase: From energy metabolism to immunity. B Vitamins and Folate: Chemistry, Analysis, Function and Effects, 4: 685-698.

Nogueira, C. M., Zapata, J. F. F., Fuentes, M. F. F., et al. 2003. The effect of supplementing layer diets with shark cartilage or chitosan on egg components and yolk lipids. Br. Poult. Sci., 44(2): 218-223.

Noguchi, Y., Sakai, R., Kimura, T. 2003. Metabolomics and its potential for assessment of adequacy and safety of amino acid intake. J. Nutr., 133: 2097S-2100S.

Nolan, J. H., Brent, A. P., Kirk, M. H., et al. 2014. Chromium enhances insulin responsiveness via AMPK. J. Nutr. Biochem., 25: 565-572.

Nolte, C., de Kumar. B., Krumlauf, R. 2019. Hox genes: Downstream "effectors" of retinoic acid signaling in vertebrate embryogenesis. Genesis, 57: 7-8.

Norman, A. W. 2008. From vitamin D to hormone D: Fundamentals of the vitamin D endocrine system essential for good health. Am. J. Clin. Nutr., 88(2): 491S.

Nowell, C. S., Radtke, F. 2017. Notch as a tumour suppressor. Nat. Rev. Cancer, 17: 145-159.

NRC. 2001. Nutrient Requirements of Dairy Cattle. 7th Ed. Washington: National Research Council, National Academy Press.

Nusse, R. 2003. Wnts and Hedgehogs: Lipid-modified proteins and similarities in signaling mechanisms at the cell surface. Development, 130: 5297-5305.

Nys, Y., Gautron, J., Garcia-Ruiz, J. M., et al. 2004. Avian eggshell mineralization: Biochemical and functional characterization of matrix proteins. Comptes. Rendus. Palevol, 3(6-7): 549-562.

Nys, Y., Guyot, N. 2011. Egg formation and chemistry. In: Nys, Y., Bain, M., Immerseel, F. V. Improving the Safety and Quality of Eggs and Egg Products. Sawston Cambridge: Woodhead Publishing.

Nys, Y., Mayel-Afshar, S., Bouillon, R, et al. 1989. Increases in calbindin D 28K mRNA in the uterus of the domestic fowl induced by sexual maturity and shell formation. Gen. Comp. Endocrinol., 76: 322-329.

O'Mahony, S. M., Clarke, G., Borre, Y. E., et al. 2015. Serotonin, tryptophan metabolism and the brain-gut-microbiome axis. Behav. Brain Res., 277: 32-48.

Obanda, D. N., Cefalu, W. T. 2013. Modulation of cellular insulin signaling and PTP1B effects by lipid metabolites in skeletal muscle cells. J. Nutr. Biochem., 24(8): 1529-1537.

Offengenden, M. 2011. *N*-glycosylation and gelling properties of ovomucin from egg white. Canada, Edmonton: University of Alberta.

Ogawa, Y., Sun, B. K., Lee, J. T. 2008. Intersection of the RNA interference and X-inactivation pathways. Science, 320: 1336-1341.

Ogmundsdottir, M. H., Heublein, S., Kazi, S., et al. 2012. Proton-assisted amino acid transporter PAT1 complexes with Rag GTPases and activates TORC1 on late endosomal and lysosomal membranes. PLoS One, 7(5): e36616.

Ohura, M. 2000. Research for the utilization of insect properties-prospect for the development of new materials. The 5th NISES/COE International Symposium. Tsukuba, Japan.

Okajima, T., Irvine, K. D. 2002. Regulation of notch signaling by o-linked fucose. Cell, 111: 893-904.

Okamoto, Y., Watanabe, M., Miyatake, K., et al. 2002. Effects of chitin/chitosan and their oligomers/monomers on migrations of fibroblasts and vascular endothelium. Biomaterials, 23(9): 1975-1979.

Okumura, F., Li, Y., Itoh, N., et al. 2011. The zinc-sensing transcription factor MTF-1 mediates zinc-induced epigenetic changes in chromatin of the mouse metallothionein-I promoter. Biochim. Biophys. Acta, 1809: 56-62.

Olson, J. A. 1989. Provitamin-A function of carotenoids: The conversion of β-carotene into vitamin-A. J. Nutr., 119(1): 105-108.

Omana, D. A., Wang, J. P., Wu, J. P. 2010. Ovomucin-a glycoprotein with promising potential. Trends Food Sci. Technol., 21: 455-463.

Omana, D. A., Liang, Y., Kav, N. N., et al. 2011. Proteomic analysis of egg white proteins during storage. Proteomics, 11(1): 144-153.

Ordovas, J. M., Mooser, V. 2004. Nutrigenomics and nutrigenetics. Curr. Opin. Lipidol., 15(2): 101-108.

Osathanon, T., Subbalekha, K., Sastravaha, P., et al. 2012. Notch signalling inhibits the adipogenic differentiation of single-cell-derived mesenchymal stem cell clones isolated from human adipose tissue. Cell Biol. Int., 36: 1161-1170.

Osborne, T. B., Campbell, G. F. 2002. The Protein constituents of egg white. J. Am. Chem. Soc., 22: 422-450.

Øverland, M., Kjos, N. P., Borg, M., et al. 2008. Organic acids in diets for entire male pigs: Effect on skatole level, microbiota in digesta, and growth performance. Livest. Sci., 115(2-3): 169-178.

Packer, L., Weber, S. U., Rimbach, G. 2001. Molecular aspects of α-tocotrienol antioxidant action and cell signalling. J. Nutr., 131(2): 369S-373S.

Pajvani, U. B., Shawber, C. J., Samuel, V. T., et al. 2011. Inhibition of Notch signaling ameliorates insulin resistance in a FoxO1-dependent manner. Nat. Med., 17: 961-967.

Pan, J. H., Kim, J. H., Kim, H. M., et al. 2015. Acetic acid enhances endurance capacity of exercise-trained mice by increasing skeletal muscle oxidative properties. Biosci. Biotechnol. Biochem., 79(9): 1535-1541.

Pang, W. J., Lin, L. G., Xiong, Y., et al. 2013. Knockdown of PU. 1 AS lncRNA inhibits adipogenesis through enhancing PU. 1 mRNA translation. J. Cell. Biochem., 114: 2500-2512.

Paolella, G., Mandato, C., Pierri, L., et al. 2014. Gut-liver axis and probiotics: Their role in non-alcoholic fatty liver disease. World J. Gastroenterol., 20: 15518-15531.

Parise, G., McKinnell, I. W., Rudnicki, M. A. 2008. Muscle satellite cell and atypical myogenic progenitor response following exercise. Muscle & Nerve, 37: 611-619.

Park, B. S., Park, S. O. 2017. Effects of feeding time with betaine diet on growth performance, blood markers, and short chain fatty acids in meat ducks exposed to heat stress. Livest. Sci., 199: 31-36.

Park, H. M., Haecker, S. E., Hagen, S. G., et al. 2000. COUP-TF plays a dual role in the regulation of the ovalbumin gene. Biochemistry, 39: 8537-45.

Park, H., Kaushik, V. K., Constant, S., et al. 2002. Coordinate regulation of malonyl-CoA decarboxylase, sn-glycerol-3-phosphate acyltransferase, and acetyl-CoA carboxylase by AMP-activated protein kinase in rat tissues in response to exercise. J. Biol. Chem., 277(36): 32571-32577. doi: 10. 1074/jbc. M201692200.

Park, S. K., Sheffler, T. L., Spurlock, M. E., et al. 2009. Chronic activation of 5'-AMP-activated protein kinase changes myosin heavy chain expression in growing pigs. J. Anim. Sci., 87(10): 3124-3133. doi: 10. 2527/jas. 2009-1989.

Parker, S. L., Lindsay, L. A., Herbert, J. F., et al. 2008. Expression and localization of Ca^{2+}-ATPase in the uterus during the reproductive cycle of king quail (*Coturnix chinensis*) and zebra finch (*Poephila guttata*). Comp. Biochem. Physiol., Part A: Mol. Integr. Physiol., 149: 30-35.

Parmar, N. R., Solanki, J. V., Patel, A. B., et al. 2014. Metagenome of Mehsani buffalo rumen microbiota: an assessment of variation in feed-dependent phylogenetic and functional classification. J. Mol. Microbiol. Biotechnol., 24(4): 249-261.

Parmigiani, A., Nourbakhsh, A., Ding, B., et al. 2014. Sestrins inhibit mTORC1 kinase activation through the GATOR complex. Cell Rep., 9: 1281-1291.

Paschaki, M., Lin, S. C., Wong, R. L., et al. 2012. Retinoic acid-dependent signaling pathways and lineage events in the developing mouse spinal cord. PLoS One, 7: e32447.

Pastorekova, S., Parkkila, S., Zavada, J. 2006. Tumor-associated carbonicanhydrases and their clinical significance. Adv. Clin. Chem., 42: 167-216.

Patel, M. B., Majetschak, M. 2007. Distribution and interrelationship of ubiquitin proteasome pathway component activities and ubiquitin pools in various porcine tissues. Physiol. Res., 56: 341-350.

Pechova, A., Pavlata, L. 2007. Chromium as an essential nutrient: A review. Vet. Med., 52(1): 1-18.

Pegg, A. E. 2009. Mammalian polyamine metabolism and function. IUBMB Life, 61: 880-894.

Pell, J. M., Saunders, J. C., Gilmour, R. S. 1993. Differential regulation of transcription initiation from insulin-like growth factor-I (IGF-I) leader exons and of tissue IGF-I expression in response to changed growth hormone and nutritional status in sheep. Endocrinology, 132: 1797-1807.

Peng, J. M., Schwartz, D., Elias, J. E., et al. 2013. A proteomics approach to understanding protein ubiquitination. Nat. Biotechnol., 21: 921-926.

Peng, J., Wang, Y., Jiang, J., et al. 2015. Production of human albumin in pigs through CRISPR/Cas9-mediated knockin of human cDNA into swine albumin locus in the zygotes. Sci. Rep., 5: 16705.

Peng, L., Li, Z. R., Green, R. S., et al. 2009. Butyrate enhances the intestinal barrier by facilitating tight junction assembly via activation of AMP-activated protein kinase in Caco-2 cell monolayers. J. Nutr., 139(9): 1619-1625. doi: 10. 3945/jn. 109. 104638.

Peng, M., Yin, N., Li, M. O., 2014. Sestrins function as guanine nucleotide dissociation inhibitors for rag GTPases to control mTORC1 signaling. Cell, 159: 122-133.

Peng, M., Yin, N., Li, M. O., 2017. SZT2 dictates GATOR control of mTORC1 signalling. Nature, 543: 433-437.

Peng, X., Vaishnav, A., Murillo, G., et al. 2010. Protection against cellular stress by 25-hydroxyvitamin D_3 in breast epithelial cells. J. Cell. Biochem., 110: 1324-1333.

Peng, Y. D., Xiang, H., Chen, C., et al. 2013. MiR-224 impairs adipocyte early differentiation and regulates fatty acid metabolism. Int. J. Biochem. Cell Biol., 45: 1585-1593.

Peregrin, T. 2001. The new frontier of nutrition science: Nutrigenomics. J. Am. Diet. Assoc., 101(11): 1306.

Perry, R. J., Peng, L., Barry, N. A., et al. 2016. Acetate mediates a microbiome-brain-β-cell axis to promote metabolic syndrome. Nature, 534: 213.

Péter, S., Friedel, A., Roos, F. F., et al. 2016. A Systematic review of global Alpha-tocopherol status as assessed by nutritional intake levels and blood serum concentrations. Int. J. Vitam. Nutr. Res., 85: 261-281.

Peterson, S. E., Rezamand, P., Williams, J. E., et al. 2012. Effects of dietary betaine on milk yield and milk composition of mid-lactation Holstein dairy cows. J. Dairy Sci., 95: 6557-6562.

Peterson, T. R., Sengupta, S. S., Harris, T. E., et al. 2011. mTOR complex 1 regulates lipin 1 localization to control the SREBP pathway. Cell, 146: 408-420.

Petrovic, J., Formosa-Jordan, P., Luna-Escalante, J. C., et al. 2014. Ligand-dependent Notch signaling strength orchestrates lateral induction and lateral inhibition in the developing inner ear. Development, 141: 2313-2324.

Pette, D., Staron, R. S. 2000. Myosin isoforms, muscle fiber types, and transitions. Microsc. Res. Tech., 50(6): 500-509.

Pi, D., Liu, Y., Shi, H., et al. 2014. Dietary supplementation of aspartate enhances intestinal integrity and energy status in weanling piglets after lipopolysaccharide challenge. J. Nutr. Biochem., 25(4): 456-462. doi: 10. 1016/j. jnutbio. 2013. 12. 006.

Pieri, M., Christian, H. C., Wilkins, R. J., et al. 2010. The apical (hPepT1) and basolateral peptide transport systems of Caco-2 cells are regulated by AMP-activated protein kinase. Am. J. Physiol. Gastrointest. Liver. Physiol., 299(1): G136-G143. doi: 10. 1152/ajpgi. 00014. 2010.

Pinilla, J., Aledo, J. C., Cwiklinski, E., et al. 2011. SNAT2 transceptor signalling via mTOR: A role in cell growth and proliferation? Front. Biosci., 3(4): 1289-1299.

Piri, F., Khosravi, A., Moayeri, A., et al. 2016. The effects of dietary supplements of calcium, vitamin D and estrogen hormone on serum levels of OPG and RANKL cytokines and their relationship with increased bone density in rats. J. Clin. Diagn. Res., 10(9): AF01- AF04.

Pogue, A. I., Percy, M. E., Cui, J. G., et al. 2011. Up-regulation of NF-κB-sensitive miRNA-125b and miRNA-146a in metal sulfate-stressed human astroglial (HAG) primary cell cultures. J. Inorg. Biochem., 105: 1434-1437.

Polak, P., Cybulski, N., Feige, J. N., et al. 2008. Adipose-specific knockout of raptor results in lean mice with enhanced mitochondrial respiration. Cell Metab., 8: 399-410.

Polesskaya, A., Seale, P., Rudnicki, M. A. 2003. Wnt signaling induces the myogenic specification of resident $CD45^+$ adult stem cells during muscle regeneration. Cell, 113: 841-852.

Ponting, C. P., Oliver, P. L., Reik, W. 2009. Evolution and functions of long noncoding RNAs. Cell, 136: 629641.

Porstmann, T., Griffiths, B., Chung, Y. L., et al. 2005. PKB/Akt induces transcription of enzymes involved in cholesterol and fatty acid biosynthesis via activation of SREBP. Oncogene, 24: 6465-6481.

Porstmann, T., Santos, C. R., Griffiths, B., et al. 2008. SREBP activity is regulated by mTORC1 and contributes to Akt-dependent cell growth. Cell Metab., 8: 224-236.

Poudel, B., Lim, S. W., Ki, H. H., et al. 2014. Dioscin inhibits adipogenesis through the AMPK/MAPK pathway in 3T3-L1 cells and modulates fat accumulation in obese mice. Int. J. Mol. Med., 34(5): 1401-1408. doi: 10. 3892/ijmm. 2014. 1921.

Poulsen, L., Siersbaek, M., Mandrup, S. 2012. PPARs: Fatty acid sensors controlling metabolism. Semin. Cell Dev. Biol., 23: 631-639.

Pourabedin, M., Xu, Z., Baurhoo, B., et al. 2014. Effects of mannan oligosaccharide and virginiamycin on the cecal microbial community and intestinal morphology of chickens raised under suboptimal conditions. Can. J. Microbiol., 60(5): 255-266.

Prasongsook, S., Choi, I., Bates, R. O., et al. 2015. Association of Insulin-like growth factor binding protein 2 genotypes with growth, carcass and meat quality traits in pigs. J. Anim. Sci. Technol., 57: 31. doi: 10.1186/s40781-015-0063-3.

Prensner, J. R., Iyer, M. K., Sahu, A., et al. 2013. The long noncoding RNA SChLAP1 promotes aggressive prostate cancer and antagonizes the SWI/SNF complex. Nat. Genet., 45: 1392-1398.

Price, M. A., Kalderon, D. 2002. Proteolysis of the Hedgehog signaling effector cubitus interruptus requires phosphorylation by glycogen synthase kinase 3 and casein kinase 1. Cell, 108: 823-835.

Prizant, R. L., Barash, I. 2008. Negative effects of the amino acids Lys, His, and Thr on S6K1 phosphorylation in mammary epithelial cells. J. Cell. Biochem., 105: 1038-1047.

Promeyrat, A., Sayd, T., Laville, E., et al. 2011. Early post-mortem sarcoplasmic proteome of porcine

muscle related to protein oxidation. Food Chem., 127(3): 1097-1104.

Psichas, A., Sleeth, M. L., Murphy, K. G., et al. 2015. The short chain fatty acid propionate stimulates GLP-1 and PYY secretion via free fatty acid receptor 2 in rodents. Int. J. Obes., 39: 424-429.

Pu, Y. T., Li, S. H., Xiong, H. T., et al. 2018. Iron promotes intestinal development in neonatal piglets. Nutrients, 10(6):726.

Pull, S. L., Doherty Jm Fau - Mills, J. C., Mills Jc Fau - Gordon, J. I., et al. 2005. Activated macrophages are an adaptive element of the colonic epithelial progenitor niche necessary for regenerative responses to injury. Proc. Natl. Acad. Sci. U.S.A., 102: 99-104.

Purslow, P. P., Warner, R. D., Clarke, F. M., et al. 2020. Variations in meat colour due to factors other than myoglobin chemistry ; a synthesis of recent findings (invited review). Meat Sci., 159: 107941. doi: 10.1016/j.meatsci.2019.107941.

Puvogel, G., Baumrucker, C. R., Sauerwein, H., et al. 2005. Effects of an enhanced vitamin A intake during the dry period on retinoids, lactoferrin, IGF system, mammary gland epithelial cell apoptosis, and subsequent lactation in dairy cows. J. Dairy Sci., 88(5): 1785-1800.

Pyper S. R., Viswakarma, N., Yu, S., et al. 2010. PPARα: Energy combustion, hypolipidemia, inflammation and cancer. Nucl. Recept. Signal., 8: e002.

Qi, K. K., Men, X. M., Wu, J., et al. 2019. Rearing pattern alters porcine myofiber type, fat deposition, associated microbial communities and functional capacity. BMC Microbiol., 19(1): 181. doi: 10.1186/s12866-019-1556-x.

Qian, B. J., Shen, S. Q., Zhang, J. H., et al. 2017. Effects of vitamin B_6 deficiency on the composition and functional potential of T cell populations. J. Immunol. Res., 2017: 2197975. doi: 10.1155/2017/2197975.

Qian, L. L., Tang, M. X., Yang, J. Z., et al. 2015. Targeted mutations in myostatin by zinc-finger nucleases result in double - muscled phenotype in Meishan pigs. Sci. Rep., 5: 14435. doi: 10.1038/srep14435.

Qian, Y., Li, X. F., Zhang, D. D., et al. 2015. Effects of dietary pantothenic acid on growth, intestinal function, anti - oxidative status and fatty acids synthesis of juvenile blunt snout bream *Megalobrama amblycephalsa*. PLoS One, 10(3): e0119518. doi: 10.1371/journal.pone.0119518.

Qiang, J., Wasipe, A., He, J., et al. 2019. Dietary vitamin E deficiency inhibits fat metabolism, antioxidant capacity, and immune regulation of inflammatory response in genetically improved farmed tilapia (GIFT, Oreochromis niloticus) fingerlings following *Streptococcus iniae* infection. Fish Shellfish Immunol., 92: 395-404.

Qiao, W., Peng, Z. L., Wang, Z. S., et al. 2009. Chromium improves glucose uptake and metabolism through upregulating the mRNA levels of IR, GLUT4, GS, and UCP3 in skeletal muscle cells. Biol. Trace Elem. Res., 131: 133-142.

Qin, S. Z., Liao, X. D., Lu, X., et al. 2017. Manganese enhances the expression of the manganese superoxide dismutase in cultured primary chick embryonic myocardial cells. J. Integr. Agric., 16(9): 2038-2046.

Qin, L., Xu, J., Wu, Z., et al. 2013. Notch1-mediated signaling regulates proliferation of porcine satellite cells (PSCs). Cell. Signal, 25: 561-569.

Qiu, N., Ma, M., Cai, Z., et al. 2012. Proteomic analysis of egg white proteins during the early phase of embryonic development. J. Proteomics, 75(6): 1895-1905.

Qu, S., Yang, X., Li, X., et al. 2015. Circular RNA: A new star of noncoding RNAs. Cancer Lett., 365: 141-148.

Rachdi, L., Balcazar, N., Osorio-Duque, F., et al. 2008. Disruption of Tsc2 in pancreatic beta cells induces beta cell mass expansion and improved glucose tolerance in a TORC1-dependent manner. Proc. Natl. Acad. Sci. U.S.A. 105: 9250-9255.

Radio, F. C., Majore, S., Binni, F., et al. 2014, TFR2-related hereditary hemochromatosis as a frequent cause of primary iron overload in patients from Central-Southern Italy. Blood Cells Mol. Dis., 52(2-3): 83-87.

Raes, K., de Smet, S., Demeyer, D. 2004. Effect of dietary fatty acids on incorporation of long chain polyunsaturated fatty acids and conjugated linoleic acid in lamb, beef and pork meat: A review. Anim. Feed Sci. Technol., 113: 199-221.

Ramayo-aldas, Y., Mach, N., Esteve-codina, A., et al. 2012. Liver transcriptome profile in pigs with extreme phenotypes of intramuscular fatty acid composition. BMC Genomics, 13: 547.

Ramos, A. D., Andersen, R. E., Liu, S. J., et al. 2015. The long noncoding RNA Pnky regulates neuronal differentiation of embryonic and postnatal neural stem cells. Cell Stem Cell, 16: 439-447.

Ratnayake, W. M., Galli, C. 2009. Fat and fatty acid terminology, methods of analysis and fat digestion and metabolism: a background review paper. Ann. Nutr. Metab., 55(1-3): 8-43.

Razdan, A., Pettersson, D. 1994. Effect of chitin and chitosan on nutrient digestibility and plasma lipid concentrations in broiler chickens. Br. J. Nutr., 72(2): 277-288.

Realini, C. E., Duran-Montge, P., Lizardo, R., et al. 2010. Effect of source of dietary fat on pig performance, carcass characteristics and carcass fat content, distribution and fatty acid composition. Meat Sci., 85(4): 606-612.

Rees, W. D., Hay, S. M., Brown, D. S., et al. 2000. Maternal protein deficiency causes hypermethylation of DNA in the livers of rat fetuses. J. Nutr., 130: 1821-1826.

Rehfeldt, C., Fiedler, I., Dietl, G., et al. 2000. Myogenesis and postnatal skeletal muscle cell growth as influenced by selection. Livest. Prod. Sci., 66(2): 177-188.

Rehfeldt, C., Kalbe, C., Block, J., et al. 2008. MetgesLong-term effects of low and high protein feeding to pregnant sows on offspring at market weight. ICoMST2008.

Reichsman, F., Smith, L., Cumberledge, S. 1996. Glycosaminoglycans can modulate extracellular localization of the wingless protein and promote signal transduction. J. Cell Biol., 135(3): 819-827.

Reinhart, B. J., Slack F. J., Basson, M., et al. 2000. The 21-nucleotide let-7 RNA regulates developmental timing in *Caenorhabditis elegans*. Nature, 403: 901-906.

Reis, F. C., Branquinho, J. L., Brandao, B. B., et al. 2016. Fat-specific Dicer deficiency accelerates aging and mitigates several effects of dietary restriction in mice. Aging, 8: 1201-1222.

Ren, M., Zhang, S. H., Liu, X. T., et al. 2016. Different lipopolysaccharide, branched-chain amino acids modulate porcine intestinal endogenous β-defensin expression through Sirt1/ERK/90RSK pathway. J. Agric. Food Chem., 64(17): 3371-3379.

Reue, K., Brindley, D. N. 2008. Thematic review series: Glycerolipids. Multiple roles for lipins/phosphatidate phosphatase enzymes in lipid metabolism. J. Lipid. Res., 49: 2493-2503.

Ricketts, M. L., Boekschoten, M. V., Kreeft, A. J., et al., 2007. The cholesterol-raising factor from coffee beans, cafestol, as an agonist ligand for the farnesoid and pregnane X receptors. Mol. Endocrinol., 21: 1603-1616.

Rico, D. E., Ying, Y., Harvatine, K. J. 2014. Effect of a high-palmitic acid fat supplement on milk production and apparent total-tract digestibility in high- and low-milk yield dairy cows. J. Dairy Sci., 97(6): 3739-3751.

Rimbach, G., Moehring, J., Huebbe, P., et al. 2010. Generegulatory activity of a-tocopherol. Molecules, 15: 1746-1761.

Rinn, J. L., Kertesz, M., Wang, J. K., et al. 2007. Functional demarcation of active and silent chromatin domains in human HOX loci by noncoding RNAs. Cell, 129: 1311-1323.

Ripps, H., Shen, W. 2012. Review: Taurine: A "very essential" amino acid. Mol. Vis., 18: 2673-2686.

Rist, V. T., Weiss, E., Sauer, N., et al. 2014. Effect of dietary protein supply originating from soybean meal or casein on the intestinal microbiota of piglets. Anaerobe, 25: 72-79.

Robishaw, J. D., Neely, J. R. 1985. Coenzyme A metabolism. Am. J. Physiol., 248: E1-E9.

Robitaille, A. M., Christen, S., Shimobayashi, M., et al. 2013. Quantitative phosphoproteomics reveal mTORC1 activates *de novo* pyrimidine synthesis. Science, 339: 1320-1323.

Rockl, K. S., Hirshman, M. F., Brandauer, J., et al. 2007. Skeletal muscle adaptation to exercise training: AMP-activated protein kinase mediates muscle fiber type shift. Diabetes, 56(8): 2062-2069.

Rodriguez-Gaxiola, M. A., Dominguez-Vara, I. A., Barajas-Cruz, R., et al. 2015. Effects of zilpaterol hydrochloride and zinc methionine on growth performance and carcass characteristics of beef bulls. Can. J. Anim. Sci., 95: 609-615.

Rodriguez-Navarro, J. A., Kaushik, S., Koga, H., et al. 2012. Inhibitory effect of dietary lipids on chaperone-mediated autophagy. Proc. Natl. Acad. Sci., 109: E705-714.

Rogers, A. C., Huetter, L., Hoekstra, N., et al. 2013. Activation of AMPK inhibits cholera toxin stimulated chloride secretion in human and murine intestine. PLoS One, 8(7): e69050. doi: 10. 1371/journal. pone. 0069050.

Rondon, M. R., August, P. R., Bettermann, A. D., et al. 2000. Cloning the soil metagenome: A strategy for accessing the genetic and functional diversity of uncultured microorganisms. Appl. Microbiol. Biot., 66: 2541-2547.

Romain, M., Sviri, S., Linton, D. M., et al. 2016. The role of vitamin B_{12} in the critically ill: A review. Anaesth. Intensive Care, 44(4): 447-452.

Rosati, R., Ma, H., Cabelof, D. C. 2012. Folate and colorectal cancer in rodents: A model of DNA repair deficiency. J. Oncol., 2012: 105949. doi: 10. 1155/2012/105949.

Ross, E. M., Petrovski, S., Moate, P. J., et al. 2013. Metagenomics of rumen bacteriophage from thirteen lactating dairy cattle. BMC Microbiol., 13(1): 242.

Ross, D. A., Rao, P. K., Kadesch, T. 2004. Dual roles for the Notch target gene Hes-1 in the differentiation of 3T3-L1 preadipocytes. Mol. Cell Biol., 24: 3505-3513.

Ross, D. A., Hannenhalli, S., Tobias, J. W., et al. 2006. Functional analysis of Hes-1 in preadipocytes. Mol. Endocrinol., 20: 698-705.

Ross, F. A., MacKintosh, C., Hardie, D. G. 2016. AMP-activated protein kinase: A cellular energy sensor that comes in 12 flavours. FEBS J., 283(16): 2987-3001. doi: 10. 1111/febs. 13698.

Rosser, E. C., Mauri, C. 2016. A clinical update on the significance of the gut microbiota in systemic autoimmunity. J. Autoimmun., 74: 85-93.

Roth, R. J., Le, A. M., Zhang, L., et al. 2009. MAPK phosphatase-1 facilitates the loss of oxidative myofibers associated with obesity in mice. J. Clin. Invest., 119(12): 3817-3829.

Roufik, S., Paquin, P., Britten, M. 2005. Use of high-performance size exclusion chromatography to characterize protein aggregation in commercial whey protein concentrates. Int. Dairy J., 15(3): 231-241.

Ruan, J., Li, H., Xu, K., et al. 2015. Highly efficient CRISPR/Cas9-mediated transgene knockin at the H11 locus in pigs. Sci. Rep., 5: 14253.

Rudd, P., Karlsson, N. G., Khoo, K. H., et al. 2015. Glycomics and Glycoproteomics. In: Varki, A., Cummings, R.D., Esko, J.D., et al. Essentials of Glycobiology. 3rd Ed. NewYork: Cold Spring Harbor Laboratory Press.

Ruetz, M., Campanello G. C., Purchal, M., et al. 2019. Itaconyl-CoA forms a stable biradical in methylmalonyl-CoA mutase and derails its activity and repair. Science, 366(6465): 589-593.

Rulifson, I. C., Karnik, S. K., Heiser, P. W., et al. 2007. Wnt signaling regulates pancreatic beta cell proliferation. Proc. Natl. Acad. Sci. U.S.A., 104: 6247-6252.

Ryu, M. S., Langkamp-Henken, B., Chang, S. M., et al. 2011. Genomic analysis, cytokine expression, and microRNA profiling reveal biomarkers of human dietary zinc depletion and homeostasis. Proc. Natl. Acad. Sci. U.S.A., 108: 20970-20975.

Ryu, Y. C., Kim, B. C. 2006. Comparison of histochemical characteristics in various pork groups categorized by postmortem metabolic rate and pork quality. J. Anim. Sci., 84: 894-901.

Sabatini, D. M., Erdjument–Bromage, H., Lui, M., et al. 1994. RAFT1: A mammalian protein that binds to FKBP12 in a rapamycin–dependent fashion and is homologous to yeast TORs. Cell, 78 (1): 35-43.

Sabui, S., Subramanian, V. S., Kapadia, R., et al. 2016. Structure-function characterization of the human mitochondrial thiamin pyrophosphate transporter (hMTPPT; SLC25A19): Important roles for Ile33, Ser34, Asp37, His137 and Lys291. Biochim. Biophys. Acta, 1858 (8):1883-1890.

Sabui, S., Subramanian, V. S., Kapadia, R., et al. 2017. Adaptive regulation of pancreatic acinar mitochondrial thiamin pyrophosphate uptake process: Possible involvement of epigenetic mechanism(s). Am. J. Physiol. Gastrointest. Liver Physiol., 313: G448-G455.

Sadri, H., Giallongo, F., Hristov, A. N., et al. 2016. Effects of slow-release urea and rumen-protected methionine and histidine on mammalian target of rapamycin (mTOR) signaling and ubiquitin proteasome-related gene expression in skeletal muscle of dairy cows. J. Dairy Sci., 99: 6702-6713.

Safari, R., Adel, M., Lazado, C. C., et al. 2016. Host-derived probiotics *Enterococcus casseliflavus* improves resistance against *Streptococcus iniae* infection in rainbow trout (*Oncorhynchus mykiss*) via immunomodulation. Fish Shellfish Immunol., 52: 198-205.

Sakamoto, K., McCarthy, A., Smith, D., et al. 2005. Deficiency of LKB1 in skeletal muscle prevents AMPK activation and glucose uptake during contraction. EMBO J., 24(10): 1810-1820. doi: 10. 1038/sj. emboj. 7600667.

Sakar, Y., Nazaret, C., Letteron, P., et al. 2009. Positive regulatory control loop between gut leptin and intestinal GLUT2/GLUT5 transporters links to hepatic metabolic functions in rodents. PLoS One, 4(11): e7935. doi: 10. 1371/journal. pone. 0007935.

Sakoda, H., Ogihara, T., Anai, M., et al. 2002. Activation of AMPK is essential for AICAR-induced glucose uptake by skeletal muscle but not adipocytes. Am. J. Physiol. Endocrinol. Metab., 282 (6): E1239-1244. doi: 10. 1152/ajpendo. 00455. 2001.

Salem, H. A., Wadie, W. 2017. Effect of niacin on inflammation and angiogenesis in a murine model of ulcerative colitis. Sci. Rep., 7(1):7139. doi: 10.1038/s41598-017-07280-y.

Salvado, L., Coll, T., Gomez-Foix, A. M., et al. 2013. Oleate prevents saturated-fatty-acid-induced ER stress, inflammation and insulin resistance in skeletal muscle cells through an AMPK-dependent mechanism. Diabetologia, 56: 1372-1382.

Salzman, N. H., Hung, K., Haribhai, D., et al. 2010. Enteric defensins are essential regulators of intestinal microbial ecology. Nat. Immunol., 11: 76-83.

Samadian, F., Towhidi, A., Rezayazdi, K., et al. 2010. Effects of dietary n-3 fatty acids on characteristics and lipid composition of ovine sperm. Animal, 4: 2017-2022.

Samovski, D., Sun, J., Pietka, T., et al. 2015. Regulation of AMPK activation by CD36 links fatty acid uptake to beta-oxidation. Diabetes, 64(2): 353-359. doi: 10. 2337/db14-0582.

Samovski, D., Su, X., Xu, Y., et al. 2012. Insulin and AMPK regulate FA translocase/CD36 plasma membrane recruitment in cardiomyocytes via Rab GAP AS160 and Rab8a Rab GTPase. J. Lipid. Res., 53(4): 709-717. doi: 10. 1194/jlr. M023424.

Sams, A. R., Woelfel, R. L., Owens, C. M., et al. 2002. The characterization and incidence of pale, soft, and exudative broiler meat in a commercial processing plant. Poult. Sci., 81(4): 579-584.

Sancak, Y., Bar-Peled, L., Zoncu, R., et al. 2010. Ragulator-Rag complex targets mTORC1 to the lysosomal surface and is necessary for its activation by amino acids. Cell, 141: 290-303.

Sancak, Y., Peterson, T. R., Shaul, Y. D., et al. 2008. The Rag GTPases bind raptor and mediate amino acid signaling to mTORC1. Science, 320: 1496-1501.

Sandberg, F. B., Emmans, G. C., Kyriazakis, I. 2007. The effects of pathogen challenges on the performance of naive and immune animals: The problem of prediction. Animal, 1: 67-86.

Sanders, M. J., Ali, Z. S., Hegarty, B. D., et al. 2007a. Defining the mechanism of activation of AMP-activated protein kinase by the small molecule A-769662, a member of the thienopyridone

family. J. Biol. Chem., 282(45): 32539-32548. doi: 10. 1074/jbc. M706543200.

Sanders, M. J., Grondin, P. O., Hegarty, B. D., et al. 2007b. Investigating the mechanism for AMP activation of the AMP-activated protein kinase cascade. Biochem. J., 403(1): 139-148. doi: 10. 1042/BJ20061520.

Sano, J., Ohki, K., Higuchi, T., et al. 2005. Effect of casein hydrolysate, prepared with protease derived from *Aspergillus oryzae*, on subjects with high-normal blood pressure or mild hyper-tension. J. Med. Food, 8: 423-430.

Sarveswaran, S., Liroff, J., Zhou, Z., et al. 2010. Selenite triggers rapid transcriptional activation of p53, and p53-mediated apoptosis in prostate cancer cells: Implication for the treatment of early-stage prostate cancer. Int. J. Oncol., 36: 1419-1428.

Sato, Y., Sato, Y., Obeng, K. A., et al. 2018. Acute oral administration of L-leucine upregulates slow-fiber- and mitochondria-related genes in skeletal muscle of rats. Nutr. Res., 57: 36-44.

Satsu, H., Chidachi, E., Hiura, Y., et al. 2012. Induction of NAD(P)H: Quinone oxidoreductase 1 expression by cysteine via Nrf2 activation in human intestinal epithelial LS180 cells. Amino Acids, 43: 1547-1555.

Sayyed, H. G., Jaumdally, R. J., Idriss, N. K., et al. 2013. The effect of melatonin on plasma markers of inflammation and on expression of nuclear factor-kappa beta in acetic acid-induced colitis in the rat. Digest. Dis. Sci., 58: 3156-3164.

Scarlett, W. L. 2003. Ultraviolet radiation: Sun exposure, tanning beds, and vitamin D levels. what you need to know and how to decrease the risk of skin cancer. J. Am. Osteopath. Assoc., 103(8): 371-375.

Scharf, M., Neef, S., Freund, R., et al. 2013. Mitogen-activated protein kinase-activated protein kinases 2 and 3 regulate SERCA2a expression and fiber type composition to modulate skeletal muscie and cardiomyocyte function. Mol. Cell. Biol., 33(13): 2586-2602.

Schmid, U., Stopper, H., Heidland, A., et al. 2008. Benfotiamine exhibits direct antioxidative capacity and prevents induction of DNA damage in vitro. Diabetes Metab. Res. Rev., 24(5): 371-377.

Schmidt, P. J., Toran, P. T., Giannetti, A. M., et al. 2008. The transferrin receptor modulates Hfe-dependent regulation of hepcidin expression. Cell Metab., 7(3): 205-214.

Schmidt, D. R., Holmstrom, S. R., Fon Tacer, K., et al. 2010. Regulation of bile acid synthesis by fat-soluble vitamins A and D. J. Biol. Chem., 285: 14486-14494.

Schmitz, G., Ecker, J. 2008. The opposing effects of n-3 and n-6 fatty acids. Prog. Lipid Res., 47(2): 147-155.

Schmitz, S. U., Grote, P., Herrmann, B. G. 2016. Mechanisms of long noncoding RNA function in development and disease. Cell Mol. Life Sci., 73: 2491-2509.

Schmolz, L., Birringer, M., Lorkowski, S., et al. 2016. Complexity of vitamin E metabolism. World J. Biol. Chem., 7(1): 14-43.

Schnuck, J. K., Sunderland, K. L., Gannon, N. P., et al. 2016. Leucine stimulates PPARβ/δ-dependent mitochondrial biogenesis and oxidative metabolism with enhanced GLUT4 content and glucose uptake in myotubes. Biochimie, 128-129: 1-7. doi: 10. 1016/j. biochi. 2016. 06. 009.

Schwartz, D. R., Wu, R., Kardia, S. L. R., et al. 2003. Novel candidate targets of β-catenin/T-cell factor signaling identified by gene expression profiling of ovarian endometrioid adenocarcinomas. Cancer Res., 63: 2913-2922.

Schweitzer, L. D., Comb, W. C., Bar-Peled, L., et al. 2015. Disruption of the rag-ragulator complex by c17orf59 inhibits mTORC1. Cell Rep., 12: 1445-1455.

Sciascia, Q., Pacheco, D., McCoard, S. A. 2013. Increased milk protein synthesis in response to exogenous growth hormone is associated with changes in mechanistic (mammalian) target of rapamycin (mTOR) C1-dependent and independent cell signaling. J. Dairy Sci., 96(4): 2327-2338.

Scribner, K. B., Odom, D. P., Mcgrane, M. M. 2007. Nuclear receptor binding to the retinoic acid response elements of the phosphoenolpyruvate carboxykinase gene in vivo: Effects of vitamin A deficiency. J. Nutr. Biochem., 18(3): 206-214.

See, W. M., Kaiser, M. E., White, J. C., et al. 2008. A nutritional model of late embryonic vitamin A deficiency produces defects in organogenesis at a high penetrance and reveals new roles for the vitamin in skeletal development. Dev. Biol., 316(2): 171-190.

Seiliez, I., Panserat, S., Skiba-Cassy, S., et al. 2008. Feeding status regulates the polyubiquitination step of the ubiquitin-proteasome-dependent proteolysis in rainbow trout (*Oncorhynchus mykiss*) muscle. J. Nutr., 138: 487-491.

Semova, I., Carten, J., Stombaugh, J., et al. 2012. Microbiota regulates intestinal absorption and metabolism of fatty acids in the Zebrafish. Cell Host & Microbe, 12(3): 277.

Sengupta, S., Peterson, T. R., Laplante, M. 2010. mTORC1 controls fasting-induced ketogenesis and its modulation by ageing. Nature, 468(7327): 1100-1104.

Seo, H. W., Kang, G. H., Cho, S. H., et al. 2015. Quality properties of sausages made with replacement of pork with corn starch, chicken breast and surimi during refrigerated storage. Korean J. Food Sci. Anim. Resour., 35: 638-645.

Shan, T., Liu, J., Wu, W. 2017. Roles of notch signaling in adipocyte progenitor cells and mature adipocytes. J. Cell. Physiol., 232: 1258-1261.

Shan, T., Zhang, P., Bi, P., et al. 2015. Lkb1 deletion promotes ectopic lipid accumulation in muscle progenitor cells and mature muscles. J. Cell. Physiol., 230(5): 1033-1041. doi: 10. 1002/jcp. 24831.

Shan, T., Zhang, P., Liang, X., et al. 2014. Lkb1 is indispensable for skeletal muscle development, regeneration, and satellite cell homeostasis. Stem Cells, 32(11): 2893-2907. doi: 10. 1002/stem. 1788.

Shan, T., Xu, Z., Wu, W., et al. 2017. Roles of notch1 signaling in regulating satellite cell fates choices and postnatal skeletal myogenesis. J. Cell. Physiol., 232(11): 2964-2967.

Shanthalingam, S., Narayanan, S., Batra, S. A., et al. 2016. *Fusobacterium necrophorum* in north American Bighorn sheep (*Ovis canadensis*) pneumonia. J. Wildlife Dis., 52(3): 616.

Shao, D., Oka, S., Liu, T., et al. 2014. A redox-dependent mechanism for regulation of AMPK activation by Thioredoxin1 during energy starvation. Cell Metab., 19(2): 232-245. doi: 10. 1016/j. cmet. 2013. 12. 013.

Shao, Y., Wall, E. H., McFadden, T. B., et al. 2013. Lactogenic hormones stimulate expression of lipogenic genes but not glucose transporters in bovine mammary gland. Domest. Anim. Endocrinol., 44(2): 57-69.

Sharir, H., Zinger, A., Nevo, A., et al. 2010. Zinc released from injured cells is acting via the Zn^{2+}-sensing receptor, ZnR, to trigger signaling leading to epithelial repair. J. Biol. Chem., 285(34): 26097-26106.

Shastri, N., Schwab, S., Serwold, T. 2002. Producing nature's genechips: The generation of peptides for display by MHC class I molecules. Annu. Rev. Immunol., 20: 463-493.

Shen, J. X. 2013. Vitamin A deficiency induces congenital spinal deformities in rats. Spine J., 13(9): S59.

Shen, Q. W., Du, M. 2005a. Effects of dietary α-lipoic acid on glycolysis of postmortem muscle. Meat Sci., 71(2): 306-311. doi: 10. 1016/j. meatsci. 2005. 03. 018.

Shen, Q. W., Du, M. 2005b. Role of AMP-activated protein kinase in the glycolysis of postmortem muscle. J. Sci. Food Agric., 85: 2401-2406.

Shen, Q. W., Jones, C. S., Kalchayanand, N., et al. 2005. Effect of dietary α-lipoic acid on growth, body composition, muscle pH, and AMP-activated protein kinase phosphorylation in mice. J. Anim. Sci., 83(11): 2611-2617. doi: 10. 2527/2005. 83112611x.

Shen, Q. W., Gerrard, D. E., Du, M. 2008. Compound C, an inhibitor of AMP-activated protein kinase, inhibits glycolysis in mouse longissimus dorsi postmortem. Meat Sci., 78(3): 323-330. doi: 10. 1016/j. meatsci. 2007. 06. 023.

Shen, Q. W., Means, W. J., Thompson, S. A., et al. 2006a. Pre-slaughter transport, AMP-activated protein kinase, glycolysis, and quality of pork loin. Meat Sci., 74(2): 388-395. doi: 10. 1016/j. meatsci. 2006. 04. 007.

Shen, Q. W., Means, W. J., Underwood, K. R., et al. 2006b. Early post-mortem AMP-activated protein kinase (AMPK) activation leads to phosphofructokinase-2 and -1 (PFK-2 and PFK-1) phosphorylation and the development of pale, soft, and exudative (PSE) conditions in porcine longissimus muscle. J. Agric. Food Chem., 54(15): 5583-5589. doi: 10. 1021/jf060411k.

Shen, Q. W., Underwood, K. R., Means, W. J., et al. 2007a. The halothane gene, energy metabolism, adenosine monophosphate-activated protein kinase, and glycolysis in postmortem pig longissimus dorsi muscle. J. Anim. Sci., 85(4): 1054-1061. doi: 10. 2527/jas. 2006-114.

Shen, Q. W., Zhu, M. J., Tong, J., et al. 2007b. Ca^{2+}/calmodulin-dependent protein kinase kinase is involved in AMP-activated protein kinase activation by α-lipoic acid in C2C12 myotubes. Am. J. Physiol. Cell Physiol., 293(4): C1395-1403. doi: 10. 1152/ajpcell. 00115. 2007.

Shi, W., Hegeman, M. A., van Dartel, D. A. M., et al. 2017. Effects of a wide range of dietary nicotinamide riboside (NR) concentrations on metabolic flexibility and white adipose tissue (WAT) of mice fed a mildly obesogenic diet. Mol. Nutr. Food Res., 61(8): 1600878.

Shi, X. E., Li, Y. F., Jia, L., et al. 2014. MicroRNA-199a-5p affects porcine preadipocyte proliferation and differentiation. Int. J. Mol. Sci., 15: 8526-8538.

Shida, H., Mende, M., Takano-Yamamoto, T., et al. 2015. Otic placode cell specification and proliferation are regulated by Notch signaling in avian development. Dev. Dynam., 244: 839-851.

Shimizu, T., Kagawa, T., Inoue, T., et al. 2008. Stabilized β-catenin functions through TCF/LEF proteins and the Notch/RBP-Jκ complex to promote proliferation and suppress differentiation of neural precursor cells. Mol. Cell. Biol., 28: 7427-7441.

Shokryazdan, P., Faseleh, J. M., Liang, J. B., et al. 2017. Effects of a *Lactobacillus salivarius* mixture on performance, intestinal health and serum lipids of broiler chickens. PLoS One, 12(5): e0175959.

Shu, L., Sauter, N. S., Schulthess, F. T., et al. 2008. Transcription factor 7-like 2 regulates β-cell survival and function in human pancreatic islets. Diabetes, 57: 645-653.

Shyh-Chang, N., Locasale, J. W., Lyssiotis, C. A., et al. 2013. Influence of threonine metabolism on *S*-adenosylmethionine and histone methylation. Science, 339: 222-226.

Shyntum, Y., Iyer, S. S., Tian, J. Q., et al. 2009. Dietary sulfur amino acid supplementation reduces small bowel thiol/disulfide redox state and stimulates ileal mucosal growth after massive small bowel resection in rats. J. Nutr., 139: 2272-2278.

Si, Y. H., Zhang, Y., Zhao, J. L., et al. 2014. Niacin inhibits vascular inflammation via downregulating nuclear transcription factor-κB signaling pathway. Mediators Inflamm., 2014: 263786. doi: 10.1155/2014/263786.

Sie, K. K., Li, J., Ly, A., et al. 2013. Effect of maternal and postweaning folic acid supplementation on global and gene-specific DNA methylation in the liver of the rat offspring. Mol. Nutr. Food Res., 57: 677-685.

Sigismund, S., Polo, S., Di Fiore, P. P. 2004. Signaling through monoubiquitination. Curr. Top. Microbiol. Immunol., 286: 149-185.

Sijilmassi, O. 2019. Folic acid deficiency and vision: A review. Graefes Arch. Clin. Exp. Ophthalmol., 257(8): 1573-1580.

Sikkema-Raddatz, B., Johansson, L. F., Boer, E. N., et al. 2013. Targeted next-generation sequencing can replace sanger sequencing in clinical diagnostics. Hum. Mutat., 34: 1035-1042.

Silberg, D. G., Swain, G. P., Suh, E. R., et al. 2000. Cdx1 and Cdx2 expression during intestinal development. Gastroenterology, 119(4): 961-971.

Silletti, E., Bult, J. H. F., Stieger, M. 2012. Effect of NaCl and sucrose tastants on protein composition of oral fluid analysed by SELDI-TOF-MS. Arch. Oral Biol., 57(9): 1200-1210.

Simonet, W. S., Lacey, D. L., Dunstan, C. R., et al. 1997. Osteoprotegerin: A novel secreted protein involved in the regulation of bone density. Cell, 89(2): 309-319.

Simopoulos, A. P. 2016. An increase in the omega-6/omega-3 fatty acid ratio increases the risk for obesity. Nutrients, 8(3): 128.

Sinclair, K. D., Allegrucci, C., Singh, R., et al. 2007. DNA methylation, insulin resistance, and blood pressure in offspring determined by maternal periconceptional B vitamin and methionine status. Proc. Natl. Acad. Sci. U. S. A., 104(49): 19351-19356.

Sirri, R., Vitali, M., Zambonelli, P., et al. 2018. Effect of diets supplemented with linseed alone or combined with vitamin E and selenium or with plant extracts, on longissimus thoracis transcriptome in growing-finishing Italian large white pigs. J. Anim. Sci. Biotechnol., 9: 81. doi: 10.1186/s40104-018-0297-2.

Slyshenkov, V. S., Dymkowska, D., Wojtczak, L. 2004. Pantothenic acid and pantothenol increase biosynthesis of glutathione by boosting cell energetics. FEBS Lett., 569(1-3): 169-172.

Smink, W., Gerrits, W. J. J., Hovenier, R., et al. 2010. Effect of dietary fat sources on fatty acid deposition and lipid metabolism in broiler chickens. Poult. Sci., 89: 2432-2440.

Smith, E. M., Finn, S. G., Tee, A. R., et al. 2005. The tuberous sclerosis protein TSC2 is not required for the regulation of the mammalian target of rapamycin by amino acids and certain cellular stresses. J. Biol. Chem., 280: 18717-18727.

Smith, M. B., Back, J. F. 1962. Modification of ovalbumin in stored eggs detected by heat denaturation. Nature, 193: 878-879.

Solaz-Fuster, M. C., Gimeno-Alcaniz, J. V., Ros, S., et al. 2008. Regulation of glycogen synthesis by the laforin-malin complex is modulated by the AMP-activated protein kinase pathway. Hum. Mol. Genet., 17(5): 667-678. doi: 10. 1093/hmg/ddm339.

Solcan, N., Kwok, J., Fowler, P. W., et al. 2012. Alternating access mechanism in the POT family of oligopeptide transporters. EMBO J., 31: 3411-3421.

Solomon, M. B., Caperna, T. J., Mroz, R. J., et al. 1994. Influence of dietary-protein and recombinant porcine somatotropin administration in young-pigs: 3. Muscle-fiber morphology and shear force. J. Anim. Sci., 72(3): 615-621.

Sone, H., Kamiyama, S., Higuchi, M., et al. 2016. Biotin augments acetyl CoA carboxylase 2 gene expression in the hypothalamus, leading to the suppression of food intake in mice. Biochem. Biophys. Res. Commun., 476: 134-139.

Song, G. X., Xu, G. F., Ji, C. B., et al. 2014. The role of microRNA-26b in human adipocyte differentiation and proliferation. Gene, 533: 481-487.

Song, T. X., Yang, Y., Wei, H. K., et al. 2019. Zfp217 mediates m^6A mRNA methylation to orchestrate transcriptional and post-transcriptional regulation to promote adipogenic differentiation. Nucleic Acids Res., 47(12): 6130-6144.

Song, Z., Zhu, L., Zhao, T., et al. 2009. Effect of copper on plasma ceruloplasmin and antioxidant ability in broiler chickens challenged by lipopolysaccharide. Asian-Australas. J. Anim. Sci., 22 (10): 1400-1406.

Soukas, A. A., Kane, E. A., Carr, C. E., et al. 2009. Rictor/TORC2 regulates fat metabolism, feeding, growth, and life span in *Caenorhabditis elegans*. Genes Dev., 23: 496-511.

Southern, L. L., Baker, D. H. 1980. Bioavailable pantothenic acid in cereal grains and soybean meal. Poult. Sci., 53 (2): 1663-1664.

Souza, J. S., Brunetto, E. L., Nunes, M. T. 2016. Iron restriction increases myoglobin gene and protein expression in Soleus muscle of rats. An. Acad. Bras. Cienc., 88(884): 2277-2290.

Souza, A. Z. Z. D., Zambom, A. Z., Abboud, K. Y., et al. 2015. Oral supplementation with L-glutamine alters gut microbiota of obese and overweight adults: A pilot study. Nutrition, 31: 884-

889.

Spencer, M. D., Hamp, T. J., Reid, R. W., et al. 2011. Association between composition of the human gastrointestinal microbiome and development of fatty liver with choline deficiency. Gastroenterology, 140: 976-986.

Spielbauer, B., Stahl, F. 2005. Impact of microarray technology in nutrition and food research. Mol. Nutr. Food Res., 49(10): 908-917.

Sreejayan, N., Dong, F., Kandadi, M. R., et al. 2008. Chromium alleviates glucose intolerance, insulin resistance, and hepatic ER stress in obese mice. Obesity, 16: 1331-1338.

Staal, A., van Wijnen. A. J., Desai, R. K., et al. 1996. Antagonistic effects of transforming growth factor-beta on vitamin D_3 enhancement of osteocalcin and osteopontin transcription: Reduced interactions of vitamin D receptor/retinoid X receptor complexes with vitamin E response elements. Endocrinology, 137(5): 2001-2011.

Steinberg, G. R., Macaulay, S. L., Febbraio, M. A., et al. 2006. AMP-activated protein kinase-the fat controller of the energy railroad. Can. J. Physiol. Pharm., 84(7): 655-665.

Stone, J. S., Rubel, E. W. 1999. Delta1 expression during avian hair cell regeneration. Development, 126: 961-973.

Stroeve, J. H., Brufau, G., Stellaard, F., et al. 2010. Intestinal FXR-mediated FGF15 production contributes to diurnal control of hepatic bile acid synthesis in mice. Lab. Invest., 90: 1457-1467.

Strucken, E. M., Bortfeldt, R. H., de Koning, D. J., et al. 2012. Genome-wide associations for investigating time-dependent genetic effects for milk production traits in dairy cattle. Anim. Genet., 43(4): 375-382.

Stubbs, A. K., Wheelhouse, N. M., Lomax, M. A., et al. 2002. Nutrient-hormone interaction in the ovine liver: Methionine supply selectively modulates growth hormone-induced IGF-I gene expression. J. Endocrinol., 174: 335-341.

Su, W. P., Xu, W., Zhang, H., et al. 2017. Effects of dietary leucine supplementation on the hepatic mitochondrial biogenesis and energy metabolism in normal birth weight and intrauterine growth-retarded weanling piglets. Nutr. Res. Pract., 11: 121-129.

Su, Y., Yao, W., Perez-Gutierrez, O. N., et al. 2008. Changes in abundance of *Lactobacillus* spp. and *Streptococcus suis* in the stomach, jejunum and ileum of piglets after weaning. FEMS Microbiol. Ecol., 66(3): 546-555.

Sudarsan, N. 2003. Metabolite-binding RNA domains are present in the genes of eukaryotes. RNA, 9 (6): 644-647.

Sudo, N., Chida, Y., Aiba, Y., et al. 2004. Postnatal microbial colonization programs the hypothalamic-pituitary-adrenal system for stress response in mice. J. Physiol., 558: 263-275.

Sui, S. Y., Jia, Y. M., He, B., et al. 2014. Maternal low-protein diet alters ovarian expression of folliculogenic and steroidogenic genes and their regulatory microRNAs in neonatal piglets. Asian-Australas. J. Anim. Sci., 27: 1695-1704.

Sun, C. J., Xu, G. Y., Yang, N. 2013. Differential label-free quantitative proteomic analysis of avian eggshell matrix and uterine fluid proteins associated with eggshell mechanical property. Proteomics, 13(23-24): 3523-3536.

Sun, L., Trajkovski, M. 2014. MiR-27 orchestrates the transcriptional regulation of brown adipogenesis. Metabolism, 63(2): 272-282.

Sun, X., Yang, Q., Rogers, C. J., et al. 2017. AMPK improves gut epithelial differentiation and barrier function via regulating Cdx2 expression. Cell Death Differ., 24(5): 819-831. doi: 10. 1038/cdd. 2017. 14.

Sun, Y. L., Wu, Z. L., Li, W., et al. 2015. Dietary L-leucine supplementation enhances intestinal development in suckling piglets. Amino Acids, 47: 1517-1525.

Sun, Y., Yu, K., Zhou, L., et al. 2016. Metabolomic and transcriptomic responses induced in the livers of pigs by the long-term intake of resistant starch. J. Anim. Sci., 94: 1083-1094.

Surai, P. F., Kochish, I. I., Romanov, M. N., et al. 2019. Nutritional modulation of the antioxidant capacities in poultry: The case of vitamin E. Poult. Sci., 98(9): 4030-4041.

Suzuki, K., Yamada, K., Fukuhara, Y., et al. 2017. High-dose thiamine prevents brain lesions and prolongs survival of Slc19a3-deficient mice. PLoS One, 12(6): e0180279.

Suzuki, T., Bridges, D., Nakada, D., et al. 2013. Inhibition of AMPK catabolic action by GSK3. Molecular Cell, 50(3): 407-419. doi: 10. 1016/j. molcel. 2013. 03. 022.

Swiathkiewicz, S., Swiztkiewicz, M., Arczewska-Wlosek, A., et al. 2015. Chitosan and its oligosaccharide derivatives (chito-oligosaccharides) as feed supplements in poultry and swine nutrition. J. Anim. Physiol. Anim. Nutr., 99(1): 1-12.

Tagami, S., Okochi, M., Yanagida, K., et al. 2008. Regulation of Notch signaling by dynamic changes in the precision of S3 cleavage of Notch-1. Mol. Cell. Biol., 28: 165-176.

Takamasa, I., Paulraj, K., Hisakazu, K., et al. 2016. Immunobiotic *Bifidobacteria* strains modulate rotavirus immune response in porcine intestinal epitheliocytes via pattern recognition receptor signaling. PLoS One, 11(3): e0152416.

Takeda, J., Park, H. Y., Kunitake, Y., et al. 2013. Theaflavins, dimeric catechins, inhibit peptide transport across Caco-2 cell monolayers via down-regulation of AMP-activated protein kinase-mediated peptide transporter PEPT1. Food Chem., 138(4): 2140-2145. doi: 10.1016/j.foodchem. 2012. 12. 026.

Tako, E., Rutzke, M. A., Glahn, R. P. 2010. Using the domestic chicken (*Gallus gallus*) as an in vivo model for iron bioavailability. Poult. Sci., 2010, 89(3): 514.

Tan, B., Li, X. G., Kong, X. F., et al. 2009. Dietary L-arginine supplementation enhances the immune status in early-weaned piglets. Amino Acids, 37: 323-331.

Tan, B., Yin, Y. L., Kong, X. F., et al. 2010. L-Arginine stimulates proliferation and prevents endotoxin-induced death of intestinal cells. Amino Acids, 38: 1227-1235.

Tan, B., Yin, Y. L., Liu, Z. Q., et al. 2011. Dietary L-arginine supplementation differentially regulates expression of lipid-metabolic genes in porcine adipose tissue and skeletal muscle. J. Nutr. Biochem., 22: 441-445.

Tan, J. M., Wong, E. S., Kirkpatrick, D. S., et al. 2008. Elysian 63-linked ubiquitination promotes the formation and autophagic clearance of protein inclusions associated with neurodegenerative diseases. Hum. Mol. Genet., 17: 431-439.

Tan, V. P., Miyamoto, S. 2016. Nutrient-sensing mTORC1: Integration of metabolic and autophagic signals. J. Mol. Cell. Cardiol., 95: 31-41. doi: 10. 1016/j. yjmcc. 2016. 01. 005.

Tan, X., Behari, J., Cieply, B. et al. 2006. Conditional deletion of β-catenin reveals its role in liver growth and regeneration. Gastroenterology, 131: 1561-1572.

Tandon, S. K., Magos, L., Webb, M. 1986. The stimulation and inhibition of the exhalation of volatile selenium. Biochem. Pharmacol., 35: 2763-2766.

Tang, Y., Underwood, A., Gielbert, A., et al. 2014. Metaproteomics analysis reveals the adaptation process for the chicken gut microbiota. Appl. Environ. Microbiol., 80(2): 478-85.

Tang, H. R., Wang, Y. L. 2006. Metabonomics: A revolution in progress. Prog. Biochem. Biophys., 33: 401-417.

Tang, R. Y., Yu, B., Zhang, K. Y., et al. 2010. Effects of nutritional level on pork quality and gene expression of mu-calpain and calpastatin in muscle of finishing pigs. Meat Sci., 85(4): 768-771.

Tang, X. L., Xu, M. J., Li, Z. H., et al. 2013. Effects of vitamin E on expressions of eight microRNAs in the liver of Nile tilapia (*Oreochromis niloticus*). Fish Shellfish Immunol., 34: 1470-1475.

Taniguchi, M., Nakajima, I., Chikuni, K., et al. 2014. MicroRNA-33b downregulates the differentiation and development of porcine preadipocytes. Mol. Biol. Rep., 41: 1081-1090.

Taylor, P. M. 2014. Role of amino acid transporters in amino acid sensing. Am. J. Clin. Nutr., 99(1): 223S-230S.

Terlecky, S. R., Terlecky, L. J., Giordano, C. R. 2012. Peroxisomes, oxidative stress and inflammation. World J. Biol. Chem., 3: 93-97.

Thaiss, C. A., Zeevi, D., Levy, M., et al. 2014. Transkingdom control of microbiota diurnal oscillations promotes metabolic homeostasis. Cell, 159: 514-529.

Thakur, V., Morley, S., Manor, D. 2010. Hepatic α-tocopherol transfer protein: Ligand-induced protection from proteasomal degradation. Biochemistry, 49(43): 9339-9344.

Thijssen, H. H. W., Vervoort, L. M. T., Schurgers, L. J., et al. 2006. Menadione is a metabolite of oral vitamin K. Br. J. Nutr., 95(2): 260-266.

Thompson, M. D., Monga, S. P. 2007. WNT/β-catenin signaling in liver health and disease. Hepatology, 45: 1298-1305.

Thomson R. L., Buckley, J. D. 2011. Protein hydrolysates and tissue repair. Nutr. Res. Rev., 24: 191-197.

Thongngam, M., McClements, D. J. 2004. Characterization of interactions between chitosan and an anionic surfactant. J. Agric. Food Chem., 52(4): 987-991.

Thongphasuk, J., Oberley, L. W., Oberley, T. D. 1999. Induction of superoxide dismutase and cytotoxicity by manganese in human breast cancer cells. Arch. Biochem. Biophys., 365(2): 317-327.

Tian, Z. M., Ma, X. Y., Yang, X. F., et al. 2016. Influence of low protein diets on gene expression of digestive enzymes and hormone secretion in the gastrointestinal tract of young weaned piglets. J. Zhejiang Univ. Sci. B, 17: 742-751.

Tie, J. K., Stafford, D. W. 2016. Structural and functional insights into enzymes of the vitamin K cycle. J. Thromb. Haemost., 14(2): 236-247.

Tomas, J., Mulet, C., Saffarian, A., et al. 2016. High-fat diet modifies the PPAR-γ pathway leading to disruption of microbial and physiological ecosystem in murine small intestine. Proc. Natl. Acad. Sci. U.S.A., 113: E5934.

Tong, J. F., Yan, X., Zhu, M. J., et al. 2009a. AMP-activated protein kinase enhances the expression of muscle-specific ubiquitin ligases despite its activation of IGF-1/Akt signaling in C2C12 myotubes. J. Cell. Biochem., 108(2): 458-468. doi: 10. 1002/jcb. 22272.

Tong, J. F., Yan, X., Zhu, M. J., et al. 2009b. Maternal obesity downregulates myogenesis and β-catenin signaling in fetal skeletal muscle. Am. J. Physiol. Endocrinol. Metab., 296(4): E917-924. doi: 10. 1152/ajpendo. 90924. 2008.

Tong, J., Zhu, M. J., Underwood, K. R., et al. 2008. AMP-activated protein kinase and adipogenesis in sheep fetal skeletal muscle and 3T3-L1 cells. J. Anim. Sci., 86(6): 1296-1305. doi: 10. 2527/jas. 2007-0794.

Tontonoz, P., Graves, R. A., Budavari, A. I., et al. 1994. Adipocyte-specific transcription factor

ARF6 is a heterodimeric complex of two nuclear hormone receptors, PPAR7 and RXRa. Nucleic Acids Res., 22(25): 5628-5634.

Torres, M. I. G., Isidro, R. A., López, A., et al. 2016. Effect of the probiotic mixture VSL#3 on macrophage and proliferating cell numbers in the liver of rats undergoing acute colitis. FASEB J., 30: lb694-lb694.

Toue, S., Kodama, R., Amao, M., et al. 2006. Screening of toxicity biomarkers for methionine excess in rats. J. Nutr., 136: 1716-1721.

Trajkovski, M., Hausser, J., Soutschek, J., et al. 2011. MicroRNAs 103 and 107 regulate insulin sensitivity. Nature, 474: 649-653.

Trempe, J. F. 2011. Reading the ubiquitin postal code. Curr. Opin. Struct. Biol., 21: 792-801.

Tsukamoto, H., She, H., Hazra, S., et al. 2008. Fat paradox of steatohepatitis. J. Gastroen. Hepatol., 23(Suppl 1): 104-107.

Tu, H. W., Fan, C. J., Chen, X. H., et al. 2017. Effects of cadmium, manganese, and lead on locomotor activity and neurexin 2a expression in zebrafish. Environ. Toxicol. Chem., 36(8): 2147-2154.

Tylicki, A., Siemieniuk, M. 2011. Thiamine and its derivatives in the regulation of cell metabolism. Postepy. Hig. Med. Dosw., 65: 447-469.

Uezumi, A., Ito, T., Morikawa, D., et al. 2011. Fibrosis and adipogenesis originate from a common mesenchymal progenitor in skeletal muscle. J. Cell Sci., 124(21): 3654-3664.

Ulatowski, L., Dreussi, C., Noy, N., et al. 2012. Expression of the α-tocopherol transfer protein gene is regulated by oxidative stress and common single-nucleotide polymorphisms. Free Radical Bio. Med., 53(12): 2318-2326.

Ulitsky I, Shkumatava, A., Jan, C. H., et al. 2011. Conserved function of lincRNAs in vertebrate embryonic development despite rapid sequence evolution. Cell, 147: 1537-1550.

Underwood, K. R., Tong, J., Zhu, M. J., et al. 2007. Relationship between kinase phosphorylation, muscle fiber typing, and glycogen accumulation in longissimus muscle of beef cattle with high and low intramuscular fat. J. Agric. Food Chem., 55(23): 9698-9703. doi: 10. 1021/jf071573z.

Underwood, K. R., Means, W. J., Zhu, M. J., et al. 2008. AMP-activated protein kinase is negatively associated with intramuscular fat content in longissimus dorsi muscle of beef cattle. Meat Sci., 79(2): 394-402. doi: 10. 1016/j. meatsci. 2007. 10. 025.

Upadhya, S. C., Hedge, A. N. 2003. A potential proteasome-interacting motif within the ubiquitin-like domain of parkin and other proteins. Trends Biochem. Sci., 28: 280-283.

Urs, S., Roudabush, A., O'Neill, C. F., et al. 2008. Soluble forms of the Notch ligands Delta1 and

Jagged1 promote in vivo tumorigenicity in NIH3T3 fibroblasts with distinct phenotypes. Am. J. Pathol., 173: 865-878.

Vaishnava, S., Behrendt, C. L., Ismail, A. S., et al. 2008. Paneth cells directly sense gut commensals and maintain homeostasis at the intestinal host-microbial interface. Proc. Natl. Acad. Sci. U. S.A., 105: 20858-20863.

Valin, C., Touraille, C., Vigneron, P., et al. 1982. Prediction of lamb meat quality traits based on muscle biopsy fibretyping. Meat Sci., 6(4): 257-263.

van den Abbeele, P., van de Wiele, T., Verstraete, W., et al. 2011. The host selects mucosal and luminal associations of coevolved gut microorganisms: A novel concept. FEMS Microbiol. Rev., 35: 681-704.

van Gorkom, G. N. Y., Wolterink, R. G. J. K., van Elssen, C. H. M. J., et al. 2018. Influence of vitamin C on lymphocytes: An overview. Antioxidants, 7(3): 41-55.

Vasu, V. T., Hobson, B., Gohil, K., et al. 2007. Genome-wide screening of alpha-tocopherol sensitive genes in heart tissue from alpha-tocopherol transfer protein null mice ($ATTP^{-/-}$). FEBS Lett., 581(8): 1572-1578.

Vasyutina, E., Lenhard, D. C. Wende, H. , et al. 2007. RBP-J (Rbpsuh) is essential to maintain muscle progenitor cells and to generate satellite cells. Proc. Natl. Acad. Sci. U. S. A., 104: 4443-4448.

Veeman, M. T., Axelrod, J. D., Moon, R. T. 2003. A second canon. Functions and mechanisms of β-catenin-independent Wnt signaling. Dev. Cell, 5: 367-377.

Verdrengh, M., Tarkowski, A. 2005. Riboflavin in innate and acquired immune responses. Inflamm. Res., 54(9): 390-393.

Vermeer, C. 2012. Vitamin K: The effect on health beyond coagulation—an overview. Food Nutr. Res., 56(1): 1-7.

Vermeer, C., Gijsbers, B., Crăciun, A. M., et al. 1996. Effects of vitamin K on bone mass and bone metabolism. J. Nutr., 126(Suppl4): 1187S-1191S.

Vettor, R., Milan, G., Franzinc, C. et al. 2009. The Origin of intermuscular adipose tissue and its pathophysiological implications. Am. J. Physiol. Endocrinol. Metab., 297(5): 987-998.

Vial, G., Dubouchaud, H., Couturier, K., et al. 2011. Effects of a high-fat diet on energy metabolism and ROS production in rat liver. J. Hepatol., 54: 348-356.

Vieira, S., Pagovich, O., Kriegel, M. 2014. Diet, microbiota and autoimmune diseases. Lupus., 23: 518-526.

Vienberg, S., Geiger, J., Madsen, S., et al. 2017. MicroRNAs in metabolism. Acta Physiol., 219: 346-

361.

Vila, I. K., Yao, Y., Kim, G., et al. 2017. A UBE2O-AMPKα2 axis that promotes tumor initiation and progression offers opportunities for therapy. Cancer Cell, 31(2): 208-224. doi: 10. 1016/j. ccell. 2017. 01. 003.

Vila-Bedmar, R., Lorenzo, M., Fernández-Veledo, S. 2010. Adenosine 5'-monophosphate-activated protein kinase-mammalian target of rapamycin cross talk regulates brown adipocyte differentiation. Endocrinology, 151(3): 980-992. doi: 10. 1210/en. 2009-0810.

Villa, J. K. D., Diaz, M. A. N., Pizziolo, V. R., et al. 2017. Effect of vitamin K in bone metabolism and vascular calcification: a review of mechanisms of action and evidences. Crit. Rev. Food Sci. Nutr., 57(18): 3959-3970.

Villanueva, C. J., Vergnes, L., Wang, J., et al. 2013. Adipose subtype-selective recruitment of TLE3 or Prdm16 by PPARγ specifies lipid storage versus thermogenic gene programs. Cell Metab., 17: 423-435.

Vinolo, M. A. R., Rodrigues, H. G., Nachbar, R. T., et al. 2011. Regulation of inflammation by short chain fatty acids. Nutrients, 3: 858-876.

Voltolini, C., Battersby, S., Etherington, S. L., et al. 2012. A novel antiinflammatory role for the short-chain fatty acids in human labor. Endocrinology, 153: 395-403.

Vucetic, Z., Kimmel, J., Reyes, T. M. 2011. Chronic high-fat diet drives postnatal epigenetic regulation of mu-opioid receptor in the brain. Neuropsychopharmacology: Official Publication of the American College of Neuropsychopharmacology, 36: 1199-1206.

Vucetic, Z., Kimmel, J., Totoki, K., et al. 2010. Maternal high-fat diet alters methylation and gene expression of dopamine and opioid-related genes. Endocrinology, 151: 4756-4764.

Vucetic, Z., Carlin, J. L., Totoki, K., et al. 2012. Epigenetic dysregulation of the dopamine system in diet-induced obesity. J. Neurochem., 120: 891-898.

Vujovic, S., Henderson, S. R., Flanagan, A. M., et al. 2007. Inhibition of γ-secretases alters both proliferation and differentiation of mesenchymal stem cells. Cell Proliferat., 40: 185-195.

Vyas, D., Moallem, U., Teter, B. B., et al. 2013. Milk fat responses to butterfat infusion during conjugated linoleic acid-induced milk fat depression in lactating dairy cows. J. Dairy Sci., 96(4): 2387-2399.

Wade, A. M., Tucker, H. N. 1998. Antioxidant characteristics of L-histidine. J. Nutr. Biochem., 9: 308-315.

Walker, C. E., Drouillard, J. S. 2014. The effect of phytochemical tannins-containing diet on rumen fermentation characteristics and microbial diversity dynamics in goats using 16S rDNA amplicon pyrosequencing. AFAB, 6: 195-211.

Walker, J., Jijon, H. B., Diaz, H., et al. 2005. 5-aminoimidazole-4-carboxamide riboside (AICAR) enhances GLUT2-dependent jejunal glucose transport: a possible role for AMPK. Biochem. J., 385(Pt 2): 485-491. doi: 10. 1042/BJ20040694.

Walsh, A. M., Sweeney, T., Bahar, B., et al. 2012. The effect of chitooligosaccharide supplementation on intestinal morphology, selected microbial populations, volatile fatty acid concentrations and immune gene expression in the weaned pig. Animal, 6(10): 1620-1626.

Wan, H. F., Zhu, J. T., Wu, C. M., et al. 2017. Transfer of β-hydroxy-β-methylbutyrate from sows to their offspring and its impact on muscle fiber type transformation and performance in pigs. J. Anim. Sci. Biotechnol., 8(1): 2. doi: 10.1186/s40104-016-0132-6.

Wan, J., Yang, K. Y., Xu, Q. S., et al. 2016. Dietary chitosan oligosaccharide supplementation improves foetal survival and reproductive performance in multiparous sows. RSC Advances, 6: 70715-70722.

Wan, X. J., Wang, S. B., Xu, J. R., et al. 2017. Dietary protein-induced hepatic IGF-1 secretion mediated by PPARγ activation. PLoS One, 12: e0173174. doi: 10. 1371/journal. pone. 0173174.

Wang, B., Nie, W., Fu, X., et al. 2018. Neonatal vitamin A injection promotes cattle muscle growth and increases oxidative muscle fibers. J. Anim. Sci. Biotechnol., 9(1): 82. doi: 10.1186/s40104-018-0296-3.

Wang, B., Wu, Z. L., Ji, Y., et al. 2016. L-Glutamine enhances tight junction integrity by activating CaMK kinase 2-AMP-activated protein kinase signaling in intestinal porcine epithelial cells. J. Nutr., 146(3): 501-508.

Wang, D., Wan, X. B., Peng, J., et al. 2017. The effects of reduced dietary protein level on amino acid transporters and mTOR signaling pathway in pigs. Biochem. Biophys. Res. Commun., 485 (2): 319-327.

Wang, F., Kim, B. E., Petris, M. J., et al., 2004. The mammalian Zip5 protein is a zinc transporter that localizes to the basolateral surface of polarized cells. J. Biol. Chem., 279: 51433-51441.

Wang, G. Q., Zhu, L., Ma, M. L., et al. 2015. Mulberry 1-deoxynojirimycin inhibits adipogenesis by repression of the ERK/PPARγ signaling pathway in porcine intramuscular adipocytes. J. Agric. Food Chem., 63(27): 6212-6220.

Wang, H. S., Shen, J. H., Pi, Y., et al. 2019. Low-protein diets supplemented with casein hydrolysate favor the microbiota and enhance the mucosal humoral immunity in the colon of pigs. J. Anim. Sci. Biotechnol., 10(1): 1-13.

Wang, H. Y., Malbon, C. C. 2003. Wnt signaling, Ca^{2+}, and cyclic GMP: Visualizing frizzled functions. Science, 300: 1529-1530.

Wang, H. Y., Xiao, S. H., Wang, M., et al. 2015. In silico identification of conserved microRNAs and their targets in bovine fat tissue. Gene, 559(2): 119-128.

Wang, H., Zhang, C., Wu, G. Y., et al. 2015. Glutamine enhances tight junction protein expression and modulates corticotropin-releasing factor signaling in the jejunum of weanling piglets. J. Nutr., 145(1): 25-31.

Wang, J. G., Zhu, X. Y., Guo, Y. Z., et al. 2016. Influence of dietary copper on serum growth-related hormone levels and growth performance of weanling pigs. Biol. Trace Elem. Res., 172(1): 1-6.

Wang, J. G., Zhu, X. Y., Xie, G. H., et al. 2012. Effect of copper on the expression of IGF-1 from chondrocytes in newborn piglets in vitro. Biol. Trace Elem. Res., 148(2): 178-181.

Wang, J. J., Chen, L. X., Li, P., et al. 2008. Gene expression is altered in piglet small intestine by weaning and dietary glutamine supplementation. J. Nutr., 138(6): 1025-1032.

Wang, J. Q., Liao, X., Yang, X. J., et al. 2011. Maternal dietary protein induces opposite myofiber type transition in Meishan pigs at weaning and finishing stages. Meat Sci., 89(2): 221-227.

Wang, J. W., Qin, C. F., He, T., et al. 2018. Alfalfa-containing diets alter luminal microbiota structure and short chain fatty acid sensing in the caecal mucosa of pigs. J. Anim. Sci. Biotechnol., 9(1): 11. doi: 10.1186/s40104-017-0216-y.

Wang, L. J., Zhang, H. W., Zhou, J. Y., et al. 2014. Betaine attenuates hepatic steatosis by reducing methylation of the MTTP promoter and elevating genomic methylation in mice fed a high-fat diet. J. Nutr. Biochem., 25: 329-336.

Wang, L., Di, L. J. 2015. Wnt/β-catenin mediates AICAR effect to increase GATA3 expression and inhibit adipogenesis. J. Biol. Chem., 290(32): 19458-19468. doi: 10. 1074/jbc. M115. 641332.

Wang, L., Lin, Y., Bian, Y. J., et al. 2014. Leucyl-tRNA synthetase regulates lactation and cell proliferation via mTOR signaling in dairy cow mammary epithelial cells. Int. J. Mol. Sci., 15 (4): 5952-5969.

Wang, M. Z., Xu, B. L., Wang, H. R., et al. 2014. Effects of arginine concentration on the in vitro expression of casein and mTOR pathway related genes in mammary epithelial cells from dairy cattle. PLoS One, 9(5): e95985. doi: 10. 1371/journal. pone. 0095985.

Wang, P., Xue, Y. Q., Han, Y. M., et al. 2014. The STAT3-binding long noncoding RNA lnc-DC controls human dendritic cell differentiation. Science, 344(6181): 310-313.

Wang, Q., Qi, R., Wang, J., et al. 2017. Differential expression profile of miRNAs in porcine muscle and adipose tissue during development. Gene, 618: 49-56.

Wang, S. B., Khondowe, P., Chen, S. F., et al. 2012. Effects of "Bioactive" amino acids leucine, glutamate, arginine and tryptophan on feed intake and mRNA expression of relative neuropeptides in broiler chicks. J. Anim. Sci. Biotechnol., 3: 27.

Wang, S. X., Xu, J., Song, P., et al. 2009. In vivo activation of AMP-activated protein kinase attenuates diabetes-enhanced degradation of GTP cyclohydrolase I. Diabetes, 58(8): 1893-1901. doi: 10. 2337/db09-0267.

Wang, T. J., Feugang, J. M., Crenshaw, M., et al. 2017. A systems biology approach using transcriptomic data reveals genes and pathways in porcine skeletal muscle affected by dietary lysine. Int. J. Mol. Sci., 18(4): 885.

Wang, T., Li, M. Z., Guan, J. Q., et al. 2011. MicroRNAs miR-27a and miR-143 regulate porcine adipocyte lipid metabolism. Int. J. Mol. Sci., 12(11): 7950-7959.

Wang, W. W., Dai, Z. L., Wu, Z. L., et al. 2014. Glycine is a nutritionally essential amino acid for maximal growth of milk-fed young pigs. Amino Acids, 46: 2037-2045.

Wang, X. C., Zhang, H. J., Wang, H., et al. 2017. Effect of different protein ingredients on performance, egg quality, organ health, and jejunum morphology of laying hens. Poult. Sci., 96(5): 1316-1324.

Wang, X. Q., Ou, D. Y., Yin, J. D., et al. 2009. Proteomic analysis reveals altered expression of proteins related to glutathione metabolism and apoptosis in the small intestine of zinc oxide-supplemented piglets. Amino Acids, 37(1): 209-218.

Wang, X., He, C. 2014. Reading RNA methylation codes through methyl-specific binding proteins. RNA Biol., 11(6): 669-672.

Wang, X., Pattison, J. S., Su, H. 2013. Posttranslational modification and quality control. Circ. Res., 112: 367-381.

Wang, X., Qiao, S. Y., Liu, M., et al. 2006. Effects of graded levels of true ileal digestible threonine on performance, serum parameters and immune function of 10-25 kg pigs. Anim. Feed Sci. Technol., 129: 264-278.

Wang, X. X., Sun, B. F., Jiang, Q., et al. 2018. mRNA m^6A plays opposite role in regulating UCP2 and PNPLA2 protein expression in adipocytes. Int. J. Obesity, 42(11):1912-1924.

Wang, X. X., Wu, R. F., Liu, Y. H., et al. 2019. m^6A mRNA methylation controls autophagy and adipogenesis by targeting Atg5 and Atg7. Autophagy, 1-15. doi: org/10.1080/15548627.2019. 1659617.

Wang, X. X., Zhu, L. N., Chen, J. Q., et al. 2015. mRNA m^6A methylation downregulates adipogenesis in porcine adipocytes. Biochem. Biophys. Res. Commun., 459(2): 201-207.

Wang, X. Y., Liu, Y. L., Li, S., et al. 2015. Asparagine attenuates intestinal injury, improves energy status and inhibits AMP-activated protein kinase signalling pathways in weaned piglets challenged with *Escherichia coli* lipopolysaccharide. Br. J. Nutr., 114(4): 553-565. doi: 10.1017/S0007114515001877.

Wang, X. Y., Liu, Y. L., Wang, S. H., et al. 2016. Asparagine reduces the mRNA expression of muscle atrophy markers via regulating protein kinase B (Akt), AMP-activated protein kinase α, toll-like receptor 4 and nucleotide-binding oligomerisation domain protein signalling in weaning piglets after lipopolysaccharide challenge. Br. J. Nutr., 116(7): 1188-1198. doi: 10.1017/S000711451600297X.

Wang, Y. L., Liu, X. Y., Hou, L. M., et al. 2016. Fibroblast growth factor 21 suppresses adipogenesis in pig intramuscular fat cells. Int. J. Mol. Sci., 17(1):11. doi: 10.3390/ijms17010011.

Wang, Y. Y., He, L., Du, Y., et al. 2015. The long noncoding RNA lncTCF7 promotes self-renewal of human liver cancer stem cells through activation of Wnt signaling. Cell Stem Cell, 16(4): 413-425.

Wang, Y., He, J. Z., Yang, W. X., et al. 2015. Correlation between heart-type fatty acid-binding protein gene polymorphism and mRNA expression with intramuscular fat in baicheng-oil chicken. Asian-Australas. J. Anim. Sci., 28(10): 1380-1387.

Wang, Y., Tu, Y., Han, F., et al. 2005. Developmental gene expression of lactoferrin and effect of dietary iron on gene regulation of lactoferrin in mouse mammary gland. J. Dairy Sci., 88(6): 2065-2071.

Wang, Z. B., Li, J., Wang, Y., et al. 2020. Dietary vitamin A affects growth performance, intestinal development and functions in weaned piglets by affecting intestinal stem cells. Journal of Animal Science, 98(2): skaa020. doi.org/10.1093/jas/skaa020.

Wang, Z. Q., Zhang, X. H., Russel, J. C., et al. 2006. Chromium picolinate enhances skeletal muscle cellular insulin signaling in vivo in obese, insulin resistant JCR: LA-cp rats. J. Nutr., 136(2): 415-420.

Wang, Z. N., Klipfell, E., Bennett, B. J., et al., 2011. Gut flora metabolism of phosphatidylcholine promotes cardiovascular disease. Nature, 472(7341): 57-63.

Wang, Z. R., Hou, X. M., Qu, B., et al. 2014. Pten regulates development and lactation in the mammary glands of dairy cows. PLoS One, 9(7): e102118. doi: 10.1371/journal.pone. 0102118.

Wasserman, R. H., Smith, C. A., Smith, C. M., et al. 1991. Immunohistochemical localization of a calcium pump and calbindin-D28k in the oviduct of the laying hen. Histochemistry, 96: 413-418.

Watanabe, M., Suzuki, T. 2001. Cadmium-induced abnormality in strains of *Euglena gracilis*: Morphological alteration and its prevention by zinc and cyanocobalamin. Comp. Biochem. Physiol. C Toxicol. Pharmacol., 130(1): 29-39.

Watanabe, M., Houten, S. M., Mataki, C., et al. 2006. Bile acids induce energy expenditure by promoting intracellular thyroid hormone activation. Nature, 439: 484-489.

Waterland, R. A. 2006. Assessing the effects of high methionine intake on DNA methylation. J. Nutr., 136: 1706s-1710s.

Weekes, T. L., Luimes, P. H., Cant, J. P. 2006. Responses to amino acid imbalances and deficiencies in lactating dairy cows. J. Dairy Sci., 89(6): 2177-2187.

Wei, I. L., Huang, Y. H., Wang, G. S. 1999. Vitamin B_6 deficiency decreases the glucose utilization in cognitive brain structures of rats. J. Nutr. Biochem., 10(9): 525-531.

Wei, N., Wang, Y., Xu, R. X., et al. 2015. PU. 1 antisense lncRNA against its mRNA translation promotes adipogenesis in porcine preadipocytes. Anim. Genet., 46: 133-140.

Weidinger, G., Moon, R. T. 2003. When Wnts antagonize Wnts. J. Cell Biol., 162: 753-755.

Weiss, A., McDonough, D., Wertman, B., et al. 1999. Organization of human and mouse skeletal myosin heavy chain gene clusters is highly conserved. Proc. Natl. Acad. Sci. U. S. A., 96(6): 2958-2963.

Weiss, F. G., Scott M. L. 1979. Influence of vitamin B_6 upon reproduction and upon plasma and egg cholesterol in chickens. J. Nutr., 109(6): 1010-1017.

Wells, J. M., Esni, F., Boivin, G. P., et al. 2007. Wnt/β-catenin signaling is required for development of the exocrine pancreas. BMC Dev. Biol., 7: 4.

Welters, H. J., Kulkarni, R. N. 2008. Wnt signaling: relevance to beta-cell biology and diabetes. Trends Endocrinol. Metab., 19: 349-355.

Wen, C., Chen, Y. P., Leng, Z. X., et al. 2019. Dietary betaine improves meat quality and oxidative status of broilers under heat stress. J. Sci. Food Agric., 99(2): 620-623.

Wen, C., Chen, Y. P., Wu, P., et al. 2014. MSTN, mTOR and FoxO4 are involved in the enhancement of breast muscle growth by methionine in broilers with lower hatching weight. PLoS One, 9(12): e114236. doi: 10. 1371/journal. pone. 0114236.

Wen, C., Jiang, X., Ding, L., et al. 2017. Effects of dietary methionine on breast muscle growth, myogenic gene expression and IGF-Ⅰ signaling in fast- and slow-growing broilers. Sci Rep., 7: 1924-1924.

Wen, Y., Bi, P., Liu, W., et al. 2012. Constitutive Notch activation upregulates Pax7 and promotes the self-renewal of skeletal muscle satellite cells. Mol. Cell. Biol., 32: 2300-2311.

Wertz, I. E., Dixit, V. M. 2010. Signaling to NF-κB: Regulation by ubiquitination. Cold Spring Harb.

Perspect. Biol., 2(3): a003350. doi: 10. 1101/cshperspect. a003350.

Wesemann, D. R. 2015. Microbes and B cell development. Adv. Immunol., 125: 155.

Wheatley, C. 2006. The role of supra-therapeutic doses of cobalamin, in the treatment of systemic inflammatory response syndrome (SIRS), sepsis, severe sepsis, and septic or traumatic shock. Med. Hypotheses, 67(1): 124-142.

Whigham, L. D., Watras, A. C., Schoeller, D. A. 2007. Efficacy of conjugated linoleic acid for reducing fat mass: A meta-analysis in humans. Am. J. Clin. Nutr., 85(5): 1203-1211.

Wiedmann, S., Eudy, J. D., Zempleni, J. 2003. Biotin supplementation increases expression of genes encoding interferon-γ, interleukin-1β, and 3-methylcrotonyl-CoA carboxylase, and decreases expression of the gene encoding interleukin-4 in human peripheral blood mononuclear cells. J. Nutr., 133(3): 716-719.

Wightman, B., Ha, I., Ruvkun, G. 1993. Posttranscriptional regulation of the heterochronic gene lin-14 by lin-4 mediates temporal pattern formation in *C. elegans*. Cell, 75: 855-862.

Willson, T. M., Brown, P. J., Sternbach, D. D., et al. 2000. The PPARs: From orphan receptors to drug discovery. J. Med. Chem., 43(4): 527-550.

Willy, P. J., Umesono, K., Ong, E. S., et al. 1995. LXR, a nuclear receptor that defines a distinct retinoid response pathway. Genes Dev., 9(9): 1033-1045.

Winter, J., Jung, S., Keller, S., et al. 2009. Many roads to maturity: MicroRNA biogenesis pathways and their regulation. Nat. Cell Biol., 11: 228-234.

Wise, K., Manna, S., Barr, J., et al. 2004. Activation of activator protein-1 DNA binding activity due to low level manganese exposure in pheochromocytoma cells. Toxicol. Lett., 147(3): 237-244.

Wise, D. R., DeBerardinis, R. J., Mancuso, A., et al. 2008. Myc regulates a transcriptional program that stimulates mitochondrial glutaminolysis and leads to glutamine addiction. Proc. Natl. Acad. Sci. U. S. A., 105(48): 18782-18787.

Witte, C. D., Flahou, B., Ducatelle, R., et al. 2017. Detection, isolation and characterization of *Fusobacterium gastrosuis*, sp. nov. colonizing the stomach of pigs. Syst. Appl. Microbiol., 40(1): 42-50

Wolfson, R. L., Chantranupong, L., Wyant, G. A., et al. 2017. KICSTOR recruits GATOR1 to the lysosome and is necessary for nutrients to regulate mTORC1. Nature, 543: 438-442.

Wolfson, R. L., Chantranupong, L., Saxton, R. A., et al. 2016. METABOLISM Sestrin 2 is a leucine sensor for the mTORC1 pathway. Science, 351: 43-48.

Wood, A. J., Lo, T. W., Zeitler, B., et al. 2011. Targeted genome editing across species using ZFNs and TALENs. Science, 333(6040): 307.

Woods, A., Johnstone, S. R., Dickerson, K., et al. 2003. LKB1 is the upstream kinase in the AMP-activated protein kinase cascade. Curr. Biol., 13(22): 2004-2008.

Woollhead, A. M., Scott, J. W., Hardie, D. G., et al. 2005. Phenformin and 5-aminoimidazole-4-carboxamide-1-β-D-ribofuranoside (AICAR) activation of AMP-activated protein kinase inhibits transepithelial Na^+ transport across H441 lung cells. J. Physiol., 566(Pt 3): 781-792. doi: 10. 1113/jphysiol. 2005. 088674.

World Health Organization. 2005. Vitamin and mineral requirements in human nutrition. 2nd Ed. Geneva.

Wright, W. B., King, G. S. D. 2010. The crystal structure of nicotinic acid. Acta Crystallogr, 6(4): 305-317.

Wu, D., Xi, Q. Y., Cheng, X., et al. 2016. miR-146a-5p inhibits TNF-α-induced adipogenesis via targeting insulin receptor in primary porcine adipocytes. J. Lipid Res., 57: 1360-1372.

Wu, G. Y. 2009. Amino acids: metabolism, functions, and nutrition. Amino acids, 37: 1-17.

Wu, G. Y. 2013. Amino Acids: Biochemistry and Nutrition. Boca Raton: CRC Press.

Wu, G. Y., Bazer, F. W., Davis, T. A., et al. 2009. Arginine metabolism and nutrition in growth, health and disease. Amino Acids, 37(1): 153-168.

Wu, G. Y., Bazer, F. W., Burghardt, R. C., et al. 2011. Proline and hydroxyproline metabolism: implications for animal and human nutrition. Amino Acids, 40(4): 1053-1063.

Wu, G. Y., Bazer, F. W., Davis, T. A., et al. 2007. Important roles for the arginine family of amino acids in swine nutrition and production. Livest. Sci., 112(1-2): 8-22.

Wu, G. Y., Morris, S. M. 1998. Arginine metabolism: Nitric oxide and beyond. Biochem. J., 336 (Pt 1): 1-17.

Wu, G., Fang, Y. Z., Yang, S., et al. Turner. 2004. Glutathione metabolism and its implications for health. J. Nutr., 134: 489-492.

Wu, H. B., Wang, Y. S., Zhang, Y., et al. 2015. TALE nickase-mediated SP110 knockin endows cattle with increased resistance to tuberculosis. Proc. Natl. Acad. Sci. U. S. A., 112(13): 1530-1539.

Wu, H. J., Ivanov, I. I., Darce, J., et al. 2010. Gut-residing segmented filamentous bacteria drive autoimmune arthritis via T helper 17 cells. Immunity, 32: 815-827.

Wu, H. L., Li, Z. Y., Wang, Y. Y., et al. 2016. MiR-106b-mediated Mfn2 suppression is critical for PKM2 induced mitochondrial fusion. Am. J. Cancer Res., 6(10): 2221-2234.

Wu, H., Naya, F. J., McKinsey, T. A., et al. 2000. MEF2 responds to multiple calcium-regulated signals in the control of skeletal muscle fiber type. EMBO J., 19(9): 1963-1973.

Wu, L., He, L. Q., Cui, Z. J., et al. 2015. Effects of reducing dietary protein on the expression of nutrition sensing genes (amino acid transporters) in weaned piglets. J. Zhejiang Univ. Sci. B, 16(6): 496-502.

Wu, L., Zhang, H. W., Na, L., et al. 2019. Methionine restriction at the post-weanling period promotes muscle fiber transition in piglets and improves intramuscular fat content in growing-finishing pigs. Amino Acids, 51(10-12): 1657-1666.

Wu, R. F., Guo, G. Q., Bi, Z., et al. 2019b. m^6A methylation modulates adipogenesis through JAK2-STAT3-C/EBPβ signaling. Biochim. Biophys. Acta Gene Regul. Mech., 1862(8): 796-806.

Wu, R. F., Liu, Y. H., Zhao, Y. L., et al. 2019a. m^6A methylation controls pluripotency of porcine induced pluripotent stem cells by targeting SOCS3/JAK2/STAT3 pathway in a YTHDF1/YTHDF2-orchestrated manner. Cell Death Dis., 10(3):171. doi: 10.1038/s41419-019-1417-4.

Wu, R. F., Yao, Y. X., Jiang, Q., et al. 2018. Epigallocatechin gallate targets FTO and inhibits adipogenesis in an mRNA m^6A-YTHDF2-dependent manner. Int. J. Obes., 42(7): 1378-1388.

Wu, S., Rhee, K. J., Albesiano, E., et al. 2009. A human colonic commensal promotes colon tumorigenesis via activation of T helper type 17 T cell responses. Nat. Med., 15: 1016-1022.

Wu, W. C., Feng, J., Jiang, D. H., et al. 2017. AMPK regulates lipid accumulation in skeletal muscle cells through FTO-dependent demethylation of N^6-methyladenosine. Sci. Rep., 7: 41606. doi: 10. 1038/srep41606.

Wu, W. C., Wang, S. S., Xu, Z. Y., et al. 2018. Betaine promotes lipid accumulation in adipogenic-differentiated skeletal muscle cells through ERK/PPAR signalling pathway. Mol. Cell. Biochem., 447(1-2): 137-149.

Wu, X., Ruan, Z., Gao, Y. L., et al. 2010. Dietary supplementation with L-arginine or *N*-carbamylglutamate enhances intestinal growth and heat shock protein-70 expression in weanling pigs fed a corn- and soybean meal-based diet. Amino Acids, 39(3): 831-839.

Wu, X., Yin, Y. L., Liu, Y. Q., et al. 2012. Effect of dietary arginine and *N*-carbamoylglutamate supplementation on reproduction and gene expression of eNOS, VEGFA and PlGF1 in placenta in late pregnancy of sows. Anim. Reprod. Sci., 132(3-4): 187-192.

Wu, X., Motoshima, H., Mahadev, K., et al. 2003. Involvement of AMP-activated protein kinase in glucose uptake stimulated by the globular domain of adiponectin in primary rat adipocytes. Diabetes, 52(6): 1355-1363.

Wu, X., Li, K., Yerle, M., et al. 2007. Chromosomal assignments of the porcine COPS2, COPS4, COPS5, COPS6 and USP6 and USP10 genes involved in the ubiquitin-proteasome system. Anim. Genet., 38: 665-666.

Wu, Y., Zuo, J. R., Zhang, Y. C., et al. 2013. Identification of miR-106b-93 as a negative regulator of brown adipocyte differentiation. Biochem. Biophys. Res. Commun., 438: 575-580.

Xia, Y., Kong, Y. H., Seviour, R., et al. 2015. In situ identification and quantification of starch-hydrolyzing bacteria attached to barley and corn grain in the rumen of cows fed barley-based diets. FEMS Microbiol. Ecol., 91(8): fiv077. doi: 10. 1093/femsec/fiv077.

Xiao, B., Sanders, M. J., Carmena, D., et al. 2013. Structural basis of AMPK regulation by small molecule activators. Nat. Commun., 4: 3017. doi: 10. 1038/ncomms4017.

Xiao, B., Sanders, M. J., Underwood, E., et al. 2011. Structure of mammalian AMPK and its regulation by ADP. Nature, 472(7342): 230-233. doi: 10. 1038/nature09932.

Xie, H., Sun, J. Q., Chen, Y. Q., et al. 2015. EGCG attenuates uric acid-induced inflammatory and oxidative stress responses by medicating the NOTCH pathway. Oxid. Med. Cell. Longev., 2015: 214836. doi: 10. 1155/2015/214836.

Xin, G. L., Evenson, J. K., Sunde, R. A., et al. 1995. Glutathione per-oxidase are differentially regulated in rats by dietary selenium. J. Nutr., 125: 1438-1446.

Xing, J. Y., Kang, L., Jiang, Y. L. 2011. Effect of dietary betaine supplementation on lipogenesis gene expression and CpG methylation of lipoprotein lipase gene in broilers. Mol. Biol. Rep., 38: 1975-1981.

Xiong, Y., Miyamoto, N., Shibata, K., et al. 2004. Short-chain fatty acids stimulate leptin production in adipocytes through the G protein-coupled receptor GPR41. Proc. Natl. Acad. Sci. U. S. A., 101: 1045-1050.

Xu, D., Jiang, J., He, J., et al. 2015. Characterization of porcine GAS6 cDNA gene and its expression analysis in weaned piglets. Genet. Mol. Res., 14(4): 17660-17672.

Xu, G., Marshall, C. A., Lin, T. A., et al. 1998. Insulin mediates glucose-stimulated phosphorylation of PHAS-Ⅰ by pancreatic beta cells. An insulin-receptor mechanism for autoregulation of protein synthesis by translation. J. Biol. Chem., 273: 4485-4491.

Xu, G., Ji, C., Song, G., et al. 2015. MiR-26b modulates insulin sensitivity in adipocytes by interrupting the PTEN/PI3K/AKT pathway. Int. J. Obes., 39: 1523-1530.

Xu, J., Wang, S., Viollet, B., et al. 2012. Regulation of the proteasome by AMPK in endothelial cells: The role of *O*-GlcNAc transferase (OGT). PLoS One, 7(5): e36717. doi: 10. 1371/journal. pone. 0036717.

Xu, M., Chen, X. L., Chen, D. W., et al. 2018. MicroRNA-499-5p regulates skeletal myofiber specification via NFATc1/MEF2C pathway and Thrap1/MEF2C axis. Life Sci., 215: 236-245.

Xu, M., Chen, X. L., Huang, Z. Q., et al. 2020. Procyanidin B2 promotes skeletal slow-twitch

myofiber gene expression through the AMPK signaling pathway in C2C12 myotubes. J. Agric. Food Chem., 68(5):1306-1314.

Xu, W. N., Yu, Q., Li, X. F., et al. 2017. Effects of dietary biotin on growth performance and fatty acids metabolism in blunt snout bream, *Megalobrama amblycephalsa* fed with different lipid levels diets. Aquaculture, 479: 790-797.

Xu, Y., Porntadavity, S., Daret, S. C. 2002. Transcriptional regulation of the human manganese superoxide dismutase gene: The role of specificity protein 1 (Sp1) and activating protein-2 (AP-2). Biochem. J., 362: 401-412.

Xue, Y., Zhang, H., Sun, X., et al. 2016. Metformin improves ileal epithelial barrier function in interleukin-10 deficient mice. PLoS One, 11 (12) : e0168670. doi: 10.1371/journal.pone. 0168670.

Yadav, H., Devalaraja, S., Chung, S. T., et al. 2017. TGF-β1/Smad3 pathway targets PP2A-AMPK-FoxO1 signaling to regulate hepatic gluconeogenesis. J. Biol. Chem., 292(8): 3420-3432. doi: 10. 1074/jbc. M116. 764910.

Yamaguchi, M., Weitzmann, M. N. 2011. Vitamin K_2 stimulates osteoblastogenesis and suppresses osteoclastogenesis by suppressing NF-κB activation. Int. J. Mol. Med., 27(1): 3-14.

Yamamoto, S., Inoue, K., Ohta, K. Y., et al. 2009. Identification and functional characterization of rat riboflavin transporter 2. J. Biochem., 145(4):437-443.

Yan, J., Zhang, C., Tang, L., et al. 2016. Effect of dietary copper sources and concentrations on serum lysozyme concentration and protegrin-1 gene expression in weaning piglets. Ital. J. Anim. Sci., 14(3): 471-475.

Yan, F., Cao, H., Cover, T. L., et al. 2007. Soluble proteins produced by probiotic bacteria regulate intestinal epithelial cell survival and growth. Gastroenterology, 132: 562-575.

Yan, H. 2013. Cell Engineering. Beijing: Chemical Industry Press.

Yang, C. M., Ferket, P. R., Hong, Q. H., et al. 2012. Effect of chito-oligosaccharide on growth performance, intestinal barrier function, intestinal morphology and cecal microflora in weaned pigs. J. Anim. Sci., 90(8): 2671-2676.

Yang, H., Cho, M. E., Li, T. W., et al. 2013. MicroRNAs regulate methionine adenosyltransferase 1A expression in hepatocellular carcinoma. J. Clin. Investig., 123: 285-298.

Yang, L. N., Bian, G. R., Su, Y., et al. 2014. Comparison of faecal microbial community of Lantang, Bama, Erhualian, Meishan, Xiaomeishan, Duroc, Landrace, and Yorkshire sows. Asian-Austral. J. Anim., 27: 898-906.

Yang, W., Wang, J., Liu, L., et al. 2011. Effect of high dietary copper on somatostatin and growth hormone-releasing hormone levels in the hypothalami of growing pigs. Biol. Trace Elem. Res., 143(2): 893-900.

Yang, W., Wang, J., Zhu, X., et al. 2012. High lever dietary copper promote ghrelin gene expression in the fundic gland of growing pigs. Biol. Trace Elem. Res., 150(1-3): 154-157.

Yang, W. M., Jeong, H. J., Park, S. Y., et al. 2014. Induction of miR-29a by saturated fatty acids impairs insulin signaling and glucose uptake through translational repression of IRS-1 in myocytes. FEBS Lett., 588: 2170-2176.

Yang, X., Yang, Y., Sun, B. F., et al. 2017. 5-methylcytosine promotes mRNA export-NSUN2 as the methyltransferase and ALYREF as an m^5C reader. Cell Res., 27(5): 606-625.

Yang, Y., Ji, Y., Wu, G. Y., et al. 2015. Dietary L-methionine restriction decreases oxidative stress in porcine liver mitochondria. Exp. Gerontol., 65: 35-41.

Yang, Y. X., Bu, D. P., Zhao, X. W., et al. 2013. Proteomic analysis of cow, yak, buffalo, goat and camel milk whey proteins: Quantitative differential expression patterns. J. Proteome Res., 12(4): 1660-1667.

Yang, Y. X., Dai, Z. L., Zhu, W. Y. 2014. Important impacts of intestinal bacteria on utilization of dietary amino acids in pigs. Amino Acids, 46: 2489-2501.

Yang, Y. X., Mu, C. L., Luo, Z., et al. 2015. Bromochloromethane, a methane analogue, affects the microbiota and metabolic profiles of the rat gastrointestinal tract. Appl. Environ. Microbiol., 82: 778-787.

Yang, Y., Wang, K. P., Wu, H. 2016. Genetically humanized pigs exclusively expressing human insulin are generated through custom endonuclease-mediated seamless engineering. J. Mol. Cell Biol., 8: 174-177.

Yang, Y., Wang, L., Han, X., et al. 2019. RNA 5-methylcytosine facilitates the maternal-to-zygotic transition by preventing maternal mRNA decay. Mol. Cell, 75(6): 1188-1202.e11. doi: 10.1016/j.molcel.2019.06.033.

Yang, Z. H., Miyahara, H., Hatanaka, A. 2011. Chronic administration of palmitoleic acid reduces insulin resistance and hepatic lipid accumulation in KK-A^y Mice with genetic type 2 diabetes. Lipids Health Dis., 10:120. doi: Artn 12010.1186/1476-511x-10-120.

Yang, Z., Huang, S., Zou, D. Y., et al. 2016. Metabolic shifts and structural changes in the gut microbiota upon branched-chain amino acid supplementation in middle-aged mice. Amino Acids, 48(12): 1-15.

Yao, K., Yin, Y. L., Chu, W., et al. 2008. Dietary arginine supplementation increases mTOR signaling activity in skeletal muscle of neonatal pigs. J. Nutr., 138(5): 867-872.

Yao, K., Guan, S., Li, T. J., et al. 2011. Dietary L-arginine supplementation enhances intestinal development and expression of vascular endothelial growth factor in weanling piglets. Br. J. Nutr., 105(5): 703-709.

Yao, Y. X., Bi, Z., Wu, R. F. et al. 2019. METTL3 inhibits BMSC adipogenic differentiation by targeting the JAK1/STAT5/C/EBPβ pathway via an m^6A-YTHDF2-dependent manner. FASEB J., 33(6): 7529-7544.

Yap, I. K., Li, J. V., Saric, J., et al. 2008. Metabonomic and microbiological analysis of the dynamic effect of vancomycin-induced gut microbiota modification in the mouse. J. Proteome Res., 7: 3718-3728.

Yeh, C. C., Wan, X. S., st Clair, D. K. 1998. Transcriptional regulation of the 5′proximal promoter of the human manganese superoxide dismutase gene. DNA Cell Biol., 17(11): 921-930.

Yeom, C. H., Lee, G., Park, J. H., et al. 2009. High dose concentration administration of ascorbic acid inhibits tumor growth in BALB/C mice implanted with sarcoma 180 cancer cells via the restriction of angiogenesis. J. Transl. Med., 7: 70. doi: 10.1186/1479-5876-7-70.

Yi, D., Hou, Y. Q., Wang, L., et al. 2015. L-Glutamine enhances enterocyte growth via activation of the mTOR signaling pathway independently of AMPK. Amino acids, 47(1): 65-78.

Yi, Y., Wang, K., Han, W., et al. 2016. Genetically humanized pigs exclusively expressing human insulin are generated through custom endonuclease-mediated seamless engineering. J. Mol. Cell Biol., 8(2): 174.

Yimer, M., Gezhagne, M., Biruk, T., et al. 2015. A review on major bacterial causes of calf diarrhea and its diagnostic method. J. Vet. Med. Anim. Health, 7(5): 173-185.

Yin, J., Ren, W. K., Duan, J. L., et al. 2014. Dietary arginine supplementation enhances intestinal expression of SLC7A7 and SLC7A1 and ameliorates growth depression in mycotoxin-challenged pigs. Amino acids, 46(4): 883-892.

Yin, J., Li, Y. Y., Han, H., et al. 2017. Effects of lysine deficiency and Lys-Lys dipeptide on cellular apoptosis and amino acids metabolism. Mol. Nutr. Food Res., 61 (9). doi: 10. 1002/mnfr. 201600754.

Yin, L. M., Li, J., Wang, H. R., et al. 2020. Effects of vitamin B_6 on the growth performance, intestinal morphology, and gene expression in weaned piglets that are fed a low-protein diet. J. Anim. Sci., 98(2): skaa022. doi: 10.1093/jas/skaa022.

Yokota, M., Yahagi, S., Masaki, H. 2018. Ethyl 2,4-dicarboethoxy pantothenate, a derivative of pantothenic acid, prevents cellular damage initiated by environmental pollutants through Nrf2 activation. J. Dermatol. Sci., 92(2): 162-171.

Yoshihara, H., Wakamatsu, J., Kawabata, F., et al. 2006. Beef extract supplementation increases leg muscle mass and modifies skeletal muscle fiber types in rats. J. Nutr. Sci. Vitaminol (Tokyo)., 52(3): 183-193.

Yoshii, A., Constantine-Paton, M. 2010. Postsynaptic BDNF-TrkB signaling in synapse maturation, plasticity, and disease. Dev. Neurobiol., 70: 304-322.

Yu, L., Tai, L., Zhang, L. F., et al. 2016. Comparative analyses of long non-coding RNA in lean and obese pigs. Oncotarget, 8: 41440-41450.

Yu, M., Jiang, M., Yang, C., et al. 2014. Maternal high-fat diet affects Msi/Notch/Hes signaling in neural stem cells of offspring mice. J. Nutr. Biochem., 25: 227-231.

Yu, S., Luo, J., Song, Z., et al. 2011. Highly efficient modification of beta-lactoglobulin (BLG) gene via zinc-finger nucleases in cattle. Cell Res., 21(11): 1638-1640.

Yuan, C., Ding, Y., He, Q., et al. 2015. L-arginine upregulates the gene expression of target of rapamycin signaling pathway and stimulates protein synthesis in chicken intestinal epithelial cells. Poult Sci., 94(5): 1043-1051.

Yue, F., Cheng, Y., Breschi, A., et al. 2014. A comparative encyclopedia of DNA elements in the mouse genome. Nature, 515: 355-364.

Zadra, G., Photopoulos, C., Tyekucheva, S., et al. 2014. A novel direct activator of AMPK inhibits prostate cancer growth by blocking lipogenesis. EMBO Mol. Med., 6(4): 519-538. doi: 10. 1002/emmm. 201302734.

Zarrinpashneh, E., Carjaval, K., Beauloye, C., et al. 2006. Role of the α2-isoform of AMP-activated protein kinase in the metabolic response of the heart to no-flow ischemia. Am. J. Physiol. Heart Circ. Physiol., 291(6): H2875-H2883. doi: 10. 1152/ajpheart. 01032. 2005.

Zempleni, J., Daniel, H. 2002. Molecular nutrition. CABI.

Zeng, G., Awan, F., Otruba, W., et al. 2007. Wnt'er in liver: Expression of Wnt and frizzled genes in mouse. Hepatology, 45: 195-204.

Zeng, H., Lazarova, D. L., Bordonaro, M. 2014. Mechanisms linking dietary fiber, gut microbiota and colon cancer prevention. World J. Gastrointest. Oncol., 6: 41.

Zeng, M. Y., Cisalpino, D., Varadarajan, S., et al. 2016. Gut microbiota-induced immunoglobulin G controls systemic infection by symbiotic bacteria and pathogens. Immunity, 44: 647-658.

Zera, K., Zastre, J. 2017. Thiamine deficiency activates hypoxia inducible factor-1α to facilitate pro-apoptotic responses in mouse primary astrocytes. PLoS One, 12(10): e0186707. doi: 10. 1371/journal. pone. 0186707.

Zeuzem, S. 2000. Gut-liver axis. Int. J. Colorectal Dis., 15: 59-82.

Zhan, X. A., Li, J. X., Xu, Z. R., et al. 2006. Effects of methionine and betaine supplementation on growth performance, carcase composition and metabolism of lipids in male broilers. British Poult. Sci., 47: 576-580.

Zhang, B., Farwell, M. A. 2008. MicroRNAs: A new emerging class of players for disease diagnostics and gene therapy. J. Cell. Mol. Med., 12: 3-21.

Zhang, C. S., Jiang, B., Li, M., et al. 2014. The lysosomal v-ATPase-Ragulator complex is a common activator for AMPK and mTORC1, acting as a switch between catabolism and anabolism. Cell Metab., 20(3): 526-540. doi: 10. 1016/j. cmet. 2014. 06. 014.

Zhang, C., Cuervo, A. M. 2008. Restoration of chaperone-mediated autophagy in aging liver improves cellular maintenance and hepatic function. Nat. Med., 14: 959-965.

Zhang, C., Luo, J. Q., Yu, B., et al. 2015. Dietary resveratrol supplementation improves meat quality of finishing pigs through changing muscle fiber characteristics and antioxidative status. Meat Sci., 102: 15-21.

Zhang, C., Miao, Y., Yang, Y., et al. 2016. Differential effect of early antibiotic intervention on bacterial fermentation patterns and mucosal gene expression in the colon of pigs under diets with different protein levels. Appl. Microbiol. Biotechnol., 101(6): 1-13.

Zhang, H. H., Huang, J., Duvel, K., et al. 2009. Insulin stimulates adipogenesis through the Akt-TSC2-mTORC1 pathway. PloS One, 4: e6189. doi: 10. 1371/journal. pone. 0006189.

Zhang, L. L., Mu, C. L., He, X. Y., et al. 2016. Effects of dietary fibre source on microbiota composition in the large intestine of suckling piglets. FEMS Microbiol. Lett., 363 (14). doi: 10.1093/femsle/fnw138.

Zhang, L., Li, J., Young, L. H., et al. 2006. AMP-activated protein kinase regulates the assembly of epithelial tight junctions. Proc. Natl. Acad. Sci. U. S. A., 103(46): 17272-17277. doi: 10. 1073/ pnas. 0608531103.

Zhang, L., Zhou, Y., Wu, W. J., et al. 2017. Skeletal muscle-specific overexpression of PGC-1α induces fiber-type conversion through enhanced mitochondrial respiration and fatty acid oxidation in mice and pigs. Int. J. Biol. Sci., 13(9): 1152-1162.

Zhang, M. L., Sun, Y. H., Chen, K., et al. 2014. Characterization of the intestinal microbiota in Pacifia white shrimp, *Litopenaeus vannamei*, fed diets with different lipid sources. Aquaculture, 434: 449-455.

Zhang, P. P., Suidasari, S., Hasegawa, T., et al. 2014. Vitamin B_6 activates P53 and elevates p21 gene expression in cancer cells and the mouse colon. Oncol. Rep., 31(5): 2371-2376.

Zhang, Q. P., Yang, G., Li, W. X., et al. 2011. Thiamine deficiency increases β-secretase activity and accumulation of β-amyloid peptides. Neurobiol. Aging, 32(1): 42-53.

Zhang, Q., Lee, H. G., Han, J. A., et al. 2010. Differentially expressed proteins during fat accumulation in bovine skeletal muscle. Meat Sci., 86(3): 814-820.

Zhang, S. H., Chu, L. C., Qiao, S. Y., et al. 2016a. Effects of dietary leucine supplementation in low crude protein diets on performance, nitrogen balance, whole-body protein turnover, carcass characteristics and meat quality of finishing pigs. Anim. Sci. J., 87(7): 911-920. doi: 10. 1111/asj. 12520.

Zhang, S. H., Qiao, S. Y., Ren, M., et al. 2013. Supplementation with branched-chain amino acids to a low-protein diet regulates intestinal expression of amino acid and peptide transporters in weanling pigs. Amino Acids, 45(5): 1191-1205.

Zhang, S. H., Ren, M., Zeng, X. F., et al. 2014. Leucine stimulates ASCT2 amino acid transporter expression in porcine jejunal epithelial cell line (IPEC-J2) through PI3K/Akt/mTOR and ERK signaling pathways. Amino Acids, 46(12): 2633-2642.

Zhang, S. H., Yang, Q., Ren, M., et al. 2016b. Effects of isoleucine on glucose uptake through the enhancement of muscular membrane concentrations of GLUT1 and GLUT4 and intestinal membrane concentrations of Na^+/glucose co-transporter 1 (SGLT-1) and GLUT2. Br. J. Nutr., 116(4): 593-602.

Zhang, T., Sawada, K., Yamamoto, N., et al. 2013. 4-Hydroxyderricin and xanthoangelol from Ashitaba (*Angelica keiskei*) suppress differentiation of preadiopocytes to adipocytes via AMPK and MAPK pathways. Mol. Nutr. Food Res., 57 (10): 1729 - 1740. doi: 10. 1002/mnfr. 201300020.

Zhang, T., Zhang, X. Q., Han, K. P., et al. 2017. Genome-wide analysis of lncRNA and mRNA expression during differentiation of abdominal preadipocytes in the chicken. G3-Gens Genomes Genet., 7: 953-966.

Zhang, X., Zhao, F., Si, Y., et al. 2014. GSK3β regulates milk synthesis in and proliferation of dairy cow mammary epithelial cells via the mTOR/S6K1 signaling pathway. Molecules, 19(7): 9435-9452.

Zhang, Y., Yan, H. L., Zhou, P., et al. 2019a. MicroRNA-152 promotes slow-twitch myofiber formation via targeting uncoupling protein-3 gene. Animals (Basel), 9(9): 669. doi: 10.3390/ani9090669.

Zhang, Y., Yu, B., Yu, J., et al. 2019b. Butyrate promotes slow-twitch myofiber formation and mitochondrial biogenesis in finishing pigs via inducing specific microRNAs and PGC-1α expression. J. Anim. Sci., 97(8): 3180-3192.

Zhao, C. Z., Wu, H. G., Chen, P. R., et al. 2019. MAT2A/2B promote porcine intramuscular preadipocyte proliferation through ERK signaling pathway. Anim. Sci. J., 90(9): 1278-1286.

Zhao, H., Zhang, X., Frazão, J. B., et al. 2013. HOX antisense lincRNA HOXA-AS2 is an apoptosis repressor in all trans retinoic acid treated NB4 promyelocytic leukemia cells. J. Cell. Biochem., 114(10): 2375-2383.

Zhao, J. X., Yue, W. F., Zhu, M. J., et al. 2011. AMP-activated protein kinase regulates β-catenin transcription via histone deacetylase 5. J. Biol. Chem., 286(18): 16426-16434. doi: 10. 1074/jbc. M110. 199372.

Zhao, J. X., Yan, X., Tong, J. F., et al. 2010. Mouse AMP-activated protein kinase γ3 subunit R225Q mutation affecting mouse growth performance when fed a high-energy diet. J. Anim. Sci., 88(4): 1332-1340. doi: 10. 2527/jas. 2009-2376.

Zhao, J., Sun, B. K., Erwin, J. A., et al. 2008. Polycomb proteins targeted by a short repeat RNA to the mouse X chromosome. Science, 322: 750-756.

Zhao, J., Yue, W., Zhu, M. J., et al. 2010. AMP-activated protein kinase (AMPK) cross-talks with canonical Wnt signaling via phosphorylation of β-catenin at Ser 552. Biochem. Biophys. Res. Commun., 395(1): 146-151. doi: 10. 1016/j. bbrc. 2010. 03. 161.

Zhao, K., Liu, H. Y., Zhou, M. M., et al. 2014. Insulin stimulates glucose uptake via a phosphatidylinositide 3-kinase-linked signaling pathway in bovine mammary epithelial cells. J. Dairy Sci., 97(6): 3660-3665.

Zhao, L., Wang, G., Siegel, P., et al. 2013. Quantitative genetic background of the host influences gut microbiomes in chickens. Sci. Rep., 3(5): 1163.

Zhao, M., Ralat, M. A., da Silva, V., et al. 2013. Vitamin B-6 restriction impairs fatty acid synthesis in cultured human hepatoma (HepG2) cells. Am. J. Physiol. Endocrinol. Metab., 304(4): E342-E351.

Zhao, X., Yang, Y., Sun, B. F., et al. 2014. FTO-dependent demethylation of N^6-methyladenosine regulates mRNA splicing and is required for adipogenesis. Cell Res., 24: 1403-1419.

Zheng, G. Q., Dahl, J. A., Niu, Y. M., et al. 2013. ALKBH5 is a mammalian RNA demethylase that impacts RNA metabolism and mouse fertility. Mol. Cell, 49(1): 18-29.

Zheng, N., Shabek, N. 2017. Ubiquitin ligases: Structure, function, and regulation. Annun. Rev. Biochem., 86: 129-157.

Zheng, P., Yu, B., He, J., et al. 2013. Protective effects of dietary arginine supplementation against oxidative stress in weaned piglets. Br. J. Nutr., 109: 2253-2260.

Zheng, Q. W., Li, J., Wang, X. J. 2009. Interplay between the ubiquitin-proteasome system and autophagy in proteinopathies. Int. J. Physiol. Pathophysiol. Pharmacol., 1: 127-142.

Zhong, S. L., Li, H. Y., Li, H. Y., et al. 2008. MTA is an Arabidopsis messenger RNA adenosine methylase and interacts with a homolog of a sex-specific splicing factor. Plant Cell, 20: 1278-1288.

Zhou, J., Guo, F., Wang, G., et al. 2015. miR-20a regulates adipocyte differentiation by targeting lysine-specific demethylase 6b and transforming growth factor-β signaling. Int. J. Obes., 39: 1282-1291.

Zhou, L. P., Fang, L. D., Yue, S., et al. 2015. Effects of the dietary protein level on the microbial composition and metabolomic profile in the hindgut of the pig. Anaerobe, 38: 61-69.

Zhou, L., Shi, Y. H., Guo, R., et al. 2014. Digital gene-expression profiling analysis of the cholesterol-lowering effects of alfalfa saponin extract on laying hens. PLoS One, 9 (6): e98578. doi: 10.1371/journal.pone.0098578.

Zhou, P., Zhang, L., Li, J. L., et al. 2015. Effects of dietary crude protein levels and cysteamine supplementation on protein synthetic and degradative signaling in skeletal muscle of finishing pigs. PLoS one, 10: e0139393. doi: 10. 1371/journal. pone. 0139393.

Zhou, P., Luo, Y. Q., Zhang, L., et al. 2017. Effects of cysteamine supplementation on the intestinal expression of amino acid and peptide transporters and intestinal health in finishing pigs. Anim. Sci. J., 88(2): 314-321.

Zhou, T., Meng, X. H., Che, H., et al. 2016. Regulation of insulin resistance by multiple miRNAs via targeting the GLUT4 signalling pathway. Cell. Physiol. Biochem., 38: 2063-2078.

Zhou, T. X., Chen, Y. J., Yoo, J. S., et al. 2009. Effects of chitooligosaccharide supplementation on performance, blood characteristics, relative organ weight, and meat quality in broiler chickens. Poult. Sci., 88(3): 593-600.

Zhou, X. H., Chen, J. Q., Chen, J., et al. 2015. The beneficial effects of betaine on dysfunctional adipose tissue and N^6-methyladenosine mRNA methylation requires the AMP-activated protein kinase α1 subunit. J. Nutr. Biochem., 26: 1678-1684.

Zhou, X. L., Kong, X. F., Lian, G. Q., et al. 2014. Dietary supplementation with soybean oligosaccharides increases short-chain fatty acids but decreases protein-derived catabolites in the intestinal luminal content of weaned Huanjiang mini-piglets. Nutr. Res., 34: 780-788.

Zhou, X. X., Ding, Y. T., Wang, Y. B. 2012. Proteomics: Present and future in fish, shellfish and seafood. Rev. Aquacult., 4(1): 11-20.

Zhou, X. Y., Cao, L. J., Jiang, C. T., et al. 2014. PPARα-UGT axis activation represses intestinal FXR-FGF15 feedback signalling and exacerbates experimental colitis. Nat. Commun., 5: 4573.

doi: 10. 1038/ncomms5573.

Zhuo, Z., Yu, X. N., Li, S. S., et al. 2019. Heme and non-heme iron on growth performances, blood parameters, tissue mineral concentration, and intestinal morphology of weanling pigs. Biol. Trace Elem. Res., 187(2): 411-417.

Zhu, D., Yu, B., Ju, C., et al. 2011. Effect of high dietary copper on the expression of hypothalamic appetite regulators in weanling pigs. J. Anim. Feed Sci., 20(1): 60-70.

Zhu, H., Snyder, M. 2003. Protein chip technology. Curr. Opin. Chem. Biol., 7(1): 55-63.

Zhu, M. J., Han, B., Tong, J., et al. 2008. AMP-activated protein kinase signalling pathways are down regulated and skeletal muscle development impaired in fetuses of obese, over-nourished sheep. J. Physiol., 586(10): 2651-2664. doi: 10. 1113/jphysiol. 2007. 149633.

Zhu, W., Fu, Y., Wang, B., et al. 2013. Effects of dietary forage sources on rumen microbial protein synthesis and milk performance in early lactating dairy cows. J. Dairy Sci., 96(3): 1727-1734.

Zhu, X. S., Xu, X. L., Min, H. H., et al. 2012. Occurrence and characterization of pale, soft, exudative-like broiler muscle commercially produced in China. J. Integr. Agric., 11(8): 1384-1390.

Zhu, Y., Lin, G., Dai, Z. L., et al. 2015. L-Glutamine deprivation induces autophagy and alters the mTOR and MAPK signaling pathways in porcine intestinal epithelial cells. Amino acids, 47: 2185-2197.

Zmijewski, J. W., Banerjee, S., Bae, H., et al. 2010. Exposure to hydrogen peroxide induces oxidation and activation of AMP-activated protein kinase. J. Biol. Chem., 285(43): 33154-33164. doi: 10. 1074/jbc. M110. 143685.

Zokaeifar, H., Babaei, N., Saad, C. R., et al. 2014. Administration of *Bacillus subtilis* strains in the rearing water enhances the water quality, growth performance, immune response, and resistance against *Vibrio harveyi* infection in juvenile white shrimp, *Litopenaeus vannamei*. Fish Shellfish Immunol., 36(1): 68-74.

Zoncu, R., Sabatini, D. M. 2011. mTORC1 senses lysosomal amino acids through an inside-out mechanism that requires the vacuolar H^+-ATPase. Science, 334(6056): 678-683.

Zoncu, R., Bar-Peled, L., Efeyan, A., et al. 2011. mTORC1 senses lysosomal amino acids through an inside-out mechanism that requires the vacuolar H^+-ATPase. Science, 334: 678-683.

Zong, H., Ren, J. M., Young, L. H., et al. 2002. AMP kinase is required for mitochondrial biogenesis in skeletal muscle in response to chronic energy deprivation. Proc. Natl. Acad. Sci. U. S. A., 99(25): 15983-15987. doi: 10. 1073/pnas. 252625599.

白天，周春光，王喆，等. 2008. 代谢组学中机器学习研究进展. 吉林大学学报（信息科学版），26: 163-168.

白云强，钟松鹤，施湘君. 2015. 维生素B_1合成研究进展. 浙江化工，46(6): 17-20.
柏美娟，孔祥峰，印遇龙，等. 2009. 日粮添加精氨酸对肥育猪免疫功能的调节作用. 扬州大学学报（农业与生命科学版），30(30): 5-49.
毕明玉，张子威，陈蕾，等. 2010. 氯化锰对鸡支持-生精细胞凋亡及Bak和Bcl-x基因表达的影响. 中国兽医科学，40(5): 518-522.
边高瑞，谢飞，苏勇，等. 2010. 应用16S rRNA基因技术研究仔猪结肠梭菌Ⅳ群变化. 微生物学报，50(10): 1373-1379.
才秀莲，王国秀，郭海. 2010. 锰对大鼠生精细胞Caspase-3 mRNA调控及支持细胞波形蛋白表达的影响. 解剖学报，41(3): 400-404.
蔡含芳，李明勋，陈宏. 2015. 长链非编码RNA及其在家畜中的应用与展望. 中国牛业科学，41: 65-68.
蔡禄. 2012. 表观遗传学前沿. 北京: 清华大学出版社.
曹更生，柳爱莲，李宁. 2004. 隐藏在基因组中的遗传信息. 遗传，26(5): 714-720.
曹杰，王春璈. 2005. 奶牛真胃变位诊疗与发病规律的研究. 中国动物保健，(7): 23-25.
曹克飞. 2016. 不同氮源对猪肠道微生物多样性及主要产蛋白酶菌株的影响. 长春: 吉林农业大学.
曹平，孙建萍，闫素梅，等. 2012. 维生素A、D对肉鸡钙磷代谢相激素水平的影响. 饲料工业，33(5): 14-19.
曹宇，孙玲伟，包凯，等. 2016. 代谢组学技术在动物营养代谢病中的应用. 现代畜牧兽医，1: 52-57.
查伟，孔祥峰，谭敏捷，等. 2016. 饲粮添加脯氨酸对妊娠环江香猪繁殖性能和血浆生化参数的影响. 动物营养学报，28(2): 579-584.
常虹，叶山东. 2008. 过氧化物酶体增殖物活化受体与糖脂代谢. 中国临床保健杂志，11(6): 569-571.
常青，徐平. 2003. 硒对风湿性心瓣膜病病人谷胱甘肽过氧化物酶基因表达的影. 青岛大学医学院学报，39(4): 439-440.
陈晨. 2013. miR-135a和miR-183对3T3-L1前脂肪细胞分化及脂肪形成的调控作用研究. 武汉: 华中农业大学.
陈代文. 2015. 从动物营养学发展趋势看饲料科技创新思路. 饲料工业，36(6): 1-5.
陈东军. 2010. 鸡蛋含量相关性研究胆固醇代谢候选基因SNPs筛查及其与蛋黄胆固醇. 合肥: 安徽农业大学.
陈凤梅，李娟，曲原君，等. 2004. 免疫胶体金技术的应用及研究进展. 中国兽药杂志，8: 33-35.

陈刚，李甲，朱江波，等. 2010. 三价铬对体外培养成骨细胞基因表达的影响. 毒理学杂志，24(1): 62-66.

陈刚耀，唐志刚，温超，等. 2012. 低聚壳聚糖对生长育肥猪血清抗氧化性能、脂类代谢和肌肉品质的影响// 中国畜牧兽医学会动物营养学分会第十一次全国动物营养学术研讨会论文集. 北京: 中国农业科技出版社.

陈宏，张克英，丁雪梅等. 2008. 圆环病毒攻击下生物素添加水平对仔猪细胞免疫及生产性能的影响. 营养饲料，44(21): 25-28.

陈静，江应安. 2015. 烟酸对非酒精性脂肪性肝病大鼠模型脂质代谢的影响. 临床肝胆病杂志，31(2): 261-265.

陈科，程汉华，周荣家. 2012. 自噬与泛素化蛋白降解途径的分子机制及其功能. 遗传，34: 5-18.

陈丽，马俊香，牛丕业. 2014. 锰对大鼠大脑核受体相关因子1表达的影响. 山西医科大学学报，45(8): 688-691.

陈书健，吴成龙，叶金云，等. 2020. 饲料中维生素A对青鱼幼鱼生长、血清生化指标和肝脏糖脂代谢酶活性及基因表达的影响. 水产学报，44(1): 85-98.

程漫漫，王宝维，张廷荣，等. 2019. 叶酸和维生素B_{12}对五龙鹅肝脏中磷脂酸磷酸酯酶1基因表达量的影响及其与血清脂类代谢、脂肪沉积和肉品质指标的相关性分析. 动物营养学报，31(2): 669-680.

程胜利，李建升，冯瑞林，等. 2010. 不同水平赖氨酸对绵羊胰岛素样生长因子-Ⅰ基因表达的影响. 动物营养学报，22(2): 487-491.

楚纪明，马树运，李海峰，等. 2015. 葛根有效成分及其药理作用研究进展. 食品与药品，17(2): 142-146.

崔波，耿忠诚，潘兴玲，等. 2011. 甜菜碱与蛋氨酸螯合铬对三江白猪血清生化指标及皮下脂肪组织脂肪酸合成酶基因 mRNA 表达的影响. 中国生物制品学杂志，24(5): 554-557.

代文婷，李爱军，郑楠，等. 2015. 亮氨酸水平对奶牛乳腺上皮细胞增殖及κ-酪蛋白合成相关基因表达的影响. 动物营养学报，27(5): 1559-1566.

邓怡萌. 2015. 浅谈维生素C的生理功能和膳食保障. 科技展望，25(30): 122.

丁明，许春阳，张劲松，等. 2010. VitA 缺乏对大鼠胎肺TGF-β3表达的影响. 中华医学会，362: 121-123.

丁玉琴. 2001. 泛酸钙对全饥饿鼠的保护作用及其机理研究. 上海: 第二军医大学.

丁玉琴. 2002. 多维生素转运体. 卫生研究，6: 481-483.

董丹. 2013. 基于RNA-Seq技术的胶质类芽孢杆菌KNP414转录组学研究. 杭州: 浙江理工大学.

董琳，吴涛，杨志秋，等. 2009. 核受体与脂质代谢. 生命科学，21(3): 425-429.

段逵. 2015. 鸡PPARγ基因的mRNA 5′端克隆、表达及调控分析. 哈尔滨: 东北农业大学.
段铭，高宏伟，梁鸿雁. 2003. 吡啶羧酸铬对肉仔鸡血清生化指标及肝脏中相关酶基因表达的影响. 畜牧兽医学报，34(4): 336-339.
范丽云. 2009. 维生素C对体外培养的人皮肤成纤维细胞HAS-2，MMP-1基因表达的影响. 天津: 天津医科大学.
范远景. 2007. 食品免疫学. 合肥: 合肥工业大学出版社.
房学爽，徐刚标. 2007. 表达序列标签技术及其应用. 中国林学会经济林分会2007年学术年会. 127-130.
冯仰廉. 2004. 反刍动物营养学. 北京: 科学出版社.
冯永淼，闫素梅，李慧英，等. 2007. 日粮维生素A水平对肉鸡组织CaBP基因表达影响的研究. 畜牧与兽医，(39)(9): 7-9.
府伟灵，黄庆. 2004. 肿瘤表观遗传学. 国际检验医学杂志，25(4): 289-290.
付丹. 2015. 卵粘蛋白抑菌活性及其机制的研究. 武汉: 华中农业大学.
付胜勇，武书庚，张海军，等. 2012. 标准回肠可消化氨基酸模式下降低饲粮粗蛋白质水平对蛋鸡生产性能、蛋品质及氮平衡的影响. 动物营养学报，24: 1683-1693.
傅湘辉. 2017. 非编码RNA与代谢的研究进展. 中国科学（生命科学），47: 522-530.
高海娜，胡菡，王加启，等. 2015. 亮氨酸或组氨酸通过哺乳动物雷帕霉素靶蛋白信号通路影响奶牛乳腺上皮细胞中酪蛋白的合成. 动物营养学报，27(4): 1124-1134.
高海娜. 2016. 亮氨酸、组氨酸、赖氨酸和蛋氨酸对奶牛乳腺上皮细胞中酪蛋白合成的影响及调控机理研究. 兰州: 甘肃农业大学.
高侃，慕春龙，余凯凡，等. 2016. 肠道内分泌与营养素感应系统. 动物营养学报，28: 1633-1640.
高倩. 2016. PPARα信号通路在小鼠脂肪肝形成过程中的作用研究. 咸阳: 西北农林科技大学.
高宇，陈利珍，梁革梅，等. 2010. 差异凝胶电泳技术的发展及其在生物学领域的应用. 生物技术通报，6: 65-70.
高玉琪，任战军，胡志刚，等. 2016. 日粮添加不同水平谷氨酰胺对幼龄獭兔免疫性能及回肠黏蛋白基因表达的影响. 中国兽医学报，36(4): 655-660.
葛文霞，张文举，柳旭伟. 2006. 叶酸对肉仔鸡血清蛋白质含量影响的研究. 广东饲料，2: 44-45.
耿珊珊，蔡东联. 2008. 肥胖时脂肪组织的改变及PPARγ对糖脂代谢的影响. 国外医学（卫生学分册），(4): 216-221.
龚人杰，葛藤，陈俊超. 2015. 卵粘蛋白生物活性的研究进展. 山东化工，44: 58-62.
顾建红，卞建春，蒋杉杉，等. 2009. 1α,25-二羟维生素D_3对成骨细胞RANKL及OPG表达的影响. 中国畜牧兽医学会家畜内科学分会2009年学术研讨会论文集.
关雪，姚晓磊，宋瑞高，等. 2015. 不同水平亚硒酸钠对公鸡睾丸组织中Cdc25A基因表达的影响. 饲料广角，1: 40-42.
呙于明，刘丹，张炳坤. 2014. 家禽肠道屏障功能及其营养调控. 动物营养学报，26(10): 3091-3100.
郭海，才秀莲，王国秀. 2015. Caspase-3 mRNA与PARP在染锰大鼠生精细胞中表达变化. 解剖科学进展，21(6): 582-585.
郭海，宋爽，才秀莲. 2017. Caspase-9与Apaf-1在锰中毒大鼠生精细胞表达及XIAP与Smac的调控作用. 解剖学研究，29(2): 97-101.
郭建凤，武英，王诚，等. 2009. 维生素E和B族维生素对商品猪生长性能及胴体肉品质的影响. 浙江农业科学，1: 197-199.
郭琳，陈捷凯，裴端卿. 2014. 维生素C与表观遗传调控. 科学通报，59(Z2): 2833-2839.
韩飞，任保中. 2008. 从分子营养学角度探讨粮油食品的营养与功能. 粮油食品科技，16(6): 60-61.
韩昆鹏，段炼，李婷婷，等. 2016. 京海黄鸡卵巢转录组研究: 基因结构分析与新基因发掘注释. 中国畜牧兽医，43(4): 854-861.
韩丽，潘杰，孔祥峰，等. 2018. 低聚木糖对生长肥育猪血浆生化参数、肌肉氨基酸含量和肌纤维类型组成的影响. 动物营养学报，30(5): 1880-1886.
韩巍，王朝旭，苏畅，等. 2008. 高铁饲料对大鼠铁水平及铁调素mRNA表达的影响. 卫生研究，37(4): 474-476.
郝贵增，徐闯. 2007. 比较蛋白质组学研究技术进展及其在营养代谢病研究中的应用前景. 安徽农业科学，35(2): 378-379.
何贝贝，李天天，朱玉华，等. 2014. 不同生长性能猪肠道菌群差异分析. 动物营养学报，26(8): 2327-2334.
何涛. 2016. 脱酚棉籽蛋白对鸡蛋品质的影响及其机理. 北京: 中国农业科学院.
贺永明，鄂禄祥. 2016. 肉鸡大肠杆菌与沙门氏菌混合感染的诊治. 黑龙江畜牧兽医，4: 105-106.
胡孟，马友彪，张海军，等. 2016. 组氨酸对肉仔鸡生产性能和屠宰性能的影响. 中国畜牧兽医学会动物营养学分会第十二次动物营养学术研讨会，中国湖北武汉.
胡志成，党玉涛，郝雯颖，等. 2009. 维生素C对铅中毒幼年大鼠的中枢神经保护作用.工业卫生与职业病，35(1): 17-20.
华咏，钱宪明，陈炳官，等. 2006. 流式细胞术在精子质量检测中的应用. 中华检验医学杂志，29(6): 498-501.

黄嘉莉，闫晓莉，谢佩言. 2000. 慢性胃炎患儿血中胃泌素、胃动素的变化及关系的研究. 中国实用儿科杂志，15(1): 41-42.

黄菁，朱志伟，陈晓宇，等. 2016a. 鸡卵清蛋白基因调控序列的克隆与载体构建. 浙江农业学报，28: 412-419.

黄菁，朱志伟，王志刚，等. 2016b. 日粮赖氨酸水平和运动对金华-杜洛克杂交猪生长及肉质性能的影响. 畜牧与兽医，48(3): 43-46.

黄强，白凯文，徐稳，等. 2017. 日粮添加亮氨酸对宫内发育迟缓断奶仔猪小肠葡萄糖吸收和能量代谢的影响. 南京农业大学学报，40(2): 339-345.

黄晓亮，黄冠庆，黄银姬. 2007. 谷氨酰胺、甘氨酰谷氨酰胺对肉鸡日增重和免疫器官发育的影响. 中国畜牧兽医，34(6): 9-11.

霍思远，王安，冯婧. 2011. 核黄素对笼养生长期蛋鸭生产性能、激素分泌及免疫器官发育的影响. 动物营养学报，23(11): 1906-1911.

计峰，罗绪刚，李素芬，等. 2003. 锌对动物基因表达的影响. 中国畜牧杂志，39(2): 46-47.

计乔平，余冰，韩国全，等. 2013. 不同锌源和锌水平对猪 IPEC-J2 细胞 GLP-2 基因表达的影. 中国畜牧杂志，49(13): 35-38.

祭仲石，管卫兵，苏孙国，等. 2014. 鲢、鳙肠道微生物的研究. 大连海洋大学学报，29(1): 22-26.

简林凡. 2004. 维生素B_1缺乏与防治. 井冈山医专学报，11 (3): 69-71.

江国亮，潘文，王润莲，等. 2014. 不同脱乙酰度的壳聚糖对肉鸡生长、胴体性能及脂质代谢的影响. 广东农业科学，41(14): 106-109.

江雪燕，李晓红，朱杰宁，等. 2010. 维生素C维持人骨髓间充质干细胞干性的研究. 中国病理生理杂志，26(10): 2002.

金娜，姜晓茜，史雅然，等. 2018. 茋草提取物对蛋鸡产蛋性能、蛋品质及胆固醇代谢的影响. 动物营养学报，30(11): 340-347.

荆晓明，杨红，朱旭光，等. 2003. 维生素C对百草枯中毒小鼠肺组织细胞凋亡及Bcl-2/Bax蛋白表达的影响. 中华急诊医学杂志，10: 676-678.

井文倩. 2009. 代谢组学及其在动物营养研究中的应用. 山东畜牧兽医，30(11): 59-60 .

孔敏，王宝维，葛文华，等. 2016. 泛酸干预脂肪甘油三酯脂肪酶和长链脂酰辅酶A合成酶1基因表达对鹅生长和脂类代谢的反向调控. 动物营养学报，28(5): 1433-1441.

孔祥浩，贾志海，郭金双. 2005. 反刍动物后肠道对碳水化合物的消化吸收研究进展. 中国畜牧杂志，41(2): 36-38.

李冲，吴峰洋，陈赛娟，等. 2015. 维生素D对动物钙结合蛋白等基因表达的调控. 饲料工业，36 (20): 41-43.

李存玉，徐永江，柳学周，等. 2015. 池塘和工厂化养殖牙鲆肠道菌群结构的比较分析. 水产学报，39(2): 245-254.

李凤娜. 2005. 早期断奶仔猪的蛋白质营养研究. 黑龙江省畜牧兽医，7: 74-76.

李国辉，韩威，张会永，等. 2016. 禽白血病病毒感染鸡肝脏的转录组变化与新基因分析. 中国家禽，38(12): 16-20.

李国君，赵秋去，郑伟. 2010. 锰对大鼠血-脑脊液屏障模型转铁蛋白受体的分子毒性机制. 毒理学杂志，24(4): 257-262.

李建平，秦贵信，赵志辉，等. 2015. 不同脂肪源饲粮育成猪肝脏转录组差异分析. 动物营养学报，27(7): 2128-2139.

李洁，黄春林，曹运长，等. 2009. 甲壳低聚糖-硒对THP-1源性巨噬细胞抗氧化酶相关基因表达的影响. 中国生化药物杂志，30(1): 24-26.

李静. 2009. 蛋内注射瘦素对出雏后肉鸡肝脏胆固醇代谢的影响. 南京: 南京农业大学.

李美荃，张春勇，计乔平，等. 2017. 血红素铁对妊娠母鼠繁殖成绩及组织铁调基因表达的影响. 动物营养学报，29(6): 1996-2009.

李民，吴泽明，李幼生，等. 2008. 营养不良大鼠血浆小分子物质代谢组学的研究. 肠外与肠内营养，15(5): 259-263.

李明，谢慧清，熊武，等. 2013. MicroRNA在调控物质代谢方面的作用. 中南大学学报（医学版），38: 318-322.

李宁. 2016. 苜草素对蛋鸡胆固醇代谢及其相关基因表达的影响. 咸阳: 西北农林科技大学.

李宁，曹帅，沈玥，等. 2019. 叶酸对铅暴露大鼠肝脏氧化损伤的影响. 动物营养学报，31(11): 5178-5183.

李庆海，范京辉，楼立峰，等. 2015. 日粮能量水平对长白猪体质量、脂蛋白酯酶活性及其基因表达的影响. 中国兽医学报，35(8): 1366-1370.

李珊珊. 2015. 必需氨基酸调节奶牛乳腺合成乳蛋白和乳脂肪的作用机制. 杭州: 浙江大学.

李思明. 2009. 维生素D_3对丝毛鸡β-防御素诱导表达及生长免疫性能的影响. 成都: 四川农业大学.

李素芬，罗绪刚，刘彬. 2003. 肉鸡对不同形态锰源的生物利用率研究. 营养学报，25(2): 85-90.

李文娟，李宏宾，文杰，等. 2006. 鸡H-FABP和A-FABP基因表达与肌内脂肪含量相关研究. 畜牧兽医学报，37(5): 417-423.

李文娟. 2008. 鸡肉品质相关脂肪代谢功能基因的筛选及营养调控研究. 北京: 中国农业科学院.

李文霞，柯尊记. 2013. 维生素B_1缺乏与老年性痴呆. 生命科学，25 (2): 56-62.

李晓轩. 2009. 共轭亚油酸对固始鸡蛋黄胆固醇及其相关基因表达的影响. 郑州: 河南农业大学.
李晓亚，唐德富，李发弟，等. 2016. 反刍动物肌肉脂肪酸对肉品质的影响及其调控因素. 动物营养学报，28(12): 3749-3756.
李新建. 2003. 烟酸和烟酸铬对奶牛热应激和犊牛断奶应激的影响. 郑州: 河南农业大学.
李兴爽，王洋，金一. 2016. 泛素-蛋白酶体系统研究进展. 畜牧与兽医，48: 137-141.
李幼生，黎介寿. 2004. 营养、营养基因组学和营养蛋白质组学. 肠外与肠内营养，11(3): 129-131.
李元亭. 2010. 核黄素的生理功能与使用要点. 山东畜牧兽医，31(4): 30-31.
李长煜. 2010. 肝癌化疗栓塞术前后血清蛋白质组学研究. 上海: 复旦大学.
李志杰，潘文辉，张桂然. 2017. 不同水平壳聚糖对黄羽肉鸡生产性能和免疫性能的影响. 广东饲料，26(7): 26-28.
李志琼. 2007. α-亚麻酸对产蛋鸡脂质代谢及蛋黄胆固醇沉积的影响及其机理. 成都: 四川农业大学.
李治学，魏丽娜，章世元. 2008. 鸡蛋壳质量与结构关系的研究. 中国畜牧杂志，44(1): 35-39.
李钟玉，李临生. 2003. 烟酸，烟酰胺的研究进展. 化工时刊，17(2): 9-12.
李宗付，张天伟，邓雪娟. 2008. 营养基因组学研究及其在动物营养中的应用前景. 饲料工业，29(4): 31-33.
梁振鑫，尹富强，刘庆友，等. 2015. 转基因动物乳腺生物反应器相关技术及研究进展. 中国生物工程杂志，35(2): 92-98.
廖明，吴蕴棠，孙忠，等. 2008. 补硒糖尿病大鼠ABCa5基因克隆鉴定与表达. 中国公共卫生，24(12): 1463-1464.
廖雅成，宋保亮. 2016. 胆固醇的代谢调控与细胞内运输机制. 科技导报，34(13): 53-59.
林亚秋. 2007. RXRα在猪前体脂肪细胞分化中的作用及其机理研究. 咸阳: 西北农林科技大学.
林燕. 2011. 母体纤维营养对胎儿和生后生长发育及抗氧化能力的影响. 成都: 四川农业大学.
林烨，裴培，王珊. 2019. 组蛋白泛素化与去泛素化对染色质和基因表达的研究进展. 现代生物医学进展，19(8): 1578-1582.
刘楚吟，麻昊宁，董亮，等. 2015. 维生素A缺乏对新生鼠枕颈部TGF-β1蛋白表达的影响. 中国中医骨伤科杂志，(7): 5-7.
刘桂瑞，李正洪，李兆林. 2011. 影响生鲜乳蛋白质含量的因素及调控措施. 中国奶牛，17: 54-57.
刘好朋，唐兆新，苏荣胜，等. 2011. 高铜日粮对肉鸡肝脏TrxR2基因mRNA表达和还原活性

的影响. 畜牧兽医学报，42(3): 423-428.
刘红云，刘建新，王迪铭. 2010. 功能性氨基酸在反刍动物营养中的研究进展. 饲料营养研究进展，181-189.
刘欢，黄国伟. 2005. 叶酸、维生素 B_{12}、B_6与神经退行性疾病. 天津医科大学学报，11(4): 650-653.
刘景云，张英杰，刘月琴. 2009. 日粮不同蛋白水平对绵羊脂肪和肌肉中 IGF-Ⅰ基因表达的影响. 畜牧兽医学报，40(2): 197-202.
刘坤. 2008. 水溶性维生素对鲶鱼生长的必要性. 农业与技术，28(2): 66-67.
刘莉扬，崔鸿飞，田埂. 2013. 高通量测序技术在宏基因组学中的应用. 中国医药生物技术，8(3): 196-200.
刘倩，阳延松，莫薇薇，等. 2017. 维生素 K_2及 Gas6 与维持性血透患者血管钙化相关性研究. 海南医学，28(5): 696-697.
刘帅，宁小敏，李美航，等. 2013. miR-191 通过调控 C/EBPβ转录影响猪前体脂肪细胞分化. 生物化学与生物物理进展，40(2): 165-176.
刘向波. 2012. 鸡卵细胞卵黄生成受体（VLDLR/OVR）基因多态性检测及其与鸡蛋胆固醇含量的关联性分析. 郑州: 河南农业大学.
刘晓霞，翟曜耀，赵越. 2011. 雌激素受体 ERα的功能调控及相关疾病的研究进展. 中国细胞生物学学报，33(01): 65-71.
刘星达，吴信，印遇龙，等. 2011. 母猪日粮中添加 L-Arg 或 NCG 对胎儿脐静脉 miRNAs、VEGF 和 eNOS 表达的影响. 中国畜牧兽医学会 2011 学术年会，成都.
刘亚平，马美湖. 2015. 蛋壳特异性基质蛋白结构与功能特性研究进展. 中国家禽，37(13): 50-56.
刘洋，张冰，黄时顺，等. 2017. 组蛋白甲基化在肝脏脂肪沉积中的研究进展. 医学综述，23(9): 1665-1669.
刘玥. 2012. miR-196b 和 miR-30a 在慢粒发病机制中的功能与表达调控研究. 广州: 南方医科大学.
刘珍. 2005. 蛋白质组学中的生物信息学研究. 长沙: 湖南师范大学.
刘治国. 2013. PPARγ激动剂体外筛选模型的建立及其应用. 重庆: 重庆医科大学.
刘作华，杨飞云，孔路军，等. 2007. 日粮能量水平对生长育肥猪肌内脂肪含量以及脂肪酸合成酶和激素敏感脂酶 mRNA 表达的影响. 畜牧兽医学报，38(9): 934-41.
卢德勋. 2008. 国际动物营养学发展形势和我们的任务. 中国家禽，30(21): 5-9.
卢锋，郭红卫. 2006. 锌对 HL-60 细胞凋亡及 p53 等基因表达影响. 中国公共卫生，22(1): 68-70.

卢建，王克华，曲亮，等. 2013. 玉米干酒糟及其可溶物对蛋鸡产蛋性能、蛋品质、血清脂质以及经济效益的影响. 动物营养学报，25(8): 1872-1877.

卢镜宇，马文强，赵茹茜. 2014. 机体铁代谢关键基因及其调控机制. 全国动物生理生化全国代表大会暨第十三次学术交流会.

卢娜，宗学醒，王雅晶，等. 2018. 不同类型维生素D_3对奶牛产奶性能、血液指标及钙磷代谢的影响. 动物营养学报，8: 2997-3004.

罗莉，叶元土，林仕梅，等. 2001. 动物蛋白质降解研究进展. 动物医学进展，22(4): 12-16.

吕林，计成，罗绪刚. 2007. 不同锰源对肉鸡胴体性能和肌肉品质的影响. 中国农业科学，40(7): 1504-1514.

马得莹，单安山. 2003. 铜对动物体内自由基防御系统酶活性及其基因表达的影响. 中国畜牧兽医，30(5): 27-29.

马端辉，庄金秋，申识川. 2007. 流式细胞仪的原理及其在畜牧兽医中的应用. 动物医学进展，28(2): 103-106.

马文强，冯杰，许梓荣. 2008. *N*-甲基-D-天冬氨酸（NMDA）对肥育猪血清生长激素水平及腺垂体生长激素 mRNA 表达的影响. 浙江大学学报(农业与生命科学版)，34(3): 322-326.

马原菲，吕梦园，钊守梅，等. 2014. 蛋白质组学在动物科学研究中的应用与分析. 动物营养学报，26(11): 3229-3235.

门小明，邓波，陶新，等. 2019. 一水肌酸及其组合添加物对生长育肥猪胴体组成与肉质相关指标的营养调控研究. 动物营养学报，31(01): 296-304.

孟祥忍，张成龙，樊永亮，等. 2017. 基于 RNA-Seq 转录组测序技术揭示南方黄牛肉质嫩度调控相关的分子机制. 中国畜牧杂志，53(9): 26-32.

倪灿荣，马大烈，戴益民. 2006. 免疫组织化学实验技术及应用. 北京: 化学工业出版社.

聂存喜，张文举. 2011. 代谢组学及其在动物营养研究中的应用. 中国畜牧兽医，38(1): 108-112.

牛淑玲，王哲，李秀菊. 2004. 围产期奶牛能量代谢障碍性病的防治进展. 黑龙江畜牧兽医，40(8): 78-79.

欧阳学剑. 2008. 蛋白质组学技术的研究. 中国中医药现代远程教育，(11): 1439-1440.

彭昌文，颜梅. 2009. 宏基因组学研究方法及应用概述. 生物学教学，34(9): 7.

彭丽红，阳学风. 2006. PPAR 与脂代谢及脂肪肝的关系. 南华大学学报(医学版)，(5): 673-676.

皮宇，高侃，朱伟云. 2017. 动物宿主——肠道微生物代谢轴研究进展. 微生物学报，57: 161-169.

皮宇，高侃，朱伟云. 2017. 机体胆汁酸肠-肝轴的研究进展. 生理科学进展，48(3): 161-166.
亓宏伟. 2011. 不同来源蛋白对断奶仔猪肠道微生态环境及肠道健康的影响. 成都: 四川农业大学.
齐博，武书庚，王晶，等. 2016. 枯草芽孢杆菌对肉仔鸡生长性能、肠道形态和菌群数量的影响. 动物营养学报，28(6): 1748-1756.
齐昱，邢燕平，潘静，等. 2017. 基于转录组数据的蒙古牛皮肤组织抗寒相关信号通路及候选基因的筛选. 畜牧兽医学报，48(12): 2301-2313.
祁凤华，陈瑶，徐春生. 2009. 泛酸对肉仔鸡营养物质代谢率影响的研究. 黑龙江畜牧兽医，15: 36-37.
秦传蓉，张志敏，杨波，等. 2017. 维生素K_2诱导肝癌细胞株Hep-G2凋亡机制研究. 中华肿瘤防治杂志，24(24): 1706-1711.
卿松. 2016. HPV感染与宫颈癌组织特异性改变的共性蛋白质表达调控网络研究. 乌鲁木齐: 新疆医科大学.
邱磊，林谦，袁雅婷，等. 2016. microRNA在动物营养代谢调控中的研究进展. 家畜生态学报，37: 9-14.
邱小波，王琛，王琳芳. 2008. 泛素介导的蛋白质降解. 北京: 中国协和医科大学出版社.
任曼，霍应峰，杨凤娟，等. 2014. 仔猪断奶前后肠道形态和相关免疫蛋白基因表达的变化. 动物营养学报，26(3): 614-619.
任延铭，芦燕，王安. 2011. 低温环境下饲粮核黄素添加水平对蛋鸭生长发育、免疫器官及抗氧化功能的影响. 动物营养学报，23(11): 1912-1918.
任阳. 2014. 饱和与不饱和脂肪酸对猪肌纤维组成的影响及其AMPK途径研究. 杭州: 浙江大学.
桑断疾，张志军，郭同军. 外源寡糖的作用机理及其对反刍动物的影响. 草食家畜，2013(3): 8-13.
桑石磊，谭玉梅，刘永翔，等. 2014. 蛋白质组学关键技术及应用. 农技服务，(4): 177-179.
商晓青，赵瑾，李锋. 2013. 核黄素与食管癌发生的研究进展. 现代生物医学进展，13(18): 3591-3593，3577.
宋善丹，陈光吉，饶开晴，等. 2015. 营养与表观遗传修饰关系的研究进展. 中国畜牧兽医，42(7): 1755-1762.
苏桂棋，黄和林，蒋娜，等. 2019. 维生素C的作用及常见不良反应. 世界最新医学信息文摘，19(8): 120-121.
苏勇. 2007. 16SrRNA基因分子技术研究仔猪胃肠道菌群区系变化. 南京: 南京农业大学.
孙从佼. 2014. 鸡蛋壳品质的比较蛋白质组研究及离子转运基因抑制表达分析. 北京: 中国农

业大学.
孙杰，赵宗胜，姚秀娟. 2011. 鸡CA基因在产蛋期子宫中的表达分析. 第十六次全国动物遗传育种学术讨论会暨纪念吴仲贤先生诞辰100周年大会.
孙茂红，岳春旺，穆秀明，等. 2010. 壳聚糖对奶犊牛生长性能和腹泻率的影响. 饲料研究，(7): 62-64.
孙全友，徐彬，王琳燚，等. 2015. 抗菌肽和姜黄素对肉仔鸡生长性能、抗氧化功能及肠道微生物的影响. 中国家禽，37(20): 32-36.
孙文星，谷淑华，韩海银，等. 2016. siRNA 沉默 *NCOA2* 基因对猪肌内前体脂肪细胞分化的影响. 南京农业大学学报，2016(4): 619-623.
孙相俞. 2009. 不同品种和营养水平对猪肌纤维类型和胴体肉质性状的影响. 成都: 四川农业大学.
孙长颢，张薇，王舒然. 2001. 铬对大鼠血糖基因表达及血糖血脂的影响. 营养学报，23(4): 346-349.
孙长颢. 2004a. 分子营养学（上）. 国外医学: 卫生学分册，31(1): 1-5.
孙长颢. 2004b. 分子营养学（下）. 国外医学: 卫生学分册，31(3): 129-134.
孙忠，吴蕴棠，车素萍，等. 2005. 铬对糖尿病大鼠骨骼肌GLUT4基因表达的影响. 营养学报，27(3): 196-199.
覃立立. 2012. Notch信号通路调控猪骨骼肌生长发育及其分子机理研究. 广州: 华南农业大学.
谭娅，马继登，刘一辉，等. 2015. 猪心肌和骨骼肌miRNA转录组比较分析. 咸阳: 西北农林科技大学学报（自然科学版），43(8): 19-26.
谭振，翟丽维，陈少康，等. 2016. 肠道微生物与宿主遗传背景互作关系的研究进展. 中国畜牧杂志，52(5): 84-88.
汤文杰，唐凌，张纯，等. 2016. 仔猪胃肠道微生物菌群发育规律及功能研究. 四川畜牧兽医，43(4): 36-38.
唐志如，印遇龙，李丽立，等. 2009. 营养组学研究体系及其在家养动物上的应用. 家畜生态学报，30(5): 1-3.
陶青燕，王康宁. 2009. 哺乳期灌服亚精胺或精胺对早期断奶大鼠生长及肠道发育的影响. 中国畜牧杂志，45: 24-27.
腾勇. 2002. 转基因技术在动物营养学中的应用及发展前景. 畜禽业，8: 33-35.
滕衍河，钱影新，刘国绶，等. 1992. 仔猪缺铁性贫血调查与防治研究初报—苏州市1020头仔猪Hb测定值分析. 畜牧与兽医，24 (3): 113-114.
田庆显，黄公怡. 2004. 1,25-二羟维生素 D_3 对小鼠成骨细胞RANKL及OPG基因表达的影响. 中国医学科学院学报，26(4): 418-422.

仝其根，唐巍巍，宋美娜. 2011. 鲜鸡蛋中溶菌酶的活性分布. 食品科学，32(9): 18-21.
汪仕奎，佟建明. 2002. 蛋鸡的胆固醇代谢调控研究进展. 动物营养学报，14(3): 7-11.
汪以真，冯杰，许梓荣. 1998. 甜菜碱对杜长大肥育猪生长性能、胴体组成和肉质的影响. 动物营养学报，10(3): 21-28.
汪以真，许梓荣，陈民利. 2000a. 甜菜碱对肉鸭体内脂肪代谢的影响. 中国兽医学报，20(4): 409-413.
汪以真，许梓荣，冯杰. 2000b. 甜菜碱对猪肉品质的影响及机理探讨. 中国农业科学，(1): 97-102.
汪以真，许梓荣. 1999. 甜菜碱对生长猪增重和胴体组成影响的性别差异及机理. 浙江农业大学学报，25(3): 281-285.
汪以真，许梓荣. 2001. 甜菜碱对生长肥育猪体脂重分配的作用及机理研究. 畜牧兽医学报，32(2): 122-128.
王波，罗海玲. 2017. DNA甲基化与去甲基化调控肌肉发育研究进展. 动物营养学报，29(8): 2622-2629.
王彩莲. 2013. 微量元素对动物基因表达的调控. 甘肃农业科技，(1): 36-39.
王程强，彭小春. 2011. 维生素C对慢性铅暴露小鼠海马NMDAR表达的影响. 重庆医学，40(35): 3597-3601.
王纯，倪加加，颜庆云，等. 2014. 草鱼与团头鲂肠道菌群结构比较分析. 水生生物学报，38(5): 868-875.
王佃亮. 2003. 重组人溶菌酶的研究进展. 中国生物工程杂志，23(9): 59-63.
王芳. 2015. 赖氨酸蛋氨酸配比模式和葡萄糖水平影响酪蛋白合成关键基因表达. 北京: 中国农业科学院.
王福俤. 2012. 中国生物微量元素研究的现状与展望. 生命科学，24(8): 713-730.
王桂云. 2016. 茶预混料对育肥猪生产性能及脂肪沉积的影响. 合肥: 安徽农业大学.
王佳堃，安培培，刘建新. 2010. 宏基因组学用于瘤胃微生物代谢的研究进展. 动物营养学报，22(3): 527-535.
王锦. 2012. 硒和维生素E缓解肉鸡氧化应激的研究. 咸阳: 西北农林科技大学.
王静. 2012. 猪肉品质的品种差异与营养调控及其机制研究. 成都: 四川农业大学.
王静华. 2004. 哺乳小白鼠在不同泌乳阶段乳铁蛋白（Lactoferrin）基因表达的差异及对其表达影响的研究. 杭州: 浙江大学.
王军霞，翟宗昭，王维娜，等. 2005. 凡纳滨对虾对维生素B_2、B_6的营养需求研究. 动物学报，51(增刊): 174-179.
王峻，尹守铮，张妮娅，等. 2016. 维生素C对肉鸡体内氧化还原状态的影响. 湖北农业科学，55(4): 966-970.
王乐乐，张燕军，李晓燕，等. 2015. 下一代测序技术在畜禽转录组研究中的应用. 西北农林科技大学学报（自然科学版），43(9): 17-22.
王美玲，陈仲建，罗绪刚，等. 2011. 不同形态锰对肉仔鸡脂肪代谢关键酶活性及其基因表达的影响. 中国农业科学，44(18): 3850-3858.
王敏奇，雷剑，和玉丹，等. 2009. 三价铬对肥育猪生长激素分泌及垂体mRNA表达的影响. 中国兽医学报，29(7): 939-943.
王敏奇，叶珊珊，杜勇杰，等. 2011. 载铜纳米壳聚糖对断奶仔猪生长性能、免疫和抗氧化指标的影响. 动物营养学报，23(10): 1806-1811.
王强，江渝. 2009. 肝X受体的研究进展. 生理科学进展，40(2): 147-150.
王青. 2016. 枸杞多糖通过PPARγ调节脂肪细胞功能的机制研究. 银川: 宁夏医科大学.
王仍瑞，谢侃，王小龙，等. 2011. 对我国家禽常见营养代谢病临床诊疗与防控研究的概述. 畜牧与兽医，43(3): 97-103.
王珊珊，高海娜，赵圣国，等. 2016. 组氨酸对体外培养奶牛乳腺上皮细胞β-酪蛋白及酪氨酸激酶2-信号转导与转录激活子5/哺乳动物雷帕霉素靶蛋白信号通路相关磷酸化蛋白表达的影响. 动物营养学报，28(3): 916-925.
王少敏，张凯，杨贯羽. 2012. 色谱-质谱联用法在体液小分子检测中的应用. 大学化学，27(1): 51-55.
王石莹. 2009. 日粮维生素A对肉鸡生长、营养物质消化率及骨骼钙磷代谢的影响. 呼和浩特: 内蒙古农业大学.
王帅，吴子健，刘建福，等. 2014. 鸡卵类黏蛋白结构与性质研究进展. 食品科学，35: 326-331.
王水良，傅继梁. 2004. 核受体的研究进展. 遗传学报，(4): 420-429.
王恬，傅永明，吕俊龙，等. 2003. 小肽营养素对断奶仔猪生产性能及小肠发育的影响. 畜牧与兽医，35: 4-8.
王伟，李琳琳. 2007. 代谢组学在药物作用机制研究及疾病诊断中的应用. 新疆医科大学学报，30(12): 1436-1437.
王小珂，张卉，沈孝宙. 2003. 转基因禽蛋—新一代基因工程生物反应器. 中国生物工程杂志，3: 35-38.
王小龙. 2009. 畜禽营养代谢病和中毒病. 北京: 中国农业出版社.
王晓翠. 2015. 理想蛋白模式下饲粮蛋白源对蛋品质的影响及其机理研究. 哈尔滨: 东北农业大学.
王晓翠，武书庚，张海军，等. 2019. 鸡蛋蛋清品质营养调控的研究进展. 动物营养学报，31

(4): 28-35.

王炎杰. 2010. 调肝颗粒剂治疗大鼠非酒精性脂肪性肝病的实验研究. 哈尔滨: 黑龙江省中医研究院.

王艳，肖意传. 2016. 蛋白质泛素化在免疫调节中的作用与研究进展. 生命科学，(2): 231-238.

王跃，毛开云，王恒哲，等. 2017. 转录组学测序技术应用与市场分析. 生物产业技术，5: 11-17.

王友明，汪以真，颜新春. 2002. 甜菜碱在肉鸡营养上的作用及其机理. 中国畜牧杂志，38(6): 40-42.

王子苑. 2015. 日粮精粗比对大足黑山羊生产性能及肉质的影响. 重庆: 西南大学.

韦珏，张华智，廖国强，等. 2017. 叶酸对母猪繁殖性能的影响. 广西畜牧兽医，33(5): 278-280.

魏涛，陈艳萍，段文若，等. 2004. 脂联素、瘦素、胰岛素的调节与女性单纯性肥胖. 放射免疫学杂志，17(4): 258-261.

吴妙宗. 1999. 仔猪早期断奶与补料. 养猪，2: 14.

吴鹏，陈忠法，王佳堃. 2017. 宏基因组学揭示瘤胃微生物多样性及功能. 动物营养学报，29(5): 1506-1514.

吴森，张莺莺，昝林森. 2015. 基于高通量测序的宏基因组学技术在动物胃肠道微生物方面的研究进展. 生物技术进展，5(2): 77-84.

吴瑕玉. 2013. 同型半胱氨酸代谢途径关键酶基因多态性及维生素B_6缺乏与乳腺癌遗传易感性关系研究. 昆明: 云南大学.

吴蕴棠，孙忠. 2003. 铬对糖尿病大鼠糖、脂代谢及骨骼肌组织基因表达的影响. 营养学报，25(3): 256-259.

伍国耀. 2012. 怀孕母猪的精氨酸营养和繁殖性能. 饲料工业，33(22): 46-54.

武开业，赵丽丽，雷林. 2010. GC-MS分类及应用. 科技信息，19: 785-791.

夏耘，余德光，谢骏，等. 2016. 养殖水体添加嗜酸小球菌对鳜发育过程肠道微生物构成的影响. 淡水渔业，46(4): 71-76.

县怡涵，赵秀英，丁立人，等. 2016. 饲粮粗蛋白质水平对猪胃肠道钙敏感受体基因表达、胃肠激素分泌及胃功能性酶活性的影响. 动物营养学报，28(11): 3634-3641.

项昭保，戴传云，朱蠡庆. 2004. 核黄素生理生化特征及其功能. 食品研究与开发，(6): 90-92.

肖俊峰，武书庚，张海军，等. 2012. 四种壳基质蛋白研究进展. 中国家禽，34: 44-47.

肖俊峰. 2014. 日粮锰源和水平对产蛋鸡蛋壳品质的影响及其机理. 北京: 中国农业科学院.

辛雪，苏琳，马晓冰，等. 2014. 体质量对巴美肉羊肌纤维特性及肉品质的影响.食品科学，35(19): 39-42.

邢晋祎. 2008. 猪、鸡脂肪代谢相关基因的分子特征及表观遗传调控. 泰安: 山东农业大学.

邢晋祎，张渝洁，张宁波，等. 2019. 叶酸添加水平对肉仔鸡肝脏中脂肪代谢相关基因表达和甲基化的影响. 动物营养学报，31(5): 2098-2106.

胥彩玉，史兆国，刘国华，等. 2014. 微生态制剂对鸡肠道微生物区系影响的研究进展. 中国家禽，10: 46-50.

徐柏林，王梦芝，张兴夫，等. 2012. 精氨酸水平对奶牛乳腺上皮细胞体外生长及κ-酪蛋白基因表达的影响. 动物营养学报，(5): 852-858.

徐成，王莉莉，曹颖林，等. 2004. PPARs: 脂代谢调节与胰岛素增敏治疗药物的作用靶标. 中国药理学通报，(3): 241-244.

徐高骁，段赛星. 2011. 叶酸对圈养隆林黑山羊生长性能的影响研究. 饲料与畜牧，8: 38-40.

徐乐. 2009. 核磁共振代谢组学数据处理新方法及应用. 厦门: 厦门大学.

许丹丹. 2014. 大菱鲆幼鱼对不同蛋白源营养感知与应答机制的初步研究. 青岛: 中国海洋大学.

许沙沙，李斌，宋儒坤，等. 2011. 鸡蛋卵类黏蛋白研究进展. 中国家禽，33: 35-37.

许云贺，边连全，苏玉虹，等. 2010. H-FABP 基因多态性与铬营养对猪肉质脂肪性状的影响. 沈阳农业大学学报，41(3): 304-308.

许梓荣，卢建军，肖平. 2001. *N*-甲基-D，L-天冬氨酸（NMA）对育肥猪生长激素基因表达的影响. 中国兽医学报，21(6): 631-633.

许梓荣，占秀安. 1998. 甜菜碱对肉雏鸡蛋氨酸和脂肪代谢的影响. 畜牧兽医学报，29(3): 212-219.

薛京伦. 2006. 表观遗传学: 原理、技术与实践. 上海: 上海科学技术出版社.

闫云峰，杨华，杨永林，等. 2015. 日粮不同蛋白质水平对绵羊 IGF-1 和 GH 分泌及基因表达的影响. 畜牧兽医学报，46(1): 85-95.

晏利琼，廖满，谢佳倩. 2016. L-精氨酸和α-酮戊二酸对热应激肉鸡肠道吸收功能、抗氧化能力、能量代谢的影响. 中国畜牧杂志，52(15): 33-41.

杨凤，周安国，王康宁，等. 2000. 动物营养学. 北京: 中国农业出版社.

杨凤. 2003. 动物营养学. 北京: 中国农业出版社.

杨华，马鹏程. 2016. 维甲酸 X 受体作为药物治疗靶点的研究进展. 医学研究杂志，45(9): 175-179.

杨建成，王熙，刘海英，等. 2013. 蛋白质组学技术及其在绒山羊产业研究中的潜在应用. 畜牧兽医科技信息，(11): 7-8.

杨俊花. 2010. TRPV6在蛋鸡不同组织的表达分布及其在蛋壳腺钙离子转运中的作用. 南京: 南京农业大学.
杨朋坤. 2011. 不同品种鸡蛋胆固醇沉积规律和相关基因表达的研究. 郑州: 河南农业大学.
杨秋霞. 2012. 维生素E对蛋种鸡生产性能、抗氧化、脂类代谢及OBR基因表达的影响. 保定: 河北农业大学.
杨淑芬，方热军. 2016. 叶酸在畜禽生产中的应用及其作用机理. 湖南饲料，1: 22-25.
杨天龙，刘旭川，廖奇，等. 2017. 宏基因组技术在鸡肠道微生物中应用的研究进展. 中国畜牧兽医，3: 659-666.
杨伟平，王建刚，曹斌云. 2017. 猪肠道微生物群落组成变化及其影响因素. 中国畜牧杂志，53(1): 12-16.
杨学颖，刘璐璐，陈杰鹏，等. 2019. 维生素K_2对肝脏的保护作用. 中国微生态学杂志，31(8): 985-988.
杨烨. 2005. 优质鸡肌内脂肪代谢调控及其与肉质性状关系的研究. 北京: 中国农业科学院.
姚建国，熊国远. 2000. 家禽维生素C营养的研究进展. 饲料工业，6: 26-28.
姚人升. 纳米氧化铜和硫酸铜对断奶仔猪几种免疫因子的影响. 武汉: 华中农业大学，2014.
姚秀娟. 2010. 蛋壳形成过程中超微结构及钙沉积相关基因表达的研究. 石河子: 石河子大学.
叶幼荣. 2015. 蛋鸡子宫内膜细胞钙转运及蛋壳钙化早期钙沉积机制的研究. 石河子: 石河子大学.
易方，黄香宜，任吉存. 2017. 毛细管电泳与化学发光检测联用方法的研究进展. 色谱，1: 110-120.
尹恒，白雪芳，杜昱光. 2008. 壳寡糖作为饲料添加剂的应用效果及其理论基础. 广州: 第十届全国饲料添加剂大会.
尤蓉. 2012. 广东凉茶作用机制的代谢组学研究. 广州: 华南理工大学.
于春海，葛云芳，张洪霞. 2006. 家禽硒缺乏症的诊断及防治. 畜牧兽医科技信息，(2): 42-42.
于靖，王方. 2007. 蛋白质组学研究技术及其联合应用. 医学分子生物学杂志，4: 371-374.
于萍. 2012. 壳聚糖对肉牛增重性能、免疫机能及后肠道菌群的影响. 呼和浩特市: 内蒙古农业大学.
余斌，傅伟龙，刘平祥. 2007. 赖氨酸铜对仔猪血清IGF-1、肝细胞膜GHR水平及其在肝脏、肌肉基因表达的影响. 华南农业大学学报，28(4): 77-81.
余华良，朱隽，田新社. 2019. 维生素K_2对大鼠HepG2细胞侵袭和凋亡的影响及机制. 中国肝脏病杂志，11(1): 87-90.
俞路，王雅倩，章世元，等. 2008. 鸡蛋壳内部组成、构造及其质量的基因调控技术. 动物营养学报，20(3): 366-370.
喻莹. 2012. 核受体FXR新型配体的发现及其调节脂质代谢功能研究. 上海: 华东理工大学.
袁晓军. 2010. 金属(钴、铬)离子诱导成骨样细胞 RANKL/OPG 表达及其信号转导分子机制的实验研究. 南昌: 南昌大学.
袁艺森. 2014. 维生素E和硒对蛋雏鸭生长、免疫及抗氧化的影响. 哈尔滨市: 东北农业大学.
岳春旺, 孙茂红, 穆秀明, 等. 2012. 壳聚糖对中国荷斯坦奶犊牛免疫指标的影响. 黑龙江畜牧兽医, (1): 63-64.
曾韬. 2019. AMPK调节小鼠耐力变化的机制及结果分析. 智慧健康，5(26): 40-42.
詹琪，聂玉强，李瑜元. 2015. 肝脏异维甲酸受体α调控脂代谢通路的基因组靶点分析. 广东医学，36(2): 178-181.
张春兰. 2016. 绵羊骨骼肌转录组高通量测序从头组装和特征分析. 潍坊学院学报，16(2): 6-10.
张春晓. 2006. 大黄鱼、鲈鱼主要B族维生素和矿物质——磷的营养生理研究. 青岛: 中国海洋大学.
张春勇，陈克嶙，黄金昌，等. 2012. 谷氧还蛋白1和硫氧还蛋白1基因在云南乌金猪不同组织中的表达特点及L-组氨酸对其在氧化应激细胞中表达的影响. 动物营养学报，24(12): 2415-2423.
张冬梅，侯先志，杨金丽，等. 2013. 饲粮能氮限饲与补偿对蒙古羔羊肝脏重量、肝细胞增殖和增肥及生长激素受体、类胰岛素生长因子基因表达量的影响. 动物营养学报，25(7): 1632-1640.
张龚炜. 2009. 日粮中添加维生素D_3对鸡抗菌肽基因表达的影响研究. 成都: 四川农业大学.
张锋，苗江永. 2017. 维生素K2调控Wnt/β-catenin信号对肝癌细胞侵袭、凋亡的影响及机制研究. 胃肠病学和肝病学杂志，(11): 28-31.
张凤俊. 2016. 烟酸对氧诱导新生小鼠视网膜病变的保护作用及机制的研究. 南昌: 南昌大学.
张海波. 2019. 紫苏籽提取物对育肥牛肌内脂肪沉积的影响. 动物营养学报，31(4): 434-440.
张涵，周涛，王岩. 2013. 综合养殖池塘中三角帆蚌和鱼类肠道细菌的组成. 水生生物学报，37(5): 824-835.
张洪渊. 1994. 生物化学教程. 成都: 四川大学出版社.
张慧，王新利，张金，等. 2018. 叶酸和维生素B_{12}对宫内生长受限大鼠骨骼肌磷脂酰肌醇3激酶表达的影响. 中国儿童保健杂志，26(1): 32-36.
张家松，段亚飞，张真真，等. 2015. 对虾肠道微生物菌群的研究进展. 南方水产科学，11(6): 114-119.
张立新，高志星. 2012. 大剂量维生素C对肠易激综合征细胞免疫功能的影响. 山东医药，52

(1): 90-91.

张利敏，武晓红，姚军虎. 2009. 产蛋鸡血浆卵黄前体物及其受体研究进展. 中国家禽，31: 40-44.

张璐. 2016. 蛋鸡蛋品质性状候选基因的DNA分子标记研究. 石河子: 石河子大学.

张梅，张宏馨，李兰会，等. 2009. 富铬酵母对糖尿病模型小鼠胰腺凋亡相关基因Bcl-2和Bax表达的影响. 山东医药，49(27): 42-43.

张美玲，杜震宇. 2016. 水生动物肠道微生研究进展. 华东师范大学学报，1: 1-8.

张迁，江渝. 2007. 类法尼醇X受体对脂代谢的调控作用. 生命的化学，(2): 128-130.

张强. 2015. ELISA技术在食品安全检测中的应用研究进展. 长江大学学报（自科版），33: 45-49.

张晓燕，管又飞. 2007. 核受体FXR: 一种新型代谢调节因子. 生理科学进展，(3): 219-223.

张新宝. 2010. 鸡蛋蛋清溶菌酶分离纯化及其抗原性评估. 南昌: 南昌大学.

张兴夫，杜瑞平，敖长金，等. 2013. 不同氨基酸模式对奶牛乳腺上皮细胞酪蛋白合成的影响. 动物营养学报，25(8): 1762-1768.

张雪君. 2013. 锰在家禽营养中的研究进展. 中国饲料，(1): 27-31.

张亚男，武书庚，张海军，等. 2012. 蛋壳品质营养调控的研究进展. 中国畜牧杂志，48: 79-83.

张英杰，刘月琴，刘景云. 2010. 日粮不同蛋白水平对绵羊脂肪和肌肉中FAS基因表达的影响. 畜牧兽医学报，41: 829-834.

张英杰. 2012. 动物分子营养学. 北京: 中国农业大学出版社.

张玉杰，王佳堃，叶均安，等. 2011. 纤维素结合域的酿酒酵母表面展示及其黏附位点初探. 动物营养学报，23(6): 976-982.

赵海璇，孙杰，赵宗胜，等. 2013. 孕酮处理对蛋鸡蛋壳钙化过程中CaBP-d28k基因表达的影响. 中国畜牧杂志，49: 22-25.

赵珺，王乐，苏蕊，等. 2017. 内蒙古绒山羊不同部位骨骼肌的转录组分析. 食品工业科技，38(10): 173-177.

赵珂，刘红云，刘建新. 2009. 泌乳奶牛乳腺葡萄糖吸收、代谢及其调控研究进展. 中国奶牛，8: 26-30.

赵珂. 2011. 奶牛乳腺上皮细胞葡萄糖摄取的调控及其对乳成分合成的影响研究. 杭州: 浙江大学.

赵乐乐. 2013. 鸡双向选择家系肠道微生物宏基因组学研究. 上海: 上海交通大学.

赵秀英，孟祥龙，伍力，等. 2016. 日粮不同蛋白水平对猪小肠CaSR基因表达及胃肠激素分泌的影响. 畜牧与兽医，48: 30-35.

赵艳丽，陈璐，史彬林，等. 2017. 亮氨酸对奶牛乳腺上皮细胞内乳脂合成相关基因和蛋白表达的影响. 动物营养学报，29(4): 1319-1326.
赵永超，花万里，张振伟. 2012. 分子生物学技术在动物营养中的应用. 中国草食动物科学，1: 48-51.
赵勇，黄劲松，宋新蕊，等. 2013. 宏基因组的生物信息分析. 生物信息学，11(4): 282-286.
郑萍，余冰，何军，等. 2015. 精氨酸通过内分泌途径调控氧化应激仔猪生长相关因子基因表达. 动物营养学报，24(4): 1214-1221.
郑鑫，刘国文，杨连玉，等. 2006. 铜对生长猪肝中IGF-1基因mRNA表达的影响. 中国兽医科学，36(6): 497-501.
支丽慧. 2014. 胚期叶酸调控肉仔鸡免疫效应分子表达的表观遗传机制. 第七届中国饲料营养学术研讨会论文集，6: 369-390.
钟金凤，胡永灵，杨永生，等. 2012. 谷氨酰胺对AA肉鸡生产性能、肌肉品质及H-FABP基因表达的影响. 畜牧兽医学报，43(11): 1740-1746.
周锦龙. 2016. 银杏叶提取物对蛋鸡生产性能和胆固醇代谢的影响. 广州: 华南农业大学.
周光宏. 2014. 中国肉品加工发展状况及技术进展. 中国畜产品加工科技大会暨中国畜产品加工研究会成立三十周年年会，中国南京.
周苗苗. 2011. 奶牛乳腺中小肽的摄取及其在乳蛋白合成中的作用. 杭州: 浙江大学.
周朋辉. 2015. 核黄素对脂质代谢的影响及作用机制的初步探讨. 天津: 天津医科大学.
周晓容，杨飞云，姚焰础，等. 2007. 壳聚糖对肥育猪生产性能、体脂沉积及血脂的影响. 中国饲料，14: 21-23.
朱骞，赵茹茜. 2003. 蛋黄的形成及其调控. 畜牧与兽医，35: 39-41.
朱江. 2003. 昆虫杆状病毒表达系统研究进展及其应用展望. 蚕业科学，29(2): 114-118.
朱美抒，刘海燕，朱美慧. 2014. 急性外伤患者早期应用核黄素对免疫功能的影响. 海南医学院学报，20(3): 371-373.
朱文钏，孔繁德，林祥梅，等. 2010. 免疫胶体金技术的应用及展望. 生物技术通报，4: 81-87.
邹思湘. 2005. 动物生物化学. 北京: 中国农业出版社.

索 引

G

H

J

K

L

M

P

Q

R

S

T

W

X

Y

Z